M. M. SUSCHTSCHINSKIJ

Ramanspektren von Molekülen und Kristallen

M. M. SUSCHTSCHINSKIJ

RAMANSPEKTREN VON MOLEKÜLEN UND KRISTALLEN

Bearbeitet und herausgegeben von
Prof. Dr. HEINRICH KRIEGSMANN

Mit 108 Abbildungen und 58 Tabellen

AKADEMIE-VERLAG · BERLIN
1974

Erschienen im Verlag „Nauka“,
Hauptredaktion für physikalische und mathematische Literatur, Moskau

Übersetzer:

Dr. Kurt Peuker
Dipl.-Phys. Christel Peuker

Erschienen im Akademie-Verlag, 108 Berlin, Leipziger Straße 3—4

Lizenznummer: 202 · 100/481/74
Gesamtherstellung: VEB Druckhaus „Maxim Gorki“, 74 Altenburg
Bestellnummer: 761 659 0 (5970) · LSV 1215
Printed in GDR
EVP 98,—

Vorwort der russischsprachigen Ausgabe

Im Jahre 1968 waren 40 Jahre seit der Entdeckung des RAMAN-Effektes vergangen. Die RAMAN-Spektroskopie hat sich in dieser Zeit einen festen Platz unter den vielfältigen Analysen- und Strukturbestimmungsmethoden erobert. Ihre Bedeutung ist ständig im Wachsen begriffen. Eine sprunghafte Entwicklung der RAMAN-Spektroskopie wurde in den letzten Jahren durch die Vervollkommnung der experimentellen Technik, insbesondere durch den Einsatz von Lasern als Erregerlichtquellen, hervorgerufen. Durch die Einführung neuer Untersuchungsmethoden ist es möglich geworden, die bis vor wenigen Jahren übliche Beschränkung der Anwendung des RAMAN-Effektes auf durchsichtige Substanzen zu überwinden, und auch RAMAN-Spektren von Kristallpulvern und absorbierenden Substanzen zu erhalten. In ähnlicher Weise sind die Anforderungen an die Menge der Streusubstanz bedeutend gesunken. Alles das hat dazu beigetragen, daß sich die Klasse der für RAMANspektroskopische Untersuchungen geeigneten Substanzen beachtlich erweitert hat.

Parallel zur Ausdehnung des praktischen Anwendungsgebietes des RAMAN-Effektes zeichnet sich in den letzten Jahren eine verstärkte Untersuchung seiner physikalischen Natur ab. Besonderes Interesse rief die Entdeckung einer neuen Erscheinung der nichtlinearen Optik, der stimulierten RAMAN-Streuung, hervor. Diese Entdeckung warf eine Reihe von Fragen auf, die die Natur des RAMAN-Effektes und dessen Stellung unter verwandten physikalischen Vorgängen betreffen. Im Zusammenhang mit der sich erweiternden Anwendung des RAMAN-Effektes und neuen Entdeckungen auf diesem Gebiet wurde die Aufmerksamkeit eines großen Kreises von Physikern und Chemikern auf den RAMAN-Effekt gelenkt. Obwohl der RAMAN-Spektroskopie eine umfangreiche Literatur gewidmet ist, gibt jedoch nur PLACZEK in seiner Monographie eine hinreichend tiefe und systematische Behandlung der allgemeinen Probleme dieser Erscheinung. Dieses seinem Umfang nach kleine und relativ schwer zu lesende Buch erschien in russischer Sprache im Jahre 1935 und ist längst zu einer bibliophilen Seltenheit geworden. Andere auf diesem Gebiete veröffentlichte Bücher sind vorwiegend der Meßmethodik gewidmet oder umfassen nur einen relativ kleinen, die Anwendung der RAMAN-Spektroskopie in der Chemie betreffenden Problemkreis. Daneben existiert eine Reihe von Arbeiten zur Berechnung von Molekülschwingungsspektren, in denen jedoch die Behandlung des RAMAN-Effektes selbst nur eine zweitrangige Stellung einnimmt.

Mit dem vorliegenden Buch wird der Versuch unternommen, die in der Literatur vorhandene Lücke zu schließen, und eine systematische Darlegung der für das Verständnis des physikalischen Wesens des RAMAN-Effektes und seines

Zusammenhangs mit anderen optischen Vorgängen notwendigen Grundfragen zu geben. Darüber hinaus soll das Buch einen Eindruck über die vielfältigen Anwendungsmöglichkeiten des RAMAN-Effektes bei der Untersuchung von Substanzeigenschaften vermitteln. Hierzu gehören vor allem Aussagen über den chemischen Aufbau, die geometrische Konfiguration und die zahlreichen geometrischen, dynamischen und elektrooptischen Parameter der Moleküle. Spezielle Kapitel sind den RAMAN-Spektren von Kristallen und dem stimulierten RAMAN-Effekt gewidmet.

Das Buch wendet sich an einen breiten Kreis von Wissenschaftlern, die sich mit dem RAMAN-Effekt beschäftigen, jedoch nicht über Spezialkenntnisse auf diesem Gebiet verfügen. Die Darstellung einer Reihe von Problemen wird erforderlichenfalls durch erläuterndes Material ergänzt. In einigen Fällen werden im geringen Umfange notwendige mathematische Angaben gemacht. Es ist klar, daß dabei keine Strenge und Systematik der Darstellung angestrebt werden konnte. Auf die Berechnung von Molekülschwingungen wird nur soweit eingegangen, wie das für das Verständnis der hier behandelten Probleme erforderlich ist.

Fragen der experimentellen Technik werden nur in einigen Fällen im Zusammenhang mit wenig bekannten oder neuen Untersuchungsmethoden beschrieben. Die im Buch angeführten experimentellen Daten dienen hauptsächlich zur Illustration der Grundprobleme und stellen deshalb nur einen kleinen Ausschnitt aus dem vorliegenden experimentellen Material dar. Die Zitierung der einschlägigen Literatur erhebt ebenfalls keinen Anspruch auf Vollständigkeit, selbst dann nicht, wenn eine Frage relativ ausführlich dargestellt wird.

Abschließend möchte ich W. S. GORELIK für seine wertvolle Hilfe bei der Abfassung der Paragraphen 18 bis 21 danken sowie T. I. KUSNEZOWA, W. A. SUBOW, L. A. SCHELEPIN und I. K. SCHUWALOW für Diskussionen über einige Abschnitte dieses Buches. W. P. SOTSCHELNIKOWA danke ich für ihre große Hilfe bei der Anfertigung des Manuskriptes.

Der Autor ist JA. S. BOBOWITSCH und CH. E. STERIN für die kritische Durchsicht des Manuskriptes und für wertvolle Hinweise zu Dank verpflichtet.

M. M. Suschtschinskij

Vorwort des Herausgebers

Die von *Prof. Suschtschinskij* in seinem Vorwort angeführte rasche Entwicklung der RAMAN-Spektroskopie – vor allem durch den Einsatz von Lasern als Lichtquelle bedingt – hat auch in den $2^1/_2$ Jahren seit Erscheinen der russischen Ausgabe unvermindert angehalten. Da sich die Monographie überwiegend mit der Theorie der Ramanspektren und einigen Anwendungsaspekten beschäftigt, apparative Belange dagegen nur am Rande behandelt werden, konnte bei der deutschsprachigen Bearbeitung weitgehend auf das Einarbeiten jüngster Veröffentlichungen verzichtet werden. Im Kapitel „*Ramanspektren von Kristallen*" haben wir den Tabellen der Auswahlregeln von LOUDON diejenigen von POULET und MATHIEU zugefügt, die zur Zeit des Erscheinens der Originalausgabe noch nicht vorlagen.

Der besonders schnellen Entwicklung des sehr jungen stimulierten RAMAN-Effektes (Kapitel IV) haben wir durch Angabe einiger uns besonders wichtig erscheinender Literaturzitate der jüngsten Zeit Rechnung getragen. Auch hier gilt wie für das Original, daß die Erfassung aller Literatur nicht beabsichtigt war.

Herrn *Prof. Brandmüller* danken wir für viele wertvolle Hinweise. Herrn *Dr. Lau* für seine Hilfe bei der Bearbeitung des IV. Kapitels.

Übersetzer und Herausgeber hoffen, daß der vorliegende Band die von uns empfundene Lücke in der deutschsprachigen Fachliteratur schließt und gleichzeitig viele bisher nur schwer zugängliche Ergebnisse sowjetischer Fachkollegen erschließt.

H. Kriegsmann

Inhalt

Vorwort der russischsprachigen Ausgabe V

Vorwort der deutschsprachigen Ausgabe VII

1. Allgemeine Theorie des RAMAN-Effektes 1

§ 1. Einleitung 2
§ 2. Der Streutensor 3
§ 3. Untersuchung der Indikatrix der RAMAN-Streuung 19
§ 4. Quantentheorie der Wechselwirkung von Strahlung und Materie 25
§ 5. Intensität der RAMAN-Linien 45
§ 6. Streutensor und Polarisierbarkeit des Moleküls 64
§ 7. Quantentheorie der Schwingungsübergänge 70

2. RAMAN-Spektren und Molekülstruktur 82

§ 8. Rotations-RAMAN-Spektren 82
§ 9. Schwingungsspektren und Molekülsymmetrie 98
§ 10. Methoden zur Berechnung von Molekülschwingungen 114
1. Kleine Schwingungen eines Systems von Massenpunkten ... 114
2. Berechnung der Frequenzen und Schwingungsformen 121
3. Intensitätsberechnungen für RAMAN-Linien 154

§ 11. Charakteristische Linien in den Schwingungs-RAMAN-Spektren 160

§ 12. Anwendung des RAMAN-Effektes für Strukturanalysen 173
1. Strukturanalyse von Paraffinen 173
2. Strukturanalyse von Naphthenen 176
3. Strukturanalyse von ungesättigten Kohlenwasserstoffen ... 179

§ 13. Einfluß der Wechselwirkung von Atomen und Atomgruppen in größeren Molekülen auf das RAMAN-Spektrum 184
1. Konjugation von Mehrfachbindungen 184
2. Konjugation in komplizierten Systemen 190
3. Zusammenhang zwischen spektralen Eigenschaften und Reaktionsfähigkeit einiger aromatischer Verbindungen 192

§ 14. Rotationsisomerie und Torsionsschwingungen 193
1. Schwingungsspektren und Rotationsisomerie 193
2. Torsionsschwingungen in RAMAN-Spektren 199

§ 15. Spektren zweiter Ordnung und Anharmonizität der Molekülschwingungen 205

1. RAMAN-Spektren zweiter Ordnung 205
2. Berücksichtigung der Anharmonizität bei der Berechnung von Molekülspektren 211
3. Intensität der Linien zweiter Ordnung 215
4. Resonanzaufspaltung der RAMAN-Linien (FERMI-Resonanz) 218

§ 16. Rotationsstruktur der RAMAN-Linien 224

§ 17. RAMAN-Spektren und zwischenmolekulare Wechselwirkung 238
1. Einfluß der zwischenmolekularen Wechselwirkung auf die Frequenz der RAMAN-Linien 239
2. Zwischenmolekulare Wechselwirkungen und die Linienbreite im RAMAN-Effekt von Flüssigkeiten 249
3. Einfluß der zwischenmolekularen Wechselwirkung auf die Intensität der RAMAN-Linien 256
4. Spezifische Wechselwirkungen zwischen den Molekülen und ihr Einfluß auf die RAMAN-Spektren 261

3. RAMAN-Spektren von Kristallen 270

§ 18. Symmetrie des Kristallgitters 270

§ 19. Schwingungsspektren von Kristallen 276
1. Schwingungen eines eindimensionalen Gitters 276
2. Allgemeine Theorie der harmonischen Kristallschwingungen 279
3. Allgemeine Klassifikation der Grundschwingungen der Kristalle 287
4. Schwingungen von Kristallen mit komplizierten Atomgruppen 292
5. Theorie von RAMAN zur Dynamik des Kristallgitters 293
6. Polare Schwingungen des Kristallgitters 294
7. Beispiel für die gruppentheoretische Klassifizierung der Gitterschwingungen 301

§ 20. RAMAN-Streuung erster Ordnung an Kristallen 304
1. Theorie der Intensität der RAMAN-Streuung an Kristallen... 304
2. Auswahlregeln für die RAMAN-Spektren erster Ordnung 307
3. RAMAN-Spektren erster Ordnung der einfachsten Kristalle.. 314

§ 21. Einige typische Fälle der RAMAN-Streuung an Kristallen ... 319
1. Molekülkristalle 319
2. Untersuchungen der RAMAN-Spektren von Kristallen bei Phasenübergängen 330
3. Lichtstreuung an piezoelektrischen Kristallen 338
4. RAMAN-Spektren zweiter Ordnung 340

§ 22. RAMAN-Spektren von dispersen Systemen 353

4. Stimulierter RAMAN-Effekt 363

§ 23. Linienintensität des stimulierten RAMAN-Effektes und die Abhängigkeit von den Anregungsbedingungen 363
1. Erste experimentelle Resultate 363
2. Halbklassische Theorie der stimulierten RAMAN-Streuung .. 367
3. Quantentheorie der stimulierten RAMAN-Streuung 371
4. Untersuchungen der Schwelle der stimulierten RAMAN-Streuung 382

§ 24. Intensitätsverteilung und Linienbreite in den stimulierten RAMAN-Spektren 386
1. Einige Besonderheiten der Intensitätsverteilung in den stimulierten RAMAN-Spektren 386
2. Inverser RAMAN-Effekt 387
3. Quantentheorie der Intensitätsverteilung in den stimulierten RAMAN-Spektren 389
4. Stimulierter RAMAN-Effekt als Erscheinung der nichtlinearen Optik 397
5. Breite und Profil der stimulierten RAMAN-Linien 402
6. Experimentelle Untersuchungen der Intensitätsverteilung in stimulierten RAMAN-Spektren 403

§ 25. Winkelverhalten der stimulierten RAMAN-Streuung 409
1. Besonderheiten der Winkelverteilung der stimulierten RAMAN-Streuung 409
2. Asymmetrie der Indikatrix der stimulierten RAMAN-Streuung 415
3. Mögliche Erklärungen der Winkelverteilung im stimulierten RAMAN-Effekt 418
4. Selbstfokussierung und ihr Einfluß auf den stimulierten RAMAN-Effekt 421

5. Literatur 424

1. Allgemeine Theorie des Raman-Effektes

§ 1. Einleitung

Der RAMAN-Effekt gehört zu den Prozessen, die durch die Wechselwirkung von Strahlung und Materie bedingt sind. Für die RAMAN-Streuung ist eine Verschiebung der Frequenz der Streustrahlung gegenüber der Frequenz der Primärstrahlung (Erregerstrahlung) charakteristisch. Dabei geht jedoch das streuende System — im Unterschied etwa zur Lumineszenz, die ebenfalls eine Sekundärstrahlung mit verschobener Frequenz darstellt — nicht für endliche (und sei es noch so kleine) Zeitintervalle in den angeregten Zustand über. Diese Zustände spielen im Rahmen eines Streuprozesses die Rolle virtueller Zustände (siehe §4).

Der RAMAN-Effekt wurde 1928 von LANDSBERG und MANDELSTAM bei der Untersuchung der Lichtstreuung an Kristallen [1] und gleichzeitig von RAMAN und KRISHNAN bei der Untersuchung der Lichtstreuung an Flüssigkeiten [2] entdeckt. Lange Zeit vor dieser Entdeckung hatte LOMMEL [3] eine mathematische Theorie für die Lichtstreuung an einem anharmonischen Oszillator entwickelt. Nach LOMMEL treten im Streulicht verschobene Frequenzen — der Summen- und Differenzton der eingestrahlten Frequenz mit der Eigenfrequenz des Oszillators — auf. 1923 hat SMEKAL [4] bei der Betrachtung der Übergangsprozesse von Atomen zwischen verschiedenen Zuständen unter dem Einfluß von Lichtquanten der Frequenz ν gezeigt, daß die Streustrahlung die Frequenzen $\nu \pm \Delta E/h$ enthält. ΔE ist dabei die Energiedifferenz zwischen den betrachteten Zuständen und h das Wirkungsquantum. Diese theoretischen Voraussagen übten jedoch keinen Einfluß auf die Entdeckung des RAMAN-Effektes aus. MANDELSTAM und LANDSBERG gelang ihre Entdeckung bei der Suche einer Frequenzverschiebung des Streulichtes, hervorgerufen durch Modulation der Frequenz der auf die Substanz einfallenden Lichtwelle mit den Eigenfrequenzen der Substanz. RAMAN ging von der Suche eines optischen Gegenstückes zum COMPTON-Effekt aus.

In den seit der Entdeckung des RAMAN-Effektes vergangenen 40 Jahren sind ungefähr 8000 Arbeiten hierüber veröffentlicht worden. Ein neuer Zweig der Molekülspektroskopie — die RAMAN-Spektroskopie — ist entstanden, deren Untersuchungsmethoden (neben denen der Infrarotspektroskopie) breite Anwendung bei der Bestimmung der Zusammensetzung und Struktur von Verbindungen und in der Molekülspektralanalyse gefunden haben. Bei der Erforschung der RAMAN-Streuung selbst deutet sich eine Reihe neuer selbständiger Richtungen an.

Eine auch nur halbwegs vollständige Theorie des RAMAN-Effektes kann nur auf der Grundlage quantentheoretischer Vorstellungen entwickelt werden.

Andererseits gestattet die einfache klassische Theorie, wichtige Züge dieser Erscheinung zu beschreiben.

Die physikalischen Grundprinzipien, auf denen die klassische Theorie des RAMAN-Effektes aufbaut, können folgendermaßen formuliert werden:

1. Der Mechanismus der Lichtstreuung besteht darin, daß im Molekül durch die Einwirkung der einfallenden Lichtwelle ein Dipolmoment induziert wird, das erzwungene Schwingungen ausführt.

2. Im sichtbaren Bereich und im nahen Ultraviolett erfolgt die Lichtstreuung hauptsächlich durch die Elektronenhülle des Moleküls; die Atomkerne — das „Molekülskelett" — verschieben sich nur wenig.

3. Der RAMAN-Effekt beruht auf der Kopplung zwischen Kern- und Elektronenbewegung; durch die jeweilige Kernkonfiguration wird das für die Bewegung der Elektronenhülle maßgebliche innere Feld bestimmt. Dadurch wird das Deformationsvermögen der Elektronenhülle gegenüber dem Feld der Lichtwelle von der augenblicklichen Kernkonfiguration abhängig. Bei einer Schwingungsbewegung der Kerne um ihre Gleichgewichtslagen (oder einer andersgearteten periodischen Bewegung, wie z. B. der Rotation) ändert sich das Deformationsvermögen der Elektronenhülle mit der Frequenz der Kernschwingungen. Die Deformation der Elektronenhülle kann ihrerseits Schwingungen des Molekülskeletts hervorrufen. Im Ergebnis haben wir es mit einer komplizierten Wechselwirkung der Atomrümpfe mit den Elektronen zu tun.

Unter diesem allgemeinen Gesichtspunkt ist der RAMAN-Effekt aufzufassen als die Folge einer Modulation des induzierten Dipolmomentes mit den Schwingungen des Molekülskelettes.

Auf ein Molekül soll eine Lichtwelle $\boldsymbol{E} = \boldsymbol{E}_0 \cos(\omega t)$ auftreffen. Das durch die Lichtwelle induzierte Dipolmoment $\boldsymbol{P}$ des Moleküls ist

$$\boldsymbol{P}(t) = \alpha \boldsymbol{E}, \tag{1.1}$$

wobei α die Polarisierbarkeit des Moleküls bezeichnet. In der klassischen Polarisierbarkeitstheorie stellt sie eine phänomenologische Größe dar. Die Polarisierbarkeit α des Moleküls soll von den augenblicklichen Abständen zwischen den Kernen abhängen. Wenn wir mit q_i die eine gegebene Schwingungsbewegung des Moleküls beschreibende Koordinate bezeichnen, so können wir schreiben $\alpha = \alpha(q_i)$. Ausgehend von der Gleichgewichtslage $q_i = 0$ kann man für kleine q_i die Polarisierbarkeit α nach der Koordinate q_i in eine Taylorreihe entwickeln

$$\alpha(q_i) = \alpha_0 + \left(\frac{\partial \alpha}{\partial q_i}\right)_0 q_i + \cdots \tag{1.2}$$

Unter der Voraussetzung, daß $q_i = q_{i0} \cos(\omega_i t + \delta_i)$, erhalten wir

$$\begin{aligned} \boldsymbol{P}(t) &= \left[\alpha_0 + \left(\frac{\partial \alpha}{\partial q_i}\right)_0 q_{i0} \cos(\omega_i t + \delta_i)\right] \boldsymbol{E}_0 \cos \omega t \\ &= \alpha_0 \boldsymbol{E}_0 \cos \omega t + \frac{1}{2}\left(\frac{\partial \alpha}{\partial q_i}\right)_0 \boldsymbol{E}_0 q_{i0} \cos[(\omega - \omega_i)t + \delta_i] \\ &\quad + \frac{1}{2}\left(\frac{\partial \alpha}{\partial q_i}\right)_0 \boldsymbol{E}_0 q_{i0} \cos[(\omega + \omega_i)t + \delta_i]. \end{aligned} \tag{1.3}$$

Wie aus der Formel (1.3) ersichtlich ist, treten infolge der Modulation der Schwingungen des induzierten Dipolmomentes mit den Kernschwingungen im Streulicht die Frequenzen $\omega - \omega_i$ und $\omega + \omega_i$ auf, d. h., es findet eine Streuung mit Frequenzverschiebung statt. Wie oben schon erwähnt wurde, ließen sich LANDSBERG und MANDELSTAM bei ihren Experimenten gerade von der Idee einer Modulation des Lichtes mit den Eigenfrequenzen der Streusubstanz leiten.

Nach (1.3) ist die Intensität der RAMAN-Linien dem Quadrat der Ableitung der Polarisierbarkeit nach der Schwingungskoordinate propoı tional. Bei Berücksichtigung von Gliedern höherer Ordnung in der Entwicklung (1.2) läßt sich auf ganz analoge Weise die Intensität der Ober- und Kombinationstöne mit den entsprechenden Größen

$$\left(\frac{\partial^2 \alpha}{\partial q_i^2}\right)_0^2, \quad \left(\frac{\partial^2 \alpha}{\partial q_i \, \partial q_k}\right)_0 \quad \text{usw.}$$

verknüpfen.

§ 2. Streutensor

Im allgemeinen Falle besitzt das streuende System eine gewisse Anisotropie, d. h. seine Eigenschaften sind richtungsabhängig. In einem solchen System wird also das Vermögen der Elektronen, sich unter der Einwirkung des elektrischen Feldes aus ihren Gleichgewichtslagen zu verschieben, von der Richtung des Feldes bezüglich bestimmter ausgezeichneter Achsen des betrachteten Systems abhängig sein. Infolgedessen wird im allgemeinen die Richtung des induzierten Dipolmomentes $\boldsymbol{P}$ nicht mit der Richtung des elektrischen Vektors $\boldsymbol{E}$ der Erregerstrahlung übereinstimmen.

In diesem Abschnitt soll angenommen werden, daß die Streuung an einzelnen Molekülen erfolgt (die Streuung an Kristallen wird im Kap. 3. behandelt). X, Y, Z sei ein raumfestes und x, y, z ein molekülfestes Koordinatensystem (Abb. 1). Dieses sei beliebig im raumfesten Koordinatensystem X, Y, Z orientiert. Sind E_k

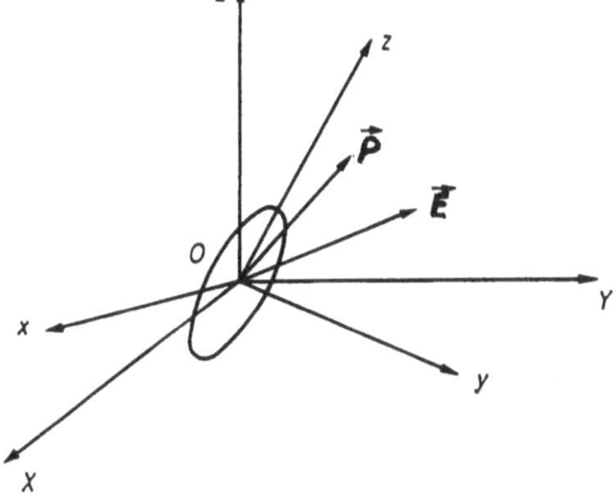

Abb. 1: Raumfestes Koordinatensystem (X, Y, Z) und molekülfestes Koordinatensystem (x, y, z).

die Komponenten des Vektors $\boldsymbol{E}$ im System x, y, z, so kann man die Komponenten des Vektors $\boldsymbol{P}$ im allgemeinen Falle in der Form

$$P_i = \sum_k \beta_{ik} E_k \qquad (i, k = x, y, z) \tag{2.1}$$

schreiben.

Die Gesamtheit der Größen β_{ik}, die in allgemeiner Form die Eigenschaften des Streulichtes bestimmen, heißt Streutensor. Der Tensor β_{ik} wird durch die Matrix seiner Komponenten vorgegeben:

$$\|\beta_{ik}\| = \left\| \begin{matrix} \beta_{11} & \beta_{12} & \beta_{13} \\ \beta_{21} & \beta_{22} & \beta_{23} \\ \beta_{31} & \beta_{32} & \beta_{33} \end{matrix} \right\|. \tag{2.2}$$

Die Komponenten des Streutensors sind im allgemeinen komplex und haben keine Symmetrieeigenschaften.[1]) Der Zusammenhang des Streutensors mit den Eigenschaften des streuenden Moleküls (speziell mit seiner Polarisierbarkeit) kann nur mit Hilfe der Quantenmechanik hergestellt werden. Wir wollen uns hier auf die Betrachtung einiger allgemeiner Eigenschaften des Streutensors beschränken.

Der Streutensor kann, wie jeder Tensor, in die Summe von einem symmetrischen $S_{ik} (S_{ki} = S_{ik})$ und einem antisymmetrischen Teil $a_{ik} (a_{ki} = -a_{ik}, a_{ii} = 0)$ zerlegt werden:

$$\beta_{ik} = S_{ik} + a_{ik}. \tag{2.3}$$

Dazu schreiben wir den Streutensor in der Form

$$\beta_{ik} = \frac{1}{2} (\beta_{ik} + \beta_{ki}) + \frac{1}{2} (\beta_{ik} - \beta_{ki}).$$

Mit den Bezeichnungen

$$S_{ik} = \frac{1}{2} (\beta_{ik} + \beta_{ki}), \qquad a_{ik} = \frac{1}{2} (\beta_{ik} - \beta_{ki}) \tag{2.4}$$

gelangen wir offensichtlich zu Formel (2.3).

Der Streutensor läßt sich vereinfachen, indem man als molekülfestes Koordinatensystem das sogenannte Hauptachsensystem des Moleküls wählt. Unter bestimmten Voraussetzungen bezüglich der Symmetrie kann der Streutensor durch Hauptachsentransformation auf Diagonalform gebracht werden. Ganz allgemein werden diese Symmetrieeigenschaften durch die Beziehung

$$BB^+ = B^+B \tag{2.5}$$

ausgedrückt [5]. Hierin bedeutet B^+ die zu B adjungierte Matrix.
Ihre Komponenten genügen der Bedingung

$$B^+_{ik} = B^*_{ki}. \tag{2.6}$$

Eine Matrix, die die Bedingung (2.5) erfüllt, besitzt offensichtlich die Eigen schaft

$$B_{ik} = B^*_{ki} \tag{2.7}$$

[1]) *Anmerkung des Herausgebers:* Der Streutensor besitzt Symmetrieeigenschaften. Daraus leiten sich Beziehungen zwischen den Komponenten ab.

oder

$$B^+ = B.$$

Eine solche Matrix (oder entsprechend Tensor) heißt hermitesch. Aus (2.7) folgt, daß für hermitesche Matrizen die Hauptwerte $B_{kk} = B_k$ reell sind.

Für symmetrische Matrizen nimmt die Bedingung (2.6) die Gestalt

$$B_{ik}^+ = B_{ik}^*$$

an, d. h. $B^+ = B^*$. Setzt man $B = B_1 + iB_2$, wobei B_1 und B_2 reelle symmetrische Matrizen sind, so wird die Bedingung (2.5) für symmetrische Matrizen der Forderung

$$B_2 B_1 = B_1 B_2 \tag{2.8}$$

äquivalent. Das ist offenbar erfüllt, wenn die Matrizen B_1 und B_2 mit Hilfe ein und derselben Koordinatentransformation auf Diagonalform gebracht werden können. Dabei ist $B_{kk} = B_{1kk} + iB_{2kk}$, d. h., die Hauptwerte von symmetrischen Matrizen sind komplex.

Wir wollen annehmen, daß für den uns interessierenden symmetrischen Teil S_{ik} des Streutensors die Bedingung (2.8) erfüllt ist. Dann läßt sich dieser Tensor im Hauptachsensystem in Diagonalform darstellen

$$\|\beta_{ik}\| = \begin{Vmatrix} \beta_1 & 0 & 0 \\ 0 & \beta_2 & 0 \\ 0 & 0 & \beta_3 \end{Vmatrix} + \begin{Vmatrix} 0 & a_{12} & a_{13} \\ -a_{12} & 0 & a_{23} \\ -a_{13} & -a_{23} & 0 \end{Vmatrix}. \tag{2.9}$$

Die Konstanten $\beta_{ii} = \beta_i$ und a_{ik} beschreiben die Eigenschaften des streuenden Moleküls.

Wir berechnen nun das Feld der gestreuten Welle, d. h. der Welle, die von dem induzierten Dipol ausgestrahlt wird, in Entfernungen vom System, die groß sind im Vergleich zu den Abmessungen des Systems. Für das elektrische Feld $\boldsymbol{E}'$ und das Magnetfeld $\boldsymbol{H}'$ der vom System mit dem Moment $\boldsymbol{P}$ ausgestrahlten Welle gilt nach der allgemeinen Theorie der elektromagnetischen Wellen (vgl. z. B. [6])

$$\boldsymbol{E}' = \frac{1}{c^2 R} \left[[\ddot{\boldsymbol{P}} \boldsymbol{n}'] \, \boldsymbol{n}' \right], \tag{2.10}$$

$$\boldsymbol{H}' = \frac{1}{c^2 R} [\ddot{\boldsymbol{P}} \boldsymbol{n}'], \tag{2.11}$$

wobei $\boldsymbol{n}'$ der Einheitsvektor in Streurichtung ist und R die Entfernung vom System zum Beobachtungspunkt.

Die Intensität dI der Strahlung im Raumwinkelelement $d\Omega$ ist diejenige Energiemenge, die in der Zeiteinheit durch das Element $R^2 d\Omega$ der Kugeloberfläche gelangt, deren Zentrum im Koordinatenursprung liegt und die einen Radius R besitzt. Die Streuintensität in Richtung $\boldsymbol{n}'$ ist [6]

$$dI = \frac{c}{4\pi} |\boldsymbol{H}'|^2 R^2 \, d\Omega. \tag{2.12}$$

Setzen wir für $\boldsymbol{H}'$ den Ausdruck (2.11) ein, so finden wir

$$dI = \frac{1}{4\pi c^3} |[\ddot{\boldsymbol{P}}\boldsymbol{n}']|^2 \, d\Omega. \tag{2.13}$$

Wir können voraussetzen, daß die Dipolschwingungen harmonisch sind und die Frequenz ω' haben (im allgemeinen ist $\omega' \neq \omega$):

$$\boldsymbol{P} = \boldsymbol{P}_0 e^{i\omega' t}. \tag{2.14}$$

Dabei gilt $\ddot{\boldsymbol{P}} = -\omega'^2 \boldsymbol{P}$. Es ist somit

$$dI = \frac{\omega'^4}{4\pi c^3} |[\boldsymbol{P}\boldsymbol{n}']|^2 \, d\Omega. \tag{2.15}$$

Durch die Wahl eines speziellen raumfesten Beobachtungssystems läßt sich der Ausdruck (2.15) vereinfachen. Wir legen die Z-Achse in Richtung $\boldsymbol{n}'$ und die X-Achse in die Ebene der Vektoren $\boldsymbol{n}'$ und $\boldsymbol{E}$[1]). Die Y-Achse stehe senkrecht auf der genannten Ebene (Abb. 2). Verstehen wir unter $\boldsymbol{i}, \boldsymbol{j}, \boldsymbol{k}$ die Einheitsvektoren entlang der Koordinatenachsen X, Y, Z, so können wir schreiben

$$[\boldsymbol{P}\boldsymbol{n}'][\boldsymbol{P}^*\boldsymbol{n}'] = \begin{vmatrix} P_X & P_Y & P_Z \\ 0 & 0 & 1 \\ \boldsymbol{i} & \boldsymbol{j} & \boldsymbol{k} \end{vmatrix} \begin{vmatrix} P_X^* & P_Y^* & P_Z^* \\ 0 & 0 & 1 \\ \boldsymbol{i} & \boldsymbol{j} & \boldsymbol{k} \end{vmatrix} = P_X P_X^* + P_Y P_Y^*.$$

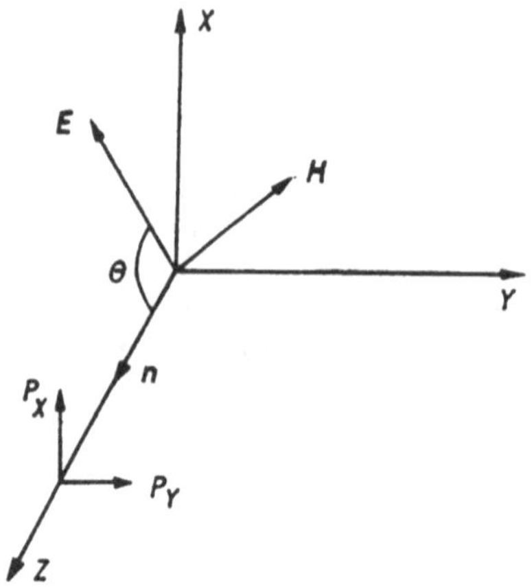

Abb. 2: Koordinatensystem, in dem das Streulicht beobachtet wird.

Die Streuintensität geht dabei über in

$$dI = \frac{\omega'^4}{4\pi c^3} (P_X P_X^* + P_Y P_Y^*) \, d\Omega, \tag{2.16}$$

d. h. eine Summe aus zwei Komponenten $I_X \sim P_X P_X^*$ und $I_Y \sim P_Y P_Y^*$, von

[1]) Wir nehmen an, daß die einfallende Lichtwelle linear polarisiert ist; dann kann ihre Amplitude $\boldsymbol{E}_0$ reell gewählt werden.

denen jede auf eine bestimmte Achse in dem gewählten Koordinatensystem bezogen ist. Das Verhältnis der beiden Komponenten

$$\bar{\rho} = \frac{I_Y}{I_X} \tag{2.17}$$

wird als Depolarisationsgrad bezeichnet.

Es sei θ der Winkel zwischen der Streurichtung $\boldsymbol{n}'$ und der Richtung des elektrischen Vektors $\boldsymbol{E}$ der einfallenden Welle, also

$$E_X = E \sin\theta, \quad E_Y = 0, \quad E_Z = E \cos\theta. \tag{2.18}$$

Durch die Formel (2.16) wird die Streuintensität eines Moleküls beschrieben. Bei der RAMAN-Streuung kann man annehmen, daß bei nicht zu großen einfallenden Strahlungsleistungen die Moleküle unabhängig voneinander streuen. Die Strahlung verschiedener Moleküle ist demnach inkohärent (der Fall kohärenter Streuung soll im Kap. 4. behandelt werden). Die gesamte in eine Richtung gestreute Intensität ist der Anzahl der Moleküle N proportional, wobei in (2.16) die Mittelung über alle Orientierungen der Moleküle in bezug auf das raumfeste Koordinatensystem auszuführen ist.

Zur Vereinfachung der Schreibweise wollen wir nun die auf das molekülfeste Koordinatensystem bezogenen Komponenten stets mittels der Buchstaben i, k (i, $k = x$, y, z) und die auf das raumfeste Koordinatensystem bezogenen Komponenten mittels der Buchstaben l, m (l, $m = X$, Y, Z) indizieren. Die Richtungskosinus wollen wir mit n_{il} bezeichnen, wobei sich der erste Index stets auf das molekülfeste und der zweite auf das raumfeste Koordinatensystem bezieht, z. B. $\cos(x, Y) = n_{12}$, $\cos(y, X) = n_{21}$ usw. Der Zusammenhang zwischen den Komponenten des elektrischen Vektors $\boldsymbol{E}$ der einfallenden Lichtwelle im molekülfesten und im raumfesten Koordinatensystem ist gegeben durch

$$E_k = \sum_m n_{km} E_m \tag{2.19}$$

und entsprechend

$$P_l = \sum_i n_{il} P_i. \tag{2.20}$$

Einsetzen von P_i aus (2.1) liefert unter Verwendung von (2.19)

$$\begin{aligned} P_l &= \sum_i n_{il}\Big[\sum_k \beta_{ik} E_k\Big] = \sum_i n_{il}\Big[\sum_k \beta_{ik}\Big(\sum_m n_{km} E_m\Big)\Big] \\ &= \sum_{ikm} \beta_{ik} n_{il} n_{km} E_m = \sum_m E_m \sum_{ik} \beta_{ik} n_{il} n_{km}. \end{aligned} \tag{2.21}$$

Mit Hilfe von (2. 21) bilden wir jetzt die in den Ausdruck für die Streuintensität eingehenden Produkte $P_1 P_1^*$ und $P_2 P_2^*$. Sie haben die Gestalt

$$P_l P_l^* = \sum_{ikm} \sum_{i'k'm'} \beta_{ik} \beta^*_{i'k'} n_{il} n_{km} n_{i'l} n_{k'm'} E_m E_{m'}. \tag{2.22}$$

Die Produkte (2.22) müssen noch über alle Richtungen des Moleküls, d. h. über alle Orientierungen des molekülfesten Koordinatensystems bezüglich des raumfesten gemittelt werden. Um diese Rechnung auszuführen, müssen wir die räumlich gemittelten Produkte der Richtungskosinus $\overline{n_{il} n_{km} n_{i'l} n_{k'm'}}$ berechnen. Das kann auf folgende Weise geschehen.

Es sei ϑ der Winkel zwischen der i-ten Achse des molekülfesten Koordinatensystems und der l-ten Achse des raumfesten. Betrachten wir hier diesen Winkel als Polarwinkel eines sphärischen Koordinatensystems (r, ϑ, φ), so wird

$$\overline{n_{il}^4} = \overline{\cos^4 \vartheta} = \frac{\int\limits_0^{2\pi}\int\limits_0^{\pi} \cos^4 \vartheta \sin \vartheta \, d\vartheta \, d\varphi}{\int\limits_0^{2\pi}\int\limits_0^{\pi} \sin \vartheta \, d\vartheta \, d\varphi} = \frac{1}{5}. \tag{2.23}$$

Um die übrigen gemittelten Produkte der Richtungskosinus zu erhalten, benutzen wir die Identitäten

$$n_{il}^2 + n_{im}^2 + n_{ip}^2 = 1,$$

$$n_{il} n_{kl} + n_{im} n_{km} + n_{ip} n_{kp} = 0 \qquad \text{usw.}$$

Wenn wir die erste Gleichung quadrieren, die Produkte der Kosinus mitteln und die Symmetrie berücksichtigen, so finden wir

$$3\overline{n_{il}^4} + 6\overline{n_{il}^2 n_{im}^2} = 1.$$

Daraus folgt

$$\overline{n_{il}^2 n_{im}^2} = \frac{1}{15} \qquad (l \neq m). \tag{2.24a}$$

Ebenso ergibt sich

$$\overline{n_{il}^2 n_{kl}^2} = \frac{1}{15} \qquad (i \neq k). \tag{2.24b}$$

Wenn wir in ähnlicher Weise das Quadrat der zweiten Identität bilden, so erhalten wir

$$\overline{n_{il} n_{im} n_{kl} n_{km}} = -\frac{1}{30}. \tag{2.25}$$

Mitteln wir schließlich das Produkt

$$(n_{il}^2 + n_{im}^2 + n_{ip}^2)(n_{kl}^2 + n_{km}^2 + n_{kp}^2) = 1,$$

so hat man

$$3\overline{n_{il}^2 n_{kl}^2} + 6\overline{n_{il}^2 n_{km}^2} = 1,$$

$$\overline{n_{il}^2 n_{km}^2} = \frac{2}{15} \qquad (i \neq k,\ l \neq m). \tag{2.26}$$

Die übrigen Mittelwerte der Produkte der Kosinus sind identisch Null.

Es sei hier bemerkt, daß in der Formel (2.25) jeder Index zweifach auftritt. In die übrigen Formeln gehen die Quadrate der Richtungskosinus ein, d. h., sie enthalten ebenfalls eine gerade Anzahl gleicher Indizes. Hieraus kann man schließen, daß Terme der Gestalt (2.22), in denen irgendein Index nur einmal auftritt, fortfallen.

Diese Regel hat zur Folge, daß in dem gemittelten Ausdruck (2.22) nur Glieder mit $m = m'$ stehen bleiben und damit dieser Ausdruck die Form haben muß:

$$\overline{P_l P_l^*} = \sum_{iki'k'm} \beta_{ik}\beta^*_{i'k'} \overline{n_{il}n_{km}n_{i'l}n_{k'm}} E_m^2. \tag{2.27}$$

Bezüglich der Indizes i, k, i', k' sind drei Varianten möglich: 1. $i = k$, $i' = k'$; 2. $i = i'$, $k = k'$; 3. $i = k'$, $k = i'$.

Zur weiteren Vereinfachung des Ausdrucks (2.27) unter Berücksichtigung der aufgezählten Indexkombinationen machen wir von der Zerlegung des Streutensors in einen symmetrischen und antisymmetrischen Teil gemäß (2.3) Gebrauch:

$$\beta_{ik}\beta^*_{i'k'} = (S_{ik} + a_{ik})\,(S^*_{i'k'} + a^*_{i'k'}). \tag{2.28}$$

Wir erhalten beim Einsetzen von (2.28) in (2.27) folgende vier Glieder:

$$\overline{P_l P_l^*} = \overline{(P_l P_l^*)}_s + \overline{(P_l P_l^*)}_a + \overline{(P_l P_l^*)}_{sa} + \overline{(P_l P_l^*)}_{as} \tag{2.29}$$

mit

$$\overline{(P_l P_l^*)}_s = \sum_{iki'k'm} S_{ik}S^*_{i'k'} \overline{n_{il}n_{km}n_{i'l}n_{k'm}} E_m^2, \tag{2.30a}$$

$$\overline{(P_l P_l^*)}_a = \sum_{iki'k'm} a_{ik}a^*_{i'k'} \overline{n_{il}n_{km}n_{i'l}n_{k'm}} E_m^2, \tag{2.30b}$$

$$\overline{(P_l P_l^*)}_{sa} = \sum_{iki'k'm} S_{ik}a^*_{i'k'} \overline{n_{il}n_{km}n_{i'l}n_{k'm}} E_m^2, \tag{2.30c}$$

$$\overline{(P_l P_l^*)}_{as} = \sum_{iki'k'm} a_{ik}S^*_{i'k'} \overline{n_{il}n_{km}n_{i'l}n_{k'm}} E_m^2. \tag{2.30d}$$

Die Zerlegung (2.29) ist in einem beliebigen Koordinatensystem gültig. Wir wollen nun als molekülfestes Koordinatensystem das Hauptachsensystem des Moleküls wählen. Bei einer solchen Wahl der Achsen sind nur die Diagonalelemente S_{ii} und $S^*_{i'i'}$ der Tensoren S_{ik} und $S^*_{i'k'}$ von Null verschieden. Mit Rücksicht auf Variante 1. enthält der Ausdruck (2.30c) nur mehr die Faktoren $S_{ii'}a^*_{i'i'}$ und der Ausdruck (2.30d) die Faktoren $a_{ii}S^*_{i'i'}$. Sie alle sind aber identisch Null, da a_{ik} ein antisymmetrischer Tensor ist. Darum haben wir nun $\overline{(P_l P_l^*)}_{sa} = 0$ und $\overline{(P_l P_l^*)}_{as} = 0$ und

$$\overline{(P_l P_l^*)} = \overline{(P_l P_l^*)}_s + \overline{(P_l P_l^*)}_a. \tag{2.31}$$

Die Streuintensität setzt sich somit aus zwei voneinander unabhängigen Teilen zusammen, die entsprechend vom symmetrischen und antisymmetrischen Teil des Streutensors herrühren.

Mit Hilfe der in (2.9) verwendeten Bezeichnungen kann man die Ausdrücke (2.30a) und (2.30b) in der Form schreiben:

$$\overline{(P_l P_l^*)_s} = \sum_{ikm} \beta_i \beta_k^* \overline{n_{il} n_{im} n_{kl} n_{km}} E_m^2, \tag{2.32}$$

$$\overline{(P_l P_l^*)_a} = \sum_{ikm} a_{ik} a_{ik}^* \left(\overline{n_{il}^2 n_{km}^2} - \overline{n_{il} n_{km} n_{kl} n_{im}}\right) E_m^2. \tag{2.33}$$

Dabei wurde benutzt, daß a_{ik} antisymmetrisch ist. In dem Ausdruck (2.33) sind die Indexkombinationen der Varianten 2. und 3. berücksichtigt.

Bei der folgenden Rechnung wird berücksichtigt, daß $E_2 = 0$ ist. Man erhält:

$$\begin{aligned}\overline{(P_l P_l^*)_s} &= \sum_i \beta_i \beta_i^* \left[\overline{n_{i1}^4} E_1^2 + \overline{n_{i1}^2 n_{i3}^2} E_3^2\right] \\ &\quad + \sum_{i \neq k} (\beta_i \beta_k^* + \beta_k \beta_i^*) \left[\overline{n_{i1}^2 n_{k1}^2} E_1^2 + \overline{n_{i1} n_{i3} n_{k1} n_{k3}} E_3^2\right] \\ &= \frac{E^2}{15}\left[(3 \sin^2\theta + \cos^2\theta)\left(\sum_i \beta_i \beta_i^*\right) + \left(\sin^2\theta - \frac{1}{2}\cos^2\theta\right)\right. \\ &\quad \left.\times \left(\sum_{i \neq k} (\beta_i \beta_k^* + \beta_k \beta_i^*)\right)\right] = \frac{E^2}{15}\left[(1 + 2\sin^2\theta)\left(\sum_i \beta_i \beta_i^*\right)\right. \\ &\quad \left. + \frac{1}{2}(3\sin^2\theta - 1)\left(\sum_{i \neq k} (\beta_i \beta_k^* + \beta_k \beta_i^*)\right)\right],\end{aligned} \tag{2.34a}$$

$$\begin{aligned}\overline{(P_2 P_2^*)_s} &= \sum_i \beta_i \beta_i^* \left[\overline{n_{i1}^2 n_{i2}^2} E_1^2 + \overline{n_{i2}^2 n_{i3}^2} E_3^2\right] \\ &\quad + \sum_{i \neq k} (\beta_i \beta_k^* + \beta_k \beta_i^*) \left[\overline{n_{i1} n_{i2} n_{k1} n_{k2}} E_1^2 + \overline{n_{i2} n_{i3} n_{k2} n_{k3}} E_3^2\right] \\ &= \frac{E^2}{15}\left[\left(\sum_i \beta_i \beta_i^*\right) - \frac{1}{2}\left(\sum_{i \neq k} (\beta_i \beta_k^* + \beta_k \beta_i^*)\right)\right],\end{aligned} \tag{2.34b}$$

$$\begin{aligned}\overline{(P_1 P_1^*)_a} &= \sum_{i \neq k} a_{ik} a_{ik}^* \left(\overline{n_{i1}^2 n_{k3}^2} - \overline{n_{i1} n_{k1} n_{i3} n_{k3}}\right) E_3^2 \\ &= \frac{1}{3} E^2 \cos^2\theta \left(\sum_{i<k} a_{ik} a_{ik}^*\right),\end{aligned} \tag{2.34c}$$

$$\begin{aligned}\overline{(P_2 P_2^*)_a} &= \sum_{i \neq k} a_{ik} a_{ik}^* \left[\overline{n_{i2}^2 n_{k1}^2} E_1^2 + \overline{n_{i2}^2 n_{k3}^2} E_3^2 - \overline{n_{i1} n_{i2} n_{k1} n_{k2}} E_1^2\right. \\ &\quad \left. - \overline{n_{i2} n_{i3} n_{k2} n_{k3}} E_3^2\right] = \frac{1}{3} E^2 \left(\sum_{i<k} a_{ik} a_{ik}^*\right).\end{aligned} \tag{2.34d}$$

Wir führen die Bezeichnungen

$$S_{si} = \begin{Vmatrix} S_{s1} & 0 & 0 \\ 0 & S_{s2} & 0 \\ 0 & 0 & S_{s3} \end{Vmatrix},$$

$$S_{ai} = \begin{Vmatrix} S_{a1} & 0 & 0 \\ 0 & S_{a2} & 0 \\ 0 & 0 & S_{a3} \end{Vmatrix} \tag{2.35}$$

ein, wobei

$$S_{s1} = S_{s2} = S_{s3} = \frac{1}{3}(\beta_1 + \beta_2 + \beta_3) = \frac{1}{3} \tag{2.36}$$

$$S_{a1} = \frac{1}{3}[(\beta_1 - \beta_2) + (\beta_1 - \beta_3)], \quad S_{a2} = \frac{1}{3}[(\beta_2 - \beta_3) + (\beta_3 - \beta_1)],$$

$$S_{a3} = \frac{1}{3}[(\beta_3 - \beta_1) + (\beta_3 - \beta_2)]. \tag{2.37}$$

Es gilt offensichtlich, daß $S_{si} + S_{ai} = S_{ii}$. Somit läßt sich unter Beachtung von (2.3) und (2.9) der Streutensor im Hauptachsensystem als Summe zweier diagonaler Tensoren und eines antisymmetrischen Tensors darstellen:

$$\beta_{ik} = S_{si} + S_{ai} + a_{ik}. \tag{2.38}$$

Eine wichtige Größe für die Charakterisierung eines Tensors ist die Summe seiner Diagonalelemente, die man als Spur bezeichnet. Diese Summe ist gegenüber beliebigen Koordinatentransformationen invariant. In einem beliebigen Koordinatensystem gilt

$$Sp\,(\beta_{ik}) = \sum_i \beta_{ii} = \sum_i \beta_i = b.$$

Zur Vereinfachung der Ausdrücke (2.34a) und (2.34b) kann man die Spuren der Tensoren $S_{si}S_{si}^*$ und $S_{ai}S_{ai}^*$ benutzen. Sie sind gegeben durch

$$\beta_s = Sp\,(S_{si}S_{si}^*) = \sum_i S_{si}S_{si}^* = \frac{1}{3}(\beta_1 + \beta_2 + \beta_3)(\beta_1{}^* + \beta_2{}^* + \beta_3{}^*)$$

$$= \frac{1}{3}\Big[\sum_i \beta_i\beta_i{}^* + \sum_{i \neq k} (\beta_i\beta_k{}^* + \beta_k\beta_i{}^*)\Big], \tag{2.39}$$

$$\gamma^2 = Sp\,(S_{ai}S_{ai}^*) = \sum_i S_{ai}S_{ai}^*$$

$$= \frac{1}{9}\{[(\beta_1 - \beta_2) + (\beta_1 - \beta_3)][(\beta_1{}^* - \beta_2{}^*) + (\beta_1{}^* - \beta_3{}^*)]$$

$$+ [(\beta_2 - \beta_3) + (\beta_2 - \beta_1)][(\beta_2{}^* - \beta_3{}^*) + (\beta_2{}^* - \beta_1{}^*)]$$

$$+ [(\beta_3 - \beta_1) + (\beta_3 - \beta_2)][(\beta_3{}^* - \beta_1{}^*) + (\beta_3{}^* - \beta_2{}^*)]\}$$

$$= \frac{1}{3}\Big[2\sum_i \beta_i\beta_i{}^* - \sum_{i \neq k} (\beta_i\beta_k{}^* + \beta_k\beta_i{}^*)\Big]. \tag{2.40}$$

Die Größen $1/3\,(\beta_1 + \beta_2 + \beta_3)$ und γ^2 heißen mittlere Polarisierbarkeit und Anisotropie. Gewöhnlich sind sie nur für reelle β_i definiert. In unserer Darstellung behalten diese Größen auch für komplexe β_i ihren Sinn, da wir in der Folge nur die reellen Größen β_s und γ^2 verwenden werden.[1])

Mit (2.39) und (2.40) finden wir

$$\sum_i \beta_i\beta_i^* = \beta_s + \gamma^2;$$

$$\sum_{i \neq k} (\beta_i\beta_k^* + \beta_k\beta_i^*) = 2\beta_s - \gamma^2. \tag{2.41}$$

Einsetzen von (2.41) in (2.34a) und (2.34b) liefert

$$\overline{(P_1P_1^*)}_s = \frac{E^2}{15}\left[5\beta_s \sin^2\theta + \frac{1}{2}\gamma^2(3 + \sin^2\theta)\right], \tag{2.42}$$

$$\overline{(P_2P_2^*)}_s = \frac{E^2}{15}\left(\frac{3}{2}\gamma^2\right). \tag{2.43}$$

Die antisymmetrischen Komponenten des Streulichts sind nach (2.34c) und (2.34d) proportional der Größe

$$\beta_a = 2\sum_{i<k} a_{ik}a_{ik}^* = Sp\,(a_{ik}a_{ik}^+). \tag{2.44}$$

Die Größe β_a stellt die Spur des Tensors $a_{ik}a_{ik}^+$ dar und ist demzufolge eine Invariante. Durch diese Invariante ausgedrückt ist

$$\overline{(P_1P_1^*)}_a = \frac{1}{6} E^2\beta_a \cos^2\theta, \tag{2.45}$$

$$\overline{(P_2P_2^*)}_a = \frac{1}{6} E^2\beta_a. \tag{2.46}$$

[1]) Benutzt man den nicht auf Hauptachsen transformierten Tensor $(S_a)_{ik}$, so haben wir im Falle des reellen symmetrischen Tensors β_{ik} die Beziehung $(S_a)_{ik} = \beta_{ik} - (S_s)_{ii}$ und gemäß den Definitionen (2.36) und (2.40)

$$\gamma^2 = \sum_i \sum_k [(S_a)_{ik}\,(S_a)_{ki}]$$

$$= \sum_i \left(\beta_{ii} - \frac{1}{3}b\right)^2 + \sum_{i \neq k} \beta_{ik}^2 = \sum_{ik} \beta_{ik}^2 - \frac{1}{3}b^2. \tag{2.40a}$$

Die durch die Gleichungen (2.40) und (2.40a) definierte Anisotropie γ^2 ist mit der von anderen Autoren häufig benutzten Größe g^2 verknüpft:

$$g^2 = \frac{3}{2}\gamma^2. \tag{2.40b}$$

Aus den Formeln (2.42) bis (2.46) erkennt man, daß die drei Teile des Streutensors (2.38) Anlaß zu drei entsprechenden Komponenten des Streulichts geben. Diese Komponenten sind jeweils nur mit einem Glied in der Zerlegung des Streutensors verbunden und sind durch die Invarianten (Spuren) der entsprechenden Tensoren $S_{si}S_{si}^+$, $S_{ai}S_{ai}^+$ und $a_{ik}a_{ik}^+$ gekennzeichnet. Der mit dem Tensor S_{si} verbundene Teil der Streustrahlung heißt skalare oder isotrope Streuung. Den durch die Anisotropie γ^2 bedingten und mit dem Tensor S_{ai} verbundenen Teil der Streustrahlung bezeichnet man als anisotrope Streuung[1]). Schließlich wollen wir die mit dem Tensor a_{ik} zusammenhängende Streuung antisymmetrische Streuung[2]) nennen.

Mit Hilfe der Formeln (2.42) bis (2.46) sowie (2.16) und (2.17) erhält man die Streuintensität und den Depolarisationsgrad der Streustrahlung von jedem einzelnen Typ bei Erregung mit linear polarisiertem Licht zu

$$dI\,(\beta_s) = \frac{E^2\omega'^4}{60\pi c^3}\,5\beta_s \sin^2\theta\, d\Omega = \frac{I_0\omega'^4}{15c^3}\cdot 5\beta_s \sin^2\theta\, d\Omega\,, \tag{2.47}$$

$$\begin{aligned} dI\,(\gamma^2) &= \frac{E^2\omega'^4}{60\pi c^3}\cdot\frac{1}{2}\,\gamma^2(6+\sin^2\theta)\,d\Omega \\ &= \frac{I_0\omega'^4}{15c^3}\cdot\frac{1}{2}\,\gamma^2(6+\sin^2\theta)\,d\Omega\,, \end{aligned} \tag{2.48}$$

$$\begin{aligned} dI\,(\beta_a) &= \frac{E^2\omega'^4}{24\pi c^3}\,\beta_a(1+\cos^2\theta)\,d\Omega \\ &= \frac{I_0\omega'^4}{15c^3}\cdot\frac{5}{2}\,\beta_a(1+\cos^2\theta)\,d\Omega\,, \end{aligned} \tag{2.49}$$

$$\bar{\varrho}_\theta\,(\beta_s) = 0\,, \tag{2.50}$$

$$\bar{\varrho}_\theta\,(\gamma^2) = \frac{3}{3+\sin^2\theta}\,, \tag{2.51}$$

$$\bar{\varrho}_\theta\,(\beta_a) = \frac{1}{\cos^2\theta}\,. \tag{2.52}$$

Hierin ist $I_0 = \dfrac{E^2}{4\pi}$ die Intensität des Erregerlichtes.

Neben der Streuintensität wird häufig der effektive Streuquerschnitt verwendet. Der effektive Streuquerschnitt σ ist definiert als das Verhältnis der in eine gegebene Richtung in der Zeiteinheit gestreuten Energie zur Dichte des auf das System fallenden Energiestromes. Der effektive Streuquerschnitt hat die Dimension einer Fläche, wodurch auch die Bezeichnung dieser Größe zu erklären ist.

[1]) In der Monographie von Placzek [7] wird für diesen Anteil der Streustrahlung die Bezeichnung Quadrupolstreuung benutzt. Landau und Lifschitz [8] nennen sie „symmetrische Streuung".

[2]) Siehe [8]. In [7] trägt dieser Anteil des Streulichtes die Bezeichnung magnetische Dipolstreuung.

Für den effektiven Streuquerschnitt der RAMAN-Streuung erhalten wir mit (2.47) bis (2.49)

$$d\sigma = \frac{\omega'^4}{15c^4}\left[5\beta_s \sin^2\theta + \frac{1}{2}\gamma^2(6 + \sin^2\theta) + \frac{5}{2}\beta_a(1 + \cos^2\theta)\right] d\Omega. \tag{2.53}$$

Den totalen Streuquerschnitt erhalten wir durch Integration dieses Ausdruckes über $d\Omega = \sin\theta\, d\theta\, d\varphi$:

$$\sigma = \frac{8\pi\omega'^4}{9c^4}(\beta_s + \gamma^2 + \beta_a). \tag{2.54}$$

Die Formel (2.54) zeigt, daß die den einzelnen Bestandteilen der Streustrahlung entsprechenden Teilquerschnitte den Größen $Sp\,(S_{si}S_{si}^+)$, $Sp\,(S_{ai}S_{ai}^+)$ bzw. $Sp\,(a_{ik}a_{ik}^+)$ proportional sind. Der Proportionalitätskoeffizient ist in allen Fällen der gleiche.

Es ist interessant, neben der vollen Intensität und dem effektiven Streuquerschnitt (Formel (2.53)) auch die in der Ebene der Vektoren $\boldsymbol{E}'$ und $\boldsymbol{n}'$ und dazu senkrecht polarisierten Komponenten ($\overline{P_1P_1^*}$ bzw. $\overline{P_2P_2^*}$) des Streulichtes zu untersuchen. Aus den Formeln (2.42) bis (2.46) folgt unmittelbar

$$I_1 = \frac{I_0\omega'^4}{15c^3}\left[5\beta_s \sin^2\Theta + \frac{1}{2}\gamma^2(3 + \sin^2\theta) + \frac{5}{2}\beta_a\cos^2\theta\right], \tag{2.55}$$

$$I_2 = \frac{I_0\omega'^4}{15c^3}\left[\frac{3}{2}\gamma^2 + \frac{5}{2}\beta_a\right], \tag{2.56}$$

$$I = I_1 + I_2 = \frac{I_0\omega'^4}{15c^3}\left[5\beta_s\sin^2\theta + \frac{1}{2}\gamma^2(6 + \sin^2\Theta) + \frac{5}{2}\beta_a(1 + \cos^2\theta)\right]. \tag{2.57}$$

(Zur Abkürzung wurde in den letzten Formeln das Differentialzeichen fortgelassen, was auch im folgenden dort geschehen soll, wo Mißverständnisse ausgeschlossen sind.)

Für den Depolarisationsgrad haben wir gemäß (2.17)

$$\bar{\varrho}(\theta) = \frac{I_2}{I_1} = \frac{3\gamma^2 + 5\beta_a}{10\beta_s\sin^2\theta + \gamma^2(3 + \sin^2\theta) + 5\beta_a\cos^2\theta}. \tag{2.58}$$

Wir wollen den wichtigen Spezialfall $\theta = \pi/2$ (dabei steht der elektrische Vektor $\boldsymbol{E}$ des Erregerlichtes senkrecht auf der durch $\boldsymbol{n}$ und $\boldsymbol{n}'$ aufgespannten Ebene) hervorheben. Im vorliegenden Falle ergibt sich

$$I\left(\frac{\pi}{2}\right) = \frac{I_0\omega'^4}{15c^3}\left[5\beta_s + \frac{7}{2}\gamma^2 + \frac{5}{2}\beta_a\right], \tag{2.59}$$

$$\bar{\varrho} = \bar{\varrho}\left(\frac{\pi}{2}\right) = \frac{3\gamma^2 + 5\beta_a}{10\beta_s + 4\gamma^2} \tag{2.60}$$

(den Wert des Depolarisationsgrades für $\theta = \pi/2$ wollen wir mit $\bar{\varrho}$ bezeichnen).

Unter Verwendung dieser speziellen Werte für die Intensität und den Depolarisationsgrad lassen sich die allgemeinen Formeln (2.57) und (2.58) in einer besonders einfachen Form schreiben:

$$I(\theta) = I\left(\frac{\pi}{2}\right)\left[1 - \frac{1-\bar{\varrho}}{1+\bar{\varrho}}\cos^2\theta\right], \tag{2.61}$$

$$\varrho(\theta) = \frac{\bar{\varrho}}{1-(1-\bar{\varrho})\cos^2\theta}. \tag{2.62}$$

Die erhaltenen Formeln zeigen, daß die Winkelabhängigkeit der Intensität und des Depolarisationsgrades der RAMAN-Linien durch einen einzigen Parameter, nämlich $\bar{\varrho}$, charakterisiert wird. In ihn gehen alle drei Invarianten β_s, γ^2 und β_a des Streutensors ein. Infolgedessen gestattet die Untersuchung der Abhängigkeit der Intensität und des Depolarisationsgrades vom Winkel θ allein noch nicht, die Werte der erwähnten Invarianten einzeln zu bestimmen. Kann man auf Grund theoretischer Überlegungen eine der Invarianten als bekannt voraussetzen, so läßt sich durch Messung von $\bar{\varrho}$ das Verhältnis der beiden anderen Invarianten bestimmen. Unter Hinzuziehung der Intensität bei $\theta = \pi/2$ erhält man im Prinzip ihre absolute Größe. Im allgemeinen Falle, wenn wir es mit drei unbekannten Invarianten zu tun haben, reichen jedoch Messungen mit linear polarisiertem Erregerlicht zur Bestimmung der gesuchten Invarianten nicht aus. Im Hinblick auf das soeben Gesagte ist die von PLACZEK [7] vorgeschlagene Methode zur unabhängigen Bestimmung der drei Invarianten des Streutensors von Interesse, die auf der Verwendung von linear und zirkular polarisiertem Erregerlicht beruht.

Wir betrachten eine sich in Z-Richtung ausbreitende Lichtwelle. Ist diese zirkular polarisiert, so beschreibt, wie in Abb. 3 dargestellt, der elektrische Vektor bei der Rotation in der zur Ausbreitungsrichtung senkrechten Ebene einen Kreis. Je nach Drehsinn des elektrischen Vektors unterscheidet man rechtes und linkes zirkular polarisiertes Licht. Entgegengesetzt zur Ausbreitungsrichtung beobachtet, rotiert in der rechts zirkular polarisierten Welle der elektrische Vektor in Uhrzeigerrichtung, in der links zirkular polarisierten in entgegengesetzter Richtung. Rechtes und linkes zirkular polarisiertes Licht wollen wir in der Folge mittels der Indizes R und L unterscheiden.

Es zeigt sich nun, daß bei Anregung mit zirkular polarisiertem Licht in der Streustrahlung im allgemeinen nicht nur eine Komponente mit der ursprünglichen Zirkularpolarisation auftritt, sondern auch eine zusätzliche Komponente mit umgekehrtem Richtungssinn der Zirkularpolarisation. Das Intensitätsverhältnis dieser beiden Komponenten bezeichnet man als Umkehrkoeffizient. Bei Einstrahlung von rechts zirkular polarisiertem Licht (vgl. Abb. 3) wird der Umkehrkoeffizient gegeben durch

$$\mathscr{P} = \frac{I_L}{I_R}. \tag{2.63}$$

Der Umkehrkoeffizient kann durch direkte Messung bestimmt werden und dient neben dem Depolarisationsgrad als experimenteller Parameter der Streustrahlung. Gewöhnlich wird bei diesen Messungen parallel oder entgegengesetzt zur Einstrahlrichtung beobachtet. Das zweite Verfahren hat den Vorteil, daß auf die Spektralapparatur kein direktes Erregerlicht fällt.

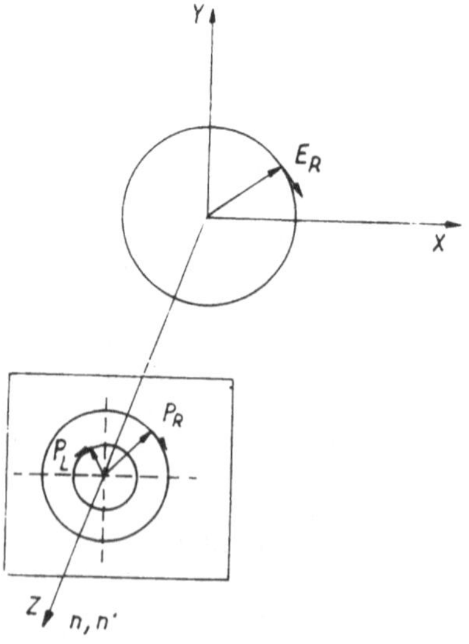

Abb. 3: Zur Bestimmung des Umkehrkoeffizienten.

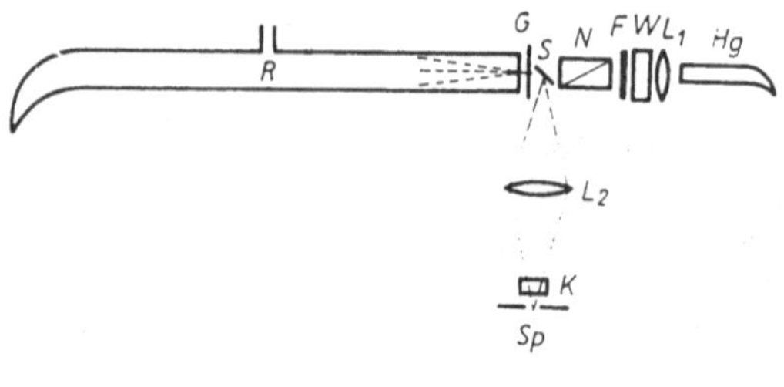

Abb. 4: Anordnung zur Messung des Umkehrkoeffizienten.

In Abb. 4 ist eine typische Versuchsanordnung dargestellt [9]. Die aus der Stirnfläche einer Quecksilberlampe *Hg* austretende Erregerstrahlung wird mittels der Linse L_1 auf die Mitte des die Probenflüssigkeit enthaltenden RAMAN-Gefäßes *R* konzentriert. In den Strahlengang eingeschaltet sind eine wasserdurchflossene Küvette *W*, ein Filter *F*, ein GLAN-THOMPSON-Nicol *N* und ein Viertelwellenlängenplättchen *G*. Das auf die Streusubstanz fallende Licht ist somit zirkular polarisiert. Mittels eines kleinen Spiegels *S* und der Linse L_2 wird das entgegengesetzt zum Primärstrahl gestreute Licht auf den Spalt des Spektrographen *Sp* gerichtet. Das Streulicht durchsetzt nun das $\lambda/4$-Plättchen G noch einmal. Ist das Streulicht beim Verlassen des RAMAN-Gefäßes R zirkular polarisiert, so wird es von dem Plättchen G in linear polarisiertes verwandelt. Dabei ergibt nun diejenige Komponente des Streulichtes, die denselben zirkularen Drehsinn wie die Primärstrahlung hat, nach Durchgang durch das $\lambda/4$-Plättchen eine senkrechte zur Schwingungsebene des Vektors $\boldsymbol{E}$ des Primärlichtes (nachdem dieses den Nicol N durchsetzt hat) polarisierte Komponente, da sich die Phasenverschiebungen beim Hin- und Rückgang durch das $\lambda/4$-Plättchen addieren, und sich dadurch die Schwingungsebene um 90° dreht. Umgekehrt fällt nach Durchgang durch das $\lambda/4$-Plättchen die Schwingungsebene des Vektors $\boldsymbol{E}$ in der Komponente des Streulichtes, deren Rotationssinn der Zirkularpolarisation sich bei der Streuung umgekehrt hat, wieder mit der Schwingungsrichtung des Primärstrahles zusammen. Ein vor dem Spektrographenspalt stehendes Doppelbrechungsprisma K erlaubt, die genannten Komponenten des linear polarisierten Lichtes zu trennen. In der Spaltebene entstehen zwei gegeneinander versetzte Bilder, die auf der Photoplatte des Spektrographen entsprechend zwei Spektren ergeben. Das Intensitätsverhältnis der beiden Komponenten der zu untersuchenden RAMAN-Linie in diesen Spektren gibt den Umkehrkoeffizienten an.

Wir bemerken, daß sich die Umkehrkoeffizienten für entgegengesetzt und parallel zur Einstrahlrichtung gestreutes Licht $\mathscr{P}(\pi)$ und $\mathscr{P}(0) = \mathscr{P}$ zueinander reziprok verhalten:

$$\mathscr{P}(\pi) = \frac{1}{\mathscr{P}}.$$

Das folgt daraus, daß ein Vektor, der bei Beobachtung unter einem Winkel von 0° in Uhrzeigerrichtung rotiert, bei Beobachtung in entgegengesetzter Richtung nach links rotierend erscheint und umgekehrt.

Wir wollen uns nun mit dem Zusammenhang zwischen dem Umkehrkoeffizienten und den Invarianten des Streutensors befassen. Dabei beschränken wir uns auf den Fall, daß das Streulicht dieselbe Richtung wie das eingestrahlte Licht hat, d. h. sich entlang der Z-Achse ausbreitet (Abb. 3).

Zur Ausführung der Rechnung ist es bequem, in der XY-Ebene „zirkulare" Koordinaten einzuführen

$$R = X + iY, \qquad L = X - iY. \tag{2.64}$$

Dementsprechend erhält man eine Zerlegung des elektrischen Vektors $\boldsymbol{E}$ der einfallenden Lichtquelle und des induzierten Dipolmomentes $\boldsymbol{P}$ in „rechte" und „linke" Komponenten:

$$E_R = E_X + iE_Y = E_1 + iE_2,$$

$$E_L = E_X - iE_Y = E_1 - iE_2, \tag{2.65}$$

$$P_R = P_1 + iP_2, \qquad P_L = P_1 - iP_2. \tag{2.66}$$

Ist die einfallende Welle rechts zirkular polarisiert, so wird $E_L = 0$ und damit

$$E_2 = -iE_1. \tag{2.67}$$

Außerdem gilt offensichtlich $E_Z = E_3 = 0$.

Um den Umkehrkoeffizienten zu berechnen, benötigen wir das Verhältnis zwischen den Komponenten I_L und I_R der Streuintensität. Diese Komponenten sind den gemittelten Größen $\overline{P_L P_L^*}$ und $\overline{P_R P_R^*}$ proportional, wobei die Mittelung über alle Orientierungen des streuenden Moleküls bezüglich des raumfesten Koordinatensystems auszuführen ist. Unsere Aufgabe bestand nun darin, die gemittelten Produkte aus den der rechten und linken Zirkularpolarisation entsprechenden Komponenten des induzierten Momentes zu berechnen.

Formel (2.21) liefert für die Komponenten des induzierten Momentes im raumfesten kartesischen Koordinatensystem unter Beachtung der Bedingung (2.67)

$$P_1 = E_1 \sum_{ik} \beta_{ik} n_{i1} (n_{k1} - i n_{k2}),$$

$$P_2 = E_1 \sum_{ik} \beta_{ik} n_{i2} (n_{k1} - i n_{k2}). \tag{2.68}$$

Einsetzen dieser Ausdrücke in (2.66) ergibt

$$P_R = E_1 \sum_{ik} \beta_{ik} [(n_{i1} n_{k1} + n_{i2} n_{k2}) + i(n_{i2} n_{k1} - n_{i1} n_{k2})],$$

$$P_L = E_1 \sum_{ik} \beta_{ik} [(n_{i1} n_{k1} - n_{i2} n_{k2}) - i(n_{i2} n_{k1} + n_{i1} n_{k2})]. \tag{2.69}$$

Bildet man die Ausdrücke $\overline{P_R P_R^*}$ und $\overline{P_L P_L^*}$ ganz analog zum oben beschriebenen Fall linear polarisierten Lichtes, so findet man

$$\overline{P_R P_R^*} = \frac{2E_1^2}{15} (10\beta_s + \gamma^2 + 5\beta_a), \tag{2.70}$$

$$\overline{P_L P_L^*} = \frac{2E_1^2}{15} \cdot 6\gamma^2. \tag{2.71}$$

Für den Umkehrkoeffizienten ergibt sich daraufhin

$$\mathscr{P} = \frac{6\gamma^2}{10\beta_s + \gamma^2 + 5\beta_a}. \tag{2.72}$$

Wie oben bereits bemerkt, kann man durch unabhängige Messungen des Umkehrkoeffizienten $\mathscr{P}$ und des Depolarisationsgrades $\bar{\varrho}$ im Prinzip die relative Größe der Invarianten des Streutensors bestimmen. In der Tat folgt aus (2.72) und (2.60), vorausgesetzt $\gamma^2 \neq 0$,

$$\frac{\beta_s}{\gamma^2} = \frac{1 - 2\bar{\varrho} + (3/\mathscr{P})}{5\,(1 + \bar{\varrho})} = \frac{1 - 2\bar{\varrho} + 3\mathscr{P}(\pi)}{5\,(1 + \bar{\varrho})} \tag{2.73}$$

$$\frac{\beta_a}{\gamma^2} = \frac{3[\bar{\varrho} - 1 + (2\bar{\varrho}/\mathscr{P})]}{5(1 + \bar{\varrho})} = \frac{3[\bar{\varrho} - 1 + 2\bar{\varrho}\mathscr{P}(\pi)]}{5(1 + \bar{\varrho})}. \tag{2.74}$$

Die allgemeine Formel für die Abhängigkeit des Umkehrkoeffizienten vom Winkel ϑ zwischen der Einfallsrichtung $\boldsymbol{n}$ und der Richtung des Streulichtes $\boldsymbol{n}'$

kann in der oben geschilderten Weise erhalten werden. Sie hat die Form (siehe [7, 10])

$$\mathscr{P}(\vartheta) = \frac{1 - \frac{1-\bar{\varrho}}{2(1+\bar{\varrho})}\sin^2\vartheta - \frac{1-\mathscr{P}}{1+\mathscr{P}}\cos\vartheta}{1 - \frac{1-\bar{\varrho}}{2(1+\bar{\varrho})}\sin^2\vartheta + \frac{1-\mathscr{P}}{1+\mathscr{P}}\cos\vartheta}. \qquad (2.75)$$

Abschließend sei der interessante Spezialfall, daß die Streustrahlung nur einen anisotropen Bestandteil, also $\beta_s = \beta_a = 0$, $\gamma^2 \neq 0$, hat, hervorgehoben. Wie wir im folgenden sehen werden, ist diese Bedingung für zahlreiche Raman-Linien verwirklicht. Im vorliegenden Falle ist nach (2.72) $\mathscr{P} = 6$. Es liegt also eine extrem starke Umkehrung vor: Die Intensität der links zirkular polarisierten Komponente ist 6mal größer als die Intensität der rechts zirkular polarisierten Komponente, die die Polarisation des Erregerlichtes hat.

§ 3. Untersuchung der Indikatrix der Raman-Streuung

Die im vorangegangenen Paragraphen erhaltenen Formeln geben die Intensität und den Depolarisationsgrad der Raman-Linien für linear polarisiertes Erregerlicht an. Bei Verwendung von natürlichem Licht hat man die Streuintensität über alle in der zur Einfallsrichtung $\boldsymbol{n}$ senkrechten Ebene liegenden Richtungen des Vektors $\boldsymbol{E}$ zu mitteln.

Es sei ϑ und φ der Polar- bzw. Azimutalwinkel der Richtung des gestreuten Lichtes $\boldsymbol{n}'$ in bezug auf die Richtung $\boldsymbol{n}$. Der Winkel φ soll von der Ebene der Vektoren $\boldsymbol{n}$ und $\boldsymbol{E}$ an gezählt werden (Abb. 5). Es gilt $\cos\theta = \sin\vartheta\cos\varphi$, und für die Intensität des in Richtung $\boldsymbol{n}'$ gestreuten Lichtes erhält man bei Verwen-

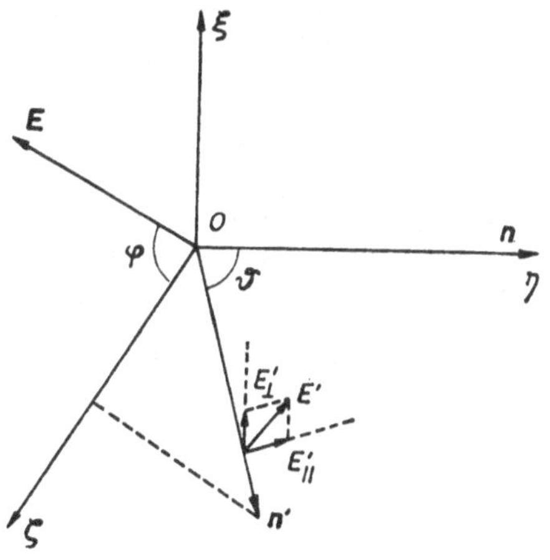

Abb. 5: Zur Anregung der Raman-Streuung mit natürlichem Licht.

dung von (2.47) bis (2.49)

$$I(\beta_s) = \frac{I_0\omega'^4}{3c^3}\,\beta_s(1 - \sin^2\vartheta\cos^2\varphi), \tag{3.1}$$

$$I(\gamma^2) = \frac{I_0\omega'^4}{30c^3}\,\gamma^2(7 - \sin^2\vartheta\cos^2\varphi), \tag{3.2}$$

$$I(\beta_a) = \frac{I_0\omega'^4}{6c^3}\,\beta_a(1 + \sin^2\vartheta\cos^2\varphi). \tag{3.3}$$

Mit Rücksicht darauf, daß

$$\overline{\cos^2\varphi} = \frac{1}{2\pi}\int_0^{2\pi}\cos^2\varphi\,d\varphi = \frac{1}{2}, \tag{3.4}$$

erhalten wir nach Mittelung über φ

$$I_n(\beta_s) = \frac{I_0\omega'^4}{6c^3}\,\beta_s(1 + \cos^2\vartheta), \tag{3.5}$$

$$I_n(\gamma^2) = \frac{I_0\omega'^4}{60c^3}\,\gamma^2(13 + \cos^2\vartheta), \tag{3.6}$$

$$I_n(\beta_a) = \frac{I_0\omega'^4}{12c^3}\,\beta_a(2 + \sin^2\vartheta). \tag{3.7}$$

Der Index n soll auf natürliches Erregerlicht hinweisen. Als erster hat PLACZEK [7] die Formeln (3.5) bis (3.7) erhalten. Sie geben die Abhängigkeit aller drei Typen der Streustrahlung vom Streuwinkel ϑ an. In Abb. 6 sind die entsprechenden Streuindikatrizen dargestellt. Um sie zu erhalten, wählt man die Länge der Radiusvektoren zu den einzelnen Kurvenpunkten proportional zur Streuintensität in der gegebenen Richtung ϑ.

Wir wollen nun den Depolarisationsgrad des Streulichtes berechnen. Dazu zerlegen wir den Vektor $\boldsymbol{E}'$ in zwei unabhängige Komponenten, in eine in der Ebene der Vektoren $\boldsymbol{n}$ und $\boldsymbol{n}'$ liegende Komponente $\boldsymbol{E}_{\|}'$ und in eine dazu senkrecht stehende $\boldsymbol{E}_{\perp}'$ (Abb. 5). Man sieht, daß $\boldsymbol{E}_{\perp}'$ und die entsprechende Komponente der Intensität $I_{n\perp}$ nicht vom Streuwinkel ϑ abhängen. Infolgedessen kann die Berechnung der gesuchten Intensitätskomponente bei einem speziellen Wert ϑ, sagen wir, $\vartheta = \pi/2$, durchgeführt werden. Dann liegt der Vektor $\boldsymbol{E}$ des einfallenden Lichtes in der Ebene $\xi\, 0\, \boldsymbol{n}'$, und wir können so die Intensität $I_{n\perp}$ nach den Formeln (2.42) und (2.45) berechnen, nachdem sie vorher über $\theta = \varphi$ gemittelt wurden. Durch eine einfache Rechnung findet man

$$I_{n\perp}(\beta_s) = \frac{I_0\omega'^4}{6c^3}\,\beta_s, \tag{3.8}$$

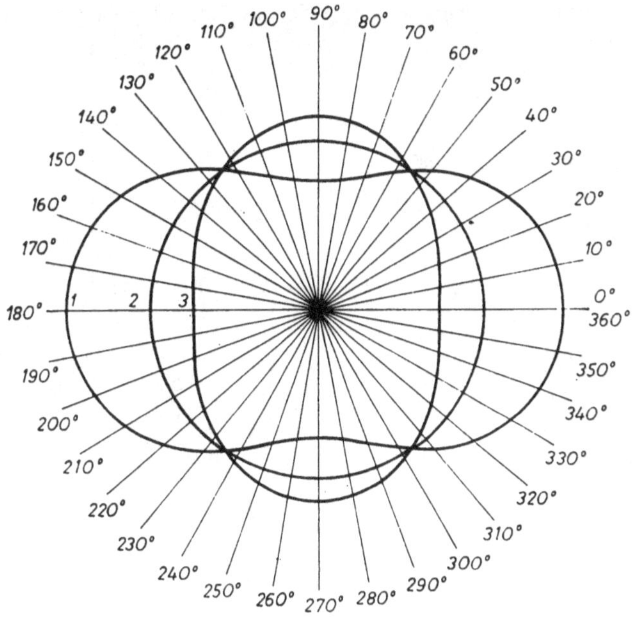

Abb. 6: Abhängigkeit der Intensität der RAMAN-Linien bei natürlichem Erregerlicht vom Streuwinkel:

1 – skalare Streuung; *2* – anisotrope Streuung; *3* – antisymmetrische Streuung.

$$I_{n\perp}(\gamma^2) = \frac{7I_0\omega'^4}{60c^3}\,\gamma^2, \tag{3.9}$$

$$I_{n\perp}(\beta_a) = \frac{I_0\omega'^4}{12c^3}\,\beta_a. \tag{3.10}$$

Mit Hilfe der letzten Formeln (3.5) bis (3.7), die offensichtlich die Summe $I_{n\perp} + I_{n\|}$ beschreiben, erhält man

$$I_{n\|}(\beta_s) = \frac{I_0\omega'^4}{6c^3}\,\beta_s\cos^2\vartheta, \tag{3.11}$$

$$I_{n\|}(\gamma^2) = \frac{I_0\omega'^4}{60c^3}\,\gamma^2\,(6 + \cos^2\vartheta), \tag{3.12}$$

$$I_{n\|}(\beta_a) = \frac{I_0\omega'^4}{12c^3}\,\beta_a(1 + \sin^2\vartheta). \tag{3.13}$$

Für den als das Verhältnis $I_{n\|}/I_{n\perp}$ definierten Depolarisationsgrad findet man entsprechend

$$\varrho_\vartheta(\beta_s) = \cos^2\vartheta, \tag{3.14}$$

$$\varrho_\vartheta(\gamma^2) = \frac{1}{7}(6 + \cos^2\vartheta), \tag{3.15}$$

$$\varrho_\vartheta(\beta_a) = 1 + \sin^2\vartheta. \tag{3.16}$$

Sind in der Streustrahlung Komponenten von allen drei Typen enthalten, so haben wir nach (3.5) bis (3.7)

$$I_n = \frac{I_0\omega'^4}{60c^3}[10\beta_s(1 + \cos^2\vartheta) + \gamma^2(13 + \cos^2\vartheta) + 5\beta_a(3 - \cos^2\vartheta)]. \tag{3.17}$$

Unter Verwendung von (3.8) bis (3.13) erhalten wir

$$\varrho(\vartheta) = \frac{10\beta_s\cos^2\vartheta + \gamma^2(6 + \cos^2\vartheta) + 5\beta_a(2 - \cos^2\vartheta)}{10\beta_s + 7\gamma^2 + 5\beta_a}. \tag{3.18}$$

Für $\vartheta = \pi/2$ haben wir speziell

$$I_n\left(\frac{\pi}{2}\right) = \frac{I_0\omega'^4}{60c^3}(10\beta_s + 13\gamma^2 + 15\beta_a), \tag{3.19}$$

$$\varrho = \varrho\left(\frac{\pi}{2}\right) = \frac{6\gamma^2 + 10\beta_a}{10\beta_s + 7\gamma^2 + 5\beta_a}. \tag{3.20}$$

(Im folgenden soll ϱ stets der Depolarisationsgrad bei $\vartheta = \pi/2$ bedeuten.)

Vergleichen wir (3.20) und (2.60), so finden wir eine allgemeine Formel, die den Depolarisationsgrad für linear polarisiertes Erregerlicht mit dem für natürliches Erregerlicht wie folgt verknüpft:

$$\varrho = \frac{2\bar{\varrho}}{1 + \bar{\varrho}}. \tag{3.21}$$

Verwendet man (3.19) und (3.20), so kann man Formeln aufstellen, die die Abhängigkeit der Intensität und des Depolarisationsgrades bei Anregung mit natürlichem Licht vom Streuwinkel angeben. Sie lauten

$$I_n(\vartheta) = \left[1 + \frac{1 - \varrho}{1 + \varrho}\cos^2\vartheta\right] I_n\left(\frac{\pi}{2}\right), \tag{3.22}$$

$$\varrho(\vartheta) = 1 - (1 - \varrho)\sin^2\vartheta. \tag{3.23}$$

In die Formeln, die die Winkelabhängigkeit der Intensität und des Depolarisationsgrades beschreiben, geht also nur ein Parameter, nämlich die Größe ϱ, ein. Unter diesem Gesichtspunkt ist natürliches und linear polarisiertes Erregerlicht als äquivalent anzusehen (siehe Gleichung (2.61) und (2.62)). Man bemerke, daß der Parameter ϱ mit $\bar{\varrho}$ durch die Beziehung (3.21) verknüpft ist und infolgedessen nicht als unabhängiger Parameter für die Bestimmung der Invarianten β_s, γ^2 und β_a in Betracht kommt. Daraus folgt, daß experimentelle Untersuchungen der Streuindikatrix nicht zur Bestimmung der Invarianten des Streutensors dienen können. Trotzdem sind diese Untersuchungen von großem Interesse, denn sie bieten die Möglichkeit, die Gültigkeit der allgemeinen Formeln (3.22) und (3.23) zu prüfen und damit Aussagen über die grundlegenden Annahmen der Theorie zu machen.

Über experimentelle Untersuchungen der Indikatrix der RAMAN-Streuung gibt es nur wenig Arbeiten, obwohl die ersten Messungen dazu schon im Jahre 1930 durchgeführt wurden [11]. Die ausführlichsten Untersuchungen wurden von KOROTKOW und seinen Mitarbeitern [12, 13] vorgenommen. Für diese Arbeiten benutzten sie die in Abb. 7 dargestellte Versuchsanordnung. Das Licht einer Quecksilberlampe S mit zylinderförmiger Wasserkühlung M fällt auf ein mit der Probenflüssigkeit gefülltes zylindrisches Gefäß K. In den Strahlengang ist eine Lamellenblende eingebaut, die die Strahldivergenz auf weniger als 1° herabsetzt. Das Streulicht fällt auf den Eintrittspalt Sp des Spektrographen ДФС—4. Die Apertur des Kollimatorobjektivs beträgt 8°20′. Die Lichtquelle L, die Blende D und das Flüssigkeitsgefäß sind auf einer gemeinsamen Grundplatte befestigt und sind um eine vertikale Achse, die mit der Zylinderachse von K zusammenfällt, drehbar. Die Registriervorrichtung wird dabei nicht bewegt. Die RAMAN-spektren werden photoelektrisch registriert.

Beim Drehen der Apparatur bleibt das vom Aperturkollimator herausgeschnittene Streuvolumen nicht konstant. Diese Änderungen werden in den genannten

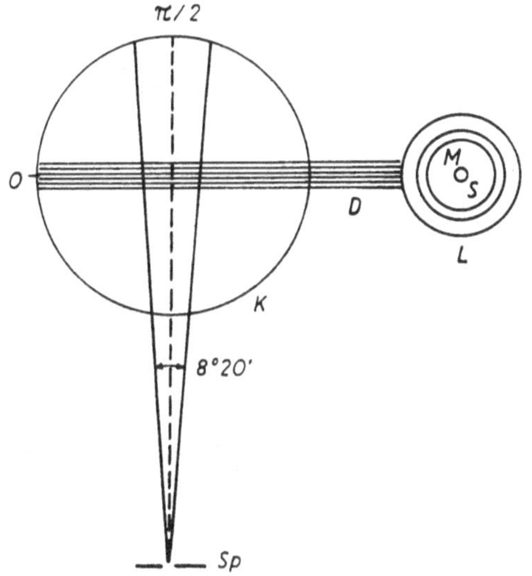

Abb. 7: Anordnung zur Untersuchung der Indikatrix der RAMAN-Streuung.

Arbeiten graphisch berücksichtigt und die Ergebnisse entsprechend korrigiert. Die Streuung wurde im Winkelbereich von 40 bis 150° gemessen.

Insgesamt wurden 16 Raman-Linien von sechs verschiedenen Flüssigkeiten (Benzol, CCl_4, $CHCl_3$, CH_3OH, Toluol, Dichloräthan) untersucht. Für die Messungen wurde natürliches Erregerlicht verwendet. Die Ergebnisse können deshalb mit Hilfe der Formel (3.22) ausgewertet werden. In Abb. 8 sind die erhaltenen Resultate aufgeführt. Wie man sieht, hängt die Form der Indikatrix wesentlich vom Schwingungstyp, durch den der Depolarisationsgrad einer gegebenen Raman-Linie bestimmt wird, ab. So zeigt die Indikatrix für die depolarisierten CCl_4-Linien bei 217 cm^{-1} und 313 cm^{-1} und die Benzollinie bei 1176 cm^{-1} eine fast sphärische Form, während sich für die stark polarisierten Linien bei 459 cm^{-1} für CCl_4 und 992 cm^{-1} für C_6H_6 eine charakteristische auseinandergezogene Form mit einer Einbuchtung bei $\vartheta = 90°$ ergibt. Bis auf experimentelle Fehler, insbesondere bezüglich des Depolarisationsgrades der gemessenen Linien, besteht eine gute Übereinstimmung der gemessenen Abhängigkeit der Intensität vom Streuwinkel mit der theoretischen Formel (3.23). Am unbefriedigsten ist die Übereinstimmung der theoretischen Daten mit den experimentellen für die Asymmetrie der Indikatrix: die Intensität des nach vorn gestreuten Lichtes ist größer als die Intensität des in der entgegengesetzten Richtung gestreuten. Die in [13] beobachtete Asymmetrie der Indikatrix der Intensität beträgt 30% für stark polarisierte Linien. Für depolarisierte Linien wurde in dieser Arbeit keine Asymmetrie der Indikatrix beobachtet.

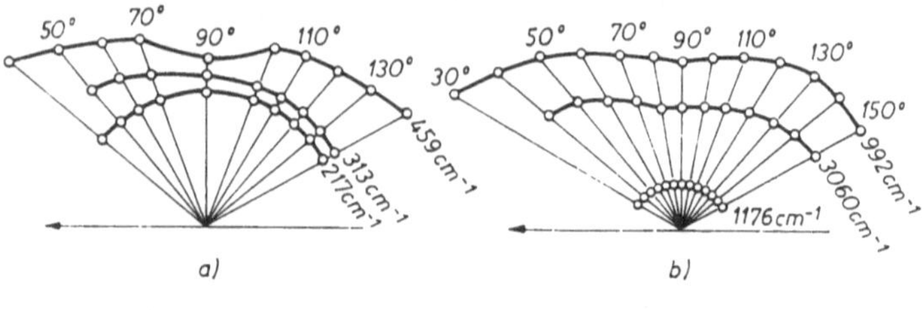

Abb. 8: Indikatrix der Raman-Streuung für verschiedene Linien: *a*) CCl_4; *b*) Benzol.

Sokolowskaja und Simowa [14] haben die Indikatrix der Intensität in einem größeren Bereich des Streuwinkels ϑ (von 20 bis 160°) untersucht. Die genannten Autoren haben ebenfalls eine Asymmetrie der Indikatrix festgestellt. Sie erhielten im Mittel für das Verhältnis $I_n(20°)/I_n(160°)$ den Wert 1,8. Es ist interessant festzustellen, daß die Indikatrix des Depolarisationsgrades keine Asymmetrie bezüglich der Streuung nach vorn und zurück aufweist, und die experimentellen Ergebnisse gut mit den nach Formel (3.23) errechneten übereinstimmen. In Abb. 9 ist die von Korotkow [15] angegebene Abhängigkeit des Depolarisationsgrades vom Streuwinkel für zwei stark polarisierte Linien dargestellt.

In der unlängst veröffentlichten Mitteilung [16] wird über den erfolgreichen Einsatz eines Gaslasers als Erregerlichtquelle für Untersuchungen der Intensitäts-

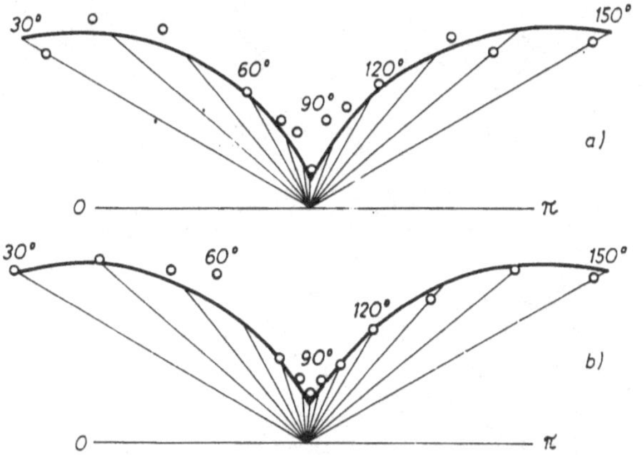

Abb. 9: Abhängigkeit des Depolarisationsgrades vom Streuwinkel: *a*) CCl_4 — Linie bei 459 cm^{-1} ($\varrho = 0{,}06$); *b*) Benzollinie bei 992 cm^{-1} ($\varrho = 0{,}08$).

verteilung berichtet. Die Anwendung von Lasern als Lichtquelle eröffnet wegen des kleinen Divergenzwinkels des Laserstrahles große Möglichkeiten für die Untersuchung der Winkelabhängigkeit von Parametern der RAMAN-Linien. In der zitierten Arbeit wurden einige mit linear polarisiertem Licht erzeugte Benzollinien untersucht. Dementsprechend müssen wir bei der Gegenüberstellung der experimentellen Ergebnisse mit der Theorie die Formeln (2.47), (2.48) und (2.61) benutzen. In Abb. 10 und 11 sind die Meßergebnisse für die Indikatrix der Linien 992 cm^{-1} und 1586—1606 cm^{-1} von Benzol dargestellt. In dem Fall, daß der elektrische Vektor $\boldsymbol{E}$ senkrecht zur Streuebene schwingt, ist die Intensität winkelunabhängig (untere Kurven). Schwingt $\boldsymbol{E}$ in der Ebene des einfallenden und gestreuten Strahles, so ist die Intensität der Linie bei 992 cm^{-1} (stark polarisiert) in Übereinstimmung mit Formel (2.47) proportional $\sin^2\theta$, die Intensität der Linien bei 1586—1606 cm^{-1} (depolarisiert) in Übereinstimmung mit (2.48) der Größe $1 + 1/6 \sin^2\theta$ proportional.[1])

Eine Asymmetrie der Indikatrix bezüglich der Richtungen „nach vorn" und „nach hinten" kommt in den in [16] angegebenen Meßkurven offenbar nicht zum Ausdruck. Es ist deshalb von großem Interesse, weiterhin die Indikatrix der RAMAN-Streuung zu untersuchen, um zusätzliches Material für Vergleiche mit der Theorie zu erhalten. Es sei bemerkt, daß die Abweichung der Form der Indikatrix von der theoretisch berechneten (im besonderen ihre Asymmetrie) ein Hinweis auf eine teilweise Kohärenz der RAMAN-Streuung in Flüssigkeiten sein könnte.

§ 4. Quantentheorie der Wechselwirkung von Strahlung und Materie

In den vorangegangenen Abschnitten wurde gezeigt, daß viele Eigenschaften des RAMAN-Effektes in befriedigender Weise durch klassische Vorstellungen erklärt werden können. Eine strenge und vollständige Theorie dieser physikalischen

[1]) In Abb. 10 und 11 sind die Beobachtungswinkel $\theta - \pi/2$ aufgetragen.

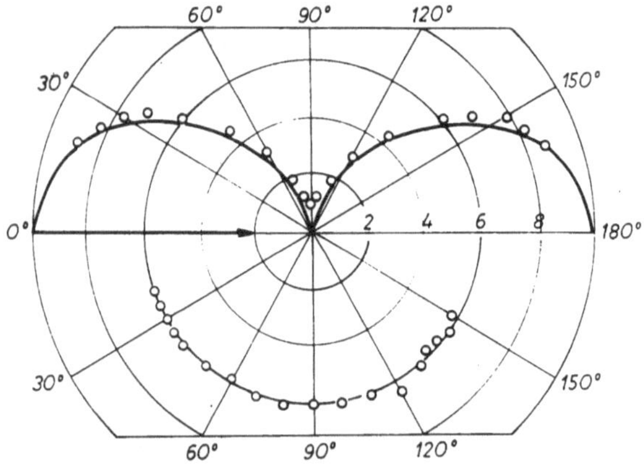

Abb. 10: Streuindikatrix für die Benzollinie 992 cm⁻¹ bei Anregung der RAMAN-Streuung mit linear polarisiertem Licht.

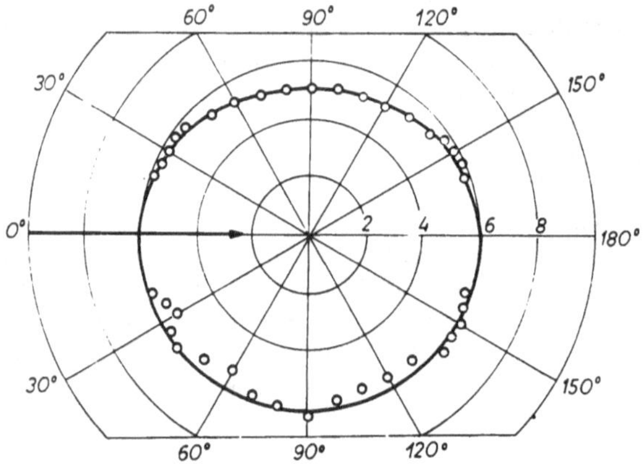

Abb. 11: Streuindikatrix für die Benzollinie 1586—1606 cm⁻¹.

Erscheinung kann jedoch nur aufbauend auf der Quantentheorie der Strahlung entwickelt werden.

Wir betrachten ein System von Teilchen (der Einfachheit halber wollen wir es im folgenden „Molekül" nennen), das sich in einem Strahlungsfeld befinden soll. In der Quantentheorie wird ein solches System mit Hilfe der Wellenfunktion $\Psi(t)$, die der SCHRÖDINGER-Gleichung

$$i\hbar \frac{\partial \Psi}{\partial t} = \hat{H} \Psi \tag{4.1}$$

genügt, beschrieben.

Hierin ist $\hat{H}$ der HAMILTON-Operator des Systems, der sich additiv aus dem HAMILTON-Operator des Moleküls, dem des Strahlungsfeldes $\hat{H}_S$ und dem Wechselwirkungsoperator $\hat{H}_1$ zusammensetzt. Üblicherweise werden diese Operatoren als hermitesch vorausgesetzt. Dementsprechend sind ihre Eigenwerte reell. Um die in jedem System real auftretende Dämpfung zu berücksichtigen, lassen wir diese Forderung fallen. Wir setzen voraus, daß sich der HAMILTON-Operator des Moleküls additiv zusammensetzt aus einem hermiteschen Operator $\hat{H}_M$ und einem nichthermiteschen „Dämpfungsoperator" $\hat{H}_D$, der klein sein soll im Verhältnis zu $\hat{H}_M$. Somit wird also

$$\hat{H} = \hat{H}_M + \hat{H}_S + \hat{H}_D + \hat{H}_1. \tag{4.2}$$

Das Verhalten eines atomaren Systems im Strahlungsfeld wird gewöhnlich mit Hilfe der DIRACschen nichtstationären Störungstheorie [17] berechnet. Wir betrachten das Molekül (ohne Dämpfung) und das Strahlungsfeld als ungestörtes System mit dem HAMILTON-Operator

$$\hat{H}_0 = \hat{H}_M + \hat{H}_S \tag{4.3}$$

und die Operatoren $\hat{H}_D$ und $\hat{H}_1$ als Störung. Der Wechselwirkungsoperator hängt explizit von der Zeit ab. Wir wollen annehmen, daß dieser Operator als Produkt aus irgendeiner zeitabhängigen Funktion $\eta(t)$ und einem koordinatenabhängigen Operator $\hat{H}'(x)$ dargestellt werden kann. Der Störungsoperator $\hat{H}'(x, t)$ schreibt sich demnach in der Form

$$\hat{H}'(x, t) = \hat{H}_D + \eta(t)\, \hat{H}'(x). \tag{4.4}$$

(Die Koordinate x umfaßt alle das System beschreibende Variablen.)

Es sei $\Psi_n(x, t)$ die zum n-ten Zustand des Systems gehörende Eigenfunktion des Operators $\hat{H}_0$. Der Index n steht hier für die Gesamtheit der Quantenzahlen des Moleküls und der Photonen im wechselwirkungsfreien Zustand. Die Energie dieses Systems im Zustand n wollen wir mit E_n bezeichnen. Die Funktion $\Psi_n(x, t)$ genügt der ungestörten Gleichung

$$i\hbar \frac{\partial \Psi_n(x,t)}{\partial t} = \hat{H}_0 \Psi_n(x, t). \tag{4.5}$$

Wir setzen

$$\Psi_n(x, t) = \psi_n(x) e^{-iE_n t/\hbar}. \tag{4.6}$$

Für die zeitunabhängigen Funktionen $\psi_n(x)$ erhalten wir die Gleichung

$$\hat{H}_0 \psi_n(x) = E_n \psi_n(x). \tag{4.7}$$

Infolge der Störung ändert sich der Zustand das Systems. Die Lösung der Gleichung (4.1) für das gestörte System entwickeln wir nach den Eigenfunktionen des ungestörten Systems:

$$\Psi(x, t) = \sum_n b_n(t)\, \Psi_n(x, t). \tag{4.8}$$

Die Entwicklungskoeffizienten $b_n(t)$ sind dabei lediglich Funktionen der Zeit, nicht aber der Koordinaten. Ihre physikalische Bedeutung besteht in folgendem: Das Betragsquadrat $|b_n(t)|^2$ gibt die Wahrscheinlichkeit dafür an, daß sich das System zum Zeitpunkt t im ungestörten Zustand n befindet. Die Entwicklungskoeffizienten (4.8) lassen sich noch auf eine andere Weise interpretieren. Zum Zeitpunkt $t = 0$ soll sich das System im m-ten Zustand befunden haben. Es ist also

$$b_m(0) = 1, \quad b_n(0) = 0 \qquad (n \neq m). \tag{4.9}$$

Zu einem späteren Zeitpunkt t kann das System aus dem m-ten Zustand in einen beliebigen anderen Zustand übergegangen sein, und die Bedingungen (4.9) sind nicht mehr erfüllt. Die Größe $|b_n|(t)^2$ können wir also auch als Übergangswahrscheinlichkeit des Systems, während des Zeitintervalls t aus dem Ausgangszustand m in den n-ten Zustand überzugehen, ansehen.

Einsetzen der Entwicklung (4.8) in die Gleichung (4.1) liefert mit Rücksicht auf (4.5)

$$i\hbar \sum_n \dot{b}_n(t)\, \Psi_n(x, t) = \sum_n \hat{H}'(x, t)\, b_n(t)\, \Psi_n(x, t). \tag{4.10}$$

Wir multiplizieren beide Seiten der Gleichung von links mit $\Psi_m{}^*(x, t)$ und integrieren über den ganzen Raum, danach haben wir wegen der Orthogonalität der ungestörten Wellenfunktionen $\Psi_n(x, t)$

$$i\hbar\dot{b}_m(t) = \sum_n [\eta(t)\, H'_{nm} + (H_D)_{nm}]\, b_n(t) \exp[i(E_m - E_n)\, t/\hbar]. \tag{4.11}$$

Hierin ist H'_{nm} das dem Übergang vom m-ten in den n-ten Zustand zugeordnete Matrixelement des Operators $\hat{H}'(x)$:

$$H'_{nm} = \int \psi_m{}^*(x)\, \hat{H}'(x)\, \psi_n(x)\, dx. \tag{4.12}$$

Die Matrixelemente setzen wir als hermitesch voraus: $H'_{nm} = H'^*_{mn}$. Dem Charakter der Aufgabe entsprechend können wir annehmen, daß $H'_{nn} = 0$. Aus (4.11) folgt dann, daß die Diagonalelemente des Operators $\hat{H}_D$ am wesentlichsten sind. Im folgenden beschränken wir uns ausschließlich auf die Diagonalelemente des Dämpfungsoperators und nehmen an, daß sie rein imaginär sind, d. h.

$$(H_D)_{nn} = \int \psi_n{}^*(x)\, \hat{H}_D \psi_n(x)\, dx = -\frac{1}{2}\, i\Gamma_n, \qquad (\Gamma_n \geqq 0). \tag{4.13}$$

Um die Wahrscheinlichkeiten für die Übergänge des Systems von einem Zustand in den anderen unter dem Einfluß eines Strahlungsfeldes zu berechnen, müssen wir das System von Differentialgleichungen (4.11) mit den Anfangsbedingungen (4.9) lösen. Im allgemeinen ist diese Aufgabe sehr kompliziert. Wir wollen hier die Lösung für den Spezialfall, daß die Funktion $\eta(t)$ im Zeitintervall $0 \leqq t \leqq \theta$ als konstant vorausgesetzt werden kann

$$\eta(t) = \eta,$$

angeben. Wir schreiben das System (4.11) um in

$$i\hbar \dot{b}_m(t)\, e^{-iE_m t/\hbar}$$

$$= -\frac{i}{2}\,\Gamma_m b_m(t)\, e^{-iE_m t/\hbar} + \eta \sum_n H'_{nm} b_n(t)\, e^{-iE_n t/\hbar} \tag{4.14}$$

und gehen zu neuen Funktionen über

$$B_n(t) = b_n(t)\, e^{-iE_n t/\hbar}. \tag{4.15}$$

Das Gleichungssystem geht dabei über in

$$i\hbar \dot{B}_m(t) = \left(E_m - \frac{1}{2}\, i\Gamma_m\right) B_m(t) + \eta \sum_n H'_{nm} B_n(t). \tag{4.16}$$

Das System (4.16) stellt ein System von linearen homogenen Gleichungen mit konstanten Koeffizienten dar. Methoden zu seiner Lösung sind gut bekannt (siehe z. B. [18, 19]). Wir setzen den Ansatz

$$B_k(t) = c_k e^{\alpha t} \qquad (k = 1, 2, \ldots, n) \tag{4.17}$$

in (4.16) ein und erhalten ein System von homogenen Gleichungen zur Bestimmung der Konstanten c_k:

$$\left(E_m - \frac{1}{2}\, i\Gamma_m - \lambda\right) c_m + \eta \sum_n H'_{nm} c_n = 0, \tag{4.18}$$

wo der Kürze halber $\lambda = i\hbar\alpha$ gesetzt wurde.

Die Bedingung für die Lösbarkeit dieses Systems lautet:

$$\begin{vmatrix} E_1 - \frac{1}{2}\, i\Gamma_1 - \lambda & \eta H'_{21} & \ldots & \eta H'_{n1} \\ \eta H'_{12} & E_2 - \frac{1}{2}\, i\Gamma_2 - \lambda & \ldots & \eta H'_{n2} \\ \cdots & \cdots & \cdots & \cdots \\ \eta H'_{1n} & \eta H'_{2n} & \ldots & E_n - \frac{1}{2}\, i\Gamma_n - \lambda \end{vmatrix} = 0. \tag{4.19}$$

Wir führen die Bezeichnungen

$$E_k' = E_k - \frac{1}{2}\, i\Gamma_k \tag{4.20}$$

ein. Die E_k' können wir als komplexe Energieeigenwerte ansehen. Die entsprechenden Zustände des Systems werden als quasistationär bezeichnet (siehe [20]). Die Größe Γ_k bestimmt die Breite des k-ten Niveaus. Wir setzen voraus, daß die Breite der quasistationären Niveaus klein ist im Vergleich zu den Abständen zwischen ihnen.

Die Wurzeln der Gleichung (4.19) sind im allgemeinen komplex:

$$\lambda_k = \lambda_{0k} - \frac{1}{2} i\gamma_k. \tag{4.21}$$

Zunächst wollen wir annehmen, daß alle Wurzeln der Gleichung (4.19) für $\eta \to 0$ verschieden sind. Ferner sei vorausgesetzt[1]), daß die durch die Wechselwirkung des Systems mit dem Strahlungsfeld hervorgerufene Störung klein ist im Vergleich zu den Energiedifferenzen $|E_j' - E_k'|$. Aus diesem Grunde behalten wir bei der Ausrechnung der Determinante (4.19) nur Glieder niederer Ordnung in η bei. Beschränken wir uns auf quadratische Glieder, so finden wir

$$\lambda_j = E_j' + \eta^2 \sum_{k \neq j} \frac{H'_{kj} H'_{jk}}{E_j' - E_k'} \quad (j = 1, 2, \ldots, n). \tag{4.22}$$

Wählen wir eine der gefundenen Wurzeln λ_j aus und setzen ihren Wert in (4.17) ein, so erhalten wir den folgenden Satz von Funktionen:

$$B_1{}^j(t) = c_1{}^j e^{-i\lambda_j t/\hbar}, \qquad B_2{}^j(t) = c_2{}^j e^{-i\lambda_j t/\hbar}, \ldots \tag{4.23}$$

Die Konstanten $c_1{}^j, c_2{}^j, \ldots, c_n{}^j$ bestimmen sich aus dem System (4.18). Eine der Konstanten bleibt willkürlich (im folgenden werden wir $c_j{}^j = 1$ setzen). Bei der Bestimmung der $c_k{}^j$ machen wir wiederum davon Gebrauch, daß die Störung klein ist. Mit der Genauigkeit bis zu quadratischen Gliedern in η ergibt sich

$$c_k{}^j = \frac{\eta H'_{jk}}{E_j' - E_k'} - \frac{\eta^2}{(E_j' - E_k')} \sum_{l \neq j} \frac{H'_{jl} H'_{lk}}{E_l' - E_j'} \quad (j \neq k). \tag{4.24}$$

Der Wurzel $\lambda = \lambda_j$ entspricht also eine partikuläre Lösung des Systems (4.16) der Form

$$\begin{aligned} B_1{}^j(t) &= c_1{}^j e^{-i\lambda_j t/\hbar}, \\ B_2{}^j(t) &= c_2{}^j e^{-i\lambda_j t/\hbar}, \\ &\cdots\cdots \\ B_j{}^j(t) &= e^{-i\lambda_j t/\hbar}, \\ &\cdots\cdots \\ B_n{}^j(t) &= c_n{}^j e^{-i\lambda_j t/\hbar}. \end{aligned} \tag{4.25}$$

Die allgemeine Lösung des Systems (4.16) kann man in der Form

$$B_k(t) = \sum_j C_j B_k{}^j(t) \qquad (k = 1, 2, \ldots, n) \tag{4.26}$$

schreiben, worin C_j beliebige Konstanten sind.

[1]) Einige numerische Abschätzungen, die diese Annahme rechtfertigen, werden in § 16 gegeben. Ist diese Voraussetzung nicht erfüllt, so kann das System als entartet angesehen werden (siehe weiter unten).

Betrachten wir nun den Fall, daß die Gleichung (4.19) mehrfache Wurzeln hat, z. B.

$$\lambda_1 = \lambda_2 = \cdots = \lambda_m .$$

Streng genommen ist das Zusammenfallen der Wurzeln der Gleichung (4.19) nur bei einigen ganz bestimmten Werten der Störung möglich. Da diese Werte jedoch nicht von Interesse sind, wollen wir uns in der Folge auf den Fall beschränken, wo die Wurzeln bei $\eta \to 0$ zusammenfallen, d. h. also

$$E_1' = E_2' = \cdots = E_m' .$$

Die entsprechenden Energieniveaus nennt man m-fach entartet. Infolge der Störung wird die Entartung im allgemeinen aufgehoben; die Wurzeln fallen also nicht mehr zusammen.

Die Lösung des Gleichungssystems (4.16) hängt vom Rang r der Koeffizientenmatrix des Systems (4.18) ab. Im allgemeinen wird beim Vorhandensein einer Wurzel λ_1 des Entartungsgrades m die Lösung Glieder der Gestalt

$$e^{-i\lambda_1 t/\hbar}, \qquad te^{-i\lambda_1 t/\hbar}, \quad \ldots, \quad t^{m-1}e^{-i\lambda_1 t/\hbar}$$

enthalten. Entsprechend unserer Näherung interessieren nur solche Lösungen, die bei nichtverschwindender Störung in die Lösungen (4.26) (die berechnet wurden unter der Voraussetzung, daß alle Wurzeln verschieden sind) übergehen. Diese Lösungen dürfen keine Glieder der Gestalt

$$te^{-i\lambda_1 t/\hbar}, \quad \ldots, \quad t^{m-1}e^{-i\lambda_1 t/\hbar}$$

enthalten. Nach der allgemeinen Theorie der linearen Differentialgleichungssysteme (siehe [18]) erhalten wir solche Lösungen unter der Bedingung, daß gilt

$$r = n - m .$$

Infolgedessen erhalten wir die uns interessierenden Lösungen, wenn sich das lineare algebraische Gleichungssystem (4.18) für $\lambda = \lambda_1$ auf $r = n - m$ unabhängige Gleichungen reduziert. Wie aus der Theorie der linearen Gleichungen bekannt ist, bleiben in diesen Fällen in der Lösung des Systems (4.18) m Koeffizienten frei verfügbar, sagen wir,

$$c_1^{(1)} = C_1, \qquad c_2^{(1)} = C_2, \quad \ldots, \quad c_m^{(1)} = C_m .$$

Die übrigen r Unbekannten $c_{m+1}^{(1)}, \ldots, c_n^{(1)}$ werden durch die r unabhängigen Gleichungen des Systems (4.18), in dem $\lambda = \lambda_1$ zu setzen ist, bestimmt und stellen von $C_1, \ldots, C_m$ abhängige Linearkombinationen dar.

Setzt man nun nacheinander eine der Konstanten $C_i = 1$ und die übrigen $C_j = 0$ $(j \neq i)$, so ergeben sich m der m-fachen Wurzel λ_1 entsprechende partikuläre Lösungen:

$$B_1^{(1)}(t) = e^{-i\lambda_1 t/\hbar}, \qquad B_2^{(1)}(t) = 0, \quad \ldots, \quad B_m^{(1)}(t) = 0,$$

$$B_{m+1}^{(1)}(t) = c_{m+1}^{(1)} e^{-i\lambda_1 t/\hbar}, \quad \ldots, \quad B_n^{(1)}(t) = c_n^{(1)} e^{-i\lambda_1 t/\hbar},$$

$$B_1^{(2)}(t) = 0, \quad B_2^{(2)}(t) = e^{-i\lambda_1 t/\hbar}, \quad \ldots, \quad B_m^{(2)}(t) = 0,$$

$$B_{m+1}^{(2)}(t) = c_{m+1}^{(2)} e^{-i\lambda_1 t/\hbar}, \quad \ldots, \quad B_n^{(2)}(t) = c_n^{(2)} e^{-i\lambda_1 t/\hbar},$$

. . . .

$$B_1^{(m)}(t) = 0, \quad B_2^{(m)}(t) = 0, \quad \ldots, \quad B_m^{(m)}(t) = e^{-i\lambda_1 t/\hbar},$$

$$B_{m+1}^{(m)}(t) = c_{m+1}^{(m)} e^{-i\lambda_1 t/\hbar}, \quad \ldots, \quad B_n^{(m)}(t) = c_n^{(m)} e^{-i\lambda_1 t/\hbar}. \tag{4.25a}$$

Hierin ist mit einer Genauigkeit bis zu Gliedern η^2

$$c_p^{(j)} = \frac{\eta H'_{jp}}{E_j' - E_p'} - \frac{\eta^2}{E_j' - E_p'} \sum_{l \neq p} \frac{H'_{jl} H'_{lp}}{E_l' - E_j'} \tag{4.24a}$$

$$(j = 1, 2, \ldots, m; \qquad p = m + 1, \ldots, n).$$

Für $j > m$ behält die Formel (4.24) ihre Gültigkeit.

Die allgemeine Lösung hat wiederum die Gestalt (4.26), worin jetzt aber die partikulären Lösungen (4.25) durch die entsprechenden Ausdrücke (4.25a) zu ersetzen sind.

Kehren wir zum Ausgangspunkt, zu den gesuchten Funktionen $b_k(t)$, zurück. Gemäß den Gleichungen (4.15) und (4.26) gilt (wir untersuchen zunächst den Fall einfacher Wurzeln der Gleichung (4.19))

$$b_k(t) = B_k(t)\, e^{iE_k t/\hbar} = \sum_j C_j c_k{}^j e^{i(E_k - \lambda_j)t/\hbar}. \tag{4.27}$$

Diese Lösung muß den Anfangsbedingungen (4.9) genügen. Mit den Anfangsbedingungen $b_1(0) = 1$, $b_k(0) = 0$ $(k \neq 1)$ erhalten wir aus (4.27) ein System von n Gleichungen zur Bestimmung der Konstanten C_j. Infolge der kleinen Störung können wir uns auf Glieder bis zur Ordnung η^2 einschließlich beschränken und erhalten näherungsweise:

$$C_1 = \frac{1}{\Delta}(1 - c_2{}^3 c_3{}^2 - c_2{}^4 c_4{}^2 - c_3{}^4 c_4{}^3 - \cdots)$$

$$= (1 + c_1{}^2 c_2{}^1 + c_1{}^3 c_3{}^1 + c_1{}^4 c_4{}^1 + \cdots), \tag{4.28}$$

$$C_2 = \frac{1}{\Delta}(-c_2{}^1 + c_2{}^3 c_3{}^1 + c_2{}^4 c_4{}^1 + \cdots),$$

$$C_3 = \frac{1}{\Delta}(-c_3{}^1 + c_3{}^2 c_2{}^1 + c_3{}^4 c_4{}^1 + \cdots),$$

. . . .

wobei

$$\Delta = 1 - \sum_{j \neq k} c_k{}^j c_j{}^k \tag{4.29}$$

die Determinante des Systems (4.27) bei $t = 0$ bezeichnet.

Bis zu den Gliedern η^2 einschließlich hat also die allgemeine Lösung des Systems (4.11), die den Anfangsbedingungen (4.9) genügt, die Gestalt

$$b_1(t) = e^{i(E_1-\lambda_1)t/\hbar} + c_1{}^2 c_2{}^1 \left(e^{i(E_1-\lambda_1)t/\hbar} - e^{i(E_1-\lambda_2)t/\hbar}\right)$$

$$+ c_1{}^3 c_3{}^1 \left(e^{i(E_1-\lambda_1)t/\hbar} - e^{i(E_1-\lambda_3)t/\hbar}\right) + \cdots, \tag{4.28a}$$

$$b_2(t) = \frac{1}{\Delta}\left[c_2{}^1\left(e^{i(E_2-\lambda_1)t/\hbar} - e^{i(E_2-\lambda_2)t/\hbar}\right)\right.$$

$$+ c_2{}^3 c_3{}^1 \left(e^{i(E_2-\lambda_2)t/\hbar} - e^{i(E_2-\lambda_3)t/\hbar}\right)$$

$$\left. + c_2{}^4 c_4{}^1 \left(e^{i(E_2-\lambda_2)t/\hbar} - e^{i(E_2-\lambda_4)t/\hbar}\right)\right] + \cdots \tag{4.28b}$$

Ganz analog lassen sich die übrigen Funktionen $b_3, b_4, \ldots$ aufschreiben, worauf wir hier verzichten wollen. Es ist unmittelbar ersichtlich, daß die in Gestalt (4.28) aufgeschriebene Lösung den Anfangsbedingungen genügt.

Setzt man für die Koeffizienten $c_k{}^j$ ihre Werte gemäß (4.24) ein, so ergeben sich schließlich die Amplituden der Übergangswahrscheinlichkeiten

$$b_1(t) = e^{i(E_1-\lambda_1)t/\hbar} - \sum_{l>1} \frac{\eta^2 H'_{l1} H'_{1l}}{(E_l' - E_1')^2} \left(e^{i(E_1-\lambda_1)t/\hbar} - e^{i(E_1-\lambda_l)t/\hbar}\right), \tag{4.29a}$$

$$b_k(t) = \frac{1}{\Delta}\left[\left(\frac{\eta H'_{1k}}{E_1' - E_k'} + \frac{\eta^2}{(E_1' - E_k')}\sum_{l>1}\frac{H'_{1l}H'_{lk}}{E_1' - E_l'}\right)\right.$$

$$\times \left(e^{i(E_k-\lambda_1)t/\hbar} - e^{i(E_k-\lambda_k)t/\hbar}\right)$$

$$\left. + \sum_{l>1} \frac{\eta^2 H'_{1l} H'_{lk}}{(E_1' - E_l')(E_l' - E_k')} \left(e^{i(E_k-\lambda_k)t/\hbar} - e^{i(E_k-\lambda_l)t/\hbar}\right)\right], \tag{4.29b}$$

wo $k = 2, 3, \ldots, n$.

In dem Falle, daß die Gleichung (4.19) mehrfache Wurzeln hat, haben die partikulären Lösungen die Gestalt (4.25a). Eine ganz analoge zu der vorangegangenen Rechnung liefert dann die Formeln, die an die Stelle von (4.29a) und (4.29b) treten. Am interessantesten ist der Fall, daß der Anfangszustand des Systems entartet ist. Ist der Grad der Entartung gleich m, so erhalten wir an Stelle von (4.29a) und (4.29b)

$$b_1(t) = e^{i(E_1-\lambda_1)t/\hbar} - \sum_{l>m} \frac{\eta^2 H'_{1l} H'_{l1}}{(E_l' - E_1')^2} \left(e^{i(E_1-\lambda_1)t/\hbar} - e^{i(E_1-\lambda_l)t/\hbar}\right), \tag{4.29c}$$

$$b_k(t) = \frac{1}{\Delta}\sum_{l>m} \frac{\eta^2 H'_{1l} H'_{lk}}{(E_1' - E_l')(E_l' - E_k')} \left(e^{i(E_k-\lambda_k)t/\hbar} - e^{i(E_k-\lambda_l)t/\hbar}\right) \tag{4.29d}$$

für $k \leqq m$ und

$$b_k(t) = \frac{1}{\Delta}\left[\frac{\eta H'_{1k}}{E_1' - E_k'} + \frac{\eta^2}{E_1' - E_k'}\sum_{l>m}\frac{H'_{1l}H'_{lk}}{E_1' - E_l'}\right.$$

$$\times\left(e^{i(E_k-\lambda_1)t/\hbar} - e^{i(E_k-\lambda_k)t/\hbar}\right)$$

$$\left. + \sum_{l>m}\frac{\eta^2 H'_{1l}H'_{lk}}{(E_1' - E_l')(E_l' - E_k')}\left(e^{i(E_k-\lambda_k)t/\hbar} - e^{i(E_k-\lambda_l)t/\hbar}\right)\right] \quad (4.29\text{e})$$

bei $k > m$.

Betrachten wir etwas näher die Faktoren, die die Zeitabhängigkeit der Amplituden $b_1(t)$, $b_k(t)$ bestimmen. In dem Falle, daß in den Exponenten Differenzen der Form $E_k - \lambda_l$ eingehen, und daß gilt $k \neq l$, kann man unter Berücksichtigung von (4.20) näherungsweise annehmen, daß

$$E_k - \lambda_l \approx E_k - E_l' = E_k - E_l + \frac{1}{2}\, i\Gamma_l. \quad (4.30)$$

Für $k = l$ haben wir gemäß (4.22)

$$E_k - \lambda_k = \frac{1}{2}\, i\Gamma_k + \eta^2\sum_{l\neq k}\frac{H'_{lk}H'_{kl}}{E_l' - E_k'} \approx \alpha_k + \frac{1}{2}\, i\beta_k, \quad (4.31)$$

wo

$$\alpha_k = \eta^2\sum_{l\neq k}\frac{H'_{lk}H'_{kl}\,(E_l - E_k)}{(E_l - E_k)^2 + \frac{1}{4}(\Gamma_l - \Gamma_k)^2},$$

$$\beta_k = \eta^2\sum_{l\neq k}\frac{H'_{lk}H'_{kl}\,(\Gamma_l - \Gamma_k)}{(E_l - E_k)^2 + \frac{1}{4}(\Gamma_l - \Gamma_k)^2} + \Gamma_k. \quad (4.32)$$

Die Zeitabhängigkeit der Amplituden $b_1(t)$, $b_k(t)$ wird also bestimmt durch Funktionen der Form

$$f_{kl}(t) = e^{i(E_k-\lambda_k)t/\hbar} - e^{i(E_k-\lambda_l)t/\hbar},$$

die Produkte aus oszillierenden und dämpfenden Faktoren darstellen. Vernachlässigt man Größen der Ordnung η^2, so folgt[1])

$$f_{kl}(t) = e^{-1/2\,\Gamma_k t/\hbar} - e^{-1/2\,\Gamma_l t/\hbar}\, e^{i(E_k-E_l)t/\hbar}. \quad (4.33)$$

[1]) Eine derartige Vereinfachung ist nicht zulässig bezüglich des ersten Gliedes in der Gleichung (4.29a), da dort die zu η^2 proportionalen Korrekturen von der gleichen Ordnung wie die übrigen Terme dieser Gleichung sind.

Unter Benutzung der Funktionen f_{kl} kann man die Ausdrücke (4.29) für die Amplituden $b_1(t)$ und $b_k(t)$ in einer etwas kompakteren Form schreiben:

$$b_1(t) = e^{i(E_1-\lambda_1)t/\hbar} - \sum_{l>1} \frac{\eta^2 H'_{l1} H'_{1l}}{(E_l' - E_1')^2} f_{1l}(t), \tag{4.34a}$$

$$b_k(t) = -\frac{1}{\Delta} \frac{\eta H'_{1k}}{E_1' - E_k'} f_{k1}(t) - \frac{\eta^2}{\Delta(E_1' - E_k')} \sum_{l>1} \frac{H'_{1l} H'_{lk}}{E_1' - E_l'} f_{k1}(t)$$
$$+ \frac{\eta^2}{\Delta} \sum_{l>1} \frac{H'_{1l} H'_{lk}}{(E_1' - E_l')(E_l' - E_k')} f_{kl}(t). \tag{4.34b}$$

Im folgenden lassen wir den Faktor $1/\Delta \approx 1$ fort.

Die rechte Seite von (4.34b) enthält drei Glieder, von denen das erste direkte Übergänge aus dem Anfangszustand in den k-ten Zustand des Systems beschreibt und das zweite und dritte Übergänge über Zwischenzustände. Übergänge vom ersten Typ entsprechen Prozessen der Lichtabsorption und -emission. Wie aus dem folgenden ersichtlich wird, beschreibt das zweite Glied in (4.34b) die Raman-Streuung und das dritte die Resonanzfluoreszenz. Demzufolge ist

$$b_k(t) = [b_k(t)]_d + [b_k(t)]_{Ra} + [b_k(t)]_{RF}, \tag{4.35}$$

wo

$$[b_k(t)]_d = \frac{\eta H'_{1k}}{E_k' - E_1'} f_{k1}(t), \tag{4.36}$$

$$[b_k(t)]_{Ra} = \frac{\eta^2}{(E_k' - E_1')} \sum_{l>1} \frac{H'_{1l} H'_{lk}}{E_1' - E_l'} f_{k1}(t), \tag{4.37}$$

$$[b_k(t)]_{RF} = \eta^2 \sum_{l>1} \frac{H'_{1l} H'_{lk}}{(E_1' - E_l')(E_l' - E_k')} f_{kl}(t). \tag{4.38}$$

Die Zeitabhängigkeit der Übergangswahrscheinlichkeiten wird beschrieben durch die Ausdrücke

$$f_{kl} f_{kl}^* = e^{-\Gamma_k t/\hbar} + e^{-\Gamma_l t/\hbar} - 2e^{-1/2(\Gamma_k + \Gamma_l)t/\hbar} \cos \frac{(E_k - E_l)\, t}{\hbar}. \tag{4.39}$$

Die Übergangswahrscheinlichkeiten sind gegeben durch

$$W_d = \eta^2 \, |H'_{1k}|^2 \, \frac{\left[e^{-\Gamma_k t/\hbar} + e^{-\Gamma_1 t/\hbar} - 2e^{-1/2(\Gamma_k + \Gamma_1)t/\hbar} \cos \frac{(E_k - E_1)\, t}{\hbar}\right]}{|E_k' - E_1'|^2}, \tag{4.40}$$

$$W_{Ra} = \eta^4 \left| \sum_l \frac{H'_{1l} H'_{lk}}{E_1' - E_l'} \right|^2$$
$$\times \frac{\left[e^{-\Gamma_k t/\hbar} + e^{-\Gamma_1 t/\hbar} - 2e^{-1/2(\Gamma_k + \Gamma_1)t/\hbar} \cos \frac{(E_k - E_1)\, t}{\hbar}\right]}{|E_k' - E_1'|^2}, \tag{4.41}$$

$$W_{RF} = \eta^4 \left| \sum_l \frac{H'_{1l} H'_{lk}}{(E_1' - E_l')(E_l' - E_k')} (e^{-1/2\Gamma_k t/\hbar} - e^{-1/2\Gamma_l t/\hbar}\, e^{i(E_k - E_l)t/\hbar}) \right|^2. \tag{4.42}$$

Im folgenden wollen wir uns mit Übergängen der drei Typen befassen:

a) Übergang des Systems aus dem Zustand 1 in den Zustand k über den Zwischenzustand l (Abb. 12a).

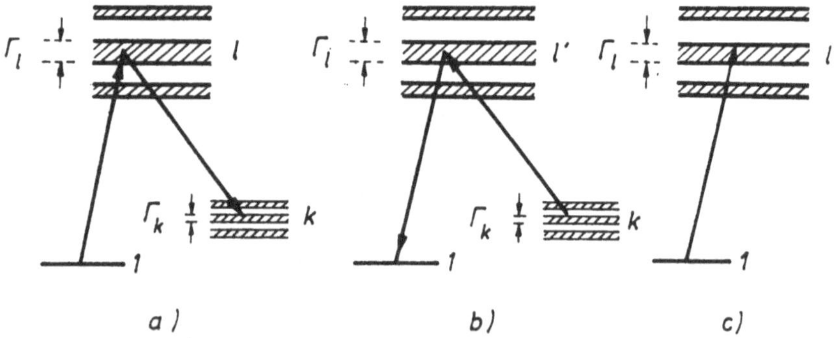

Abb. 12: Übergangsschemen: *a*) und *b*) RAMAN-Streuung; *c*) Absorption.

Auf Niveau 1 (Energie E_1) befindet sich das Molekül im elektronischen Grundzustand der Energie ε_1, und es existiert ein Lichtquant $\Phi_l = \hbar\omega_l$. Im Zustand l (Energie E_l) befindet sich das Molekül im angeregten Elektronenzustand der Energie ε_l, das Lichtquant Φ_l ist absorbiert. Im Zustand k (Energie E_k) ist das Molekül in den elektronischen Grundzustand zurückgekehrt, befindet sich aber auf einem anderen Schwingungs-(oder Rotations-)Niveau der Energie ε_k, es existiert ein Lichtquant $\Phi_k = \hbar\omega_k$. Der Übergang $1 \to l$ ist verbunden mit der Absorption des Quants Φ_l, der Übergang $l \to k$ mit der Emission des Quants Φ_k. Es gilt

$$E_k = \varepsilon_k + \Phi_k, \tag{4.43}$$

$$E_l = \varepsilon_l, \tag{4.44}$$

$$E_1 = \varepsilon_1 + \Phi_l, \tag{4.45}$$

$$\varepsilon_k - \varepsilon_1 = \Phi_i, \qquad \varepsilon_l - \varepsilon_1 = \Phi_l^e, \tag{4.46}$$

wo $\Phi_i = \hbar\omega_i$ das infrarote Lichtquant ist, das dem Übergang aus dem Anfangs- in den k-ten Schwingungszustand entspricht, und $\Phi_l^e = \hbar\omega_l^e$ das dem Übergang aus dem Grund- in den l-ten elektronischen angeregten Zustand entsprechende Lichtquant.

b) Übergang des Systems aus dem Zustand 1 in den Zustand k, die mit den unter a) genannten Zuständen übereinstimmen, über den Zwischenzustand l' (Abb. 12b). Im Zustand l' (Energie $E_{l'}$) befindet sich das Molekül im gleichen angeregten Zustand der Energie ε_l, wie im Falle a), es existieren zwei Quanten Φ_l und Φ_k. Der Übergang $1 \to l'$ ist verbunden mit der Emission des Quants Φ_k, der Übergang $l' \to k$ mit der Absorption des Quants Φ_l. An Stelle von (4.44) haben wir

$$E_{l'} = \varepsilon_l + \Phi_k + \Phi_l. \tag{4.47}$$

Die Formeln (4.43) und (4.45), (4.46) bleiben unverändert.

c) Übergang des Systems aus dem Zustand 1 in den Zustand l, verbunden mit der Absorption des Quants Φ_l (Abb. 12c). Im Zustand 1 (Energie E_1) hat das Molekül die Energie ε_1, es existiert ein Quant Φ_l; im Zustand l (Energie E_l) ist die Energie des Moleküls gleich ε_l, das Quant Φ_l ist absorbiert. Es gilt:

$$E_l = \varepsilon_l\,, \tag{4.48}$$

$$E_1 = \varepsilon_1 + \Phi_l\,. \tag{4.49}$$

Die RAMAN-Streuung erfolgt im allgemeinen sowohl nach dem Schema a) als auch nach dem Schema b). Dementsprechend ergibt sich die Wahrscheinlichkeit der mit einer Absorption des Quants Φ_l und der Emission des Quants Φ_k und dem Übergang über den l-ten angeregten elektronischen Zwischenzustand verbundene RAMAN-Streuung aus

$$W_{Ra} = |(b_a)_{Ra} + (b_b)_{Ra}|^2\,. \tag{4.50}$$

Aus den Formeln (4.43)–(4.47) folgt

$$E_k - E_1 = \varepsilon_k + \Phi_k - \varepsilon_1 - \Phi_l = \Phi_k + \Phi_i - \Phi_l\,, \tag{4.51}$$

$$E_l - E_k = \varepsilon_l - \varepsilon_k - \Phi_k = \Phi_l^e - \Phi_i - \Phi_k\,, \tag{4.52}$$

$$E_l - E_1 = \varepsilon_l - \varepsilon_1 - \Phi_l = \Phi_l^e - \Phi_l\,, \tag{4.53}$$

$$E_{l'} - E_1 = \varepsilon_l + \Phi_k - \varepsilon_1 = \Phi_k + \Phi_l^e\,. \tag{4.54}$$

Wir setzen

$$\hbar x = \Phi_k + \Phi_i - \Phi_l\,, \qquad \hbar y_l = \Phi_l^e - \Phi_l\,, \qquad \hbar z = \Phi_l^e - \Phi_i - \Phi_k\,, \tag{4.55}$$

$$q_k = \frac{\Gamma_k}{2\hbar}\,. \tag{4.56}$$

Dabei gilt[1])

$$E_k - E_1 = \hbar x\,, \qquad E_k' - E_1' = \hbar[x + i(q_1 - q_k)]\,, \tag{4.51'}$$

$$E_l - E_k = \hbar z\,, \qquad E_l' - E_k' = \hbar[z + i(q_k - q_l)]\,, \tag{4.52'}$$

$$E_l - E_1 = \hbar y_l\,, \qquad E_l' - E_1' = \hbar[y_l + i(q_1 - q_l)]\,, \tag{4.53'}$$

$$E_{l'} - E_1 = \hbar(\omega_l^e + \omega_k)\,, \qquad E_{l'}' - E_1' = \hbar[\omega_l^e + \omega_k + i(q_1 - q_l)]\,. \tag{4.54'}$$

[1]) Gemäß (4.51′) bis (4.54′) gehen in die Ausdrücke für die Übergangswahrscheinlichkeiten die Differenzen der Breiten von gekoppelten Niveaus ein. Dies kann natürlich nicht auf solche Prozesse zutreffen, wo statistisch über die Frequenzen und die Niveauverbreiterungen verschiedener Atome (Moleküle) gemittelt werden muß. Hierbei gilt die übliche Regel für die Summation der Breiten der kombinierenden Niveaus. Eine allgemeine Behandlung der Frage über Verbreiterung von Spektrallinien geht über den Rahmen dieses Buches hinaus. Für die weiteren Betrachtungen sind die konkreten Ausdrücke für die Linienbreite ohne wesentliche Bedeutung.

Für die Übergangswahrscheinlichkeit finden wir

$$W_d = \frac{\eta^2 \, |H'_{1l}|^2 \, [e^{-2q_l t} + e^{-2q_1 t} - 2e^{-(q_1+q_l)t} \cos(y_l t)]}{\hbar^2 [y_l^2 + (q_1 - q_l)^2]}, \tag{4.57}$$

$$W_{Ra} = \frac{\eta^4}{\hbar^4} \left| \sum_l \frac{H'_{1l} H'_{lk}}{y_l + i(q_1 - q_l)} + \frac{H'_{1l'} H'_{l'k}}{\omega_l^e + \omega_k + i(q_1 - q_l)} \right|^2$$

$$\times \frac{[e^{-2q_k t} + e^{-2q_1 t} - 2e^{-(q_1+q_k)t} \cos(xt)]}{[x^2 + (q_1 - q_k)^2]}, \tag{4.58}$$

$$W_{RF} = \frac{\eta^4}{\hbar^4} \left| \sum_l \frac{H'_{1l} H'_{lk}}{[y_l + i(q_1 - q_l)] \, [z + i(q_k - q_l)]} \, (e^{-q_k t} - e^{-q_l t} e^{-izt}) \right|^2. \tag{4.59}$$

Die erhaltenen Ausdrücke sind gültig, wenn das einfallende Lichtquant Φ_l einen scharfen Energiewert und die auf das System fallende Strahlung eine streng definierte Ausbreitungsrichtung besitzen. Ist die einfallende Strahlung durch die spektrale Intensitätsverteilung $\varrho(\omega_l - \omega_E)$ (mit dem Maximum bei $\omega_l = \omega_E$) und der Winkelverteilung $\varrho(\Omega)$ der Intensität charakterisiert, so hat man die Übergangswahrscheinlichkeiten mit diesen Verteilungen zu integrieren. Wir normieren die Funktionen $\varrho(\omega_l - \omega_E)$ und $\varrho(\Omega)$:

$$\int_{-\infty}^{\infty} \varrho(\omega_l - \omega_E) \, d\omega_l = 1, \tag{4.60}$$

$$\int_{\Omega} \varrho(\Omega) \, d\Omega = 1. \tag{4.61}$$

Die Integration der Ausdrücke (4.57) bis (4.59) muß unter Beachtung der Relation (4.55) erfolgen, in der die Größe $\Phi_l = \hbar\omega_l$ als Integrationsvariable und $\Phi_k = \hbar\omega_k$ als Parameter anzusehen sind. Es ergibt sich dabei

$$W_d = \frac{\eta^2}{\hbar^2} \int_{\Omega} |H'_{1l}|^2 \, \varrho(\Omega) \int_{-\infty}^{\infty} \frac{[e^{-2q_l t} + e^{-2q_1 t} - 2e^{-(q_1+q_l)t} \cos(y_l t)]}{y_l^2 + (q_l - q_1)^2}$$

$$\times \varrho(y_l - a_l) \, d\Omega \, dy_l, \tag{4.62}$$

$$W_{Ra} = \frac{\eta^4}{\hbar^4} \int_{\Omega} \int_{-\infty}^{\infty} \left| \sum_l \frac{H'_{1l} H'_{lk}}{y_l + i(q_1 - q_l)} + \frac{H'_{1l'} H'_{l'k}}{\omega_l^e + \omega_k + i(q_1 - q_l)} \right|^2$$

$$\times \frac{[e^{-2q_k t} + e^{-2q_1 t} - 2e^{-(q_1+q_k)t} \cos(xt)]}{x^2 + (q_k - q_1)^2} \, \varrho(x - a) \, \varrho(\Omega) \, dx \, d\Omega, \tag{4.63}$$

$$W_{RF} = \frac{\eta^4}{\hbar^4} \int_{\Omega} \int_{-\infty}^{\infty} \varrho(\Omega)$$

$$\times \left| \sum_l \frac{H'_{1l} H'_{lk}}{[y_l + i(q_1 - q_l)]\,[z + i(q_k - q_l)]} \left(e^{-q_k t} - e^{-q_l t} e^{-izt}\right) \right|^2$$

$$\times\, \varrho(y_l - a_l)\, dy_l\, d\Omega\,, \tag{4.64}$$

$$a_l = \omega_l^e - \omega_E\,, \qquad a = \omega_k + \omega_i - \omega_E\,. \tag{4.65}$$

Wir wollen nun die genannten Typen der Übergänge einzeln betrachten.

1. *Lichtabsorption und -emission:*

Die Zeitabhängigkeit der Wahrscheinlichkeit für die Übergänge $1 \to l$ ist gegeben durch das Integral

$$F_l(t) = \int_{-\infty}^{\infty} \frac{e^{-2q_1 t} + e^{-2q_l t} - 2e^{-(q_1+q_l)t} \cos(y_l t)}{y_l^2 + (q_l - q_1)^2}\, \varrho(y_l - a_l)\, dy_l\,. \tag{4.66}$$

Wir berechnen zunächst das Integral (4.66) unter der Voraussetzung, daß die Differenz $q_l - q_1$ klein ist gegenüber der Breite der Erregerlinie q_E. Da die Dispersionsfunktion im Integranden dabei ein deutliches Maximum bei $y_l = 0$ hat, kann man ϱ aus dem Integral herausziehen:

$$F_l(t) = 2\varrho(a_l) \int_0^{\infty} \frac{e^{-2q_1 t} + e^{-2q_l t} - 2e^{-(q_1+q_l)t} \cos(y_l t)}{y_l^2 + (q_l - q_1)^2}\, dy_l\,. \tag{4.67}$$

Die in (4.67) eingehenden Integrale ergeben nach einfacher Rechnung:

$$\int_0^{\infty} \frac{dx}{x^2 + q^2} = \frac{\pi}{2q}\,, \qquad \int_0^{\infty} \frac{\cos(xt)\, dx}{x^2 + q^2} = \frac{\pi}{2q}\, e^{-qt}\,. \tag{4.68}$$

Es gilt also

$$F_l(t) = \frac{\pi\varrho(a_l)}{(q_l - q_1)} \left[e^{-2q_1 t} - e^{-2q_l t}\right] \tag{4.69}$$

Für kleine t, wenn die Bedingungen

$$q_l t \ll 1\,, \qquad q_1 t \ll 1$$

erfüllt sind, folgt daraus

$$F_l(t) = 2\pi\varrho(a_l) t\,. \tag{4.70}$$

Wie wir sehen, sind die Übergangswahrscheinlichkeiten unter diesen Voraussetzungen der Zeit t proportional. Eine solche Zeitabhängigkeit liefert bekanntlich die Theorie, in der die Dämpfungsprozesse, d. h. die endlichen Niveaubreiten vernachlässigt werden (vgl. z. B. [20], § 42).

Betrachten wir nun den zweiten wichtigen Fall, daß für die Breite der Erregerlinie q_E gilt $q_E \ll |q_l - q_1|$. Mit einem ausreichenden Grad an Allgemeinheit kann man für kleine q_E das Profil der Erregerlinie nähern durch eine Dispersionsfunktion der Form

$$\varrho(v) = D_E(v) = \frac{q_E}{\pi} \frac{1}{v^2 + q_E^2}. \tag{4.71}$$

(Die Funktion $D_E(v)$ ist so normiert, daß $\int\limits_{-\infty}^{\infty} \varrho(v)\, dv = 1$.) Somit wird

$$F_l(t) = \frac{q_E}{\pi} \int\limits_{-\infty}^{\infty} \frac{e^{-2q_1 t} + e^{-2q_l t} - 2e^{-(q_1+q_l)t} \cos(y_l t)}{[y_l^2 + (q_l - q_1)^2][(y_l - a_l)^2 + q_E^2]}\, dy_l. \tag{4.72}$$

Gehen wir im Integral zur neuen Variablen $\xi = a_l - y_l$ über, so finden wir

$$F_l(t) = \frac{q_E}{\pi} \int\limits_{-\infty}^{\infty} \frac{e^{-2q_1 t} + e^{-2q_l t} - 2e^{-(q_1+q_l)t} \cos(a_l t) \cos(\xi t)}{(\xi^2 + q_E^2)\,[(\xi - a_l)^2 + (q_l - q_1)^2]}\, d\xi. \tag{4.73}$$

Setzen wir im zweiten Faktor des Nenners des Integranden $\xi = 0$ und ziehen diesen aus dem Integral heraus, so erhält das verbleibende Integral dieselbe Gestalt wie (4.67), und wir können sofort schreiben:

$$F_l(t) = \frac{e^{-2q_1 t} + e^{-2q_l t} - 2e^{-(q_1+q_l+q_E)t} \cos(a_l t)}{a_l^2 + (q_l - q_1)^2}. \tag{4.74}$$

Die Funktion $F_l(t)$ ist in Abb. 13 dargestellt. Für kleine t folgt

$$F_l(t) = \frac{2q_E t}{a_l^2 + (q_l - q_1)^2}. \tag{4.75}$$

Die Übergangswahrscheinlichkeiten ergeben sich in diesem Falle durch

$$W_l = \frac{2\eta^2 q_E t}{\hbar^2[a_l^2 + (q_l - q_1)^2]} \int\limits_{\Omega} |H'_{1l}|^2\, \varrho(\Omega)\, d\Omega. \tag{4.76}$$

Es ist interessant, die erhaltene Formel mit der entsprechenden Lösung aus den bekannten Arbeiten von WEISSKOPF [21, 22] zu vergleichen. Nach WEISSKOPF gilt für die Prozesse erster Ordnung[1]) (Lichtemission und -absorption)

$$|b_1(t)|^2 = e^{-\gamma t}, \tag{4.77}$$

d. h., die Wahrscheinlichkeit dafür, daß das System im Anfangszustand verharrt, klingt exponentiell ab, wobei $1/\gamma$ die mittlere Lebensdauer des angeregten Zustan-

[1]) Es sei bemerkt, daß die von WEISSKOPF vorgeschlagene Funktion streng genommen keine Lösung der Gleichung (4.11) ist.

des ist. Für kleine γt, auf die sich der Gültigkeitsbereich der WEISSKOPFschen Theorie beschränkt, gilt

$$|b_1(t)|^2 \approx 1 - \gamma t. \tag{4.78}$$

Wir zeigen nun, daß sich eine analoge Lösung aus Formel (4.34a) erhalten läßt, die man mit Hilfe der Bezeichnungen (4.32), (4.51) bis (4.54′) schreiben kann:

$$b_1(t) = e^{(i\alpha-\beta)t} - \sum_{l>1} \frac{\eta^2 H'_{1l} H'_{l1}}{(E_l' - E_1')^2} (e^{-q_1 t} - e^{-q_l t} e^{-i y_l t}). \tag{4.79}$$

Hierin ist

$$\alpha = \frac{\eta^2}{\hbar^2} \sum_{l>1} \frac{H'_{1l} H'_{l1} y_l}{y_l^2 + (q_l - q_1)^2},$$

$$\beta = \frac{\eta^2}{\hbar^2} \sum_{l>1} \frac{H'_{1l} H'_{l1} (q_l - q_1)}{y_l^2 + (q_l - q_1)^2} + q_1. \tag{4.80}$$

Bei der Berechnung $|b_1(t)|^2$ beachten wir, daß infolge der Hermitezität der Matrixelemente H'_{kl} gilt

$$H'_{1l} = H'^{*}_{l1}, \qquad H'_{1l} H'_{l1} = |H'_{1l}|^2. \tag{4.81}$$

Als Ergebnis finden wir

$$\begin{aligned} |b_1(t)|^2 &= e^{-2\beta t} \\ &- \frac{2\eta^2}{\hbar^2} e^{-\beta t} \sum_{l>1} \frac{|H'_{1l}|^2}{[y_l^2 + (q_l - q_1)^2]^2} \{e^{-q_1 t}(\cos(\alpha t)\,[y_l^2 - (q_l - q_1)^2] \\ &+ 2 \sin(\alpha t)\, y_l (q_l - q_1)) - e^{-q_l t}(\cos(y_l t)\,[y_l^2 - (q_l - q_1)^2] \\ &+ 2 \sin(y_l t)\, y_l (q_l - q_1))\} \\ &+ \frac{\eta^4}{\hbar^4} \left| \sum_{l>1} \frac{|H'_{1l}|^2}{[y_l + i(q_1 - q_l)]^2} (e^{-q_1 t} - e^{-q_l t} e^{-i y_l t}) \right|^2. \end{aligned} \tag{4.82}$$

Schließlich multiplizieren wir noch den Ausdruck (4.82) mit $\varrho(y_l - a_l)\,dy$ $(l = 2, 3, \ldots, n)$ und integrieren unter Beachtung der Bedingung $q_E \ll |q_l - q_1|$. Eine völlig analoge zu der oben durchgeführten Rechnung ergibt bis zu Gliedern der Ordnung η^2:

$$\begin{aligned} |b_1(t)|^2 &= e^{-2\beta t} \\ &- \frac{2\eta^2}{\hbar^2} e^{-\beta t} \sum_{l>1} \frac{|H'_{1l}|^2}{[a_l^2 + (q_l - q_1)^2]^2} \{e^{-q_1 t} \cos(\alpha t)\,[a_l^2 - (q_l - q_1)^2] \\ &- e^{-(q_l + q_E)t} (\cos(a_l t)\,[a_l^2 - (q_l - q_1)^2] \\ &+ 2(q_l - q_1)\,[a_l \sin(a_l t) + q_E \cos(a_l t)])\}. \end{aligned} \tag{4.83}$$

Für kleine t haben wir

$$|b_1(t)|^2 = 1 - 2q_1t$$

$$-\frac{2\eta^2}{\hbar^2}\sum_{l>1}\frac{|H'_{1l}|^2}{a_l^2+(q_l-q_1)^2}\left[1+\frac{2(q_l-q_1)(2q_1+q_E)}{a_l^2+(q_l-q_1)^2}\right]q_Et. \tag{4.84}$$

Somit sind wir zu einem Ausdruck gelangt, der analog zu (4.78) ist, wobei zu setzen ist

$$\gamma = 2q_1 + \frac{2\eta^2}{\hbar^2}\sum_{l>1}\frac{|H'_{1l}|^2}{a_l^2+(q_l-q_1)^2}\left[1+\frac{2(q_l-q_1)(2q_1+q_E)}{a_l^2+(q_l-q_1)^2}\right]q_E. \tag{4.85}$$

Aus (4.76) folgt (läßt man die Integration über $d\Omega$ fort)

$$W_{\text{ind}} = \sum_l W_l = \frac{2\eta^2}{\hbar^2}\sum_{l>1}\frac{|H'_{1l}|^2}{a_l^2+(q_l-q_1)^2}q_Et, \tag{4.86}$$

worin W_{ind} die totale Wahrscheinlichkeit für den Übergang des Systems aus dem Anfangs- in einen beliebigen Endzustand unter Einwirkung des Strahlungsfeldes (Wahrscheinlichkeit des induzierten Überganges) bedeutet. Ein Vergleich von (4.85) mit (4.86) liefert (bei Vernachlässigung des letzten Gliedes in der eckigen Klammer in (4.85)):

$$\gamma t = 2q_1t + W_{\text{ind}} = W_{\text{spont}} + W_{\text{ind}} = W, \tag{4.87}$$

wo W_{spont} die Wahrscheinlichkeit des spontanen Überganges ist. Die Größe γ behält also die physikalische Bedeutung der totalen Übergangswahrscheinlichkeit pro Zeiteinheit. Ist dabei das Anfangsniveau unendlich scharf ($q_1 = 0$), so ist für kleine t die bekannte, bei Vernachlässigung der Dämpfung erhaltene Beziehung

$$\sum_i |b_i|^2 = 1$$

gültig.

Für die Übergangswahrscheinlichkeit in den l-ten Zustand folgt aus (4.76), wenn man für a_l die Werte nach (4.65) einsetzt,

$$W_l = \frac{2\eta^2|H'_{1l}|^2\,q_Et}{\hbar^2[(\omega_l^e-\omega_E)^2+q_l^2]}, \tag{4.88}$$

also der bekannte Ausdruck der WEISSKOPFschen Theorie.

Es sei angemerkt, daß sich in unserer Darstellung die Resultate der WEISSKOPFschen Theorie bei einigen speziellen vereinfachenden Voraussetzungen ergeben.

Bisher haben wir den Fall kleiner t[1]) behandelt. Für $t \to \infty$ klingen das zweite und dritte Glied in (4.66) wegen der Faktoren $e^{-q_i t}$ schnell ab. Unter der Voraussetzung $q_1 = 0$ stellt das erste Glied die „Faltung" der Profilfunktionen von Erreger- und untersuchter Linie dar. Wir erhalten so für die Übergangswahrscheinlichkeiten

$$W_l(\infty) = \frac{\eta^2}{\hbar^2} \int_\Omega |H'_{1l}|^2 \, \varrho(\Omega) \, d\Omega \cdot I_l(a_l) , \tag{4.89}$$

wo

$$I_l(a_l) = \int_{-\infty}^{\infty} \frac{\varrho(y_l - a_l)}{y_l^2 + q_l^2} \, dy_l . \tag{4.90}$$

2. *Raman-Streuung:*

Gewöhnlich wird bei der Untersuchung der RAMAN-Streuung eine schmale Erregerlinie verwendet. Wir nehmen deshalb an, daß $q_E \ll |q_l - q_1|$. Dann können wir in (4.63) die Summe $\left|\sum_l\right|^2$ aus dem Integral herausziehen, wobei wir $x = a$ oder $\omega_l = \omega_E$ setzen. Die Wahrscheinlichkeit der RAMAN-Streuung wird dann

$$W_{R_2} = \frac{\eta^4}{\hbar^4} F_k(t) \int_\Omega \left| \sum_l \frac{H'_{1l} H'_{lk}}{a_l + i(q_1 - q_l)} + \frac{H'_{1l'} H'_{l'k}}{\omega_l^e + \omega_k + i(q_i - q_l)} \right|^2 \varrho(\Omega) \, d(\Omega) . \tag{4.91}$$

Hierin ist

$$F_k(t) = \int_{-\infty}^{\infty} \frac{[e^{-2q_1 t} + e^{-2q_k t} - 2e^{-(q_1+q_k)t} \cos(xt)]}{x^2 + (q_k - q_1)^2} \, \varrho(x - a) \, dx \tag{4.92}$$

ein Integral, daß sich von dem Ausdruck (4.66) nur durch die Werte der Parameter unterscheidet. Beachtet man bei der Integration, daß $q_E \ll |q_k - q_1|$ ist, und daß die Erregerlinie ein Dispersionsprofil hat, so gelangt man zu einem zu (4.74) analogen Ausdruck

$$F_k(t) = \frac{e^{-2q_1 t} + e^{-2q_k t} - 2e^{-(q_1+q_k+q_E)t} \cos(at)}{a^2 + (q_k - q_1)^2} . \tag{4.93}$$

Bei großem t kann man im Integral (4.92) das letzte Glied vernachlässigen, da es einen schnell oszillierenden Faktor enthält.

[1]) Eine allgemeine Theorie der Strahlungsprozesse unter Berücksichtigung der Dämpfung für den Fall $t \to \infty$ wurde von HEITLER [23] entwickelt. Die Anwendung dieser Theorie auf den RAMAN-Effekt ist in [24] zu finden.

Dann ist

$$F_k(\infty) = (e^{-2q_l t} + e^{-2q_k t}) \int\limits_{-\infty}^{\infty} \frac{\varrho(x - a)\, dx}{x^2 + (q_k - q_1)^2}. \tag{4.94}$$

Das erhaltene Integral stellt die Faltung der Profilfunktion von Erregerlinie mit dem „wahren" Profil der RAMAN-Linie dar. Das letztere ist eine Dispersionskurve mit der Halbwertsbreite $2(q_k - q_1)$, die ausschließlich von den Eigenschaften der als Anfangs- und Endniveaus auftretenden Niveaus abhängt.[1]) Das Maximum der Verteilungsfunktion $F_k(\infty)$ liegt bei $a = 0$ oder gemäß (4.65) bei

$$\omega_k = \omega_E - \omega_i. \tag{4.95}$$

Diese Bedingung für die Frequenzen ist charakteristisch für den RAMAN-Effekt. Die Wahrscheinlichkeit des RAMAN-Effektes bei großen t wird gegeben durch

$$W_{Ra} = \frac{\eta^4}{\hbar^4} F_k(\infty) \int\limits_{\Omega} \left| \sum_l \left(\frac{H'_{1l} H'_{lk}}{a_l + i(q_1 - q_l)} + \frac{H'_{1l'} H'_{l'k}}{\omega_l{}^e + \omega_k + i(q_1 - q_l)} \right) \right|^2 \varrho(\Omega)\, d\Omega. \tag{4.96}$$

3. *Resonanzfluoreszenz:*

Bei der Behandlung der Resonanzfluoreszenz genügt es, sich auf die Berücksichtigung eines Resonanzzwischenniveaus zu beschränken. Dabei geht die Formel (4.64) für die Wahrscheinlichkeit der Resonanzfluoreszenz über in

$$W_{RF} = \frac{\eta^4}{\hbar^4} F(z, t) \int\limits_{\Omega} |H'_{1l}|^2\, |H'_{lk}|^2\, \varrho(\Omega)\, d\Omega \int\limits_{-\infty}^{\infty} \frac{\varrho(y_l - a_l)}{y_l{}^2 + (q_l - q_1)^2}\, dy_l, \tag{4.97}$$

wo

$$F(z, t) = \frac{e^{-q_k t} + e^{-2q_l t} - 2e^{-(q_k + q_l)t} \cos(zt)}{z^2 + (q_l - q_k)^2}. \tag{4.98}$$

Der wesentliche Unterschied der Funktion $F(z, t)$ zu den früher betrachteten $F_l(t)$ und $F_k(t)$ besteht darin, daß hier bei kleinen t die Zeitabhängigkeit quadratisch wird (siehe Abb. 13, Kurve 1). Für große t gilt

$$W_{RF} = \frac{\eta^4 (e^{-2q_k t} + e^{-2q_l t})}{\hbar^4 [z^2 + (q_l - q_k)^2]} \int\limits_{-\infty}^{\infty} \frac{\varrho(y_l - a_l)}{y_l{}^2 + (q_l - q_1)^2}\, dy_l \times \int\limits_{\Omega} |H'_{1l}|^2\, |H'_{lk}|^2\, \varrho(\Omega)\, d\Omega. \tag{4.99}$$

[1]) Dem Fall $q_1 = 0$ entspricht die STOKESsche Streuung und $q_k = 0$ die anti-STOKESsche RAMAN-Streuung.

Daraus folgt, daß eine bei der Resonanzfluoreszenz emittierte Linie ein Dispersionsprofil mit der Halbwertsbreite $2(q_l - q_k)$ hat, dessen Maximum bei $z = 0$ oder

$$\omega_k = \omega_l^e - \omega_i \qquad (4.100)$$

liegt. Die Lage des Maximums dieser Linie ist von der Frequenz der Erregerlinie unabhängig. Die Frequenzbedingung (4.100) ist charakteristisch für die Resonanzfluoreszenz ebenso wie für den SPOLSKIJ-Effekt. Es sei bemerkt, daß das Linienprofil wie auch die Linienbreite bei der Resonanzfluoreszenz von den Eigenschaften

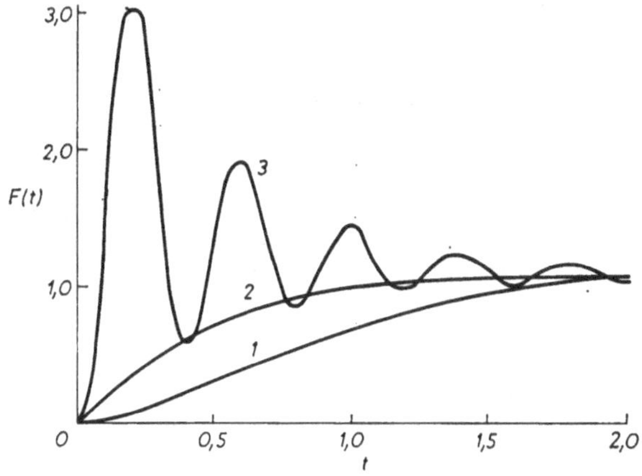

Abb. 13: Abhängigkeit der Übergangswahrscheinlichkeit von der Zeit. An der Ordinate sind die Funktionswerte

$$F(t) = F_l(t)\,[a_l^2 + (q_l - q_1)^2]$$

für

$q_l = 0, q_1 = 1;$

(1) $a_l = \pi/4, q_E = 0{,}1$; (2) $a_l = \pi/4, q_E = 1$; (3) $a_l = 5\pi, q_E = 1$

aufgetragen.

der Erregerlinie unabhängig sind. Es ist durchaus möglich, daß die beobachtete Linie bei weitem schmaler ist als die Erregerlinie. Wir bemerken, daß, wenn Absorption und Emission als voneinander unabhängigen Prozesse auftreten, das Profil der Fluoreszenzlinie gemäß (4.90) sich bestimmt aus der Faltung des Profils der Erregerlinie und dem natürlichen Profil der Emissionslinie. Es ist demzufolge stets breiter als das Profil der Erregerlinie (siehe [23], §20).

Die Wahrscheinlichkeit der Resonanzfluoreszenz ist außerdem vom zweiten

Faktor in (4.99) abhängig:

$$I_l(a_l) = \int\limits_{-\infty}^{\infty} \frac{\varrho(y_l - a_l)}{y_l^2 + (q_l - q_1)^2} \, dy_l \,. \tag{4.101}$$

$I_l(a_l)$ ist die Faltung der Profilfunktionen von Erreger- und Absorptionslinie, deren Maximum bei $a_l = 0$ bzw. $\omega_E = \omega_l^e$ liegt. Die Intensität der Resonanzlinie der Frequenz ω_k ist von der Größe I_l und damit von der Differenz $\omega_l^e - \omega_E$ abhängig.

Ein wichtiger Spezialfall der Resonanzfluoreszenz, der darin besteht, daß das System nach dem Übergang in den Zwischenzustand in den Anfangszustand zurückkehrt (Übergang $1 \to 1$), wird vom letzten Glied der rechten Seite der Gleichung (4.82) beschrieben. Wir müssen beachten, daß die hierbei absorbierte Frequenz ω_l und die ausgestrahlte Frequenz ω_k nicht identisch sind. Für die Wahrscheinlichkeit des Prozesses finden wir

$$[W_{RF}]_1 = \frac{\eta^4}{\hbar^4} \int\limits_{\Omega} |H'_{1l}|^4 \, \varrho(\Omega) \, d\Omega F\,(y_k, t)\,, \tag{4.102}$$

wo

$$F(y_k, t) = \frac{1}{y_k^2 + (q_l - q_1)^2} \int\limits_{-\infty}^{\infty} \frac{e^{-2q_1 t} + e^{-2q_l t} - 2e^{-(q_1+q_l)t} \cos(y_l t)}{y_l^2 + (q_l - q_1)^2}$$

$$\times \, \varrho(y_l - a_l) \, dy_l \,. \tag{4.103}$$

Das Maximum der ausgestrahlten Linie liegt bei $y_k = 0$ ($\omega_k = \omega_l^e$). In jeder anderen Hinsicht unterscheidet sich dieser Fall nicht von dem oben behandelten.

4. *Gemischte Prozesse:*

Die totale Wahrscheinlichkeit für den Übergang vom Zustand 1 in den k-ten, gegeben durch $|b_k|^2$ enthält, wie aus (4.34b) ersichtlich ist, außer den oben betrachteten Gliedern, die die Absorption, den Raman-Effekt und die Resonanzfluoreszenz beschreiben, noch drei „gemischte" Glieder. Die Wahrscheinlichkeit der entsprechenden „gemischten" Prozesse ist

$$W_1 = (b_k)_{Ra} \, (b_k^*)_{RF} + (b_k^*)_{Ra} \, (b_k)_{RF}$$

$$= \frac{\eta^4}{\hbar^4} \int\limits_{\Omega} \int\limits_{-\infty}^{\infty} \frac{|H'_{1l}|^2 \, |H'_{lk}|^2 \cdot F_1(x, y, z, t) \, \varrho(x - a) \, \varrho(\Omega)}{[y_l^2 + (q_l - q_1)^2] \, [x^2 + (q_k - q_1)^2] \, [z^2 + (q_l - q_k)^2]} \, dx \, d\Omega \,, \tag{4.104}$$

$$W_2 = (b_k)_d \, (b_k^*)_{RF} + (b_k^*)_d \, (b_k)_{RF} \,, \tag{4.105}$$

$$W_3 = (b_k)_d \, (b_k^*)_{Ra} + (b_k^*)_d \, (b_k)_{Ra}$$

$$= \frac{2\eta^3}{\hbar^3} \int\limits_{\Omega} \left[\sum_{l>1} \frac{(q_l - q_1) \, g_2 - a_l g_1}{a_l^2 + (q_l - q_1)^2} \right] F_k(t) \, \varrho(\Omega) \, d\Omega \,. \tag{4.106}$$

Hierin ist g_1 der Realteil und g_2 der Imaginärteil des Produktes aus den Matrixelementen $H'_{1l}H'_{lk}H'_{kl}$, die Funktion $F_k(t)$ ist definiert durch (4.92), und $F_1(x, y, z, t)$ kann für große t dargestellt werden in der Form

$$F_1(x, y, z, t) = 2(q_k - q_1)\,(q_l - q_k)\,e^{-2q_k t}. \tag{4.107}$$

Den mit dem Ausdruck (4.105) zusammenhängenden Prozess wollen wir nicht im einzelnen untersuchen. Der gemischte Prozeß Raman-Streuung mit gleichzeitiger Absorption eines infraroten Lichtquants kann nach (4.106) unter gewissen Bedingungen zu einer merklichen Verstärkung des Raman-Effektes führen. Die Wahrscheinlichkeit W_1 des aus Raman-Streuung und Resonanzfluoreszenz bestehenden Prozesses ist, gemäß (4.104) und (4.107), proportional der Größe

$$A = \frac{1}{z^2 + (q_l - q_k)^2} \int\limits_{-\infty}^{\infty} \frac{\varrho(x-a)\,dx}{[y_l^2 + (q_l - q_1)^2]\,[x^2 + (q_l - q_k)^2]}. \tag{4.108}$$

In diesem Ausdruck beschreibt der erste Faktor die Resonanzfluoreszenz und der zweite den Raman-Effekt. Dementsprechend werden in diesem Falle beide der genannten Prozesse angeregt.

§ 5. Intensität der Raman-Linien

Mit Hilfe der im vorangegangenen Paragraphen erhaltenen Übergangswahrscheinlichkeiten ist es prinzipiell möglich, die Intensitäten der diesen Übergängen entsprechenden Spektrallinien zu berechnen. Dazu sind die durch (4.12) gegebenen Matrixelemente H'_{kl} zu bestimmen. Die in dem genannten Ausdruck auftretenden Wellenfunktionen beziehen sich auf das ungestörte, aus dem Strahlungsfeld und dem Molekül bestehende System. Da sich der Hamilton-Operator des ungestörten Systems additiv aus den Hamilton-Operatoren des Strahlungsfeldes und des Moleküls zusammensetzt, können die Wellenfunktionen ψ_k und ψ_l des Systems als Produkt dargestellt werden:

$$\psi_k = \psi_{kM}\,\psi_{kS}, \qquad \psi_l = \psi_{lM}\,\psi_{lS}, \tag{5.1}$$

wobei die Indizes M und S jeweils angeben, ob die Wellenfunktionen zum Molekül oder zum Strahlungsfeld gehören.

Der Störoperator (4.12) kann aus dem bekannten Ausdruck für den Hamilton-Operator eines Teilchens im elektromagnetischen Feld hergeleitet werden. In nichtrelativistischer Näherung, die für den uns interessierenden Problemkreis völlig ausreichend ist, haben wir

$$H = \sum_\sigma \frac{1}{2\mu_\sigma}\left(\boldsymbol{p}_\sigma - \frac{e_\sigma}{c}\boldsymbol{A}\right)^2.$$

Hierin sind e_σ und μ_σ die Ladung und die Masse des Teilchens, $\boldsymbol{p}_\sigma$ der Impuls, $\boldsymbol{A}$ das Vektorpotential des Strahlungsfeldes an dem Ort, wo sich das Teilchen befindet. Die Summation erstreckt sich über alle Teilchen des Systems. Aus diesem Ausdruck erhalten wir nach Fortlassen des konstanten Gliedes den Störoperator:

$$H' = \sum_\sigma \left\{ - \frac{e_\sigma}{c\mu_\sigma} (\boldsymbol{p}_\sigma \boldsymbol{A}) + \frac{e_\sigma^2}{2\mu_\sigma c^2} \boldsymbol{A}^2 \right\}. \tag{5.2}$$

Setzt man die Ausdrücke für H' (5.2) und die Wellenfunktionen (5.1) in Formel (4.12) ein, so findet man die Übergangsmatrixelemente.[1]) Praktisch können die Rechnungen nur zum Teil ausgeführt werden, da für komplizierte Moleküle die Wellenfunktionen ψ_k nicht bekannt sind. Nichtdestoweniger ist sogar eine teilweise Lösung von großer Bedeutung, weil sich auf dieser Grundlage die Form der Matrixelemente konkretisieren läßt und wichtige Aussagen über die Intensität der Spektrallinien gemacht werden können.

Die Eigenschaften des Strahlungsfeldes gehen in den Störoperator (5.2) über das Vektorpotential $\boldsymbol{A}$ ein, das in allen Punkten des Raumes und für einen beliebigen Zeitpunkt gegeben ist. In der klassischen Theorie genügt das Vektorpotential des Strahlungsfeldes der Wellengleichung

$$\nabla^2 \boldsymbol{A} - \frac{1}{c^2} \ddot{\boldsymbol{A}} = 0, \qquad \operatorname{div} \boldsymbol{A} = 0. \tag{5.3}$$

Um das Strahlungsfeld zu quantisieren, ist es zweckmäßig, die Feldgleichungen zunächst in die „kanonische" Form umzuschreiben.

Das gesamte Strahlungsfeld sei in einem Raumgebiet, etwa einem Würfel des Volumens L^3 eingeschlossen. Die Kantenlänge L des Würfels sei groß gegenüber der Ausdehnung des Systems. Als Randbedingung fordern wir, daß das Potential $\boldsymbol{A}$ auf der Oberfläche des gewählten Gebietes periodisch ist. Dann können wir die allgemeine Lösung der Gleichung (5.3) durch eine Entwicklung nach „Eigenwellen" darstellen:

$$\boldsymbol{A} = \sum_\lambda \left[q_\lambda(t) \boldsymbol{A}_\lambda(\boldsymbol{r}) + q_\lambda^*(t) \boldsymbol{A}_\lambda^*(\boldsymbol{r}) \right], \tag{5.4}$$

worin $\boldsymbol{A}_\lambda$ nur von den räumlichen Koordinaten abhängt und q_λ nur von der Zeit. Die Größen $\boldsymbol{A}_\lambda$ und q_λ müssen so bestimmt werden, daß (5.4) eine Lösung von (5.3) ist. Einsetzen von (5.4) in (5.3) ergibt

$$\nabla^2 \boldsymbol{A}_\lambda + \frac{\omega_\lambda^2}{c^2} \boldsymbol{A}_\lambda = 0, \qquad \operatorname{div} \boldsymbol{A}_\lambda = 0, \tag{5.5}$$

$$\ddot{q}_\lambda + \omega_\lambda^2 q_\lambda = 0, \tag{5.6}$$

wobei $\boldsymbol{A}_\lambda$ die periodische Randbedingung erfüllen muß.

Eine Lösung der Gleichungen (5.5) und (5.6) kann in der Form einer sich in $\boldsymbol{\varkappa}_\lambda$-Richtung ausbreitenden ebenen Welle gewählt werden:

$$\boldsymbol{A}_\lambda = \boldsymbol{e}_\lambda \sqrt{4\pi c^2}\, e^{i(\vec{\varkappa}_\lambda, \boldsymbol{r})}, \qquad q_\lambda = |q_\lambda|\, e^{-i\omega_\lambda t}. \tag{5.7}$$

[1]) Wir bemerken, daß man sich die Größe η, die nach (4.4) die Rolle eines kleinen Störparameters spielt, bei Verwendung des Störoperators (5.2) als in die Übergangsmatrixelemente eingeschlossen zu denken hat.

Hierin ist $\boldsymbol{e}_\lambda$ ein Einheitsvektor, der die Polarisation der Welle angibt und $|\boldsymbol{\varkappa}_\lambda| = \omega_\lambda/c$. Wellen, die sich in den Indizes λ, μ usw. unterscheiden, stehen aufeinander senkrecht und sind nach der folgenden Vorschrift normiert:

$$\int\limits_v \boldsymbol{A}_\lambda \boldsymbol{A}_\mu^* \, dv = 4\pi c^2 \, \delta_{\lambda\mu}, \tag{5.8}$$

wo

$$\delta_{\lambda\mu} = \begin{cases} 1 & \text{für } \lambda = \mu, \\ 0 & \text{für } \lambda \neq \mu \end{cases} \tag{5.9}$$

(Zur Vereinfachung haben wir $L^3 = 1$ gesetzt).

Entsprechend den oben formulierten Randbedingungen haben die Komponenten der Vektoren $\boldsymbol{\varkappa}_\lambda$ nur die diskreten Werte

$$\varkappa_{\lambda x} = \frac{2\pi}{L} n_{\lambda x},$$

$$\varkappa_{\lambda y} = \frac{2\pi}{L} n_{\lambda y},$$

$$\varkappa_{\lambda z} = \frac{2\pi}{L} n_{\lambda z}, \tag{5.10}$$

wobei $n_{\lambda x}, n_{\lambda y}, n_{\lambda z}$ positive und negative ganze Zahlen sind. Wir merken noch an, daß für jede durch ein vorgegebenes $\boldsymbol{\varkappa}$ bestimmte Welle zwei unabhängige (senkrecht aufeinanderstehende) Polarisationsrichtungen existieren.

Die Darstellung des Strahlungsfeldes als Gesamtheit von ebenen Wellen ermöglicht es, für seine Beschreibung die in der Hamiltonschen Form der Mechanik üblichen „kanonischen" Variablen zu verwenden (siehe z. B. [25], Kap. 7.). Gemäß (5.4) wird die Zeitabhängigkeit der ebenen Welle durch die Größen $q_\lambda(t)$ und $q_\lambda^*(t)$ bestimmt, die der Gleichung (5.6) genügen. Diese Gleichung hat die Gestalt der Schwingungsgleichung eines harmonischen Oszillators. Die Größen q_λ und q_λ^* selbst sind noch keine harmonischen Variablen; sie können jedoch leicht in die Größen

$$Q_\lambda = q_\lambda + q_\lambda^*, \qquad P_\lambda = -i\omega_\lambda (q_\lambda - q_\lambda^*) = \dot{Q}_\lambda \tag{5.11}$$

übergehen, die die kanonischen Variablen für das Feld darstellen. Tatsächlich geht die Gleichung (5.6) aus den Hamiltonschen Gleichungen

$$\frac{\partial H_\lambda}{\partial Q_\lambda} = -\dot{P}_\lambda, \quad \frac{\partial H_\lambda}{\partial P_\lambda} = \dot{Q}_\lambda \tag{5.12}$$

hervor, wobei die Hamilton-Funktion die Form

$$H_\lambda = \frac{1}{2} (P_\lambda^2 + \omega_\lambda^2 Q_\lambda^2) \tag{5.13}$$

hat. Der Ausdruck (5.13) in den Variablen P_λ, Q_λ hat die Gestalt der Hamilton-

Funktion eines harmonischen Oszillators. Jeder ebenen Welle entspricht somit in der kanonischen Darstellung ein bestimmter harmonischer Oszillator. Das gesamte Feld wird durch die HAMILTON-Funktion

$$H_S = \sum H_\lambda \tag{5.14}$$

beschrieben, die in eine Summe unabhängiger Oszillatoren zerfällt.

Bestimmen wir nun die Zahl dN der im Volumen L^3 enthaltenen Feldoszillatoren gegebener Polarisation, deren Frequenz im Intervall ω, $\omega + d\omega$ und deren Richtungen im Raumwinkelelement $d\Omega$ liegen. Wir können diese Zahl schreiben in der Form

$$dN = \varrho(\omega)\, d\omega\, d\Omega\, L^3, \tag{5.15}$$

wo $\varrho(\omega)$ die Zustandsdichte des Strahlungsfeldes ist. Andererseits kann dN als Volumenelement im Raum der Variablen $n_{\lambda x}$, $n_{\lambda y}$, $n_{\lambda z}$ aufgefaßt werden, das gleich

$$dN = n^2\, dn\, d\Omega \tag{5.16}$$

ist. Aus Bedingung (5.10) folgt

$$\varkappa_\lambda{}^2 = \frac{\omega_\lambda{}^2}{c^2} = \left(\frac{2\pi}{L}\right)^2 (n_{\lambda x}^2 + n_{\lambda y}^2 + n_{\lambda z}^2) = \left(\frac{2\pi}{L}\right)^2 n^2. \tag{5.17}$$

Setzen wir (5.15) und (5.16) gleich, so finden wir unter Verwendung von (5.17)

$$\varrho(\omega)\, d\omega\, d\Omega\, L^3 = \frac{L^3}{(2\pi c)^3}\, \omega^2\, d\omega\, d\Omega. \tag{5.18}$$

Die Zahl der Oszillatoren pro Volumeneinheit wird somit

$$\varrho(\omega)\, d\omega\, d\Omega = \frac{\omega^2}{(2\pi c)^3}\, d\omega\, d\Omega. \tag{5.19}$$

Nachdem wir das Strahlungsfeld in kanonischer Form dargestellt haben, können wir die Quantisierung in Analogie zur gewöhnlichen Quantenmechanik durchführen. Dazu sind die kanonischen Variablen für jeden Oszillator durch die entsprechenden Operatoren zu ersetzen. Die Quantisierung des harmonischen Oszillators, dessen HAMILTON-Funktion durch (5.13) gegeben ist, ist gut bekannt. Die Energieeigenwerte für einen solchen Oszillator ergeben sich zu

$$E_\lambda = \left(n_\lambda + \frac{1}{2}\right) \hbar\omega_\lambda, \tag{5.20}$$

worin n_λ eine ganze Zahl ist. Den Größen Q_λ entspricht eine hermitesche Matrix mit den Elementen (siehe [23], §7)

$$\begin{aligned} Q_{n_\lambda, n_\lambda+1} &= Q^*_{n_\lambda+1, n_\lambda} = \sqrt{\frac{\hbar(n_\lambda + 1)}{2\omega_\lambda}}, \\ Q_{n\lambda, n\lambda'} &= 0, \qquad \text{wenn} \qquad n_\lambda' \neq n_\lambda \pm 1. \end{aligned} \tag{5.21}$$

Die Matrixelemente von Q_λ sind infolgedessen nur für solche Übergänge von Null verschieden, bei denen die Quantenzahl n_λ um 1 springt. Die entsprechenden Ausdrücke für die Amplituden q_λ und q_λ^* sind gemäß (5.11)

$$q_{n_\lambda, n_\lambda+1} = \sqrt{\frac{\hbar(n_\lambda+1)}{2\omega_\lambda}},$$

$$q^*_{n_\lambda+1, n_\lambda} = \sqrt{\frac{\hbar(n_\lambda+1)}{2\omega_\lambda}},$$

$$q_{n_\lambda+1, n_\lambda} = q^*_{n_\lambda, n_\lambda+1} = 0. \tag{5.22}$$

Der Zustand des Strahlungsfeldes ist nun durch die Zahlen n_λ für alle Oszillatoren festgelegt.[1])

Einsetzen von (5.22) in (5.4) liefert mit Rücksicht auf (5.7)

$$\boldsymbol{A}_{n_\lambda, n_\lambda+1} = \sum_\lambda \sqrt{\frac{2\pi c^2\hbar\,(n_\lambda+1)}{\omega_\lambda}}\, \boldsymbol{e}_\lambda e^{i(\boldsymbol{\varkappa}_\lambda \boldsymbol{r})}, \tag{5.23}$$

$$\boldsymbol{A}_{n_\lambda+1, n_\lambda} = \sum_\lambda \sqrt{\frac{2\pi c^2\hbar\,(n_\lambda+1)}{\omega_\lambda}}\, \boldsymbol{e}_\lambda e^{-i(\boldsymbol{\varkappa}_\lambda \boldsymbol{r})} \tag{5.24}$$

Der Übergang $n_\lambda + 1 \to n_\lambda$ entspricht der Absorption, der Übergang $n_\lambda \to n_\lambda + 1$ der Emission eines Photons. Die den genannten Übergängen entsprechenden Matrixelemente findet man leicht, indem man die Ausdrücke für $\boldsymbol{A}_{n_\lambda, n_\lambda+1}$ bzw. $\boldsymbol{A}_{n_\lambda+1, n_\lambda}$ in das erste Glied auf der rechten Seite von (5.2) einsetzt und außerdem (5.23) und (5.24) benutzt. Für jedes einzelne Teilchen haben wir

$$H'_{kn_\lambda, ln_\lambda+1} = \int \psi^*_{lM}\, \psi^*_{lS}\, H' \psi_{kM}\, \psi_{kS} dx$$

$$= -\frac{e}{\mu}\sqrt{\frac{2\pi\hbar\,(n_\lambda+1)}{\omega_\lambda}} \int \psi^*_{lM}(\boldsymbol{e}_\lambda \boldsymbol{p})\, e^{-i(\boldsymbol{\varkappa}_\lambda \boldsymbol{r})} \psi_k\, dx,$$

$$H'_{kn_\lambda+1, ln_\lambda} = -\frac{e}{\mu}\sqrt{\frac{2\pi\hbar\,(n_\lambda+1)}{\omega_\lambda}} \int \psi^*_{lM}(\boldsymbol{e}_\lambda \boldsymbol{p})\, e^{-i(\boldsymbol{\varkappa}_\lambda \boldsymbol{r})} \psi_{kM}\, dx. \tag{5.25}$$

Da sich im weiteren die Wellenfunktionen stets auf die Moleküle beziehen, lassen wir den Index „M" bei ihnen fort. Außerdem wird im folgenden stets voraus-

[1]) Die Darstellung, in welcher die Amplituden durch zeitunabhängige Operatoren ausgedrückt werden, heißt Schrödinger-Bild. In dieser Darstellung erscheint der zeitliche Ablauf der Erscheinungen in der Zeitabhängigkeit der Wellenfunktion. Da in der klassischen Theorie $\dot{Q}_\lambda = P_\lambda$ und $\dot{P}_\lambda = -\omega_\lambda^2 Q_\lambda$ ist, folgt aus (5.11), daß die Größen $\dot{q}_\lambda$ und $\dot{q}_\lambda^*$ in die Operatoren

$$\dot{q}_\lambda \to -i\omega_\lambda q_\lambda, \qquad \dot{q}_\lambda^* \to i\omega_\lambda q_\lambda^*$$

übergehen.

gesetzt, daß im Anfangszeitpunkt im System n_λ Photonen angeregt sind. Dann entspricht der Absorption eines Photons der Übergang $n_\lambda \to n_\lambda - 1$. Die Formeln für die Absorption und Emission nehmen nun die Form

$$H'_{kn_\lambda-1,ln_\lambda} = -\frac{e}{\mu}\sqrt{\frac{2\pi\hbar n_\lambda}{\omega_\lambda}}\int \psi_l^*(\boldsymbol{e}_\lambda\boldsymbol{p})\,e^{i(\vec{\varkappa}_\lambda\boldsymbol{r})}\,\psi_k\,dx\,, \tag{5.26}$$

$$H'_{kn_\lambda+1,ln_\lambda} = -\frac{e}{\mu}\sqrt{\frac{2\pi\hbar\,(n_\lambda+1)}{\omega_\lambda}}\int \psi_l^*(\boldsymbol{e}_\lambda\boldsymbol{p})\,e^{-i(\vec{\varkappa}_\lambda\boldsymbol{r})}\psi_k\,dx \tag{5.27}$$

an.

Das zweite Glied in (5.2) ist der Größe

$$\boldsymbol{A}^2 = \sum_{\lambda\mu}\,[q_\lambda q_\mu\,(\boldsymbol{A}_\lambda\boldsymbol{A}_\mu) + q_\lambda q_\mu^*\,(\boldsymbol{A}_\lambda\boldsymbol{A}_\mu^*)$$
$$+ q_\lambda^* q_\mu\,(\boldsymbol{A}_\lambda^*\boldsymbol{A}_\mu) + q_\lambda^* q_\mu^*\,(\boldsymbol{A}_\lambda^*\boldsymbol{A}_\mu^*)] \tag{5.28}$$

proportional. Die entsprechenden Matrixelemente sind von Null verschieden, wenn zwei Lichtquanten emittiert bzw. absorbiert werden, oder wenn ein Quant emittiert und ein anderes absorbiert wird. Sie haben die Form

$$H'_{k,n_\lambda+1,n_\mu-1;\,l,n_\lambda,n_\mu}$$
$$= \frac{e^2}{\mu}\,\frac{2\pi\hbar}{\sqrt{\omega_\lambda\omega_\mu}}\sqrt{(n_\lambda+1)\,n_\mu}\,(\boldsymbol{e}_\lambda\boldsymbol{e}_\mu)\int \psi_l^* e^{i(\vec{\varkappa}_\mu-\vec{\varkappa}_\lambda)\boldsymbol{r}}\,\psi_k\,dx, \tag{5.29}$$

$$H'_{k,n_\lambda+1,n_\mu+1;\,l,n_\lambda,n_\mu}$$
$$= \frac{e^2}{\mu}\,\frac{2\pi\hbar}{\sqrt{\omega_\lambda\omega_\mu}}\sqrt{(n_\lambda+1)\,(n_\mu+1)}\,(\boldsymbol{e}_\lambda\boldsymbol{e}_\mu)\int \psi_l^* e^{-i(\vec{\varkappa}_\lambda+\vec{\varkappa}_\mu)\boldsymbol{r}}\psi_k\,dx, \tag{5.30}$$

$$H'_{k,n_\lambda-1,n_\mu-1;\,l,n_\lambda,n_\mu}$$
$$= \frac{e^2}{\mu}\,\frac{2\pi\hbar}{\sqrt{\omega_\lambda\omega_\mu}}\sqrt{n_\lambda n_\mu}\,(\boldsymbol{e}_\lambda\boldsymbol{e}_\mu)\int \psi_l^* e^{i(\vec{\varkappa}_\lambda+\vec{\varkappa}_\mu)\boldsymbol{r}}\,\psi_k\,dx. \tag{5.31}$$

In den oben angeführten Formeln wurde das Volumen L^3 des Raumgebietes, in dem sich das Feld befindet, gleich 1 gesetzt. Wenn wir diese Annahme nicht machen, so tritt in (5.4) ein zusätzlicher Faktor $L^{-3/2}$ auf. Dementsprechend sind die Matrixelemente für Ein-Photonenprozesse proportional $L^{-3/2}$ und für Zwei-Photonenprozesse proportional L^{-3}.

Die Ausdrücke für die Matrixelemente lassen sich vereinfachen, wenn man beachtet, daß die Ausdehnungen des Moleküls klein sind gegenüber der Wellenlänge.[1]) Demzufolge kann man die Faktoren $e^{i(\vec{\varkappa}_\lambda\vec{r})}$, $e^{-i(\vec{\varkappa}_\lambda\vec{r})}$ aus dem Integral

[1]) Wir sehen ab von der RAYLEIGH-Streuung und anderen Prozessen, für die Ausdehnungen von der Ordnung λ und mehr wesentlich sind.

herausziehen, da sie sich in dem Gebiet, wo ψ_k und ψ_l von Null verschieden sind, nur wenig ändern. Ferner ersetzen wir

$$\frac{\boldsymbol{p}}{\mu} = \boldsymbol{v}, \quad \boldsymbol{e}_\lambda \boldsymbol{v} = |\boldsymbol{v}| \cos \theta. \tag{5.32}$$

θ ist demnach der Winkel zwischen der Polarisationsrichtung und dem Vektor $\boldsymbol{v}$. Die Matrixelemente werden somit

$$\frac{1}{\mu} \int \psi_l^* (\boldsymbol{e}_\lambda \boldsymbol{p})\, e^{i(\vec{\varkappa}_\lambda \boldsymbol{r})}\, \psi_k\, dx = \cos\theta\, e^{i(\vec{\varkappa}_\lambda \boldsymbol{r})} \int \psi_l^* |\boldsymbol{v}|\, \psi_k\, dx. \tag{5.33}$$

Hierbei ist $|\boldsymbol{v}_{kl}|^2 = v_{xkl}^2 + v_{ykl}^2 + v_{zkl}^2$, wobei v_{xkl} das mit dem Übergang $l \to v$ verbundene Matrixelement der x-Komponente der Geschwindigkeit $\boldsymbol{v}$ ist. Nach den Regeln der Quantenmechanik gilt (siehe Fußnote auf Seite 51)

$$v_{xkl} = \dot{x}_{kl} = -i\omega_\lambda x_{kl}. \tag{5.34}$$

Demnach ist

$$\int \psi_l^* |\boldsymbol{v}|\, \psi_k\, dx = \omega_\lambda \int \psi_l^* |\boldsymbol{r}|\, \psi_k\, dx. \tag{5.35}$$

Beim Einsetzen von (5.32) bis (5.35) in (5.26) und (5.27) ist noch zu beachten, daß wir, um den vollen Wechselwirkungsoperator zu erhalten, über alle Ladungen des Systems gemäß (5.2) summieren müssen. In dem Integral (5.35) steht dann die Größe

$$\sum e_\sigma \boldsymbol{r}_\sigma = \boldsymbol{P}, \tag{5.36}$$

die das gesamte elektrische Moment des Systems bedeutet. Wir erhalten

$$H'_{kn_\lambda-1,ln_\lambda} = -\sqrt{2\pi\hbar\omega_\lambda n_\lambda} \cos\theta\, e^{i(\vec{\varkappa}_\lambda \boldsymbol{r})}\, P_{kl}, \tag{5.37}$$

$$H'_{kn_\lambda+1,ln_\lambda} = -\sqrt{2\pi\hbar\omega_\lambda (n_2 + 1)} \cos\theta\, e^{-i(\vec{\varkappa}_\lambda \boldsymbol{r})}\, P_{kl}. \tag{5.38}$$

Hier ist P_{kl} das Matrixelement des Dipolmoments

$$P_{kl} = \int \psi_k^* |\boldsymbol{P}|\, \psi_l\, dx. \tag{5.39}$$

Hieraus ergibt sich für die Quadrate der Matrixelemente, die in den Ausdruck für die Wahrscheinlichkeiten eingehen,

$$\left|H'_{kn_\lambda-1,ln_\lambda}\right|^2 = 2\pi\hbar\omega_\lambda n_\lambda \cos^2\theta\, P_{kl}^2 = 2\pi\hbar\omega_\lambda n_\lambda\, (\boldsymbol{e}_\lambda \boldsymbol{P}_{kl})^2, \tag{5.40}$$

$$\begin{aligned} \left|H'_{kn_\lambda+1,ln_\lambda}\right|^2 &= 2\pi\hbar\omega_\lambda\, (n_\lambda + 1) \cos^2\theta\, P_{kl}^2 \\ &= 2\pi\hbar\omega_\lambda\, (n_\lambda + 1)\, (\boldsymbol{e}_\lambda \boldsymbol{P}_{kl})^2. \end{aligned} \tag{5.41}$$

Ganz analog können die vom zweiten Term in (5.2) herrührenden Matrixelemente (5.29) bis (5.31) berechnet werden. Zieht man aus dem Integral die Exponentialfunktionen heraus und berücksichtigt Orthogonalität der Wellenfunktionen ψ_l, ψ_k, so erhält man

$$H_1' = H'_{k,n_\lambda+1,n_\mu-1;k,n_\lambda,n_\mu}$$
$$= \frac{e^2}{\mu}\frac{2\pi\hbar}{\sqrt{\omega_\lambda\omega_\mu}}\sqrt{(n_\lambda+1)\,n_\mu}\,(\boldsymbol{e}_\lambda\boldsymbol{e}_\mu)\,e^{i(\boldsymbol{\varkappa}_\mu-\boldsymbol{\varkappa}_\lambda)\boldsymbol{r}}, \tag{5.42}$$

$$H_2' = H'_{k,n_\lambda+1,n_\mu+1;k,n_\lambda,n_\mu}$$
$$= \frac{e^2}{\mu}\frac{2\pi\hbar}{\sqrt{\omega_\lambda\omega_\mu}}\sqrt{(n_\lambda+1)\,(n_\mu+1)}\,(\boldsymbol{e}_\lambda\boldsymbol{e}_\mu)\,e^{-i(\boldsymbol{\varkappa}_\lambda+\boldsymbol{\varkappa}_\mu)\boldsymbol{r}}, \tag{5.43}$$

$$H_3' = H'_{k,n_\lambda-1,n_\mu-1;k,n_\lambda,n_\mu}$$
$$= \frac{e^2}{\mu}\frac{2\pi\hbar}{\sqrt{\omega_\lambda\omega_\mu}}\sqrt{n_\lambda n_\mu}\,(\boldsymbol{e}_\lambda\boldsymbol{e}_\mu)\,e^{i(\boldsymbol{\varkappa}_\lambda+\boldsymbol{\varkappa}_\mu)\boldsymbol{r}}. \tag{5.44}$$

Mit Hilfe der Matrixelemente H_1', H_2' und H_3' kann die Wahrscheinlichkeit der unter Beteiligung von Zwischenzuständen vorsichgehenden Vier-Photonenprozesse berechnet werden. Das wird in Kapitel 4. betrachtet werden.

Wenn ein Lichtquant $\hbar\omega_\lambda$ emittiert oder absorbiert wird, so kann das einem beliebigen aus der großen Anzahl der Feldoszillatoren, deren Anzahl in einer Volumeneinheit mit Formel (5.19) gegeben ist, zugeschrieben werden. Alle diese Oszillatoren haben ein und dieselbe Frequenz (im Intervall $d\omega$), die gleiche Polarisation und die gleiche Ausbreitungsrichtung (im Raumwinkelelement $d\Omega$). Gewöhnlich interessiert nicht die Wahrscheinlichkeit für den Übergang in einen ganz bestimmten Zustand, sondern lediglich für einen Übergang in das Intervall $d\omega\, d\Omega$. Dementsprechend multiplizieren wir die Ausdrücke (5.40) und (5.41) mit der Anzahl der entsprechenden Zustände $\varrho(\omega)\, d\omega\, d\Omega$. Im Ergebnis erhält man anstelle n_λ die mittlere Zahl $n(\omega, \Omega)$ der Lichtquanten pro Volumeneinheit (bezogen auf das Einheitsintervall der Frequenz und des Raumwinkels) und der gegebenen Polarisationsrichtung:

$$n(\omega, \Omega)\, d\omega\, d\Omega = \frac{n_\lambda\omega^2}{(2\pi c)^3}\, d\omega\, d\Omega. \tag{5.45}$$

Nach den genannten Umformungen finden wir

$$|H'_{kl}|^2_{\text{abs}}\, d\omega\, d\Omega = 2\pi\hbar\omega\, n(\omega, \Omega)\, (\boldsymbol{e}\boldsymbol{P}_{kl})^2\, d\omega\, d\Omega. \tag{5.46}$$

Für den Fall der Emission setzt sich das Übergangsmatrixelement (5.41) aus zwei Gliedern zusammen, von denen das erste der Anzahl der vorhandenen Quanten n_λ proportional ist (induzierte Emission) und das zweite von n_λ unabhängig ist (spontane Emission). Das Übergangsmatrixelement läßt sich schreiben in der Form

$$|H'_{kl}|_{\text{em}}\, d\omega'\, d\Omega'$$
$$= 2\pi\hbar\omega'\left[n'(\omega', \Omega', \boldsymbol{e}'; \omega, \Omega, \boldsymbol{e}) + \frac{\omega'^2}{(2\pi c)^3}\right](\boldsymbol{e}'\,\boldsymbol{P}_{kl})^2\, d\omega'\, d\Omega'. \tag{5.47}$$

Hierin bedeutet n' die Zahl der Photonen der die Emission induzierenden Strahlung, ω', Ω', $\boldsymbol{e}'$ beziehen sich jeweils auf das entstehende Photon und ω, Ω, $\boldsymbol{e}$ auf die zum Zeitpunkt der Emission des genannten Photons vorhandene Strahlung. Die Funktion $n'(\omega', \Omega', \boldsymbol{e}'; \omega, \Omega, \boldsymbol{e})$ berücksichtigt die Korrelation zwischen den Eigenschaften der entstehenden und der vorhandenen Strahlung. Eine wichtige Eigenschaft der induzierten Strahlung besteht darin, daß die emittierten Photonen den induzierten völlig identisch sind, d. h., sie haben die gleiche Frequenz, die gleiche Ausbreitungsrichtung und die gleiche Polarisation. Dementsprechend hat die Funktion n' für den Fall der Lichtemission die Gestalt

$$n'(\omega', \Omega', \boldsymbol{e}'; \omega, \Omega, \boldsymbol{e}) = n(\omega, \Omega, \boldsymbol{e})\, \delta(\omega' - \omega)\, \delta(\Omega' - \Omega)\, \delta(\boldsymbol{e}' - \boldsymbol{e}), \tag{5.48}$$

wobei $n(\omega, \Omega, \boldsymbol{e})$ die Zahl der im induzierenden Strahlungsfeld vorhandenen Photonen bezeichnet.

Wir berechnen nun die im vorangegangenen Paragraphen betrachteten Übergangswahrscheinlichkeiten, indem wir die Quadrate der Matrixelemente (5.46) und (5.47) verwenden. Die Absorption errechnet sich nach der Formel (4.89), in der schon die Integration über die Frequenz des absorbierten Photons unter der Voraussetzung, daß die Funktion

$$n(\omega, \Omega) = n_E \varrho(\omega)\, \varrho(\Omega) \tag{5.49}$$

ein scharfes Maximum bei $\omega = \omega_E$ hat, ausgeführt wurde. Wir finden

$$W_l(\infty) = \frac{2\pi n_E \omega_E}{\hbar}\, I_l(a_l) \int_{\Omega} (\boldsymbol{e}\boldsymbol{P}_{l1})^2\, \varrho(\Omega)\, d\Omega. \tag{5.50}$$

Zur Berechnung der Raman-Streuung haben wir für die Matrixelemente in (4.63) die Ausdrücke (5.46) und (5.47) einzusetzen. Betrachten wir zunächst die spontane Ausstrahlung, die durch den zweiten Term in (5.47) beschrieben wird. Berücksichtigt man nur dieses eine Glied, so entsteht der „gewöhnliche" Raman-Effekt. Die Frequenz- und Winkelverteilung sowie die Polarisation dieses Anteils der gestreuten Strahlung wird durch die Funktion $n'(\omega', \Omega', \boldsymbol{e}')$ beschrieben, die gemäß § 2 bis § 4 von der Frequenz- und Winkelverteilung und der Polarisation der Erregerstrahlung (d. h. von der Funktion $\varrho(\omega)$ und der Funktion $\varrho(\Omega)$) abhängt. Der erste, die induzierte Strahlung beschreibende Term in (5.47) wird wesentlich, wenn die Größe n' genügend groß ist. Dabei muß man berücksichtigen, daß sich die Raman-Streuung nicht auf die nacheinander erfolgenden unabhängigen Prozesse der Absorption und Emission des Lichtes zurückführen läßt. Dementsprechend sind durch den Energie- und Impulserhaltungssatz nur die sich auf den Anfangs- und den Endzustand beziehenden Größen ω', Ω', $\boldsymbol{e}'$ und ω, Ω, $\boldsymbol{e}$ verknüpft. Das Energieerhaltungsgesetz führt z. B. zu dem Korrelationsfaktor $\delta(\omega' + \omega_i - \omega)$. Es entsteht eine Korrelation zwischen den Eigenschaften der induzierten und der einfallenden Strahlung, die durch die Funktion n' beschrieben wird. Davon ausgehend setzen wir $n' = n'(\omega', \Omega', \boldsymbol{e}'; \omega, \Omega, \boldsymbol{e})$. Zur Vereinfachung der Rechnung wollen wir annehmen, daß sich die

Abhängigkeit von n' von den Frequenzen ω und ω' als einzelner Faktor schreiben läßt:

$$n' = n'(\omega', \omega)\, \varrho(\Omega', \boldsymbol{e}'; \Omega, \boldsymbol{e}). \tag{5.51}$$

Wir setzen nun die Ausdrücke (5.46), (5.47) und (5.51) in die Formel für die Wahrscheinlichkeit der RAMAN-Streuung (4.63) ein. Setzt man voraus, daß $q_E \ll |q_l - q_1|$ gilt, so kann man den Faktor

$$G(t) = \int_{-\infty}^{\infty} n'(\omega', \omega) \frac{[e^{-2q_k t} + e^{-2q_1 t} - 2e^{-(q_1+q_k)t} \cos(xt)]}{x^2 + (q_k - q_1)^2} \varrho(x - a)\, dx, \tag{5.52}$$

$$G(\infty) = \int_{-\infty}^{\infty} \frac{n'(\omega', \omega)}{x^2 + (q_k - q_1)^2} \varrho(x - a)\, dx \tag{5.52a}$$

herausziehen.

Für die Wahrscheinlichkeit des RAMAN-Effektes ergibt sich

$$\begin{aligned} &W_{Ra}(\omega', \Omega', \boldsymbol{e}')\, d\omega'\, d\Omega' \\ &= \frac{(2\pi\hbar)^2\, \omega_E \omega' n_E}{\hbar^4} \Bigg[G(\infty) \int_{\Omega} \varrho'(\Omega', \boldsymbol{e}'; \Omega, \boldsymbol{e})\, |S_{k1}|^2\, \varrho(\Omega)\, d\Omega \\ &\quad + \frac{F_k(\infty)\, \omega'^2}{(2\pi c)^3} \int_{\Omega} |S_{k1}|^2\, \varrho(\Omega)\, d\Omega \Bigg] d\omega'\, d\Omega', \end{aligned} \tag{5.53}$$

wo

$$S_{k1} = \sum_l \frac{(\boldsymbol{e}\boldsymbol{P}_{l1})\,(\boldsymbol{e}'\boldsymbol{P}_{kl})}{\omega_l{}^e - \omega_E + i(q_1 - q_l)} + \frac{(\boldsymbol{e}'\boldsymbol{P}_{l'1})\,(\boldsymbol{e}\boldsymbol{P}_{kl'})}{\omega_l{}^e + \omega' + i(q_1 - q_l)} \tag{5.54}$$

und $F_k(\infty)$ durch (4.94) bestimmt wird.

Die Formel (5.53) ist eine Verallgemeinerung der PLACZEKschen Formel [7] für die Wahrscheinlichkeit des RAMAN-Effektes. Im Rahmen der oben entwickelten Theorie bleibt die Funktion $n'(\omega', \Omega', \boldsymbol{e}'; \omega, \Omega, \boldsymbol{e})$ unbestimmt.[1]) Wir wollen nun die erhaltene Formel in zwei Grenzfällen untersuchen.

a) Die Funktionen $n'(\omega', \omega)$ und $\varrho'(\Omega', \boldsymbol{e}'; \Omega, \boldsymbol{e})$ sind entsprechend von ω und Ω sehr viel schwächer abhängig als die unter dem Integralzeichen stehenden Verteilungen. Dann können wir n' und ϱ' aus den Integralen herausziehen (bei

[1]) Die auf den Seiten 54—56 dargelegten Überlegungen stellen keine strenge Theorie zur Begründung von (5.53) dar. Die Formel wurde an dieser Stelle aus Gründen einer bequemeren Behandlung des folgenden Stoffes angeführt.

irgendwelchen Werten $\omega = \omega_0$ und $\Omega = \Omega_0$) und erhalten

$$W_{Ra}(\omega', \Omega', \mathbf{e}')\, d\omega'\, d\Omega'$$

$$= \frac{(2\pi\hbar)^2\, \omega_E \omega' n_E}{\hbar^4}\, F_k(\infty) \left[n'(\omega', \Omega', \mathbf{e}';\, \omega_0, \Omega_0, \mathbf{e}) + \frac{\omega'^2}{(2\pi c)^3} \right]$$

$$\times \int\limits_{\Omega} |S_{k1}|^2\, \varrho(\Omega)\, d\Omega\, d\omega'\, d\Omega'. \tag{5.53a}$$

Die Formel (5.53a) ist der PLACZEKschen Formel äquivalent.

b) Die Abhängigkeit der Funktionen $n'(\omega', \omega)$ und $\varrho'(\Omega', \mathbf{e}', \Omega, \mathbf{e})$ von ω und Ω ist sehr viel stärker als die der anderen unter den Integralzeichen stehenden Ausdrücke. Im Grenzfall dürfen wir für n' eine zu (5.48) analoge Abhängigkeit annehmen:

$$n'(\omega', \Omega', \mathbf{e}', \omega, \Omega, \mathbf{e}) = n_\infty' \delta\, (\omega' + \omega_i - \omega)\, \delta(\Omega' - \Omega)\, \delta(\mathbf{e}' - \mathbf{e})$$

$$= n_\infty' \delta(x)\, \delta\, (\Omega' - \Omega)\, \delta(\mathbf{e}' - \mathbf{e}). \tag{5.55}$$

Daraus folgt

$$W_{Ra}(\omega', \Omega', \mathbf{e}')\, d\omega'\, d\Omega'$$

$$= \frac{(2\pi\hbar)^2\, \omega_E \omega' n_E}{\hbar^4} \left[\frac{n_\infty' \varrho(a)}{(q_k - q_1)^2}\, \varrho(\Omega')\, |S_{k1}|^2\, \delta(\mathbf{e}' - \mathbf{e}) \right.$$

$$\left. + \frac{F_k(\infty)\, \omega'^2}{(2\pi c)^3} \int\limits_{\Omega} |S_{k1}|^2\, \varrho(\Omega)\, d\Omega \right] d\omega'\, d\Omega'. \tag{5.53b}$$

Wir sehen, daß in diesem Falle die Frequenz- und Winkelverteilung und die Polarisation der von dem ersten Glied herrührenden Streustrahlung (stimulierter RAMAN-Effekt) mit den entsprechenden Größen für die Erregerstrahlung übereinstimmen.

Die Auswertung der Formeln (5.53a) und (5.53b) und der Vergleich mit experimentellen Messungen erfolgt in Kapitel 4.

Unter gewöhnlichen Bedingungen ist bei der Untersuchung des RAMAN-Effektes die Zahl der gestreuten Photonen n' klein gegenüber der Größe $\omega'^2/(2\pi c)^3$. Tatsächlich ist gemäß unserer Abschätzung [26] $\hbar\omega' n' = 3 \cdot 10^{-20}$ W $\cdot$ Hz^{-1} $\times$ rad$^{-1} \cdot$ cm^{-3} und $\hbar\omega'^3/(2\pi c)^3 = 10^{-14}$ W $\cdot$ Hz$^{-1} \cdot$ rad$^{-1} \cdot$ cm^{-3}, d. h., das erste Glied in (5.53) kann fortgelassen werden.

Die den betrachteten Prozessen entsprechenden Intensitäten erhalten wir, indem wir die Wahrscheinlichkeiten der Übergänge mit $\hbar\omega'$ multiplizieren. Mit Rücksicht darauf, daß das Produkt

$$I_E = \hbar\omega_E \cdot n_E \tag{5.56}$$

gleich der Intensität der Erregerlinie ist, ergibt sich

$$I_{Ra}(\omega', \Omega') = \frac{I_E \omega'^4 F_k(\infty)}{2\pi\hbar^2 c^3} \int\limits_{\Omega} |S_{k1}|^2 \varrho(\Omega)\, d\Omega. \tag{5.57}$$

Bei der Berechnung der Absorption nehmen wir an, daß die absorbierende Schicht die Dicke dx habe. Dann ist

$$\hbar\omega_E W_l(\infty)\, dx = dI_E(x) \tag{5.58}$$

die durch die Absorption hervorgerufene Änderung der Intensität in der gegebenen Schicht. Unter Verwendung von (5.50) finden wir

$$\frac{dI_E}{I_E} = -\frac{2\pi\omega_E}{\hbar[(\omega_l^e - \omega_E)^2 + q_l^2]} \int\limits_{\Omega} (\boldsymbol{e}\boldsymbol{P}_{l1})^2 \varrho(\Omega)\, d\Omega dx = -\varkappa_l dx. \tag{5.59}$$

Hierin ist $\varkappa_l$ der Absorptionskoeffizient zur Frequenz ω_E, der mit dem Übergang des Moleküls auf das l-te Niveau verbunden ist: ·

$$\varkappa_l = \frac{2\pi\omega_E}{\hbar[(\omega_l^e - \omega_E)^2 + q_l^2]} \int\limits_{\Omega} (\boldsymbol{e}\boldsymbol{P}_{l1})^2 \varrho(\Omega)\, d\Omega. \tag{5.60}$$

Für $\omega_l^e \gg \omega_E$ liefert Formel (5.57) die bekannte Frequenzabhängigkeit für die Intensität der Raman-Linien:

$$I_{Ra} = aI_E\, \omega'^4. \tag{5.61}$$

Kommt jedoch ω_E in die Nähe einer Absorptionsstelle, so wird die Abhängigkeit $I_{Ra}(\omega_E)$ erheblich komplizierter. Im einfachsten Fall, daß die untersuchte Substanz nur eine, von den übrigen weit genug entfernte Absorptionsstelle hat, kann man sich in der Summe S_{kl} auf ein Glied beschränken (bei Anregung in der Nähe der Absorptionsstelle)

$$S_{k1} \approx \frac{(\boldsymbol{e}\boldsymbol{P}_{l1})\,(\boldsymbol{e}'\boldsymbol{P}_{kl})}{\omega_l^e - \omega_E + i(q_1 - q_l)}. \tag{5.62}$$

Dann wird

$$\frac{I_{Ra}}{I_E} = \frac{\omega'^4\, F_k(\infty)\, (\boldsymbol{e}'\boldsymbol{P}_{kl})^2}{2\pi\hbar^2 c^3\, [(\omega_l^e - \omega_E)^2 + (q_1 - q_l)^2]} \int\limits_{\Omega} (\boldsymbol{e}_l\boldsymbol{P}_{l1})^2 \varrho(\Omega)\, d\Omega. \tag{5.63}$$

Vergleiche von (5.63) und (5.60) liefern

$$\frac{I_{Ra}}{I_E} = \frac{\omega'^4 \varkappa_l (\boldsymbol{e}'\boldsymbol{P}_{kl})^2}{4\pi^2\hbar c^3 \omega_E}\, F_k(\infty). \tag{5.64}$$

Im gegebenen Falle ist also die Intensität der Raman-Linien dem Absorptionskoeffizienten für die Frequenz ω_E proportional. Es kann natürlich auch vorkommen, daß das dem Übergang unter Beteiligung des l-ten Zwischenzustandes entsprechende Glied S_{k1} auf Grund des Faktors $(\boldsymbol{e}'\boldsymbol{P}_{kl})$ sehr klein wird bzw. verschwindet. Dann wird die Intensität der RAMAN-Linien durch den Beitrag der anderen Glieder aus der Summe S_{k1} bestimmt, denen Übergänge unter der Beteiligung anderer Zwischenzustände entsprechen. Die Frage, welche Zwischenniveaus für eine gegebene RAMAN-Linie „aktuell" sind, kann durch eine Abschätzung des maximalen Beitrages des l-ten Niveaus zur Intensität beantwortet werden. Dieser Beitrag ist proportional $(q_1 = 0)$

$$(\Delta I_l)_{\max} = \frac{(\boldsymbol{e}'\boldsymbol{P}_{kl})^2\,(\boldsymbol{e}\boldsymbol{P}_{l1})^2}{q_l^{\,2}}. \tag{5.65}$$

Ist $(\Delta I_l)_{\max} \ll I_{Ra}|_{\omega_E = \omega_l^e}$, so ändert sich die Intensität der entsprechenden RAMAN-Linie bei der Annäherung von ω_E an die l-te Elektronenübergangsfrequenz wenig, und die mit (5.64) gegebene Abhängigkeit wird verletzt. Linien, für die $(\Delta I_l)_{\max} \approx I_{Ra}|_{\omega_E = \omega_l^e}$ gilt, genügen der gleichen Abhängigkeit (5.64), so daß sich das Verhältnis ihrer Intensitäten für $\omega_E \to \omega_l^e$ nur wenig ändert.

Hat das Molekül mehrere eng benachbarte Absorptionsstellen, so wird die Beziehung zwischen der Streuintensität und den Absorptionskoeffizienten komplizierter. Nun genügt es nicht mehr, für $\omega_E \to \omega_l^e$ in der Summe S_{k1} nur ein einziges Glied zu berücksichtigen. Infolge der unterschiedlichen Werte für $(\boldsymbol{e}'\boldsymbol{P}_{kl})^2$ fällt die Abhängigkeit $S_{k1}(\omega_E)$ nicht mit der Abhängigkeit $\varkappa(\omega) = \sum \varkappa_l(\omega)$ zusammen. Da die Intensitäten der verschiedenen RAMAN-Linien im allgemeinen durch verschiedene Glieder aus S_{k1} bestimmt werden, wird so das Verhältnis ihrer Intensitäten bei Änderung von ω_E verändert. Insbesondere kann sich das Intensitätsverhältnis von Grund- und Obertönen ändern.

Wir betonen, daß die oben entwickelte Theorie auf der Voraussetzung beruht, daß das Energiespektrum des Moleküls aus einem System diskreter Niveaus besteht, deren Breite klein ist gegenüber dem Abstand zwischen ihnen. Diese Voraussetzung gilt z. B. nicht für den Fall, daß das Molekül im angeregten Elektronenzustand breite, sich teilweise überlappende Schwingungsniveaus hat. Um die Theorie auf diesen Fall anzuwenden, kann das gesamte Niveausystem durch eine einzige Bande der Breite Γ, die sich aus den Breiten der einzelnen Schwingungsniveaus zusammensetzt, ersetzt werden. Dabei kann natürlich das reale Profil (insbesondere in kondensierten Medien) vom theoretischen Dispersionsprofil abweichen. Deshalb ist die Breite Γ der Absorptionsbande als eine effektive Größe anzusehen, die in die Theorie als ein bestimmter formaler Parameter eingeht. Aus allgemeinen Überlegungen zur Rolle der Absorption als notwendiger, die Sekundärstrahlung begleitender Prozeß kann man schließen, daß die Proportionalität zwischen der Intensität der RAMAN-Linien und den Absorptionskoeffizienten auch bei Absorptionsbanden komplizierter Form gültig sein muß. Dabei ist wesentlich, daß bei der experimentellen Untersuchung dieser Abhängigkeit die Kenntnis der Maximumslage und der Breite der Absorptionsbande nicht erforderlich ist. Es genügt, die Absorptionskoeffizienten für verschiedene Erregerfrequenzen zu messen. Es ist anzunehmen, daß die genannten Überlegungen und die daraus resultierenden Schlußfolgerungen um so besser gerechtfertigt sind, je verwaschener die Schwingungsstruktur des Elektronenniveaus ist, da wir im Grenzfalle zu einer Elektronenbande ohne Struktur kommen.

Die ersten experimentellen Untersuchungen zur Abhängigkeit der Intensität der RAMAN-Linien von der Erregerfrequenz wurden durchgeführt, um die Proportionalität der Intensität zu ω'^4 nachzuweisen. ORNSTEIN und REKVELD [27] untersuchten CCl_4 im Sichtbaren und Methylalkohol im Sichtbaren und nahen Ultraviolett [28]. SIRKAR dehnte die Intensitätsmessungen für die genannten Substanzen auf das fernere Ultraviolett aus [29]. Zusätzlich untersuchte er die Benzollinien bei 992 und 3062 cm^{-1}. Einige dieser Messungen wurden später von WERTH [30] wiederholt. Die Untersuchungen zeigen, daß im Ultraviolett die Linienintensität bedeutend schneller wächst als die vierte Potenz der Frequenz.

Das Interesse an der genannten Abhängigkeit erwachte wieder nach den Arbeiten von SCHORYGIN, der RAMAN-Spektren in der Nähe und im unmittelbaren Bereich einer Absorptionsstelle untersuchte [31, 32], (Resonanz-RAMAN-Effekt). Infolge der starken Absorption wurden in diesen Arbeiten Lösungen mit sehr geringer Konzentration¹) der untersuchten Moleküle verwendet (0,0001%). Gewöhnlich beobachtete man in den Spektren eine geringe Anzahl von Linien. In den zitierten und späteren Arbeiten SCHORYGINS und seiner Mitarbeiter [33—37] sowie anderer Autoren [38—47] wurde festgestellt, daß die Intensität gewisser RAMAN-Linien bei Annäherung der Erregerfrequenz an das Maximum einer Elektronenabsorptionsbande ganz enorm ansteigt.

Eine quantitative Untersuchung der Intensitätsabhängigkeit der RAMAN-Linien von der Erregerfrequenz ist jedoch mit ernsten experimentellen Schwierigkeiten verbunden. Zunächst entsteht die Aufgabe, Intensitätsmessungen in einem weiten Spektralbereich einschließlich des Ultravioletten durchzuführen. Dabei muß man eine Reihe von Vorsichtsmaßregeln ergreifen. Von großer Wichtigkeit ist die richtige Berücksichtigung der Abschwächung der Erregerlinie und der RAMAN-Linien selbst durch das absorbierende Medium, was bei großen Absorptionskoeffizienten sehr schwierig ist. Zur Abschwächung der Absorption arbeitet man häufig mit Lösungen. Das führt jedoch dazu, daß sich Elektronenbanden verändern und verschieben. Ferner kann es zu einer photochemischen Zersetzung der Substanz, besonders im Ultravioletten kommen. Nicht immer werden die genannten Faktoren im vollen Maße berücksichtigt, so daß es schwer ist, die Zuverlässigkeit der in einigen Arbeiten erhaltenen Ergebnisse einzuschätzen.

Prinzipiell ist es am zweckmäßigsten, die Intensität der RAMAN-Linien und den Absorptionskoeffizienten parallel zu messen. Systematische Untersuchungen dieser Art unternahm SUBOW [24, 48—52]. Die Ergebnisse sind nach Möglichkeit vollständig bezüglich der oben genannten Faktoren korrigiert. Die in [24, 51] für eine Reihe von Substanzen verschiedener Klassen erhaltenen Resultate weisen darauf hin, daß innerhalb der experimentellen Fehlergrenzen im Absorptionsgebiet die auf die Größe ω'^4/ω_E bezogenen RAMAN-Intensitäten dem Absorptionskoeffizienten proportional sind, d. h. der Formel (5.64) genügen. Zur Illustration sind in Abb. 14 und 15 die Meßergebnisse für 2,4-Hexadien und Benzol²) angegeben.

¹) Bei Verringerung der Konzentration fällt die Absorption exponentiell ab, während die Intensität des RAMAN-Effektes nur linear abnimmt, demnach ist bei kleinen Konzentrationen die Überlegenheit auf Seiten des RAMAN-Effektes.

²) In [24, 51] wurde bei der Analyse der Meßwerte im Ausdruck für den Absorptionskoeffizienten (5.60) der Faktor ω_E nicht beachtet. Die Abbildungen werden mit der notwendigen Berichtigung wiedergegeben.

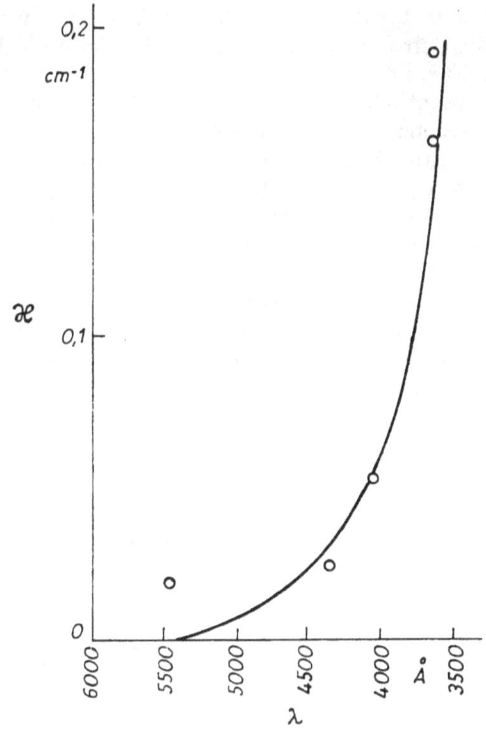

Abb. 14: Abhängigkeit der Intensität der RAMAN-Linien 1657 und 1668 cm^{-1} (Punkte) und des Absorptionskoeffizienten (durchgezogene Linie) von der Wellenlänge des Erregerlichtes für 2,4-Hexadien [24, 51].

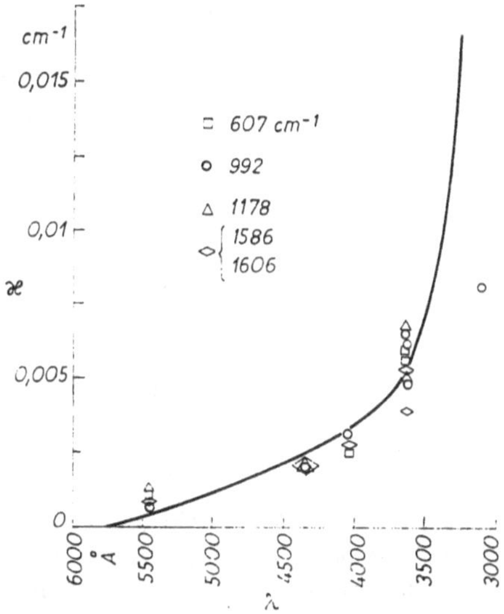

Abb. 15: Abhängigkeit der Intensität der RAMAN-Linien (Symbole) und des Absorptionskoeffizienten (durchgezogene Linie) von der Wellenlänge des Erregerlichtes für Benzol [24, 51].

Man sieht, daß sich die Punkte für die Raman-Intensitäten gut an die ausgezogenen Kurven anpassen, die den für die Erregerlinien bestimmten Absorptionskoeffizienten entsprechen. Für Benzol wurden mehrere Linien untersucht. Da in ihrem Verhalten keine wesentlichen Unterschiede auftreten, ist anzunehmen, daß für sie die gleichen Zwischenzustände von Bedeutung sind.

Die Arbeiten [51, 52] enthalten Ergebnisse über die Abhängigkeit der Linienintensitäten von der Erregerfrequenz für Raman-Spektren zweiter Ordnung. Es wurden die Obertöne der C=C-Valenzschwingungsbande im Gebiet 1630—1650 cm^{-1} in den Spektren einer Reihe ungesättigter Kohlenwasserstoffe untersucht. Bei der Änderung der Wellenlänge der Erregerlinie von 4358 Å auf 3126 Å ändert sich die Intensität der Grundlinie in verschiedenen Verbindungen um das 2—5- bis 300—700fache. Ähnliche Änderungen beobachtet man innerhalb der Fehlergrenzen auch bei den Obertönen. Das bedeutet, daß das Verhältnis der Intensitäten von Ober- und Grundton annähernd konstant bleibt.

Ähnliche Ergebnisse wurden für Tetrachlorkohlenstoff und Chloroform erhalten. Tab. 1 zeigt die Meßwerte.

Tabelle 1

Abhängigkeit der Intensität des Grund- und Obertones von der Wellenlänge der Erregerlinie [51]

Substanz	Linie	$\Delta\nu$ (cm^{-1})	I_{Ob}/I_{Gr}			
			5461 Å	4358 Å	4047 Å	3650-3663 Å
CCl_4	Oberton Grundton	~1540 760—790	0,9	1,2	1,1	1,0
$CHCl_3$	Oberton Grundton	~1520 762	0,9	0,8	1,2	1,0

Iwanowa [53] untersuchte die Stilbenderivate
4-Nitro-4'-dimethylaminostilben

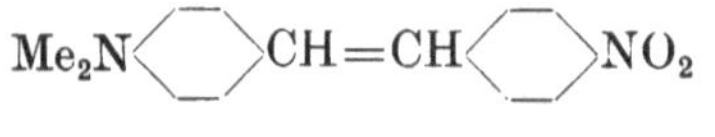

und
4-Nitroaminostilben

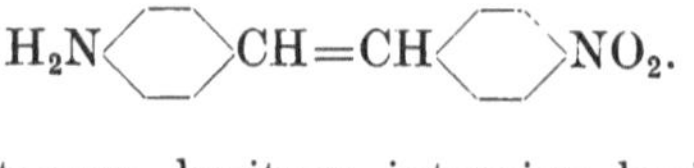

Diese Substanzen besitzen intensive breite Absorptionsbanden bei 4000 bis 4500 Å. Untersucht wurde die symmetrische NO_2-Valenzschwingung 1340 cm^{-1}. Ihre Intensität nimmt mit der Annäherung an die Absorptionsbande zu, erreicht ein Maximum im Bereich der intensivsten Absorption und nimmt bei weiterer Erhöhung der Erregerfrequenz ab. Dabei ist eine qualitative Übereinstimmung in der Änderung der Größe I_{Ra} und des Absorptionskoeffizienten $\varkappa$ zu beobachten.

Die Resonanz-Raman-Spektren dieser Substanzen unterscheiden sich von den gewöhnlichen Spektren lediglich durch die enormen Intensitäten, während die Intensität der Obertöne mindestens um zwei Ordnungen geringer ist als die der Grundtöne.

Aus den ausgeführten Angaben darf man schließen, daß eine relativ große Klasse von Verbindungen existiert, für die eine Proportionalität zwischen der Größe $I_{Ra}/(\omega'^4/\omega_E)$ und dem Absorptionskoeffizienten beobachtet wird.

Wie bereits auf Seite 59 erwähnt wurde, ist ein einheitlicher Verlauf der Intensitäten in Abhängigkeit von der Erregerfrequenz nur zu erwarten, wenn für die untersuchten Fälle der gleiche Zwischenzustand „aktuell" ist. Sind die Linien verschiedener Herkunft, die einen etwa verbunden mit σ-Elektronen, die anderen mit π-Elektronen, so kann sich mit wachsender Frequenz λ_E ihr Intensitätsverhältnis ändern. Eine solche Situation wurde tatsächlich beobachtet [50]. Es wurde gefunden, daß die Intensität der Schwingung der CH-Gruppe (verbunden mit σ-Elektronen) bei einer Änderung von ω_E von 5461 bis 3021 Å bei Benzol und Toluol gleich bleibt und bei den ungesättigten Kohlenwasserstoffen sich wesentlich langsamer ändert als die der Linie $\sim$1640 cm^{-1} (verbunden mit π-Elektronen).

Eine noch stärkere Änderung des Intensitätsverhältnisses für verschiedene $\omega_l^e - \omega_E$ fanden Schorygin und Iwanowa [54] in den Spektren von Diphenylpolyenen vom Typ

$$C_6H_5(-CH=CH-)_nC_6H_5,$$

wobei $n = 2, 3, \ldots, 7$. Für $\omega_E \to \omega_l^e$ wurde ein enormer Intensitätsanstieg der Linien $\sim$1600 und $\sim$1100 cm^{-1} beobachtet. Für die Differenz $\omega_l^e - \omega_E \approx 3000$ cm^{-1} besteht das Raman-Spektrum praktisch aus diesen beiden Linien. Bei Diphenylpolyenen mit $n > 5$ tritt eine Schwingungsstruktur der Absorptionsbanden auf. Gelangt ω_E in das Spektralgebiet, wo sich die Banden dieser Struktur überlappen, so ändert sich der Charakter der Resonanz-Raman-Spektren wesentlich. Neben den Frequenzen $\sim$1140 und $\sim$1550 cm^{-1} erscheinen die Ober- und Kombinationstöne dieser Schwingungen mit großer Intensität (Abb. 16). Unter den genannten Bedingungen weist die Erregerfrequenzabhängigkeit der Linienintensitäten 1140 und 1550 cm^{-1} einige Maxima auf, die für 1140 und 1550 cm^{-1} verschieden sind. Eine Übereinstimmung des Verlaufes von I_{Ra} und dem totalen Absorptionskoeffizienten ist nicht zu beobachten. Hieraus ist ersichtlich, daß dieser Fall der Resonanz-Raman-Streuung den auf Seite 59 beschriebenen Bedingungen entspricht.[1])

In [49] wurde die Frequenzabhängigkeit des Depolarisationsgrades ϱ einiger Linien für aromatische und ungesättigte Kohlenwasserstoffe untersucht. Die Wellenlänge des Erregerlichtes wurde im Intervall von 5461 bis 3021 Å variiert. Dabei änderte sich der Depolarisationsgrad ϱ der Linie 1655 cm^{-1} des 1,3-Penta-

[1]) Ausgehend von der halbklassischen Polarisierbarkeitstheorie nehmen verschiedene Autoren an, daß das plötzliche Anwachsen der Intensität der Obertöne in der Nähe der Absorptionsbanden von allgemeinem Charakter ist [45, 55]. In dieser Allgemeinheit wird jedoch die erwähnte Aussage durch die oben beschriebenen Experimente nicht bestätigt. Die in [54] beschriebene Intensitätssteigerung von Obertönen hängt möglicherweise mit der komplizierten Struktur der Elektronenabsorptionsbanden zusammen (siehe § 7).

dien von 0,29 bis 0,48 und der Linie 1638 cm^{-1} des 1,3-2-Metabutadien von 0,23 bis 0,53. Beide Linien sind mit π-Elektronen verbunden. Für mit σ-Elektronen verbundene Linien ist die Änderung des Depolarisationsgrades unbedeutend. Die erhaltenen Resultate können damit erklärt werden, daß sich mit wachsendem ω_E der Beitrag der π-Elektronen zur Intensität vergrößert.

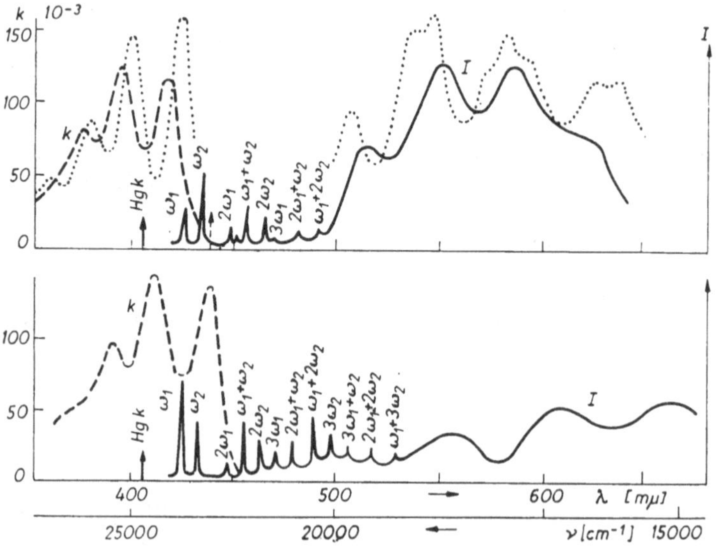

Abb. 16: Absorptionsspektren (k) und Resonanz-RAMAN-Spektren (I) von Diphenyldekapentaen (obere Zeichnung) und Diphenyldodekahexaen (untere Zeichnung), gelöst in Azeton bei 25 °C.

Für die erste Substanz sind das Absorptionsspektrum bei $-70°$ (*links*) und die Fluoreszenzbanden bei $-196°$ (*rechts*) punktiert eingezeichnet [51].

§ 6. Streutensor und Polarisierbarkeit des Moleküls

Im vorangegangenen Abschnitt wurden Ausdrücke für den Absorptionskoeffizienten (5.60) und die RAMAN-Intensität (5.57) hergeleitet, die für beliebige Winkelverteilungen der einfallenden Strahlung gültig sind. In Hinblick auf die folgenden Anwendungen sollen nun die dort eingehenden Integrale

$$i_A = \int_{\Omega} (\boldsymbol{e}\boldsymbol{P}_{l1})^2 \, \varrho(\Omega) \, d\Omega, \tag{6.1}$$

$$i_{Ra} = \int_{\Omega} |S_{k1}|^2 \, \varrho(\Omega) \, d\Omega \tag{6.2}$$

für einige spezielle Funktionen $\varrho(\Omega)$ berechnet werden. Wir nehmen an, daß die einfallende Strahlung sich in einer wohl definierten Richtung, d. h. in einem genügend kleinen Raumwinkelelement um die Achse n ausbreitet und eine bestimmte Polarisation besitzt (Richtung des elektrischen Vektors $\boldsymbol{e}$). Dann lassen sich die

Integrale i_A und i_{Ra} unter Beachtung der Normierungsbedingungen (4.61) schreiben in der Form

$$i_A = \frac{1}{2}(eP_{l1})^2, \tag{6.3}$$

$$i_{Ra} = \frac{1}{2}|S_{k1}|^2 = \frac{1}{2}\left|\sum_l \frac{(\boldsymbol{eP}_{l1})(\boldsymbol{e'P}_{kl})}{\omega_l^e - \omega_E + i(q_1 - q_l)} + \frac{(\boldsymbol{e'P}_{l'1})(\boldsymbol{eP}_{kl'})}{\omega_l^e + \omega' + i(q_1 - q_l)}\right|^2. \tag{6.4}$$

In (6.4) hat man zwei mögliche Polarisierungszustände zu berücksichtigen. Das raumfeste Koordinatensystem, in dem die Streustrahlung beobachtet wird, wollen wir wie folgt auswählen (vgl. § 2). Die Z-Achse liege entlang $\boldsymbol{n}'$, die X-Achse in der von den Vektoren $\boldsymbol{n}'$ und $\boldsymbol{e}$ aufgespannten Fläche und schließlich die Y-Achse senkrecht zu der genannten Ebene (siehe Abb. 2). In diesem System gibt es für $\boldsymbol{e}'$ zwei Möglichkeiten: $\boldsymbol{e}_X'$ und $\boldsymbol{e}_Y'$. Führt man zur Abkürzung den Vektor

$$\boldsymbol{B} = \sum_l \frac{(\boldsymbol{eP}_{l1})\,\boldsymbol{P}_{kl}}{\omega_l^e - \omega_E + i(q_1 - q_l)} + \frac{(\boldsymbol{eP}_{kl'})\,\boldsymbol{P}_{l'1}}{\omega_l^e + \omega' + i(q_1 - q_l)} \tag{6.5}$$

ein, so kann man schreiben

$$(i_{Ra})_X + (i_{Ra})_Y = \frac{1}{2}\{|\boldsymbol{Be}_X'|^2 + |\boldsymbol{Be}_Y'|^2\} = \frac{1}{2}(|B_X|^2 + |B_Y|^2). \tag{6.6}$$

Die Streuintensität ist gemäß (5.57)

$$I_{Ra}(\omega', \Omega') = \frac{\omega'^4 I_E \cdot F_k(\infty)}{4\pi c^3 \hbar^2}(|B_X|^2 + |B_Y|^2). \tag{6.7}$$

Vergleicht man (6.7) mit der im gleichen Koordinatensystem aufgeschriebenen Formel (2.16), so ist ersichtlich, daß der Vektor $\boldsymbol{B}/\hbar$ mit dem induzierten klassischen Moment $\boldsymbol{P}$ zusammenfällt. Dementsprechend ergibt sich für den oben definierten Tensor $\beta_{\varrho\sigma}$ (2.1)

$$(\beta_{\varrho\sigma})_{k1} = \frac{1}{\hbar}\sum_l \frac{(\boldsymbol{P}_{kl})_\varrho\,(\boldsymbol{P}_{l1})_\sigma}{\omega_l^e - \omega_E + i(q_1 - q_l)} + \frac{(\boldsymbol{P}_{l'1})_\sigma\,(\boldsymbol{P}_{kl'})_\sigma}{\omega_l^e + \omega' + i(q_1 - q_l)}$$

$$(\varrho, \sigma = X, Y, Z). \tag{6.8}$$

Entsprechend gelten alle unter Annahme der klassischen Näherung in § 2 und § 3 erhaltenen Resultate auch für den quantenmechanischen Ausdruck (6.8), der die Form des Streutensors konkretisiert.

Analog folgt mit Rücksicht auf (6.1) und (5.60) für den Absorptionskoeffizienten

$$\varkappa_l = \frac{\pi\omega_E}{\hbar[(\omega_l^e - \omega_E)^2 + q_l^2]}[(\boldsymbol{P}_e)_{l1}]^2, \tag{6.9}$$

wo $(\boldsymbol{P}_e)_{l1} = (\boldsymbol{eP}_{l1})$.

In (6.8) und (6.9) gehen die Matrixelemente der Komponenten des Dipolmomentes des streuenden bzw. des absorbierenden Moleküls ein. Diese Matrixelemente sind mit den gesamten Eigenfunktionen des Moleküls, deren exakte Form unbekannt ist, zu bilden. Deshalb sind wir gezwungen, für die Wellenfunktionen genäherte Ausdrücke zu verwenden. Diese lassen sich aus folgenden allgemeinen Überlegungen ableiten.

Bekanntlich ist die Bewegung der Kerne viel langsamer als die Bewegung der Elektronen. Dementsprechend geht bei der Wechselwirkung des Moleküls mit der Strahlung die Umordnung der Elektronenkonfiguration so schnell vor sich, daß die Kerne ihre Ausgangslagen nicht verlassen können. Andererseits ändern sich im Prozeß der Wechselwirkung mit der Strahlung der Zustand des Moleküls und seine charakteristischen Größen, darunter die Energieverteilung zwischen der Elektronenhülle und den Kernen. Dadurch kommt es zu einem Energieaustausch zwischen dem Erregerlicht und den Kernen, obwohl die Lichtstreuung infolge der großen Kernmasse praktisch nur an den Elektronen erfolgt. Der RAMAN-Effekt beruht also gerade auf dieser Wechselwirkung von Kern- und Elektronenbewegung.

Jeder momentanen Lage der Kerne entspricht eine bestimmte Elektronenpolarisierbarkeit, durch die die Wechselwirkung von Molekül und elektromagnetischem Feld bestimmt ist. Die Polarisierbarkeit bleibt bei den Kernschwingungen nicht konstant, sondern ändert sich mit der Frequenz dieser Schwingungen. Die gestreute Strahlung wird also durch die Kernbewegung moduliert in voller Übereinstimmung mit den in § 1 dargelegten klassischen Vorstellungen. Für die Intensität der Streuung kann man auf Grund allgemeiner Überlegungen (siehe [7], §14) annehmen, daß sie vom Bewegungszustand unabhängig ist und in jedem Moment nur von der Kernkonfiguration beeinflußt wird. Anders ausgedrückt ist die Intensität der Streuung eines Moleküls mit bewegten Kernen in jedem Moment die gleiche wie die eines Moleküls mit derselben Konfiguration festgehaltener Kerne.

Die Tatsache, daß die Kernbewegung bedeutend langsamer erfolgt als die Elektronenbewegung, gestattet eine näherungsweise Betrachtung des Problems. Und zwar kann man in erster Näherung die Atomkerne als ruhend ansehen und die Kernbewegung in höherer Näherung störungstheoretisch behandeln. Diese Methode ist unter dem Namen adiabatische Näherung bekannt (siehe z. B. [56]). Ohne auf eine detaillierte Darstellung dieser Methode einzugehen, seien hier nur die grundlegenden Resultate genannt. In der adiabatischen Näherung läßt sich die Wellenfunktion des Moleküls $\psi(\xi, x)$ als Produkt der Elektronenfunktion $\varphi(\xi, x)$ und der Kernfunktion $u(x)$ schreiben:

$$\psi_{nv}(\xi, x) = \varphi_n(\xi, x)\, u_{nv}(x). \tag{6.10}$$

ξ steht für die Gesamtheit der Elektronenkoordinaten, x für die Gesamtheit der Kernkoordinaten und n und v für die Gesamtheit der entsprechenden Quantenzahlen. Die Funktion $\varphi_n(\xi, x)$ enthält die Koordinate x als Parameter. Nach (6.10) können Elektronen- und Kernbewegungen unter bestimmten Voraussetzungen getrennt werden.

Mit (6.10) werden die Matrixelemente

$$(\boldsymbol{P}_{l1})_\sigma = \int u^*_{n_l v_l}(x)\, \varphi^*_{n_l}(\xi, x)\, P_\sigma \varphi_{n_1}(\xi, x)\, u_{n_1 v_1}(x)\, d\xi\, dx, \tag{6.11}$$

$$(\boldsymbol{P}_{kl})_\varrho = \int u^*_{n_k v_k}(x)\, \varphi^*_{n_k}(\xi, x)\, P_\varrho \varphi_{n_l}(\xi, x)\, u_{n_l v_l}(x)\, d\xi\, dx. \tag{6.12}$$

Die Funktionen φ_{n_1} und $\varphi_{n_k}^*$ beziehen sich auf ein und denselben Elektronenzustand des Moleküls und können gleichgesetzt werden ($n_1 = n_k$). Wir bezeichnen

$$\Phi_{l\sigma}(x) = \int \varphi_{n_l}^*(\xi, x)\, P_\sigma \varphi_{n_1}(\xi, x)\, d\xi, \tag{6.13}$$

$$\Phi_{l\varrho}^*(x) = \int \varphi_{n_l}^*(\xi, x)\, P_\varrho \varphi_{n_1}(\xi, x)\, d\xi. \tag{6.14}$$

Dabei bedeutet

$$(\boldsymbol{P}_{l1})_\sigma = \int u_{n_l v_l}^*(x)\, \Phi_{l\sigma}(x)\, u_{n_1 v_1}(x)\, dx, \tag{6.15}$$

$$(\boldsymbol{P}_{kl})_\varrho = \int u_{n_l v_l}(x)\, \Phi_{l\varrho}(x)\, u_{n_1 v_k}^*(x)\, dx. \tag{6.16}$$

Setzt man (6.15) und (6.16) in den ersten Term der Gleichung (6.8) ein und summiert einzeln über die Elektronenquantenzahlen l und die Kernquantenzahlen v_l, so wird

$$[(\beta_{\varrho\sigma})_{k1}]_I = \frac{1}{\hbar} \sum_l \sum_{v_l} \frac{\int u_{n_l v_l} \Phi_{l\varrho} u_{n_1 v_k}^* dx \int u_{n_l v_l}^* \Phi_{l\sigma} u_{n_1 v_1} dx}{\omega_{l v_l}^e - \omega_E - i(q_{l v_l} - q_1)}. \tag{6.17}$$

Dieser Ausdruck kann umgeschrieben werden:

$$[(\beta_{\sigma\varrho})_{k1}]_I = \frac{1}{\hbar} \sum_l \iint u_{n_1 v_k}^*(x) \Phi_{l\varrho}(x) \left[\sum_{v_l} \frac{u_{n_l v_l}(x) u_{n_l v_l}^*(x')}{\omega_{l v_l}^e - \omega_E - i(q_{l v_l} - q_1)}\right]$$
$$\times\, \Phi_{l\sigma}(x')\, u_{n_1 v_1}(x')\, dx\, dx'. \tag{6.18}$$

Bei der Summation über v_l in (6.18) ist zu beachten, daß der Nenner von v_l abhängt:

$$\omega_{l v_l}^e - \omega_E - i(q_{l v_l} - q_1) = \overline{\omega}_l{}^e - \omega_E - i(\overline{q}_l - q_1) + \omega_{v_l} + i\Delta q_{v_l}; \tag{6.19}$$

$\overline{\omega}_l{}^e$ und $\overline{q}_l$ sind bestimmte Mittelwerte [1]), ω_{v_l} und Δq_{v_l} von v_l abhängige Abweichungen von diesen Mittelwerten. In vielen Fällen kann man annehmen, daß

$$|\omega_{v_l} + i\Delta q_{v_l}| \ll |\overline{\omega}_l{}^e - \omega_E - i(\overline{q}_l - q_1)|. \tag{6.20}$$

Somit ist näherungsweise

$$\sum_{v_l} \frac{u_{n_l v_l}(x) u_{n_l v_l}^*(x')}{\omega_{l v_l}^e - \omega_E - i(q_{l v_l} - q_1)}$$
$$= \frac{\sum_{v_l} u_{n_l v_l}(x)\, u_{n_l v_l}^*(x')}{\overline{\omega}_l{}^e - \omega_E - i(\overline{q}_l - q_1)} + \frac{\sum_{v_l} (\omega_{v_l} + i\Delta q_{v_l})\, u_{n_l v_l}(x)\, u_{n_l v_l}^*(x')}{[\overline{\omega}_l{}^e - \omega_E - i(\overline{q}_l - q_1)]^2}$$
$$= \frac{\sum_{v_l} u_{n_l v_l}(x)\, u_{n_l v_l}^*(x')}{\overline{\omega}_l{}^e - \omega_E - i(\overline{q}_l - q_1)} + R(x, x'), \tag{6.21}$$

[1]) Häufig werden die Größen $\overline{\omega}_l{}^e$ und $\overline{q}_l$ einem FRANK-CONDONschen Elektronenübergang zugeschrieben. Im allgemeinen ist eine solche Zuordnung nicht exakt, obgleich gerade die FRANK-CONDONschen Übergänge die größte Wahrscheinlichkeit besitzen.

wobei $R(x, x')$ der Ordnung $(\omega_{v_l} + i\Delta q_l)/[\overline{\omega}_l^e - \omega_E - i(\overline{q}_l - q_l)]$ ist. Wegen der Orthonormierung des Funktionssystems $u_{n_l v_l}(x)$ gilt nach den allgemeinen Regeln der Quantenmechanik (siehe [20])

$$\sum_{v_l} u_{n_l v_l}(x)\, u^*_{n_l v_l}(x') = \delta(x - x'). \tag{6.22}$$

Diese Beziehung bleibt auch für den Fall, daß das Energiespektrum der Kerne kontinuierlich ist, gültig.

Mit Hilfe von (6.22) schreiben wir (6.18) um in

$$[(\beta_{\varrho\sigma})_{k1}]_I = \frac{1}{\hbar} \sum_l \frac{\int u^*_{n_1 v_k}(x) \Phi_{l\varrho}(x) \Phi_{l\sigma}(x)\, u_{n_1 v_1}(x)\, dx}{\overline{\omega}_l^e - \omega_E - i(\overline{q}_l - q_1)} + \overline{R}. \tag{6.23}$$

Ganz analog läßt sich der zweite Term in (6.8) umformen, wobei man das zusätzliche Glied $\overline{R}$ fortlassen kann, da im Nenner stets $|\omega_l^e + \omega' - i(q_l - q_1)| \gg \omega_{v_l}$ erfüllt ist.

Der Streutensor wird also

$$(\beta_{\varrho\sigma})_{k1} = \int u^*_{n_1 v_k}(x) \left[\frac{1}{\hbar} \sum_l \frac{\Phi_{l\varrho}(x) \Phi_{l\sigma}(x)}{\overline{\omega}_l^e - \omega_E - i(\overline{q}_l - q_1)} + \frac{\Phi_{l\varrho}(x) \Phi_{l\sigma}(x)}{\overline{\omega}_l^e + \omega' - i(\overline{q}_l - q_1)}\right] u_{n_1 v_1}(x)\, dx + \overline{R}. \tag{6.24}$$

Der Ausdruck in der eckigen Klammer

$$\alpha_{\varrho\sigma}(x) = \frac{1}{\hbar} \sum_l \frac{\Phi_{l\varrho}(x) \Phi_{l\sigma}(x)}{\overline{\omega}_l^e - \omega_E - i(\overline{q}_l - q_1)} + \frac{\Phi_{l\varrho}(x) \Phi_{l\sigma}(x)}{\overline{\omega}_l^e + \omega' - i(\overline{q}_l - q_1)} \tag{6.25}$$

ist ein symmetrischer Tensor und nichts anderes als der Polarisierbarkeitstensor des Moleküls. Im allgemeinen ist $\alpha_{\varrho\sigma}(x)$ ein komplexer Tensor. Ist der Abstand zwischen der Erreger- und der Absorptionsfrequenz genügend groß, so kann man $i(\overline{q}_l - q_1)$ im Nenner weglassen und damit wird der Polarisierbarkeitstensor reell.

Der Streutensor wird mit der Gleichung (6.25)

$$(\beta_{\varrho\sigma})_{k1} = \int u^*_{n_1 v_k}(x)\, \alpha_{\varrho\sigma}(x)\, u_{n_1 v_1}(x)\, dx + \overline{R}. \tag{6.26}$$

Für große Entfernungen der einfallenden Frequenz von der Elektronenübergangsfrequenz kann die Größe $\overline{R}$ in (6.26) vernachlässigt werden. Wir gelangen somit zum grundlegenden Resultat der Polarisierbarkeitstheorie von Placzek [7]: Der mit dem zwischen zwei Kernschwingungszuständen, die zu ein und demselben Elektronenniveau des Moleküls gehören, verbundene Anteil des Streutensors ist gleich dem mit den Wellenfunktionen der betrachteten Kernzustände gebildeten Matrixelement des Polarisierbarkeitstensors. Die Grenzen der Anwendbarkeit der Polarisierbarkeitstheorie werden durch die Bedingung (6.20) bestimmt. Wir bemerken, daß aus der Symmetrie des Polarisierbarkeitstensors folgt, daß auch der Streutensor symmetrisch ist.

Bei der Herleitung der Formel (6.26) wurden keinerlei konkrete Voraussetzungen über den Charakter der Kernbewegung des Moleküls in den Elektronenzwischenzuständen gemacht. Die Formel behält also ihre Gültigkeit z. B. auch für den Fall, daß die genannten Elektronenzustände keine diskrete Schwingungsstruktur haben.

Einige Besonderheiten des Streutensors im Bereich der Elektronenabsorption kann man klären, indem man von folgenden vereinfachten Vorstellungen ausgeht. Es liege der Fall starker Resonanz vor, bei dem sich ein Glied der Summe über v_l in (6.18) bedeutend von den übrigen unterscheidet. Dabei ist

$$\begin{aligned}\sum_{v_l} \frac{u_{n_l v_l}(x)\, u^*_{n_l v_l}(x')}{\omega^e_{l v_l} - \omega_E - i(q_{l v_l} - q_1)} &= \frac{\left[\sum_{v_l} u_{n_l v_l}(x) u^*_{n_l v_l}(x')\right]}{\overline{\omega}_l{}^e - \omega_E - i(\overline{q}_l - q_1)} \\ &- \frac{u_{n_l v_r}(x)\, u^*_{n_l v_r}(x')}{\overline{\omega}_l{}^e - \omega_E - i(\overline{q}_l - q_1)} + \frac{u_{n_l v_r}(x)\, u^*_{n_l v_r}(x')}{\omega_r{}^e - \omega_E - i(q_r - q_1)} + R_1(x,x') \\ &= \frac{\sum_{v_l} u_{n_l v_l}(x)\, u^*_{n_l v_l}(x')}{\overline{\omega}_l{}^e - \omega_E - i(\overline{q}_l - q_1)} + \frac{u_{n_l v_r}(x)\, u^*_{n_l v_r}(x')}{\omega_r{}^e - \omega_E - i(q_r - q_1)}. \end{aligned} \tag{6.27}$$

Wir lösen also das für die Resonanz maßgebliche Glied heraus und nehmen an, daß für die übrigen die Bedingungen für die Gültigkeit der Polarisierbarkeitstheorie erfüllt sind. In diesem Falle folgt für das Restglied in (6.26)

$$\overline{R} = \frac{1}{\hbar} \frac{\int u_{n_l v_r}(x) \Phi_{l\varrho}(x)\, u^*_{n_1 v_k}(x)\, dx \int u^*_{n_l v_r}(x) \Phi_{l\sigma}(x)\, u_{n_1 v_1}(x)\, dx}{\omega_r{}^e - \omega_E - i(q_r - q_1)}. \tag{6.28}$$

Da der Tensor $\overline{R}$ nicht symmetrisch ist, wird auch für den Streutensor im Bereich der Elektronenabsorption die Symmetrie aufgehoben.

Gilt die Polarisierbarkeitstheorie, so hat Formel (6.26) die Form

$$(\beta_{\varrho\sigma})_{k1} = \int u^*_{v_k}(x)\, \alpha_{\varrho\sigma}(x)\, u_{v_1}(x)\, dx, \tag{6.29}$$

wobei sich die Funktionen $u^*_{v_k}(x)$ und $u_{v_1}(x)$ auf denselben Elektronenzustand n_1 beziehen. Die Intensität und der Depolarisationsgrad der auf den Übergang vom Zustand 1 in den Zustand k zurückgehenden Raman-Linie sind durch die Invarianten β_s und γ^2 des symmetrischen Tensors (6.29) bestimmt (siehe § 2).

Der Absorptionskoeffizient ist für den genannten Übergang $1 \to k$ gemäß (6.9) durch die Größe $[(\mathrm{P}_e)_{k1}]^2$ gegeben. Für Übergänge zwischen verschiedenen Kernschwingungszuständen desselben Elektronenzustandes n_1 hat das Matrixelement $(\mathrm{P}_e)_{k1}$ die Form

$$(\mathrm{P}_e)_{k1} = \int u^*_{v_k}(x)\, \Phi_e(x)\, u_{v_1}(x)\, dx, \tag{6.30}$$

wo

$$\Phi_e(x) = \int \varphi^*_{n_1}(\xi, x)\, \mathrm{P}_e\, \varphi_{n_1}(\xi, x)\, d\xi. \tag{6.31}$$

Die Übergangsfrequenz $1 \to k$ liegt gewöhnlich im infraroten Spektralbereich. Wie aus (6.30) folgt, ist die Intensität der Infrarotabsorption durch die Dipolmatrixelemente des Moleküls bestimmt.

§ 7. Quantentheorie der Schwingungsübergänge

Im vorangegangenen Paragraphen gelangten wir durch die Trennung von Elektronen- und Kernbewegung zu einer wesentlichen Vereinfachung des Streutensors. Die weitere Rechnung erfordert eine Konkretisierung der Wellenfunktionen für die Kernbewegung. Im Elektronengrundzustand kann man gewöhnlich in guter Näherung Schwingungs- und Rotationsbewegung eines Moleküls voneinander trennen. Dementsprechend setzen wir die Kernwellenfunktion im Elektronengrundzustand als Produkt aus Rotations- und Schwingungsfunktion an:

$$u_{v_k}(x_1, x_2, \ldots, x_n, \vartheta) = V_{v_k}(x_1, x_2, \ldots, x_n)\, \Theta_{v_k}(\vartheta). \tag{7.1}$$

Die Schwingungswellenfunktion V hängt nur von den Relativkoordinaten der Kerne x_i ab. Die Rotationswellenfunktion Θ bezieht sich auf die Orientierung des Moleküls und enthält also als Argument die EULERschen Winkel ϑ. In diesem Abschnitt wollen wir nur reine Schwingungsübergänge betrachten. Die Kernkoordinate x in den Formeln (6.26) bis (6.30) steht dabei für die Gesamtheit der Größen $x_1, x_2, \ldots, x_n$, die sich auf den Grundzustand des Moleküls beziehen und die Abweichungen der entsprechenden Koordinaten von ihren Gleichgewichtswerten beschreiben. Die Behandlung von Rotationsschwingungsübergängen erörtern wir in § 8 und § 16.

Die Anwendung von Formel (7.1) auf die angeregten Elektronenzustände kann problematisch werden, wenn es sich nicht um eine diskrete Schwingungsstruktur handelt. In einer Reihe von Fällen spielt jedoch dieser Umstand keine wesentliche Rolle, da man bei der Rechnung von der konkreten Gestalt der Schwingungsfunktionen für die angeregten Elektronenzustände keinen Gebrauch macht. Die Herauslösung der Rotationsbewegung aus der allgemeinen Kernbewegung des Moleküls ist aber auch in solchen Fällen möglich, wo die Funktion $V(x)$ keine Molekülschwingung beschreibt.

Im einfachsten Falle kann die Schwingungsbewegung eines mehratomigen Moleküls als Gesamtheit von Normalschwingungen dargestellt werden, die jede von einer Normalkoordinate abhängt (siehe § 10). Die Eigenfunktion der Kerne läßt sich somit als Produkt der Eigenfunktionen von den einzelnen Normalschwingungen beschreiben:

$$V(x_1, x_2, \ldots, x_n) = V_1(x_1)\, V_2(x_2) \ldots V_n(x_n). \tag{7.2}$$

Die Schwingungsenergie zerfällt dabei in die Summe

$$E_v = \sum_i \left(v_i + \frac{d_i}{2}\right) \hbar\omega_i, \tag{7.2 a}$$

wobei d_i der Entartungsgrad der Frequenz ω_i ist. $V_i(x_i)$ sind Eigenfunktionen des harmonischen Oszillators. Ist ω_i die Eigenfrequenz der i-ten Normalschwingung und $m_i\omega_i^2 x_i^2/2$ die dazugehörige potentielle Energie, so ist die der Quantenzahl k entsprechende Wellenfunktion (siehe [20])

$$V_k(x_i) = \left(\frac{1}{\pi a_i^2}\right)^{1/4} \frac{1}{\sqrt{2^k k!}}\, e^{-\frac{x_i^2}{2a_i^2}}\, H_k\left(\frac{x_i}{a_i}\right) \tag{7.3}$$

mit

$$a_i^2 = \frac{\hbar}{m_i \omega_i}. \tag{7.4}$$

$H_n(\xi)$ sind die HERMITEschen Polynome; sie sind Polynome n-ten Grades bezüglich ξ und durch die Formel

$$H_n(\xi) = (-1)^n e^{\xi^2} \frac{d^n e^{-\xi^2}}{d\xi^n} \tag{7.5}$$

definiert (siehe z. B. [20]). Die ersten HERMITEschen Polynome lauten

$$H_0 = 1,\ H_1 = 2\xi,\ H_2 = 4\xi^2 - 2,\ H_3 = 8\xi^3 - 12\xi. \tag{7.6}$$

Wie aus (7.3) und (7.4) folgt, lassen sich die Eigenfunktionen in gerade und ungerade entsprechend der Parität der HERMITEschen Polynome aufteilen. Für die weiteren Rechnungen werden sich die folgenden Rekursionsformeln für die HERMITEschen Polynome

$$\xi H_n(\xi) = n H_{n-1}(\xi) + \frac{1}{2} H_{n+1}(\xi), \tag{7.7}$$

$$\frac{dH_n}{d\xi} = 2n\, H_{n-1}(\xi) \tag{7.8}$$

als nützlich erweisen.

Berechnen wir nun die Matrixelemente der Polarisierbarkeit und des Dipolmomentes mit der Wellenfunktion (7.3). Dazu entwickeln wir $\alpha_{\varrho\sigma}$ $(x_1, x_2, \ldots, x_n)$ und $\Phi_e(x_1, x_2, \ldots, x_n)$ nach den Normalkoordinaten in eine TAYLOR-Reihe

$$\alpha_{\varrho\sigma} = \alpha_{\varrho\sigma}(0) + \sum_i \left(\frac{\partial \alpha_{\varrho\sigma}}{\partial x_i}\right)_0 x_i + \frac{1}{2} \sum_{ij} \left(\frac{\partial^2 \alpha_{\varrho\sigma}}{\partial x_i\, \partial x_j}\right)_0 x_i x_j + \ldots, \tag{7.9}$$

$$\Phi_e = \Phi_e(0) + \sum_i \left(\frac{\partial \Phi_e}{\partial x_i}\right)_0 x_i + \frac{1}{2} \sum_{ij} \left(\frac{\partial^2 \Phi_e}{\partial x_i\, \partial x_j}\right)_0 x_i x_j + \ldots \tag{7.10}$$

und setzen diese Ausdrücke in (6.29) und (6.30) ein. Dabei entstehen Integrale folgender Gestalt

$$A_0 = \int V_{v_k}(x_i)\, V_{v_1}(x_i)\, dx_i, \tag{7.11}$$

$$A_1 = \int V_{v_k}(x_i)\, x_i V_{v_1}(x_i)\, dx_i, \tag{7.12}$$

$$A_2 = \int V_{v_k}(x_i)\, x_i^2 V_{v_1}(x_i)\, dx_i, \ldots. \tag{7.13}$$

Wegen der Orthonormierung der Funktionen $V_{v_k}(x_i)$ sind die Integrale vom Typ A_0 dann und nur dann von Null verschieden, wenn sich die Quantenzahl der i-ten Normalschwingung nicht ändert ($v_k = v_1$); dabei ist $A_0 = 1$. Zur Berechnung der Integrale vom Typ A_1 benutzen wir die Rekursionsbeziehung (7.7). Durch

Einsetzen von $V_{v_k}(x_i)$ und $V_{v_1}(x_i)$ gemäß (7.3) wird

$$A_1 = \left(\frac{1}{\pi a_i^2}\right)^{1/2} \frac{1}{\sqrt{2^{v_k} v_k!}\,\sqrt{2^{v_1} v_1!}} \int_{-\infty}^{\infty} e^{-\frac{x_i^2}{a_i^2}} x_i H_{v_k}\left(\frac{x_i}{a_i}\right) H_{v_1}\left(\frac{x_i}{a_i}\right) dx_i$$

$$= \left(\frac{1}{\pi a_i^2}\right)^{1/2} \frac{1}{\sqrt{2^{v_k} v_k!}\,\sqrt{2^{v_1} v_1!}}$$

$$\times \left[v_k a_i \int_{-\infty}^{\infty} e^{-\frac{x_i^2}{a_i^2}} H_{v_k-1}\left(\frac{x_i}{a_i}\right) H_{v_1}\left(\frac{x_i}{a_i}\right) dx_i \right.$$

$$\left. + \frac{a_i}{2} \int_{-\infty}^{\infty} e^{-\frac{x_i^2}{a_i^2}} H_{v_k+1}\left(\frac{x_i}{a_i}\right) H_{v_1}\left(\frac{x_i}{a_i}\right) dx_i \right]. \tag{7.14}$$

Dieser Ausdruck verschwindet in zwei Fällen nicht: Ist $v_k - 1 = v_1$, so erhält man für das erste Integral (siehe z. B. [57])

$$\int_{-\infty}^{\infty} e^{-\frac{x_i^2}{a_i^2}} H_{v_1}^2\left(\frac{x_i}{a_i}\right) dx_i = 2^{v_1} v_1!\,\sqrt{\pi} a_i. \tag{7.15}$$

Das zweite Integral ist dabei gleich Null. Ist $v_k + 1 = v_1$, so verschwindet das erste Integral, während das zweite gleich (7.15) wird. Somit wird

$$A_1 = \frac{a_i}{\sqrt{2}} \left[\sqrt{v_1 + 1}\, \delta_{v_k-1,v_1} + \sqrt{v_k + 1}\, \delta_{v_k+1,v_1} \right]. \tag{7.16}$$

Das erste Glied in dieser Formel entspricht dem Übergang $v_1 \to v_1 + 1$, das zweite dem Übergang $v_1 \to v_1 - 1$. In beiden Fällen springt also die Quantenzahl um 1. Für alle übrigen Übergänge ist dieses Integral gleich Null.

Die Integrale vom Typ A_2 können mit der Rekursionsbeziehung (7.7) auf Integrale vom Typ A_1 zurückgeführt werden. In Analogie zu den obigen Rechnungen ergibt sich (für $v_k \neq v_1$)

$$A_2 = \frac{1}{2} a_i^2 \left[\sqrt{(v_1 + 2)(v_1 + 1)}\, \delta_{v_k-2,v_1} \right.$$

$$\left. + \sqrt{(v_k + 2)(v_k + 1)}\, \delta_{v_k+2,v_1} \right]. \tag{7.17}$$

Mit den Größen A_0, A_1 und A_2 können nun $(\beta_{\varrho\sigma})_{k1}$ und $(P_e)_{k1}$ für die verschiedenen Übergänge berechnet werden. Mit einer Genauigkeit bis zu Gliedern zweiter Ordnung bezüglich a_i erhalten wir für Schwingungsübergänge erster und zweiter Ordnung

$$(\beta_{\varrho\sigma})_{v_1+1,v_1} = \sqrt{v_1 + 1} \left(\frac{\partial \alpha_{\varrho\sigma}}{\partial x_i}\right)_0 \frac{a_i}{\sqrt{2}}, \tag{7.18}$$

$$(\beta_{\varrho\sigma})_{v_1-1,v_1} = \sqrt{v_1}\left(\frac{\partial\alpha_{\varrho\sigma}}{\partial x_i}\right)_0 \frac{a_i}{\sqrt{2}}, \tag{7.19}$$

$$(\beta_{\varrho\sigma})_{v_1+2,v_1} = \frac{1}{2}\sqrt{(v_1+2)(v_1+1)}\left(\frac{\partial^2\alpha_{\varrho\sigma}}{\partial x_i^2}\right)_0 \frac{a_i^2}{2}, \tag{7.20}$$

$$(\beta_{\varrho\sigma})_{v_1-2,v_1} = \frac{1}{2}\sqrt{v_1(v_1-1)}\left(\frac{\partial^2\alpha_{\varrho\sigma}}{\partial x_i^2}\right)_0 \frac{a_i^2}{2}, \tag{7.21}$$

$$(\beta_{\varrho\sigma})_{v_1+1,v_1'+1,v_1v_1'} = \frac{1}{2}\sqrt{(v_1+1)(v_1'+1)}\left(\frac{\partial^2\alpha_{\varrho\sigma}}{\partial x_i\,\partial x_j}\right)_0 \frac{a_ia_j}{2}, \tag{7.22}$$

$$(P_e)_{v_1+1,v_1} = \sqrt{v_1+1}\left(\frac{\partial\Phi_e}{\partial x_i}\right)_0 \frac{a_i}{\sqrt{2}} \tag{7.23}$$

usw. Die Berechnung der Übergangsmatrixelemente läuft dementsprechend auf eine Entwicklung der Polarisierbarkeit bzw. des Dipolmomentes nach der Größe $a_i/\sqrt{2}$, die nunmehr für die Schwingungskoordinate in (7.9) und (7.10) steht, hinaus. Diese Größe hat eine einfache physikalische Bedeutung. Berechnen wir das mittlere Quadrat der Auslenkung der Koordinate x_i aus der Gleichgewichtslage im Zustand mit der Schwingungsquantenzahl v_i. Definitionsgemäß ist der Mittelwert

$$\left(\overline{x_i^2}\right)_{v_i} = \int_{-\infty}^{\infty} V_{v_i}\, x_i^2 V_{v_i}\, dx_i. \tag{7.24}$$

Setzt man für $V_{v_i}(x_i)$ den Ausdruck (7.3) ein, so findet man analog zur Berechnung von A_2 (Formel (7.17))

$$\left(\overline{x_i^2}\right)_{v_i} = (2v_i+1)\,\frac{a_i^2}{2}. \tag{7.25}$$

Hieraus folgt für den Zustand $v_i = 0$

$$\left(\overline{x_i^2}\right)_0 = \frac{a_i^2}{2},$$

d. h. (siehe (7.4.))

$$\sqrt{\left(\overline{x_i^2}\right)_0} = \frac{a_i}{\sqrt{2}} = \sqrt{\frac{\hbar}{2m_i\omega_i}}. \tag{7.26}$$

Der Entwicklungsparameter in den Formeln (7.18) bis (7.23) ist also nichts anderes als die mittlere quadratische Abweichung der Schwingungskoordinate vom Gleichgewichtswert im Schwingungsgrundzustand. Diese Größe wird auch als „Nullpunktsamplitude" bezeichnet.

Mit den Formeln (7.18) bis (7.22) kann nun die Intensität der mit einem gegebenen Schwingungsübergang verbundenen Raman-Linien berechnet werden. Wie bereits betont, ist die Formel (6.7) für die Streuintensität der klassischen Formel (2.16) äquivalent, wobei für den Streutensor der quantentheoretische Ausdruck (6.8) einzusetzen ist. Sind die Voraussetzungen der Polarisierbarkeitstheorie erfüllt, dann ist der Streutensor symmetrisch und läßt sich gemäß (7.18) bis (7.22) für die reinen Schwingungslinien erster bzw. zweiter Ordnung entsprechend durch die ersten bzw. zweiten Ableitungen des Polarisierbarkeitstensors ausdrücken. Berechnet man nach (2.47) und (2.48) die Invarianten $\beta_s(\alpha'_{\varrho\sigma})$, $\gamma^2(\alpha'_{\varrho\sigma})$, $\beta_s(\alpha''_{\varrho\sigma})$ usw. der den Ableitungen der Polarisierbarkeit (die Striche bedeuten die Ableitungen nach der Schwingungskoordinate) entsprechenden Tensoren, so erhält man im Falle von linear polarisiertem Licht für den Übergang $v_i \to v_i + 1$

$$dI(\beta_s) = \frac{I_E \omega'^4 F_k(\infty)}{15c^3}\, 5\beta_s(\alpha'_{\varrho\sigma}) \sin^2\theta \, \frac{(v_i + 1)\, a_i^2}{2}\, \mathrm{d}\Omega', \tag{7.27}$$

$$dI(\gamma^2) = \frac{I_E \omega'^4 F_k(\infty)}{15c^3}\, \frac{1}{2}\, \gamma^2\,(\alpha'_{\varrho\sigma})\,(6 + \sin^2\theta)\, \frac{(v_i + 1)\, a_i^2}{2}\, d\Omega'. \tag{7.28}$$

Im Falle natürlichen Erregerlichtes und einer Beobachtung senkrecht zur Einfallsrichtung des Lichtes erhält man nach (3.19)

$$I_n\left(\frac{\pi}{2}\right) = \frac{I_E \omega'^4 F_k(\infty)}{60c^3}\,[10\beta_s\,(\alpha'_{\varrho\sigma}) + 13\,\gamma^2\,(\alpha'_{\varrho\sigma})]\, \frac{(v_i + 1)\, a_i^2}{2}. \tag{7.29}$$

Analoge Ausdrücke lassen sich auch für die anderen Übergänge herleiten.

In realen Systemen verteilen sich die Moleküle statistisch auf die verschiedenen Schwingungsniveaus $v_i = 0, 1, 2, \ldots$ Die beobachtete Intensität der Raman-Linien erhält man also, indem man in den Ausdrücken (7.27) bis (7.29) über alle angeregten Niveaus v_i summiert. Im Ergebnis wird die Intensität temperaturabhängig. Wir betrachten zunächst das Temperaturverhalten der Übergänge erster Ordnung.

Im thermischen Gleichgewicht ist die Anzahl der Moleküle N_{v_i} im Energiezustand E_{v_i} durch den Boltzmann-Faktor bestimmt:

$$N_{v_i} = C N g_{v_i} e^{-\frac{E_{v_i}}{kT}}. \tag{7.30}$$

Hierin ist g_{v_i} der Entartungsfaktor der i-ten Normalschwingung, v_i die Schwingungsquantenzahl (für jede Normalschwingung ist $v_i = 0, 1, 2, \ldots$), T die absolute Temperatur, k die Boltzmann-Konstante und N die Gesamtzahl der Moleküle im betrachteten System.

In der harmonischen Näherung sind alle Normalschwingungen völlig voneinander unabhängig und die Schwingungsenergie zerfällt in die Summe der Energien der einzelnen Normalschwingungen. Demzufolge hängt die statistische Verteilung der Moleküle über die Schwingungsquantenzahlen einer gegebenen Normalschwingung nicht davon ab, in welchen Schwingungszuständen bezüglich der anderen Normalschwingungen sich die Moleküle befinden. Summiert man deshalb in (7.30) über alle Quantenzahlen der i-ten Normalschwingung, so erhält man auf der linken Seite die Gesamtzahl der zum System gehörenden Moleküle:

$$N = \sum_{v_i} N_{v_i} = CN \sum_{v_i} g_{v_i} e^{-\frac{E_{v_i}}{kT}}. \tag{7.31}$$

Unter Verwendung von (7.31) findet man

$$N_{v_i} = \frac{e^{-\frac{E_{v_i}}{kT}}}{\sum\limits_{v_i} e^{-\frac{E_{v_i}}{kT}}}. \tag{7.32}$$

Setzt man in (7.32) für die Schwingungsenergie E_{v_i} ihren Wert

$$E_{v_i} = \hbar\omega_i \left(v_i + \frac{1}{2}\right) \tag{7.33}$$

ein, so wird

$$N_{v_i} = \frac{e^{-\frac{\hbar\omega_i v_i}{kT}}}{\sum\limits_{v_i} e^{-\frac{\hbar\omega_i v_i}{kT}}}. \tag{7.34}$$

Die Summe im Nenner ist eine geometrische Reihe und wird gleich

$$\sum_{v_i} e^{-\frac{\hbar\omega_i v_i}{kT}} = \left(1 - e^{-\frac{\hbar\omega_i}{kT}}\right)^{-1}. \tag{7.35}$$

Es ist somit

$$N_{v_i} = \left(1 - e^{-\frac{\hbar\omega_i}{kT}}\right) e^{-\frac{\hbar\omega_i v_i}{kT}}. \tag{7.36}$$

Um die Intensität der mit dem Übergang $v_i \to v_i + 1$ verbundenen Raman-Linie zu berechnen, müssen wir (7.27) bis (7.29) mit N_{v_i} multiplizieren und über alle v_i summieren. Dabei entsteht ein Ausdruck der Gestalt

$$I = K\left(1 - e^{-\frac{\hbar\omega_i}{kT}}\right) \sum_{v_i} (v_i + 1)\, e^{-\frac{\hbar\omega_i v_i}{kT}} = K f_1(T)_{\text{st}}, \tag{7.37}$$

wobei K alle Größen enthält, die nicht von der Schwingungsquantenzahl v_i abhängig sind, $f_1(T)_{\text{st}}$ ist der Temperaturfaktor für den Grundton der Stokesschen Schwingungslinie, der für alle Formeln (7.27) bis (7.29) gleich ist. Die Summation in (7.37) ist leicht auszuführen, indem man (7.35) nach dem Parameter $\varkappa = \hbar\omega_i/kT$ differenziert. Man erhält

$$\sum_{v_i} (v_i + 1)\, e^{-\frac{\hbar\omega_i v_i}{kT}} = \left(1 - e^{-\frac{\hbar\omega_i}{kT}}\right)^{-2}. \tag{7.38}$$

Hieraus ergibt sich für den Temperaturfaktoren

$$f_1(T)_{st} = \frac{1}{\left(1 - e^{-\frac{\hbar\omega_i}{kT}}\right)}. \tag{7.39}$$

Genau dieselbe Temperaturabhängigkeit zeigt auch nach (7.23) der IR-Absorptionskoeffizient für die Schwingungsfrequenz ω_i (Grundton).

Ganz analog finden wir den Grundton der anti-Stokesschen Schwingungslinie $v_i \to v_i - 1$:

$$f_1(T)_{\text{anti-st}} = \frac{e^{-\frac{\hbar\omega_i}{kT}}}{\left(1 - e^{-\frac{\hbar\omega_i}{kT}}\right)}. \tag{7.40}$$

Die Intensitäten der Stokesschen und der anti-Stokesschen Linie unterscheiden sich gemäß (7.27) bis (7.29), (7.39) und (7.40) lediglich durch den Faktor ω'^4 und den Temperaturfaktor. Daraus folgt im besonderen, daß der Depolarisationsgrad für die Stokessche und die anti-Stokessche Schwingungslinie gleich ist. Das Intensitätsverhältnis der beiden Linien ist

$$\frac{I_{1\text{anti-st}}}{I_{1\text{st}}} = \frac{(\omega_E + \omega_i)^4}{(\omega_E - \omega_i)^4}\, e^{-\frac{\hbar\omega_i}{kT}}. \tag{7.41}$$

Die aufgeführten Formeln gelten nur unter der Voraussetzung, daß die Molekülschwingungen streng harmonisch sind. Berücksichtigt man die reale Anharmonizität der Schwingungen, so werden die Eigenfunktionen leicht modifiziert, der Haupteffekt besteht aber in der Kopplung der verschiedenen Normalschwingungen. Für schwache Anharmonizität führt das jedoch zu keiner wesentlichen Änderung der Linienintensitäten (einige mit der Anharmonizität verbundene eigentümliche Effekte in den Spektren sollen in § 15 behandelt werden). Für die Abhängigkeit der Linienintensität von der Temperatur ist von Bedeutung, daß im Falle anharmonischer Schwingungen die Übergangsfrequenz $v_i \to v_i \pm 1$ von der Quantenzahl v_i abhängt, da der Abstand zwischen den Niveaus nicht konstant ist. Infolgedessen kann die Schwingungslinie eine mehr oder weniger komplizierte Struktur aufweisen.

Durch Differentiation von (7.38) nach dem Parameter $\varkappa$ erhält man die Temperaturfaktoren für die Obertöne. Nach (7.20) gilt für den Übergang $v_i \to v_i + 2$

$$f_2(T)_{st} = \frac{2}{\left(1 - e^{-\frac{\hbar\omega_i}{kT}}\right)^2}. \tag{7.42}$$

Für den anti-Stokesschen Oberton gilt entsprechend

$$f_2(T)_{\text{anti-st}} = \frac{2e^{-\frac{2\hbar\omega_i}{kT}}}{\left(1 - e^{-\frac{\hbar\omega_i}{kT}}\right)^2}. \tag{7.43}$$

Das Verhältnis der Intensitäten von anti-STOKESschem und STOKESschem Oberton ist.

$$\frac{I_{2\text{anti-st}}}{I_{2\text{st}}} = \frac{(\omega_E + 2\omega_i)^4}{(\omega_E - 2\omega_i)^4} e^{-\frac{2\hbar\omega_i}{kT}}. \tag{7.44}$$

Wie man sieht, haben die Ober- und Grundtöne verschiedene Temperaturabhängigkeiten.

Experimentell wurde die Temperaturabhängigkeit der Intensität der RAMAN-Streuung in zahlreichen Arbeiten untersucht. Die für Gase gewonnenen Resultate stehen offenbar nicht im Widerspruch zur dargelegten Theorie, sie sind jedoch äußerst spärlich [58]. Für Flüssigkeiten weicht die Abhängigkeit der Linienintensitäten von der Temperatur wesentlich von der theoretischen ab. Es steht außer Zweifel, daß hier der Einfluß der zwischenmolekularen Wechselwirkungen auf die Linienintensität und die Verteilung der Moleküle auf die Schwingungsniveaus in Erscheinung tritt. Eine Diskussion dieser Fragen wird in § 17 gegeben. Für Kristalle gibt es neben Linien, deren temperaturabhängige Intensität im Einklang mit den theoretischen Voraussagen steht, auch solche mit einer anormalen Temperaturabhängigkeit (siehe § 20).

Wir gehen nun zur Berechnung der Intensitäten von RAMAN-Schwingungslinien über, wenn die Bedingungen für die Anwendbarkeit der Polarisierbarkeitstheorie nicht erfüllt sind. Im Resonanzfall hängt die Intensität gemäß (6.28) von einem Produkt von Integralen ab, die folgendes Aussehen haben:

$$I_{rk} = \int u_{nlv_r}(x)\, \Phi_{l\varrho}(x)\, u^*_{n_1v_k}(x)\, dx, \tag{7.45}$$

$$I_{r1} = \int u^*_{nlv_r}(x)\, \Phi_{l\sigma}(x)\, u_{n_1v_1}(x)\, dx. \tag{7.46}$$

Hierin bezeichnen $u^*_{n_1v_k}(x)$ und $u_{n_1v_1}(x)$ Schwingungswellenfunktionen der Gestalt (7.3), $x = x_i$ ist eine der Normalkoordinaten. Entwickeln wir die Kernwellenfunktion des angeregten Elektronenzustandes $u_{nlv_r}(x)$ nach den entsprechenden Funktionen des Elektronengrundzustandes:

$$u_{nlv_r}(x) = \sum_j b_j u_{n_1v_j} = \sum_j b_j V_{v_j}(x), \tag{7.47}$$

wobei

$$b_j = \int u_{nlv_r}(x)\, V_{v_j}(x)\, dx. \tag{7.48}$$

Die Funktionen $\Phi_{l\varrho}(x)$ und $\Phi_{l\sigma}(x)$ entwickeln wir wie im vorangegangenen nach Potenzen von x:

$$\Phi_{l\varrho}(x) = \Phi_{l\varrho}(0) + \left(\frac{\partial \Phi_{l\varrho}}{\partial x}\right)_0 x + \frac{1}{2}\left(\frac{\partial^2 \Phi_{l\varrho}}{\partial x^2}\right)_0 x^2 + \ldots, \tag{7.49}$$

$$\Phi_{l\sigma}(x) = \Phi_{l\sigma}(0) + \left(\frac{\partial \Phi_{l\sigma}}{\partial x}\right)_0 x + \frac{1}{2}\left(\frac{\partial^2 \Phi_{l\sigma}}{\partial x^2}\right)_0 x^2 + \ldots \tag{7.50}$$

Einsetzen der Entwicklung (7.47) bis (7.50) in die Formeln (7.45) und (7.46) liefert unter Beachtung der Orthogonalität der Funktionen $V_{v_j}(x)$ und der Rekursionsformel (7.7)

$$I_{rk} = \Phi_{l\varrho}(0) b_{v_k} + \frac{a_i}{\sqrt{2}} \left(\frac{\partial \Phi_{l\varrho}}{\partial x}\right)_0 \left[b_{v_k+1} \sqrt{v_k + 1} + b_{v_k-1} \sqrt{v_k}\right]$$

$$+ \frac{a_i^2}{4} \left(\frac{\partial^2 \Phi_{l\varrho}}{\partial x^2}\right)_0 \left[\sqrt{(v_k + 2)(v_k + 1)}\, b_{v_k+2}\right.$$

$$\left. + \sqrt{v_k(v_k - 1)}\, b_{v_k-2} + (2v_k + 1)\, b_{v_k}\right] + \ldots, \tag{7.51}$$

$$I_{rl} = \Phi_{l\sigma}(0) b^*_{v_1} + \frac{a_i}{\sqrt{2}} \left(\frac{\partial \Phi_{l\sigma}}{\partial x}\right)_0 \left[\sqrt{v_1 + 1}\, b^*_{v_1+1} + \sqrt{v_1}\, b^*_{v_1-1}\right]$$

$$+ \frac{a_i^2}{4} \left(\frac{\partial^2 \Phi_{l\sigma}}{\partial x^2}\right)_0 \left[\sqrt{(v_1 + 2)(v_1 + 1)}\, b^*_{v_1+2}\right.$$

$$\left. + \sqrt{v_1(v_1 - 1)}\, b^*_{v_1-2} + (2v_1 + 1)\, b^*_{v_1}\right] + \ldots \tag{7.52}$$

Ähnlich wie die Entwicklung der Polarisierbarkeit stellen die gewonnenen Ausdrücke Potenzreihen bezüglich der kleinen Größe $a_i/\sqrt{2}$ dar. Im folgenden wollen wir uns dabei auf lineare Glieder beschränken und in dieser Näherung die Integrale I_{r1} und I_{rk} für einige wichtige Übergänge berechnen. Zur Abkürzung verwenden wir folgende Bezeichnungen

$$\Phi_\varrho = \Phi_{l\varrho}(0), \quad \Phi_\varrho' = \left(\frac{\partial \Phi_{l\varrho}}{\partial x}\right)_0 \quad \text{usw.}$$

Für den Übergang $v_1 = 0 \to v_k = 1$ (Grundton der STOKESschen Schwingungslinie) gilt

$$(I_{rk})_{01} = \Phi_\varrho b_1 + \frac{a_i}{\sqrt{2}} \Phi_\varrho' \left(\sqrt{2}\, b_2 + b_0\right), \tag{7.53}$$

$$(I_{r1})_{01} = \Phi_\sigma b_0^* + \frac{a_i}{\sqrt{2}} \Phi_\sigma' b_1^*. \tag{7.54}$$

Multipliziert man (7.53) mit (7.54) und setzt das Resultat in (6.28) ein, so erhält man in linearer Näherung bezüglich a_i das Ergebnis

$$\bar{R}_{01} = \frac{\Phi_\varrho \Phi_\sigma b_1 b_0^* + \frac{a_i}{\sqrt{2}} \left[\Phi_\varrho \Phi_\sigma' b_1 b_1^* + \Phi_\sigma \Phi_\varrho' \left(\sqrt{2}\, b_0 b_2^* + b_0 b_0^*\right)\right]}{\hbar[\omega_r^e - \omega_E - i(q_r - q_1)]_{01}}. \tag{7.55}$$

Der Tensor $\bar{R}_{01}$ kann in einen symmetrischen und einen antisymmetrischen Teil zerlegt werden:

$$\bar{R}_{01} = (\bar{R}_{01})_s + (\bar{R}_{01})_a, \tag{7.56}$$

wo

$$(\bar{R}_{01})_s = \frac{\Phi_\varrho \Phi_\sigma b_1 b_0^* + \frac{a_i}{2\sqrt{2}} [\Phi_\varrho \Phi_\sigma' + \Phi_\sigma \Phi_\varrho'] \left(b_1 b_1^* + \sqrt{2}\, b_0^* b_2 + b_0 b_0^*\right)}{\hbar[\omega_r^e - \omega_E - i(q_r - q_1)]_{01}}, \tag{7.57}$$

$$(\bar{R}_{01})_a = \frac{a_i[\Phi_\varrho \Phi_\sigma' - \Phi_\sigma \Phi_\varrho'] \left(b_1 b_1^* - \sqrt{2}\, b_0^* b_2 - b_0 b_0^*\right)}{2\sqrt{2}\,\hbar[\omega_r^e - \omega_E - i(q_r - q_1)]_{01}}. \tag{7.58}$$

Analog erhält man für den Übergang $v_1 = 1 \to v_k = 0$ (Grundton der anti-STOKESschen Schwingungslinie)

$$(\bar{R}_{10})_s = \frac{\Phi_\varrho \Phi_\sigma b_0 b_1^* + \frac{a_i}{2\sqrt{2}} [\Phi_\varrho \Phi_\sigma' + \Phi_\sigma \Phi_\varrho'] \left(b_1 b_1^* + \sqrt{2}\, b_0 b_2^* + b_0 b_0^*\right)}{\hbar[\omega_r^e - \omega_E - i(q_r - q_1)]_{10}}, \tag{7.59}$$

$$(\bar{R}_{10})_a = \frac{a_i[\Phi_\varrho \Phi_\sigma' - \Phi_\sigma \Phi_\varrho'] \left(b_0 b_0^* + \sqrt{2} b_0 b_2^* - b_1 b_1^*\right)}{2\sqrt{2}\hbar[\omega_r^e - \omega_E - i(q_r - q_1)]_{10}}. \tag{7.60}$$

Schließlich sei das Ergebnis für den Übergang zweiter Ordnung $v_1 = 0 \to v_k = 2$ angeführt

$$(\bar{R}_{02})_s = \frac{\Phi_\varrho \Phi_\sigma b_2 b_0^* + \frac{a_i}{2\sqrt{2}} [\Phi_\varrho \Phi_\sigma' + \Phi_\sigma \Phi_\varrho'] \left(b_2 b_1^* + \sqrt{3} b_0^* b_3 + \sqrt{2} b_0^* b_1\right)}{\hbar[\omega_r^e - \omega_E - i(q_r - q_1)]_{02}}, \tag{7.61}$$

$$(\bar{R}_{02})_a = \frac{a_i[\Phi_\varrho \Phi_\sigma' - \Phi_\sigma \Phi_\varrho'] \left(b_2 b_1^* - \sqrt{3} b_0^* b_3 - \sqrt{2} b_0^* b_1\right)}{2\sqrt{2}\,\hbar[\omega_r^e - \omega_E - i(q_r - q_1)]_{02}}. \tag{7.62}$$

Aus den gewonnenen Resultaten folgt, daß beim strengen Resonanzfall der Ausdruck für die Streustrahlung einen antisymmetrischen Teil erhält, dessen Winkelabhängigkeit und Polarisationseigenschaften (siehe § 2) sich wesentlich von den entsprechenden Eigenschaften des symmetrischen Anteils unterscheiden. Die Intensität des genannten Anteils der Streustrahlung ist nach (6.8), (2.49) und (3.19) gleich

$$dI(\beta_a) = \frac{I_E \omega'^4\, F_k(\infty)}{15 c^3} \frac{5}{2} \beta_a\, (1 + \cos^2 \theta)\, d\Omega', \tag{7.63}$$

$$I_n \left(\frac{\pi}{2}\right) = \frac{I_E \omega'^4 F_k(\infty)}{6 c^3} \beta_a, \tag{7.64}$$

wo für den Übergang $0 \to 1$ (siehe (2.44)) gilt

$$\beta_a = \frac{a_i^2\left(b_1 b_1^* - \sqrt{2} b_0^* b_2 - b_0 b_0^*\right) \left(b_1 b_1^* - \sqrt{2} b_0 b_2^* - b_0 b_0^*\right)}{4\hbar^2[(\omega_r^e - \omega_E)^2 + (q_r - q_1)^2]_{01}}$$
$$\times [(\Phi_1 \Phi_2' - \Phi_2 \Phi_1')\,(\Phi_2^* \Phi_1^{*\prime} - \Phi_1^* \Phi_2^{*\prime}) + (\Phi_1 \Phi_3' - \Phi_3 \Phi_1')$$
$$\times (\Phi_3^* \Phi_1^{*\prime} - \Phi_1^* \Phi_3^{*\prime}) + (\Phi_2 \Phi_3' - \Phi_3 \Phi_2')\,(\Phi_3^* \Phi_2^{*\prime} - \Phi_2^* \Phi_3^{*\prime})]. \tag{7.65}$$

Die entsprechenden Formeln für die anderen Übergänge können leicht erhalten werden. Von großem Interesse wäre die experimentelle Untersuchung der antisymmetrischen Streuung[1]). Wir bemerken, daß für gewisse Klassen von Schwingungen aus Symmetriegründen nur solche erlaubt sind, die mit dem antisymmetrischen Teil verbunden sind.

Ein Vergleich der Formeln für die STOKESsche und die anti-STOKESsche Streuung zeigt, daß das Verhältnis der Intensitäten für die entsprechenden Linien im Resonanzfall nicht Formel (7.41) genügt. So ist etwa für die Übergänge $0 \to 1$ und $1 \to 0$ das Intensitätsverhältnis

$$\frac{I_{\text{anti-st}}}{I_{\text{st}}} = \frac{(\omega_E + \omega_i)^4 \left[(\omega_r^e - \omega_E)^2 + (q_r - q_1)^2\right]_{\text{st}}}{(\omega_E - \omega_i)^4 \left[(\omega_r^e - \omega_E)^2 + (q_r - q_1)^2\right]_{\text{anti-st}}} \, e^{-\frac{\hbar\omega_i}{kT}} . \qquad (7.66)$$

Da die Resonanzbereiche für die STOKESsche und die anti-STOKESsche Streuung nicht zusammenfallen, kann das Verhältnis ihrer Intensitäten eine wesentliche Änderung in Abhängigkeit vom Abstand zwischen ω_E und der Frequenz des Resonanzniveaus erfahren. Die anti-STOKESsche Linie kann dabei unter Umständen bedeutend intensiver als die STOKESsche Linie sein.

Im Resonanzfall sind auch die relativen Intensitäten der Linien, die Schwingungsübergängen unterschiedlicher Ordnung entsprechen, wesentlich verschieden von denen, die von der Polarisierbarkeitstheorie vorausgesagt werden. Vergleicht man (7.57) und (7.58) mit den Formeln (7.61) und (7.62), so zeigt sich, daß die Intensität der Linien erster und zweiter Ordnung im Resonanzfall in gleicher

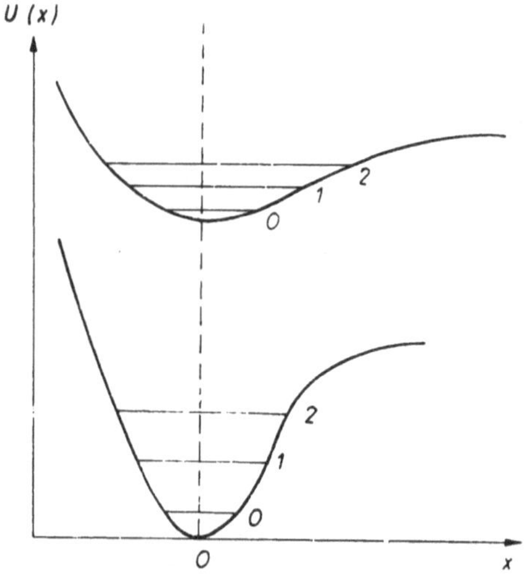

Abb. 17: Potentialkurven eines Moleküls im Grund- und angeregten Elektronenzustand.

[1]) Eine Antisymmetrie des RAMAN-Tensors für Elektronenübergänge wurde in [59] gefunden.

Weise von dem kleinen Parameter a_i abhängen. Die unterschiedlichen Intensitäten der Linien verschiedener Ordnung rühren erstens von den Koeffizienten q_0, b_0 und b_1 und zweitens von den verschiedenen Resonanznennern her. Deshalb ist es im Resonanzfall möglich, daß die Linien zweiter Ordnung intensiver als die Linien erster Ordnung sind (wir betonen aber, daß das bei weitem nicht immer der Fall sein muß).

Zur Illustration des Gesagten betrachten wir den Fall, daß die Potentialkurvenminima für den Elektronengrundzustand und den angeregten Zustand exakt übereinander liegen (Abb. 17). Die Wellenfunktion der Kerne im angeregten Elektronenzustand

$$u_{n i v_r}(x) = V_{v_r}(x) \tag{7.67}$$

unterscheidet sich von der entsprechenden Funktion des Grundzustandes nur durch den Wert eines Parameters, den wir mit a_i' bezeichnen wollen. Ist das Resonanzniveau von gerader Parität, so verschwinden nach (7.48) alle ungeraden Koeffizienten $b_1, b_3 \ldots$; im umgekehrten Falle, d. h., wenn das gegebene Resonanzniveau ungerade ist, sind alle geraden Koeffizienten b_0, b_2, ... gleich Null. Daraus folgt:

Resonanzniveau mit gerader Parität

$$(\overline{R}_{01})_s = \frac{a_i[\Phi_\varrho \Phi_\sigma' + \Phi_\sigma \Phi_\varrho'](b_0 b_0^* + \sqrt{2}\, b_0^* b_2)}{2\sqrt{2}\hbar[\omega_r^e - \omega_E - i(q_r - q_1)]_{01}}, \tag{7.68}$$

$$(\overline{R}_{02})_s = \frac{\Phi_\varrho \Phi_\sigma b_2 b_0^*}{\hbar[\omega_r^e - \omega_E - i(q_r - q_1)]_{02}}, \tag{7.69}$$

Resonanzniveau mit ungerader Parität

$$(\overline{R}_{01})_s = \frac{a_i[\Phi_\varrho \Phi_\sigma' + \Phi_\sigma \Phi_\varrho']\, b_1 b_1^*}{2\sqrt{2}\hbar[\omega_r^e - \omega_E - i(q_r - q_1)]_{01}}, \tag{7.70}$$

$$(R_{02})_s = 0. \tag{7.71}$$

Sieht man von dem Resonanznenner ab, so gilt im ersten Fall

$$\frac{(\overline{R}_{02})_s}{(\overline{R}_{01})_s} \sim \frac{1}{a_i} \gg 1,$$

während im zweiten Fall die Komponente $(\overline{R}_{02})_s$ verschwindet. Durch die Resonanznenner wird das Verhältnis der Intensitäten von Linien verschiedener Ordnung komplizierter, so daß es bei einer Verschiebung von ω_E über den Resonanzbereich bedeutend variieren kann.

Mit Hilfe der gemachten Überlegungen kann man das von SCHORYGIN und IWANOWA [54] experimentell beobachtete intensitätsmäßige Anwachsen der Obertöne im Resonanzfall leicht verstehen (siehe § 5).

2. Raman-Spektren und Molekülstruktur

§ 8. Rotations-Raman-Spektren

Die Untersuchung der Rotations-RAMAN-Spektren gibt Aufschluß über die Trägheitsmomente eines Moleküls, auf deren Grundlage sich in den einfachsten Fällen die geometrischen Parameter der Moleküle, Bindungslängen und Valenzwinkel, finden lassen. In einigen Fällen ist auch die Bestimmung des Kernspins und der Kernstatistik möglich. Im vorliegenden Paragraphen sollen reine Rotations-RAMAN-Spektren betrachtet werden. Die Rotationsstruktur von Schwingungsbanden wird in § 16 behandelt.

In erster Näherung kann das Molekül als rotierender starrer Körper angesehen werden. Seine Eigenschaften können dabei mit Hilfe des Tensors der Trägheitsmomente beschrieben werden. Dieser Tensor läßt sich in dem mit dem Molekül starr verbundenen Koordinatensystem auf Hauptachsen transformieren. Die drei Trägheitsmomente $\mathcal{I}_A$, $\mathcal{I}_B$ und $\mathcal{I}_C$ bezüglich der Hauptachsen werden als Hauptträgheitsmomente bezeichnet.

Die Hauptträgheitsmomente beschreiben vollständig die Eigenschaften des Moleküls als rotierender starrer Körper. In Abhängigkeit von ihren Werten unterscheidet man folgende Molekültypen:

1. Lineare Moleküle (ein Trägheitsmoment verschwindet, $\mathcal{I}_A = 0$, $\mathcal{I}_B = \mathcal{I}_C$);
2. Moleküle vom Typ eines symmetrischen Kreisels (zwei Trägheitsmomente sind einander gleich, $\mathcal{I}_A \neq \mathcal{I}_B = \mathcal{I}_C$);
3. Moleküle vom Typ eines asymmetrischen Kreisels (alle drei Trägheitsmomente sind voneinander verschieden);
4. Moleküle vom Typ eines Kugelkreisels (alle Trägheitsmomente sind einander gleich).

Die Kugelkreiselmoleküle liefern keine Rotations-RAMAN-Spektren. Zum anderen sind die asymmetrischen Kreiselmoleküle faktisch noch nicht erforscht, da ihre Untersuchung gewöhnlich auf den einfacheren Fall der symmetrischen Kreiselmoleküle zurückgeführt wurde. Wir werden uns deshalb hauptsächlich den Molekülen vom Typ 1. und 2. zuwenden.

Die Beschreibung der Rotation eines Moleküls in der Näherung eines frei rotierenden starren Körpers läßt sich wesentlich vereinfachen, indem man zu Größen übergeht, deren Werte bei der Rotation des Moleküls erhalten bleiben. Solche Größen sind der Drehimpuls $\boldsymbol{M}$ und die Rotationsenergie E. Nach den Regeln der Quantenmechanik (siehe z. B. [20]) werden diese beiden Größen quantisiert und nehmen dabei bestimmte diskrete Werte an. Für das Quadrat des Drehimpulses gilt die Quantisierungsbedingung

$$M^2 = \hbar^2 J\,(J + 1). \tag{8.1}$$

J ist die Rotationsquantenzahl und kann die folgenden Werte annehmen

$$J = 0, 1, 2, 3, \ldots \tag{8.2}$$

Gleichzeitig wird die Projektion des Drehimpulses auf eine bestimmte ausgewählte Richtung quantisiert. Diese Richtung kann etwa mit der Richtung eines äußeren elektrischen oder magnetischen Feldes übereinstimmen. Bezeichnet man die genannte Richtung im raumfesten Koordinatensystem mit z, so gilt nach den allgemeinen Regeln der Quantenmechanik

$$M_z = \hbar m, \tag{8.3}$$

wobei die Quantenzahl m („magnetische" Quantenzahl) die Werte

$$m = 0, \pm 1, \pm 2, \ldots, \pm J \tag{8.4}$$

annimmt.

Im Falle eines linearen Moleküls gibt es eine sehr einfache Beziehung zwischen der Rotationsenergie und dem Drehimpuls. Die Rotationsachse des linearen Moleküls steht nämlich senkrecht auf der Molekülachse, die durch den Massenmittelpunkt geht. Der Drehimpuls $\boldsymbol{M}$ ist dabei entlang der Rotationsachse gerichtet:

$$\boldsymbol{M} = \mathscr{I} \boldsymbol{\Omega}, \tag{8.5}$$

wobei $\boldsymbol{\Omega}$ die Winkelgeschwindigkeit bedeutet. Die Rotationsenergie ist

$$E = \frac{1}{2} \mathscr{I} \Omega^2 = \frac{1}{2\mathscr{I}} M^2. \tag{8.6}$$

Hierin ist $\mathscr{I} = \mathscr{I}_D$ das Trägheitsmoment bezüglich der Drehachse

$$\mathscr{I} = \sum_i m_i r_i^2, \tag{8.7}$$

wobei r_i den Abstand des i-ten Atomkernes mit der Masse m_i vom Massenmittelpunkt bezeichnet.

Setzt man den Wert des Quadrates des Drehimpulses (8.1) in (8.6) ein, so folgt

$$E = \frac{\hbar^2}{2\mathscr{I}} J(J + 1) = BJ\,(J + 1). \tag{8.8}$$

Die Größe

$$B = \frac{\hbar^2}{2\mathscr{I}} = \frac{h}{8\pi^2 c \mathscr{I}}\ \mathrm{cm}^{-1} = \frac{2{,}80 \cdot 10^{-39}}{\mathscr{I}}\ \mathrm{cm}^{-1} \tag{8.9}$$

wird als Rotationskonstante des Moleküls bezeichnet. Jedem Wert der Rotationsquantenzahl J entsprechen $2J + 1$ Werte der Quantenzahl m. Die Rotationsniveaus sind demnach immer $(2J + 1)$-fach entartet.

Die Formel (8.8) gilt unter der Voraussetzung, daß das Molekül als absolut starrer Körper angesehen werden kann. In Wirklichkeit vergrößern sich bei der Rotation die Abstände zwischen den Kernen etwas infolge der Zentrifugalkräfte.

Eine exaktere Formel, die diesem Umstand Rechnung trägt, lautet (siehe z. B. [60])

$$E = BJ(J + 1) - DJ^2 (J + 1)^2, \tag{8.10}$$

worin D eine Konstante ist, die die Nichtstarrheit des Moleküls berücksichtigt.

Bei symmetrischen Kreiselmolekülen erhält man anstelle von (8.6) für die Rotationsenergie den etwas komplizierteren Ausdruck

$$E = \frac{1}{2\mathcal{J}_B}(M_x^2 + M_y^2) + \frac{1}{2\mathcal{J}_A} M_z^2, \tag{8.11}$$

wo M_z der Projektion des Drehimpulses auf eine ausgezeichnete Richtung, und zwar die Symmetrieachse des Moleküls entspricht. Diese Formel schreiben wir in eine für die Quantisierung bequemere Form um

$$E = \frac{1}{2\mathcal{J}_B} \boldsymbol{M}^2 + \frac{1}{2}\left(\frac{1}{\mathcal{J}_A} - \frac{1}{\mathcal{J}_B}\right) M_z^2. \tag{8.12}$$

Setzt man anstelle von $\boldsymbol{M}^2$ und M_z ihre quantisierten Werte (8.1) bzw. (8.3) so erhält man

$$E = \frac{\hbar^2}{2\mathcal{J}_B} J(J + 1) + \frac{\hbar^2}{2}\left(\frac{1}{\mathcal{J}_A} - \frac{1}{\mathcal{J}_B}\right) K^2. \tag{8.13}$$

Hier ist $K = 0, \pm 1, \pm 2, \ldots, \pm J$. Führt man wiederum die Rotationskonstanten

$$A = \frac{h}{8\pi^2 c \mathcal{J}_A}, \qquad B = \frac{h}{8\pi^2 c \mathcal{J}_B} \tag{8.14}$$

ein, so wird die Rotationsenergie

$$E = B\, J\, (J + 1) + (A - B)\, K^2. \tag{8.15}$$

Der zweite Term in dieser Formel hängt von der Quantenzahl K ab, die die Projektion des Drehimpulses auf die Symmetrieachse des Moleküls bestimmt. Da bei vorgeschriebenen J die Zahl $|K|$ $J + 1$ Werte annehmen kann, wird jedes Rotationsniveau in $J + 1$ Unterniveaus aufgespalten.

Im Falle eines nichtstarren Kreisels treten in der Energie zusätzliche kleine Korrekturen auf

$$E = BJ\,(J + 1) + (A - B)\, K^2 - D_J J^2\, (J + 1)^2$$
$$- D_{JK} J\, (J + 1)\, K^2 - D_K K^4. \tag{8.16}$$

Hier sind D_J, D_{JK}, D_K im Vergleich zu A und B kleine Konstanten.

Wir bemerken, daß im Falle eines Kugelkreiselmoleküls Formel (8.15) mit dem Ausdruck für die Rotationsenergie (8.8) eines linearen Moleküls zusammenfällt. Der Entartungsgrad ist für die beiden Fälle aber wesentlich verschieden. Die Rotationsniveaus eines linearen Moleküls sind $(2J + 1)$-fach entartet, da bei einem fixierten J die Anzahl der Projektionen auf die ausgezeichnete raumfeste Richtung gleich $2J + 1$ ist. Diesen Projektionen entsprechen verschiedene Werte der Quantenzahl m. Beim Kugelkreisel behalten die Zahlen J und m ihren Sinn, es tritt jedoch noch eine dritte Quantenzahl K auf, die die Projektion des Drehimpulses auf eine bestimmte, mit dem rotierenden Molekül verbundene Achse bestimmt. Die Zahl K kann für ein gegebenes J ebenfalls $2J + 1$ Werte annehmen, so daß jedes Rotationsniveau eines Kugelkreisels $(2J + 1)^2$-fach entartet ist.

Zur Berechnung der Intensitäten und zur Ableitung der Auswahlregeln für die Rotations-Raman-Spektren benötigt man nach den allgemeinen Regeln (siehe § 6) die Matrixelemente der Polarisierbarkeit für die entsprechenden Übergänge. Bei Berücksichtigung der Rotation der Moleküle muß man die Polarisierbarkeitskomponenten α_{ik} in einem raumfesten Koordinatensystem angeben. Diese Komponenten sind mit den Polarisierbarkeitskomponenten $\alpha_{i'k'}$ im molekülfesten Koordinatensystem wie folgt verknüpft (siehe § 3):

$$\alpha_{ik} = \sum_{i'k'} \alpha_{i'k'} \cos(i', i) \cos(k', k). \tag{8.17}$$

Die Intensität der Rotationslinien wird durch die Matrixelemente dieser Polarisierbarkeitskomponenten bestimmt, die mit Hilfe der Rotationseigenfunktionen ψ_{Jm} zu berechnen sind. Dabei hängt die Größe $\alpha_{i'k'}$ bezüglich des molekülfesten Koordinatensystems nicht von Winkelvariablen ab, so daß sich das Problem auf die Ausrechnung der Matrixelemente von Produkten aus Richtungskosinus der Gestalt

$$H_{J'K'}^{JK} = \int \psi_{J'K'}^{*} \cos(i', i) \cos(k', k) \psi_{JK} \, d\tau \tag{8.18}$$

reduziert. Die Matrixelemente (8.18) verschwinden, wenn das Integral eine ungerade Funktion der Integrationsvariablen ist. Nun haben die Rotationseigenfunktionen die Parität der Rotationsquantenzahl J, also $(-1)^J$. Die Übergänge $J \to J'$, für die die Matrixelemente (8.18) endlich bleiben, sind leicht zu finden, wenn man noch die Parität des Produktes der Richtungskosinus analysiert. Die Rotationsquantenzahldifferenzen $\Delta J = J' - J$, die zu nichtverschwindenden Matrixelementen (8.18) führen, sind in Tab. 2 eingetragen. Sie bilden die Auswahlregeln der reinen Rotations-Raman-Spektren für verschiedene Typen rotierender Moleküle.

Tabelle 2

Auswahlregeln für reine Rotations-Raman-Spektren [61]

Molekültyp	Auswahlregeln[1])
Lineare Moleküle	$\Delta J = 0, \pm 2$
Symmetrischer Kreisel	$\Delta J = 0, \pm 1, \pm 2; \Delta K = 0$
Kugelkreisel	$\Delta J = 0$
Asymmetrischer Kreisel	$\Delta J = 0, \pm 1, \pm 2$

[1]) $J' + J'' \geqq 0$

Es sei bemerkt, daß der skalare Teil des Polarisierbarkeitstensors Kugelsymmetrie besitzt und damit nicht von der Orientierung des Moleküls abhängt. Dementsprechend verschwinden die Matrixelemente dieses Teils des Polarisierbarkeitstensors für alle Übergänge, bei denen die Rotationsquantenzahlen springen. Infolgedessen wird die Polarisation der Rotationslinien durch den anisotropen Teil des Polarisierbarkeitstensors (siehe § 2) bestimmt, so daß diese Linien depolarisiert sind.

Der Frequenzabstand $|\Delta\nu|$ der Rotationslinien ist für lineare Moleküle gegeben durch

$$|\Delta\nu| = E(J') - E(J), \tag{8.19}$$

wobei für die Rotationsenergie E der Ausdruck (8.10) zu wählen und $J' = J + 2$ zu setzen ist (die Rotationskonstante ist in cm^{-1} auszudrücken). Es wird

$$|\Delta\nu| = (4B - 6D)\left(J + \frac{3}{2}\right) - 8D\left(J + \frac{3}{2}\right)^3. \tag{8.20}$$

Wegen $D \ll B$ gilt in hinreichend guter Näherung

$$|\Delta\nu| = 4B\left(J + \frac{3}{2}\right). \tag{8.21}$$

Das Rotations-Raman-Spektrum von linearen Molekülen enthält fast äquidistante Linien, die zu beiden Seiten der Erregerlinie angeordnet sind. Beispiele von Spektren wurden in Abb. 18 reproduziert. Wegen $\Delta J = 2$ gibt es nur einen Zweig, den S-Zweig[1]).

Da der Abstand zwischen den Rotationslinien fast konstant ist, kann man mit der Formel (8.21) leicht die Quantenzahl J für jede Rotationslinie bestimmen, indem man ihren Abstand zur Erregerlinie mißt. Wir bemerken, daß die Einfachheit und die Zuverlässigkeit der Numerierung der Linien ein wichtiger Vorteil der Rotations-Raman-Spektren gegenüber anderen Spektren ist.

Kennt man die zu den einzelnen Rotationslinien gehörenden Quantenzahlen, so kann man daraus die Konstanten B und D nach der Beziehung (8.20) genauer bestimmen, am besten graphisch. Man trägt $\nu' = |\Delta\nu|/(J + 3/2)$ gegen $(J + 3/2)^2$ auf und erhält als Ordinatenabschnitt $4B - 6D$ und als Anstieg der Geraden die Größe $8D$ (Abb. 19).

Mit der Formel (8.9) kann man nunmehr auf Grund von B das Trägheitsmoment $\mathcal{J}$ des Moleküls berechnen. Bei den einfachsten Molekülen mit gleichen r_i werden nach (8.7) die Atomabstände r_i eindeutig durch das Trägheitsmoment bestimmt. Sind die r_i verschieden, so reicht $\mathcal{J}$ allein nicht aus, um alle r_i zu finden. Bei der Untersuchung der Kohlenwasserstoffe kann diese Schwierigkeit teilweise umgangen werden, indem auch die Spektren deuterierter Verbindungen aufgenommen werden. Dann lassen sich unter der Voraussetzung, daß sich bei der Substitution von D-Atomen anstelle der H-Atome die Atomabstände nicht ändern, zusätzliche Werte der Trägheitsmomente und damit zusätzliche Gleichungen zur Bestimmung von r_i gewinnen. Die Annahme über die Gleichheit der Bindungs-

[1]) Es ist üblich, zur Bezeichnung der den Quantenzahldifferenzen $\Delta J = +2, +1, 0, -1, -2$ entsprechenden Rotationslinien die Symbole S, R, Q, P, O zu verwenden.

längen C—H und C—D (bei Verwendung der Größe r_0; siehe dazu weiter unten) ist jedoch nur mit einer Genauigkeit von der Ordnung 0,002 Å (siehe [62]) erfüllt. Außerdem reichen meistens die Angaben über die deuterierten Verbindungen nicht aus, um alle r_i zu bestimmen. Deshalb ist man gewöhnlich gezwungen, einige r_i von anderen Molekülen, die ähnliche Bindungen wie die des untersuchten Moleküls aufweisen, zu übernehmen. (Dabei werden meistens die Ergebnisse der Mikrowellenspektroskopie verwendet.)

Wir bemerken, daß sich die aus Rotations-RAMAN-Spektren bestimmten Werte der Rotationskonstanten B und des Trägheitsmomentes $\mathcal{J}$ nicht auf die

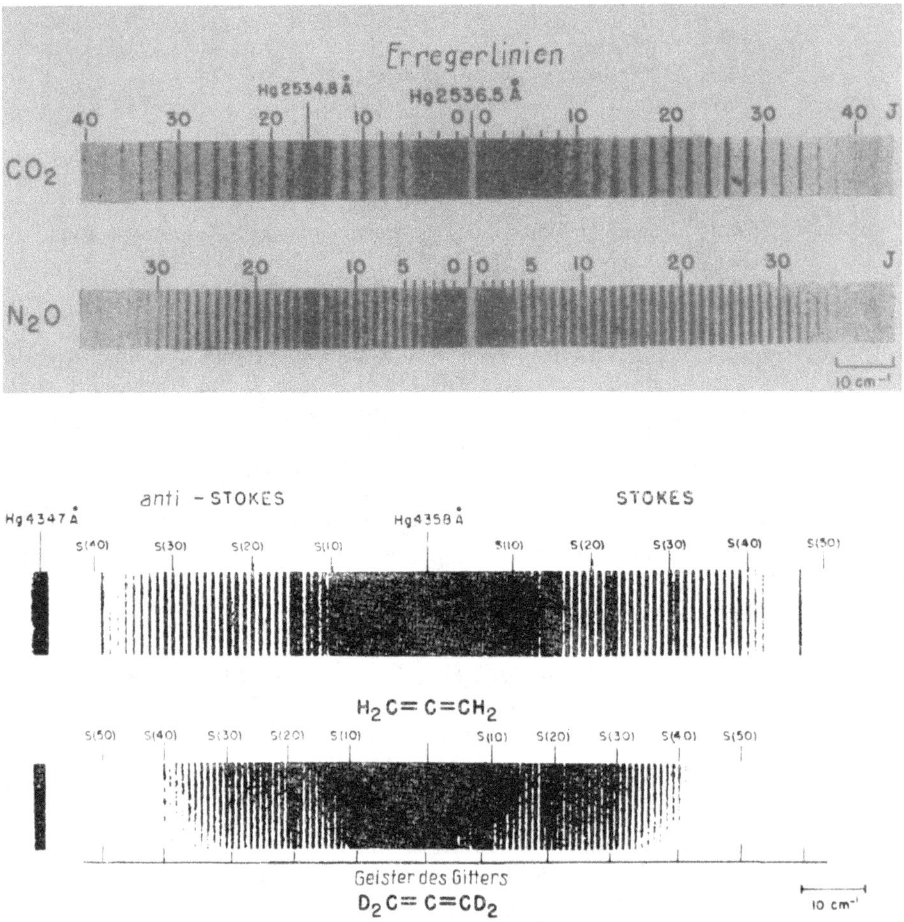

Abb. 18: Rotationsspektren von Molekülen. *a*) Lineare Moleküle. (Die Erregerlinie 2537 Å wird durch die Quecksilberdämpfe absorbiert.) *b*) Symmetrische Kreiselmoleküle.

Gleichgewichtskonfiguration r_e der Kerne, sondern auf den Schwingungsgrundzustand, d. h. die Nullschwingungen beziehen. Die Differenz zwischen den aus Rotations-Raman-Spektren ermittelten Werten r_0 und den Werten r_e liegt gewöhnlich innerhalb der Grenzen der Meßgenauigkeit (etwa 0,001 Å). Für zweiatomige Moleküle, z. B. N_2, hat man dagegen $r_0 = 1{,}1000_6 \pm 0{,}0001$ Å und $r_e = 1{,}0975_8 \pm 0{,}0001$ Å gemessen, so daß die Differenz $r_0 - r_e$ experimentell feststellbar ist.

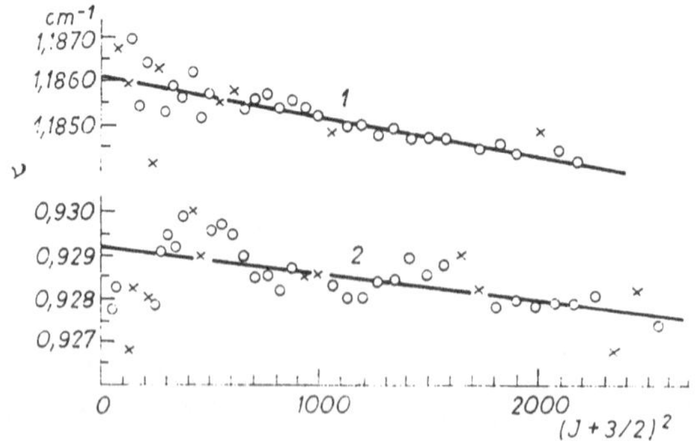

Abb. 19: Graphische Darstellung zur Bestimmung der Konstanten B und D.
1 – Allen; *2* – Allen-d_4.

Die Analyse von Spektren symmetrischer Kreiselmoleküle ist komplizierter, da die Rotationsniveaus durch zwei Quantenzahlen J und K charakterisiert sind, und die Auswahlregeln (siehe Tab. 2) eine größere Anzahl von Übergängen als bei den linearen Molekülen zulassen. Jedem Wert der Quantenzahl K entsprechen zwei Serien äquidistanter Linien (Übergang $\Delta J = 1$: R-Zweig, Übergang $\Delta J = 2$: S-Zweig) zu beiden Seiten der Erregerlinie. Da bei einem starren symmetrischen Kreisel die Rotationsniveaus mit verschiedenen Werten K völlig gleichartig angeordnet sind, überlagern sich die entsprechenden Linien der Zweige mit verschiedenen K. Im Spektrum beobachtet man also nur zwei Zweige, den S- und R-Zweig. Die Frequenzverschiebungen sind

$$|\Delta\nu| = (4B - 6D_J - 4D_{JK}K^2)\left(J + \frac{3}{2}\right) - 8D_J\left(J + \frac{3}{2}\right)^3 \qquad (8.22)$$

für den S-Zweig und

$$|\Delta\nu| = (2B - 2D_{JK}K^2)\,(J + 1) - 4D_J\,(J + 1)^3 \qquad (8.23)$$

für den R-Zweig. In der ersten Näherung können die Konstanten D_J und D_{JK} vernachlässigt werden. In diesem Falle überlagern sich die Linien des R-Zweiges für gerade J mit Linien des S-Zweiges.

Die Analyse der beobachteten Spektren wird nach dem Muster der Spektren von linearen Molekülen durchgeführt. Eine Zusammenstellung der gewonnenen Resultate wird in der Übersichtsarbeit von Stoicheff [63] gegeben. Es ist zu bemerken, daß in den meisten Arbeiten nur die S-Zweige ausgewertet wurden, da die Intensität der R-Zweige für zuverlässige Messungen zu gering ist.

Gegenwärtig liegt nur eine ziemlich geringe Zahl experimenteller Arbeiten über Rotations-RAMAN-Spektren vor. Mit gewöhnlichen Spektralapparaturen lassen sich nur die Rotationsspektren der einfachsten Gase (N_2, O_2, H_2 und CO_2) gewinnen. Die Spektren der genannten Substanzen wurden von RASETTI und Mitarbeitern [64, 65] (siehe auch [63]) schon 1929 beobachtet. Um die Zahl der Untersuchungsobjekte zu vergrößern, war es notwendig, eine spezielle Methodik zur Beobachtung von Rotations-RAMAN-Spektren in Gasen bei relativ niedrigen Drücken zu entwickeln, wobei der Spektralapparat zur Auflösung der Rotationsspektren eine große Dispersion und ein hohes Auflösungsvermögen haben muß. Die Erfüllung dieser Forderungen ist jedoch mit einem starken Absinken der Spektrenintensität verbunden. Die in den letzten Jahren insbesondere von STOICHEFF und Mitarbeitern (siehe [63]) erzielten Erfolge beruhen in erster Linie darauf, daß es gelang, die Streuintensität zu erhöhen.

Die Aufnahmemethodik für Rotations-RAMAN-Spektren ist ausführlich in [63] beschrieben. Das Hauptproblem besteht in der Linienschärfe der Spektren. Die beobachtete Linienbreite wird in der Hauptsache durch drei Faktoren bestimmt: Breite des apparativen Linienprofils des Spektralapparates, Breite der Erregerlinie und Druckverbreiterung der RAMAN-Linie. Die faktische Grenze der Auflösung moderner RAMAN-Apparaturen beträgt bei einer Dispersion von 1,25 Å pro Millimeter, einer spektralen Spaltbreite von 0,2 cm^{-1} und einer Breite der Hg-Erregerlinie 4358 Å von etwa 0,2 cm^{-1} ungefähr 0,4 cm^{-1} in einem Druckbereich von 0,5 bis 2 at. Diese Auflösungsgrenze entspricht bei linearen Molekülen einem Wert der Rotationskonstanten $B = 0{,}1\ cm^{-1}$ bzw. des Trägheitsmomentes $\mathcal{J} = 280 \cdot 10^{-40}\ g \cdot cm^2$.

Die aus Rotations-RAMAN-Spektren gewonnenen Werte von Bindungslängen sind ungeachtet der Begrenztheit des Materials von großem Interesse, da sie Aufschlüsse über den Einfluß des Molekülbaus auf die Bindungslängen erlauben. Es ist zu betonen, daß mit Hilfe des RAMAN-Effektes sowohl polare als auch nichtpolare Moleküle untersucht werden können. Somit dienen die mit dieser Methode erhaltenen Werte wesentlich zur Ergänzung der Resultate der Mikrowellenspektroskopie, die sich nur auf polare Moleküle beziehen. Eine ausführliche Zusammenfassung des Materials wird in der Arbeit [63] gegeben, wir beschränken uns deshalb auf einige Beispiele.

In Tab. 3 sind Werte für einige Kohlenwasserstoffe mit Doppelbindungen wiedergegeben. Diese Werte zeigen, daß sich die Länge der Doppelbindung C=C verringert, sobald die benachbarte Bindung ebenfalls eine Doppelbindung ist. Eine weitere Verkürzung der Doppelbindung ist zu beobachten, wenn sie zwischen zwei Doppelbindungen liegt, wie das bei Butatrien der Fall ist.

Die Aussagen über den Einfluß der Nachbarbindungen auf die Bindungslänge werden auch durch die Untersuchungen von Verbindungen mit Dreifachbindungen bestätigt (Tab. 4). Wie aus den angeführten Werten zu ersehen ist, verringert sich die Bindungslänge einer C—C-Einfachbindung wesentlich bei einer benachbarten Dreifachbindung. Befindet sich die Einfachbindung zwischen zwei Dreifachbindungen, so verkürzt sie sich noch weiter. Aus Tab. 4 sieht man, daß die Bindungslänge C—C nur wenig davon abhängt, mit welchem Atom, Kohlenstoff oder Stickstoff, die Dreifachbindung gebildet wird. Andererseits hängt die Länge

Tabelle 3

Geometrische Parameter einiger Kohlenwasserstoffmoleküle mit Doppelbindungen

Substanz	Parameter	Bindungslänge [Å] und Winkel
Äthylen 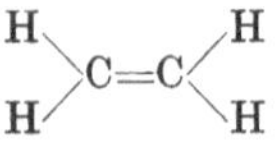	C=C C—H <HCH	1,339 1,086 117°34′
1,3-Trans-Butadien[1]) 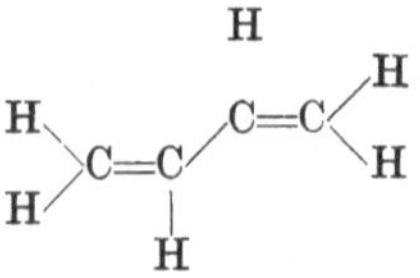	C=C C—C <C=C—C	1,337 1,464 132,2°
Allen 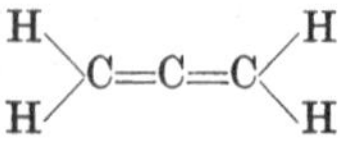	>C=C C—H <HCH	1,309 1,07 117°
Butatrien 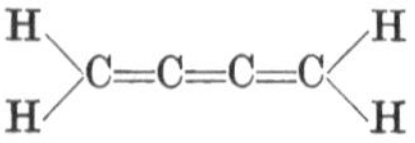	=C=C= >C=C= C—H	1,284 1,309 1,07

[1]) nach [74]

Tabelle 4

Bindungslängen [Å] *in Molekülen mit Dreifachbindungen*

Substanz	C≡C	C≡N	C−C	C−H
Äthan[1]) 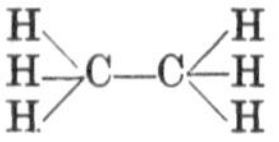	—	—	1,543	1,095
Azetylen H−C≡C−H	1,207	—	—	1,061
Dimethylazetylen[2]) $H_3C-C{\equiv}C-CH_3$	1,207	—	1,460	1,097
Diazetylen H−C≡C−C≡C−H	1,205	—	1,376	1,046
Dicyan N≡C−C≡N	—	1,157[3])	1,380	—

[1]) Nach [69]

[2]) Es wurden hauptsächlich die Werte aus den Mikrowellenspektren von Methylazetylen [70] verwendet.

[3]) Aus dem Mikrowellenspektrum von Cyanoazetylen [71]

Tabelle 5

Bindungslängen in Ringmolekülen

Substanz	Bindung	Bindungslänge [Å]
Benzol 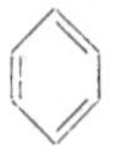	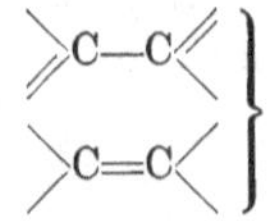	1,397
	C—H	1,084
Triazin 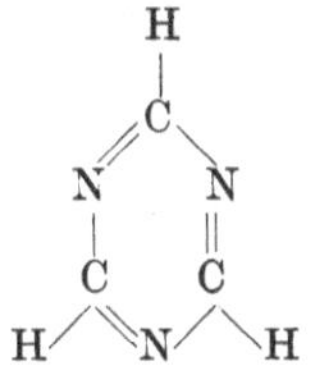	C—N	1,338
	C—H	1,084

der C≡C-Bindung kaum davon ab, ob ihr eine C—H- oder C—C-Bindung benachbart ist. Ein gewisser Einfluß des Atoms, mit dem die Nachbarbindungen der betrachteten Bindung gebildet wird, macht sich im Falle der halogensubstituierten Kohlenwasserstoffe bemerkbar [66].

Die Tab. 5 enthält Werte für zwei Ringsysteme. Es sei bemerkt, daß die Rotations-Raman-Spektren von Benzol nicht erlauben, eine unabhängige Bestätigung des einen oder des anderen Modells mit der Symmetrie D_{6h}, D_{3h}, C_{6h} oder D_{3d} zu erhalten, da alle diese Modelle zum Typ des symmetrischen Kreisels gehören und ihre Rotationsspektren gleich sind. Die Autoren der Arbeiten [67, 68], in denen die Rotationsspektren von C_6H_6, C_6D_6 und des symmetrischen $C_6H_3D_3$ untersucht wurden, gingen von dem allgemein gebräuchlichen Modell mit der Symmetrie D_{6h} aus. Die gefundenen Bindungslängen liegen zwischen denen von C—C und C=C.

Für Triazin wurde die Rotationsstruktur des Spektrums unter der Voraussetzung eines ebenen Moleküls mit der Symmetrie D_{3h}, was den mit der Methode der Röntgenbeugung erhaltenen Daten entspricht, analysiert. Die Moleküle *s*-Triazin und *s*-Triazin-d_3 wurden untersucht. Für die Bindungslänge C—H wurde der Wert 1,084 Å angenommen. Dabei wurde festgestellt, daß der Ring des Triazinmoleküls keine reguläre hexagonale Struktur besitzt und

$$\angle\, CNC = 113{,}2^\circ, \qquad \angle\, NCN = 126{,}8^\circ.$$

Wie aus den Werten der Tab. 3 bis 5 folgt, hängt auch die Bindungslänge C—H von ihrer Umgebung, d. h. vom Charakter der Nachbarbindung ab, aber diese Abhängigkeit ist schwächer als für die Bindungen Kohlenstoff-Kohlenstoff.

Das oben angeführte experimentelle Material weist somit zweifellos auf einen Einfluß des Charakters der Nachbarbindung auf die Länge der betrachteten Bindung hin (die Interpretation von mit anderen Methoden erhaltenen Werten wird z. B. in [72] vorgenommen). Der Einfluß des an die Nachbarbindung substituierten Atoms ist zumindest im Falle der Kohlenwasserstoffe unwesentlich. Es sei bemerkt, daß der lange Zeit für ziemlich wesentlich gehaltene Einfluß der Konjugation von Mehrfachbindungen zwar vorhanden, aber nur unbedeutend ist. Es sei erinnert, daß gewöhnlich angenommen wurde, daß in Systemen mit Konjugation von Mehrfachbindungen, eine „Angleichung" der Bindungslängen vorsichgeht: die Einfachbindungen sind verglichen mit analogen Bindungen in nichtkonjugierten Systemen verkürzt und die Mehrfachbindungen verlängert. Die Analyse der aus den Rotations-Raman-Spektren erhaltenen Werte für Bindungslängen bekräftigt diese Ansicht nicht [73]. So müßte die Bindungslänge C=C in Allen die gleiche bleiben wie im Äthylen, da es im Allen keine Konjugation der Bindungen gibt. Tatsächlich aber ist die Bindung C=C in Allen verkürzt. Im Diazetylenmolekül mit konjugierten Bindungen wäre eine Vergrößerung der Bindungslängen C≡C verglichen mit Azetylen zu erwarten. Tatsächlich wird aber sogar eine gewisse Verkürzung dieser Bindung beobachtet (Tab. 4). In Diazetylen ist die Einfachbindung C—C zwar wirklich kürzer als in anderen Molekülen, aber sie ist kürzer als z. B. in Äthan, wie auch in Dimethylazetylen, wo keine Konjugation der Bindungen auftritt. In allen untersuchten Fällen kann die Verkürzung der Einfachbindung C—C mit dem Einfluß der Nachbarbindung erklärt werden ohne den Effekt der Konjugation hinzuzuziehen.[1])

Gehen wir nun zur Frage der Intensität der Rotations-Raman-Linien über. Die Intensitätsverteilung in den Rotationsspektren ist von eigenständigem Interesse und dient gleichzeitig zur Klärung einiger Feinheiten im Molekülbau.

Für die Intensität einer gegebenen Spektrallinie sind nicht allein nur die Übergangswahrscheinlichkeit und die Frequenz ν maßgebend, sondern auch die Anzahl der Moleküle im Anfangszustand. Im weiteren werden wir nur den Fall des thermischen Gleichgewichts behandeln. Die Verteilung der Moleküle auf die verschiedenen Rotationszustände wird durch das Produkt aus Boltzmann-Faktor und Entartungsgrad bestimmt (vgl. § 7). Für lineare Moleküle ist also die Besetzungszahl N_J des Rotationszustandes J bei der Temperatur T gegeben durch

$$N_J = C(2J + 1) \exp\left(-\frac{E_J}{kT}\right) = C(2J + 1) \exp\left[-\frac{BJ(J + 1)}{kT}\right], \tag{8.24}$$

wobei C ein Proportionalitätsfaktor ist. Dieser unbestimmte Faktor läßt sich eliminieren, wenn man berücksichtigt, daß die tatsächliche Zahl der Moleküle in den Rotationszuständen gleich dem Produkt aus Verteilungsfunktion (8.24) und Gesamtzahl der Moleküle N, geteilt durch die Summe über alle Zustände ist, d. h.,

$$N_J = \frac{N(2J - 1) \exp\left[-\frac{BJ\,(J + 1)}{kT}\right]}{\sum\limits_J (2J + 1) \exp\left[-\frac{BJ\,(J + 1)}{kT}\right]}. \tag{8.25}$$

[1]) *Anmerkung des Herausgebers:* Der Bindungsabstand der C—C- und C—H-Bindungen hängt von der Ladungs- und Elektronendichteverteilung im Gesamtmolekül ab, d. h. außer von der Bindungsordnung von der Hybridisierung der C-Atome.

Für genügend große T kann man die Summe im Nenner durch ein Integral ersetzen:

$$\sum_J (2J+1)\exp\left[-\frac{BJ(J+1)}{kT}\right] = \int_0^\infty (2J+1)\exp\left[-\frac{BJ(J+1)}{kT}\right] dJ = \frac{kT}{B}. \tag{8.26}$$

Somit ist

$$N_J = \frac{NB}{kT}(2J+1)\exp\left[-\frac{BJ(J+1)}{kT}\right]. \tag{8.27}$$

Diese Funktion hat ein Maximum bei

$$J = \sqrt{\frac{kT}{2B}} - \frac{1}{2}. \tag{8.28}$$

Die Intensitätsverteilung in den Rotations-RAMAN-Spektren hängt in der Hauptsache von der Besetzungszahl N_J des Rotationszustandes J ab. Außerdem ist zu berücksichtigen, daß bei symmetrischen Molekülen mit äquivalenten Kernen jedes Rotationsniveau ein bestimmtes statistisches Gewicht g_I hat, das vom Wert des Kernspins I abhängt. Die Intensität der Rotationslinien für lineare Moleküle wird also

$$I_{lM} = C\nu^4 g_I (2J+1)\exp\left[-\frac{BJ(J+1)}{kT}\right] |H^J_{J'}|^2, \tag{8.29}$$

wobei $H^J_{J'}$ durch die Formel (8.18) definiert, ν die Frequenz der betreffenden Linie und C ein Proportionalitätsfaktor ist. Analog ergibt sich für symmetrische Kreiselmoleküle die folgende Formel

$$I_{sK} = C'\nu^4 g_I 2(2J+1) |H^{JK}_{J'K'}|^2 \exp\left[-\frac{BJ(J+1)+(A-B)K^2}{kT}\right]. \tag{8.30}$$

Der Faktor $(2J+1)$ wird beim Übergang von linearen zu symmetrischen Kreiselmolekülen durch den Faktor $2(2J+1)$ ersetzt, was damit zusammenhängt, daß jedes durch die Quantenzahl K gekennzeichnete Niveau zweifach entartet ist (nach (8.15) hängen die Energieeigenwerte nur vom Betrag $|K|$ ab). Auf Kugelkreiselmoleküle ließe sich (8.30) ebenfalls anwenden, wobei entsprechend dem Entartungsgrad der Niveaus bei diesen Molekülen der Faktor $2(2J+1)$ durch $(2J+1)^2$ zu ersetzen wäre. Wie bereits erwähnt, bleibt im Spektrum der Kugelkreiselmoleküle infolge der hohen Symmetrie jedoch nur die unverschobene Linie übrig.

Zur Illustration ist in Abb. 20 das Rotations-RAMAN-Spektrum von NH_3, eines symmetrischen Kreiselmoleküls, schematisch dargestellt [75]. Durch die Überlagerung der S- und R-Zweige bei geraden J wird ein Intensitätswechsel der Linien bedingt.

Wie bereits erwähnt, wird die Linienbreite in den Rotations-RAMAN-Spektren mit zunehmendem Druck größer. Das führt letzten Endes dazu, daß die Linien

mechanik eine wesentliche Rolle. Ohne Berücksichtigung des Kernspins sind Übergänge zwischen symmetrischen und antisymmetrischen Zuständen streng verboten [78]. Wenn sich also alle Moleküle einer Sorte zur Anfangszeit in einem bestimmten Zustand, etwa im symmetrischen Zustand befanden, so verbleiben sie bei beliebigen Übergängen im symmetrischen Zustand. Demzufolge kann man einige Gase (H_2, D_2, N_2) als ein Gemisch von zwei Modifikationen, der Para- und der Orthomodifikation, ansehen, die in einigen Fällen voneinander getrennt werden können. In den RAMAN-Spektren der symmetrischen Modifikation treten diejenigen Linien nicht auf, die mit Übergängen zwischen Niveaus mit ungeraden J verbunden sind. Analog enthalten die Spektren der antisymmetrischen Modifikation keine Linien, die Übergängen zwischen Niveaus mit geraden J entsprechen. Gemäß der Auswahlregel $\Delta J = \pm 1$ haben symmetrische lineare Moleküle kein IR-Spektrum, da die IR-Absorption zu Übergängen zwischen Zuständen unterschiedlicher Symmetrie führen würde.

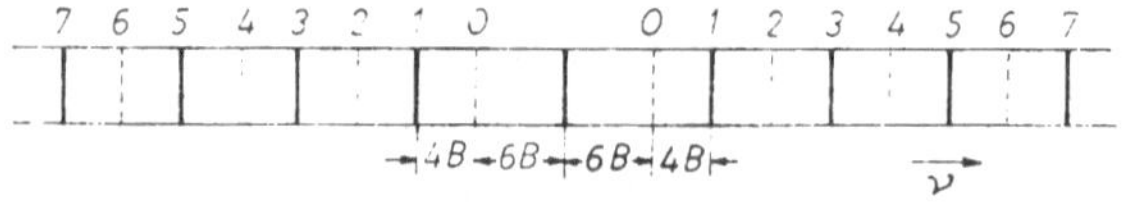

Abb. 22: Schema eines Rotations-RAMAN-Spektrums eines Moleküls mit gleichen Kernen.

Die den geraden Rotationsniveaus entsprechenden Linien sind punktiert eingezeichnet. Die fette Linie in der Mitte ist die Erregerlinie.

Mit Hilfe einer genaueren Analyse des Rotationsspektrums (siehe [60]) kann man feststellen, welche Modifikation, die symmetrische oder die antisymmetrische, in einem gegebenen Gas vorliegt. Abb. 22 zeigt die schematische Darstellung eines Rotations-RAMAN-Spektrums. Verschwindet keine der Linien, so beträgt gemäß (8.21) die Distanz zwischen der ersten (punktierten) STOKESschen Linie und der anti-STOKESschen Linie $12B$ und die Distanz zwischen der ersten punktierten und der ersten ausgezogenen Linie zu beiden Seiten der Erregerfrequenz $4B$. Verschwinden nun alle geraden Rotationsniveaus, so treten im Spektrum keine Linien mit geraden J (punktiert gezeichnet) auf. Dementsprechend beträgt die Distanz von der ersten STOKESschen Linie zur ersten anti-STOKESschen $2(6 + 4)\,B = 20B$, während der Abstand zwischen zwei aufeinanderfolgenden Linien gleich $8B$ ist. Sind umgekehrt alle Linien mit ungeraden J (durchgezogen gezeichnet) verboten, so beträgt die genannte Liniendistanz $12B$. Die Distanz zwischen zwei aufeinanderfolgenden Linien wäre wiederum $8B$. In den drei genannten Fällen ergeben sich also folgende Werte für das Verhältnis der Distanz zwischen den STOKESschen und den anti-STOKESschen Linien und dem Abstand zwei aufeinanderfolgender Linien: 6 : 2; 5 : 2 und 3 : 2. Man kann daher, ohne die Rotationskonstante B zu messen, entscheiden, welcher der drei Fälle bei einem gegebenen Experiment realisiert ist. Für das O_2-Spektrum wurde z. B. gefunden, daß das entsprechende Verhältnis 5 : 2 beträgt, d. h., es verschwinden die geraden Niveaus.

In realen Rotations-RAMAN-Spektren verschwindet in einigen Fällen jede zweite Linie nicht vollständig, sondern besitzt lediglich eine wesentlich geringere Intensität. Dieser Intensitätswechsel wird z. B. bei N_2 (Abb. 23) beobachtet. Er hängt damit zusammen, daß die Atomkerne einen endlichen Spin haben: Ähnlich wie das Elektron besitzen einige Atomkerne ein Eigendrehimpuls, den Kernspin. Der direkte Einfluß des Kernspins auf die Energieniveaus des Moleküls ist außerordentlich gering; es kommt lediglich zu einer geringfügigen Niveauaufspaltung. Demgegenüber spielt sein indirekter Einfluß eine wesentliche Rolle, auf dessen Grundlage die Rotationsspektren zur Bestimmung des Kernspins verwendet werden können.

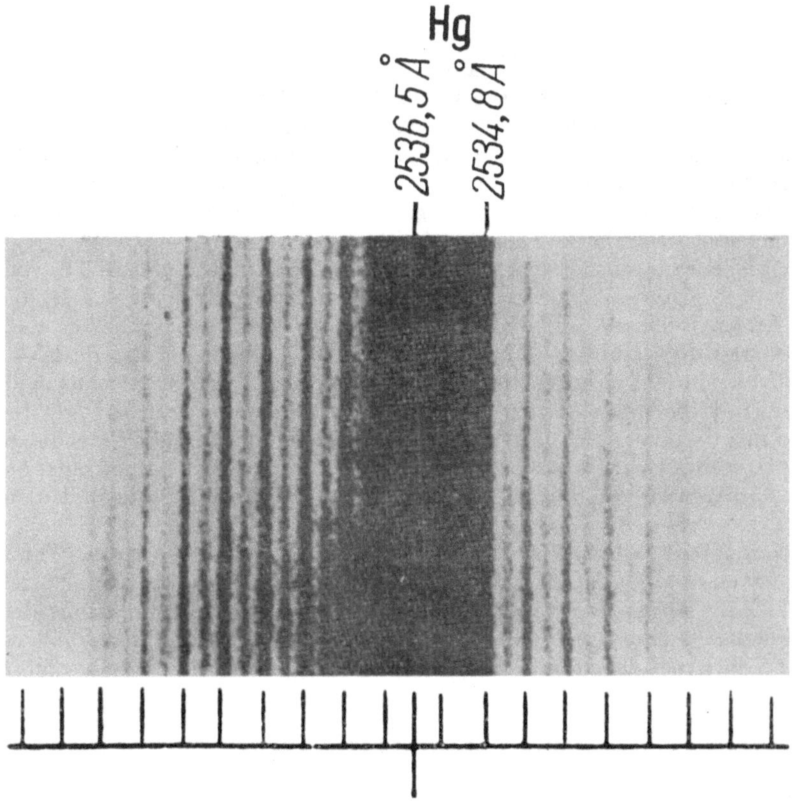

Abb. 23: Raman-Spektrum von N_2.

Bei endlichem Kernspin ist das Verbot für die Übergänge zwischen symmetrischen und antisymmetrischen Zuständen nicht mehr absolut gültig. Tatsächlich führt der Austausch zweier Kerne mit endlichem Spin nicht notwendig zu einem völlig mit dem ursprünglichen identischen Zustand des Moleküls, da die Spinorientierung seiner Kerne verschieden sein kann.

Die Spinvektoren $\boldsymbol{I}$ der zwei Kerne ergeben in der Summe den Vektor $\boldsymbol{j}$, den

Kernspin des Moleküls. Im einfachsten Falle, wenn $I = 1/2$ ist, haben wir $j = 1$ (parallele Spins) bzw. $j = 0$ (antiparallele Kernspins). Dabei sind zwei Varianten möglich:

1. Den Molekülen mit dem Gesamtspin 0 entspricht ein antisymmetrisches Niveauschema, denjenigen mit dem Spin 1 ein symmetrisches.

2. Den Molekülen mit dem Spin 0 entspricht ein System von symmetrischen Niveaus und denjenigen mit dem Spin 1 ein System von antisymmetrischen Niveaus. Nach den allgemeinen Regeln der Impulsquantisierung sind bei einem Spin 1 drei Projektionen auf eine räumliche ausgezeichnete Richtung (z-Achse) möglich:

$$j_z = 0, \pm 1,$$

während es bei einem Spin 0 nur eine einzige Projektion $j_z = 0$ gibt. Folglich treten in Variante 1. die symmetrischen Zustände und in Variante 2. die antisymmetrischen Zustände dreimal häufiger als die antisymmetrischen (Variante 1.) bzw. die symmetrischen (Variante 2.) auf, d. h., die statistischen Gewichte dieser Zustände unterscheiden sich um den Faktor drei. Da nun symmetrische Zustände stets mit symmetrischen und antisymmetrische mit antisymmetrischen kombinieren, wechselt die Linienintensität im Verhältnis 1 : 3.

Der beschriebene Intensitätswechsel wird tatsächlich bei einer Reihe von Molekülen in den Rotationsspektren beobachtet. Im H_2-Spektrum sind z. B. die ungeraden Linien intensiver als die geraden. Daraus kann man schließen, daß der Spin des H-Kerns (Proton) 1/2 ist. Beim Wasserstoffmolekül ist die Elektroneneigenfunktion symmetrisch [60], d. h., die geraden Rotationsniveaus sind symmetrisch und die ungeraden antisymmetrisch. Aus der Tatsache, daß die ungeraden Linien stärker sind, folgt nun, daß die antisymmetrischen Niveaus ein größeres statistisches Gewicht haben und daß ihnen parallele Kernspins entsprechen. Eine Spektrenanalyse von F_2 [79] ergab, daß der Kern F^{19} ebenfalls den Spin 1/2 hat.

Ist der Kernspin 1, so kann der resultierende Spin des Moleküls die Werte 2, 1 oder 0 haben. Die statistischen Gewichte dieser Zustände sind entsprechend 5, 3 und 1. Eine eingehende Analyse zeigt, daß das Intensitätsverhältnis der Rotationslinien bei derartigen Molekülen 1:2 ist. Dieses Intensitätsverhältnis wurde in den Spektren der Moleküle N_2 und D_2 beobachtet; die Kerne N und D haben also den Spin 1.

§ 9. Schwingungsspektren und Molekülsymmetrie

Aus den Schwingungsspektren lassen sich umfangreiche Informationen über die Struktur eines Moleküls gewinnen, und zwar sowohl über seinen chemischen Bau, der sich in den Strukturformeln niederschlägt, als auch über feine Besonderheiten in der räumlichen Anordnung der Atome und den chemischen Bindungsverhältnissen.

Der Theorie der Schwingungsspektren liegt die Vorstellung zugrunde, daß das Molekül ein System von Massenpunkten (Atomkernen) darstellt, die kleine Schwingungen um ihre Gleichgewichtslagen ausführen. Da man mit Hilfe des Raman-Effektes in der Regel die Eigenschaften eines Moleküls im Elektronengrundzustand erforscht, wollen wir uns im folgenden stillschweigend auf solche Zustände beschränken.

Für die Schwingungsspektren ist vor allem charakteristisch, daß in ihnen in ausgeprägter Form die Molekülsymmetrie in Erscheinung tritt. Deshalb beginnen wir mit einem kurzen Überblick über die Symmetrielehre und ihre Anwendung auf die Schwingungsspektren der Moleküle. Eine ausführliche Darstellung dieser Frage wird in den Monographien [7, 20, 80—83] gegeben.

Ein Molekül (oder jedes andere räumliche Gebilde) bezeichnet man dann als symmetrisch, wenn es mit Hilfe einer bestimmten Transformation aus einer Konfiguration in eine völlig äquivalente Konfiguration (gleiche Atome und Bindungen werden als nicht unterscheidbar vorausgesetzt) überführt werden kann. Jede solche Koordinatentransformation heißt Symmetrieoperation und ihre geometrische Darstellung Symmetrieelement. Die Symmetrieoperationen werden mit Hilfe von linearen orthogonalen Koordinatentransformationen realisiert. Führt man nacheinander zwei oder mehr Symmetrieoperationen aus, so gelangt man zu einem Ergebnis, das der Anwendung von nur einer der möglichen Symmetrieoperationen entspricht. Speziell für Moleküle kommen nur solche Symmetrieoperationen in Betracht, die mindestens einen Punkt des Raumes fest lassen. Man nennt sie Punktsymmetrieoperationen. Diese werden in allgemeiner Form in der Gruppentheorie behandelt. Wir werden im weiteren den mathematischen Apparat der Gruppentheorie nur in einem sehr beschränkten Umfange verwenden und seine Darstellung durch erforderliche Erläuterungen ergänzen.

Symmetrieelemente des Moleküls sind das Inversions- oder Symmetriezentrum, die Spiegel- oder Symmetrieebene, die Dreh- oder Symmetrieachse und die Drehspiegelachse, die entsprechend mit i, σ, C_p und S_p bezeichnet werden, wobei der Index p die Zähligkeit der Achse angibt. Die entsprechenden Symmetrieoperationen werden mit denselben Symbolen bezeichnet.

Nennen wir einige Beispiele. Das Wassermolekül (Abb. 24) hat zwei Symmetrieebenen: die eine ist die Molekülebene (Ebene σ_x), die andere (Ebene σ_y) steht senkrecht dazu und geht durch das Sauerstoffatom. Überdies hat das Molekül H_2O eine zweizählige Drehachse C_2; sie wird durch die Schnittlinie der beiden Ebenen gebildet. Jedes Molekül hat das Einheitssymmetrieelement, dem die Identität e entspricht, d. h., sie läßt das Molekül unverändert. Die vier Symmetrieelemente σ_x, σ_y, C_2 und e bzw. die entsprechenden Symmetrieoperationen sind verknüpft durch die Beziehungen

$$\sigma_x \sigma_y = C_2, \tag{9.1}$$

$$\sigma_x^2 = \sigma_y^2 = C_2^2 = e. \tag{9.2}$$

Die Beziehung (9.1) besagt, daß die Spiegelung an der Ebene σ_y und die darauffolgende Spiegelung an der dazu senkrechten Ebene σ_x einer Drehung C_2 um die vertikale Achse um einen Winkel von 180° äquivalent sind. Eine zweimalige Spiegelung an ein und derselben Ebene bzw. eine zweimalige Drehung um 180° ergibt die ursprüngliche Konfiguration, d. h., das Resultat ist die Identität e, was durch Formel (9.2) ausgedrückt wird.

Zu jeder Symmetrieoperation gibt es eine entsprechende inverse Operation, die die transformierte Konfiguration in die ursprüngliche zurückführt. Die der Drehung $C(\varphi)$ um den Winkel φ inverse Operation ist eine Drehung $C(-\varphi)$ um den Winkel $-\varphi$:

$$C(-\varphi)\, C(\varphi) = C_1 = e. \tag{9.3}$$

Die zu einer gegebenen Operation a inverse Operation wird mit a^{-1} bezeichnet. Es ist also $C(-\varphi) = C^{-1}(\varphi)$. Aus (9.2) folgt

$$\sigma_x^{-1} = \sigma_x, \qquad \sigma_y^{-1} = \sigma_y, \qquad C_2^{-1} = C_2. \tag{9.4}$$

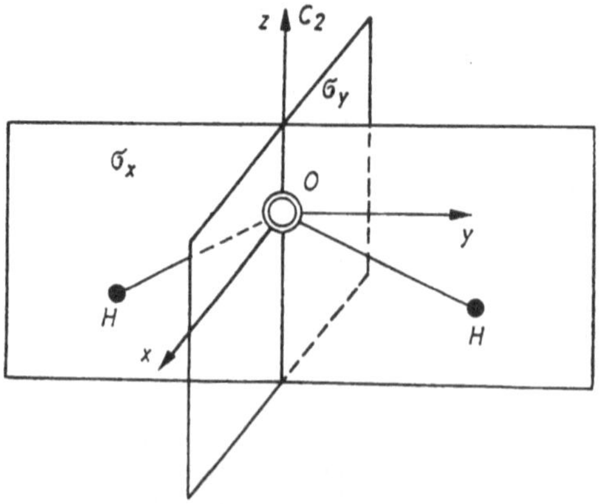

Abb. 24: Symmetrieebenen des Wassermoleküls.

Die Gesamtheit der vier Symmetrieelemente σ_x, σ_y, C_2 und e bzw. die entsprechenden Symmetrieoperationen bilden die Symmetriegruppe des Wassermoleküls. Allgemein wird als Gruppe dann eine Gesamtheit von beliebigen Elementen bezeichnet, wenn diese den folgenden Bedingungen genügen (siehe z. B. [84 bis 87]):

1. Das Produkt zweier beliebiger Gruppenelemente ist wieder ein Element der Gruppe. Unter „Produkt" ist hierbei das Gesetz zu verstehen, nach dem man aus zwei beliebigen Gruppenelementen eindeutig ein bestimmtes drittes Gruppenelement erhält. Wir bemerken, daß im allgemeinen das Resultat einer symbolischen Multiplikation von der Reihenfolge der zu multiplizierenden Elemente abhängt; im allgemeinen Falle ist

$$ab \neq ba. \tag{9.5}$$

2. Für die symbolische Multiplikation gilt das Assoziativgesetz, d. h., für drei beliebige Gruppenelemente gilt

$$a(bc) = (ab)c. \tag{9.6}$$

3. Innerhalb der Gruppe gibt es wenigstens ein Element mit der Eigenschaft, daß für jedes Element a die Gleichung

$$ae = a \tag{9.7}$$

erfüllt ist.

4. Für jedes Gruppenelement a gibt es ein inverses Element a^{-1}, so daß

$$aa^{-1} = e \tag{9.8}$$

gilt.

Man überzeugt sich leicht, daß die Symmetrieoperationen des Moleküls H_2O den genannten Forderungen genügen und damit wirklich eine Gruppe bilden.

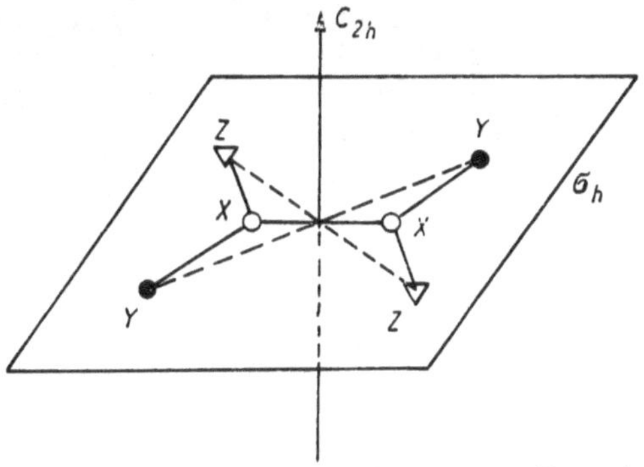

Abb. 25: Das Molekül $X_2Y_2Z_2$ mit einem Inversionszentrum.

Ein Beispiel für ein Molekül, das ein Symmetriezentrum besitzt, ist in Abb. 25 dargestellt. Solche Moleküle haben außerdem eine zweizählige Achse C_2 und eine senkrecht zu dieser Achse liegende Spiegelebene σ_h. Aus anschaulichen Symmetrieüberlegungen folgen unmittelbar die einfachen Beziehungen

$$C_2\sigma_h = \sigma_h C_2 = i, \tag{9.9}$$

$$C_2 i = iC_2 = \sigma_h, \tag{9.10}$$

$$i\sigma_h = \sigma_h i = C_2. \tag{9.11}$$

Etwas komplizierter ist die Symmetrie eines Moleküls vom Typ X_2Y_6, das eine sechszählige Drehspiegelachse S_6 besitzt (Abb. 26). Für ein solches Molekül besteht die Symmetrieoperation S_6 in einer Drehung um den Winkel $2\pi/6 = \varphi$ und einer Spiegelung an der senkrecht zu dieser Achse liegenden Ebene. Im vorliegenden Falle ist eine Drehung um den Winkel 60° keine Symmetrieoperation, d. h., das Molekül hat keine Drehachse C_6. Aus Abb. 26 ist ersichtlich, daß gilt

$$S_p^2 = C_{p/2}, \quad \text{das heißt} \quad [S(\varphi)]^2 = C(2\varphi), \tag{9.12}$$

$$S_p^{p/2} = i. \tag{9.13}$$

Hat ein Molekül eine Drehachse C_p und zugleich eine Spiegelebene, die durch diese Achse geht, so wird die Achse durch C_{pv} und die Spiegelebene durch σ_v gekennzeichnet. Existiert zu einer Drehachse C_p eine Spiegelebene, die senkrecht zu dieser Achse liegt, so verwendet man die Bezeichnungen C_{ph} bzw. σ_h.

Bei Vorhandensein einer Drehachse C_p und einer zu ihr senkrechten zweizähligen Achse zählt man das Molekül zur Diedergruppe (Bezeichnung D_p). Es ist leicht zu erkennen, daß solche Moleküle nicht nur eine, sondern insgesamt p zweizählige Achsen haben, die sich in einem Punkt der Achse C_p unter dem Winkel $2\pi/p$ schneiden. Gibt es zusätzlich noch Symmetrieebenen, so wird die Gruppe komplizierter. Wenn man zur Diedergruppe D_p Symmetrieebenen hinzufügt, die durch die Achse C_p gehen und die Winkel zwischen den Achsen C_2 halbieren, so entsteht die Symmetriegruppe D_{pd}. In Molekülen dieser Symmetrie gibt es eine Drehspiegelachse S_{2p} sowie, falls p ungerade ist, ein Symmetriezentrum i. Fügt man zur Gruppe D_p eine Spiegelebene hinzu, die senkrecht zur Drehachse C_{pv} liegt, so erhält man die Gruppe D_{ph}. Bei geraden p hat das Molekül noch ein Symmetriezentrum i und eine Drehspiegelachse S_p.

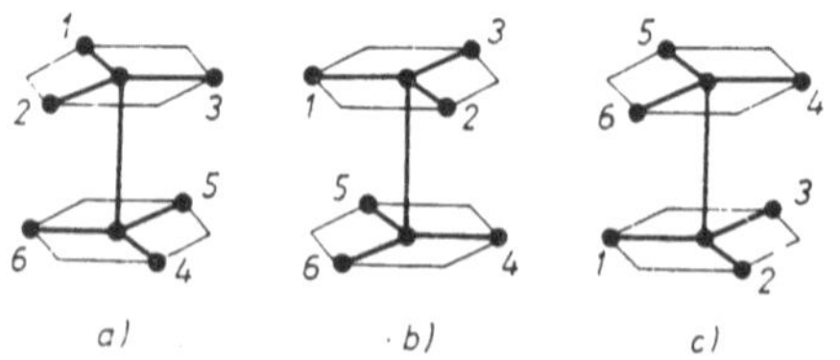

Abb. 26: Molekül mit einer sechszähligen Drehspiegelachse: *a*) Ausgangskonfiguration; *b*) Drehung um den Winkel 60°; *c*) Drehung um 60° mit anschließender Spiegelung.

Einige wichtige Fälle sind:

a) Die Gruppe $D_2 = V$. Sie besteht aus drei aufeinander senkrechten zweizähligen Achsen.

b) $D_{2h} = V_h$. Zur Gruppe V wird das Symmetriezentrum hinzugefügt. Dadurch sind drei durch die Achsen gehende Symmetrieebenen bestimmt.

c) $D_{2d} = V_d$. Man erhält sie aus der Gruppe V durch Hinzufügen einer vertikalen Ebene, die den Winkel zwischen zwei zweizähligen Achsen halbiert. Es entsteht hierbei offensichtlich eine zweite vertikale Ebene und eine Achse S_4.

Zählen wir schließlich noch die komplizierteren kubischen Symmetriegruppen auf. Moleküle dieser Symmetrie sind weit verbreitet (Methan CH_4, Tetrachlorkohlenstoff CCl_4 u. a.). Solche Gruppen erhält man, wenn man von einem Würfel ausgeht, dessen Flächen in ihrem Mittelpunkt von zweizähligen Achsen (die ihrerseits die Gruppe $V = D_2$ bilden) durchstoßen werden.

1. Tetraedergruppe T. Man kann sie erhalten, wenn zur Gruppe V dreizählige Achsen entlang der Raumdiagonalen des Würfels hinzugefügt werden.

2. Gruppe T_d. Wird eine der zweizähligen Achsen der Gruppe T zu einer Drehspiegelachse, so werden es auch die übrigen zweizähligen Achsen. Dabei entstehen sechs Spiegelebenen, von denen jede durch zwei Würfeldiagonalen geht. In Abb. 27 ist die Drehspiegelachse S_4 des Methanmoleküls dargestellt.

3. Gruppe T_h. Man erhält sie aus der Gruppe T durch Hinzufügen eines Symmetriezentrums im Würfelmittelpunkt.

4. Oktaedergruppe O. Diese Gruppe erhält man aus der Gruppe T, wenn die zweizähligen Achsen zu vierzähligen Achsen werden.

5. Gruppe O_h. Man erhält sie durch Hinzufügen eines Symmetriezentrums zur Gruppe O im Würfelmittelpunkt.

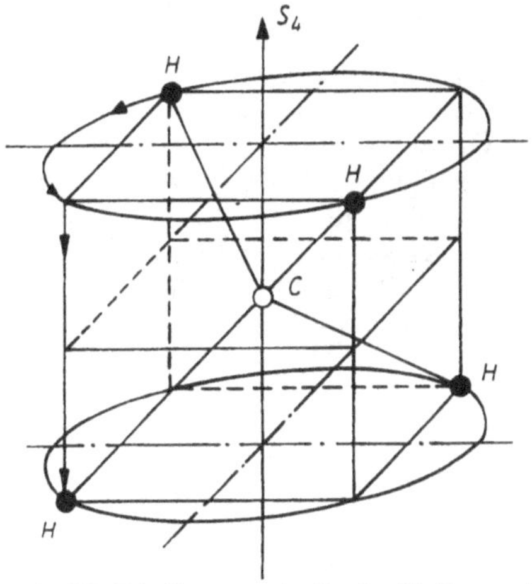

Abb. 27: Die Symmetrie T_d des Methanmoleküls.

Die Pfeile zeigen die bei der Symmetrieoperation S_4 von einem der Wasserstoffatome beschriebene Bahn: Zuerst wird eine Drehung um den Winkel 90° ausgeführt, danach eine Spiegelung an der horizontalen Ebene, in der das Kohlenstoffatom liegt.

Wir haben damit die für die Klassifizierung der Molekülschwingungen wichtigsten Symmetriegruppen betrachtet. Eine vollständigere und systematische Darstellung dieser Fragen findet man in den Monographien [80 bis 83].

Die Gesamtzahl der Symmetrieoperationen, die Operation e mit eingeschlossen, nennt man Ordnung der Gruppe. Die Ordnung ist gleich zwei für Gruppen, die nur ein einziges Symmetrielement enthalten: das Symmetriezentrum i (Gruppe C_i), eine Spiegelebene σ (Gruppe C_s) oder eine zweizählige Achse (Gruppe C_2). Von der Ordnung p sind die Gruppen C_p, S_p; von der Ordnung $2p$ die Gruppen C_{pv}, C_{ph} und D_p; von der Ordnung $4p$ die Gruppen D_{ph}, D_{pd}. Die Gruppe T ist von der Ordnung 12, die Gruppen T_d, O, T_h von der Ordnung 24 und O_h von der Ordnung 48.

Bildet irgendeine Gesamtheit von Elementen der Gruppe (das Einselement e mit eingeschlossen) wieder eine Gruppe, so nennt man sie eine Untergruppe der ursprünglichen Gruppe. Die Gruppe C_{4h} hat z. B. die Untergruppen C_4, C_2, C_i, C_{1h} und C_{2h}. In der Gruppentheorie wird gezeigt (siehe z. B. [84]), daß die Ordnung einer Untergruppe ein Teiler der Ordnung der ganzen Gruppe ist. Die umgekehrte

Behauptung, daß jedem Teiler h der Ordnung der Gruppe g eine Untergruppe von der Ordnung h entspricht, ist im allgemeinen nicht richtig. Nur in dem Falle, daß die Zahl h die Potenz einer Primzahl darstellt, gibt es eine Untergruppe von der Ordnung h. So gibt es z. B. für die Gruppe T der Ordnung 12 Untergruppen der Ordnung 2, 4 und 3, aber nicht von der Ordnung 6.

Ein weiterer wichtiger Begriff aus der Gruppentheorie ist der der Klassen von Elementen. Mathematisch wird er folgendermaßen definiert. Zwei Gruppenelemente a und b gehören dann zu einer Klasse, wenn es ein Gruppenelement c gibt, so daß

$$b = cac^{-1} \tag{9.14}$$

ist. Die Elemente a und b heißen zueinander konjugiert. Ist die symbolische Multiplikation kommutativ, d. h. $ca = ac$, so folgt aus (9.14), daß $b = a$ ist. Daraus folgt, daß in ABELschen Gruppen[1]) jedes Element nur zu sich selbst konjugiert ist und deshalb eine Klasse bildet. In nicht ABELschen Gruppen gibt es Elemente, für die $ca \neq ac$ ist und folglich in (9.14) $b \neq a$. Dementsprechend können alle Elemente solcher Gruppen in Klassen eingeteilt werden, die im allgemeinen aus mehreren Elementen bestehen. Die Zahl der Elemente in einer Klasse ist ein Teiler der Ordnung der Gruppe (siehe [87])[2]).

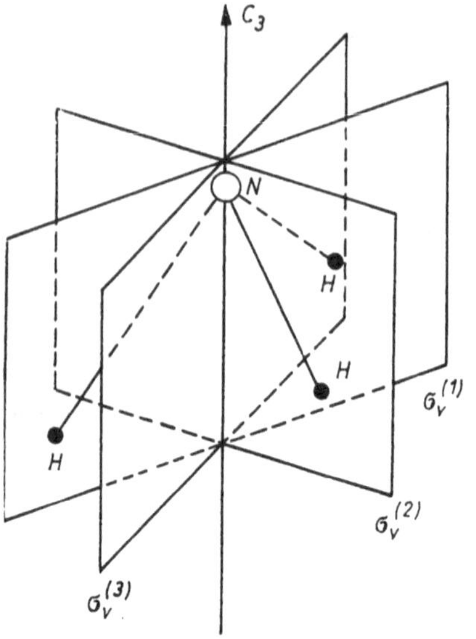

Abb. 28: Die Symmetrie des NH_3-Moleküls (Symmetriegruppe C_{3v}).

[1]) Wenn jeweils zwei beliebige Gruppenelemente kommutativ sind, dann wird die Gruppe kommutative oder ABELsche Gruppe genannt.

[2]) *Anmerkung des Herausgebers:* Die in der Gruppentheorie übliche Bezeichnung „Klassen" wird im folgenden gleichbedeutend mit dem in der Schwingungsspektroskopie gebräuchlichen Ausdruck „Symmetrierassen" verwendet.

Als Beispiel betrachten wir das Ammoniakmolekül NH_3, das zur Symmetriegruppe C_{3v} gehört (Abb. 28). Wir haben drei äquivalente Symmetrieelemente, nämlich die Spiegelebenen $\sigma_v^{(1)}$, $\sigma_v^{(2)}$ und $\sigma_v^{(3)}$, die bei Drehungen ineinander übergehen. Äquivalente Symmetrieoperationen, d. h. solche, die mittels Drehungen und Spiegelungen ineinander überführt werden können, gehören zu ein und derselben Klasse. Die betrachtete Gruppe hat als Operationen, die zu einer Klasse gehören, die Spiegelungen an den Ebenen $\sigma_v^{(1)}$, $\sigma_v^{(2)}$ und $\sigma_v^{(3)}$. Diese Klasse besteht also aus drei Elementen. Zur zweiten Klasse gehören die Drehungen um den Winkel 120°. Sie besteht aus zwei Elementen: Drehung C_3 um 120° und Drehung $C_3^2 = C_3^{-1}$ um $-120°$. Eine eigene Klasse bildet noch die identische Transformation $e = C_1$.

Die Anzahl der Klassen der Symmetrieoperationen ist ein wesentliches Charakteristikum der Gruppe.

Entsprechend der Symmetrie eines Moleküls kann man die Atome in verschiedene Sorten einteilen, wobei die Atome einer Sorte in bezug auf die Symmetrie völlig äquivalent sind. Diese Äquivalenz ist so zu verstehen, daß es eine Gesamtheit von Symmetrieoperationen gibt, welche die äquivalenten Atome ineinander überführen. Es ist klar, daß äquivalente Atome in bezug auf ihre chemischen und physikalischen Eigenschaften identisch sein müssen. Umgekehrt bedeutet das aber nicht, daß alle chemisch gleichen Atome zu einer Sorte gehören. Wir bemerken, daß der Begriff der Äquivalenz nicht nur auf Atome, sondern auch auf chemische Bindungen, Winkel usw. angewendet werden kann.

Bei bestimmten Symmetrieoperationen kann es geschehen, daß einzelne Atome auf ihrem Platz bleiben. Beim Molekül NH_3 (Abb. 28) lassen z. B. alle Symmetrieoperationen das N-Atom fest. In dem Zusammenhang kann man außer von der Symmetrie des Moleküls auch von der Eigensymmetrie eines Atoms sprechen, wobei unter Eigensymmetrie die Gesamtheit aller Symmetrieoperationen zu verstehen ist, die das gegebene Atom fest lassen. Im Falle des Ammoniaks fällt die Eigensymmetrie des N-Atoms mit der Molekülsymmetrie zusammen. Im allgemeinen Falle ist die Eigensymmetrie eine Untergruppe zur Gruppe der Molekülsymmetrie. Beim Molekül H_2O (Abb. 24) läßt z. B. die Spiegelung an der Ebene σ_x (und natürlich auch die Operation e) alle H-Atome am Platz. Die Gesamtheit der Operationen σ_x und e bildet eine Untergruppe der vollen Symmetriegruppe des Moleküls H_2O (Gruppe C_{2v}).

Die Anzahl der äquivalenten Atome einer Sorte ist gleich dem Quotienten aus der Ordnung g der Symmetriegruppe des Moleküls und der Ordnung h der die Eigensymmetrie bestimmenden Untergruppe (siehe z. B. [82]):

$$r = \frac{g}{h}. \tag{9.15}$$

Bei Wasser haben wir z. B. für die H-Atome $r = 4/2 = 2$.

Bisher sind wir bei der Betrachtung der Symmetrieeigenschaften eines Moleküls vom ruhenden Molekül ausgegangen. Zur Untersuchung der Schwingungen eines Moleküls muß man nun die Wirkung der Symmetrieoperationen auf ein Molekül betrachten, dessen Atome Schwingungsbewegungen ausführen. Die Konfiguration eines solchen Moleküls ist in jedem Augenblick im Vergleich zur Gleichgewichtskonfiguration verzerrt.

Die Verzerrung eines Moleküls läßt sich mit Hilfe der Auslenkungen der Atome aus den Gleichgewichtslagen beschreiben. Eine Konfiguration des verzerrten Moleküls geht bei Anwendung einer Symmetrieoperation im allgemeinen in eine andere Konfiguration über. Es ist zweckmäßig, anstelle der Vertauschung der Atome die Transformation der Verzerrungskoordinaten äquivalenter Atome zu

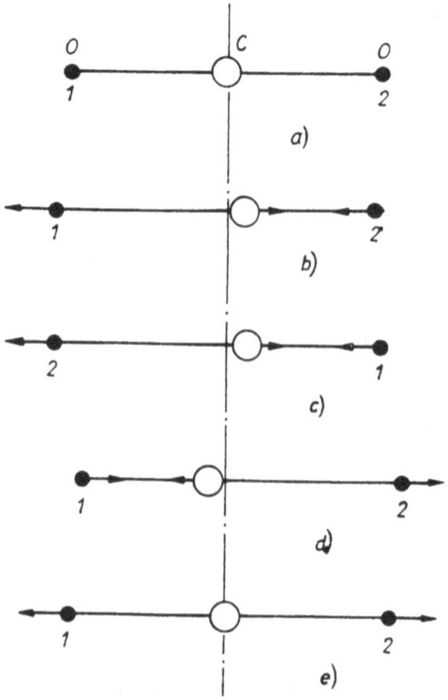

Abb. 29: Symmetrieoperationen des schwingenden CO_2-Moleküls: *a*) Gleichgewichtskonfiguration; *b*) deformiertes Molekül; *c*) Vertauschung der Atome *1* und *2* im deformierten Molekül; *d*) Spiegelung an der zur Molekülachse senkrechten Ebene; *e*) totalsymmetrische Schwingung desselben Moleküls.

betrachten. Als Beispiel wollen wir die Schwingungen des CO_2-Moleküls (Abb. 29) untersuchen. Es ist möglich, die Spiegelung an der zur Molekülachse senkrechten Ebene nicht als Lageveränderung der Atome, sondern als Vertauschung der zu den äquivalenten Atomen *1* und *2* gehörenden Auslenkungen zu interpretieren.

Die Schwingungen eines Moleküls mit n Schwingungsfreiheitsgraden können mit Hilfe von n voneinander unabhängigen (in der harmonischen Näherung) Normalschwingungen beschrieben werden. Der Übergang von den Verzerrungskoordinaten der Atome zu den „Normal"-Koordinaten x_f wird durch eine lineare Koordinatentransformation vermittelt (siehe § 10). Ausgedrückt in Normalkoordinaten hat die HAMILTON-Funktion die Gestalt

$$H = T + U = \frac{1}{2} \sum_j \dot{x}_j^2 + \frac{1}{2} \sum_j m_j \omega_j^2 x_j^2. \tag{9.16}$$

Da die potentielle Energie U eine Funktion der Atomabstände ist, bleibt sie bei allen Symmetrieoperationen im Gleichgewichtszustand unverändert. Der numerische Wert von U muß natürlich für zwei verzerrte Konfigurationen, die durch Anwendung einer Symmetrieoperation auseinander hervorgehen, der gleiche sein, weil sich bei der Anwendung einer Symmetrieoperation auf das verzerrte Molekül lediglich die Auslenkungen der Atome miteinander vertauschen. Die gleiche Überlegung trifft auch für die kinetische Energie zu. Die HAMILTON-Funktion (9.16) ist also gegenüber allen Symmetrieoperationen invariant.

Aus der Invarianz der HAMILTON-Funktion gegenüber den Symmetrieoperationen des Moleküls folgt, daß sich die Normalkoordinaten in eine Reihe von „Rassen" einteilen lassen müssen, die ein unterschiedliches Transformationsverhalten bei den Symmetrieoperationen zeigen.

Bei einer beliebigen Molekülsymmetrie gibt es eine Symmetrierasse, deren Normalkoordinaten invariant gegen alle Symmetrieoperationen sind. Bei solchen Schwingungen bleibt die Symmetrie des ganzen Moleküls erhalten. Die zu dieser Rasse gehörenden Schwingungen heißen totalsymmetrisch.

Für Moleküle, deren Symmetriegruppe aus zwei Operationen (d. h. aus e und einer der Operationen σ, i, C_2) besteht, sind zwei Symmetrierassen der Eigenschwingungen möglich. Die Normalkoordinaten der einen Rasse ändern sich bei Anwendung der Symmetrieoperationen überhaupt nicht, die der anderen Rasse wechseln ihr Vorzeichen. Diese Symmetrierassen der Schwingungen heißen symmetrisch bzw. antisymmetrisch. Als Beispiel für eine antisymmetrische Schwingung kann die in Abb. 29b), c) und d) gezeigte Schwingung des Moleküls CO_2 dienen. In derselben Abbildung ist auch eine symmetrische Schwingung des Moleküls dargestellt.

Bei Symmetriegruppen mit mehr als zwei Elementen, die aber keine Achsen von höherer als zweiter Ordnung enthalten, können die Schwingungen zu jedem einzelnen Symmetrieelement entweder symmetrisch oder antisymmetrisch sein.

Die zu allen Symmetrieelementen symmetrischen Schwingungen gehören, wie bereits erwähnt, zur totalsymmetrischen Symmetrierasse.

Etwas komplizierter sind die Verhältnisse bei Molekülen, die als Symmetrieelemente Achsen höherer als zweiter Ordnung haben. Hierbei können Normalschwingungen mit übereinstimmenden Frequenzen auftreten: zweifache oder dreifache (siehe § 10). Solche Schwingungen nennt man entsprechend zweifach oder dreifach entartet. Die Normalkoordinaten der miteinander entarteten Normalschwingungen transformieren sich bei Ausführung einer Symmetrieoperation nicht einzeln, sondern untereinander (also paarweise bei zweifach entarteten Schwingungen und zu dritt bei dreifach entarteten Schwingungen).

Für die Normalschwingungen der verschiedenen Symmetrierassen hat sich das folgende Bezeichnungsschema eingebürgert. A und B bezeichnen nichtentartete Schwingungen, E bezeichnet zweifach und F dreifach entartete Schwingungen. A bedeutet im allgemeinen Falle Symmetrie zu einer ausgezeichneten

Drehachse, B Antisymmetrie. Bei Gruppen, die keine Achsen auszeichnen (es sind dies $D_2 = V$, $D_{2h} = V_h$ und die kubischen Gruppen) bedeutet A Symmetrie zu den drei aufeinander senkrechten zweizähligen Achsen, B bedeutet bei V und V_h Antisymmetrie zu zweien der drei zweizähligen Achsen.

Symmetrie oder Antisymmetrie zu weiteren Symmetrieelementen wird durch Indizes ausgedrückt, und zwar bedeuten g und u Symmetrie bzw. Antisymmetrie in bezug auf ein Inversionszentrum i und die Indizes ′ und ″ das gleiche bezüglich einer Spiegelebene σ. Sind mehrere Spiegelebenen vorhanden, so beziehen sich diese Bezeichnungen auf die zur ausgezeichneten Achse senkrechten Spiegelebene. Die Zeichen „+“ und „−“ beziehen sich im Falle entarteter Schwingungen auf eine Drehachse. Wenn noch eine weitere Symmetrieeigenschaft vorhanden ist, dann bedeutet der Index „1“ Symmetrie zu dem noch übrigen Symmetrieelement. Es ist zu bemerken, daß im Falle der entarteten Schwingungen E und F diese Indizes rein formalen Charakter haben und nicht die Symmetrierassen kennzeichnen wie im Falle nichtentarteter Schwingungen. Bei der Punktgruppe C_s steht A lediglich als Basis für die Indizes ′ und ″.

Ist die Symmetrie eines Moleküls bekannt, so kann man mittels (6.29) und (6.30) bestimmte Auswahlregeln aufstellen, d. h. diejenigen Übergänge feststellen, für welche die Matrixelemente und entsprechend die Intensitäten der Raman-Linien bzw. IR-Banden nicht verschwinden.

Das Matrixelement einer beliebigen Größe

$$(f_\lambda)_{kn} = \int_{-\infty}^{\infty} \psi_n^* f_\lambda \psi_k \, dx \tag{9.17}$$

ist nur dann von Null verschieden, wenn sich der Integrand in (9.17) bei den Symmetrietransformationen nicht ändert. Die Transformationseigenschaften der Wellenfunktionen ψ_n^* und ψ_k sind allein durch die Symmetrie des Systems bestimmt und sind für beliebige Symmetrietypen bekannt. Die Aufstellung der Auswahlregeln läuft darauf hinaus, die Symmetrie von dreifachen Produkten der Gestalt $\psi_n^* f_\lambda \psi_k$ auf der Basis der Symmetrie ihrer einzelnen Faktoren zu finden. Ein vorgegebener Übergang ist erlaubt, wenn dieses Produkt bei der Ausführung der Symmetrieoperation unverändert bleibt, und verboten, wenn es sein Vorzeichen wechselt, weil dann der Integrand in (9.17) eine ungerade Funktion und folglich $(f_\lambda)_{kn} = 0$ ist. Hieraus folgt, daß, falls f_λ das Vorzeichen bei einer Symmetrieoperation nicht ändert, beide Wellenfunktionen bei der jeweiligen Symmetrieoperation gleichzeitig ihr Vorzeichen erhalten oder umkehren müssen. Wechselt dagegen f_λ bei einer Symmetrieoperation das Vorzeichen, dann muß eine der Wellenfunktionen invariant bleiben und die andere ihr Vorzeichen umkehren.

Bei der Größe f_λ kann es sich um einen Tensor, einen Vektor oder um eine ihrer Komponenten handeln. Um die Auswahlregeln für den Raman-Effekt zu finden, muß man das Verhalten der Streutensorkomponenten bezüglich der Symmetrieoperationen untersuchen. Die Auswahlregeln für die Infrarotabsorption werden durch das Verhalten der Komponenten des Dipolmomentes bestimmt. Die Gegenüberstellung der Auswahlregeln für den Raman-Effekt und die Infrarotabsorption ist von großem Interesse, weil sich auf diesem Wege in einer Reihe von Fällen auf der Basis des Schwingungsspektrums die Symmetrie eines Moleküls feststellen läßt.

Zur Illustration betrachten wir ein Molekül mit Inversionszentrum, z. B. ein Molekül vom Typ $X_2Y_2Z_2$ (Abb. 25). Bei der die Inversion am Zentrum beschreibenden Koordinatentransformation wechseln alle Komponenten eines Vektors ihr Vorzeichen. Deshalb ist ein von Infrarotabsorption begleiteter Übergang nur dann möglich, wenn bei der genannten Symmetrietransformation das Produkt $\psi_n{}^*\psi_k$ ebenfalls das Vorzeichen ändert. Der Übergang ist also erlaubt, wenn die Zustände k und n unterschiedliche Parität haben, und verboten, wenn die Parität dieser Zustände gleich ist.

Die Auswahlregeln für den RAMAN-Effekt erhält man, wenn man berücksichtigt, daß sich die Tensorkomponenten bei Inversion am Zentrum nicht ändern. Das Produkt $\psi_n{}^*\psi_k$ darf deshalb sein Vorzeichen nicht wechseln. Das bedeutet, daß im RAMAN-Effekt nur Übergänge zwischen Zuständen mit gleicher Parität erlaubt sind.

Hat also ein System ein Symmetriezentrum, so sind alle im Infraroten erlaubten Übergänge im RAMAN-Effekt verboten und umgekehrt sind alle im Infraroten verbotenen Übergänge im RAMAN-Effekt erlaubt. Diese Aussage wird auch als Alternativverbot bezeichnet.

Im allgemeinen Falle kann der Streutensor in drei Anteile (siehe (2.38)) aufgespalten werden, die entsprechend drei Typen der Streustrahlung beschreiben, und zwar die skalare, die anisotrope und die antisymmetrische Streustrahlung (siehe § 2). Wir wollen nun die Auswahlregeln für jeden Streutyp einzeln angeben.[1])

Der skalare Teil des Streutensors ist ein Skalar und demzufolge invariant gegenüber allen Symmetrietransformationen. Dementsprechend muß das Produkt $\psi_n{}^*\psi_k$ ebenfalls eine Invariante sein. Das ist nur möglich, wenn Niveaus ein und derselben Symmetrierasse miteinander kombinieren. Uns interessieren besonders Schwingungsübergänge aus dem Grundzustand, der stets totalsymmetrisch ist. Dabei muß auch der zweite Zustand totalsymmetrisch sein. Wir kommen damit zu dem wichtigen Schluß, daß die skalare Streuung nur für totalsymmetrische Normalschwingungen erlaubt ist.

Betrachten wir nun den anisotropen Teil des Streutensors. Wie bereits erwähnt, ist diese Streuung (ebenso wie die skalare Streuung) für alle Schwingungen verboten, die antisymmetrisch zum Symmetriezentrum sind. Überdies sind bei Vorhandensein von drei- und mehrzähligen Achsen einige zu den Spiegelebenen antisymmetrische Schwingungen verboten. Bei zur Symmetriegruppe C_{3v} gehörenden Molekülen ist die anisotrope Streuung z. B. für Schwingungen der Symmetrierasse A_2, die antisymmetrisch zu Spiegelungen an den Symmetrieebenen σ_v sind, verboten.

Der Depolarisationsgrad aller nicht totalsymmetrischer Schwingungen, für welche die anisotrope Streuung erlaubt ist, wird durch die Gleichungen (2.60) und (3.20) gegeben, wobei $\beta_s = 0$ ist. Fehlt also im Streutensor der antisymmetrische Teil β_a, so haben wir

$$\bar{\varrho} = \frac{3}{4}, \qquad \varrho = \frac{6}{7}.$$

[1]) Nachstehend werden nur die Auswahlregeln für die Grundtöne betrachtet. Eine strenge Begründung dieser Auswahlregeln und die Ableitung der Auswahlregeln für die ersten Obertöne erfolgt in § 10.

Wenn die Voraussetzungen für die Anwendbarkeit der Polarisierbarkeitstheorie erfüllt sind, gibt im Falle $\beta_a = 0$ der Depolarisationsgrad einer RAMAN-Linie eindeutigen Aufschluß über die Zugehörigkeit dieser Linie zu einer der nicht totalsymmetrischen Schwingungen.

Für totalsymmetrische Linien enthält der Streutensor im allgemeinen sowohl den skalaren als auch den anisotropen Anteil (bei verschwindendem β_a). Aus (2.60) und (3.20) folgt dann

$$0 \leqq \bar{\varrho} \leqq \frac{3}{4}, \qquad 0 \leqq \varrho \leqq \frac{6}{7}. \tag{9.18}$$

Für Moleküle mit kubischer Symmetrie verschärfen sich diese Resultate noch, weil in diesem Falle die Anisotropie für totalsymmetrische Schwingungen verschwindet, d. h., diese Linien haben den Depolarisationsgrad

$$\bar{\varrho} = 0, \qquad \varrho = 0. \tag{9.19}$$

Zum Beweis dieser Behauptung betrachten wir den Anfangszustand eines Moleküls mit kubischer Symmetrie. Wenn wir wie gewöhnlich annehmen, daß dieser Zustand mit dem Grundzustand des Moleküls identisch ist, so hat die volle Schwingungswellenfunktion die Symmetrie des Moleküls, d. h., sie enthält alle Symmetrieelemente der Tetraedergruppe. Wie oben bereits festgestellt wurde, muß für totalsymmetrische Schwingungen der Endzustand des Moleküls ebenfalls totalsymmetrisch sein. Damit das Produkt $\psi_n^* \beta \psi_k$ bei Ausführung der Symmetrieoperationen unverändert bleibt, muß auch β die Symmetrie der Gruppe T_d besitzen. Unter diesen Bedingungen reduziert sich β aber auf einen Skalar, nämlich auf die Spur des Streutensors, d. h., in der Streustrahlung verbleibt lediglich der skalare Anteil.

Die Tatsache, daß der Depolarisationsgrad für kubische Moleküle verschwindet, hat große Bedeutung für den Test der zur Messung dieses Parameters verwendeten Methoden.

Zu den Auswahlregeln für die Infrarotabsorption übergehend, bemerken wir zunächst, daß sich die Komponenten des Dipolmomentes wie die entsprechenden Koordinaten transformieren. Da die Inversion am Symmetriezentrum einer Koordinatentransformation der Form

$$x' = -x, \qquad y' = -y, \qquad z' = -z$$

äquivalent ist, wechseln bei dieser Symmetrieoperation auch die Komponenten des Dipolmomentes ihr Vorzeichen. Geht der Schwingungsübergang zwischen zwei totalsymmetrischen Zuständen vor sich, so ist das Produkt $\psi_n^* \boldsymbol{P} \psi_k$ nicht invariant. Folglich verschwindet das entsprechende Matrixelement, und der genannte Übergang ist im Infraroten verboten. Für die Spiegelung an einer zur z-Achse senkrechten Ebene gilt

$$x' = x, \qquad y' = y, \qquad z' = -z.$$

Bei dieser Symmetrieoperation bleibt also die Komponente P_x ebenso wie P_y unverändert, während P_z das Vorzeichen umkehrt. Insgesamt ist der Übergang im Infraroten erlaubt. Bei der Drehung um eine zweizählige Achse, die mit der z-Achse zusammenfällt, haben wir schließlich

$$x' = -x, \qquad y' = -y, \qquad z' = z.$$

Die Komponenten P_x und P_y ändern demnach ihr Vorzeichen, P_z bleibt unverändert. Der Übergang ist also im Infraroten nicht vollständig verboten. Für kompliziertere Symmetriegruppen sind im Infraroten Schwingungsübergänge für bezüglich der Inversion symmetrische Schwingungen verboten, ebenso wie die zu einigen zusätzlichen Symmetrieelementen symmetrischen Schwingungen. Außerdem sind die dreifach entarteten Schwingungen vom Typ F_1 verboten.

Tabelle 6

Auswahlregeln für einfache Symmetriegruppen

Gruppe	Symmetrie-rasse	β_s	β_γ	β_a	P
C_i	A_g	+	+	+	−
	A_u	−	−	−	+
C_s	A'	+	+	+	+
	A''	−	+	+	+
$C_{2h}(C_2)$[1]	A_g	+	+	+	−
	A_u	−	−	−	+
	B_g	−	+	+	−
	B_u	−	−	−	+
C_{2v}	A_1	+	+	−	+
	A_2	−	+	+	−
	B_1	−	+	+	+
	B_2	−	+	+	+
$D_{2h} = V_h$	A_{1g}	+	+	−	−
	A_{1u}	−	−	−	−
$(D_2 = V)$[1]	B_{1g}	−	+	+	−
	B_{1u}	−	−	−	+
	B_{2g}	−	+	+	−
	B_{2u}	−	−	−	+
	B_{3g}	−	+	+	−
	B_{3u}	−	−	−	+

[1]) Für die Gruppen C_2 und $D_2 = V$ sind die Zeichen g und u wegzulassen und die entsprechenden Zeilen zu vereinigen.

Um die Auswahlregeln für den antisymmetrischen Tensor β_a zu erhalten, gehen wir davon aus, daß ein solcher Tensor einem axialen Vektor äquivalent ist und sich bei einer Koordinatentransformation wie das Vektorprodukt zweier Vektoren verhält. Gegenüber Rotationen verhält sich β_a wie ein gewöhnlicher polarer Vektor, d. h. wie das Dipolmoment $\boldsymbol{P}$, gegenüber Spiegelungen wie ein symmetrischer Tensor.

In den Tab. 6 und 7 sind die Auswahlregeln für einige Symmetriegruppen zusammengestellt. Das Zeichen + bedeutet, daß die jeweilige Schwingung in dem

Tabelle 7

Auswahlregeln für die Gruppen mit einer dreizähligen Drehachse und für die Gruppe T_d

Gruppe	Symmetrie-rasse	β_s	β_γ	β_a	P
C_{3v}	A_1	+	+	—	+
	A_2	—	—	+	—
	E	—	+	+	+
D_{3h}	A_1'	+	+	—	—
	A_1''	—	—	—	—
	A_2'	—	—	+	—
	A_2''	—	—	—	+
	E'	—	+	—	+
	E''	—	+	+	—
D_{3d}	A_{1g}	+	+	—	—
	A_{1u}	—	—	—	—
	A_{2g}	—	—	+	—
	A_{2u}	—	—	—	+
	E_g	—	+	+	—
	E_u	—	—	—	+
T_d	A_1	+	—	—	—
	A_2	—	—	—	—
	E	—	+	—	—
	F_1	—	—	+	—
	F_2	—	+	—	+

entsprechenden Typ der Streustrahlung bzw. im Infraroten erlaubt ist, und das Zeichen — besagt, daß diese Schwingung verboten ist. Ausführlichere Tabellen kann man in [7, 80—83] finden. Es ist zu bemerken, daß in einigen Fällen die Auswahlregeln keinen absolut strengen Charakter tragen, da sie auf der Voraussetzung beruhen, daß sich das streuende Molekül im Schwingungsgrundzustand befindet. Gewöhnlich werden die Auswahlregeln davon praktisch nicht beeinträchtigt, weil die Zahl der Moleküle in angeregten Schwingungszuständen klein ist. Die Möglichkeit einer Durchbrechung der Auswahlregeln aus den genannten Gründen ist aber bei der Untersuchung von niederfrequenten Schwingungen und bei hohen Temperaturen in Betracht zu ziehen.

Verfügt man über hinreichend vollständiges experimentelles Material über das Schwingungsspektrum eines Moleküls, so kann man in einer Reihe von Fällen mit Hilfe der Auswahlregeln seine Symmetrie bestimmen. Das Auftreten dieser oder jener Linie im Raman- oder Infrarotspektrum bzw. in beiden Spektren zugleich liefert neben dem numerischen Wert des Depolarisationsgrades Hinweise über die Zugehörigkeit der jeweiligen Linie zu einer bestimmten Symmetrierasse und damit über die Symmetrie des Moleküls. Am einfachsten läßt sich die

Frage entscheiden, ob das Molekül ein Symmetriezentrum besitzt, da in diesem Falle das „Alternativverbot" wirksam ist. Oft lassen sich wertvolle Aussagen auf der Basis des Depolarisationsgrades einer RAMAN-Linie gewinnen. In der Praxis tritt aber häufig eine Unbestimmtheit auf, da sich infolge der begrenzten Meßgenauigkeit schwer entscheiden läßt, ob eine Linie depolarisiert ist ($\varrho = 6/7$), d. h., ob sie zu einer nicht totalsymmetrischen Schwingung gehört. Ebenso schwierig ist der Nachweis, daß eine Linie vollständig polarisiert ist ($\varrho = 0$), was ein Indiz für die kubische Symmetrie eines Moleküls wäre. Aus diesen Gründen stützt man sich gewöhnlich bei der Auswertung der Schwingungsspektren noch auf andere physikalische und chemische Aussagen über die Struktur des Moleküls.

Wir bemerken, daß man die Angaben über die Molekülsymmetrie noch dadurch erweitern kann, daß man den RAMAN-Effekt in der Nähe der Elektronenabsorptionsbanden untersucht. In diesem Gebiet können auch Schwingungen aktiv werden, für die $\beta_a \neq 0$ ist.

Sind solche Schwingungen inaktiv in der skalaren und anisotropen Streuung, wie z. B. die Schwingungen der Symmetrierasse A_2 bei Molekülen der Symmetrie C_{3v} oder Schwingungen vom Typ A_{2g} bei Molekülen der Gruppe D_{3d}, so ist der Depolarisationsgrad der entsprechenden Linien $\varrho = 2$ (siehe Formel (3.20)). Die Untersuchung von Linien mit einem solchen ungewöhnlichen Wert des Depolarisationsgrades wäre zudem von eigenständigem Interesse.

Um die Anwendung der Auswahlregeln zur Bestimmung der Symmetrie von Molekülen zu veranschaulichen, betrachten wir ein Molekül vom Typ XY_3. Für solche Moleküle sind zwei Modelle möglich, nämlich ein pyramidenförmiges mit der Symmetrie C_{3v} und ein ebenes mit der Symmetrie D_{3h}. Insgesamt gibt es sechs Schwingungen. Für das Modell der Symmetriegruppe C_{3v} (siehe Abb. 28) kann man an Hand der Anschauung leicht zwei totalsymmetrische Schwingungen finden: Einmal schwingen die drei Atome Y entlang der Bindungen XY, das andere Mal ändern sich die drei Winkel YXY symmetrisch. Diese Schwingungen gehören zur Symmetrierasse A_1, die übrigen zur Symmetrierasse der zweifach entarteten Schwingungen E (siehe Tab. 7). Beide Schwingungstypen sind sowohl im RAMAN- als auch im Infrarotspektrum aktiv, d. h., in jedem der beiden Spektren sind vier Linien zu erwarten, von denen zwei polarisiert sind. Bei der Symmetrie D_{3h} haben wir eine totalsymmetrische Schwingung A_1' (das Atom X ist unbeweglich und das von den drei Atomen Y gebildete Dreieck dehnt sich symmetrisch aus und zieht sich zusammen). Diese Schwingung ist im Infraroten verboten (siehe Tab. 7). Die zweite Schwingung der Symmetrierasse A_2'' ist antisymmetrisch zur Molekülebene (das Atom X schwingt entlang der zur Molekülebene senkrechten Achse und die drei Atome Y in entgegengesetzter Richtung). Sie ist inaktiv im RAMAN-Spektrum. Die zwei entarteten Schwingungen der Rasse E' sind in beiden Spektren erlaubt. Man wird also für dieses Modell drei Linien (von denen eine polarisiert ist) im RAMAN-Spektrum und ebensoviele Banden im Infrarotspektrum erwarten.

Experimentell wurden im RAMAN-Spektrum von PCl_3 vier Linien gefunden, von denen zwei polarisiert sind (Tab. 8). Von den zwei im Infrarotspektrum beobachteten Frequenzen stimmt eine mit der totalsymmetrischen (polarisierten) überein, die andere mit der entarteten Frequenz. Das Vorhandensein von zwei polarisierten Linien im RAMAN-Spektrum zeigt, daß das Molekül PCl_3 die Symmetrie C_{3v} hat. Dieser Schluß wird zusätzlich durch die Tatsache bekräftigt, daß die Infrarotfrequenz 511 cm^{-1} mit der Frequenz der polarisierten RAMAN-Linie zusammenfällt.

Für das Molekül $B^{11}F$ (Tab. 8) fehlt die totalsymmetrische Frequenz 888 cm^{-1} im Infrarotspektrum, und die Frequenz 691,3 cm^{-1} erscheint nur im Infraroten. Diese Besonderheiten entsprechen der Molekülsymmetrie D_{3h}.

Tabelle 8

Bestimmung der Molekülsymmetrie aus den Schwingungsspektren

PCl_3				$B^{11}F_3$		
Symmetrierasse	RAMAN [88]		IR [89]	Symmetrierasse	RAMAN [90]	IR [91]
	$\Delta\nu$ [cm^{-1}]	ϱ	ν [cm^{-1}]		$\Delta\nu$ [cm^{-1}]	ν [cm^{-1}]
A_1	510 (10)	0,14	511	A_1'	888 (st)	—
A_1	257 (6)	0,29	—	A_2''	—	691,3 (st)
E	480 (3)	0,86	488	E'	480,4 (m)	480,4 (st)
E	190 (10)	0,86	—	E'	—	1445,9 (sst)

Anmerkung: Da die Moleküle $B^{10}F_3$ und $B^{11}F_3$ verschiedene Schwingungsfrequenzen haben, werden die Werte für B^{11} angeführt. In den Klammern sind die Intensitäten angegeben: st stark, m mittel, sst sehr stark bzw. Schätzung von (0) bis (10).

Die angeführten Beispiele zeigen, daß zur Bestimmung der Symmetrie eines Moleküls die Kenntnis aller Schwingungen einer jeden Symmetrierasse erforderlich ist. In den einfachsten Fällen kann man diese Frage an Hand anschaulicher Vorstellungen über die Schwingungen des jeweiligen Moleküls beantworten. Für Moleküle mit mehr als vier bis fünf Atomen sind jedoch allgemeinere Methoden zur Bestimmung der Anzahl der Schwingungen in jeder Symmetrierasse erforderlich. Der Darlegung dieser Methoden ist der folgende Paragraph gewidmet.

§ 10. Methoden zur Berechnung von Molekülschwingungen

1. *Kleine Schwingungen eines Systems von Massenpunkten*

Eine ganze Reihe von Schlußfolgerungen über die Struktur und die Schwingungseigenschaften von Molekülen können aus der klassischen Betrachtung über kleine Schwingungen eines Systems von Massenpunkten gezogen werden. Wenn ein Molekül aus N Atomen besteht, hat es im allgemeinen $r = 3N - 6$ Freiheitsgrade und $r = 3N - 5$ im Falle eines linearen Moleküls. Jedem Freiheitsgrad entspricht eine Normalschwingung mit einer bestimmten Frequenz ω_j ($j = 1, 2, \ldots, r$). Der Schwingungszustand des Moleküls wird durch r unabhängige Schwingungskoordinaten x^k beschrieben, die die Auslenkungen der Atome aus ihren Gleichgewichtslagen bestimmen. Bei einer gegebenen Normalschwingung ändern sich im allgemeinen alle r Schwingungskoordinaten, und zwar alle mit der Frequenz

ω_j, d. h.

$$x_j^k = a_j^k e^{i\omega_j t} \qquad (k = 1, 2, \ldots, r; \quad j = 1, 2, \ldots, r). \tag{10.1}$$

Das Verhältnis der Amplituden a_j^k der j-ten Normalkoordinate bestimmt ihre Form. Zur vollständigen Beschreibung der Schwingungen eines betrachteten Moleküls müssen für alle r Normalschwingungen die Frequenzen und die dazugehörigen Schwingungsformen bekannt sein.

Obwohl das allgemeine Problem kleiner Schwingungen schon 1765 von LAGRANGE behandelt wurde, stieß man bei der praktischen Lösung solcher Aufgaben selbst bei einfachen Molekülen auf große Schwierigkeiten, die erst überwunden werden konnten, nachdem effektive Rechenmethoden, die prinzipiell für beliebige Moleküle angewendet werden können, ausgearbeitet waren. Solche Methoden, die die Besonderheiten der Aufgabe berücksichtigen, wurden von ELJASCHEWITSCH und STEPANOW [92—95] ausgearbeitet. In der gleichen Richtung liefen die Untersuchungen von WILSON und einer Reihe anderer Autoren [96—98]. Die Rechenarbeit konnte durch den Einsatz elektronischer Rechenmaschinen bedeutend vereinfacht werden [99, 100].

Die Methoden zur Berechnung von Molekülschwingungen sind in einer Reihe von Monographien [80—83, 101] recht ausführlich beschrieben. Deshalb wird diese Frage nur so weit behandelt, wie das für das Verständnis der folgenden Kapitel notwendig ist.

Zur Lösung des Problems kleiner Schwingungen eines Systems von Massenpunkten muß zunächst die potentielle und kinetische Energie des Systems angegeben werden. Die rationelle Auswahl der Ausgangskoordinaten, mit deren Hilfe die potentielle und kinetische Energie dargestellt wird, hat eine große Bedeutung für die Lösung des Schwingungsproblems komplizierter mehratomiger Moleküle. Solche *inneren* Schwingungskoordinaten für Moleküle sind die Änderungen der Abstände q_λ zwischen den Atomen und die Änderungen der Winkel α_μ zwischen den chemischen Bindungen in bezug auf ihre Gleichgewichtswerte. Da die inneren Koordinaten als relative Koordinaten eingeführt wurden, braucht die Rotations- und die Translationsbewegung des Moleküls nicht betrachtet werden, was die Aufgabe bedeutend vereinfacht.

Die potentielle Energie des Moleküls (d. h. seine Elektronenenergie bei gegebener Kernkonfiguration, siehe § 6.) ist eine Funktion der inneren Schwingungskoordinaten. Wenn wir für kleine Schwingungen um die Gleichgewichtslage nur die quadratischen Glieder in der Entwicklung der potentiellen Energie nach den Schwingungskoordinaten betrachten, kann man schreiben[1])

$$U(x_1, x_2, \ldots, x_r) = \frac{1}{2} \sum_{\lambda\mu} K_{\lambda\mu} x_\lambda x_\mu. \tag{10.2}$$

Durch Glieder höherer Ordnung wird die Anharmonizität der Schwingungen bedingt (siehe § 15).

Durch Differentiation des Ausdruckes (10.2) nach der Schwingungskoordinate x_λ erhalten wir die dieser Koordinate entsprechenden Kraft. Sei $x_\lambda = q_i$ die

[1]) Das lineare Glied in der Entwicklung (10.2) verschwindet wegen der Gleichgewichtsbedingung $(\partial U/\partial x_\lambda)_0 = 0$, die für alle inneren Koordinaten erfüllt sein muß. Wählen wir als Nullpunkt der potentiellen Energie ihren Minimalwert, so ist $U_0 = 0$.

Änderung der i-ten chemischen Bindung. Dann ist die diese Bindungslänge ändernde Kraft gegeben durch

$$f_i = -\frac{\partial U}{\partial q_i} = -K_{ii}q_i - K_{ij}q_j - K_{il}\alpha_l - \cdots \tag{10.3}$$

Das erste Glied auf der rechten Seite der Gleichung (10.3) ist die quasielastische Kraft der betrachteten Bindung, und der Koeffizient K_{ii} ist die Kraftkonstante, die die „Starrheit" dieser Bindung charakterisiert. Das zweite und das dritte Glied sind entsprechend von der Änderung der Länge der j-ten Bindung und des l-ten Winkels abhängig. Sie sind durch die „Wechselwirkung" der i-ten Bindung mit der j-ten Bindung und dem l-ten Winkel bedingt. Die Koeffizienten K_{ij} und K_{il} beschreiben die Wirkung auf die j-te Bindung und den l-ten Winkel bei einer Änderung der i-ten Bindung.

Wenn $x_\mu = \alpha_l$ die Änderung des l-ten Winkels zwischen den Bindungen ist (im allgemeinen Falle zwischen den Vektoren, die die betrachteten Atome verbinden), so charakterisiert der Koeffizient K_{ll} die „Starrheit" des l-ten Winkels und die Koeffizienten $K_{li} = K_{il}$ haben den oben beschriebenen Sinn: Sie charakterisieren die Wechselwirkung zwischen den verschiedenen Koordinaten.

Die Koordinaten q_λ und α_μ umfassen nicht alle Arten von Schwingungskoordinaten. Bei vielen komplizierten Molekülen müssen Torsionen eines Molekülteiles zu einem anderen berücksichtigt werden (siehe § 14). Solche Drehungen beschreiben die Winkelkoordinaten χ_ν. Für Moleküle, wo mindestens vier Atome in einer Ebene liegen, treten Schwingungen auf, bei denen bestimmte Bindungen aus der Fläche herausschwingen. Diese Schwingungsbewegung wird mit dem Winkel φ_ϱ zwischen den entsprechenden Bindungen und ihren Projektionen auf die Fläche beschrieben.

Die Koeffizienten $K_{\lambda\mu}$, wobei $\lambda \neq \mu$ ist, bezeichnet man als dynamische Wechselwirkungskoeffizienten.

Gehen wir nun zur Betrachtung der kinetischen Energie T des Moleküls über, die quadratisch von den Geschwindigkeiten abhängt

$$T = \frac{1}{2} \sum_{\lambda\mu} M_{\lambda\mu}\dot{x}_\lambda \dot{x}_\mu \quad \left(\dot{x}_\lambda = \frac{dx_\lambda}{dt}\right). \tag{10.4}$$

Analog zur potentiellen Energie eines Moleküls, die mit Hilfe der Kraftkonstantenmatrix $\|K_{\lambda\mu}\|$ gegeben ist, wird die kinetische Energie mit der Koeffizientenmatrix $\|M_{\lambda\mu}\|$ beschrieben. Die Schwingungsaufgabe eines Moleküls läßt sich bequemer nicht mit der Matrix $\|M_{\lambda\mu}\|$, sondern mit ihrer inversen Matrix lösen:

$$\|A_{\lambda\mu}\| = \|M_{\lambda\mu}\|^{-1}, \qquad \|A_{\lambda\mu}\| \cdot \|M_{\lambda\mu}\| = E, \tag{10.5}$$

wobei E die Einheitsmatrix darstellt. Die Matrizen $\|A_{\lambda\mu}\|$ und $\|M_{\lambda\mu}\|$ sind symmetrisch. Die Matrix $\|A_{\lambda\mu}\|$ heißt Matrix der kinematischen Wechselwirkungskoeffizienten. Die Koeffizienten $A_{\lambda\mu}$ hängen von den Atommassen und der Lage der Bindungen und Winkel, d. h. von der Geometrie des Moleküls ab. Solche Koeffizienten können für die verschiedenen Kombinationen der Bindungen und Winkel ohne den Ausdruck für die kinetische Energie gefunden werden.

Es ist wesentlich, daß der Wert des Koeffizienten $A_{\lambda\mu}$ nur von den Eigenschaften der Bindungen und Winkel, deren Änderungen mit den Koordinaten x_λ und x_μ bestimmt werden, abhängt. Dabei sind nur die Koeffizienten $A_{\lambda\mu}$ von Null verschieden, die die kinematische Wechselwirkung zwischen Bindungen und Winkeln mit mindestens einem gemeinsamen Atom beschreiben.

Für nichtzyklische Moleküle gibt es insgesamt elf Typen kinematischer Wechselwirkungskoeffizienten. Die Formeln für diese Koeffizienten wurden zuerst von ELJASCHEWITSCH erhalten und sind in [80, 81] gegeben.

Damit kann die Matrix der kinematischen Wechselwirkungskoeffizienten aufgestellt werden, sobald das eine oder andere Molekülmodell ausgewählt wurde. Die Bestimmung der Kraftkonstanten ist eine bedeutend schwierigere Aufgabe. Für die einfachsten Moleküle werden sie aus den experimentellen Schwingungsfrequenzen gefunden (siehe unten). Für weitere Rechnungen nimmt man gewöhnlich an, daß Kraftkonstanten gleicher Art, d. h., sie beschreiben die Wechselwirkung gleicher Bindungen und Winkel, ihren unveränderten Wert in einfachen und komplizierten Molekülen behalten. In der Regel werden viele Koeffizienten gleich Null gesetzt. Demzufolge hat das Problem der numerischen Berechnung der Schwingungen von Anfang an einen näherungsweisen und halbempirischen Charakter. Ungeachtet dessen geben die Berechnungen der Frequenzen und Schwingungsformen wertvolle Daten für die Interpretation der experimentellen Spektren und gestatten wichtige Schlußfolgerungen über den Molekülbau.

Die Aufstellung der kinematischen und der Kraftkonstantenmatrix ist der erste Schritt bei der Berechnung der Molekülschwingungen. Der folgende Schritt besteht in der Ableitung von Gleichungen, welche gestatten, die Frequenzen und Formen der Normalschwingungen zu ermitteln.

Bei der Berechnung kleiner Schwingungen für Systeme von Massenpunkten gehen wir aus von den Bewegungsgleichungen in der LAGRANGEschen Form

$$\frac{d}{dt}\left(\frac{\partial L}{\partial \dot{x}_\lambda}\right) - \frac{\partial L}{\partial x_\lambda} = 0, \tag{10.6}$$

wobei x_λ die verallgemeinerten Koordinaten des Systems mit r Freiheitsgraden ($\lambda = 1, 2, \ldots, r$) sind, und

$$L = T - U \tag{10.7}$$

ist die LAGRANGE-Funktion des Systems. Mit (10.2) und (10.4) folgt

$$\frac{\partial L}{\partial \dot{x}_\lambda} = \frac{\partial T}{\partial \dot{x}_\lambda}, \qquad \frac{\partial L}{\partial x_\lambda} = -\frac{\partial U}{\partial x_\lambda} = F_\lambda. \tag{10.8}$$

Das Gleichungssystem (10.6) nimmt somit die Gestalt

$$\frac{d}{dt}\left(\frac{\partial T}{\partial \dot{x}_\lambda}\right) + \frac{\partial U}{\partial x_\lambda} = 0 \tag{10.9}$$

an. Substituiert man die expliziten Ausdrücke für T und U, so ergibt sich daraus

$$\sum_{\mu=1}^{r} (M_{\lambda\mu}\ddot{x}_\mu + K_{\lambda\mu}x_\mu) = 0. \tag{10.10}$$

Diesem System kann man eine bequemere Form geben, indem man das Gleichungssystem (10.10) mit den oben eingeführten Koeffizienten $A_{\nu\lambda}$ multipliziert und über alle λ summiert:

$$\sum_{\lambda\mu} A_{\nu\lambda}(M_{\lambda\mu}\ddot{x}_\mu + K_{\lambda\mu}x_\mu) = 0. \tag{10.11}$$

Unter Benutzung der bekannten Regel für die Matrizenmultiplikation erhält man aus (10.5)

$$\sum_{\lambda} A_{\nu\lambda}M_{\lambda\mu} = \delta_{\nu\mu} \tag{10.12}$$

und damit schließlich

$$\ddot{x}_\nu + \sum_{\lambda\mu} A_{\nu\lambda}K_{\lambda\mu}x_\mu = 0 \qquad (\nu = 1, 2, \ldots, r). \tag{10.13}$$

Das Gleichungssystem (10.13) bildet ein System von r linearen homogenen Differentialgleichungen mit konstanten Koeffizienten. Nach der allgemeinen Methode suchen wir zur Lösung dieser Gleichungen r unbekannte Funktionen $x_\nu(t)$ der Form

$$x_\nu(t) = a_\nu e^{i\omega t}. \tag{10.14}$$

Wenn wir (10.14) in das Gleichungssystem (10.13) einsetzen, erhalten wir nach Kürzung von $e^{i\omega t}$ ein System von linearen homogenen algebraischen Gleichungen, denen die Konstanten a_ν genügen müssen:

$$\sum_{\lambda\mu} (A_{\nu\lambda}K_{\lambda\mu} - \delta_{\nu\mu}\omega^2)\, a_\mu = \sum_{\mu} \left[\left(\sum_{\lambda} A_{\nu\lambda}K_{\lambda\mu}\right) - \delta_{\nu\mu}\omega^2\right] a_\mu = 0. \tag{10.15}$$

Damit das System von Null verschiedene Lösungen hat, muß seine Determinante verschwinden. Diese Forderung führt auf die Gleichung

$$\left|\left(\sum_{\lambda} A_{\nu\lambda}K_{\lambda\mu}\right) - \delta_{\nu\mu}\omega^2\right| = 0 \tag{10.16}$$

oder

$$\begin{vmatrix} \left(\sum_{\lambda} A_{1\lambda}K_{\lambda 1}\right) - \omega^2 & \sum_{\lambda} A_{1\lambda}K_{\lambda 2} & \cdots \\ \sum_{\lambda} A_{2\lambda}K_{\lambda 1} & \left(\sum_{\lambda} A_{2\lambda}K_{\lambda 2}\right) - \omega^2 & \cdots \\ \cdots & \cdots & \cdots \end{vmatrix} = \begin{vmatrix} D_{11} - \omega^2 & D_{12} & \cdots \\ D_{21} & D_{22} - \omega^2 & \cdots \\ \cdots & \cdots & \cdots \end{vmatrix} = 0.$$

Hierin ist

$$\begin{Vmatrix} D_{11} & D_{12} & \cdots \\ D_{21} & D_{22} & \cdots \\ \cdots & \cdots & \cdots \end{Vmatrix} = \begin{Vmatrix} A_{11} & A_{12} & \cdots \\ A_{21} & A_{22} & \cdots \\ \cdots & \cdots & \cdots \end{Vmatrix} \cdot \begin{Vmatrix} K_{11} & K_{12} & \cdots \\ K_{21} & K_{22} & \cdots \\ \cdots & \cdots & \cdots \end{Vmatrix}$$

die Koeffizientenmatrix der „vollen" Wechselwirkung. Im Unterschied zu $\|A_{\lambda\mu}\|$ und $\|K_{\lambda\mu}\|$ ist diese Matrix nicht symmetrisch, d. h., es ist $D_{ik} \neq D_{ki}$.

Wir machen folgende Bemerkung. Haben die Matrizen $\|A_{\lambda\mu}\|$ und $\|K_{\lambda\mu}\|$ „Quasidiagonalform", d. h., die von Null verschiedenen Elemente bilden quadratische Blöcke in der Hauptdiagonalen, so hat auch $\|D_{\lambda\mu}\|$ Quasidiagonalform, z. B.

$$\begin{Vmatrix} A_{11} & A_{12} & 0 & 0 \\ A_{21} & A_{22} & 0 & 0 \\ 0 & 0 & A_{33} & A_{34} \\ 0 & 0 & A_{43} & A_{44} \end{Vmatrix} \cdot \begin{Vmatrix} K_{11} & K_{12} & 0 & 0 \\ K_{21} & K_{22} & 0 & 0 \\ 0 & 0 & K_{33} & K_{34} \\ 0 & 0 & K_{43} & K_{44} \end{Vmatrix} = \begin{Vmatrix} D_{11} & D_{12} & 0 & 0 \\ D_{21} & D_{22} & 0 & 0 \\ 0 & 0 & D_{33} & D_{34} \\ 0 & 0 & D_{43} & D_{44} \end{Vmatrix}.$$

Dann zerfällt die Gleichung (10.16) in eine Reihe von Gleichungen, von denen jede jeweils einem Block entspricht. In dem angeführten Beispiel haben wir

$$\begin{vmatrix} D_{11} - \omega^2 & D_{12} \\ D_{21} & D_{22} - \omega^2 \end{vmatrix} = 0,$$

$$\begin{vmatrix} D_{33} - \omega^2 & D_{34} \\ D_{43} & D_{44} - \omega^2 \end{vmatrix} = 0.$$

Die Gleichung (10.16) ist eine Gleichung vom Grade r in ω^2. Sie heißt charakteristische oder Säkulargleichung. Die dieser Gleichung genügenden Werte von ω nennt man Eigenfrequenzen des Systems. Wie bekannt ist, hat eine algebraische Gleichung r-ten Grades r Wurzeln. Ein Molekül hat also r Eigenfrequenzen, von denen einige zusammenfallen können (entartete Frequenzen). Aus physikalischen Überlegungen ist klar, daß alle Wurzeln der Säkulargleichung reell und positiv sein müssen. Mathematisch folgt dies daraus, daß die kinetische Energie des Systems eine positiv definite quadratische Form ist (siehe z. B. [102]).

Nachdem sämtliche r Eigenfrequenzen $\omega_1, \omega_2, \ldots, \omega_r$ ermittelt sind, setzt man sie in Gleichung (10.15) ein und kann jeweils die zu einer gegebenen Frequenz ω_j gehörenden Koeffizienten $a_{\mu j}$ bestimmen. Aus der Theorie der linearen Gleichung ist folgendes bekannt. Wenn die Eigenfrequenzen alle verschieden sind, werden die Koeffizienten $a_{\mu j}$ den Unterdeterminanten der Determinante (10.16) proportional, wobei in letzterer ω durch die entsprechenden Werte ω_j zu ersetzen sind:

$$a_{\mu j} \sim \Delta_{\mu j}. \tag{10.17}$$

Eine partikuläre Lösung des Differentialgleichungssystems (10.13) hat folglich die Form

$$x_\mu(t) = C_j \Delta_{\mu j} e^{i\omega_j t}, \tag{10.18}$$

worin C_j eine beliebige (im allgemeinen komplexe) Konstante ist, $\mu = 1, 2, \ldots, r$.

Die Summe aller r partikulären Lösungen liefert die allgemeine Lösung:

$$x^\mu(t) = \sum_{j=1}^{r} C_j \Delta_{\mu j} e^{i\omega_j t}. \tag{10.19}$$

Nach (10.19) stellt jede Schwingungsbewegung des Moleküls eine Überlagerung (Superposition) von r einfachen periodischen Schwingungen der Form

$$Q_j = Q_{j0} e^{i\omega_j t} \tag{10.20}$$

dar.

Die Schwingungen $Q_j (j = 1, 2, \ldots, r)$ sind die Normalschwingungen des Moleküls, von denen am Anfang des Paragraphen die Rede war. Wenn wir als Schwingungskoordinaten die Größen Q_j auswählen, so vereinfacht sich in diesen Koordinaten das Problem der Molekülschwingungen sehr stark.

Die Normalkoordinaten genügen nämlich gemäß (10.20) den Gleichungen

$$\ddot{Q}_j + \omega_j^2 Q_j = 0 \qquad (j = 1, 2, \ldots, r). \tag{10.21}$$

Könnten wir also von Anfang an die Bewegungsgleichungen in Normalkoordinaten aufschreiben, so würden sie in r voneinander unabhängige Gleichungen zerfallen, von denen jede einer von den anderen unabhängige Normalkoordinate entspricht.

Die in Normalkoordinaten ausgedrückte LAGRANGE-Funktion zerfällt in eine Summe von LAGRANGE-Funktionen für jede einzelne Normalkoordinate:

$$L = \frac{1}{2} M_0 \sum_j (\dot{Q}_j^2 - \omega_j^2 Q_j^2), \tag{10.22}$$

wobei M_0 eine Konstante ist, die gewöhnlich die Dimension einer Masse hat; dann haben die Normalkoordinaten die Dimension einer Länge. Vergleicht man (10.22) mit den allgemeinen Ausdrücken (10.7), (10.2) und (10.4), so sieht man, daß in Normalkoordinaten sowohl die kinetische als auch die potentielle Energie Summen von Quadraten darstellen[1]), d. h., die „Wechselwirkung" der einzelnen Koordinaten verschwindet. In Normalkoordinaten nimmt die Säkulargleichung (10.16) die folgende Form

$$\begin{vmatrix} A_1 K_1 - \omega^2 & 0 & \cdots \\ 0 & A_2 K_2 - \omega^2 & \cdots \\ \cdots & \cdots & \cdots \end{vmatrix} = 0 \tag{10.23}$$

an, d. h., sie wird auf Diagonalform gebracht.

Im voranstehenden wurde vorausgesetzt, daß die r Eigenfrequenzen ω_j alle verschieden sind. Wenn einige Frequenzen zusammenfallen, so bleibt die allgemeine Form der Bewegungsgleichungen dieselbe nur mit dem Unterschied, daß diejenigen Koeffizienten $\Delta_{\mu j}$, die mehrfachen Frequenzen entsprechen, nun nicht mehr Unterdeterminanten der Determinante sind (diese verschwinden bei mehrfachen Frequenzen bekanntlich). Einer s-fachen Frequenz (s-fach entartet) entsprechen s Normalkoordinaten. Die Wahl dieser Normalkoordinaten ist aber nicht ganz eindeutig, denn diejenigen Normalkoordinaten, die zu ein und derselben Frequenz ω_j gehören, können einer beliebigen linearen, die Summe der

[1]) In mathematischer Hinsicht bedeutet das, daß durch die Transformation (10.19) von den Koordinaten x^μ zu den Normalkoordinaten Q_j beide quadratische Formen T und U gleichzeitig auf Diagonalform gebracht werden.

Quadrate $\dot{Q}_j^2$ und Q_j^2 in der kinetischen und potentiellen Energie invariant lassenden Transformation unterworfen werden.

Kehren wir nun zurück zu den Gleichungen (10.19), die eine Verbindung zwischen den inneren Koordinaten x^μ und den Normalkoordinaten Q_j herstellen. Mit (10.20) kann man dieses System in die Form

$$x^\mu(t) = \sum_{j=1}^{r} R_{\mu j} Q_j \tag{10.24}$$

umschreiben. Die Koeffizienten $R_{\mu j}$ sind nach (10.19) den Unterdeterminanten $\Delta_{\mu j}$ proportional und lassen sich aus dem linearen Gleichungssystem (10.15) berechnen. Sie bestimmen die Schwingungsform. Nach (10.18) geben die Koeffizienten $R_{\mu j}$ einer j-ten Normalschwingung die relativen Amplituden der Koordinaten x_μ an. Demnach wird jede Normalschwingung nicht nur durch ihre Frequenz ω_j, sondern auch durch ihre Form, d. h. durch den Koeffizientensatz $R_{\mu j}$ charakterisiert.

Entsprechend ihrer Form teilt man die Schwingungen in Valenz- und Deformationsschwingungen ein. Valenzschwingungen sind solche, bei denen sich in der Hauptsache die Bindungslängen ändern. Demgegenüber ändern sich bei Deformationsschwingungen hauptsächlich die Valenzwinkel. Für Valenzschwingungen gilt also

$$q_{\lambda j} \neq 0, \qquad \alpha_{\mu j} \approx 0, \tag{10.25}$$

für Deformationsschwingungen

$$q_{\lambda j} \approx 0, \qquad \alpha_{\mu j} \neq 0. \tag{10.26}$$

Strenggenommen umfaßt jede Schwingung das gesamte Molekül. Häufig sind jedoch die Schwingungen in einzelnen Teilen des Moleküls bzw. in Atom- und Bindungsgruppierungen lokalisiert (im Grenzfalle in einer Bindung). Dementsprechend sagt die Schwingungsform auch etwas über diejenigen Strukturelemente eines Moleküls, die sich in einer gegebenen Normalschwingung sehr stark ändern, aus.

Die bei der Untersuchung der Schwingungsspektren von Molekülen gesammelten theoretischen und experimentellen Erfahrungen zeigen, daß in einer Reihe von Fällen bei gewissen Bindungen, Bindungsgruppierungen oder anderen strukturellen Besonderheiten eines Moleküls bestimmte Frequenzen im Spektrum auftreten. Diese charakteristischen Frequenzen lassen Schlüsse über die Molekülstruktur zu. Davon wird weitgehend in der Molekülspektralanalyse Gebrauch gemacht. Eine detaillierte Behandlung dieser Frage wird in § 11 gegeben.

2. *Berechnung der Frequenzen und Schwingungsformen*

Wie aus dem Voranstehenden zu ersehen ist, geht man bei der Berechnung der Molekülschwingungen wie folgt vor:

1. Aufstellen der kinematischen Matrix und der Kraftkonstantenmatrix;
2. Aufstellen und Lösen der Säkulargleichung;
3. Ausrechnen der Schwingungsformen.

Im Prinzip sind alle diese Operationen nicht kompliziert, sie werden aber bei einer großen Zahl von Schwingungsfreiheitsgraden außerordentlich umfangreich. Eine wesentliche Vereinfachung der Aufgabe kann man durch die Berücksichtigung der Molekülsymmetrie erreichen. Die Symmetrie hat zur Folge, daß einige Koeffizienten in der kinematischen Matrix bzw. in der Kraftkonstantenmatrix identisch oder durch einfache Beziehungen miteinander verknüpft sind, wobei diese Beziehungen für beide Matrizen gleich sind. Nach der Ausführung bestimmter linearer Koordinatentransformationen, den Symmetrietransformationen, nehmen beide Matrizen Quasidiagonalform an, und die Säkulargleichung, die früher vom Grade r war, zerfällt in eine bestimmte Zahl von Säkulargleichungen niedrigeren Grades, von denen jede einer Symmetrierasse entspricht.

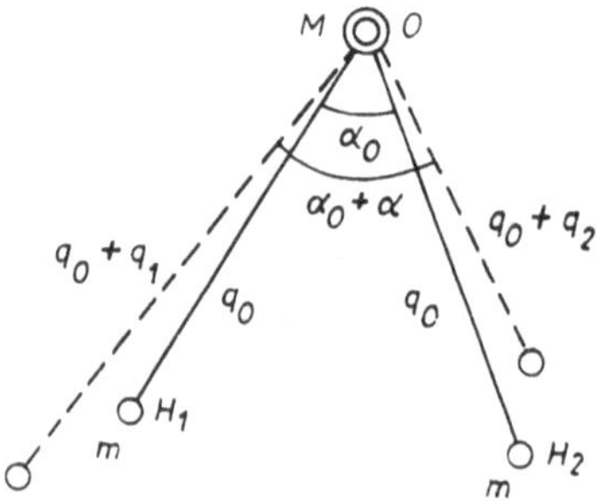

Abb. 30: Schwingungen des H_2O-Moleküls.

Das Gesagte sei an Hand eines einfachen Beispiels erläutert. Dazu betrachten wir ein gewinkeltes symmetrisches dreiatomiges Molekül von Typ H_2O. Ein solches Molekül hat drei Schwingungsfreiheitsgrade. Als innere Koordinaten wählen wir die Bindungslängenänderungen q_1 und q_2 und die Änderung α des Valenzwinkels (Abb. 30). Ausgedrückt in diesen Koordinaten hat die potentielle Energie die Gestalt

$$U = \frac{1}{2} (K_q q_1^2 + K_q q_2^2 + 2h q_1 q_2 + K_\alpha \alpha^2 + 2a q_1 \alpha + 2a q_2 \alpha). \quad (10.27)$$

Wegen der Symmetrie des Moleküls sind die Koeffizienten bei q_1^2 und q_2^2 sowie bei $q_1\alpha$ und $q_2\alpha$ identisch. Der Ausdruck für die potentielle Energie kann demzufolge vereinfacht werden. Gehen wir zu neuen Koordinaten mittels der linearen Transformation

$$q_a = \frac{1}{\sqrt{2}} (q_1 - q_2), \quad q_s = \frac{1}{\sqrt{2}} (q_1 + q_2) \quad (10.28)$$

über. Wegen des Faktors $1/\sqrt{2}$ ändert sich bei dieser Transformation die Quadratsumme der Koordinaten nicht:

$$q_a^2 + q_s^2 = q_1^2 + q_2^2. \quad (10.29)$$

Solche Transformationen heißen orthogonal. Die reziproke Transformation lautet:

$$q_1 = \frac{1}{\sqrt{2}} (q_a + q_s), \quad q_2 = \frac{1}{\sqrt{2}} (-q_a + q_s). \quad (10.30)$$

Die Matrizen der Transformationen (10.28) und (10.30) sind

$$C = \begin{Vmatrix} \frac{1}{\sqrt{2}} & -\frac{1}{\sqrt{2}} \\ \frac{1}{\sqrt{2}} & \frac{1}{\sqrt{2}} \end{Vmatrix}, \qquad C^{-1} = \begin{Vmatrix} \frac{1}{\sqrt{2}} & \frac{1}{\sqrt{2}} \\ -\frac{1}{\sqrt{2}} & \frac{1}{\sqrt{2}} \end{Vmatrix}.$$

Es läßt sich leicht nachprüfen, daß das Produkt der Matrizen CC^{-1} die Einheitsmatrix ergibt. Man erhält die Matrizen C und C^{-1} jeweils aus der anderen mittels Vertauschung der Zeilen mit den Spalten, d. h., die Matrix C^{-1} ist gleich der transponierten $C^{\times}$:

$$C^{-1} = C^{\times}. \tag{10.31}$$

Die Beziehung (10.31) drückt die Haupteigenschaft der orthogonalen Transformationen (mit reellen Koeffizienten) aus. Es ist leicht zu erkennen, daß Det $C = \pm 1$ ist. Setzt man (10.30) in (10.27) ein, so findet man

$$U = \frac{1}{2}\left[(K_q + h)\, q_s^2 + \sqrt{2}\, a\, q_s\, \alpha + K_\alpha \alpha^2 + (K_q - h)\, q_a^2\right]. \tag{10.32}$$

Der transformierte Ausdruck für die potentielle Energie enthält keine „gemischten" Produkte der Koordinaten q_a und q_s sowie q_a und α. Die Koordinate q_a wurde von den übrigen zwei Koordinaten „abgespalten".

Die Koordinaten q_s und q_a haben eine einfache physikalische Bedeutung. Wenn sich bei einer Schwingung nur q_s ändert, d. h. $q_a = 0$, so ist wegen (10.30)

$$q_1 = \frac{1}{\sqrt{2}}\, q_s, \quad q_2 = \frac{1}{\sqrt{2}}\, q_s, \quad q_1 = q_2. \tag{10.33}$$

Die Molekülsymmetrie bleibt bei einer solchen Schwingung unverändert. Nach Ausführung der Symmetrieoperation, und zwar einer Spiegelung an der zur Molekülebene senkrechten Fläche bzw. einer Drehung um 180° um die zweizählige Drehachse kommt das so verzerrte Molekül mit sich selbst zur Deckung. Dieselbe Eigenschaft hat, wie aus Abb. 30 hervorgeht, auch die Koordinate α. Dementsprechend bezeichnet man q_s und α als symmetrische Koordinaten, und die durch sie beschriebenen Schwingungen gehören zur Symmetrierasse der totalsymmetrischen Schwingungen.

Betrachten wir nun den zweiten Fall, wo sich nur die Koordinate q_a ändert, während $q_s = 0$ ist. Aus (10.30) folgt hierfür

$$q_1 = \frac{1}{\sqrt{2}}\, q_a, \quad q_2 = -\frac{1}{\sqrt{2}}\, q_a, \quad q_1 = -q_2. \tag{10.34}$$

Nach Ausführung der genannten Symmetrieoperationen kehren die Auslenkungen der Atome aus ihren Gleichgewichtslagen ihr Vorzeichen um. Die Koordinate q_a heißt deshalb antisymmetrisch, und die entsprechende Schwingung gehört zur antisymmetrischen Symmetrierasse.

Bisher haben wir nur die potentielle Energie betrachtet. Eine ganz analoge Transformation erfährt auch die kinetische Energie, weil ja die Vereinfachung der Formeln mittels der Koordinaten q_s und q_a nicht auf irgendwelchen speziellen Werten der Koeffizienten, sondern auf ganz allgemeinen Symmetrieeigenschaften des Moleküls beruht. Dies gilt auch für die kinematische Matrix, die die Inverse der Matrix der kinetischen Energie darstellt.

Es ist mitunter bequemer, anstelle der potentiellen und der kinetischen Energie die kinematische Matrix und die Kraftkonstantenmatrix zu transformieren. Für das angeführte Beispiel haben wir

$$K = \begin{Vmatrix} K_q & h & a \\ h & K_q & a \\ a & a & K_\alpha \end{Vmatrix}. \tag{10.35}$$

Die Koordinatentransformation (10.30) ist folgender Matrixtransformation äquivalent. Multiplizieren wir alle Koeffizienten in der ersten und zweiten Zeile mit $1/\sqrt{2}$, addieren beide Zeilen und subtrahieren anschließend von der zweiten Zeile die erste, so erhalten wir

$$K' = \begin{Vmatrix} \frac{1}{\sqrt{2}}(K_q + h) & \frac{1}{\sqrt{2}}(K_q + h) & \sqrt{2}\,a \\ -\frac{1}{2}(K_q - h) & \frac{1}{\sqrt{2}}(K_q - h) & 0 \\ a & a & K_\alpha \end{Vmatrix}.$$

In gleicher Weise verfahren wir mit der ersten und der zweiten Spalte[1]):

$$K'' = \begin{Vmatrix} K_q + h & 0 & \sqrt{2}\,a \\ 0 & K_q - h & 0 \\ \sqrt{2}\,a & 0 & K_\alpha \end{Vmatrix}. \tag{10.36}$$

[1]) Die oben beschriebene Transformation der Matrix K ist äquivalent einer Multiplikation mit der Transformationsmatrix

$$C^{-1} = \begin{Vmatrix} \frac{1}{\sqrt{2}} & \frac{1}{\sqrt{2}} & 0 \\ -\frac{1}{\sqrt{2}} & \frac{1}{\sqrt{2}} & 0 \\ 0 & 0 & 1 \end{Vmatrix}$$

und anschließender Multiplikation von rechts mit C, d. h. $K'' = C^{-1}KC$,

Vertauschen wir schließlich jeweils die zweite und dritte Zeile und die zweite und dritte Spalte:

$$K''' = \left\| \begin{array}{cc:c} K_q + h & \sqrt{2}\,a & 0 \\ \sqrt{2}\,a & K_\alpha & 0 \\ \hdashline 0 & 0 & K_q - h \end{array} \right\| . \tag{10.37}$$

Die auf „Quasidiagonalform" gebrachte Matrix K''' entspricht der transformierten Koeffizientenmatrix der potentiellen Energie (10.32). Um die Quasidiagonalform zu unterstreichen, haben wir die letzte Zeile und die letzte Spalte durch eine punktierte Linie abgetrennt.

Die kinematische Matrix schreiben wir in der Form

$$A = \left\| \begin{matrix} A_q & A_h & A_a \\ A_h & A_q & A_a \\ A_a & A_a & A_\alpha \end{matrix} \right\| . \tag{10.38}$$

Mittels der oben beschriebenen Transformation kann sie ebenfalls auf Quasidiagonalform gebracht werden.

$$A''' = \left\| \begin{matrix} A_q + A_h & \sqrt{2}\,A_a & 0 \\ \sqrt{2}\,A_a & A_\alpha & 0 \\ 0 & 0 & A_q - A_h \end{matrix} \right\| . \tag{10.39}$$

Die Säkulargleichung (10.16) zerfällt nunmehr in zwei Gleichungen: für die symmetrischen Schwingungen

$$\left\| \left\| \begin{matrix} A_q + A_h & \sqrt{2}\,A_a \\ \sqrt{2}\,A_a & A_\alpha \end{matrix} \right\| \left\| \begin{matrix} K_q + h & \sqrt{2}\,a \\ \sqrt{2}\,a & K_\alpha \end{matrix} \right\| - \left\| \begin{matrix} \omega^2 & 0 \\ 0 & \omega^2 \end{matrix} \right\| \right\| = 0 \tag{10.40}$$

und für die antisymmetrische Schwingung

$$(A_q - A_h)\,(K_q - h) - \omega^2 = 0 . \tag{10.41}$$

Durch Berücksichtigung der Symmetrie konnte also die Berechnung der Schwingungen des Moleküls H_2O auf zwei einfachere, sich jeweils auf eine der beiden Symmetrierassen (totalsymmetrisch bzw. antisymmetrisch) beziehende Aufgaben zurückgeführt werden. Die Lösung der letzteren ergibt sich unmittelbar und liefert für die Frequenz der antisymmetrischen Normalschwingung den Ausdruck

$$\omega_a^2 = (A_q - A_h)(K_q - h). \tag{10.42}$$

Setzen wir nun die Berechnung des Schwingungsspektrums von H_2O fort. Unter Verwendung der in [80, 81] angegebenen Tabellen findet man für die kinematischen Koeffizienten

$$A_q = \frac{1}{m} + \frac{1}{M},$$

$$A_h = \frac{1}{M} \cos \alpha_0,$$

$$A_a = -\frac{1}{M\varrho_0} \sin \alpha_0,$$

$$A_\alpha = \frac{2}{\varrho_0^2}\left[\frac{1}{m} + \frac{1}{M}(1 - \cos \alpha_0)\right] \tag{10.43}$$

(Bezeichnungen in Abb. 30). Benutzt man die Werte der geometrischen Parameter von H_2O [103]

$$\varrho_0 = 0{,}9572 \text{ Å}, \qquad \alpha_0 = 104{,}52°$$

und setzt die Massen gleich $m_H = 1{,}008$ und $M = 16{,}0$ ein, so ergibt sich: $A_q = 1{,}0546$, $A_h = -0{,}0604$, $A_a = -0{,}0167$ und $A_\alpha = 2{,}3700$.

Es sollen auch die kinematischen Koeffizienten für „schweres" Wasser D_2O angegeben werden. Setzt man $m_D = 2{,}015$ (die gestrichenen Größen beziehen sich auf das Molekül D_2O), so wird

$$A_q' = 0{,}5587, \qquad A_\alpha' = 1{,}3158.$$

Die übrigen Koeffizienten bleiben unverändert.

Zur Bestimmung der Kraftkonstanten muß man auf die experimentellen Frequenzwerte zurückgreifen. Hierbei stößt man auf zwei grundsätzliche Schwierigkeiten:

1. Die Zahl der Frequenzen ist stets kleiner als die Zahl der unbekannten Kraftkonstanten. Diese Schwierigkeit läßt sich teilweise dadurch beheben, daß man die Spektren isotoper Moleküle benutzt.

2. Die gemessenen Frequenzen beziehen sich auf anharmonische Schwingungen. Die Berücksichtigung der Anharmonizität ist ein recht schwieriges Problem (siehe § 15). Gewöhnlich geht man von der Annahme aus, daß die Anharmonizität klein ist und setzt die gemessenen Frequenzen gleich den Frequenzen harmonischer Schwingungen. Dies führt in den Rechnungen zu schwer überschaubaren Fehlern.

Die gemessenen Frequenzen für H_2O und D_2O sind in Tab. 9 aufgeführt. Mit ihrer Hilfe finden wir zuerst die Konstante $K_q - h$. Mit Gleichung (10.42) finden wir

$$K_q - h = \frac{\omega_a^2}{A_q - A_h} = 12{,}65\ (H_2O),$$

$$(K_q - h)' = 12{,}56\ (D_2O). \qquad (10.44)$$

Der geringfügige Unterschied in den Werten $K_q - h$ für H_2O und D_2O ist offenbar auf die Anharmonizität der Schwingungen zurückzuführen.

Gehen wir nun zur Gleichung für die symmetrischen Schwingungen (10.40) über. Hierin sind drei unbekannte Kraftkonstanten enthalten, zu deren Bestimmung die Frequenzen beider Moleküle benötigt werden. Praktisch ist es bequemer, die beiden Summen $\omega_q^2 + \omega_\alpha^2$ und $\omega_q'^2 + \omega_\alpha'^2$ und eines der Produkte $\omega_q^2\omega_\alpha^2$ oder $\omega_q'^2\omega_\alpha'^2$ zu verwenden. Schreibt man die Säkulargleichung in der Form

$$\begin{vmatrix} (A_q + A_h)(K_q + h) + 2A_a a - \omega^2 & (A_q + A_h)\sqrt{2}\,a + \sqrt{2}\,A_a K_\alpha \\ \sqrt{2}\,A_a(K_q + h) + \sqrt{2}\,A_a a & 2A_a a + A_\alpha K_\alpha - \omega^2 \end{vmatrix} = 0$$

und rechnet die Determinante aus, so ergibt sich

$$\omega^4 - [(A_q + A_h)(K_q + h) + (4A_a a + A_\alpha K_\alpha)]\,\omega^2 + D = 0. \qquad (10.45)$$

Tabelle 9

Schwingungsspektren von H_2O *und den Deuteriumverbindungen im gasförmigen Aggregatzustand (nach [83])*

Molekül	Frequenzen $[cm^{-1} \cdot 10^{-3}]$		
	ω_{sq}	$\omega_{s\alpha}$	ω_a
H_2O	3,6545 Raman	1,595 IR	3,7558 IR
D_2O	2,666 Raman	1,179 IR	2,789 IR
HDO[1])	2,719	1,402	(3,710)

[1]) Für dieses Molekül gibt es keine Frequenzverteilung entsprechend der Symmetrie. Die Frequenz in Klammern wurde nach der Swerdlowschen Summenregel [105] berechnet.

Hierin ist D die aus der Matrix der vollen Wechselwirkung gebildete Determinante:

$$D = \begin{vmatrix} K_q + h & \sqrt{2}\,a \\ \sqrt{2}\,a & K_\alpha \end{vmatrix} \begin{vmatrix} A_q + A_h & \sqrt{2}\,A_a \\ \sqrt{2}\,A_a & A_\alpha \end{vmatrix} = D(K)\,D(A). \qquad (10.46)$$

Entsprechend dem bekannten Theorem über die Beziehung zwischen der Wurzel einer algebraischen Gleichung und den Koeffizienten bei den Unbekannten folgt

$$D = \omega_q^2\omega_\alpha^2, \qquad D' = \omega_q'^2\omega_\alpha'^2. \qquad (10.47)$$

Der Koeffizient bei ω^2 ist gleich der Summe aus den Wurzeln der Gleichung, so daß gilt

$$(A_q + A_h)(K_q + h) + 4A_a a + A_\alpha K_\alpha = \omega_q^2 + \omega_\alpha^2, \tag{10.48}$$

$$(A_q' + A_h)(K_q + h) + 4A_a a + A_\alpha' K_\alpha = \omega_q'^2 + \omega_\alpha'^2. \tag{10.48'}$$

Wir bemerken, daß der genannte Koeffizient mit der Summe der Diagonalelemente der Matrix $\|D\|$ identisch ist. Löst man das Gleichungssystem (10.48) und (10.48′) unter Berücksichtigung der ersten Gleichung (10.47), so erhält man zwei Kraftkonstantensätze, von denen der folgende am plausibelsten erscheint:

$$K_q + h = 6{,}139, \qquad a = -1{,}97, \qquad K_\alpha = 3{,}61.$$

Mit Rücksicht auf (10.44) ergibt sich

$$K_q = 9{,}40, \qquad h = -3{,}26.$$

Benutzt man dagegen $D' = \omega_q'^2 + \omega_\alpha'^2$, so gelangt man zu den Werten

$$K_q' = 9{,}30, \qquad h' = -3{,}16, \qquad a' = -1{,}90, \qquad K_\alpha' = 3{,}63.$$

Ungeachtet dessen, daß die Werte für die Kraftkonstanten dicht beieinander liegen, ist die vorgeführte Rechnung nur als Illustration zur Kraftkonstantenberechnung anzusehen, da hierbei die beträchtliche Anharmonizität der Schwingungen (siehe § 15) ohne Berücksichtigung geblieben ist.

Der Zusammenhang zwischen der Summe aus den Wurzeln der Säkulargleichung und der Summe der Diagonalelemente der Matrix der vollen Wechselwirkung sowie der Zusammenhang zwischen dem Produkt aus den Wurzeln und der Determinante der genannten Matrix ist für Gleichungen beliebigen Grades gültig und erlaubt, nützliche Beziehungen für die Frequenzen isotoper Moleküle abzuleiten. Für das Produkt aus den Wurzeln zweier isotoper Moleküle gilt

$$D = D(K)\,D(A) = \omega_1^2\omega_2^2 \ldots \omega_r^2,$$

$$D' = D(K)\,D'(A) = \omega_1'^2\omega_2'^2 \ldots \omega_r'^2.$$

Hieraus folgt

$$\frac{\omega_1^2\omega_2^2 \ldots \omega_r^2}{\omega_1'^2\omega_2'^2 \ldots \omega_r'^2} = \frac{D(A)}{D'(A)}. \tag{10.49}$$

Diese Beziehung trägt die Bezeichnung TELLER-REDLICHsche Produktregel [104].

Betrachten wir nun die Beziehung

$$\sum_{k=1}^{r} \omega_k^2 = \sum_{k=1}^{r} D_{kk}. \tag{10.50}$$

Wir nehmen an, daß das betrachtete Molekül mehrere gleiche Atome, etwa H-Atome, enthält. Das Ausgangsmolekül wollen wir mit *a* bezeichnen. Durch das

Ersetzen eines Teils der H-Atome durch D-Atome erhalten wir aus dem ursprünglichen das Molekül *b*. Ersetzt man nun im ursprünglichen Molekül einen anderen Teil der H-Atome durch D-Atome, so erhalten wir das Molekül *c*. Ersetzt man schließlich beide Teile der H-Atome durch D-Atome, so hat man Molekül *d*. Bei solchen Substitutionen werden sich jedesmal nur diejenigen Matrixelemente $\|D_{ik}\|$ ändern, die sich auf die ersetzten Atome beziehen. Die Zahl der in den Molekülen *b* und *c* ersetzten H-Atome sei entsprechend *m* und *n*. Für jedes Molekül stellen wir nun die Quadratsumme der Frequenzen und die Summe der Diagonalelemente der Matrix $\|D_{ik}\|$ auf, wobei jeweils die den ersetzten H-Atomen entsprechenden Glieder herausgelöst sind.

Im einzelnen gilt

$$\sum_{k=1}^{r} \omega_{ak}^2 = \sum_{k=1}^{m} D_{kk} + \sum_{k=m+1}^{n} D_{kk} + \sum_{k=n+1}^{r} D_{kk},$$

$$\sum_{k=1}^{r} \omega_{bk}^2 = \sum_{k=1}^{m} D'_{kk} + \sum_{k=m+1}^{n} D_{kk} + \sum_{k=n+1}^{r} D_{kk},$$

$$\sum_{k=1}^{r} \omega_{ck}^2 = \sum_{k=1}^{m} D_{kk} + \sum_{k=m+1}^{n} D'_{kk} + \sum_{k=n+1}^{r} D_{kk},$$

$$\sum_{k=1}^{r} \omega_{dk}^2 = \sum_{k=1}^{m} D'_{kk} + \sum_{k=m+1}^{n} D'_{kk} + \sum_{k=n+1}^{r} D_{kk}.$$

Hieraus ist leicht zu sehen, daß

$$\sum_{k=1}^{r} \omega_{ak}^2 + \sum_{k=1}^{r} \omega_{dk}^2 = \sum_{k=1}^{r} \omega_{bk}^2 + \sum_{k=1}^{r} \omega_{ck}^2 \tag{10.51}$$

ist. Diese Beziehung ist die „SWERDLOWsche Summenregel“ [105].

Die Produkt- und Summenregel kann zur Überprüfung der Frequenzzuordnung und zur Ausrechnung einer fehlenden Schwingungsfrequenz bei Kenntnis aller anderen Frequenzen benutzt werden. Angewendet auf die Moleküle H_2O, D_2O und HDO lautet die Summenregel

$$\sum \omega_i^2(H_2O) + \sum \omega_i^2(D_2O) = 2\sum \omega_i^2(HDO).$$

Mit Hilfe von Tab. 9 erhalten wir

$$\omega_3 = 3710 \text{ cm}^{-1}.$$

Die Produktregel liefert $\omega_3 = 3730 \text{ cm}^{-1}$.

Das betrachtete Molekül H_2O besitzt eine verhältnismäßig niedrige Symmetrie. Für die Moleküle höherer Symmetrie bringt die Berücksichtigung der Symmetrieeigenschaften eine weit bedeutendere Vereinfachung des Schwingungsproblems mit sich. Als Beispiel wollen wir das zur Symmetriegruppe T_d gehörende Methanmolekül CH_4 betrachten.

Für das Methanmolekül sind die inneren Koordinaten durch die vier Längenänderungen q_i der Bindungen C—H (q_1, q_2, q_3 und q_4) und die sechs Winkeländerungen α_{ik} der Winkel H—C—H zwischen diesen Bindungen (Abb. 31) gegeben. Die Winkelkoordinaten α_{ik} sind nicht vollständig voneinander unabhängig, sie genügen der Beziehung

$$\alpha_{12} + \alpha_{13} + \alpha_{14} + \alpha_{23} + \alpha_{24} + \alpha_{34} = 0. \tag{10.52}$$

Bei der Formulierung des Schwingungsproblems führen wir also eine „überflüssige“ Koordinate ein, der die Frequenz Null entspricht. Im Prozeß der Koordinatentransformation (siehe unten) wird diese Koordinate automatisch ausgeschaltet werden.

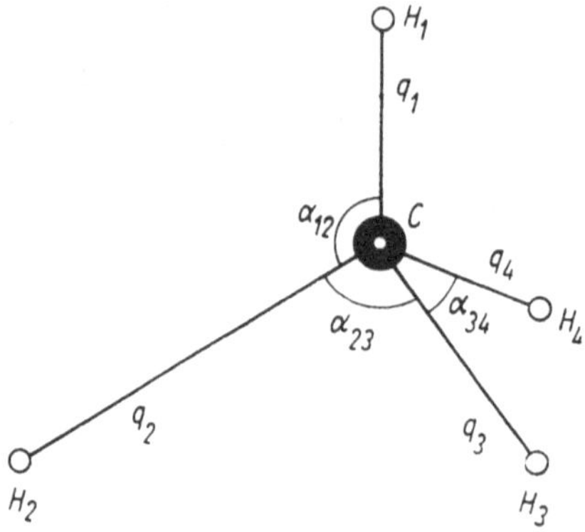

Abb. 31: Innere Schwingungskoordinaten des Methanmoleküls.

Im Methanmolekül sind die Valenzwinkel Tetraederwinkel ($\alpha_0 = 109°28'$, $\cos \alpha_0 = -1/3, \sin \alpha_0 = \sqrt{8}/3$). Der Atomabstand C—H beträgt 1,09 Å. Ausgehend von der geometrischen Struktur des Methanmoleküls bestimmen wir die kinematischen Wechselwirkungskoeffizienten. Wegen der hohen Symmetrie des Moleküls gibt es lediglich sieben verschiedene kinematische Koeffizienten und Kraftkonstanten. Sie sind in Tab. 10a aufgeführt.

Um die kinematische und die Kraftkonstantenmatrix zu vereinfachen, geht man am besten so vor, wie wir es früher für H_2O getan haben. Wir multiplizieren die ersten beiden Zeilen der kinematischen Matrix mit $1/\sqrt{2}$, addieren zur ersten die zweite dazu und ziehen von der zweiten die erste ab. Dieselbe Operation führen wir jeweils paarweise mit den übrigen Zeilen aus, d. h. mit der 3. und 4. , 5. und 6. usw. Dasselbe wiederholen wir anschließend mit den Spalten der Matrix. Symbolisch können wir diese Transformation in der folgenden Form schreiben

$$\frac{1}{\sqrt{2}}(1+2),\ \frac{1}{\sqrt{2}}(2-1),\ \frac{1}{\sqrt{2}}(3+4),\ \frac{1}{\sqrt{2}}(4-3),\ \frac{1}{\sqrt{2}}(5+6),$$
$$\frac{1}{\sqrt{2}}(6-5),\ \frac{1}{\sqrt{2}}(7+8),\ \frac{1}{\sqrt{2}}(8-7),\ \frac{1}{\sqrt{2}}(9+10),\ \frac{1}{\sqrt{2}}(10-9).$$

Die Ziffern in den Klammern geben jeweils die Nummern der Zeilen bzw. Spalten an. Nach der Ausführung der Transformation treten in der Matrix viele Nullen auf. Wenden wir noch die Transformationen

$$\frac{1}{\sqrt{2}}(1+3),\ \frac{1}{\sqrt{2}}(3-1),\ \frac{1}{\sqrt{2}}(5+9),\ \frac{1}{\sqrt{2}}(9-5),$$
$$\frac{1}{\sqrt{2}}(6+10),\ \frac{1}{\sqrt{2}}(10-6)$$

an, so erhalten wir eine vereinfachte Matrix, die nach Vertauschen von Zeilen und Spalten Quasidiagonalform annimmt. In den Tab. 10a und 10b sind die genannten Transformationen für die kinematische Matrix dargestellt. In analoger Weise läßt sich die Kraftkonstantenmatrix vereinfachen.

Die dreireihige Matrix in Tab. 10b nimmt nach der Transformation

$$\frac{\sqrt{2}}{\sqrt{3}}(5) + \frac{1}{\sqrt{3}}(7), \quad \frac{\sqrt{2}}{\sqrt{3}}(7) - \frac{1}{\sqrt{3}}(5)$$

die Gestalt

	1	5	7
1	$A_q + 3A_h$	$\sqrt{6}\,(A_1 + A_2)$	0
5	$\sqrt{6}\,(A_1 + A_2)$	$A_\alpha + 4\gamma_1 + \gamma_2$	0
7	0	0	$A_\alpha - 2\gamma_1 + \gamma_2$

an.

Tabelle 10a

Transformation der kinematischen Matrix des Methanmoleküls

		1	2	3	4	5	6	7	8	9	10
		q_1	q_2	q_3	q_4	α_{12}	α_{13}	α_{23}	α_{14}	α_{24}	α_{34}
1	q_1	A_q	A_h	A_h	A_h	A_1	A_1	A_2	A_1	A_2	A_2
2	q_2	A_h	A_q	A_h	A_h	A_1	A_2	A_1	A_2	A_1	A_2
3	q_3	A_h	A_h	A_q	A_h	A_2	A_1	A_1	A_2	A_2	A_1
4	q_4	A_h	A_h	A_h	A_q	A_2	A_2	A_2	A_1	A_1	A_1
5	α_{12}	A_1	A_1	A_2	A_2	A_α	γ_1	γ_1	γ_1	γ_1	γ_2
6	α_{13}	A_1	A_2	A_1	A_2	γ_1	A_α	γ_1	γ_1	γ_2	γ_1
7	α_{23}	A_2	A_1	A_1	A_2	γ_1	γ_1	A_α	γ_2	γ_1	γ_1
8	α_{14}	A_1	A_2	A_2	A_1	γ_1	γ_1	γ_2	A_α	γ_1	γ_1
9	α_{24}	A_2	A_1	A_2	A_1	γ_1	γ_2	γ_1	γ_1	A_α	γ_1
10	α_{34}	A_2	A_2	A_1	A_1	γ_2	γ_1	γ_1	γ_1	γ_1	A_α

Anmerkung: Bezeichnungen (in Klammern die entsprechenden Kraftkonstanten):

$$A_q = \varepsilon_H + \varepsilon_C\ (K_q); \quad A_h = -\frac{1}{3}\varepsilon_C\ (h);$$

$$A_1 = -\frac{\sqrt{8}}{3}\varepsilon_C\ (a_1); \; A_2 = \frac{\sqrt{8}}{3}\varepsilon_C\ (a_2); \; A_\alpha = 2\varepsilon_H + \frac{8}{3}\varepsilon_C\ (K_\alpha);$$

$$\gamma_1 = -\frac{1}{2}\varepsilon_H\ (l_1); \; \gamma_2 = -\frac{8}{3}\varepsilon_C\ (l_2);$$

$$\varepsilon_H = \frac{1}{m_H}; \; \varepsilon_C = \frac{1}{m_C}.$$

Beziehungen: $A_1 + A_2 = 0, \quad A_\alpha + 4\gamma_1 + \gamma_2 = 0.$

Tabelle 10b

	1	5	7	2	3
1	$A_q + 3A_h$	$2(A_1 + A_2)$	$\sqrt{2}\,(A_1 + A_2)$		
5	$2(A_1 + A_2)$	$A_\alpha + 2\gamma_1 + \gamma_2$	$2\sqrt{2}\,\gamma_1$		
7	$\sqrt{2}\,(A_1 + A_2)$	$2\sqrt{2}\,\gamma_1$	$A_\alpha + \gamma_2$		
2				$A_q - A_h$	0
3				0	$A_q - A_h$
4				0	0
6				$-\frac{1}{\sqrt{2}}(A_1 - A_2)$	$A_1 - A_2$
8				$A_1 - A_2$	0
9				$\frac{1}{\sqrt{2}}(A_1 - A_2)$	$A_1 - A_2$
10					

	4	6	8	9	10
1					
5					
7					
2	0	$-\frac{1}{\sqrt{2}}(A_1 - A_2)$	$A_1 - A_2$	$\frac{1}{\sqrt{2}}(A_1 - A_2)$	
3	0	$A_1 - A_2$	0	$A_1 - A_2$	
4	$A_q - A_h$	$-\frac{1}{\sqrt{2}}(A_1 - A_2)$	$-(A_1 - A_2)$	$\frac{1}{\sqrt{2}}(A_1 - A_2)$	
6	$-\frac{1}{\sqrt{2}}(A_1 - A_2)$	$A_\alpha - \gamma_2$	0	0	
8	$-(A_1 - A_2)$	0	$A_\alpha - \gamma_2$	0	
9	$\frac{1}{\sqrt{2}}(A_1 - A_2)$	0	0	$A_\alpha - \gamma_2$	
10					$A_\alpha - 2\gamma_1 + \gamma_2$

Wegen der Beziehungen zwischen den kinematischen Koeffizienten (siehe Tab. 10a) verschwinden alle Koeffizienten in der fünften Zeile und fünften Spalte. Diese Zeile bzw. Spalte entspricht gerade der oben erwähnten „überflüssigen" Koordinate. Diese Zeile und Spalte können auch in der Kraftkonstantenmatrix gestrichen werden. Es verbleiben also die Diagonalelemente $A_q + 3A_h$ und $A_\alpha - 2\gamma_1 + \gamma_2$, wobei das letzte mit dem Koeffizienten in der zehnten Zeile der in Tab. 10b dargestellten quasidiagonalen Matrix zusammenfällt. Somit erhalten wir zwei Säkulargleichungen vom Grade 1:

$$(A_q + 3A_h)(K_q + 3h) - \omega^2 = 0 \tag{10.53}$$

(die Gleichung liefert die Frequenz der totalsymmetrischen Schwingung),

$$(A_\alpha - 2\gamma_1 + \gamma_2)(K_\alpha - 2l_1 + l_2) - \omega^2 = 0 \tag{10.54}$$

(die Gleichung liefert die Frequenz der zweifach entarteten Schwingungen).

Die sechsreihige Matrix in Tab. 10b kann mittels der Transformation

$$\frac{1}{\sqrt{2}}(2+4), \quad \frac{1}{\sqrt{2}}(4-2), \quad \frac{1}{\sqrt{2}}(6+9), \quad \frac{1}{\sqrt{2}}(9-6)$$

auf Quasidiagonalform gebracht werden.

Die transformierte Matrix liefert im Verein mit der entsprechenden Kraftkonstantenmatrix drei identische Säkulargleichungen zweiten Grades zur Bestimmung der Frequenz der dreifach entarteten Schwingungen:

$$\left\|\left\| \begin{matrix} A_q - A_h & \sqrt{2}(A_1 - A_2) \\ \sqrt{2}(A_1 - A_2) & A_\alpha - \gamma_2 \end{matrix} \right\| \cdot \left\| \begin{matrix} K_q - h & \sqrt{2}(a_1 - a_2) \\ \sqrt{2}(a_1 - a_2) & K_\alpha - l_2 \end{matrix} \right\| - \left\| \begin{matrix} \omega^2 & 0 \\ 0 & \omega^2 \end{matrix} \right\|\right\| = 0. \tag{10.55}$$

Durch Berücksichtigung der Symmetrie ist es uns also gelungen, die Berechnung der Molekülschwingungen von Methan auf die Lösung von zwei Gleichungen ersten Grades und einer Gleichung zweiten Grades zu reduzieren. Wir bemerken, daß diese Gleichungen nur fünf unbekannte Kraftkonstanten-Kombinationen enthalten, welche aus den experimentellen Werten für die Schwingungsfrequenzen von CH_4 und den isotopen Molekülen zu bestimmen sind.

Die Ergebnisse numerischer Rechnungen für die Moleküle CH_4, CD_4 und CT_4 unter Berücksichtigung der Anharmonizität werden in § 15 angegeben.

Die eingangs behandelte Methode zur Vereinfachung der kinematischen und Kraftkonstantenmatrix erweist sich als außerordentlich effektiv, wenn sich die Ausgangsmatrizen in einzelne, infolge der Molekülsymmetrie teilweise identische Blöcke aufspalten lassen. Eine solche Matrizenstruktur wird dadurch bedingt, daß die zu untersuchenden Moleküle aus bestimmten charakteristischen Atomgruppen bestehen, wobei die Anzahl der Typen klein ist. Jeder Matrixblock beschreibt die Wechselwirkung der Schwingungskoordinaten innerhalb der genannten Gruppierungen bzw. zweier benachbarter Gruppen usw. Beim Übergang zu einem ähnlichen Molekül oder etwa von einem Rotationsisomeren zu einem anderen bleiben die Matrizenblöcke unverändert oder ändern sich nur geringfügig. Die Blockstruktur der Matrizen erleichtert daher die Aufstellung der Säkulargleichung wie auch die Berücksichtigung der Symmetrie wesentlich [100].

Die Operationen mit Matrizenblöcken wollen wir am Cyclohexanmolekül demonstrieren. C_6H_{12} hat 48 Schwingungsfreiheitsgrade. Für dieses Molekül kann heute die „sesselförmige" Konfiguration mit der Symmetrie D_{3d} (Abb. 32) als eindeutig gesichert angesehen werden. Eine zweite mögliche Form, die „Wanne", ist bei Zimmertemperatur instabil, kann aber bei hohen Temperaturen eine gewisse Rolle spielen [106]. Wir bemerken, daß entsprechend der „Sesselform" des Cyclohexans die Wasserstoffatome an jedem C-Atom des Ringes nicht vollständig äquivalent sind. Jeweils ein H-Atom liegt auf dem den Ring umgebenden „äquatorialen" Gürtel (äquatoriale Wasserstoffatome) und das andere ist höher oder tiefer als der Gürtel angeordnet („polare" Wasserstoffatome). Daraus resultiert eine komplizierte Raumisomerie der Cyclohexanderivate, auf die wir später noch zurückkommen werden.

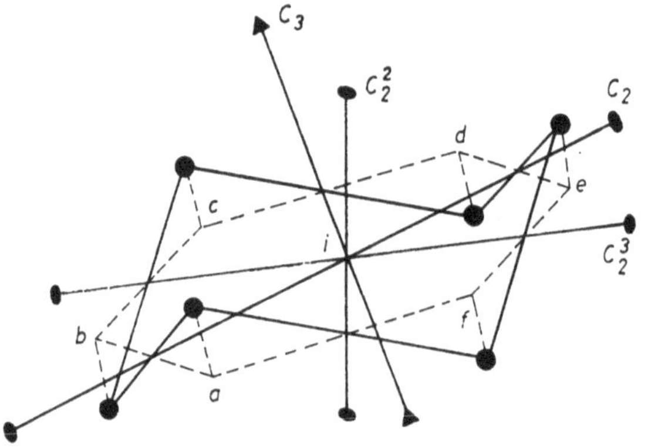

Abb. 32: Schema des Cyclohexanmoleküls.

Als innere Koordinaten kommen für Cyclohexan zwölf Änderungen q_i der Bindungslängen C—H, sechs Änderungen Q_i der Bindungslängen C—C und 36 Valenzwinkeländerungen, die durch sechs Beziehungen

$$\alpha_i + 4\beta_i + \gamma_i = 0 \tag{10.56}$$

miteinander verknüpft sind, in Betracht. Hierbei ist α_i der Valenzwinkel zwischen den Bindungen C_i—H, β_i der Valenzwinkel zwischen C_i—H und C_i—C und γ_i der Valenzwinkel zwischen C_i—C; der Index i numeriert die C—Atome. Die kinematischen Koeffizienten findet man mit Hilfe der Tabellen in [80, 81]. Die dabei entstehende 54reihige Matrix läßt sich mit Matrizenblöcken in folgender Form schreiben (siehe [100]):

$$A = \begin{Vmatrix} H & F & C & 0 & C' & F' \\ F' & H & F & C & 0 & C' \\ C' & F' & H & F & C & 0 \\ 0 & C' & F' & H & F & C \\ C & 0 & C' & F' & H & F \\ F & C & 0 & C' & F' & H \end{Vmatrix}. \tag{10.57}$$

Hierin sind H, F und C 9reihige Matrizen mit einer „Nullzeile" bzw. 8zeilige Matrizen nach der Eliminierung der Redundanzkoordinate nach Formel (10.56). Man sieht, daß sich die Matrix A durch größere Blöcke noch einfacher ausdrücken läßt:

$$A' = \begin{Vmatrix} \alpha & \beta \\ \beta & \alpha \end{Vmatrix}, \tag{10.58}$$

wobei

$$\alpha = \begin{Vmatrix} H & F & C \\ F' & H & F \\ C' & F' & H \end{Vmatrix}, \quad \beta = \begin{Vmatrix} 0 & C' & F' \\ C & 0 & C' \\ F & C & 0 \end{Vmatrix}. \tag{10.59}$$

Die Matrix A' (10.58) läßt sich mit der Transformation

$$\frac{1}{\sqrt{2}}(1+2), \quad \frac{1}{\sqrt{2}}(2-1)$$

auf Diagonalform bringen:

$$A' = \begin{Vmatrix} \alpha+\beta & 0 \\ 0 & \alpha-\beta \end{Vmatrix}. \tag{10.60}$$

Die Ausgangsmatrix A (10.57) zerfällt somit in zwei Matrizen:

$$\alpha+\beta = \begin{Vmatrix} H & F+C' & F'+C \\ F'+C & H & F+C' \\ F+C' & F'+C & H \end{Vmatrix},$$

$$\alpha-\beta = \begin{Vmatrix} H & F-C' & -(F'-C) \\ F'-C & H & F-C' \\ -(F-C') & F'-C & H \end{Vmatrix}. \tag{10.61}$$

Wendet man auf die Matrix $\alpha+\beta$ nacheinander die Transformationen

$$\frac{1}{\sqrt{2}}(2+3), \quad \frac{1}{\sqrt{2}}(3-2)$$

und

$$\frac{\sqrt{2}}{3}(1) - \frac{1}{\sqrt{3}}(2), \quad \frac{\sqrt{2}}{\sqrt{3}}(2) + \frac{1}{\sqrt{3}}(1)$$

an, so gelangt man zu der Diagonalform

$$\alpha+\beta = \begin{Vmatrix} H+F+F'+C+C' & 0 & 0 \\ 0 & H-\frac{1}{2}(F+F'+C+C') & -\frac{\sqrt{3}}{2}(F-F'-C+C') \\ 0 & \frac{\sqrt{3}}{2}(F-F'-C+C') & H-\frac{1}{2}(F+F'+C+C') \end{Vmatrix}. \tag{10.62}$$

Analog gelangt man nach den aufeinanderfolgenden Transformationen

$$\frac{1}{\sqrt{2}}(2+3), \quad \frac{1}{\sqrt{2}}(3-2)$$

und

$$\frac{\sqrt{2}}{\sqrt{3}}(1) - \frac{1}{\sqrt{3}}(3), \quad \frac{\sqrt{2}}{\sqrt{3}}(3) + \frac{1}{\sqrt{3}}(1)$$

zu

$$\alpha - \beta = \begin{Vmatrix} H-(F+F')+(C+C') & 0 & 0 \\ 0 & H+\frac{1}{2}(F+F'-C-C') & \frac{\sqrt{3}}{2}(F-F'+C-C') \\ 0 & -\frac{\sqrt{3}}{2}(F-F'+C-C') & H+\frac{1}{2}(F+F'-C-C') \end{Vmatrix}. \tag{10.63}$$

Eine weitere Koordinatentransformation führt zu dem Ergebnis, daß die zweireihigen Matrizen in (10.62) und (10.63) jeweils in zwei identische Matrizen zerfallen. Im Resultat aller Transformationen ergibt sich, daß die ursprüngliche 48reihige Matrix in sechs 8reihige Matrizen zerfällt, wodurch sich das Schwingungsproblem wesentlich vereinfacht. Die beiden Paare identischer Matrizen ergeben entsprechend 8 Schwingungen der Symmetrierasse E_g (Matrix $\alpha + \beta$) und 8 Schwingungen der E_u-Rasse (Matrix $\alpha - \beta$). Die Matrix $H + F + F' + C + C'$ liefert 6 Normalschwingungen der A_{1g}-Rasse (totalsymmetrisch) und zwei der A_{2g}-Rasse. Analog ergibt die Matrix $H - (F + F') + C + C'$ fünf Schwingungen A_{2u} und drei der Rasse A_{1u}.

Die oben beschriebene Methode der Matrizentransformation führt automatisch zu einer der Molekülsymmetrie entsprechenden Aufteilung der Normalschwingungen auf die Symmetrierassen. Dabei zerfällt die Säkulargleichung hohen Grades in eine Reihe von Gleichungen niederen Grades, von denen jede den Normalschwingungen einer Symmetrierasse entspricht, was die Berechnung der Molekülschwingungen wesentlich vereinfacht. Der Übergang von den inneren Koordinaten zu den Normalkoordinaten schließt somit als eine wichtige Zwischenetappe die Einführung von Symmetriekoordinaten ein. Im Ergebnis einer vollständigen Lösung des Schwingungsproblems erhält man für jede Symmetrierasse einen Satz von berechneten Frequenzen, deren Vergleich mit den gemessenen Werten wichtige Aussagen über die Richtigkeit des zugrunde gelegten Molekülmodells liefert. Solche Rechnungen sind für eine große Zahl von Molekülen durchgeführt worden und ergaben wertvolle Resultate bezüglich der Molekülstruktur und der Interpretation ihrer Schwingungsspektren. Die praktische Ausführung der Rechnung, insbesondere die Berücksichtigung der Symmetrie, kann natürlich bedeutend von dem dargelegten Schema abweichen. Heutzutage werden für die numerischen Rechnungen gewöhnlich elektronische Rechenmaschinen benutzt, so daß sowohl die Aufstellung der Ausgangsmatrizen als auch ihre anschließende Ausrechnung der spezifischen Wirkungsweise dieser Automaten Rechnung tragen.

Zur Aufklärung der Molekülstruktur und zur Interpretation der Schwingungsspektren ist es nicht immer erforderlich, das Schwingungsproblem vollständig zu lösen. Mitunter genügt es z. B., die Anzahl der Normalschwingungen jeder Symmetrierasse zu kennen. Dieses einfachere Problem ist schnell und leicht mit Methoden, die auf dem mathematischen Apparat der Gruppentheorie, der Darstellungstheorie, basieren, zu lösen. Wir wollen hier einige grundlegende Resultate dieser Theorie darlegen, die nicht nur für die Abzählung der Normalschwingungen verschiedener Symmetrierassen Bedeutung haben, sondern auch für eine strengere Begründung der in § 9 behandelten Auswahlregeln. Es sei bemerkt, daß die Darstellungstheorie auch bei der Behandlung der Kristallschwingungen (siehe Kap. 3.) eine große Rolle spielt.

Wir erinnern daran, daß eine Gruppe G von der Ordnung g genau g unabhängige Elemente enthält. Bei Symmetriegruppen sind diese Elemente die Symmetrieoperationen. Jeder Symmetrieoperation entspricht eine bestimmte lineare Koordinatentransformation, die durch die Matrix ihrer Koeffizienten gegeben ist. Der symbolischen Multiplikation zweier Symmetrieoperationen entspricht das Produkt der zu den linearen Transformationen gehörenden Matrizen. Der Identität e wird die Einheitsmatrix zugeordnet, einer inversen Operation die inverse Matrix. Die Gesamtheit aller den Elementen einer gegebenen Gruppe entsprechenden Matrizen der linearen Transformationen bildet wieder eine Gruppe, die in ihren Eigenschaften der ursprünglichen Gruppe äquivalent ist. Die aus den Matrizen π_i der linearen Transformationen, die eindeutig den Elementen einer bestimmten Gruppe zugeordnet sind, bestehende Gruppe nennt man Darstellung dieser Gruppe. Die Anzahl der Variablen, deren lineare Transformationen die Darstellung bilden, gibt den Rang der Darstellungsmatrizen an und heißt Dimension der Darstellung. Die Gesamtheit dieser Variablen bildet die Basis der Darstellung.

Das Gesagte sei am Beispiel des Ammoniakmoleküls, das zur Gruppe C_{3v} gehört, erläutert. Den sechs möglichen Symmetrieoperationen entsprechen

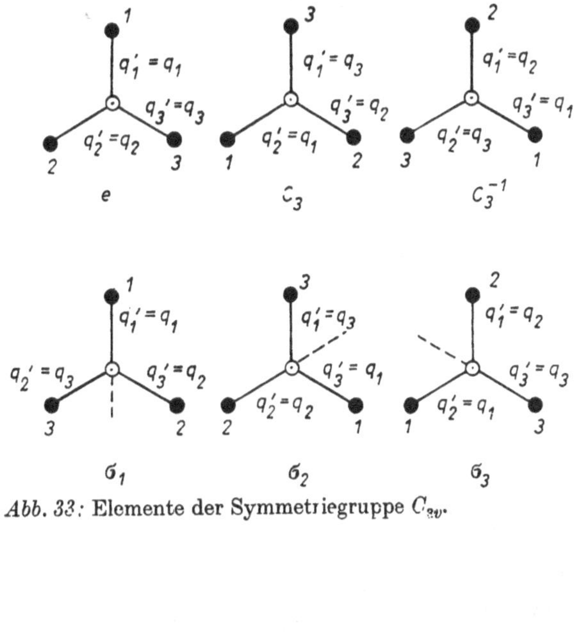

Abb. 33: Elemente der Symmetriegruppe C_{3v}.

sechs lineare Transformationen der inneren Koordinaten q_1, q_2 und q_3. Bei einer Drehung C_3 um 120° haben wir z. B. die Transformation (Abb. 33)

$$\begin{aligned} q_1' &= q_3 = 0 \cdot q_1 + 0 \cdot q_2 + 1 \cdot q_3, \\ q_2' &= q_1 = 1 \cdot q_1 + 0 \cdot q_2 + 0 \cdot q_3, \\ q_3' &= q_2 = 0 \cdot q_1 + 1 \cdot q_2 + 0 \cdot q_3. \end{aligned} \tag{10.64}$$

Dem Element C_3 entspricht somit die Matrix

$$\pi(C_3) = \begin{Vmatrix} 0 & 0 & 1 \\ 1 & 0 & 0 \\ 0 & 1 & 0 \end{Vmatrix}.$$

In Abb. 33 sind die Bezeichnungen der Transformationsmatrizen, die jeweils einem der Symmetrieelemente des Moleküls entsprechen, eingetragen:

$$e = \begin{vmatrix} 1 & 0 & 0 \\ 0 & 1 & 0 \\ 0 & 0 & 1 \end{vmatrix} = \begin{vmatrix} 1 & 0 & 0 \\ 0 & 1 & 0 \\ 0 & 0 & 1 \end{vmatrix},$$

$$C_3 = \begin{vmatrix} 0 & 0 & 1 \\ 1 & 0 & 0 \\ 0 & 1 & 0 \end{vmatrix} = \begin{vmatrix} 1 & 0 & 0 \\ 0 & -\frac{1}{2} & -\frac{\sqrt{3}}{2} \\ 0 & \frac{\sqrt{3}}{2} & -\frac{1}{2} \end{vmatrix},$$

$$C_3^{-1} = \begin{vmatrix} 0 & 1 & 0 \\ 0 & 0 & 1 \\ 1 & 0 & 0 \end{vmatrix} = \begin{vmatrix} 1 & 0 & 0 \\ 0 & -\frac{1}{2} & \frac{\sqrt{3}}{2} \\ 0 & -\frac{\sqrt{3}}{2} & -\frac{1}{2} \end{vmatrix},$$

$$\sigma_1 = \begin{vmatrix} 1 & 0 & 0 \\ 0 & 0 & 1 \\ 0 & 1 & 0 \end{vmatrix} = \begin{vmatrix} 1 & 0 & 0 \\ 0 & \frac{1}{2} & \frac{\sqrt{3}}{2} \\ 0 & \frac{\sqrt{3}}{2} & -\frac{1}{2} \end{vmatrix},$$

$$\sigma_2 = \begin{vmatrix} 0 & 0 & 1 \\ 0 & 1 & 0 \\ 1 & 0 & 0 \end{vmatrix} = \begin{vmatrix} 1 & 0 & 0 \\ 0 & \frac{1}{2} & -\frac{\sqrt{3}}{2} \\ 0 & -\frac{\sqrt{3}}{2} & -\frac{1}{2} \end{vmatrix},$$

$$\sigma_3 = \begin{vmatrix} 0 & 1 & 0 \\ 1 & 0 & 0 \\ 0 & 0 & 1 \end{vmatrix} = \begin{vmatrix} 1 & 0 & 0 \\ 0 & -1 & 0 \\ 0 & 0 & 1 \end{vmatrix}.$$

Die genannten sechs Matrizen bilden die Darstellung der Gruppe C_{3v}; die Dimension dieser Darstellung ist 3.

Es ist nun sehr interessant herauszufinden, ob es möglich ist, alle Darstellungsmatrizen einer Gruppe auf eine gleiche Quasidiagonalform zu bringen. Wenn eine orthogonale Koordinatentransformation existiert, so daß alle Darstellungsmatrizen gleichzeitig auf Quasidiagonalform gebracht werden können, heißt die Darstellung reduzibel. Existiert keine solche Transformation, ist die Darstellung irreduzibel. Im Falle der Gruppe C_{3v} führt die Transformation

$$C = \begin{Vmatrix} \frac{\sqrt{2}}{\sqrt{3}} & 0 & \frac{1}{\sqrt{3}} \\ 0 & 1 & 0 \\ -\frac{1}{\sqrt{3}} & 0 & \frac{\sqrt{2}}{\sqrt{3}} \end{Vmatrix} \cdot \begin{Vmatrix} \frac{1}{\sqrt{2}} & \frac{1}{\sqrt{2}} & 0 \\ -\frac{1}{\sqrt{2}} & \frac{1}{\sqrt{2}} & 0 \\ 0 & 0 & 1 \end{Vmatrix} = \begin{Vmatrix} \frac{1}{\sqrt{3}} & \frac{1}{\sqrt{3}} & \frac{1}{\sqrt{3}} \\ -\frac{1}{\sqrt{2}} & \frac{1}{\sqrt{2}} & 0 \\ -\frac{1}{\sqrt{6}} & -\frac{1}{\sqrt{6}} & \frac{\sqrt{2}}{\sqrt{3}} \end{Vmatrix} \tag{10.65}$$

alle auf den Seiten 138 und 139 erwähnten Darstellungsmatrizen auf Quasidiagonalform. Wir haben z. B.

$$C\pi(C_3)\,C^{-1} = \begin{Vmatrix} 1 & 0 & 0 \\ 0 & -\frac{1}{2} & -\frac{\sqrt{3}}{2} \\ 0 & \frac{\sqrt{3}}{2} & -\frac{1}{2} \end{Vmatrix}.$$

Eine analoge Reduzierung gibt es auch für alle übrigen Gruppenelemente. Die Transformation (10.65) wurde faktisch zur Umformung der Matrizen von Cyclohexan verwendet.

Im Ergebnis der Reduzierung zerfällt die dreidimensionale Darstellung Γ in die Summe der Darstellungen

$$\Gamma = \Gamma^1 + \Gamma^2, \tag{10.66}$$

wobei Γ^1 eine eindimensionale und Γ^2 eine zweidimensionale Darstellung ist. Die Bedeutung der irreduziblen Darstellung besteht darin, daß die zu den verschiedenen Symmetrierassen gehörenden Schwingungen durch Koordinaten beschrieben werden, die sich nach unterschiedlichen irreduziblen Darstellungen transformieren. Das bedeutet, daß durch eine entsprechende lineare Transformation die Koordinaten in eine Reihe von Sätzen zerfallen, von denen jeder unter der Wirkung der Symmetrieoperationen der Gruppe nach irgendeiner irreduziblen Darstellung transformiert wird. Dabei kann es geschehen, daß einige (angenommen m) verschiedene Sätze nach ein und derselben irreduziblen Darstellung transformiert werden. In diesem Falle spricht man davon, daß die irreduzible Darstellung des genannten Typs m-mal in der reduziblen Darstellung enthalten ist.

Man kann zeigen, daß die Zahl der verschiedenen irreduziblen Darstellungen einer Gruppe gleich der Anzahl n der Klassen der Gruppe ist. Die Dimensionen l_i der irreduziblen Darstellungen Γ_i der Gruppe sind mit der Ordnung g der Gruppe durch eine einfache Beziehung verknüpft (siehe z. B. [5]):

$$\sum_{i=1}^{n} l_i^2 = g\,. \tag{10.67}$$

Für die Gruppe C_{3v} ist die Zahl der Klassen $n = 3$ (siehe § 9), die Ordnung der Gruppe $g = 6$, und wir haben

$$1^2 + 1^2 + 2^2 = 6\,, \tag{10.67'}$$

d. h., es müssen zwei eindimensionale und eine zweidimensionale Darstellung existieren. Die vorangegangene Betrachtung gibt uns die eindimensionale Einsdarstellung A_1, die man auch als totalsymmetrisch bezeichnen kann, und die zweidimensionale Darstellung E, die den zweifach entarteten Schwingungskoordinaten entspricht. Die dritte irreduzible Darstellung, die antisymmetrische Darstellung A_2, muß nach (10.67') eindimensional sein.[1]) Der Formel (10.67) entspricht also die Zerlegung der Darstellung Γ der Gruppe C_{3v} in die irreduziblen Darstellungen

$$\Gamma = A_1 + A_2 + E\,. \tag{10.68}$$

Gruppen mit mehreren drei- oder mehrzähligen Achsen können dreidimensionale Darstellungen vom Typ F haben, denen dreifach entartete Schwingungen entsprechen. Für die Gruppe T_d, zu der das oben betrachtete Methanmolekül gehört, haben wir z. B.

$$g = 24\,, \qquad n = 5\,.$$

Formel (10.67) liefert hierfür

$$1^2 + 1^2 + 2^2 + 3^2 + 3^2 = 24\,. \tag{10.69}$$

Die entsprechende Zerlegung der Darstellung der Gruppe ist

$$\Gamma = A_1 + A_2 + E + F_1 + F_2 \tag{10.70}$$

(siehe Tab. 7).

Die Zerlegung von Darstellungen der Gruppen in irreduzible Darstellungen ist für alle Symmetriegruppen bekannt; praktisch wird sie jedoch in expliziter Form kaum benutzt, da es für jede Darstellungsmatrix eine Zahl gibt, die sie hinreichend charakterisiert. Diese Zahl ist der Charakter der Matrix und ist gleich der

[1]) Koordinaten, die nach dieser Darstellung transformiert werden, treten auf, wenn man die Rotations- und die Translationsbewegung des Moleküls berücksichtigt sowie bei Schwingungen von größeren Molekülen dieser Symmetriegruppe.

Summe ihrer Diagonalelemente:

$$\chi(z) = \sum \pi_{mm}(z), \tag{10.71}$$

wobei z ein Gruppenelement ist. Die große Bedeutung des Darstellungscharakters besteht darin, daß er

a) sich unter der Wirkung von orthogonalen Koordinatentransformationen nicht ändert und

b) für alle zu ein und derselben Klasse gehörenden Gruppenelemente den gleichen Zahlenwert besitzt. Für die Gruppe C_{3v} haben wir z. B. folgenden Satz von Charakteren (siehe Abb. 33):

Gruppenelemente:	C_1	C_3, C_3^{-1}	$\sigma_1, \sigma_2, \sigma_3$,
Charaktere:	3	0	1.

Aus der Definition und der Eigenschaft a) der Charaktere folgt, daß man, wenn eine bestimmte reduzible Darstellung in irreduzible Darstellungen nach der Formel

$$\Gamma = \sum \Gamma^i \tag{10.72}$$

Tabelle 11

Charaktere irreduzibler Darstellungen für einige Punktgruppen[1])

C_i	e	i	C_s	e	σ_h	C_2	e	C_2	C_3	e	$2C_3$
A_g	1	1	A'	1	1	A	1	1	A	1	1
A_u	1	−1	A''	1	−1	B	1	−1	E	2	−1

T_d	e	$8C_3$	$3C_2$	$6S_4$	$6\sigma_d$						
O	e	$8C_3$	$3C_2$	$6C_4$	$6C_2'$	$D_{2d} = V_d$	e	$2S_4$	C_2	$2C_2'$	$2\sigma_d'$
A_1	1	1	1	1	1	A_1	1	1	1	1	1
A_2	1	1	1	−1	−1	A_2	1	1	1	−1	−1
E	2	−1	2	0	0	B_1	1	−1	1	1	−1
F_1	3	0	−1	1	−1	B_2	1	−1	1	−1	1
F_2	3	0	−1	−1	1	E	2	0	−2	0	0

D_{3d}	e	$2C_3$	$3C_2$	i	$2S_6$	$3\sigma_d$
A_{1g}	1	1	1	1	1	1
A_{2g}	1	1	−1	1	1	−1
E_g	2	−1	0	2	−1	0
A_{1u}	1	1	1	−1	−1	−1
A_{2u}	1	1	−1	−1	−1	1
E_u	2	−1	0	−2	1	0

[1]) Ausführliche Charaktertabellen in [44, 82, 83].

zerfällt, auch den Charakter des Elementes z in eine Summe von Charakteren zerlegen kann:

$$\chi(z) = \sum \chi_i(z). \tag{10.73}$$

Der Charakter des Einselements e ist offenbar gleich der Dimension der Darstellung. Die Charaktere einiger Symmetriegruppen sind in Tab. 11 aufgeführt.

In der Gruppentheorie wird bewiesen (siehe z. B. [86]), daß die Charaktere irreduzibler nichtäquivalenter Darstellungen der Orthogonalitätsrelation

$$\sum_z \chi_k(z)\, \chi_l^*(z) = g \cdot \delta_{kl} \tag{10.74}$$

genügen, wobei g die Ordnung der Gruppe bedeutet. Da die Charaktere, die zu den Elementen einer Klasse gehören, gleich sind, kann man die Summation über alle Gruppenelemente in (10.44) durch die Summation über alle Klassen ersetzen. Es seien N_j die Zahl der Elemente in der j-ten Klasse und n die Zahl der verschiedenen Klassen. Dann kommt jeder Charakter $\chi_k(z_j)$ in der Summe (10.74) N_j-mal vor. Folglich gilt:

$$\sum_{j=1}^{n} N_j\, \chi_k(z_j)\, \chi_l^*(z_j) = g \cdot \delta_{kl}. \tag{10.75}$$

Mit Hilfe der Orthogonalitätsrelation (10.74) kann der Charakter einer beliebigen reduziblen Darstellung der Gruppe in irreduzible Darstellungen zerlegt werden. Es sei m_i die Zahl, die angibt, wie oft die i-te irreduzible Darstellung in der gegebenen reduziblen enthalten ist. Dann ist

$$\chi(z) = \sum_i m_i\, \chi_i(z). \tag{10.76}$$

Summiert wird in (10.76) über alle irreduziblen Darstellungen. Es ist leicht zu erkennen, daß (10.76) im Grunde genommen eine andere Schreibweise der Formel (10.73) ist. Die Koeffizienten m_i sind nach (10.74) und (10.75) gegeben durch

$$m_i = \frac{1}{g} \sum_z \chi(z)\, \chi_i^*(z) = \frac{1}{g} \sum_{j=1}^{n} N_j \chi(z_j)\, \chi_i^*(z_j). \tag{10.77}$$

Die Formel (10.77) ist eine grundlegende Beziehung, mit deren Hilfe man ein praktisch wichtiges Problem, die Auffindung der Anzahl der Normalschwingungen in jeder Symmetrierasse für ein gegebenes Molekül lösen kann. Die in diese Formel eingehenden Charaktere der irreduziblen Darstellungen $\chi_i(z_j)$ kann man aus Tabellen [44, 82, 83] entnehmen. Die Zahl N_j der Symmetrieoperationen der j-ten Klasse steht in den Tabellen vor dem Symbol der Symmetrieoperationen. Es müssen also nur noch die Charaktere $\chi(z_j)$ für die Symmetrieoperationen des betrachteten Moleküls berechnet werden.

Um die gestellte Aufgabe zu lösen, bemerken wir zunächst, daß die Energie des Moleküls in den Normalkoordinaten wie folgt geschrieben werden kann:

$$E = \frac{1}{2} \sum_\alpha \sum_{i=1}^{f_\alpha} \dot{Q}_{\alpha i}^2 + \frac{1}{2} \sum_\alpha \omega_\alpha^2 \sum_{i=1}^{f_\alpha} Q_{\alpha i}^2, \tag{10.78}$$

wobei der Index α die verschiedenen Frequenzen numeriert und der Index i die Koordinaten, die zu der gleichen f_α-fach entarteten Frequenz gehören. Dieser Ausdruck muß gegenüber allen Symmetrietransformationen invariant sein. Das bedeutet, daß bei jeder Symmetrietransformation die Normalkoordinaten mit jedem gegebenen α, d. h. die Koordinaten $Q_{\alpha 1}, Q_{\alpha 2}, \ldots, Q_{\alpha f_\alpha}$ in Linearkombinationen voneinander transformiert werden, wobei die Quadratsumme

$$\sum_{i=1}^{f_\alpha} Q_{\alpha i}^2$$

unverändert bleibt. Folglich werden die Normalkoordinaten $Q_{\alpha 1}, Q_{\alpha 2}, \ldots, Q_{\alpha f_\alpha}$ nach einer bestimmten irreduziblen Darstellung der Symmetriegruppe des Moleküls transformiert; f_α bestimmt dabei die Dimension der Darstellung. Ordnet man jedem Element z der Symmetriegruppe des Moleküls die die lineare Transformation der Schwingungskoordinaten beschreibende Matrix $\pi(z)$ zu, so erhält man die Darstellung Γ_V der Gruppe G, die sogenannte Schwingungsdarstellung (siehe [86]). Die Dimension dieser Darstellung ist im allgemeinen $3N - 6$, wobei N die Zahl der Atome des Moleküls ist. In der Darstellung Γ_V kann jede irreduzible Darstellung der gegebenen Symmetriegruppe mehrfach enthalten sein. In einigen Fällen ist es notwendig, eine etwas allgemeinere Darstellung Γ_M zu betrachten, die aus Γ_V hervorgeht, wenn die dreidimensionalen Darstellungen Γ_T und Γ_Ω, die sich auf die Translation und die Rotation des Moleküls beziehen, hinzugefügt werden:

$$\Gamma_M = \Gamma_V + \Gamma_T + \Gamma_\Omega . \tag{10.79}$$

Diese Darstellung Γ_M trägt die Bezeichnung mechanische Darstellung [86].

Bei der Berechnung der Charaktere $\chi(z)$ der Darstellungen Γ_M und Γ_V ist wesentlich, daß hierzu nur die Atome einen Beitrag liefern, deren Gleichgewichtslage bei einer gegebenen Symmetrieoperation z unverändert bleibt. Um diese wichtige Aussage (siehe [20, 86, 107]) zu beweisen, ist es günstiger, die Verzerrungskoordinaten der Atome zu verwenden und nicht die Schwingungskoordinaten. Da die Charaktere einer Darstellung invariant gegenüber linearen orthogonalen Koordinatentransformationen sind, hat das keinen Einfluß auf den Wert der Charaktere.

Es seien $\boldsymbol{r}_i, \boldsymbol{r}_k, \ldots$ die Verzerrungsvektoren der Atome $i, k, \ldots$ In einem kartesischen Koordinatensystem haben diese Vektoren die Komponenten x_i, y_i, z_i usw. Bei einer gegebenen Symmetrieoperation z möge das Atom i in eine neue Lage kommen, in der sich vorher das Atom k befand. Bei dieser Transformation werden die Verzerrungskoordinaten x_i', y_i', z_i' durch die Verzerrungen x_k, y_k, z_k ausgedrückt, mit anderen Worten, die entsprechenden Linearkombinationen werden keine Komponenten x_i, y_i, z_i enthalten. Das bedeutet, daß es in den entsprechenden Zeilen der Matrix $\pi_{ik}(z)$ keine Diagonalelemente geben wird, d. h., der Beitrag dieser Atome zum Charakter $\chi(z)$ ist tatsächlich gleich Null.

Wird dagegen die Gleichgewichtslage des i-ten Atoms durch die Symmetrieoperation z nicht berührt, so werden bei dieser Operation die Verzerrungskoordinaten ineinander transformiert. Wir betrachten zuerst die Drehung $C(\varphi)$ um den Winkel φ bezüglich irgendeiner Drehachse, die mit der z-Achse zusammenfallen möge. Die Gleichgewichtslage des i-ten Atoms befindet sich nach Voraussetzung auf dieser Achse. Bei der Drehung werden die Komponenten des Vektors $\boldsymbol{r}_i$ nach den Formeln

$$x_i' = x_i \cos\varphi + y_i \sin\varphi,$$
$$y_i' = -x_i \sin\varphi + y_i \cos\varphi,$$
$$z_i' = z_i \tag{10.80}$$

transformiert. Der Charakter, d. h. die Summe der Diagonalglieder der Transformationsmatrix (10.80) ist gleich

$$\chi(C_\varphi) = 1 + 2\cos\varphi. \tag{10.81}$$

Wenn es insgesamt $a(C_\varphi)$ Atome dieser Art gibt, dann ist der Charakter der Darstellung Γ_M für die betrachtete Operation

$$\chi_M(C_\varphi) = a(C_\varphi)\,(1 + 2\cos\varphi). \tag{10.82}$$

Der der Translation des Moleküls, die durch den Verzerrungsvektor $\boldsymbol{r}_T$ des Molekülschwerpunktes (er liegt auf der Symmetrieachse) bestimmt wird, entsprechende Teil des Charakters ist gegeben durch

$$\chi_T(C_\varphi) = 1 + 2\cos\varphi. \tag{10.83}$$

Analog gilt für die Rotation des Gesamtmoleküls [1]) um den kleinen Winkel $\delta\Omega$

$$\chi_\Omega(C_\varphi) = 1 + 2\cos\varphi. \tag{10.84}$$

Der Charakter der Symmetrieoperation C_φ in der Schwingungsdarstellung Γ_V ist somit

$$\chi_V(C_\varphi) = \chi_M - \chi_T - \chi_\Omega = [a(C_\varphi) - 2]\,(1 + 2\cos\varphi). \tag{10.85}$$

Betrachten wir nun die Drehspiegelung S_φ, die man als Drehung um den Winkel φ bezüglich der z-Achse und anschließender Spiegelung an der xy-Ebene ansehen kann. Bei dieser Symmetrieoperation haben wir

$$x_i' = x_i \cos\varphi + y_i \sin\varphi,$$
$$y_i' = -x_i \sin\varphi + y_i \cos\varphi,$$
$$z_i' = -z_i. \tag{10.86}$$

[1]) Den Winkel einer kleinen Drehung kann man als Vektor $\boldsymbol{\delta\Omega}$ betrachten, dessen Betrag gleich dem Drehwinkel ist und dessen Richtung mit der Drehachse zusammenfällt. Der auf diese Weise definierte Vektor $\boldsymbol{\delta\Omega}$ ist ein axialer. Die nachstehend erhaltenen Formeln für die Darstellungscharaktere des polaren Vektors $\boldsymbol{r}_i$ und des axialen Vektors $\boldsymbol{\delta\Omega}$ können auch für andere Vektoren derselben Art verwendet werden.

Ähnlich wie oben gilt für die Darstellungscharaktere dieser Operation

$$\chi_M(S_\varphi) = a(S_\varphi)\,(-1 + 2\cos\varphi), \tag{10.87}$$

wobei $a(S_\varphi)$ die Zahl von Atomen ist, deren Gleichgewichtslagen von der Operation S_φ nicht beeinflußt werden, und

$$\chi_T(S_\varphi) = -1 + 2\cos\varphi, \tag{10.88}$$

$$\chi_\Omega(S_\varphi) = -(-1 + 2\cos\varphi). \tag{10.89}$$

Für die Operation S_φ ist demnach

$$\chi_V(S_\varphi) = \chi_M(S_\varphi) = a(S_\varphi)\,(-1 + 2\cos\varphi). \tag{10.90}$$

Ein Spezialfall der Operation S_φ ist die Spiegelung σ an einer Ebene ($\varphi = 0$); hierbei gilt

$$\chi_V(S_0) = \chi_V(\sigma) = a(\sigma), \tag{10.91}$$

und die Inversion i am Zentrum ($\varphi = \pi$):

$$\chi_V(S_\pi) = \chi_V(i) = -3a(i). \tag{10.92}$$

Im allgemeinen Falle (mit Ausnahme linearer Moleküle) haben wir für den Charakter der Identität in der Schwingungsdarstellung

$$\chi_V(e) = 3N - 6. \tag{10.93}$$

Diese Formel ist ein Spezialfall des Ausdruckes (10.85) für $\varphi = 0$ mit $a(C_\varphi) = a(e) = N$. Die Formeln (10.85) und (10.90) schließen also alle Symmetrieoperationen für nichtlineare Moleküle ein.

Wir wollen nun unter Zuhilfenahme der gewonnenen Resultate die Zahl von Schwingungen einer jeden Symmetrierasse berechnen. Setzt man in (10.77) die Ausdrücke (10.85) und (10.90) für $\chi(z_j)$ ein, so ergibt sich

$$m_i = \frac{1}{g}\left\{\sum_{j=1}^{n'} N_j\,[a(C_{\varphi j}) - 2]\,(1 + 2\cos\varphi_j)\,\chi_i^*(C_{\varphi j}) + \sum_{j'=n'+1}^{n} N_{j'}\,a(S_{\varphi j'})\,(-1 + 2\cos\varphi_{j'})\,\chi_i^*(S_{\varphi j'})\right\}. \tag{10.94}$$

Diese Formel löst das gestellte Problem. Als Beispiel wollen wir wieder das Cyclohexanmolekül (siehe Abb. 32) betrachten, das zur Symmetriegruppe D_{3d} gehört. Die Symmetrieelemente dieser Gruppe sind

$$e,\ 2C_3,\ 3C_2,\ i,\ 2S_6,\ 3\sigma_d \quad (g = 12).$$

Aus Abb. 32 ist ersichtlich, daß es nur für die Operationen e und σ_d Atome gibt, deren Gleichgewichtslagen von den Symmetrieoperationen unberührt bleiben, nämlich: $a(e) = 18$, $a(\sigma_d) = 6$. Für alle übrigen Operationen ist $a(C_3) = a(C_2) = a(i) = a(S_6) = 0$. Dementsprechend verbleiben in der Summe (10.94) nur drei Glieder. Die Charaktere der irreduziblen Darstellungen entnehmen wir Tab. 11.

Wir haben

$$m(A_{1g}) = \frac{1}{12}[1 \cdot (18 - 2) \cdot 3 \cdot 1 + 3(-2)(-1) \cdot 1 + 3 \cdot 6 \cdot 1 \cdot 1]$$

$$= \frac{1}{12}[48 \cdot 1 + 6 \cdot 1 + 18 \cdot 1] = 6,$$

$$m(A_{2g}) = \frac{1}{12}[48 \cdot 1 + 6(-1) + 18(-1)] = 2,$$

$$m(E_g) = \frac{1}{12}[48 \cdot 2 + 6 \cdot 0 + 18 \cdot 0] = 8,$$

$$m(A_{1u}) = \frac{1}{12}[48 \cdot 1 + 6 \cdot 1 + 18(-1)] = 3,$$

$$m(A_{2u}) = \frac{1}{12}[48 \cdot 1 + 6(-1) + 18 \cdot 1] = 5,$$

$$m(E_u) = \frac{1}{12}[48 \cdot 2 + 6 \cdot 0 + 18 \cdot 0] = 8.$$

Hieraus ergibt sich die folgende Zerlegung der Schwingungsdarstellung von Cyclohexan in die irreduziblen Darstellungen

$$\Gamma_V = 6A_{1g} + 2A_{2g} + 3A_{1u} + 5A_{2u} + 8E_g + 8E_u. \tag{10.95}$$

Wir betrachten nun gesondert die linearen Moleküle. Die Gesamtzahl der Schwingungsfreiheitsgrade ist $3N - 5$ und damit ist

$$\chi_V(e)_{lM} = 3N - 5. \tag{10.96}$$

Bei den Schwingungen linearer Moleküle kann man zwischen zwei Typen unterscheiden.

1. Die Atome bleiben bei der Schwingung auf einer Geraden. Die Zahl dieser Schwingungen ist $N - 1$, denn die Gesamtzahl der Freiheitsgrade bei Bewegung der N Teilchen längs einer Geraden ist gleich N, wobei einer von ihnen der Translation des Molekülschwerpunktes entspricht. Diesen Schwingungen entsprechen nichtentartete Frequenzen der Rasse A_1.

2. Die Atome bleiben bei der Schwingung nicht auf einer Geraden. Die Zahl dieser Schwingungen ist

$$(3N - 5) - (N - 1) = 2(N - 2).$$

Ihnen entsprechen zweifach entartete Eigenfrequenzen der Rasse E. Zu jeder Frequenz gehören zwei Normalkoordinaten, die gleichen Schwingungen in zwei senkrecht zueinander liegenden Ebenen entsprechen.

Die Darstellungstheorie von Gruppen erlaubt, eine strengere Begründung der in § 9 formulierten Auswahlregeln zu geben. Dazu führen wir zunächst den

Begriff des direkten Produktes zweier Darstellungen ein. Wir betrachten zwei Vektoren $\boldsymbol{R}^{\alpha}$ und $\boldsymbol{R}^{\beta}$ mit den Komponenten $R_1^{\alpha}, \ldots, R_{f_\alpha}^{\alpha}$ und $R_1^{\beta}, \ldots, R_{f_\beta}^{\beta}$, die zwei irreduzible Darstellungen einer Gruppe G liefern. Mit ihnen können wir einen bestimmten Vektor $\boldsymbol{R}^{\alpha\beta}$ mit den Komponenten $R_i^{\alpha} R_k^{\beta}$ verbinden. Die Zahl dieser Komponenten ist offensichtlich $f_\alpha f_\beta$, d. h., der Vektor $\boldsymbol{R}^{\alpha\beta}$ hat die Dimension $f_\alpha f_\beta$. Wenn Γ^{α} und Γ^{β} zwei Darstellungen der Gruppe G sind, als deren Basis entsprechend die Komponenten der Vektoren $\boldsymbol{R}^{\alpha}$ und $\boldsymbol{R}^{\beta}$ dienen, dann bezeichnet man die Darstellung

$$\Gamma^{\alpha\beta} = \Gamma^{\alpha} \times \Gamma^{\beta}, \tag{10.97}$$

deren Basis von den Komponenten des Vektors $\boldsymbol{R}^{\alpha\beta}$ gebildet wird, als das d i r e k t e P r o d u k t d e r D a r s t e l l u n g e n Γ^{α} u n d Γ^{β}. Die Darstellung $\Gamma^{\alpha\beta}$ ist im allgemeinen reduzibel.

Es sei z ein Element der Gruppe G. Bei der Symmetrieoperation, die dem Element z entspricht, werden die Komponenten der Vektoren $\boldsymbol{R}^{\alpha}$ und $\boldsymbol{R}^{\beta}$ nach den Formeln

$$(R_i^{\alpha})' = zR_i^{\alpha} = \sum_l z_{li}^{\alpha} R_l^{\alpha},$$

$$(R_k^{\beta})' = zR_k^{\beta} = \sum_m z_{mk}^{\beta} R_m^{\beta} \tag{10.98}$$

transformiert. Für die Komponenten des Vektors $\boldsymbol{R}^{\alpha\beta}$ gilt analog:

$$z(R_i^{\alpha} R_k^{\beta}) = \sum_{lm} z_{li}^{\alpha} z_{mk}^{\beta} R_l^{\alpha} R_m^{\beta}. \tag{10.99}$$

Für die Charaktere der Darstellungen Γ^{α}, Γ^{β} und $\Gamma^{\alpha\beta}$ erhalten wir

$$\chi^{\alpha}(z) = \sum_i z_{ii}^{\alpha}, \qquad \chi^{\beta}(z) = \sum_k z_{kk}^{\beta},$$

$$\chi^{\alpha\beta}(z) = \sum_{ik} z_{ii}^{\alpha} z_{kk}^{\beta} = \sum_i z_{ii}^{\alpha} \sum_k z_{kk}^{\beta} = \chi^{\alpha}(z)\, \chi^{\beta}(z). \tag{10.100}$$

Die Charaktere eines direkten Produktes sind also gleich dem Produkt der Charaktere der beiden Teildarstellungen.

Für das Folgende ist eine Eigenschaft des direkten Produktes von Darstellungen wichtig. Bildet man das direkte Produkt zweier verschiedener irreduzibler Darstellungen und zerlegt es dann in irreduzible Teile, so enthält diese Zerlegung niemals die Einsdarstellung[1]). Das direkte Produkt einer irreduziblen Darstellung mit sich selbst[2]) enthält stets die Einsdarstellung nur einmal.

Um dies zu beweisen, wollen wir feststellen, wie oft die Einsdarstellung e in der Darstellung $\Gamma^{\alpha\beta}$ enthalten ist. Mit den Formeln (10.77) und (10.100) finden wir

$$m(e) = \frac{1}{g} \sum_z \chi^{\alpha\beta}(z)\, \chi^{e}(z) = \frac{1}{g} \sum_z \chi^{\alpha}(z)\, \chi^{\beta}(z)\, \chi^{e}(z).$$

[1]) Als Einsdarstellung bezeichnet man die triviale Darstellung, wo jedem Element z der Gruppe G die Einheitsmatrix zugeordnet wird. Alle Charaktere in ihr sind gleich Eins.

[2]) Im allgemeinen Falle mit der zu sich selbst konjugierten Darstellung.

Nach der Definition sind alle $\chi^e(z) = 1$, so daß

$$m(e) = \frac{1}{g} \sum_z \chi^\alpha(z)\, \chi^\beta(z)$$

ist, bzw. wegen der Orthogonalitätsrelation (10.74) gilt

$$m(e) = \delta_{\alpha\beta}. \tag{10.101}$$

Es wird also $m(e) = 1$, wenn $\alpha = \beta$ und $m(e) = 0$, wenn $\alpha \neq \beta$ ist; was auch zu beweisen war.

Für die Anwendung der Darstellungstheorie von Gruppen zur Ableitung der Auswahlregeln bemerken wir, daß man als Basis einer Darstellung auch die Wellenfunktionen eines Systems in irgendeinem stationären Zustand wählen kann. Die Schrödinger-Gleichung eines Moleküls muß gegenüber den Symmetrietransformationen des Moleküls invariant sein. Dementsprechend müssen sich auch die Eigenfunktionen, die einem bestimmten Energiewert entsprechen, untereinander transformieren, d. h. nach einer bestimmten und zwar irreduziblen Darstellung der Symmetriegruppe. Jedem Energieniveau des Systems entspricht also eine bestimmte Darstellung seiner Symmetriegruppe. Der Entartungsgrad des betrachteten Energieniveaus bestimmt die Dimension der Darstellung, zu der der Satz der Wellenfunktionen gehört.

Wie bereits in § 9 erwähnt wurde, folgen die Auswahlregeln für einen Übergang, der durch die Komponente f_λ eines Vektors oder Tensors charakterisiert wird, aus den Eigenschaften des Matrixelementes

$$(f_\lambda)_{\alpha\beta} = \int_{-\infty}^{\infty} \psi_\beta^* f_\lambda \psi_\alpha \, dx. \tag{10.102}$$

Wegen der Invarianz der Schrödinger-Gleichung gegenüber Symmetrietransformationen muß auch das Integral (10.102) bei diesen Transformationen invariant bleiben. Das bedeutet, daß das Matrixelement $(f_\lambda)_{\alpha\beta}$ entweder nach der Einsdarstellung transformiert wird oder gleich Null ist. Die Wellenfunktionen ψ_α und ψ_β mögen nach den irreduziblen Darstellungen Γ^α und Γ^β transformiert werden, die Größe f_λ nach der Darstellung Γ^λ. Dann wird der Integrand in (10.102) nach der Darstellung

$$\Gamma^{\beta\lambda\alpha} = \Gamma^\beta \times \Gamma^\lambda \times \Gamma^\alpha \tag{10.103}$$

transformiert. Die Darstellung $\Gamma^{\beta\lambda\alpha}$ ist im allgemeinen reduzibel. Ist in der Zerlegung dieser Darstellung die Einsdarstellung enthalten, so ist nach dem oben Gesagten das Matrixelement $(f_\lambda)_{\alpha\beta} \neq 0$, d. h., der Übergang ist „erlaubt". Enthält dagegem $\Gamma^{\beta\lambda\alpha}$ die Einsdarstellung nicht, dann ist $(f_\lambda)_{\alpha\beta} = 0$, und der Übergang ist „verboten". Die erhaltenen Auswahlregeln kann man auch noch anders formulieren. Nach (10.101) enthält das direkte Produkt zweier Darstellungen nur dann die Einsdarstellung, wenn die beiden Darstellungen gleich sind. Der Übergang ist also nur dann erlaubt, wenn die Zerlegungen des direkten Produktes der Darstellungen $\Gamma^\beta \times \Gamma^\lambda$ und der Darstellung Γ^α (bzw. $\Gamma^\lambda \times \Gamma^\alpha$ und Γ^β oder $\Gamma^\beta \times \Gamma^\alpha$ und Γ^λ) wenigstens eine gemeinsame irreduzible Darstellung enthalten.[1])

Für den wichtigen Fall, daß entweder der Anfangszustand α oder der Endzustand β mit dem Grundzustand zusammenfällt, lassen sich die Auswahlregeln vereinfachen. Der Grundzustand gehört stets zur totalsymmetrischen Symmetrierasse, d. h., er wird nach der Einsdarstellung transformiert. Demzufolge ist der Übergang erlaubt, wenn die Darstellung Γ^λ, nach der sich die Größe f_λ transformiert, die Darstellung des angeregten Zustandes enthält.

Im Falle der Schwingungsübergänge werden die Wellenfunktionen unter dem Integralzeichen (10.102) durch die Produkte der Eigenfunktionen des harmonischen Oszillators der Form (7.3) dargestellt, d. h.

$$\psi_\beta = \prod_i V_{v_i}(Q_i) = C \exp\left\{-\frac{1}{2}\sum_i \frac{Q_i^2}{a_i^2}\right\} \prod_i H_{v_i}\left(\frac{Q_i}{a_i}\right). \tag{10.104}$$

Hierin kennzeichnet der Index i die Normalschwingung und die Zahl v_i den Quantenzustand. Der Exponentialfaktor in (10.104) ist gegenüber allen Symmetrietransformationen invariant. Deshalb werden die Symmetrieeigenschaften der Wellenfunktion ψ_β durch ein Produkt der Gestalt

$$\psi_\beta \sim \prod_j \left[\prod_{k=1}^{d_j} H_{v_{kj}}\left(\frac{Q_{kj}}{a_{kj}}\right)\right] \tag{10.105}$$

bestimmt, wobei d_j der Entartungsgrad der Eigenfrequenz ω_j ist;

$$\sum_{k=1}^{d_j} v_{kj} = v_j. \tag{10.106}$$

Die Wellenfunktionen, die zur gleichen entarteten Schwingungsfrequenz ω_j gehören, liefern, wie bereits festgestellt wurde, irgendeine Darstellung der Symmetriegruppe des Moleküls, während die Funktionen, die zu verschiedenen Frequenzen gehören, unabhängig voneinander transformiert werden. Deshalb ist die Darstellung eines gegebenen angeregten Zustandes β das Produkt der Darstellungen, die zu den unterschiedlichen Frequenzen ω_j gehören.

In den HERMITEschen Polynomen $H_{v_{kj}}(Q_{kj}/a_{kj})$ werden die Glieder jeder gegebenen Ordnung nur ineinander transformiert. Weil andererseits die Symmetrieeigenschaften jedes Polynoms durch seine höchsten Glieder vollständig bestimmt sind, sind die Symmetrieeigenschaften des Schwingungszustandes β durch den Ausdruck

$$\psi_\beta \sim \prod_j \left(\prod_{k=1}^{d_j} Q_{kj}^{v_{kj}}\right) \tag{10.107}$$

charakterisiert. Die Koordinate Q_{kj} möge nach der irreduziblen Darstellung π_{d_j} transformiert werden. Dann wird das Produkt

$$\prod_{k=1}^{d_j} Q_{kj}^{v_{kj}}$$

[1]) Das direkte Produkt von Darstellungen hängt nicht von der Reihenfolge der Faktoren und der Reihenfolge ihrer Multiplikation ab.

nach einer Darstellung transformiert, die das symmetrische Produkt der Darstellung π_{d_j} v_j-mal mit sich selbst ist[1]).

Solche Darstellungen wollen wir mit

$$[\pi_{d_j}]^{v_j}$$

bezeichnen. Die Darstellung für den Zustand β kann gemäß (10.107) in der Form

$$\Gamma^{\beta} = [\pi_{d_1}]^{v_1} \times [\pi_{d_2}]^{v_2} \times \cdots \tag{10.108}$$

geschrieben werden (es ist zu beachten, daß

$$\pi_{d_i} \times \pi_{d_i} \neq [\pi_{d_i}]^2$$

ist).

Regeln zur Berechnung symmetrischer Produkte von Darstellungen und direkter Produkte von irreduziblen Darstellungen sind in den Tab. 12 und 13 (siehe [81–83, 108]) gegeben.

Wir untersuchen jetzt die Darstellung Γ^{λ} der Größe f_{λ}, die sowohl ein Skalar, ein polarer oder axialer Vektor (antisymmetrischer Tensor) als auch ein symmetrischer Tensor sein kann. Ist f_{λ} ein Skalar, so ist f_{λ} definitionsgemäß invariant gegenüber allen Symmetrietransformationen, d. h. gehört stets zur totalsymmetrischen Darstellung.

Die Charaktere der Darstellungen des Vektors $\boldsymbol{r}_T$ und des axialen Vektors (antisymmetrischen Tensors) $\boldsymbol{r}_{\Omega}$ sind bereits früher gefunden worden (die Formeln (10.83), (10.84), (10.88) und (10.89)). Durch Zerlegung dieser Charaktere nach Formel (10.77) können wir die Darstellungen eines Vektors und eines antisymmetrischen Tensors für eine gegebene Symmetriegruppe finden.

Ist die Darstellung eines Vektors einer gegebenen Symmetriegruppe bekannt, so gelangt man zur Darstellung eines Tensors, indem man das direkte Produkt zweier Vektoren betrachtet (siehe [86]). Für jede Symmetriegruppe läßt sich die Tensordarstellung unter Benutzung der in den Tab. 12 und 13 enthaltenen Formeln ohne Mühe in zwei Teile aufspalten, die dem symmetrischen bzw. antisymmetrischen Produkt eines Vektors mit sich selbst entsprechen. Der erste Teil liefert die Darstellung eines symmetrischen Vektors (d. h. die Summe aus dem skalaren und anisotropen Anteil des Streutensors) und der zweite die Darstellung eines antisymmetrischen Tensors. Die Zerlegung der Tensordarstellung entspricht der Zerlegung der Charaktere. Tatsächlich haben wir gemäß (10.83), (10.88)

[1]) Wir betrachten das direkte Produkt der irreduziblen Darstellung mit sich selbst. In diesem Falle haben wir zwei verschiedene Sätze von Funktionen $\psi_1, \ldots, \psi_d$ und $\varphi_1, \ldots, \varphi_d$, die die gleiche Darstellung ergeben. Das direkte Produkt der Darstellung mit sich selbst wird also durch d^2 Funktionen $\psi_i\varphi_k$ realisiert. Diese reduzible Darstellung kann man in zwei Darstellungen geringerer Dimension zerlegen. Eine von ihnen wird durch die Funktionen $\psi_i\varphi_k + \psi_k\varphi_i$ gegeben und die andere durch die Funktionen $\psi_i\varphi_k - \psi_k\varphi_i$ $(i \neq k)$. Die erste nennt man das symmetrische Produkt der Darstellung mit sich selbst und die zweite das antisymmetrische Produkt (siehe [20, 86]). Die Charaktere dieser Darstellungen sind gegeben durch

$$[\chi(z)]_s^2 = \frac{1}{2}\{[\chi(z)]^2 + \chi(z^2)\}, \quad [\chi(z)]_a^2 = \frac{1}{2}\{[\chi(z)]^2 - \chi(z^2)\}. \tag{10.109}$$

Tabelle 12

Regeln zur Berechnung einfacher symmetrischer Produkte von Darstellungen

Allgemeine Regeln

$[g]^v = g, \quad [u]^v = g, \quad [']^v = ['], \quad ['']^v = ['],$

wenn v gerade ist;

$[g]^v = g, \quad [u]^v = u, \quad [']^v = ['], \quad ['']^v = [''],$

wenn v ungerade ist.

Nicht entartete Frequenzen

$[A_1]^2 = [A_1]^3 = [A_1]^4 = A_1, \quad [A_2]^2 = A_1, \quad [A_2]^3 = A_2, \quad [A_2]^4 = A_1,$

$[B_1]^2 = A_1, \quad [B_1]^3 = B_1, \quad [B_1]^4 = A_1, \quad [B_2]^2 = A_1, \quad [B_2]^3 = B_2, \quad [B_2]^4 = A_1.$

Zweifach entartete Frequenzen

1. Die Gruppen $C_3, C_{3v}, C_{3h}, D_3, D_{3h}, T, T_d, T_h, O, O_h$:

$[E]^2 = A_1 + E, \quad [E]^3 = A_1 + A_2 + E, \quad [E]^4 = A_1 + 2E.$

2. Die Gruppen $C_6, C_{6v}, C_{6h}, D_6, D_{3d}, D_{6h}, S_6$:

$[E_1]^2 = A_1 + E_2, \quad [E_1]^3 = B_1 + B_2 + E_1, \quad [E_1]^4 = A_1 + 2E_2,$

$[E_2]^2 = A_1 + E_2, \quad [E_2]^3 = A_1 + A_2 + E_2, \quad [E_2]^4 = A_1 + 2E_2.$

3. Die Gruppen $C_4, C_{4v}, C_{4h}, D_4, D_{2d}, D_{4h}, S_4$:

$[E]^2 = A_1 + B_1 + B_2, \quad [E]^3 = 2E, \quad [E]^4 = 2A_1 + A_2 + B_1 + B_2.$

4. Die Gruppen $D_{5h}, D_5, C_5, C_{5h}, C_{5d}$:

$[E_1]^2 = A_1 + E_2, \quad [E_1]^3 = E_1 + E_2, \quad [E_1]^4 = A_1 + E_1 + E_2,$

$[E_2]^2 = A_1 + E_1, \quad [E_2]^3 = E_1 + E_2, \quad [E_2]^4 = A_1 + E_1 + E_2.$

5. Die Gruppen D_{4d}, C_{8v}, D_8:

$[E_1]^2 = A_1 + E_2, \quad [E_1]^3 = E_1 + E_3, \quad [E_1]^4 = A_1 + B_1 + B_2 + E_2,$

$[E_2]^2 = A_1 + B_1 + B_2, \quad [E_2]^3 = 2E_2, \quad [E_2]^4 = 2A_1 + A_2 + B_1 + B_2,$

$[E_3]^2 = A_1 + E_2, \quad [E_3]^3 = E_1 + E_3, \quad [E_3]^4 = A_1 + B_1 + B_2 + E_2.$

6. Lineare Moleküle (die Gruppen $C_{\infty v}, D_{\infty h}$):

$[E_1]^2 = A_1 + E_2, \quad [E_1]^3 = E_1 + E_3, \quad [E_1]^4 = A_1 + E_2 + E_4,$

wobei

$A_1 = \Sigma^+, \quad E_1 = \Pi, \quad E_2 = \Delta, \quad E_3 = \Phi, \quad E_4 = \Gamma.$

Dreifach entartete Frequenzen

Die Gruppen T_d, O, O_h:

$[F_1]^2 = A_1 + E + F_2, \quad [F_1]^3 = A_2 + 2F_1 + F_2,$

$[F_1]^4 = 2A_1 + 2E + F_1 + 2F_2,$

$[F_2]^2 = A_1 + E + F_2, \quad [F_2]^3 = A_1 + F_1 + 2F_2,$

$[F_2]^4 = 2A_1 + 2E + F_1 + 2F_2.$

Für die Gruppen T, T_h wurden die Indizes 1 und 2 weggelassen.

Tabelle 13

Multiplikationsregeln für irreduzible Darstellungen

Allgemeine Regeln

$$A\times A=A,\quad B\times B=A,\quad A\times B=B,\quad A\times E=E,\quad B\times E=E,$$
$$A\times F=F,\quad B\times F=F,$$
$$g\times g=g,\quad u\times u=g,\quad u\times g=u,\quad '\times'=',\quad ''\times''=',\quad '\times''='',$$
$$A_{1,2}\times E_1=E_1,\quad A_{1,2}\times E_2=E_2,\quad B_{1,2}\times E_1=E_2,\quad B_{1,2}\times E_2=E_1.$$

Indizes bei A oder B:

$$1\times 1=1;\quad 2\times 2=1;\quad 1\times 2=2$$

für alle Gruppen außer

$$D_2=V \text{ und } D_{2h}=V_h, \text{ wo } B_1\times B_2=B_3,\quad B_2\times B_3=B_1,\quad B_1\times B_3=B_2.$$

Zweifach entartete Darstellungen

1. Die Gruppen C_3, C_{3h}, C_{3v}, D_3, D_{3h}, D_{3d}, C_6, C_{6h}, C_{6v}, D_6, D_{6h}, S_6, O, O_h, T, T_d, T_h:

$$E_1\times E_1=E_2\times E_2=A_1+A_2+E_2,\quad E_1\times E_2=B_1+B_2+E_1.$$

2. Die Gruppen C_4, C_{4v}, C_{4h}, D_{2d}, D_4, D_{4h}, S_4:

$$E\times E=A_1+A_2+B_1+B_2.$$

3. Die Gruppen D_{5h}, D_5, C_5, C_{5h}, C_{5v}:

$$E_1\times E_1=A_1+A_2+E_2,\quad E_2\times E_2=A_1+A_2+E_1,\quad E_1\times E_2=E_1+E_2.$$

4. Die Gruppen D_{4d}, C_{8v}, D_8:

$$E_1\times E_1=A_1+A_2+E_2,\quad E_1\times E_2=E_1+E_3,\quad E_1\times E_3=B_1+B_2+E_2,$$
$$E_2\times E_2=A_1+A_2+B_1+B_2,\quad E_2\times E_3=E_1+E_3,$$
$$E_3\times E_3=A_1+A_2+E_2.$$

Dreifach entartete Darstellungen

$$E\times F_1=E\times F_2=F_1+F_2,$$
$$F_1\times F_1=F_2\times F_2=A_1+E+F_1+F_2,\quad F_1\times F_2=A_2+E+F_1+F_2.$$

Für die Gruppen mit den Symbolen A, B, E und F ohne Indizes sind die in den Formeln erscheinenden Indizes wegzulassen.

und (9.12)

$$\chi_P(C_\varphi)=1+2\cos\varphi,\qquad \chi_P(S_\varphi)=-1+2\cos\varphi,$$
$$C_\varphi{}^2=C_{2\varphi},\qquad S_\varphi{}^2=C_{2\varphi}.$$

Unter Verwendung von (10.109) finden wir

$$\chi_{\beta_s+\beta_\gamma}(C_\varphi)=[\chi_P(C_\varphi)]_s^2=\frac{1}{2}\{[\chi_P(C_\varphi)]^2+\chi_P(C_{2\varphi})\}$$

bzw.

$$\chi_{\beta_s+\beta_\gamma}(C_\varphi)=2\cos\varphi\,(1+2\cos\varphi). \tag{10.110}$$

Analog ist

$$\chi_{\beta_s+\beta_\gamma}(S_\varphi) = 2\cos\varphi\,(-1 + 2\cos\varphi). \tag{10.111}$$

Diese Formeln wurden in [107] durch eine direkte Betrachtung der Transformation der Komponenten eines symmetrischen Tensors unter Wirkung der Symmetrieoperationen C_φ und S_φ gefunden. Auf dieselbe Weise erhalten wir für die Charaktere eines antisymmetrischen Tensors die Ausdrücke

$$\chi_{\beta_a}(C_\varphi) = 1 + 2\cos\varphi,$$

$$\chi_{\beta_a}(S_\varphi) = 1 - 2\cos\varphi,$$

die entsprechend mit (10.84) und (10.89) zusammenfallen.

In Tab. 14 werden die Darstellungen der vier Typen der Größe f_λ für verschiedene Symmetriegruppen aufgeführt. Das sind auch gleichzeitig die Auswahlregeln bezüglich der betrachteten Größen für Übergänge aus dem Grundzustand (totalsymmetrisch) in solche Zustände, in denen ein einziges Schwingungsquant einer bestimmten Normalschwingung angeregt ist. Übergänge sind erlaubt, wenn die Darstellung Γ^λ der Größe f_λ die irreduzible Darstellung, nach der sich die gegebene Normalschwingung transformiert, enthält. Um die Auswahlregeln für die Ober- und Kombinationstöne sowie für Übergänge von einem angeregten Zustand in einen anderen angeregten Zustand gemäß (10.103) abzuleiten, bildet man die Darstellung $\Gamma^\alpha \times \Gamma^\beta$, zerlegt sie mit Hilfe der Formeln aus den Tabellen 12 und 13 und vergleicht die Zerlegung mit den Darstellungen der verschiedenen Typen von f_λ. Erlaubt sind solche Übergänge, für welche $\Gamma^\alpha \times \Gamma^\beta$ und Γ^λ gemeinsame irreduzible Darstellungen enthalten. (Eine allgemeine Ableitung der Auswahlregeln für Ober- und Kombinationstöne mit Hilfe der Charaktere findet man in [109, 110] und mittels direkter Bestimmung der Darstellungen in der Arbeit [108].)

Als Beispiel betrachten wir die Auswahlregeln für einige Linien in Spektren von Molekülen der Symmetrie T_d für den Fall, daß der Anfangszustand mit dem Grundzustand zusammenfällt.

1. $\nu = 2\nu_E = \nu_{F2}$.

Aus Tab. 12 folgt

$$[E]^2 = A_1 + E.$$

Somit ergibt sich für den betrachteten Übergang

$$\Gamma^\alpha \times \Gamma^\beta = \Gamma^\beta = (A_1 + E) \times F_2 = A_1F_2 + EF_2 = F_2 + F_1 + F_2.$$

Ein Vergleich mit Tab. 14 zeigt, daß diese dreifache Frequenz sowohl im Raman-Effekt (wobei die entsprechende Linie depolarisiert ist) als auch im Infrarotspektrum erlaubt ist.

2. $\nu = 2\nu_{F_1} + 2\nu_{F_2}$.

$$\begin{aligned}\Gamma^\beta &= [F_1]^2 \times [F_2]^2 = (A_1 + E + F_2) \times (A_1 + E + F_2)\\ &= 4A_1 + 4E + 3F_1 + 5F_2.\end{aligned}$$

Tabelle 14

*Darstellungen der skalaren, anisotropen, antisymmetrischen Streuung (β_s, β_γ bzw. β_a) und des Vektors **P** für die wichtigsten Symmetriegruppen*[1])

Gruppe	β_s	β_γ	β_a	**P**
C_i	A_g	A_g	A_g	A_u
C_s	A'	$A' + A''$	$A' + A''$	$A' + A''$
C_2	A	$A + B$	$A + B$	$A + B$
C_{2h}	A_g	$A_g + B_g$	$A_g + B_g$	$A_u + B_u$
C_{2v}	A_1	$A_1 + A_2 + B_1 + B_2$	$A_2 + B_1 + B_2$	$A_1 + B_1 + B_2$
D_2	A_1	$A_1 + B_1 + B_2 + B_3$	$B_1 + B_2 + B_3$	$B_1 + B_2 + B_3$
D_{2h}	A_{1g}	$A_{1g} + B_{1g} + B_{2g} + B_{3g}$	$B_{1g} + B_{2g} + B_{3g}$	$B_{1u} + B_{2u} + B_{3u}$
C_{3v}	A_1	$A_1 + E$	$A_2 + E$	$A_1 + E$
D_{3h}	A_1'	$A_1' + E' + E''$	$A_2' + E''$	$A_2'' + E'$
D_{3d}	A_{1g}	$A_{1g} + E_g$	$A_{2g} + E_g$	$A_{2u} + E_u$
D_{4h}	A_{1g}	$A_{1g} + B_{1g} + B_{2g} + E_g$	$A_{2g} + E_g$	$A_{2u} + E_u$
C_{4h}	A_g	$A_g + B_g + E_g$	$A_g + E_g$	$A_u + E_u$
D_{4d}	A_1	$A_1 + E_2 + E_3$	$A_2 + E_3$	$B_2 + E_1$
S_4	A	$A + B + E$	$A + E$	$A + E$
D_{5h}	A_1'	$A_1' + E_1'' + E_2'$	$A_2' + E_1''$	$A_2'' + E_1'$
D_{6h}	A_{1g}	$A_{1g} + E_{1g} + E_{2g}$	$A_{2g} + E_{1g}$	$A_{2u} + E_{1u}$
C_{6h}	A_g	$A_g + E_g$	$A_g + E_g$	$A_u + E_u$
$C_{\infty v}$	A_1	$A_1 + E_1 + E_2$	$A_2 + E_1$	$A_1 + E_1$
$D_{\infty h}$	A_{1g}	$A_{1g} + E_{1g} + E_{2g}$	$A_{2g} + E_{1g}$	$A_{1u} + E_{1u}$
T	A	$E + F$	F	F
T_d	A_1	$E + F_2$	F_1	F_2
O	A_1	$E + F_2$	F_1	F_2
O_h	A_{1g}	$E_g + F_{2g}$	F_{1g}	F_{2u}

[1]) Die Zahlenfaktoren bei den Darstellungssymbolen sind weggelassen worden.

Die Linie ist im Raman-Effekt (teilpolarisiert) und im Infraroten erlaubt.

3. $\nu = \nu'_{F_2} - \nu''_{F_2}$.

In diesem Falle ist

$$\Gamma^\alpha = F_2, \qquad \Gamma^\beta = F_2$$

und

$$\Gamma^\alpha \times \Gamma^\beta = F_2 \times F_2 = A_1 + E + F_1 + F_2 .$$

Der betrachtete Kombinationston ist im Raman-Effekt (teilpolarisiert) und im Infrarotspektrum erlaubt.

3. *Intensitätsberechnungen für Raman-Linien*

Nachdem wir festgestellt haben, daß eine bestimmte Linie auf Grund der Auswahlregeln im Raman-Effekt „erlaubt“ ist, erhebt sich die Frage nach ihrer Intensität I und im Falle einer teilpolarisierten Linie nach dem numerischen Wert des Depolarisationsgrades ϱ. Die allgemeine Theorie liefert hierfür nur wenig definierte Aussagen. Insbesondere kann es geschehen, daß eine „erlaubte" Linie faktisch eine verschwindend kleine Intensität hat.

Eine direkte Berechnung der Intensitäten auf quantenmechanischer Grundlage stößt im gegenwärtigen Zeitpunkt auf unüberwindliche Schwierigkeiten. Deshalb kann der einzig reale Weg zur Bestimmung von I und ϱ für die Spektren einer gegebenen Substanz nur in der Verwendung halbempirischer Rechenverfahren bestehen. Wertvolle Hinweise erhält man ebenfalls aus der Untersuchung von Spektren ähnlich gebauter Verbindungen (siehe § 11). Im folgenden behandeln wir eine Näherungsmethode zur Intensitätsberechnung, die unter dem Namen „Bindungspolarisierbarkeitstheorie" bekannt ist. Diese zum ersten Male von WOLKENSTEIN [111] vorgeschlagene und von ihm zusammen mit ELJASCHEWITSCH [112] ausgearbeitete Methode gestattet in ihrer vervollkommneten Form eine ausreichend genaue Berechnung der Intensität und des Depolarisationsgrades für Spektren komplizierter Moleküle [113—119]).[1]

Der Bindungspolarisierbarkeitstheorie liegt die allgemeine Idee von der Additivität zahlreicher Eigenschaften eines Moleküls zugrunde, d. h., sie geht von der Tatsache aus, daß man viele Moleküleigenschaften als Summe von Eigenschaften bestimmter Struktureinheiten, die beim Übergang von einem Molekül zu einem anderen erhalten bleiben, darstellen kann. In der modernen Chemie werden als grundlegende Struktureinheiten gewöhnlich die chemischen Bindungen der Atome angesehen. Wir betonen, daß die Bestimmung der realen Struktureinheiten nicht rein spekulativ geschehen kann, sondern sich auf die experimentellen Befunde stützen muß. Bei der Untersuchung der Schwingungsspektren stößt man häufig auf Verletzungen der Additivitätsregel, die sich als „Wechselwirkungen" zwischen den Struktureinheiten interpretieren lassen. In einigen Fällen ist es vorteilhaft, als Ausgangselemente nicht die chemischen Bindungen selbst, sondern kompliziertere Gebilde zu wählen (siehe § 11). Nichtsdestoweniger kann das auf den chemischen Bindungen beruhende Additivitätsschema in vielen Fällen als befriedigende „nullte" Näherung dienen.

In Anwendung der Additivitätsregel auf die Molekülpolarisierbarkeit ordnet man jeder einzelnen chemischen Bindung einen Polarisierbarkeitstensor α_{ik}^p zu; die volle Polarisierbarkeit wird dann als Summe der Polarisierbarkeiten der einzelnen Bindungen angenommen:

$$\alpha_{ik} = \sum_{p=1}^{N} \alpha_{ik}^p, \tag{10.112}$$

wo N die Zahl der chemischen Bindungen ist. Es ist natürlich anzunehmen, daß die Richtung der Bindung mit einer Hauptachse des Tensors α_{ik}^p zusammenfällt, und die beiden anderen Hauptachsen senkrecht zur Bindung liegen. Wie in § 2 sollen sich die Indizes $i, k = x, y, z$ auf das molekülfeste Koordinatensystem beziehen. Bezeichnen wir die Hauptachsen des Bindungspolarisierbarkeitstensors mit λ ($\lambda = 1, 2, 3$), so können wir schreiben, siehe (2.21),

$$\alpha_{ik}^p = \sum_{\lambda=1}^{3} \alpha_\lambda{}^p n_{\lambda i}^p n_{\lambda k}^p, \tag{10.113}$$

[1]) *Anmerkung des Herausgebers:* Die WOLKENSTEINsche Theorie ist in der sowjetischen Literatur unter der Bezeichnung „Valenzoptisches Modell" bekannt und umfaßt die Berechnung von Intensitäten sowohl der RAMAN- als auch der IR-Spektren.

wo

$$n^p_{\lambda i} = \cos(\lambda, i), \qquad n^p_{\lambda k} = \cos(\lambda, k)$$

(für die p-te Bindung).

Bei der Ausdehnung der Additivitätsregel auf die Schwingungsspektren muß man zulassen, daß die Additivität auch bei den Schwingungen des Moleküls erhalten bleibt. Dann haben wir für die Ableitungen des Bindungspolarisierbarkeitstensors

$$\frac{\partial \alpha_{ik}}{\partial Q_j} = \sum_{p=1}^{N} \frac{\partial \alpha^p_{ik}}{\partial Q_j} = \sum_{p=1}^{N} \left\{ \sum_{t=1}^{N} \frac{\partial \alpha^p_{ik}}{\partial q_t} \frac{\partial q_t}{\partial Q_j} + \sum_{s=1}^{2N} \frac{\partial \alpha^p_{ik}}{\partial \gamma_s} \frac{\partial \gamma_s}{\partial Q_j} \right\}, \tag{10.114}$$

wobei q_t und γ_s die Valenz- und Deformationskoordinaten bezeichnen. Wir setzen jetzt für α^p_{ik} den Ausdruck (10.113) ein. Dabei wollen wir zuerst annehmen, daß die $\alpha_\lambda{}^p$ nur Funktionen der Längenänderungen der p-ten Bindung und die Richtungskosinus $n^p_{\lambda i}$, $n^p_{\lambda k}$ nur Funktionen der Valenzwinkeldeformationen γ_s sind. In dieser Näherung wird[1])

$$\frac{\partial \alpha_\lambda{}^p}{\partial q_t} = 0 \qquad (t \neq p),$$

$$\frac{\partial \alpha_\lambda{}^p}{\partial \gamma_s} = 0, \quad \frac{\partial n^p_{\lambda i}}{\partial q_t} = 0. \tag{10.115}$$

Mit Rücksicht auf (10.115) geht der Ausdruck (10.114) über in

$$\frac{\partial \alpha_{ik}}{\partial Q_j} = \sum_{p=1}^{N} \sum_{\lambda=1}^{3} \left\{ \frac{\partial \alpha_\lambda{}^p}{\partial q_p} n^p_{\lambda i} n^p_{\lambda k} \frac{\partial q_p}{\partial Q_j} + \alpha_\lambda{}^p \frac{\partial}{\partial \gamma_s} (n^p_{\lambda i} n^p_{\lambda k}) \frac{\partial \gamma_s}{\partial Q_j} \right\}. \tag{10.116}$$

Jedes der Glieder in (10.116) enthält zwei Faktoren, einmal den von $\alpha_\lambda{}^p$, $n^p_{\lambda i}$ und von deren Ableitungen abhängigen elektrooptischen Faktor und zum anderen den mechanischen Faktor, die Ableitung der inneren Koordinaten nach den Normalkoordinaten. Das Auffinden der Ableitungen $\partial q_p/\partial Q_j$ und $\partial \gamma_s/\partial Q_j$ ist eine mechanische Aufgabe und führt zurück auf die Berechnung der Schwingungsformen. Die Bindungspolarisierbarkeitstheorie gestattet es also, die Beeinflussung der Intensität und Polarisation der Raman-Linien durch die elektrooptischen und mechanischen Faktoren getrennt voneinander zu untersuchen. Das ist von eigenständigem Interesse und erlaubt Aussagen über den Molekülbau und die Natur der chemischen Bindungen.

Der Ausdruck (10.116) spaltet sich automatisch in Valenz- und Deformationsanteile auf. Bei reinen Valenzschwingungen ($\gamma_s = 0$) hängen Intensität und Polarisation der Linien nur von den Ableitungen $\partial \alpha_\lambda{}^p/\partial q_p$ ab. Im Falle reiner Deformationsschwingungen ($q_p = 0$) bestimmen sich die genannten Größen allein aus den $\alpha_\lambda{}^p$. An realen Schwingungen sind sowohl die q_p als auch die γ_s beteiligt; wir haben es also gleichzeitig mit beiden Anteilen zu tun. In gewisser Näherung kann man jedoch die elektrooptischen Eigenschaften der Valenz- und Deformationsschwingungen

[1]) Entsprechend der von Wolkenstein [80] eingeführten Terminologie bezeichnet man die beschriebene Näherung der Bindungspolarisierbarkeitstheorie als die nullte Näherung. Wir bemerken, daß bei Berücksichtigung der Bedingung für das Verschwinden des Schwingungsimpulses die Richtungskosinus auch von den Längenänderungen der Bindungen abhängen.

einzeln betrachten. Auf diesem Wege können neue (näherungsweise) Auswahlregeln abgeleitet werden [80].

Die Richtungskosinus genügen den Orthogonalitätsrelationen

$$\sum_{\lambda=1}^{3} n_{\lambda i}^{p} n_{\lambda k}^{p} = \delta_{ik}. \tag{10.117}$$

Hieraus folgt

$$n_{1i}^{p} n_{1k}^{p} = \delta_{ik} - n_{2i}^{p} n_{2k}^{p} - n_{3i}^{p} n_{3k}^{p}, \tag{10.118}$$

$$\frac{\partial}{\partial \gamma_s} \sum_{\lambda=1}^{3} n_{\lambda i}^{p} n_{\lambda k}^{p} = \frac{\partial \delta_{ik}}{\partial \gamma_s} = 0. \tag{10.119}$$

Wir nehmen an, daß Richtung 1 mit der Bindungsrichtung übereinstimmt. Die zur Bindung senkrechten Richtungen 2 und 3 können für σ-Bindungen als äquivalent betrachtet werden, was jedoch nur in der nullten Näherung richtig ist. Dann ist

$$\alpha_2{}^p = \alpha_3{}^p, \quad \frac{\partial \alpha_2{}^p}{\partial q_p} = \frac{\partial \alpha_3{}^p}{\partial q_p}. \tag{10.120}$$

In dieser Näherung geht Formel (10.116) nach einfachen Umformungen über in

$$\frac{\partial \alpha_{ik}}{\partial Q_j} = \sum_{p=1}^{N}{}' \left\{ \left[\left(\frac{\partial \alpha_1{}^p}{\partial q_p} - \frac{\partial \alpha_2{}^p}{\partial q_p} \right) n_{1i}^{p} n_{1k}^{p} + \frac{\partial \alpha_2{}^p}{\partial q_p} \delta_{ik} \right] \frac{\partial q_p}{\partial Q_j} + \sum_{s} (\alpha_1{}^p - \alpha_2{}^p) \frac{\partial}{\partial \gamma_s} (n_{1i}^{p} n_{1k}^{p}) \frac{\partial \gamma_s}{\partial Q_j} \right\}. \tag{10.121}$$

Die Spur des Tensors $\partial \alpha_{ik}/\partial Q_j$ ergibt sich unter Verwendung von (10.121)

$$b = \sum_{i} \frac{\partial \alpha_{ii}}{\partial Q_j} = \sum_{p=1}^{N}{}' \frac{\partial(\alpha_1{}^p + \alpha_2{}^p + \alpha_3{}^p)}{\partial q_p} \frac{\partial q_p}{\partial Q_j}. \tag{10.122}$$

Die Spur des Deformationsanteils des Tensors $\partial \alpha_{ik}/\partial Q_j$ ist, wie leicht zu sehen ist, gleich Null. Hieraus ergibt sich die erste genäherte Auswahlregel, die von Wolkenstein aufgestellt wurde [80, 120]:

1. Der Depolarisationsgrad reiner totalsymmetrischer Deformationsschwingungen ist unabhängig von der Symmetriegruppe

$$\varrho_{\text{def}} = \frac{6}{7}. \tag{10.123}$$

Der Beweis folgt leicht aus der Beziehung (10.122). Für reine Deformationsschwingungen verschwindet der Valenzanteil des Tensors $\partial \alpha_{ik}/\partial Q_j$. Dementsprechend ist auch die Spur dieses Teils gleich Null. Somit folgt aus (10.122) $b = 0$ und damit

$$\varrho_{\text{def}} = \frac{6g^2}{5b^2 + 7g^2} = \frac{6}{7}.$$

Wir betrachten jetzt einen wichtigen Spezialfall der totalsymmetrischen Schwingungen einer Gruppe von N gleichartigen Bindungen, die miteinander gleiche Winkel φ bilden. Dann sind alle q_p und $\partial q_p/\partial Q_j$ gleich, und wir können die Indizes fortlassen. Wir führen außerdem die Bezeichnungen

$$\frac{\partial \alpha_1{}^p}{\partial q_p} = \frac{\partial \alpha_1}{\partial q} = \alpha_1{}', \qquad \frac{\partial \alpha_2{}^p}{\partial q_p} = \frac{\partial \alpha_2}{\partial q_p} = \alpha_2{}'$$

ein. Beschränkt man sich auf den Fall reiner Valenzschwingungen, so folgt aus (10.121) und (10.122) mit Rücksicht auf (2.40a) und (2.40b) das Ergebnis

$$b_N = N(\alpha_1{}' + 2\alpha_2{}') \frac{\partial q}{\partial Q} = N b_1 \frac{\partial q}{\partial Q}, \tag{10.124}$$

$$\begin{aligned} g_N{}^2 &= \frac{3}{2} \sum_{ik} (\alpha'_{ik})^2 - \frac{1}{2} b^2 \\ &= N^2(\alpha_1{}' - \alpha_2{}')^2 \left[1 - \frac{N-1}{2N} 3 \sin^2 \varphi\right] \left(\frac{\partial q}{\partial Q}\right)^2 \\ &= N^2 g_1{}^2 \left[1 - \frac{N-1}{2N} 3 \sin^2 \varphi\right] \left(\frac{\partial q}{\partial Q}\right)^2. \end{aligned} \tag{10.125}$$

Hier bezeichnen $b_1 = \alpha_1{}' + 2\alpha_2{}'$ und $g_1 = \alpha_1{}' - \alpha_2{}'$ die Spur bzw. die Anisotropie des Tensors α'_{ik} für eine einzelne σ-Bindung.

Für den Depolarisationsgrad haben wir

$$\varrho_N = \frac{6\varrho_1 \left[1 - \frac{N-1}{2N} 3 \sin^2 \varphi\right]}{6 - 7\varrho_1 \frac{N-1}{2N} 3 \sin^2 \varphi}, \tag{10.126}$$

wobei ϱ_1 der Depolarisationsgrad für die Schwingung einer isolierten Bindung ist. Gemäß (10.26) gilt

$$\varrho_N \leqq \varrho_1, \tag{10.127}$$

wobei das Gleichheitszeichen dem Falle $\sin \varphi = 0$, d. h. dem linearen Molekül entspricht.

Wir untersuchen nun die Größe ϱ_1. Wir verwenden die Ausdrücke für b_1 und g_1 und finden

$$\varrho_1 = \frac{6(\alpha_1{}' - \alpha_2{}')^2}{5(\alpha_1{}' + 2\alpha_2{}')^2 + 7(\alpha_1{}' - \alpha_2{}')^2}. \tag{10.128}$$

Bei zweiatomigen Molekülen und charakteristischen Schwingungen einzelner Bindungen kann man annehmen, daß $\alpha_1{}' > 0$ und $\alpha_2{}' > 0$ (siehe [80]) gilt. Dann folgt aus (10.128) $0 \leqq \varrho_1 \leqq 1/2$. Somit ist

$$\varrho_N \leqq \frac{1}{2}. \tag{10.129}$$

Die Ungleichung (10.129) stellt die zweite approximative Wolkensteinsche Auswahlregel dar:

2. Der Depolarisationsgrad für Schwingungen zweiatomiger Moleküle bzw. für die charakteristische totalsymmetrische reine Valenzschwingung einer einzelnen Bindung oder einer Gruppe äquivalenter Bindungen hat als obere Schranke 1/2.

Betrachten wir nun den Fall tetraedrischer Winkel ($\sin^2 \varphi = 8/9$). Dabei liefert Formel (10.126)

$$\varrho_2 = \frac{3\varrho_1}{9 - 7\varrho_1},$$

$$\varrho_3 = \frac{3\varrho_1}{27 - 28\varrho_1}, \quad \varrho_4 = 0. \tag{10.130}$$

In Tab. 15 sind die nach Formel (10.130) berechneten Werte für ϱ_N zusammen mit unseren experimentellen Ergebnissen [100] für die totalsymmetrischen Linien der Gruppen CH_3, CH_2 und CH wiedergegeben. Die Übereinstimmung zwischen den berechneten und gemessenen Werten ist, wie man sieht, befriedigend.

Tabelle 15

Depolarisationsgrade für die totalsymmetrischen CH-*Valenzschwingungen in Kohlenwasserstoffen*

Anzahl der Bindungen N	ϱ_N	
	Experiment	Rechnung
1	0,35	—
2	0,2	0,16
3	$\sim$ 0,1	0,04
4	0	0

Von Interesse ist noch ein anderer Fall totalsymmetrischer Valenzschwingungen, und zwar die Schwingungen ebener Moleküle aus gleichen Bindungen mit der Symmetrie D_{nh}. Der Polarisierbarkeitstensor hat für diese Moleküle die Gestalt

$$\alpha_{ik} = \left\| \begin{matrix} a_1 & 0 & 0 \\ 0 & a_2 & 0 \\ 0 & 0 & a_2 \end{matrix} \right\|, \tag{10.131}$$

wo a_1 der Polarisierbarkeit in der zur Molekülebene senkrechten Richtung entspricht. Besitzt ein Molekül mit der Symmetrie D_{nh} $N \geq 3$ Bindungen, so ist nach der Bindungspolarisierbarkeitstheorie

$$a_1 = N\alpha_3, \qquad a_1 + 2a_2 = N(\alpha_1 + \alpha_2 + \alpha_3). \tag{10.132}$$

Der Tensor α_{ik} kann in der Form

$$\alpha_{ik} = \frac{1}{2} N \left\| \begin{matrix} 2\alpha_3 & 0 & 0 \\ 0 & \alpha_1 + \alpha_2 & 0 \\ 0 & 0 & \alpha_1 + \alpha_2 \end{matrix} \right\| \tag{10.133}$$

geschrieben werden.

Für totalsymmetrische Schwingungen solcher Moleküle ist $q = CQ$. Folglich ist

$$\alpha'_{ik} = \frac{1}{2} NC \begin{Vmatrix} 2\alpha_3' & 0 & 0 \\ 0 & \alpha_1' + \alpha_2' & 0 \\ 0 & 0 & \alpha_1' + \alpha_2' \end{Vmatrix}. \tag{10.134}$$

Dabei wird

$$\varrho_N = \frac{6(\alpha_1' + \alpha_2' - 2\alpha_3')^2}{20(\alpha_1' + \alpha_2' + \alpha_3')^2 + 7(\alpha'_1 + \alpha_2' - 2\alpha_3')^2}. \tag{10.135}$$

Somit ergibt sich die dritte approximative WOLKENSTEINsche Auswahlregel.

3. Die Depolarisationsgrade totalsymmetrischer Schwingungen für beliebige ebene Moleküle aus gleichen Bindungen der Symmetrie D_{nh} sind einander gleich, unabhängig von der Anzahl der Bindungen.

Im einfachsten Falle $\alpha_2' = \alpha_3'$ ergibt sich

$$\varrho_N = \frac{2\varrho_1}{6 - 7\varrho_1}, \tag{10.136}$$

und wegen $\varrho_1 \leqq 1/2$ ist $\varrho_N \leqq 2/5$.

Die Daten für ebene ringförmige Kohlenwasserstoffmoleküle [100, 118] zeigen, daß Regel 3 für Moleküle ohne π-Bindungen erfüllt ist. Moleküle mit π-Bindungen zeichnen sich durch einen erhöhten Depolarisationsgrad aus [121, 122].

Die angeführten Werte (siehe auch [80, 120]) zeigen, daß die nullte Näherung der Bindungspolarisierbarkeitstheorie bei einer qualitativen Erklärung der Gesetzmäßigkeiten in den RAMAN-Spektren durchaus befriedigende Dienste leistet. Für numerische Berechnungen der Intensität und des Depolarisationsgrades ist sie zu grob, und wir sind gezwungen, zur ersten Näherung der Bindungspolarisierbarkeitstheorie [113, 115] überzugehen. Die Rechnungen werden dabei natürlich bei weitem komplizierter; das hängt insbesondere mit der Berücksichtigung der Bedingung für das Verschwinden des Drehimpulses des Moleküls zusammen. Ohne auf Einzelheiten einzugehen sei darauf hingewiesen, daß ungeachtet dessen heute bereits erfolgreiche Berechnungen ziemlich komplizierter Moleküle vorliegen [113—118].

§ 11. Charakteristische Linien in den Schwingungs-Raman-Spektren

Wie in den beiden vorangegangenen Paragraphen gezeigt wurde, liefern die Schwingungs-RAMAN-Spektren umfangreiche Informationen über den Bau der Moleküle. Außerordentlich deutlich tritt in den RAMAN-Spektren die Molekülsymmetrie zutage. Entsprechend ihrer Symmetrie zerfallen die Molekülschwingungen in einzelne Rassen. Die für die Schwingungen jeder Symmetrierasse existierenden Auswahlregeln geben an, ob eine betrachtete Schwingung im RAMAN-Effekt oder im Infrarotspektrum erlaubt ist oder nicht. Die Symmetrierasse bestimmt auch (qualitativ) die Intensität der Linien und deren Polarisationszustand. Die Zahl der Schwingungen in jeder Symmetrierasse und die Zahl der entsprechenden aktiven Linien läßt sich mit der Gruppentheorie leicht berechnen. Die Schwingungsspektren gestatten also, eine Auswahl zwischen verschiedenen möglichen Molekülmodellen zu treffen und das richtige Modell festzulegen (siehe § 9).

Die Bestimmung der Molekülsymmetrie aus den Schwingungsspektren basiert auf sehr allgemeinen, aus der Gruppentheorie folgenden Beziehungen. In der Allgemeinheit dieser Methode liegt ihr großer Wert. Mit ihrer Hilfe konnten zahlreiche Aussagen über die Struktur einer Reihe von Molekülen erhalten werden, wobei der allgemeine Charakter des Verfahrens jeden Zweifel an den Ergebnissen ausschließt. Derartige Untersuchungsmethoden sind aber nur bei genügend einfachen Molekülen effektiv. Je komplizierter ein Molekül ist, um so weniger zuverlässig werden Aussagen, die auf den Beziehungen zwischen Molekülsymmetrie und Schwingungsspektren basieren. Wegen der großen Zahl von Linien in den Schwingungsspektren ist die Zuordnung der Linien zu den Symmetrierassen ganz einfach nicht mehr eindeutig.

In der exakteren Theorie der Schwingungsspektren faßt man das Molekül als ein System von Massenpunkten (Atomen, Kernen) auf, die kleine Schwingungen um ihre Gleichgewichtslagen ausführen. Diese Theorie stellt eine Verbindung her zwischen den direkt aus den Linien bestimmten Schwingungsfrequenzen und den Quasifederkonstanten, die die Wechselwirkung zwischen den Atomen im Molekül charakterisieren. Darüber hinaus gestattet die Theorie, aus der Intensität und der Polarisation der Linien die elektrooptischen Parameter des Moleküls zu bestimmen. Mit den vorhandenen Methoden (siehe § 10) kann man für ein vorgegebenes Molekülmodell die Schwingungsfrequenzen, Schwingungsformen usw. berechnen. Nach dem Vergleich der berechneten Frequenzen mit den experimentellen kann man die Kraftkonstanten des Moleküls präzisieren und das beobachtete Spektrum detailliert interpretieren.

Durch den Einsatz elektronischer Rechenmaschinen ist es möglich geworden, die Schwingungen von relativ komplizierten Molekülen mit beispielsweise 20 bis 25 Atomen zu berechnen. Eine weitere Vervollkommnung der Rechenautomaten wird diese obere Grenze sicherlich weiter hinausschieben, die hauptsächlich vom Speicherumfang der Rechenautomaten abhängt. Weiterhin zeichnet sich die Tendenz ab, den elektronischen Rechenautomaten nicht nur die unmittelbare Lösung der Gleichungen, sondern auch die Aufstellung der Schwingungsgleichungen zu übertragen. Bei alledem ist jedoch der Anwendung von Rechenautomaten durch die Größe der Moleküle eine Grenze gesetzt. Außerdem verlieren die Rechenergebnisse für sehr komplizierte Moleküle ihre Anschaulichkeit. Nicht selten erhält man deshalb bei der Untersuchung von Molekülschwingungen im Ergebnis langwieriger Rechnungen lediglich eine Reihe von Zahlen, die sich nur schwer interpretieren lassen.

Im Zusammenhang mit den genannten Grenzen der Modellrechnungen gewinnen experimentelle Untersuchungsmethoden an Bedeutung, deren Ziel in der Auffindung empirischer Gesetzmäßigkeiten in den Raman-Spektren besteht. Weite Verbreitung hat insbesondere eine Methode gefunden, bei der man die Schwingungsspektren ähnlich gebauter Moleküle vergleicht. Es ist nicht überflüssig zu bemerken, daß die in den Spektren komplizierter Moleküle auftretenden Gesetzmäßigkeiten spezifische Eigenschaften besitzen. Die diesen Gesetzmäßigkeiten zugrunde liegenden physikalischen Sachverhalte und die Bedeutung dieser Gesetzmäßigkeiten sind bislang noch nicht völlig aufgeklärt. Es ist klar, daß die

Zuverlässigkeit und die Allgemeingültigkeit solcher Aussagen vom Umfang und der Qualität des experimentellen Materials abhängen, aus welchem sie abgeleitet wurden. Nicht selten stößt man bedauerlicherweise auf eine Überbewertung derartiger Gesetzmäßigkeiten, die zu falschen Schlußfolgerungen und in einer Reihe von Fällen zu fruchtlosen Diskussionen führte.

Das wichtigste Ergebnis, das die auf dem Vergleich von Schwingungsspektren analog gebauter Moleküle basierende Untersuchungsmethode in ihrer ersten Entwicklungsetappe hervorbrachte, ist die Entdeckung der sogenannten charakteristischen Frequenzen. Es wurde beobachtet, daß Spektren von Molekülen, die ein und dieselben charakteristischen Atom- oder Bindungsgruppen besitzen, oft eine gewisse Zahl gleicher bzw. wenig voneinander abweichender Frequenzen aufweisen. Die diese bestimmten chemischen Gruppierungen, die in verschiedenen Molekülen wiederkehren, begleitenden Frequenzen erhielten die Bezeichnung charakteristische Frequenzen.

Ausgehend von einer außerordentlich vereinfachten Vorstellung wurden anfänglich die charakteristischen Frequenzen als Frequenzen von solchen Schwingungen aufgefaßt, an denen nur eine bestimmte Bindung bzw. eine kleine Gruppe von Atomen beteiligt ist. Diese Vorstellung erwies sich im wesentlichen als falsch. Auf dem Boden solcher vereinfachter Annahmen entstanden zahlreiche Fehler und Mißverständnisse.[1]) Dessen ungeachtet sind die Grundlagen der beschriebenen Methode unanfechtbar, und die Existenz von charakteristischen Frequenzen spiegelt zweifellos wesentliche Eigenschaften vielatomiger Moleküle wider. Geht man von einem rationalen Standpunkt bei der Betrachtung der charakteristischen Frequenzen aus, so gelangt man zu positiven Resultaten bezüglich der Molekülstruktur. Von besonderer Bedeutung ist dabei die systematische Untersuchung ganzer Klassen von Molekülen mit sukzessive komplizierter werdender Struktur.

Am Anfang, als man wegen der ungenügend entwickelten experimentellen Methodik die Schwingungsspektren nur im Hinblick auf einen Parameter, die Frequenz, untersuchte, wurden die Möglichkeiten der beschriebenen Methode in der RAMAN-Spektroskopie bei weitem nicht voll genutzt. Erst nachdem exakte Methoden zur Messung der Intensität, des Depolarisationsgrades und der Linienbreite zur Verfügung standen und dadurch ein quantitativer Vergleich dieser Parameter möglich wurde, erfuhr diese Methode eine weitere Entwicklung.

Beim Vergleich der Spektren von Verbindungen mit gemeinsamen Strukturmerkmalen stellte sich heraus, daß neben den Frequenzen auch andere Linienparameter ihre Werte von Molekül zu Molekül nicht ändern. Dabei ist das charakteristische Verhalten der einen Parameter eng gekoppelten mit den charakteristischen Eigenschaften der anderen, mit anderen Worten, zwischen dem Verhalten der verschiedenen Linienparameter besteht eine innere Beziehung. Wegen dieser Relationen konnte der bei der Untersuchung der Frequenzen entstandene Begriff des charakteristischen Verhaltens erweitert werden. Charakteristische Linien sind solche, die eine Gesamtheit gemeinsamer charakteristischer Parameter haben [124]. Der Begriff der charakteristischen Linien ist eine natürliche Verallgemeinerung des Begriffs der charakteristischen Frequenzen.

[1]) MAJANZ gibt in den Arbeiten [101, 123] eine Kritik an den vereinfachten Vorstellungen über die charakteristischen Frequenzen und eine strenge Theorie der charakteristischen Frequenzen.

Die Untersuchung der Spektren [100] zeigte, daß bei weitem nicht jede in einer Reihe von ähnlich gebauten Verbindungen wiederkehrende Verzweigung bzw. Kombination von Verzweigungen oder strukturelle Besonderheit zum Auftreten charakteristischer Linien im RAMAN-Spektrum führt. Lediglich einige spezifische Atom- und Bindungsgruppen (in einer Reihe von Fällen sogar einzelne Atome oder Bindungen) werden von charakteristischen Linien im RAMAN-Spektrum begleitet. Solche Struktureinheiten, die zum Auftreten einer stabilen Gruppe charakteristischer Linien in den Spektren Anlaß geben, können als charakteristische Strukturelemente eines Moleküls bezeichnet werden.

Die besondere Rolle der charakteristischen Strukturelemente besteht darin, daß sie die Schwingungen real beeinflussen und über die Schwingungen in den Spektren erscheinen. Wir unterstreichen diesen Umstand, weil in komplizierten Molekülen mit einer großen Zahl von Verzweigungen verschiedenen Typs auf spekulativem Wege die unterschiedlichsten Kombinationen von Verzweigungen, die verschiedensten Atomkomplexe usw. herausgelöst werden können, die aber zu keinerlei charakteristischen Merkmalen im RAMAN-Spektrum Anlaß geben. In noch stärkerem Maße bezieht sich dies auf das Infrarotspektrum. In diesem Zusammenhang ist zu bemerken, daß das umfangreiche Material über charakteristische Frequenzen in Schwingungsspektren z. B. in [125] nicht genügend kritisch bearbeitet wurde. Bei all den Vorteilen, die solche Arbeiten bieten, sollte man sich ihrer mit entsprechender Vorsicht bedienen.

Spektren komplizierter vielatomiger Moleküle, die mehrere charakteristische Strukturelemente aufweisen, stellen vielfach eine additive Überlagerung der Spektren der einzelnen Strukturelemente dar. Hat das zu untersuchende Molekül mehrere gleiche charakteristische Strukturelemente, so fallen in vielen Fällen die Frequenzen der entsprechenden charakteristischen Linien zusammen. Folglich ist die Intensität der entsprechenden Linien der Anzahl ähnlicher Strukturelemente proportional. Für diese Additivitätseigenschaft der RAMAN-Spektren werden wir weiter unten zahlreiche Beispiele angeben.

Es ist sehr wichtig, darauf hinzuweisen, daß die erwähnte Additivität bei weitem nicht immer beobachtet wird. In vielen Fällen treten infolge einer komplizierten „Wechselwirkung" zwischen den charakteristischen Strukturelementen Abweichungen von der Additivität auf. Eine typische Abweichung von der Additivitätsregel besteht darin, daß im Spektrum eines Moleküls mit mehreren Strukturelementen die charakteristischen Linien eines der Elemente verstärkt auftreten, währenddessen die Linien anderer Elemente abgeschwächt sind bzw. gar nicht auftreten. Es existiert also häufig ein dominierendes charakteristisches Element, das für die grundlegenden Besonderheiten des RAMAN-Spektrums verantwortlich ist. Dieses dominierende Element „unterdrückt" dann die übrigen, im Molekül vorhandenen charakteristischen Strukturelemente.

Auf der Grundlage der eingangs dargestellten Untersuchung allgemeiner Eigenschaften der RAMAN-Spektren von Molekülen, die auf der Analyse eines umfangreichen experimentellen Materials [100] beruht, kann man nun eine allgemeine Methode zur Aufstellung von Korrelationen zwischen RAMAN-Spektren und Molekülbau formulieren. Ausgangspunkt für diese Methode ist die Untersuchung der den charakteristischen Strukturelementen des Moleküls entsprechenden charakteristischen Linien.

Das Herausfinden der charakteristischen Strukturelemente mit der ihnen zukommenden Gesamtheit von charakteristischen Linien stellt den ersten Schritt zur Aufstellung einer Korrelation zwischen Spektren und Molekülbau dar. Im zweiten Schritt muß man die Gesetzmäßigkeiten untersuchen, nach denen sich die Parameter der charakteristischen Linien verändern, d. h. die Abweichungen vom charakteristischen Verhalten. Jedes charakteristische Strukturelement ist ein Teil des Moleküls, demzufolge stellen seine Schwingungen streng genommen Schwingungen des gesamten Moleküls dar. Somit beeinflussen Änderungen im Molekülbau stets mehr oder weniger stark die Parameter der charakteristischen Linien. In diesem Sinne liefert die Theorie der charakteristischen Strukturelemente eine richtige erste Näherung für die Interpretation von Spektren komplizierter Moleküle.

Zur Illustration der Theorie der charakteristischen Strukturelemente und charakteristischen Linien führen wir im folgenden die aus den Untersuchungen der Raman-Spektren von Paraffinen gewonnenen Resultate an.

Die Untersuchung der Spektren von Paraffinen hat große Bedeutung für die Analyse von Flüssigkeitsbrennstoffen, insbesondere von Benzinen und vielen anderen natürlichen und synthetischen Produkten. Die Paraffine sind deshalb eine ziemlich gut erforschte Verbindungsklasse. Neben der experimentellen Untersuchung der Spektren definierter Paraffine wurden umfangreiche Arbeiten zur Berechnung und theoretischen Auswertung dieser Spektren durchgeführt. Besonders hervorzuheben sind in diesem Zusammenhang die Arbeiten von Eljaschewitsch und Stepanow [92, 93, 126, 127] (siehe auch [80]).

Im Ergebnis der experimentellen und theoretischen Untersuchungen von Raman-Spektren wurden für die Verbindungsklasse der Paraffine folgende cha-

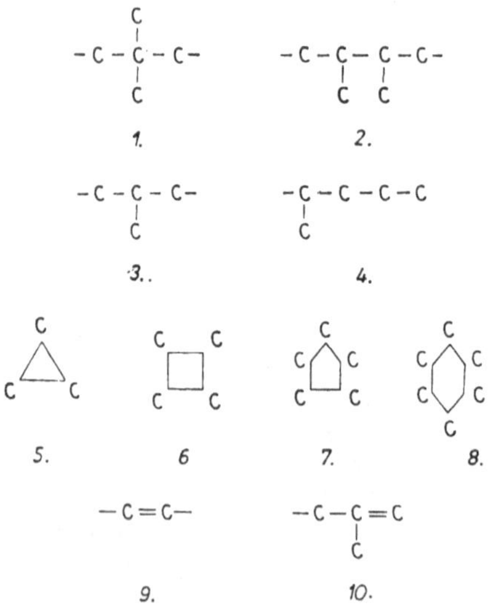

Abb. 34: Charakteristische Strukturelemente der Kohlenwasserstoffe:

1 – quartäres Atom; *2* – benachbarte tertiäre Atome; *3* – tertiäres Atom; *4* – unsubstituierte Kette; *5, 6, 7* und *8* – Ringe; *9* – Doppelbindung; *10* – semiquartäres Atom.

rakteristische Strukturelemente mit der ihnen eigenen Gesamtheit von charakteristischen Linien gefunden [100]:

a) ein quartäres Kohlenstoffatom,
b) zwei benachbarte tertiäre Kohlenstoffatome,
c) ein tertiäres Kohlenstoffatom;
d) eine einfache Kohlenstoffkette (Abb. 34).

Zu diesen charakteristischen Strukturelementen des Molekülgerüstes muß man noch die Gruppen CH_3, CH_2 und CH hinzufügen, deren Linien charakteristisches Verhalten in dem Bereich der CH-Valenzschwingungen zeigen. Charakteristische Strukturelemente anderer Kohlenwasserstoffklassen sind ebenfalls in Abb. 34 wiedergegeben.

Unabhängig vom Vorhandensein anderer charakteristischer Strukturelemente gibt das quartäre Kohlenstoffatom in den Paraffinmolekülen Anlaß zu spezifischen Änderungen des gesamten Spektrums. Dementsprechend können wir das quartäre Kohlenstoffatom als „dominierendes" charakteristisches Strukturelement in den Paraffinspektren bezeichnen.

Die im Bereich der totalsymmetrischen Valenzschwingungen des Molekülgerüstes dem quartären Kohlenstoffatom zukommenden Linien heben sich deutlich vom übrigen Spektrum durch ihre Intensität ab (Tab. 16). In der Mehrzahl

Tabelle 16

Totalsymmetrische Valenzgerüstschwingungen von Paraffinen mit quartären Kohlenstoffatomen

Substanz	$\Delta\nu$	I_0	ϱ	I_∞	δ	I_∞'	Literatur
Tetramethylmethan	733	25	p	—	—	—	[128]
2,2-Dimethylbutan	712	100	0,02	310	3,8	350	[100, 121]
2,2-Dimethylpentan	746	80	0,05	240	8,8	360	[100, 121]
2,2-Dimethylhexan	733	9	—	60	— }	280	[100, 121]
	748	28	0,13	110	9,8 }		
3,3-Dimethylpentan	695	75	0,05	250	6,5	360	[100, 121]
3-Methyl-3-Äthylpentan	679	50	— }	240	— }	380	[100, 121]
	686	50	— }				
3-Methyl-3-Äthylhexan	707	46	0,09	240	19	420	[100, 121]
5,5-Dimethylundekan	757	8	—	60	20	150	[100, 121]
2,2,4-Trimethylpentan	746	120	0,02	230	3,8	380	[100, 121]
2,2,3-Trimethylbutan	688	75	0,03	330	8,3	490	[100, 121]
2,2,3-Trimethylpentan	716	50	0,04	250	7,7	390	[100, 121]
2,2,4,4-Tetramethylpentan	731	120	0,06	—	—	600	[129]
2,2,4,6,6-Pentamethylheptan	757	80	0,08	—	—	500	[129]
3,3,4,4-Tetramethylhexan	658	100	0,09	—	—	570	[129]

Anmerkung: In der vorliegenden und in den folgenden Tabellen dieses Paragraphen ist $\Delta\nu$ die Frequenz [cm^{-1}], I_0 die Maximumsintensität (als Standardintensität dient der 250. Teil der Intensität der Cyclohexanlinie 802 cm^{-1}), ϱ der Depolarisationsgrad, I_∞ die integrale Intensität (als Standardintensität dient der 500. Teil der Intensität der Cyclohexanlinie 802 cm^{-1}) (siehe [100]), δ die Linienbreite [cm^{-1}], I_∞' die bezüglich des Molekulargewichts und der Substanzdichte korrigierte Intensität. Vollständigere Angaben über nicht in die Tabelle aufgenommene Substanzen sind in [100] zu finden.

der Fälle liegen diese Linien im schmalen Spektralbereich von 710 bis 750 cm^{-1}. Für einige Moleküle mit hoher Symmetrie beobachtet man eine Verschiebung der Linien zu niederen Frequenzen (670—700 cm^{-1}). Eine noch größere Verschiebung der den totalsymmetrischen Gerüstschwingungen entsprechenden Linien, in den Bereich 650—670 cm^{-1}, zeigen die Paraffine mit zwei benachbarten quartären Kohlenstoffatomen.

Die integrale Intensität der betrachteten Linien (bezogen auf 1 Mol) bleibt, falls die Moleküle ein quartäres Kohlenstoffatom enthalten, beim Übergang von einem Paraffin zum anderen in der ersten Näherung konstant, während sie sich bei Vorhandensein von zwei quartären Kohlenstoffatomen im Molekül verdoppelt. Dies zeigt, daß in den betrachteten Molekülen die totalsymmetrischen Valenzschwingungen des Gerüstes weitgehend Schwingungen einer lokalisierten, mit dem quartären Kohlenstoffatom verbundenen Atomgruppe darstellen. Die in einzelnen Spektren beobachtete Aufspaltung der dem quartären Kohlenstoffatom entsprechenden Linien läßt sich mit dem Vorhandensein von Rotationsisomeren erklären.

Die totalsymmetrischen Schwingungen des quartären Kohlenstoffatoms ergeben relativ schmale Linien. Sie zeigen eine Tendenz zur Verbreiterung, wenn die Substituentenkette länger wird, wie dies am Beispiel des Spektrums von 5,5-Dimethylundekan (Linie 757 cm^{-1}) besonders deutlich zu erkennen ist. Eine Erhöhung der Molekülsymmetrie und die Bildung neuer Verzweigungen führt dagegen zu einer Verringerung der Breite der genannten Linien (als Beispiel sei die Linie 746 cm^{-1} von 2,2,4-Trimethylpentan genannt). Die Änderung der Linienbreite wird gewöhnlich von einer Änderung des Depolarisationsgrades begleitet. Die drei erwähnten Gesetzmäßigkeiten bezüglich der Linienbreite der totalsymmetrischen Schwingungen sind auch in den Spektren anderer Klassen von Kohlenwasserstoffverbindungen zu beobachten, die Strukturelemente mit stark ausgeprägten charakteristischen Eigenschaften haben. Hier liegt eine bestimmte allgemeine Gesetzmäßigkeit vor, die in § 17 ausführlicher behandelt werden soll.

Neben den Linien der totalsymmetrischen Gerüstschwingungen sind für Paraffine mit quartären Kohlenstoffatomen auch die Linien im Bereich um 925 cm^{-1} und im Bereich 1200—1250 cm^{-1} außerordentlich charakteristisch. Angaben über solche Linien enthält Tab. 17. Den detaillierten Berechnungen von STEPANOW [80] und unserer Berechnung des Tetramethylmethan-Spektrums [100] zufolge, gehören die beiden genannten Linien (im Tetramethylmethan) zu den dreifach entarteten, wobei infolge der starken Wechselwirkung der Koordinaten Q und β_{CH_3}[1]) in beiden Schwingungen sich sowohl die eine als auch die andere Koordinate ändert.

Die in Tab. 17 angeführten experimentellen Daten zeigen, daß die Frequenz 1250 cm^{-1} nur in den Spektren solcher Paraffine beständig auftritt, wo an das quartäre Kohlenstoffatom drei Methylgruppen gebunden sind. Hierzu gehören alle Paraffine mit dem quartären Kohlenstoffatom am Kettenende und mit zusätzlichen Verzweigungen in der Position 4 und weiter. Befindet sich dagegen das quartäre Atom in der Kettenmitte, so kann die Frequenz 1250 cm^{-1} überhaupt nicht beobachtet werden. Wenn sich neben dem quartären Atom am Kettenende

[1]) Nach der Terminologie von STEPANOW ändern sich bei der Schwingung β_{CH_3} die von den CH-Bindungen der CH_3-Gruppe und der C—C-Bindung gebildeten Winkel.

Tabelle 17

Dreifach entartete Schwingungen der Paraffine mit quartären Kohlenstoffatomen

Substanz	$\Delta\nu$	I_0	ϱ	$\Delta\nu$	I_0	ϱ	Literatur
Tetramethylmethan	921	40	*dp*	1249	60	*dp*	[128]
2,2-Dimethylbutan	929	19	0,76	1218	13	0,86	[100, 121]
				1254	11	0,76	
2,2-Dimethylpentan	927	22	0,70	1208	18	0,56	[100, 121]
				1248	15	0,64	
3,3-Dimethylpentan	913	14	0,76	1196	10	0,85	[100, 121]
	934	11	0,8	1220	10	0,8	
				1240	8	0,8	
3,3-Diäthylpentan	909	20	0,92	—	—	—	[129]
2,2,4-Trimethylpentan	929	23	0,82	1207	13	0,76	[100, 121]
				1250	14	0,76	
2,2,3-Trimethylbutan	919	36 }	0,65	1209	8	—	[100, 121]
	927	33 }		1224	13	0,86	
2,3,3-Trimethylpentan	930	38	0,66	1254	12	0,82	[100, 121]
				1210	14	0,7	
				1233	10	0,9	
2,2,3,4-Tetramethylpentan	922	35	0,71	1227	20	1,0	[129]
				1244	17	0,68	
2,2,4,4-Tetramethylpentan	920	46	0,73	1249	55	0,73	[129]
2,2,3,3-Tetramethylhexan	920	38	0,89	1229	42	0,65	[129]
				1239	40	0,78	

eine „störende" Verzweigung befindet, tritt diese Frequenz in einzelnen Fällen auf, jedoch unbeständig, und meistens ist sie um 10—15 cm^{-1} niedriger. Für die Verzweigung vom Typ 2, 2, 3 (ohne andere Verzweigungen) ist hierbei das Auftreten von drei Linien im Bereich 1200—1250 cm^{-1} charakteristisch.

Die Lage der zweiten Linie (etwa bei 925 cm^{-1}) ist bedeutend stabiler. Es muß aber bemerkt werden, daß diese Linie in einer Reihe von Fällen in zwei Komponenten aufspaltet.

Die Eigenschaften des tertiären Kohlenstoffatoms als charakteristisches Strukturelement sind wesentlich schwächer als die des quartären Atoms ausgeprägt. Ein isoliertes Kohlenstoffatom in den Paraffinmolekülen gibt im Bereich der totalsymmetrischen Valenzschwingungen des Gerüstes Anlaß zu Linien mit niedrigeren Frequenzen (730—800 cm^{-1}) als im Falle normaler Paraffine (800 bis 900 cm^{-1}). In der Mehrzahl der Fälle liegen die Linien, die totalsymmetrischen Valenzschwingungen des Gerüstes zugeordnet werden, sowohl bei normalen Paraffinen wie auch bei Paraffinen mit einem isolierten tertiären Kohlenstoffatom in demselben Frequenzbereich (800—900 cm^{-1}), so daß die Linien in diesem Spektralbereich nicht charakteristisch für das tertiäre Kohlenstoffatom sind.

Aus experimentellen Daten und Frequenzberechnungen [80, 130] kann man schließen, daß die wesentlichen charakteristischen Linien für Paraffine mit einem isolierten tertiären Kohlenstoffatom in den Bereichen 950, 1145 und 1170 cm^{-1}

liegen. In Tab. 18 sind Daten für die genannten Linien in einigen Paraffinspektren angegeben.

Die von STEPANOW [80] (siehe hierzu auch [130]) durchgeführte Berechnung der Schwingungsfrequenzen des einfachsten Moleküls mit einem tertiären Kohlenstoffatom, des Isobutans, führte zu dem Schluß, daß die Linien 965 cm^{-1} und 1172 cm^{-1} dieses Kohlenwasserstoffes zweifach entartet sind, wobei die erste in der Hauptsache durch eine Änderung der Winkel β und die zweite durch eine Änderung der Winkel β und der Bindungen Q zu nahezu gleichen Teilen bedingt sind. Im Isopentan spalten Rechnungen von STEPANOW zufolge beide Frequenzen auf: die Frequenz 965 cm^{-1} in 909 und 954 cm^{-1} und die Frequenz 1172 cm^{-1} in 1147 und 1177 cm^{-1}. Bei einer weiteren Vergrößerung des Moleküls erfahren die Frequenzen im Bereich 1145 und 1170 cm^{-1} keine Änderung. Das Verhalten der Frequenzen im Bereich 950 cm^{-1} ist komplizierter: in Molekülen, die kein tertiäres Kohlenstoffatom am Kettenende besitzen, verschwindet die intensive Frequenz $\sim$950 cm^{-1}; während in Molekülen mit tertiären Kohlenstoffatomen, die durch zwei Kettenglieder getrennt sind, eine der Frequenzen, nämlich 960 cm^{-1}, infolge der Resonanzwechselwirkung in zwei aufspaltet (910 und 990 cm^{-1}), und die zweite erhalten bleibt. Diese Regel besitzt einige Ausnahmen (siehe [80]).

Aus Tab. 18 ist ersichtlich, daß die von STEPANOW gefundenen Gesetzmäßigkeiten im allgemeinen ziemlich gut erfüllt sind.

Sie werden jedoch durch das Auftreten einiger anderer Linien im betrachteten Bereich verschleiert (in Tab. 18 wurden die schwächsten Linien nicht aufgenommen).

Tabelle 18

Wichtige charakteristische Linien der Paraffine mit tertiären Kohlenstoffatomen

Substanz	$\Delta\nu$	I_0	ϱ	$\Delta\nu$	I_0	ϱ	$\Delta\nu$	I_0	ϱ	Literatur
Isobutan	966	16	*dp*	—	—	—	1169	15	*dp*	[131]
Isopentan	909	10	0,5	1147	8	0,7	1177	8	0,6	[100, 121]
	954	5	0,7							
2-Methylpentan	942	4	—	1149	12	0,6	1174	9	0,8	[100, 121]
	958	12	0,6							
2-Methylhexan	940	4	—	1144	10	0,6	1172	8	0,7	[100, 121]
	956	8	0,9							
3-Methylpentan	952	13	0,6	1156	12	0,5	1174	10	0,5	[100, 121]
	966	13	0,6							
	988	13	0,6							
4-Methylheptan	910	6	—	1151	10	0,5	1171	3	—	[100, 121]
3-Äthylpentan	903	13	0,88	1152	8	0,9	1168	8	0,9	[100, 121]
3-Äthylheptan	934	2	—	1154	7	—	—	—	—	[100, 121]
	951	2	—							
2,5-Dimethylhexan	907	7	0,7	1148	19	0,7	1172	19	0,7	[100, 121]
	941	7	—							
	961	22	0,82							
2,4,7-Trimethyl-	915	12	—	1149	23	—	1172	25	—	[132]
oktan	956	23	—							
	968	8	—							
	996	2	—							

Von großem Interesse ist das Verhalten der dem tertiären C-Atom zukommenden charakteristischen Linien, wenn das Molekül ein „stärkeres" charakteristisches Strukturelement, ein quartäres Kohlenstoffatom, enthält. Daten über diese Linien sind in Tab. 19 wiedergegeben. Besonders auffallend ist die bedeutende Intensitätsverringerung der Linien. In vielen Fällen werden die charakteristischen Linien des tertiären Kohlenstoffatoms überhaupt nicht beobachtet. Das quartäre C-Atom als dominierendes charakteristisches Strukturelement „unterdrückt" also das schwächere Strukturelement, das tertiäre Kohlenstoffatom. Es sei bemerkt, daß die Zuordnung der in Tab. 19 aufgeführten Linien zu den tertiären C-Atomen in gewissem Grade bedingt ist. Es ist nicht ausgeschlossen, daß in die betrachteten Spektrenbereiche Linien ganz anderen Ursprungs gelangen können. Davon zeugt der Umstand, daß in einigen Fällen solche (schwachen) Linien in Spektren von Molekülen, die überhaupt keine tertiären Kohlenstoffatome besitzen, beobachtet werden. Unsere Absicht war, eine möglichst vollständige Zusammenstellung aller Daten zu diesem Bereich zu geben, um die zweifelsohne vorhandenen Abweichungen von der Additivitätsregel zu demonstrieren: Sind in einem Molekül mehrere charakteristische Strukturelemente vorhanden, so werden die Linien eines der Elemente durch die Anwesenheit der anderen überhaupt nicht beeinträchtigt, während die Linien der anderen Strukturelemente stark abgeschwächt sind bzw. ganz verschwinden. Eine derartige in den Spektren komplizierter Moleküle mit nichtäquivalenten charakteristischen Strukturelementen „verschiedener Stärke" häufig auftretende Abweichung von der Additivitätsregel wollen wir

Tabelle 19

Charakteristische Linien tertiärer Kohlenstoffatome in den Spektren der Paraffine mit quartären Atomen

Substanz	$\Delta\nu$	I_0	ϱ	$\Delta\nu$	I_0	ϱ	Literatur
2,2,4-Trimethylpentan	955	4	0,9	1173	3	0,8	[100, 121]
2,2,4-Trimethylhexan	—	—	—	1161	5	—	[129]
2,2,4-Trimethylheptan	963	4	0,8	1158	4	—	[129]
2,2,4-Trimethyloktan	—	—	—	1147	3	1,0	[129]
2,2,5-Trimethylhexan	958	12	0,8	—	—	—	[129]
2,2,6-Trimethylheptan	—	—	—	—	—	—	[129]
2,2,3-Trimethylbutan	959	0	—	1159	1	—	[100, 121]
2,2,3-Trimethylpentan	975	12	0,5	—	—	—	[100, 121]
2,2,3-Trimethylpentan	959	4	—	1196	14	—	[100, 121]

der Kürze halber als „Unterdrückung" der einen charakteristischen Strukturelemente durch die anderen bezeichnen. Werden infolge von Kettenverlängerung oder des Vorhandenseins weiterer Verzweigungen usw. die Schwingungen des dominierenden charakteristischen Strukturelements gestört, können die Schwingungen der übrigen Strukturelemente auftreten. Im Ergebnis sind ihre Linien deutlicher sichtbar. Ähnliche Erscheinungen zeigen sich auch für andere Verbindungsklassen.

Die auf der Bewertung der Rolle dieses oder jenes charakteristischen Strukturelements bei den Schwingungen komplizierter Moleküle beruhenden qualitativen Aussagen gestatten somit, ein richtiges Bild des Raman-Spektrums zu erhalten und sogar seine Besonderheiten vorauszusagen.

Aus den Paraffinen, die nur tertiäre Kohlenstoffatome besitzen, läßt sich die Verbindungsgruppe mit benachbarten tertiären Atomen herauslösen. Die unmittelbar benachbarten tertiären Kohlenstoffatome treten bei den Schwingungen in starke Wechselwirkung und verlieren dabei in gewissem Grade die den selbständigen Strukturelementen des Moleküls eigenen Eigenschaften. Die RAMAN-Spektren von Paraffinen mit benachbarten tertiären Kohlenstoffatomen unterscheiden sich daher wesentlich von den Spektren der Paraffine mit isolierten tertiären Atomen. So verschwinden in den RAMAN-Spektren der Paraffine mit benachbarten tertiären C-Atomen die für das isolierte tertiäre Atom charakteristischen Linien. An ihre Stelle tritt eine neue stabile Gruppe von Linien mit charakteristischen Parameterwerten. Dementsprechend kann man

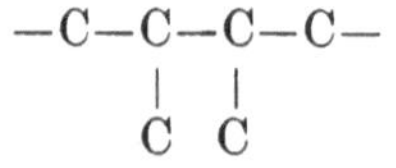

als neues charakteristisches Strukturelement ansehen [100].

Auf die Gruppe von Frequenzen, die eine solche Atomanordnung charakterisieren, hat STEPANOW [80] hingewiesen. Mit einer ausführlichen Rechnung [133] für die einfachste Verbindung mit benachbarten tertiären Kohlenstoffatomen, 2,3-Dimethylbutan, wurden die Schwingungen mehrerer möglicher Rotationsisomere bestimmt. So konnte die Anwesenheit einiger intensiver und stark polarisierter Linien im Bereich 720—760 cm^{-1} des Spektrums von 2,3-Dimethylbutan und ähnlich gebauten Verbindungen erklärt werden. Die genannten Linien entsprechen totalsymmetrischen Valenzschwingungen des Molekülgerüstes, wobei jede einzelne Linie zu einem bestimmten Rotationsisomer gehört. Die starke Wechselwirkung benachbarter tertiärer Kohlenstoffatome äußert sich also vor allem in einer merklichen Verschiebung des Frequenzbereiches der totalsymmetrischen Valenzgerüstschwingungen des Moleküls. Im Vergleich zu den weniger verzweigten Paraffinen verringern sich diese Frequenzen um durchschnittlich 80 cm^{-1}.

Bemerkenswert ist die beachtliche Stabilität der Frequenzen der totalsymmetrischen Valenzschwingungen von Paraffinen mit benachbarten tertiären Kohlenstoffatomen. Sie haben alle in einem verhältnismäßig schmalen Bereich 720 bis 760 cm^{-1} wenigstens eine intensive und stark polarisierte Linie. Wie oben bereits erwähnt, läßt sich das Auftreten mehrerer Linien auf die Existenz von Rotationsisomeren zurückführen. Die relativ geringfügige Aufspaltung und Verschiebung der Frequenzen beim Übergang von einem Paraffin zum anderen deutet auf einen schwachen Einfluß der Struktur des ganzen Moleküls auf die totalsymmetrischen Schwingungen des Molekülgerüstes hin, welche somit hauptsächlich das betrachtete Strukturelement charakterisieren.

Nach Angaben von STEPANOW [80] und eigenen Daten [133] sind die wichtigsten charakteristischen Linien der Paraffine mit benachbarten tertiären Kohlenstoffatomen 950, 1160 und 1190 cm^{-1}. Einige zusätzliche, für die Aufklärung von Struktureinzelheiten bei der RAMAN-Analyse wichtige Spektrenbesonderheiten schwach verzweigter Paraffine werden weiter unten bei der Strukturanalyse von Paraffinen angegeben.

Interessante Schlußfolgerungen über die Lage einer Verzweigung lassen sich aus Untersuchungen des Bereiches der Deformationsschwingungen der Kohlenstoffkette ziehen. In diesem Bereich (150–500 cm^{-1}) treten gewöhnlich mehrere Linien auf. Beschränkt man sich lediglich auf die Bestimmung ihrer Frequenzen, so gelingt es nicht, irgendwelche Gesetzmäßigkeiten bezüglich ihrer Lage festzustellen. Betrachtet man die Gesamtheit der Parameter, so kann in diesem Bereich eine Linie bestimmt werden, die von den Deformationsschwingungen der längsten freien Kette im Molekül herrührt. Die Linie der genannten Schwingungen besitzt die größte Intensität, die geringste Breite und ist von allen Linien dieses Spektrenbereiches am stärksten polarisiert. Die Frequenz der genannten Linie ist mit der Kettenlänge durch die einfache Beziehung

$$\Delta\nu = \frac{a}{m_C + 6} \qquad (11.1)$$

verknüpft [100]. Hierbei bedeutet m_C die Anzahl der Kohlenstoffatome der Kette (einschließlich des Atoms der Verzweigung). Die Zahl a variiert geringfügig in Abhängigkeit vom Typ der Verzweigung. Im Falle einer Verzweigung mit einem tertiären Kohlenstoffatom ist $a = 3250$, während bei einem quartären C-Atom $a = 3350$ ist. Die Abb. 35 und 36 zeigen die Übereinstimmung von Formel (11.1) mit den experimentellen Werten.

Wir haben auch versucht zu verfolgen, in welcher Weise $\Delta\nu$ von der Gesamtzahl n_C der C-Atome der Kette, an der sich der Substituent befindet, abhängt. Wie aus Abb. 35 ersichtlich ist, kommt es bei einem Anwachsen von n_C (bei gegebenem m_C) zu einer geringfügigen Frequenzerniedrigung der Kettenschwingungen; diese Gesetzmäßigkeit ist jedoch sehr schwach ausgeprägt. Andere Besonderheiten des Molekülbaus wirken sich fast nicht auf die Frequenz der betrachteten Linie aus, so daß sie als charakteristische Linie der Kette angesehen werden darf. Es ist interessant festzustellen, daß Formel (11.1) nicht nur für Paraffine, sondern auch für andere Kohlenwasserstoffklassen Gültigkeit besitzt. Diese Tatsache ist von besonderer Wichtigkeit für Strukturanalysen, weil sich aus der gemessenen Frequenz die Kettenlänge bestimmen läßt und damit die Lage der Verzweigung festgestellt werden kann.

Wenden wir uns jetzt den Schwingungen der Gruppen CH_3, CH_2 und CH zu. Die Valenzschwingungen dieser Gruppen besetzen einen streng abgesonderten Frequenzbereich von 2850 bis 2970 cm^{-1}. Wegen der schwachen Wechselwirkung der CH-Valenzschwingungen mit anderen Schwingungen bilden die Kohlenwasserstoffspektren in diesem Bereich eine additive Überlagerung der Spektren der Gruppen CH_3, CH_2 und CH der gegebenen Verbindung. Die Frequenzen der CH_3-, CH_2- und CH-Gruppen sind jedoch nicht streng konstant. Die Wechselwirkung zwischen H-Atomen geometrisch naheliegender Gruppen führt zu einer Verschiebung und Aufspaltung der Frequenzen [100]. Demzufolge ist die Spektrenstruktur im Bereich der CH-Valenzschwingungen ziemlich kompliziert und variiert in den verschiedenen Verbindungen.

Die Linie 2965 cm^{-1}, die den entarteten Schwingungen der CH_3-Gruppe entspricht, ist sehr lagekonstant. Die Intensität dieser Linie (bezogen auf eine CH_3-Gruppe) ist vollauf charakteristisch. Abb. 37 illustriert diese Gesetzmäßigkeit. Die erwähnte Proportionalität tritt am deutlichsten hervor, wenn die Messung mit polarisiertem Licht erfolgt. Dabei werden die polarisierten Linien entfernt, die 2965 cm^{-1} (depolarisierte Linie) teilweise überlagern.

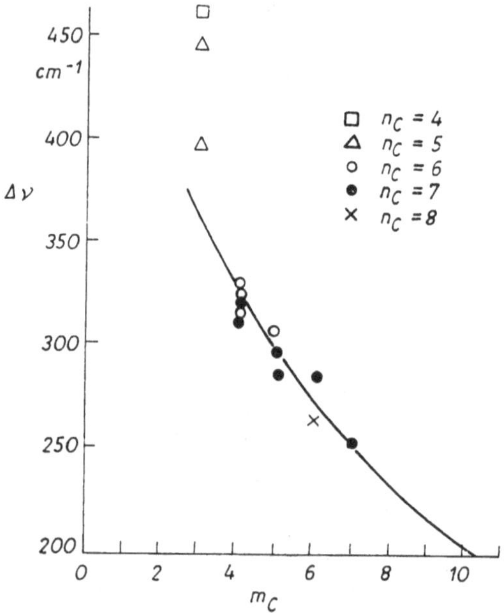

Abb. 35: Abhängigkeit der Deformationsschwingungsfrequenzen des Gerüstes von Paraffinen mit tertiären Kohlenstoffatomen von der Kettenlänge und der Stellung der Verzweigung.

Die durchgezogene Linie ist nach (11.1) berechnet.

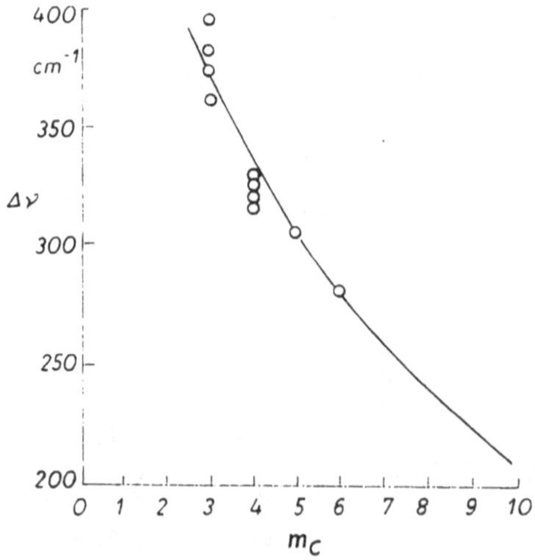

Abb. 36: Abhängigkeit der Deformationsschwingungsfrequenzen des Gerüstes von Paraffinen mit quartären Kohlenstoffatomen von der Kettenlänge.

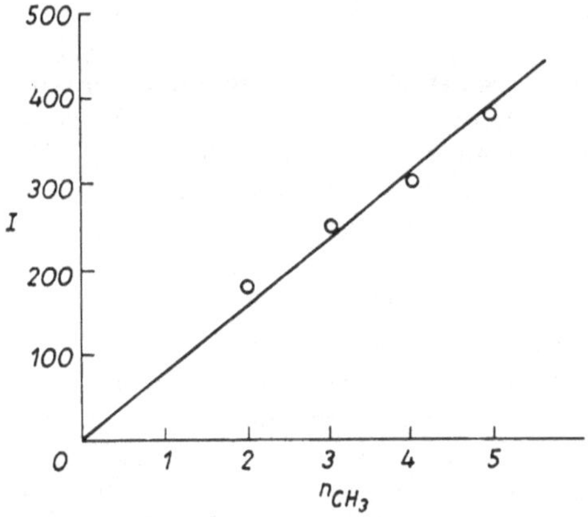

Abb. 37: Abhängigkeit der Intensität der Linie 2965 cm^{-1} von der Anzahl der CH_3-Gruppen in Paraffinmolekülen.

Von den anderen Kohlenwasserstoffklassen wurden lediglich die RAMAN-Spektren der für die Petrolchemie wichtigen Verbindungen systematisch untersucht [134, 135], die fünf- und sechsgliedrigen Naphthene [121, 136-142] und ungesättigte Kohlenwasserstoffe [121, 143—158]. Einige Hinweise, die die Strukturanalyse der genannten Kohlenwasserstoffe betreffen, werden in § 12 gegeben. Die zu anderen Klassen vorliegenden Daten sind nicht umfassend genug. Deshalb können nur einige in den RAMAN-Spektren hervortretende Strukturmerkmale erwähnt werden.

§ 12. Anwendung des Raman-Effektes für Strukturanalysen

Der Strukturanalyse liegt die Bestimmung der charakteristischen Strukturelemente zugrunde, d. h. solcher Struktureinheiten eines Moleküls, die zu einer stabilen Gesamtheit von charakteristischen RAMAN-Linien Anlaß geben. Andererseits berücksichtigt die Strukturanalyse, daß ein charakteristisches Element andere „unterdrückt", weshalb der Charakter des Spektrums und das Auftreten dieser oder jener charakteristischer Linie hauptsächlich durch das „stärkste" charakteristische Strukturelement bestimmt werden. Streng genommen ist nur bei Berücksichtigung der genannten Wechselwirkung zwischen den charakteristischen Strukturelementen die Entwicklung einer allgemeinen Analysenmethodik möglich. Ohne deren Berücksichtigung hätten wir lediglich eine gewisse Menge von Strukturmerkmalen, deren Auswertung unter Umständen zu günstigen Resultaten führen kann, jedoch nicht die Aufgabe der Strukturanalyse insgesamt löst.

1. *Strukturanalyse von Paraffinen*

Bei den Paraffinen gehören zu den charakteristischen Strukturelementen das quartäre und tertiäre Kohlenstoffatom, zwei benachbarte tertiäre Atome und die einfache Kohlenstoffkette. Es werden auch Resultate aus dem CH-Valenzschwingungsbereich verwendet.

Entsprechend den charakteristischen Strukturelementen werden die Paraffine in vier Gruppen geteilt, wobei für jede Gruppe zusätzliche Merkmale angeführt werden, die über Einzelheiten des Molekülbaus Aufschluß geben. Wie schon vielfach erwähnt, ist zur Vermeidung von Fehlschlüssen die Gesamtheit der Merkmale bei der Strukturaufklärung heranzuziehen.

I. Gruppe: Paraffine mit quartären Kohlenstoffatomen

Für diese Paraffine ist das Auftreten von stark polarisierten und relativ scharfen (4—6 cm^{-1}) Linien großer Intensität im Bereich 650—760 cm^{-1} charakteristisch sowie das Auftreten von relativ intensiven depolarisierten Linien im Bereich 925 cm^{-1} und 1200—1250 cm^{-1}. Die Anzahl der quartären Atome bestimmt sich aus der Linienintensität der totalsymmetrischen Schwingungen (die integrale Intensität bezogen auf ein quartäres Atom ist ungefähr 300[1])). Bei hochsymmetrischen Molekülen liegt die totalsymmetrische Schwingung im Bereich 670—700 cm^{-1} und zeichnet sich durch eine äußerst geringe Linienbreite aus, dagegen liegt sie bei Molekülen mit benachbarten quartären Atomen im Bereich 650—670 cm^{-1}.

Die Gesamtzahl der CH_3-Gruppen im Molekül und damit die Zahl der Verzweigungen wird aus der Intensität der Linie 2965 cm^{-1} bestimmt (bezogen auf eine Gruppe CH_3 ist $I = 80$). Besitzt das zu untersuchende Paraffin nur ein quartäres Kohlenstoffatom und keine weiteren Verzweigungen, so kann man die Lage des quartären Atoms aus der Frequenz der intensivsten polarisierten Linie im Bereich der Deformationsschwingungen (200—400 cm^{-1}) unter Verwendung empirischer Kurven (Abb. 36) ermitteln.

Zusätzliche Merkmale:

a) Totalsymmetrische Schwingungen im Bereich 870—890 cm^{-1} sind Anzeichen für eine unverzweigte Kette aus zwei (Linie 890 cm^{-1}) und drei oder mehr (Linie 870 cm^{-1}) Kohlenstoffatomen.

b) Ein quartäres Atom am Kettenende wird durch die Frequenz 1250 cm^{-1} charakterisiert.

Besitzt das Molekül außerdem tertiäre Kohlenstoffatome, dann läßt sich ihre Anzahl, wie bereits erwähnt, aus der Intensität der Linie 2965 cm^{-1}, die der Zahl der CH_3-Gruppen proportional ist, ermitteln. Die Nachbarschaft eines quartären und eines tertiären Atoms ist durch das Auftreten der Linie 530 cm^{-1} und das Verschwinden der Frequenz 1250 cm^{-1} charakterisiert. Befindet sich diese komplizierte Verzweigung am Molekülende, dann erscheinen im Bereich 1200 bis 1250 cm^{-1} drei Linien (anstelle von zwei). Das Vorhandensein von Äthylgruppen in der Verzweigung ist durch eine intensive (depolarisierte) Linie ($I_0 \sim 7 - 20$) im Bereich 1020 bis 1080 cm^{-1} charakterisiert.

Zusätzliche Merkmale für tertiäre Atome sind schwache Linien im Bereich 950 cm^{-1} und 1140 bis 1170 cm^{-1}. Die zusätzlichen Merkmale a) und b) einer unverzweigten Kette und eines isolierten quartären Atoms am Kettenende (siehe oben) bleiben erhalten.

[1]) Es wurde angenommen, daß das Molekülgewicht und die Dichte des zu untersuchenden Paraffins bekannt sind.

II. Gruppe: Paraffine mit benachbarten tertiären Kohlenstoffatomen (quartäre Atome fehlen)

Für diese Paraffingruppe sind die Linien der totalsymmetrischen Schwingungen im Bereich 720—750 cm^{-1} und die Linien 950 cm^{-1}, 1160 und 1190 cm^{-1} charakteristisch. Das Vorhandensein von Äthylgruppen in der Verzweigung äußert sich durch das Auftreten einer starken Linie im Bereich 1020—1080 cm^{-1}. Die Merkmale der einfachen Kette (Linien im Bereich 870—890 cm^{-1}) bleiben erhalten. Wie im vorangegangenen bestimmt sich die Gesamtzahl der Verzweigungen aus der Intensität der Linie 2965 cm^{-1}. Bei drei benachbarten tertiären Atomen treten drei Linien im Bereich 1160—1190 cm^{-1} (anstelle von zwei) auf.

III. Gruppe: Paraffine mit nur einem isolierten tertiären Kohlenstoffatom

Für die gegebene Gruppe ist die Gesamtheit von Frequenzen im Bereich 950, 1145 und 1170 cm^{-1} charakteristisch. Die totalsymmetrischen Schwingungen liegen im Bereich 800—900 cm^{-1} (mit Ausnahme der hochsymmetrischen Moleküle, die ein Absinken der Frequenzen der totalsymmetrischen Schwingungen auf 730 bis 800 cm^{-1} und eine Verringerung ihrer Breite zeigen). Die Intensität der Linie 2965 cm^{-1} gibt die Zahl der CH_3-Gruppen an. Zusätzliche Daten liefert die Intensität der Linien 1300 cm^{-1} und 1340 cm^{-1}, die der Zahl der CH_2- bzw. CH-Gruppen proportional ist. Besonderheiten dieser Linien: Die Linie 1340 cm^{-1} ist intensiver, wenn sich die Verzweigung am Kettenende befindet, die Intensität der Linie 1300 cm^{-1} nimmt stark ab, wenn sich die CH_2-Gruppe zwischen zwei Verzweigungen befindet.

Im Falle von Paraffinen mit einer Verzweigung läßt sich aus der Frequenz der intensivsten und stark polarisierten Linie im Bereich der Deformationsschwingungen die Lage nnd der Typ der Verzweigung bestimmen, wenn man die empirischen Kurven (Abb. 35) benutzt.

Zusätzliche Merkmale einer unverzweigten Kette sind Linien im Bereich 870 bis 890 cm^{-1} (siehe oben). Äthylgruppen sind durch eine Verstärkung der Linie im Bereich 1020—1080 cm^{-1} charakterisiert. Das Verschwinden der Linie im Bereich 950 cm^{-1} ist durch das Fehlen der Verzweigungen am Kettenende bedingt, die drei Linien im Bereich 900—950 cm^{-1} deuten auf Verzweigungen in Stellung 2,4 hin (die Merkmale sind unsicher).

IV. Gruppe: Normale Paraffine

Für diese Gruppe ist das Auftreten einer Reihe totalsymmetrischer Schwingungen im Bereich 800 bis 900 cm^{-1} charakteristisch sowie eine intensive Linie 1300 cm^{-1} und eine stark polarisierte intensive Linie im Bereich der Deformationsschwingungen (200—400 cm^{-1}), deren Frequenz mit länger werdender Kette abnimmt. Zusätzliche Merkmale: 1070 und 1140 cm^{-1}.

In jedem Falle ist die Aufmerksamkeit auf den allgemeinen Charakter des Spektrums zu richten. Wir bemerken, daß die Abnahme der Linienzahl und die Verringerung der Breite der Linien der totalsymmetrischen Schwingungen auf eine hohe Symmetrie der untersuchten Kohlenwasserstoffe zurückzuführen ist.

Die Mehrzahl der im dargelegten Schema der Strukturaufklärung wiedergegebenen Merkmale wurden erstmals von Stepanow auf der Basis einer Frequenzanalyse ([80], Bd. 2) aufgestellt. Gleichzeitig gelang es durch die Berücksichtigung aller Parameter der RAMAN-Linien, eine Reihe neuer Strukturmerkmale hinzuzufügen bzw. einige andere genauer zu definieren und zu präzisieren. Grundbedingung ist natürlich, daß die zur Strukturaufklärung erforderlichen Parameter der RAMAN-Linien gemessen werden können.

2. *Strukturanalyse von Naphthenen*

Gewöhnlich läßt sich die Frage, ob die untersuchte Substanz zur Klasse der Naphthene gehört, auch ohne Anwendung der RAMAN-Spektroskopie entscheiden, nämlich auf der Basis solcher Konstanten, wie Siedepunkt, Dichte und Brechungsindex. Will man diese Frage mit Hilfe der RAMAN-Spektroskopie beantworten bzw. andere Daten überprüfen (siehe [108]), so können lediglich Zweifel hinsichtlich der Zugehörigkeit der gegebenen Substanz zu den Paraffinen entstehen. Wie bereits erwähnt, besteht bei einigen Naphthenen eine Ähnlichkeit mit den Paraffinen bezüglich des allgemeinen Charakters des Spektrums und der Anordnung der Linien. Als Unterscheidungsmerkmal kann für die Naphthene die Spektrenstruktur im Bereich der CH-Valenzschwingungen dienen. Wegen der großen Zahl von CH_2-Gruppen vom „Naphthen-Typ" entspricht das Intensitätsverhältnis der CH_3-Gruppen-Linien zu Linien der „Paraffingruppen" CH_2 nicht dem Molekulargewicht (das Molekulargewicht der zu untersuchenden Substanz wird als bekannt vorausgesetzt). Bei einer relativ geringen Intensität der für die CH_3-Gruppe charakteristischen Linie ~ 2960 cm^{-1} sind in den Naphthenspektren auch die für die schwach verzweigten Paraffine charakteristischen Linien im Bereich 2908 und 1304 cm^{-1} abgeschwächt. Die für die beschriebenen Aussagen erforderlichen Messungen sollten am besten mit polarisiertem Licht erfolgen. Die Bestimmung der Zahl der CH_3-Gruppen ist (auf der Grundlage der Intensität der depolarisierten Linie ~ 2960 cm^{-1}) auch für die folgende Etappe der Strukturaufklärung von größter Wichtigkeit.

Nachdem die Zugehörigkeit der zu untersuchenden Substanz zur Klasse der Naphthene geklärt ist, erhebt sich die Frage nach dem Ringtyp. Cyclopropanderivate können nach den intensiven Linien im Bereich 2990—3080 cm^{-1} bestimmt werden, die allgemein für ungesättigte Kohlenwasserstoffe charakteristisch sind. Im Unterschied zu den letzteren fehlt bei den Cyclopropanderivaten die charakteristische Linie im Bereich 1600 cm^{-1}. Cyclohexanderivate lassen sich leicht nach der Gesamtheit der für den sechsgliedrigen Ring charakteristischen Linien in den Bereichen 1030—1050, 1160—1190, 1260 und 1350 cm^{-1} bestimmen. Ist im Einklang mit den genannten Merkmalen die Zugehörigkeit des zu untersuchenden Kohlenwasserstoffes zu den drei- bzw. sechsgliedrigen Naphthenen ausgeschlossen, so gehört er beim Auftreten scharfer Linien großer Intensität im Bereich bis 1200 cm^{-1} zu den Cyclobutanderivaten. Umgekehrt sind relativ schwache, unscharfe Linien im erwähnten Bereich für fünfgliedrige Naphthene charakteristisch. Die Spektren von Cycloheptan-, Cyclooktanderivaten usw. sind bis zum heutigen Tage so ungenügend erforscht, daß es schwer ist, irgendwelche charakteristischen Merkmale anzugeben. Dem allgemeinen Charakter des Spektrums nach sind diese Naphthene mit den Cyclopentankohlenwasserstoffen verwandt. Das wirkt sich nachteilig auf die Zuverlässigkeit von Strukturanalysen der Naphthene aus.

In der nächsten Etappe der Strukturaufklärung wollen wir nur zwei der am besten erforschten Gruppen von Naphthenen, die fünf- und sechsgliedrigen

Naphthene, betrachten. Die für die anderen Naphthene vorliegenden Daten sind für eine systematische Strukturaufklärung noch unzureichend.

Betrachten wir zunächst die fünfgliedrigen Naphthene. Je nachdem, ob im Spektrum eine intensive polarisierte Linie im Bereich $\sim$890 cm^{-1}, welche den totalsymmetrischen Schwingungen des Ringes zuzuordnen ist, auftritt oder nicht, lassen sich die fünfgliedrigen Naphthene in zwei Gruppen unterteilen. Die erste Gruppe, zu der monosubstituierte Naphthene, 1,1- und 1,2-disubstituierte und die 1,1,2-dreifach substituierten gehören, besitzt die erwähnte Linie. In den Spektren der fünfgliedrigen Naphthene der zweiten Gruppe (1,3-disubstituierte und dreifach substituierte, außer 1,1,2-trisubstituierte) fehlt sie.

I. Gruppe der fünfgliedrigen Naphthene

Das Auftreten einer intensiven polarisierten Linie im Bereich 680—700 cm^{-1} zusätzlich zur Linie 890 cm^{-1} weist auf eine 1,1,2-Substitution hin; das Auftreten einer ebensolchen Linie im Bereich 750—780 cm^{-1} auf eine 1,2-Substitution. Geminal substituierte fünfgliedrige und andere Naphthene mit einem quartären Kohlenstoffatom in der Verzweigung sind durch Linien im Bereich 930—950 cm^{-1} und 1230—1250 cm^{-1} charakterisiert. Dabei haben die Naphthene mit einem quartären Atom in der Verzweigung noch eine charakteristische Linie zwischen 710 und 730 cm^{-1} (intensiv und polarisiert), wogegen diese Linien bei den 1,1 geminal substituierten Derivaten ziemlich schwach ist. Außerdem unterscheiden sich die 1,1 geminal substituierten fünfgliedrigen Naphthene von den monosubstituierten mit einem quartären Atom in der Verzweigung noch durch die Zahl der CH_3-Gruppen; dies drückt sich in der Intensität der Linie $\sim$2960 cm^{-1} aus.

Fehlen im Spektrum die für quartäre Kohlenstoffatome und benachbarte tertiäre Atome charakteristischen Linien, so gehört der untersuchte Kohlenwasserstoff zu den monosubstituierten fünfgliedrigen Naphthenen. Für die monosubstituierten fünfgliedrigen Naphthene mit einem unverzweigten Substituenten läßt sich dabei aus der Frequenz der intensivsten, schmalen und polarisierten Linie im Bereich bis $\sim$500 cm^{-1} die Lage des Atoms bestimmen, an welches der fünfgliedrige Ring substituiert ist. Die Frequenz dieser Linie genügt der mit der empirischen Formel (11.1)[1]) beschriebenen Gesetzmäßigkeit. Darüber hinaus lassen sich Einzelheiten über die Struktur des Radikals an Hand der für die Paraffine aufgestellten Gesetzmäßigkeiten erhalten.

II. Gruppe der fünfgliedrigen Naphthene

1,1,3-dreifach substituierte fünfgliedrige Naphthene weisen die charakteristischen Linien des quartären Kohlenstoffatoms im Bereich 930--950 cm^{-1} und 1230 bis 1250 cm^{-1} auf sowie eine intensive polarisierte Linie im Bereich 740 bis 800 cm^{-1}. Die disubstituierten fünfgliedrigen Naphthene mit den Substituenten in 1,3 unterscheiden sich von den 1,2,3- und 1,2,4-dreifach substituierten Naphthenen durch die Frequenz der intensivsten, polarisierten Linien. Die genannten dreifach substituierten Naphthene haben benachbarte tertiäre Kohlenstoffatome, entsprechend liegen ihre totalsymmetrischen Schwingungen im Bereich 740—780 cm^{-1}; hingegen liegen die totalsymmetrischen Schwingungen in den 1,3-disubstituierten Verbin-

[1]) Für Cyclopentane mit normaler Substituentenstruktur gilt $a = 3400$; ist der fünfgliedrige Ring an einem der inneren Kettenatome substituiert, so ist $a = 3000$.

dungen, die kein solches charakteristisches Strukturelement aufweisen, im Bereich 800–840 cm^{-1}. Außerdem sind für die 1,2,3-dreifach substituierten fünfgliedrigen Naphthene auch Linien im Bereich 960–990 cm^{-1} und 1150–1190 cm^{-1} charakteristisch. Ähnliche Linien beobachtet man in den Spektren der 1,2,4-dreifach substituierten fünfgliedrigen Naphthene, wo sie jedoch eine bedeutend geringere Intensität haben. Als zusätzliches Merkmal für di- und trisubstituierte Naphthene vom genannten Typ kann auch die Intensität der Linie ~2960 cm^{-1} dienen, die der Anzahl der CH_3-Gruppen im Molekül proportional ist.

Die Raman-Spektren ermöglichen also eine Unterscheidung aller Substitutionstypen der fünfgliedrigen Naphthene bei einer Substitutionszahl von eins bis drei. Für Naphthene mit einer größeren Anzahl von Substituenten liegen gegenwärtig keine Angaben vor.

Zur Charakterisierung des längsten unverzweigten Substituenten kann die Frequenz der intensivsten, schmalen und polarisierten Linie im Bereich bis 600 cm^{-1} dienen. Sind nur Methylgruppen vorhanden, so liegt die Frequenz dieser Linie zwischen 480 und 570 cm^{-1}. Die Frequenzbereiche der längsten Substituenten sind: Äthylgruppe — 360–420 cm^{-1}, Propylgruppe — 310–325 cm^{-1}, Butylgruppe — 270–300 cm^{-1}. Die Länge noch größerer Gruppen kann nach Formel (11.1) bestimmt werden.

Gehen wir nun zu den sechsgliedrigen Naphthenen über. In Anbetracht dessen, daß zum gegenwärtigen Zeitpunkt nur die Spektren einer relativ geringen Zahl von sechsgliedrigen Naphthenen untersucht wurden, kann hier nur ein vorläufiges Schema der Strukturanalyse für diese Verbindungen gegeben werden. Im vorliegenden Schema werden wir im breiten Maße die Spektrenmerkmale einer Reihe von charakteristischen Strukturelementen (quartäres Atom, benachbarte tertiäre Atome usw.) verwenden, die bei der Untersuchung anderer Kohlenwasserstoffklassen aufgestellt wurden.

Wie bereits erwähnt, läßt sich die Gesamtzahl der CH_3-Gruppen im Molekül an Hand der Intensität der Linie ~2960 cm^{-1} bestimmen. Die Zahl kennzeichnet den Grad der Verzweigung und ist für die weiteren Überlegungen wesentlich.

Zur Ermittlung des Substitutionstypes ist die Lage der Linien der totalsymmetrischen Gerüstschwingungen von großer Bedeutung, die in den sechsgliedrigen Naphthenen eine große Intensität und sehr geringe Breiten aufweisen. Die intensivsten, polarisierten Linien liegen bei den monosubstituierten sechsgliedrigen Naphthenen im Bereich 760–800 cm^{-1}. Außerdem ist für sie die intensive, polarisierte Linie 840–850 cm^{-1} sehr charakteristisch. Für geminal substituierte sechsgliedrige Naphthene findet man die intensivsten Linien im Bereich 680–730 cm^{-1}. Zwischen 820 und 850 cm^{-1} haben sie gewöhnlich zwei Linien mittlerer Intensität. Für die geminal substituierten Moleküle sind außerdem die Linien des quartären Kohlenstoffatoms im Bereich 900–950 cm^{-1} und 1200–1250 cm^{-1} charakteristisch. Ein zusätzliches Merkmal der mono- und geminal substituierten sechsgliedrigen Naphthene ist auch die sehr intensive depolarisierte Linie zwischen 1030 und 1040 cm^{-1}. Ähnliche Linien erscheinen auch in den Spektren anderer sechsgliedriger Naphthene, sind jedoch über einen bedeutend breiteren Frequenzbereich verstreut.

Sechsgliedrige Naphthene mit benachbarten tertiären Kohlenstoffatomen (1,2-disubstituierte und die entsprechenden dreifach substituierten) haben die

Linie der totalsymmetrischen Schwingung zwischen 730—750 cm^{-1}, die sich durch große Intensität, sehr geringe Breite und starke Polarisation auszeichnet. Die für die benachbarten tertiären C-Atome charakteristischen Linien zwischen 950 und 990 cm^{-1} und zwischen 1150 und 1190 cm^{-1} erscheinen nicht stabil und können nur die Rolle eines Hilfsmerkmals übernehmen. Es ist zu erwarten, daß derartige Linien eine große Intensität in den Spektren der 1,2,3-dreifach substituierten sechsgliedrigen Naphthene haben.

In den Spektren sechsgliedriger Naphthene ohne geminale und benachbarte tertiäre Kohlenstoffatome (1,3- und 1,4-disubstituierte und 1,3,5-dreifach substituierte) liegen die totalsymmetrischen Schwingungen im Bereich 750—780 cm^{-1} (bei disubstituierten) und zwischen 790 und 800 cm^{-1} (bei dreifach substituierten). Für die 1,4-disubstituierten sechsgliedrigen Naphthene fehlen dabei intensive Linien zwischen 820 und 850 cm^{-1}. Dagegen findet man für die 1,3,5-dreifach substituierten eine solche Linie mit sehr großer Intensität, während die Linien im Bereich 790—800 cm^{-1} relativ schwach sind.

Für die disubstituierten sechsgliedrigen Naphthene läßt sich ein Kriterium aufstellen, das die räumliche Lage der Substituenten zu präzisieren gestattet [100, 138, 139]: Für Isomere mit Substituenten in polarer Stellung ist eine intensive Linie zwischen 600 und 640 cm^{-1} charakteristisch. Das gleiche gilt auch für kompliziertere sechsgliedrige Naphthene mit Substituenten in polarer Stellung.

Eine zusätzliche Information über die längste unverzweigte Kette im Molekül liefert die Frequenz derjenigen Deformationsschwingung (im Bereich bis 400 cm^{-1}), die die größte Intensität, die stärkste Polarisation und die geringste Breite hat. Diese Frequenz ist mit der Länge der Substituentenkette durch Formel (11.1) verknüpft, wobei $a = 3100$ ist.

3. *Strukturanalyse von ungesättigten Kohlenwasserstoffen*

Die ungesättigten Kohlenwasserstoffe [100] mit isolierten C=C-Bindungen können an Hand einer intensiven polarisierten Linie im Bereich 1640—1680 cm^{-1} leicht von anderen Kohlenwasserstoffklassen unterschieden werden. Diese Linie ist den Valenzschwingungen der C=C-Bindung zuzuordnen. Sind in der untersuchten Verbindung zwei oder mehrere gleichartige C=C-Bindungen (nicht konjugierte) vorhanden, so wächst die Intensität der Linie proportional zur Zahl der Bindungen (die auf eine Bindung bezogene Intensität ist $I_\infty' = 400—500$). Wenn sich die C=C-Bindungen durch ihre Stellung im Molekül unterscheiden, eine Bindung ist z. B. am Ende, die andere in der Mitte des Moleküls, so erscheinen im betrachteten Bereich zwei Linien. Das Auftreten von zwei Linien im Bereich 1640—1680 cm^{-1} kann aber auch darauf hindeuten, daß die untersuchte Substanz ein Gemisch verschiedener Stereoisomere ist (siehe weiter unten). Ein deutlicher Anstieg der Linienintensitäten im Bereich 1640—1680 cm^{-1} (um das 5—10fache gegenüber einer isolierten C=C-Bindung) spricht für eine Konjugation der C=C-Bindungen.

Der Substitutionstyp läßt sich mit Hilfe folgender Merkmale feststellen (Abb. 38).

1. Für die ungesättigten Kohlenwasserstoffe der 1. und 2. Gruppe (Doppelbindung am Kettenende) sind die Linien $\sim$3000 cm^{-1} und $\sim$3080 cm^{-1}, die Valenz-

schwingungen der $=CH_2$-Gruppierung, charakteristisch. Die erste Linie ist polarisiert, die zweite depolarisiert. Für diese Kohlenwasserstoffe ist ebenfalls die Linie $\sim$1414 cm^{-1} charakteristisch, die den Deformationsschwingungen derselben Gruppierung entspricht. Die Frequenz der Doppelbindung hat für die Kohlenwasserstoffe der 1. Gruppe (α-Olefine) den Wert 1642 cm^{-1}, für die ungesättigten Kohlenwasserstoffe der 2. Gruppe (zwei Substituenten an ein und demselben Kohlenstoffatom) den Wert von etwa $\sim$1650 cm^{-1}.

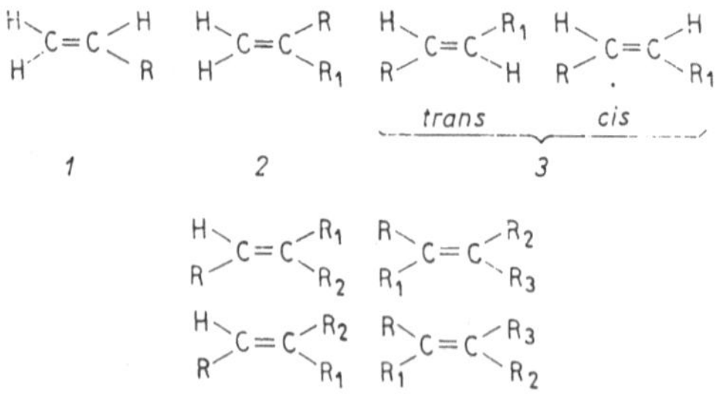

1 2 3

4 5

Abb. 38: Verschiedene Gruppen ungesättigter Kohlenwasserstoffe mit offenen Ketten.

Zusätzliche Merkmale für die ungesättigten Kohlenwasserstoffe der 1. Gruppe: eine Linie mittlerer Intensität $\sim$912 cm^{-1} und schwache Linien $\sim$430 cm^{-1}, 630, 990 und 1295 cm^{-1}.

Zusätzliche Merkmale für die ungesättigten Kohlenwasserstoffe der 2. Gruppe: eine Linie mittlerer Intensität bei $\sim$888 cm^{-1} und schwache Linien bei $\sim$435, 700 und 1000 cm^{-1}. Außerdem sind für die ungesättigten Kohlenwasserstoffe dieser Gruppe die Merkmale des „semiquartären" Kohlenstoffatoms (siehe Abb. 34) charakteristisch: Linien im Bereich 900—950, 1200—1250 cm^{-1} sowie eine Verschiebung der totalsymmetrischen Frequenzen der Kettenschwingungen in den Bereich 730—770 cm^{-1} (bei Fehlen anderer charakteristischer Strukturelemente).

2. Die ungesättigten Kohlenwasserstoffe der 4. Gruppe (trisubstituierte ungesättigte Kohlenwasserstoffe) weisen eine Frequenz der Doppelbindung zwischen 1670 und 1680 cm^{-1} auf. Zudem beobachtet man im Spektrum die für diesen Substitutionstyp charakteristischen Linien im Bereich 500—530 und 1340 bis 1360 cm^{-1}. Zusätzliche Merkmale: schwache Linien bei $\sim$250—260, 300 und 1210 cm^{-1}. Daneben sind für die ungesättigten Kohlenwasserstoffe dieser Gruppe die im voranstehenden aufgezählten Merkmale des semiquartären Kohlenstoffatoms charakteristisch.

3. Für die ungesättigten Kohlenwasserstoffe der 5. Gruppe (vierfach substituierte ungesättigte Kohlenwasserstoffe) sind bei einer Frequenz der Doppelbindung von $\sim$1670 cm^{-1} intensive Linien bei 680—690, $\sim$505 und $\sim$1390 cm^{-1} charakteristisch. Zusätzliches Merkmal: Es fehlen die Linien im Bereich 1200 bis 1250 cm^{-1}.

4. Fehlen bei einer Frequenz der Doppelbindung von 1655—1675 cm^{-1} im Spektrum der untersuchten Verbindung die Merkmale der ungesättigten Kohlenwasserstoffe der 4. und 5. Gruppe, so gehört sie der 3. Gruppe (ungesättigte Kohlenwasserstoffe mit zwei an verschiedene C-Atome gebundene Substituenten) an.

Bei den cis-Isomeren findet man eine Frequenz der Doppelbindung von 1655 bis 1660 cm^{-1}, bei den trans-Isomeren von 1670—1675 cm^{-1}. Beobachtet man im Spektrum beide Linien und überschreitet die Summe ihrer integralen Intensitäten nicht wesentlich die Intensität einer einzelnen C=C-Bindung, so bedeutet dies, daß die untersuchte Substanz ein Gemisch von Stereoisomeren ist.

Zusätzliche Merkmale der cis-Isomeren: eine intensive Linie um ~1260 cm^{-1}, Linien mittlerer Intensität bei ~580 und ~960 cm^{-1} und schwache Linien bei 300 und 400 cm^{-1}.

Zusätzliche Merkmale der trans-Isomeren: intensive Linien bei 1300—1310, 1060—1100, 470—490 cm^{-1}, schwache Linien um ~745 und 965 cm^{-1}.

Über die Struktur der Substituenten in erster Linie die Besonderheiten des Spektrums, die durch die charakteristischen Strukturelemente der Substituenten selbst bedingt sind, Auskunft. Dementsprechend können wir in diesem Teil das allgemeine Vorgehen für die Strukturanalyse beibehalten und die Aufteilung in Gruppen analog zu den Paraffinen vornehmen.

1. Einem isolierten quartären Kohlenstoffatom entsprechen in den Spektren intensive, stark polarisierte Linien im Bereich 700—760 cm^{-1} und intensive Linien um 925 und 1200—1250 cm^{-1}. Diese Merkmale sind denen des semiquartären Kohlenstoffatoms sehr ähnlich, jedoch bei quartären Atomen deutlicher ausgeprägt: Die oben erwähnten Linien sind bei quartären Atomen bedeutend intensiver; daneben sind sie im Bereich 900—950 cm^{-1} enger um die Frequenz bei 925 cm^{-1} konzentriert und im Bereich 1200—1250 cm^{-1} um die Frequenz 1200 cm^{-1} als das beim semiquartären Kohlenstoffatom der Fall ist.

Es sei bemerkt, daß semiquartäre Kohlenstoffatome nur in ungesättigten Kohlenwasserstoffen der 2. und 4. Gruppe vorhanden sein können. Treten die oben beschriebenen Linien in den Spektren der ungesättigten Kohlenwasserstoffe der 1., 3. und 5. Gruppe auf, so spricht das also direkt für das Vorhandensein eines quartären Kohlenstoffatoms im Molekül. Andererseits besitzen die ungesättigten Kohlenwasserstoffe der 2. und 4. Gruppe unbedingt ein semiquartäres Atom. Es kann also nur die Frage stehen, ob das Molekül zusätzlich noch ein isoliertes quartäres Atom besitzt. Diese Frage kann leicht an Hand der Linienintensitäten entschieden werden. Liegt nur ein semiquartäres Atom vor, so beträgt die Intensität I_0' der Linien im Bereich 900—950 cm^{-1} etwa 10—15 Einheiten, daneben haben die Linien im Bereich 1190—1210 cm^{-1} nur geringe Intensitäten $I_0' \approx 3$. Hat das Molekül aber außerdem noch ein quartäres Atom, so findet man im Spektrum Linien bei ~925 cm^{-1} und im Bereich 1190—1210 cm^{-1} von der Intensität $I_0' \sim 20$ (oder stärker).

Sind im Molekül ein quartäres Atom und ein tertiäres bzw. ein quartäres Atom und ein semiquartäres benachbart, so verschiebt sich die Frequenz der totalsymmetrischen Gerüstschwingungen in den Bereich 660—700 cm^{-1}, während im Bereich 900—950 cm^{-1} zwei Linien erscheinen und zwischen 1200 und 1250 cm^{-1} nur eine Linie bei ~1200 cm^{-1} verbleibt. Daneben erscheinen gewöhnlich Linien zwischen 520 und 530 cm^{-1}.

2. Benachbarte tertiäre Atome (beim Fehlen von quartären Atomen) sind durch das Auftreten totalsymmetrischer Schwingungen im Bereich 700—750 cm^{-1} charakterisiert, ebenso wie durch ziemlich intensive Linien im Bereich 900—950 und 1160—1190 cm^{-1}.

3. Für ungesättigte Kohlenwasserstoffe, die nur isolierte tertiäre Kohlenstoffatome aufweisen, sind die totalsymmetrischen Gerüstschwingungen im Bereich 760—850 cm^{-1}, Linien mittlerer Intensität zwischen 900—950 cm^{-1} und eine Linie im Bereich 1145—1170 cm^{-1} zu finden.

In allen drei genannten Fällen ist das Vorhandensein einer unverzweigten Kette mit $m_C \geqq 3$ im Molekül durch eine Linie im Bereich 1020—1080 cm^{-1} charakterisiert. Befindet sich die Doppelbindung am Kettenende, so ist diese Linie stark abgeschwächt. Die Zahl der Glieder der längsten von der Verzweigung ausgehenden Kette läßt sich an Hand der Frequenz der intensivsten, polarisierten und scharfen Deformationslinie gemäß Formel (11.1) bestimmen, wobei $a = 3600$ zu setzen ist.

Für unmittelbar an ein Kohlenstoffatom der Doppelbindung gebundene CH_3-Gruppen sind die intensive Linie 2916 cm^{-1} und Linien im Bereich 2990 bis 3030 cm^{-1} charakteristisch. Dieses Merkmal ist für die ungesättigten Kohlenwasserstoffe der 3., 4. und 5. Gruppe von großer Bedeutung.

4. Ungesättigte Kohlenwasserstoffe normaler Struktur weisen totalsymmetrische Gerüstschwingungen im Bereich 800—900 cm^{-1} auf. Eine Doppelbindung am Kettenende läßt sich leicht durch die Spektrenmerkmale der ungesättigten Kohlenwasserstoffe der 1. Gruppe ermitteln. Im Falle der ungesättigten Kohlenwasserstoffe der 3. Gruppe mit trans-Konfiguration stellt man die Stellung der Doppelbindung im Molekül an Hand der intensivsten, polarisierten und scharfen Linie im Bereich der Kettendeformationsschwingungen gemäß Formel (11.1) fest, wobei m_C durch die Zahl m_C' der Kohlenstoffatome in der an der Doppelbindung beginnenden Kette (einschließlich des Atoms der Doppelbindung) zu ersetzen ist. Zusätzliche Angaben liefert die Linie im Bereich 1070—1130 cm^{-1}. Die Anhängigkeit der Frequenz der genannten Linie von m_C' ist in Abb. 39 dargestellt. Diese Linie ist sowohl für trans- als auch für cis-Isomere gültig.

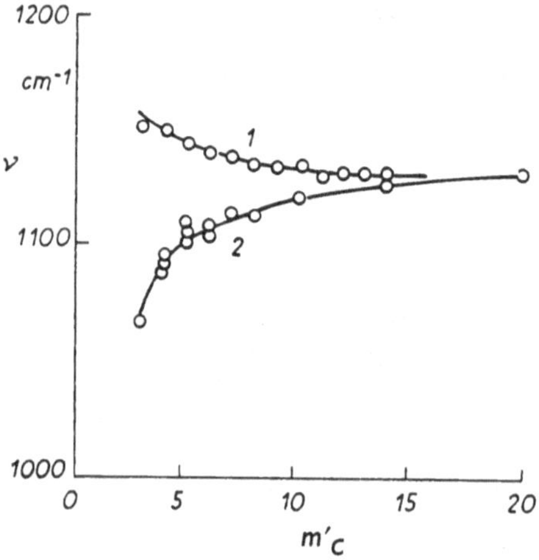

Abb. 39: Abhängigkeit der „höchsten Kettenschwingungsfrequenz" von der Kettenlänge.

1 — n-Paraffine, 2 — normale ungesättigte Kohlenwasserstoffe.

Die oben genannten spektroskopischen Merkmale ermöglichen in vielen Fällen eine vollständige Entscheidung über die Struktur der ungesättigten Kohlenwasserstoffmoleküle. Wir betonen, daß das vorgeschlagene Schema zur Strukturaufklärung für die ungesättigten Kohlenwasserstoffe, ebenso wie im Falle der früher behandelten Kohlenwasserstoffklassen, die gegenseitige Wechselwirkung der einzelnen Strukturelemente sowie die Möglichkeit der „Unterdrückung" einiger von ihnen durch stärkere Strukturelemente berücksichtigt. Insgesamt ist die Strukturanalyse der ungesättigten Kohlenwasserstoffe natürlich komplizierter als etwa die der Paraffine, was auf das Auftreten eines neuen Strukturelementes, der Doppelbindung, zurückzuführen ist. Dementsprechend kann in einigen Fällen eine RAMAN-spektroskopische Dechiffrierung des Molekülbaus nicht in allen Einzelheiten vorgenommen werden. Im Falle stark verzweigter Verbindungen können isolierte tertiäre Atome der Aufmerksamkeit entgehen, da sich die Gesamtzahl der CH_3-Gruppen in den ungesättigten Kohlenwasserstoffen nicht mit der gleichen Zuverlässigkeit wie bei den Paraffinen bestimmen läßt, und die charakteristischen Linien des tertiären Atoms durch die stärkeren charakteristischen Strukturelemente „unterdrückt" werden können. Diese Besonderheiten sind bei der Strukturanalyse der ungesättigten Kohlenwasserstoffe unbedingt zu berücksichtigen.

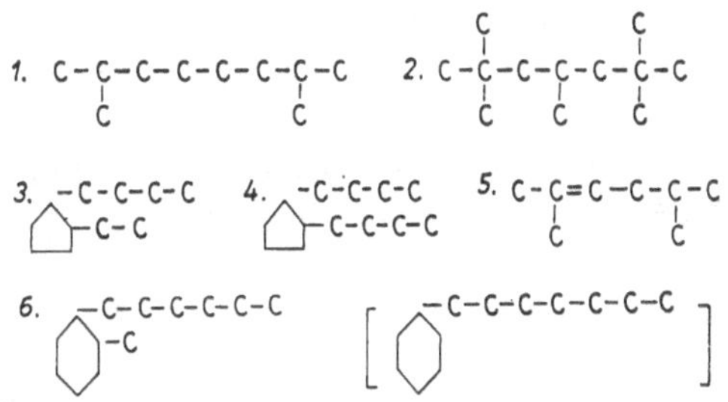

Abb. 40: Beispiele für Substanzen, deren Struktur nach den RAMAN-Spektren bestimmt wurde.

Das beschriebene Schema zur Strukturanalyse ist von uns an verschiedenen Verbindungen von ziemlich komplizierter Struktur erprobt worden. Wir erhielten Kohlenwasserstoffe lediglich mit Angabe des Molekulargewichtes ohne weitere Informationen über die Substanz. In Abb. 40 sind die Strukturformeln dieser Verbindungen wiedergegeben. Mit einer Ausnahme wurden die Strukturen aller Substanzen richtig bestimmt. Im Falle der Verbindung 6 wurde die in Klammern gesetzte Formel ermittelt, d. h., wir fanden den zusätzlichen kurzen Substituenten nicht. Die Unkorrektheit hängt damit zusammen, daß bisher nur wenige sechsgliedrige Naphthene untersucht wurden.

Notwendige Voraussetzungen für die Aufstellung der Schemata zur Strukturaufklärung anderer Verbindungsklassen sind die systematische RAMAN-spektroskopische Untersuchung der einfachsten Vertreter dieser Klassen, das Herausfinden der charakteristischen Strukturelemente und die Bestimmung der grundlegenden Parameter der charakteristischen Linien. Es ist zu hoffen, daß sich die Arbeit in dieser Richtung verstärken wird. Gegenwärtig kann man in Ermangelung der notwendigen Daten nur kleine zusammenfassende Tabellen für einige charakteristische Frequenzen geben, die sich bei der RAMAN-spektroskopischen Bestimmung von Molekülstrukturen als nützlich erweisen können (Tab. 20—23). Es sei bemerkt, daß die in den Handbüchern [125, 44] gegebenen umfangreichen Zusammenstellungen von charakteristischen Frequenzen in IR- und RAMAN-Spektren nicht kritisch genug erarbeitet wurden. Wie schon an früherer Stelle bemerkt wurde, lassen sich in komplizierten Molekülen auf spekulativem Wege die verschiedenartigsten Kombinationen von Verzweigungen, Atomkomplexen usw. herauslösen, denen aber in der Schwingungsspektroskopie keinerlei charakteristische Merkmale entsprechen. Es ist klar, daß die Strukturanalyse nur auf der Herauslösung solcher charakteristischer Strukturelemente beruhen kann, die als Struktureinheiten des Moleküls in den Spektren real in Erscheinung treten. Daneben ist die Berücksichtigung der „Wechselwirkung“ zwischen den Strukturelementen von prinzipieller Bedeutung.

Gewisse Informationen über die Struktur der zu untersuchenden Verbindungen lassen sich auch aus der Gesamtheit aller physikalischer Konstanten (Siedepunkt, Dichte, Brechungsindex u. a.) gewinnen. Große Bedeutung hat auch die Untersuchung der IR-Spektren. Die Strukturaufklärung wird in der Praxis natürlich durch die Ausnutzung aller verfügbaren Angaben erleichtert.

§ 13. Einfluß der Wechselwirkung von Atomen und Atomgruppen in größeren Molekülen auf das Raman-Spektrum

1. Konjugation von Mehrfachbindungen

Wie in § 11 bereits darauf hingewiesen wurde, entspricht der C=C-Doppelbindung in den RAMAN-Spektren eine Linie um 1640 cm^{-1}, deren Parameter eine deutlich ausgeprägte Charakteristizität aufweisen. Sind in dem Molekül der Streusubstanz zwei durch Einfachbindungen getrennte Doppelbindungen vorhanden, so bleibt die Frequenz der betreffenden Linie konstant, hingegen steigt die Intensität annähernd auf das Doppelte an, d. h., in diesem Falle liegt eine Additivität der Intensitäten vor. Eine neue interessante Erscheinung tritt auf, wenn zwei Doppelbindungen C=C konjugiert sind, d. h., wenn das Molekül ein charakteristisches Strukturelement C=C—C=C aufweist. Hierbei kommt es zu einer starken Wechselwirkung, die die Eigenschaften des ganzen Moleküls wesentlich beeinflußt. In den RAMAN-Spektren äußert sich dieser „Konjugationseffekt“ darin, daß sich die Frequenz der der Doppelbindung entsprechenden Linie etwas verringert, während ihre Intensität enorm ansteigt [171, 172, 80, Bd. 2]. Ein deutlicher Intensitätsanstieg tritt nicht nur bei der Konjugation von C=C-Bindungen untereinander auf, sondern auch bei Konjugation von C=C-Bindungen mit anderen Mehrfachbindungen (C=O, C=N, C≡C usw.), ebenso wie bei Konjugation von Mehrfachbindungen mit aromatischen Ringen und solcher Ringe untereinander. Der Untersuchung dieser Erscheinung ist eine Reihe von Arbeiten gewidmet [171—176].

Tabelle 20

Charakteristische Linien der Bindungen X—H

Bindung	Frequenzbereich [cm^{-1}]	Bemerkungen¹)	Literatur
C—H	2850—2980	Paraffine, Naphthene	[88, 121]
$-CH_3$	2965	$\varrho = 6/7$	[100]
Δ-H	3000; 3080	Cyclopropanderivate	[100, 121]
=C—H	3000; 3080	Ungesättigte Kohlenwasserstoffe	[121]
—H	3000—3080	Aromatische Kohlenwasserstoffe	[121]
≡C—H	3270—3305		[159]
—O—H	3600—3680	Nichtassoziierte Moleküle	[88, 160]
—O—H	3400(Bande)	Assoziierte Moleküle	[88, 160]
S—H	2570		[88]
Se—H	2300		[88]
Si—H	2100—2200	Siliziumorganische Verbindungen	[161]
P—H	2400—2440	Strukturen mit einem fünfwertigen P-Atom	[162, 163]
=N—H	3330—3340		[88, 159]
$-NH_2$	3350—3370; 3300—3310		[88, 159]
N—H	3400—3500	RNH_2, R_2NH (nichtassoziierte Moleküle)	[164]
N—H	3300—3400	RNH_2, R_2NH (assoziierte Moleküle)	[164]
N—H	3470	RCONHR′ (nichtassoziierte Moleküle)	[164]
N—H	3300	RCONHR′ (assoziierte Moleküle)	[164]

¹) Hier und im folgenden bedeutet R Alkyl = C_nH_{2n+1} und Ar Aryl = C_6H_5.

Die Konjugation von Mehrfachbindungen äußert sich auch im Wert für den Depolarisationsgrad der Raman-Linien. Und zwar wächst der Depolarisationsgrad von Linien, die Schwingungen von Mehrfachbindungen entsprechen, an, wenn diese Bindungen konjugiert sind [177, 178].

Der einfachste Fall konjugierter Mehrfachbindungen C=C liegt in den ungesättigten Kohlenwasserstoffen vor. Angaben über einige dieser Verbindungen sind in Tab. 24 zusammengestellt (nach [178]). In einigen Fällen sind Intensitätswerte und Depolarisationsgrade für mehrere Erregerlinien angegeben. Der Tabelle kann man entnehmen, daß die Konjugation der Doppelbindung zu einem enormen Intensitätsanstieg im Bereich um 1600 cm^{-1} führt (bei ein und derselben Erregerlinie). Hierbei gehorcht die Abhängigkeit der Raman-Intensitäten von der Erregerfrequenz nicht dem Gesetz $I = c\nu'^4$. Um den trivialen Faktor ν'^4 zu eliminieren, führen wir in der Tabelle auch die Größe I_∞'/ν'^4 an. Es ist interessant festzustellen, daß Verzweigungen im Molekül den Konjugationseffekt spürbar abschwächen:

Tabelle 21

Charakteristische Linien isolierter Mehrfachbindungen

Bindung	Frequenzbereich [cm^{-1}]	Bemerkungen	Literatur
$-C\equiv C-$	2100–2300		[159, 165–167]
	2220–2300; 365	Dialkylazetylene	[159, 165–167]
	2118; 630; 340	Monoalkylazetylene	[159, 165–167]
$-C\equiv N$	2250; 2330	Nitrile	[159]
	2150	$RSC\equiv N$, $RN\equiv C$	[44, 159]
$-C=C-$	1640–1680	Ungesättigte Kohlenwasserstoffe (siehe Text)	[100, 144, 145]
$C=O$	1650–1800	Karbonylverbindungen	[159, 164]
	1690	$NH_2 \cdot CO \cdot OR$	[164]
	1705–1725	$R \cdot CO \cdot R'$	[159, 164]
	1720–1740	$R \cdot CO \cdot H$	[159]
	1776	$Cl \cdot CO \cdot OR$	[159]
	1792	$R \cdot CO \cdot Cl$	[159]
	1745; 1804	$R \cdot CO \cdot O \cdot COR$	[159]
$C=N$	1630–1670		[159]
$N=O$	1610	$R \cdot NO$	[159]
	1640	$R \cdot O \cdot NO$	[159]
R_2SO_2 (R>SO₂<R)	1270; 1130		[125]
R_2SO (R>SO<R)	1030–1050		[125]
$P=O$	1200–1320		[163]
$P=S$	550–750		[163]

Der Intensitätssprung ist weniger ausgeprägt, und die Abhängigkeit von der Erregerfrequenz glatter.

Tab. 24 enthält außerdem Angaben über den Depolarisationsgrad, die schließen lassen, daß mit länger werdender Kette konjugierter Bindungen der Depolarisationsgrad ansteigt. Dieses Resultat befindet sich in guter Übereinstimmung mit theoretischen Angaben von Wolkenstein [80, Bd. 2].

Bei der Untersuchung der Raman-Spektren von Verbindungen mit konjugierten Mehrfachbindungen muß man daran denken, daß die Konjugation einen tiefen Einfluß auf die Elektronenhülle des Moleküls ausübt. In den Elektronenspektren äußert sich dies in der Verringerung der Elektronenübergangsfrequenz sowie in einem Intensitätsanstieg der Elektronenabsorptionsbanden. Entsprechend sind für die Veränderungen in den Raman-Spektren bei Konjugation von Mehrfachbindungen zwei Faktoren verantwortlich:

1. durch Veränderungen im Bau des Molekülgerüstes bedingte Änderungen des Tensors der Polarisierbarkeitsableitungen α';

Tabelle 22

Charakteristische Linien einiger Atom- und Bindungsgruppen

Atomgruppen (Bindungsgruppen)	Frequenzbereich [cm^{-1}]	Bemerkungen	Literatur
RC≡C–C≡CR′	2250		[44, 159]
–N=N≡N	2104; 1276		[44, 159]
–C=C=C–	1980	Allen und seine Derivate	[125]
RN=C=S	2105; 2180		[159]
C=C=O	2049	Keten	[125]
$-NO_2$	1623	Äther der Stickstoffsäure	[159]
	1550; 1380	$R \cdot NO_2$	[159]
	1520; 1340	$Ar \cdot NO_2$	[159]
	1620; 1270	$RO \cdot NO_2$	[164]
–N=C=O	1409–1434	Alkylisocyanate	[125]
C=N–N=C	1627		[159]
C=C–C≡N	2228		[164]
—C≡N	2224		[159]
C=C–C=C	1620–1670		[121, 100]
C–I	480–500	Alkylderivate	[159]
C–Br	510–560	Alkylderivate	[159]
C–Cl	570–650	Alkylderivate	[159]
O–Si–O	610–660		[168]

2. Deformationen der Elektronenhülle des Moleküls. Im vorliegenden Paragraphen interessiert uns hauptsächlich die Änderung des Tensors α'. Wir werden deshalb die Deformation der Elektronenhülle als einen nebensächlichen Faktor ansehen.

Die Möglichkeit, den Einfluß der Deformation der Elektronenhülle und der Veränderung im Bau des Molekülgerüstes auf die Schwingungsspektren getrennt zu betrachten, ist in gewisser Hinsicht als problematisch anzusehen. Man kann jedoch annehmen, daß die durch die Konjugation der Mehrfachbindungen bedingte Deformation der Elektronenhülle in der Hauptsache Anlaß gibt zu einer Änderung der Elektronenabsorptionsbanden und die Raman-Spektren über den Absorptionskoeffizienten beeinflußt. Dann läßt sich unter Verwendung der in § 5 erhaltenen Resultate die Wirkung dieses Faktors eliminieren und die Änderung von α' in den Raman-Spektren abtrennen, die unmittelbar mit Veränderungen im Molekülgerüst zusammenhängt. Diese Überlegung wird offenkundig dadurch bestätigt, daß der Depolarisationsgrad nur sehr schwach von der Erregerlinienfrequenz abhängt (siehe Tab. 24). Tatsächlich läßt sich die Konstanz von ϱ bei einer starken Änderung von I_∞' so interpretieren, daß alle Komponenten des Streutensors in gleicher Weise von der Erregerfrequenz abhängen, d. h., sie enthalten gemeinsame Faktoren bezüglich dieser Frequenz. Eliminiert man diese Faktoren, so läßt sich die Spur und die Anisotropie des Tensors α' als nicht unmittelbar von der Erregerfrequenz abhängig finden.

Tabelle 23

Charakteristische Linien cyklischer Verbindungen

Ring	Frequenz-bereich [cm^{-1}]	Bemerkungen	Literatur
	890	monosubstituierte, 1,1- und 1,2-zweifach substituierte und 1,1,2-dreifach substituierte fünfgliedrige Naphthene	[100]
	1030—1050; 1160—1190; 1260; 1350	sechsgliedrige Naphthene	[100]
	842	monosubstituierte sechsgliedrige Naphthene	[100, 169]
	621; 1002; 1031; 1156; 1182; 1205	monosubstituierte Benzole	[169]
	586; 714; 1039; 1220	1,2-substituierte Benzole	[169]
	525; 716; 1002; 1247	1,3-substituierte Benzole	[169]
	642; 780—810; 1240	1,4-substituierte Benzole	[169]
	482; 532; 652; 994; 1097	1,2,3-substituierte Benzole	[169]
	458—485; 548; 738; 1245	1,2,4-substituierte Benzole	[169]
	513; 574; 990; 1297	1,3,5-substituierte Benzole	[169]
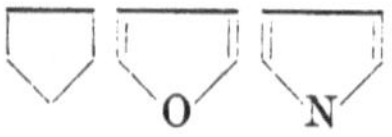	1500	Cyclopentadien, Furan, Pyrrol und ihre Derivate	[159]
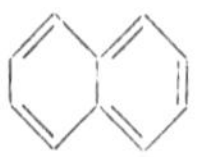	1380	Naphthalinderivate	[159]
	1270—1285	Diphenylderivate	[165, 169]

Durch Abtrennen der Abhängigkeit von der Erregerfrequenz (die für jede Substanz verschieden ist) haben wir vergleichbare Werte für die Linienintensität I_{kor} für Verbindungen mit isolierten und konjugierten C=C-Bindungen (siehe [100]). Die betreffenden Werte I_{kor} und Mittelwerte ϱ sind für einige ungesättigte Kohlenwasserstoffe in Tab. 25 zusammengestellt. An Hand der gesamten Daten I_{kor} und ϱ können wir die Spur b und die Anisotropie g^2 berechnen:

$$b^2 = \frac{I_{kor}\,(6 - 7\varrho)}{6C \cdot 5(1 + \varrho)}, \quad g^2 = \frac{I_{kor}\varrho}{6C \cdot (1 + \varrho)}. \qquad (13.1)$$

Tabelle 24

Abhängigkeit der Parameter der Raman-Linien von der Erregerfrequenz

<table>
<tr><th>Substanz</th><th>Formel</th><th>$\Delta\nu$
[cm^{-1}]</th><th>λ_E
[Å]</th><th>I_∞'</th><th>I_∞'/ν'^4</th><th>ϱ</th></tr>
<tr><td>Penten-1</td><td>C=C–C–C–C</td><td>1642</td><td>4358</td><td>370</td><td>—</td><td>0,12</td></tr>
<tr><td>2-Methyl-
penten-2</td><td>C–C=C–C–C
   |
   C</td><td>1677</td><td>5461
4358
3663</td><td>110
500
2700</td><td>1
1,70
4,46</td><td>—
0,12
—</td></tr>
<tr><td>Diallyl</td><td>C=C–C–C–C=C</td><td>1642</td><td>5461
4358
3663</td><td>160
950
2600</td><td>1
2,22
3,58</td><td>—
0,14
—</td></tr>
<tr><td>Hexadien-(Di-
propenyl)-2,4</td><td>C–C=C–C=C–C</td><td>
1657 }
1668 }</td><td>5461
4358
3663</td><td>1150
10000
88700</td><td>1
3,40
13,6</td><td>—
0,34
0,33</td></tr>
<tr><td>2-Methylpenta-
dien-2,4</td><td>C–C=C–C=C
   |
   C</td><td>1623 }
1654 }</td><td>4358</td><td>4700</td><td>—</td><td>—
0,33</td></tr>
<tr><td>Heptadien-2,4</td><td>C–C=C–C=C–C–C</td><td>1654 }
1663 }</td><td>4358</td><td>7600</td><td>—</td><td>0,34</td></tr>
<tr><td>Alloocimen</td><td>C–C=C–C=C–C=C–C
   | |
   C   C</td><td>
1628 }
1649 }</td><td>5461

4358
4047
3663</td><td>15800
183000
—
—
1490000</td><td>1
4,45
—
—
16,7</td><td>0,41
0,38
0,43
0,40
0,40</td></tr>
</table>

(C ist eine von den experimentellen Bedingungen abhängige Konstante.) Diese Werte sind ebenfalls in Tab. 25 angeführt. Aus ihnen ist ersichtlich, daß die Konjugation zu einer enormen Vergrößerung von g^2 führt. Das läßt sich leicht damit erklären, daß in Verbindungen mit konjugierten Bindungen als charakteristisches Strukturelement der Komplex C=C–C=C auftritt, der gegenüber der Doppelbindung C=C stark gestreckt ist. In Alloocimen, das drei konjugierte Bindungen enthält, wird die Anisotropie noch größer.

Die Spur b wächst bei Konjugation von Doppelbindungen ebenfalls. Den Werten aus Tab. 25 entsprechend kann man in erster Näherung annehmen, daß bei der Konjugation offenbar eine Art „Addition" der Spuren der Doppelbindungen stattfindet. Es sei daran erinnert, daß sich beim Fehlen von Konjugation die Quadrate der Spuren b^2 addieren, was einer Additivität der Intensitäten gleichkommt.

Unter der Voraussetzung, daß die vergleichbaren Tensoren α' für die Strukturelemente C=C und C=C–C=C axiale Symmetrie haben, lassen sich die Verlängerungskoeffizienten der Tensorenachsen beim Übergang von einem charakteristischen Strukturelement zum anderen bestimmen. Die zum Vergleich notwendigen Formeln können der Arbeit [177] entnommen werden. Für den Übergang von

Tabelle 25

Invariante des Tensors der Ableitungen der Polarisierbarkeit für ungesättigte Kohlenwasserstoffe mit isolierten und konjugierten Doppelbindungen

Substanz	Charakteristisches Strukturelement	I_{kor}	ϱ	b	g
2-Methylpenten-2	C=C	390	0,12	1	1
Diallyl	C=C	325[1])	0,14		
Dipropenyl	C=C—C=C	1440	0,34	1,6	3,5
Alloocimen	C=C—C=C—C=C	6700	0,40	3,1	7,9

[1]) auf eine C=C-Bindung bezogen

Alkenen zu Alkadienen mit konjugierten Bindungen wurde das folgende Verhältnis der Ellipsoidachsen gefunden [177]:

$$\frac{(a_1)_2}{(a_1)_1} = 3{,}5; \quad \frac{(a_2)_2}{(a_2)_1} = 0{,}9. \tag{13.2}$$

Hier sind $(a_1)_2$ und $(a_1)_1$ die Längs-, $(a_2)_1 = (a_3)_1$ und $(a_2)_2 = (a_3)_2$ die Querachsen der den Strukturelementen C=C—C=C und C=C entsprechenden Ellipsoide. Das Ellipsoid der Polarisierbarkeitsableitungen ist also für das erste Element gegenüber der Bindung C=C stark auseinandergezogen. Analoge Folgerungen werden in [176, 179] erhalten, in denen kompliziertere Verbindungen untersucht wurden.

2. *Konjugation in komplizierten Systemen*

Die Konjugation in komplizierten Molekülen mit Benzolringen, Nitrogruppen usw. wurde in zahlreichen Arbeiten [171—184] untersucht. Wir betrachten einige Angaben, die in jüngster Zeit Bobowitsch und Mitarbeiter mit streng quantitativen Methoden erhalten haben [180—184].

Eine Gegenüberstellung der in Tab. 26 enthaltenen Daten gestattet, den Einfluß der Molekülstruktur und des Konjugationscharakters auf die Intensität der Raman-Linien zu verfolgen. So hat z. B. für die einfachste Nitroverbindung, das Nitromethan (I), die Intensität der totalsymmetrischen Valenzschwingung der Nitrogruppe einen Wert von 0,02[1]). In Verbindung II mit Konjugation der NO_2-Gruppe zur C=C-Bindung wächst die Intensität dieser Schwingung auf 0,33 an. In Verbindung III kommt eine Konjugation mit dem Benzolring hinzu; die Intensität erhöht sich auf 5,5. Schließlich vergrößert sich die Intensität in Verbindung V auf 45. In Verbindung IX, in der neben zwei C=C-Bindungen auch ein fünfgliedriger Furanring an der Konjugation beteiligt ist, erreicht die Intensität einen Wert von 255.

Noch stärker wirkt sich die Konjugation auf die Intensität der asymmetrischen Schwingung des Benzolringes aus. Vergleicht man die Verbindungen III, V, VIII

[1]) Bobowitsch benutzt ein System von Einheiten, in dem die Intensität der Azetonlinie 1710 cm^{-1} gleich 0,01 gesetzt ist.

Tabelle 26

Intensitäten in den Spektren konjugierter Systeme[1]) (*nach* [*180—184*])

	Verbindung	Schwingungen der Nitrogruppe		Schwingungen des Benzolringes	Schwingungen der Bindung C=C
		totalsymmetrische	antisymmetrische		
I	CH_3NO_2	1380—1400 (0,02)	1500 (0,003)	—	—
II	$CH_3CH_2CH_2CH{=}CH{-}NO_2$	1340 (0,33)	—	—	1650 (0,125)
III	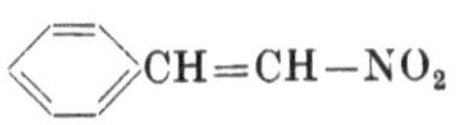	1320 (5,5)	—	1580 (2,4)	1630 (4,3)
IV	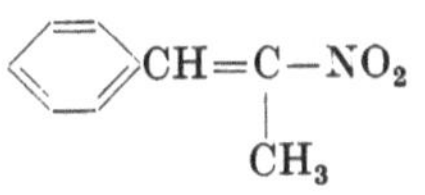	1325 (4,2)	—	1600 (1,3)	1660 (2,3)
V	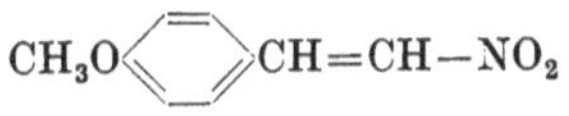	1325 (45)	1500 (3,7)	1600 (19)	1625 (10)
VI	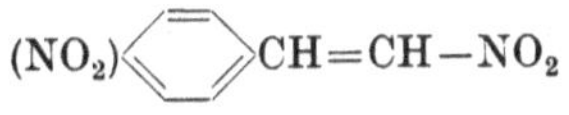	1335 (3,5)	—	1590 (3,5)	1630 (3,5)
VII	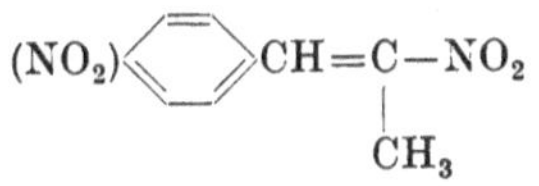	1345 (2,8)	—	1600 (3)	1655 (3)
VIII	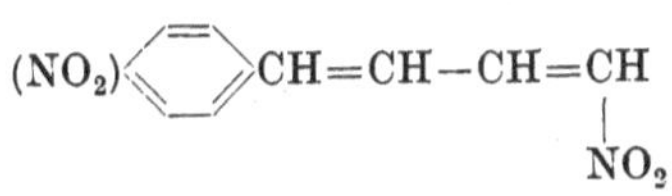	1340 (25)	—	1590 (30)	1630 (20)
IX		1335 (255)	—	—	1620 (95)
X	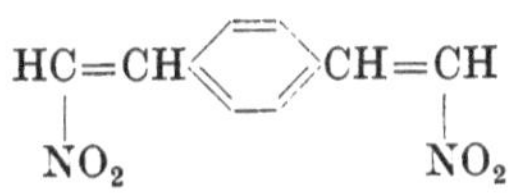	1335 (16,8)	1510 (2,5)	1600 (50)	1625 (18)
XI	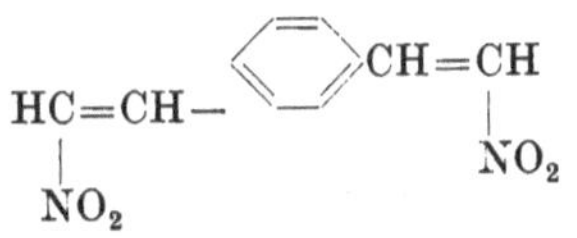	1340 (8)	1510 (1)	1595 (3,5)	1630 (5,4)

[1]) In den Klammern stehen die auf eine C=C-Bindung und eine NO_2-Gruppe bezogenen Intensitäten.

und X, so ist ersichtlich, daß sich die Intensität der Linie 1340 cm^{-1} um den Faktor 8, die Intensität der Linie 1600 cm^{-1} um den Faktor 20 in dieser Verbindungsreihe ändert. Die Intensität der ersten Linie ist in Verbindung V maximal, die der zweiten in Verbindung X. Die Intensität der Schwingung der C=C-Bindung erreicht ihr Maximum in der Verbindung VIII. Der Konjugationseffekt hängt also in recht komplizierter Weise mit der Molekülstruktur zusammen, wobei es für jeden Bindungstyp entsprechende Besonderheiten gibt.

Es ist von Interesse, den Einfluß von symmetrisch orientierten Gruppen und Bindungen im Molekül auf die Raman-Intensitäten zu untersuchen. Ein Vergleich der Spektren von Verbindung III und X zeigt, daß die Intensität in solchen Molekülen ansteigt. Im Falle nichtsymmetrischer Dinitroderivate nimmt die Intensität der Schwingungen des Benzolringes und der C=C-Bindung zu, die Intensität der Schwingung der Nitrogruppe dagegen ab, wie man einem Vergleich der Spektren der Verbindungen VI und VII mit den Spektren III und IV entnehmen kann. Beim Übergang von den Para- zu den Metaderivaten (die Verbindungen X und XI) nimmt die Intensität ab, was sich besonders deutlich an den Ringschwingungen zeigt. Eine analoge Erscheinung ist in den aromatischen Verbindungen zu beobachten [171].

Auffällig ist die sehr starke Linienintensität im Spektrum der Verbindung IX, in der der Benzolring durch einen Furanring ersetzt ist. Hieraus kann man schließen, daß der Furanring bedeutend weniger „aromatisch" ist, d. h., man kann ihn als ein System aus zwei Doppelbindungen ansehen. (Umfangreiche Daten über die Spektren der Furanverbindungen findet man in der Arbeit von Eidus [183].)

3. *Zusammenhang zwischen spektralen Eigenschaften und Reaktionsfähigkeit einiger aromatischer Verbindungen*

Für Reaktionen mit aromatischen Derivaten wurde von Hammet [185] eine universelle Beziehung aufgestellt, die die Art des Substituenten X in den Para- oder Metastellungen des Benzolringes mit der Reaktionsfähigkeit der Seitenkette Y verknüpft. Diese Beziehung lautet

$$\lg K - \lg K_0 = \varrho\sigma. \tag{13.3}$$

K und K_0 sind die Reaktionsgeschwindigkeitskonstanten der substituierten bzw. nichtsubstituierten (Standard-) Verbindungen, ϱ ist eine den Reaktionstyp, die Reaktionsbedingungen und die Eigenschaften der Seitenkette Y charakterisierende Konstante und σ die Hammet-Konstante. In der Regel ist diese Konstante lediglich eine Funktion der Natur und Stellung des Substituenten X. Die Hammet-Konstante kann als Maß für den Einfluß des Substituenten auf die Aktivierungsenergie für die Reaktion der Standardverbindung dienen [185, 186].

Von großem Interesse sind Korrelationen zwischen den Molekülspektren und den Reaktionsfähigkeiten der Verbindungen. Dieses Problem wird in einer Reihe von Arbeiten behandelt [187—192]. Für Infrarotspektren ist es gelungen, einen Zusammenhang zwischen der Frequenz und dem Logarithmus der Linienintensität einerseits und der Hammet-Konstanten andererseits herzustellen [193, 194]. Wie von Bobowitsch gezeigt wurde, existieren analoge Beziehungen auch für die Raman-Spektren [184, 195].

In Abb. 41a ist der Verlauf der Intensität der den totalsymmetrischen Valenzschwingungen der Nitrogruppe in aromatischen Nitroverbindungen entsprechenden RAMAN-Linien in Abhängigkeit von der HAMMET-Konstante für Substituenten des Benzolringes in Para- bzw. Metastellung dargestellt. Die untersuchten Substanzen wurden in Azeton gelöst. Wie man sieht, ist die Beziehung zwischen Logarithmus der Intensität und HAMMET-Konstante linear. Dabei entspricht die untere Gerade Verbindungen mit elektropositiven Substituenten, die obere Verbindungen mit elektronegativen. Eine analoge Abhängigkeit beobachtet man auch für die Linienintensitäten der antisymmetrischen Schwingungen des Benzolringes bei Parasubstitution (Abb. 41b).

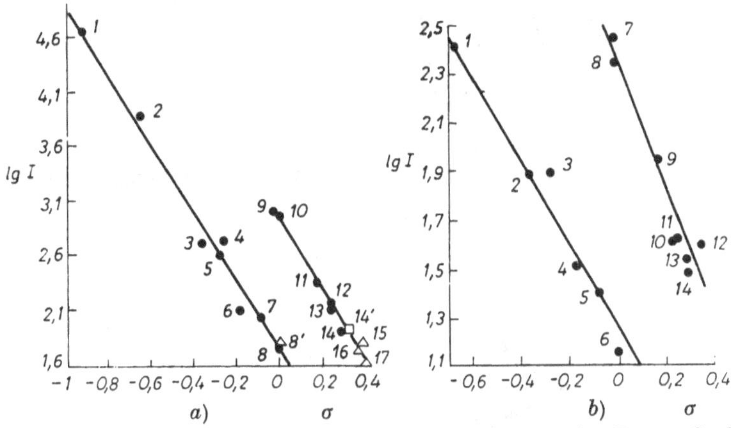

Abb. 41: Zusammenhang zwischen der Linienintensität in den RAMAN-Spektren und den HAMMET-Konstanten: *a*) für die totalsymmetrische Schwingung der Nitrogruppe; *b*) für die antisymmetrische Schwingung des Benzolringes.

Substituenten *X*: *1* – $N(CH_3)$; *2* – NH_2; *3* – OH; *4* – OC_2H_5; *5* – OCH_3; *6* – CH_3; *7* – CH_2COOH; *8* – H; *9* – $NHCCH_3$; *10* – C_6H_5; *11* – J; *12* – Br; *13* – Cl; *14* – COOH; *15* – CHO; *16* – COCl. Die Substituenten in Metastellung sind durch einen Strich gekennzeichnet (nach Angaben von BOBOWITSCH).

§ 14. Rotationsisomerie und Torsionsschwingungen

1. *Schwingungsspektren und Rotationsisomerie*

In den vorangegangenen Paragraphen wurde bereits darauf hingewiesen, daß aus Schwingungsspektrenanalysen nicht nur Rückschlüsse über den chemischen Bau, sondern auch über die geometrische Konfiguration der Moleküle gezogen werden können. Eine besonders breite Anwendung finden die Schwingungsspektren bei der Untersuchung der Rotationsisomerie. Es sei übrigens daran erinnert, daß KOHLRAUSCH erstmalig die Existenz von Rotationsisomeren gerade mit Hilfe der RAMAN-Spektroskopie nachweisen konnte [196].

Bekanntlich ist die Drehung eines Molekülteils bezüglich eines anderen um eine innere chemische Bindung im allgemeinen mit der Änderung der potentiellen Energie U des Systems verbunden. Stellt man die potentielle Energie U als Funktion des Drehwinkels φ dar, so wird die resultierende Kurve eine Reihe von Maxima und Minima aufweisen (Abb. 42). Die Minima entsprechen den stabilsten Molekülkonfigurationen, die schematisch in Abb. 43 wiedergegeben sind.

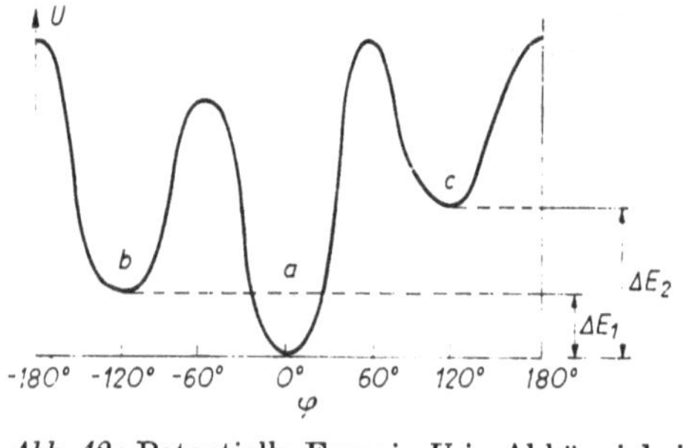

Abb. 42: Potentielle Energie U in Abhängigkeit vom Drehwinkel.

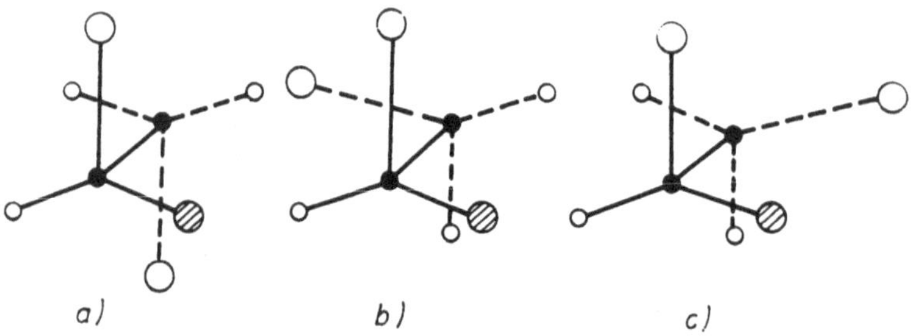

Abb. 43: Stabile Konfigurationen von Rotationsisomeren. Die Isomere *a*), *b*) und *c*) entsprechen den Minima der potentiellen Energie in Abb. 42.

Wesentliche Bedeutung für das Verhalten des Moleküls besitzt die Höhe der Potentialbarriere (Differenz zwischen benachbartem Maximum und Minimum) und die Energiedifferenz ΔE zwischen zwei verschiedenen Minima. In Abhängigkeit vom Verhältnis dieser Größen und dem Wert kT, der die Energie der Wärmebewegung des Moleküls kennzeichnet, lassen sich drei Fälle unterscheiden:

1. Sind alle Potentialbarrieren groß im Vergleich zu kT, dann gibt es keine Übergänge zwischen den einzelnen stabilen Konfigurationen des Moleküls. Dementsprechend kann man die einzelnen Rotationsisomere voneinander trennen. Als Beispiel einer solchen Isomerie seien die cis- und trans-Isomere der Naphthene und ungesättigten Kohlenwasserstoffe genannt.

2. Ist die Höhe der Barriere vergleichbar mit kT, sind genügend schnelle Übergänge zwischen den stabilen Konfigurationen möglich. Es stellt sich ein dynami-

sches Gleichgewicht zwischen den einzelnen, nicht voneinander zu trennenden Rotationsisomeren ein. Typische Beispiele für eine solche Isomerie sind Moleküle, die aus Äthan durch Substitution einiger einwertiger Atome (z. B. Cl, F, Br) oder Radikale (z. B. CH_3) erhalten werden. In solchen Molekülen beobachtet man eine behinderte Rotation um die C—C-Bindung.

3. Ist die Variation von U klein gegen kT, so liegt eine nahezu freie Rotation vor.

Von besonderem Interesse ist die RAMAN-spektroskopische Untersuchung derjenigen Rotationsisomere, die nicht getrennt und mit herkömmlichen Methoden untersucht werden können (Fall 2.). Das Problem der Rotationsisomerie ist von großer Wichtigkeit für die Untersuchung thermodynamischer Eigenschaften der Moleküle, die Theorie der Makromoleküle [197, 198] sowie für einige mit Reaktionsgeschwindigkeit und Reaktionsmechanismus zusammenhängenden Fragen. Die Rotationsbehinderung bedingen hauptsächlich Kräfte, die zwischen chemisch nicht gebundenen Atomen bzw. Gruppen wirken. Demzufolge eröffnen Rotationsisomerieuntersuchungen Wege, die Natur dieser Kräfte aufzuklären.

Die Existenz von Rotationsisomeren einer gegebenen Substanz läßt sich dadurch nachweisen, daß man das gemessene RAMAN-Spektrum mit dem theoretisch zu erwartenden vergleicht. Jedes Isomer besitzt sein eigenes RAMAN-Spektrum.

Tabelle 27

Schwingungsfrequenzen von Rotationsisomeren des 1,2-Dichloräthanmoleküls

trans-Form				verdrehte trans-Form			
Symmetrie	$\nu_{berechn}$	ν_{exp}		Symmetrie	$\nu_{berechn}$	ν_{exp}	
		RAMAN	IR			RAMAN	IR
A_g	330	302 (1 *p*)	—	A	230	263 (2 *p*)	—
	775	754 (15 *p*)	—		675	654 (10 *p*)	656 (*st*)
	1055	1052 (1 *p*)	—		970	940 (2 *p*)	940 (*m*)
	1300	1302 (3 *p*)	—		1055	1031 (1)	1015 (*s*)
	1430	1429 (3 *dp*)	—		1275	1302 (3 *p*)	—
					1440	1440 (0,5 *dp*)	1400
B_g	985	989 (1)	—				
	1270	1262 (1 *dp*)	—	B	460	411 (3 *dp*)	—
					705	675 (3 *dp*)	676 (*st*)
B_u	320	—	—		800	880 (1 *dp*)	878 (*m*)
	765		707 (*st*)		1175	1144 (0,5 *dp*)	—
	1260	—	1243 (*s*)		1235	1206 (2 *dp*)	—
	1450	—	1400		1375	1393 (0,5)	—
					1450	1440 (0,5 *dp*)	1400
A_u	730	—	759 (*s*)				
	1150	—	1092 (*s*)				

Anmerkung: $\nu_{berechn}$ nach [80], ν_{exp} nach [199, 200]. In den Klammern stehen die visuell abgeschätzten Linienintensitäten; die Buchstaben haben folgende Bedeutung: *p* — polarisiert, *dp* — depolarisiert, *st* — stark, *m* — mittel, *s* — schwach.

Freilich fallen die Frequenzen vieler Linien zusammen, und die betreffenden Linien überlagern sich. Nichtsdestoweniger beobachtet man eine Anzahl von Linien, deren Frequenzen sich deutlich unterscheiden. Dementsprechend sind in einem bestimmten Spektrenbereich mehr Linien vorhanden als theoretisch zu erwarten sind. Das deutet auf das Vorhandensein von zwei oder mehreren Rotationsisomeren hin. Ein klassisches Beispiel für die Rotationsisomerie eines Moleküls ist 1,2-Dichloräthan, dessen RAMAN-Spektrum in Tab. 27 wiedergegeben ist; in Abb. 44 sind die Rotationsisomere dieser Verbindung schematisch dargestellt.

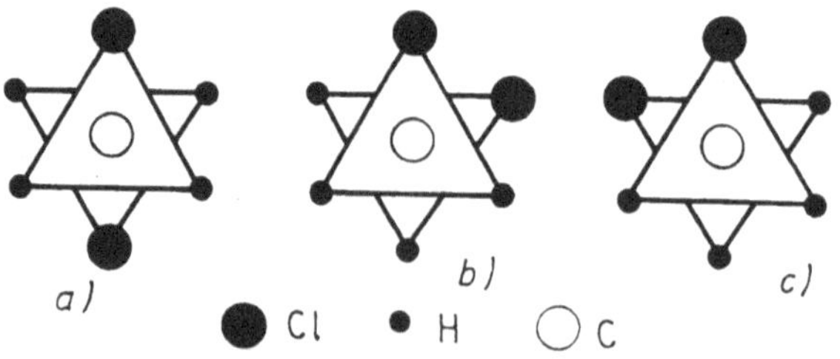

Abb. 44: Rotationsisomere von 1, 2-Dichloräthan: *a*) trans-Form; *b*) und *c*) verdrehte Formen.

Schwieriger ist die Frage zu entscheiden, welche der möglichen Rotationsisomere nun tatsächlich in der untersuchten Substanz vorhanden und wie die beobachteten RAMAN-Linien den einzelnen Isomeren zuzuordnen sind. Von wesentlicher Bedeutung bei der Beantwortung solcher Fragen ist die Untersuchung der RAMAN-Spektren bei verschiedenen Temperaturen. In Abhängigkeit von der Temperatur ändern sich die Gleichgewichtsbedingungen und damit die relativen Konzentrationen der Rotationsisomere. In erster Näherung kann man annehmen, daß die Intensität I_i der RAMAN-Linien proportional ist der Konzentration N_i der Rotationsisomere, denen diese Linien entsprechen (mögliche Verletzungen dieser Annahme werden in § 18 behandelt). Dann gilt

$$\frac{I_1}{I_2} = K\frac{N_1}{N_2} = K\frac{g_1 \prod f_1}{g_2 \prod f_2} e^{-\Delta E/RT}, \tag{14.1}$$

wobei $\prod f_1$ und $\prod f_2$ die Produkte der Zustandssummen für das erste und zweite Isomer sind; g_1 und g_2 sind die entsprechenden statistischen Gewichte; ΔE ist die Differenz der inneren Energien der Rotationsisomere und K eine von den Eigenschaften der interessierenden Linien abhängige Konstante. Gewöhnlich kann man annehmen, daß der Faktor vor der Exponentialfunktion in (14.1) nicht temperaturabhängig ist. Vergleicht man die Intensitätsverhältnisse bei zwei verschiedenen Temperaturen T_1 und T_2, so kann die Energiedifferenz der Isomere nach der Formel

$$\frac{(I_1/I_2)_{T_2}}{(I_1/I_2)_{T_1}} = \exp\left[\frac{\Delta E}{R}\left(\frac{1}{T_1} - \frac{1}{T_2}\right)\right] \tag{14.2}$$

gefunden werden. Nach dieser Methode wurden die Energiedifferenzen für die Rotationsisomere einer großen Zahl von Molekülen bestimmt. Eine Zusammenstellung der erhaltenen Daten findet man in [201, 202]. SOSINSKIJ [203] wendet die beschriebene Methode an, um die zwischenmolekularen Wechselwirkungen von 1,2-Dichloräthan in verschiedenen Lösungsmitteln zu untersuchen.

Bei Kristallisation aus der flüssigen Phase bleibt oft nur das unter diesen Bedingungen stabilste Rotationsisomer übrig, wodurch das RAMAN-Spektrum wesentlich vereinfacht wird (es bleiben die Linien eines einzigen Isomers erhalten).[1]) Als Beispiel sind in Abb. 45 die Spektren von n-Butan für verschiedene Temperaturen dargestellt (nach [204]). Die reale geometrische Konfiguration des in der festen Phase stabilen Isomers läßt sich mit Röntgenstrukturanalysen oder anderen Methoden ermitteln. Wenn das bestreffende Isomer bestimmte Symmetrieeigenschaften besitzt, dann kann seine geometrische Konfiguration ziemlich leicht nach dem Schwingungsspektrum bestimmt werden (siehe § 9). Im Falle der normalen Paraffine ist z. B. die ebene, gespreizte Zickzack-Kette (trans-Konfiguration) in der festen Phase am stabilsten. Abb. 46 zeigt die verschiedenen möglichen Isomere des einfachsten Paraffins mit Rotationsisomeren, des normalen Butans. Frequenzberechnungen für verschiedene Isomere [80, 100] sprechen zugunsten der trans-Konfiguration als der in der festen Phase stabilen.

Die Berechnung der Schwingungsfrequenzen für verschiedene Modelle von Rotationsisomeren gestattet auch die schwierigere Frage nach der realen geometrischen Konfiguration der in der flüssigen oder gasförmigen Phase gleichzeitig

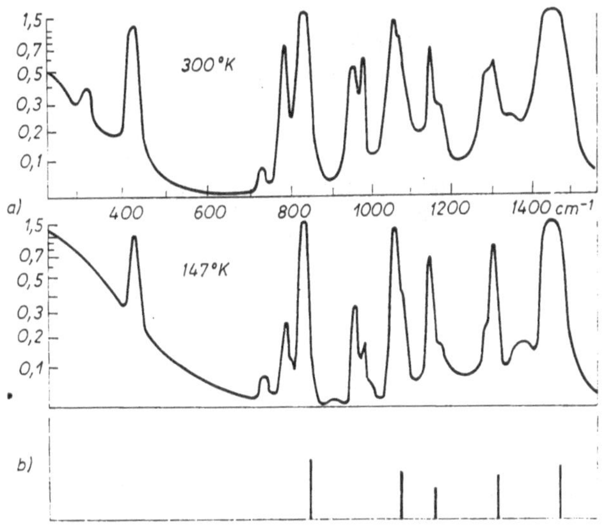

Abb. 45: Spektren von n-Butan bei verschiedenen Temperaturen: *a*) Flüssigkeit; *b*) fester Zustand (schematisch).

[1]) In einer Reihe von Fällen wird das Kristallspektrum wegen besonderer Bedingungen, unter denen die zu einer Elementarzelle gehörenden Moleküle schwingen, komplizierter (siehe Kap. 3.).

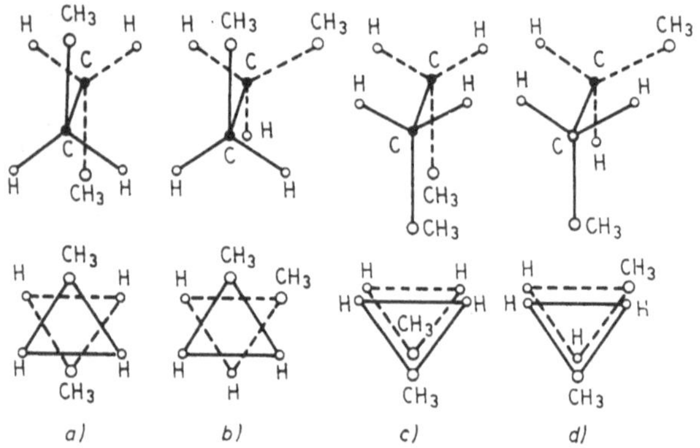

Abb. 46: Verschiedene Rotationsisomere von n-Butan: *a*) „Normalform" ($\varphi = 0$); *b*) „verdrehtes" trans-Isomer ($\varphi = 120°$); *c*) ebenes cis-Isomer ($\varphi = 180°$); *d*) „verdrehtes" cis-Isomer ($\varphi = 60°$), oben allgemeine Ansicht, unten Projektion auf die zur C—C-Achse senkrechten Fläche.

auftretenden Isomere zu entscheiden. Systematische Rechnungen wurden von uns für die n-Butan- und 2,3-Dimethylbutan-Moleküle [205, 206] durchgeführt, wobei nicht nur die Frequenzen der ebenen und verdrehten trans-Konfiguration, sondern auch der cis-Konfigurationen berechnet wurden, die aus allgemeinen Überlegungen instabil sein müßten. Aus den Rechnungen kann die Abhängigkeit der wichtigsten charakteristischen Frequenzen vom Drehwinkel φ ermittelt werden. Als Beispiel sind in Tab. 28 die Ergebnisse der numerischen Rechnung für einige Frequenzen des 2,3-Dimethylbutans angeführt. Aus dem Vergleich mit den experimentellen Daten kann man schließen, daß eines der Isomere mit Bestimmtheit von symmetrischer trans-Konfiguration ist ($\varphi = 0$). Ein zweites in der flüssigen Phase auftretendes Isomer hat anscheinend eine Konfiguration, die eine Zwischenstellung zwischen verdrehter trans- und symmetrischer cis-Konfiguration einnimmt. Dieser Konfiguration entspricht ein Drehwinkel von $120 < \varphi < 180°$. Bei größerer Genauigkeit kann mit dieser Methode die Lage der Minima der Kurve $U(\varphi)$ bestimmt werden (siehe Abb. 42), deren Kenntnis zweifellos von großem Interesse ist.

Tabelle 28

Frequenzverschiebung bei Rotationsisomerie des 2,3-Dimethylbutans

Frequenz (trans-Isomer)	$\Delta_{berechn}$ [cm^{-1}]				Δ_{exp} [cm^{-1}]
	$\varphi = 0°$	$\varphi = 60°$	$\varphi = 120°$	$\varphi = 180°$	
432	0	−136	−109	0	−53
505	0	3	−8	−106	−26
756	0	2	−10	−22	−28
1151	0	−69	−110	−118	−117

Anmerkung: $\varphi = 0$-trans-Isomer; $\varphi = 60°$-verdrehtes cis-Isomer; $\varphi = 120°$-verdrehtes trans-Isomer: $\varphi = 180°$-cis-Isomer (siehe Abb. 46)

2. *Torsionsschwingungen in Raman-Spektren*

Die Entstehung der die Drehung der Atomgruppen im Molekül behindernden Potentialbarriere ist noch nicht vollständig aufgeklärt. Die Höhe der Barriere der inneren Rotation ist klein, verglichen mit anderen Energiearten des Moleküls. Eine theoretische Berechnung mit hinreichender Genauigkeit ist daher äußerst schwierig. Bisher wurde nur für Äthan, dem einfachsten Molekül mit innerer Rotation, der Versuch unternommen, die Barrieren streng quantenmechanisch zu berechnen. Die Resultate dieser Rechnungen sind nicht befriedigend [207 bis 209]. Mehrfach wurde versucht, die einfachere Theorie der elektrostatischen Wechselwirkung zwischen den Bindungen zur Erklärung der Potentialbarrieren der inneren Rotation heranzuziehen [210—212]. Eine Zeitlang schien es, daß die Theorie von LASSETRE und DEAN [210], wo diese Wechselwirkung auf die Wechselwirkung der Dipol- und Quadrupolmomente der Bindungen zurückgeführt wird, eine befriedigende Lösung des Problems liefert. In der Folge stellte sich aber heraus, daß die aus der Theorie von LASSETRE und DEAN folgenden Werte für die Quadrupolmomente der Bindungen eindeutig zu hoch gegenüber den experimentellen, mit der Mikrowellenspektroskopie ermittelten Werten liegen.

In einer Reihe von Arbeiten wird die Wechselwirkung chemisch nicht gebundener Atome und Atomgruppen durch die experimentell abgeschätzte Wechselwirkung isoelektrischer bzw. freier Atome und Moleküle [213—215] ersetzt. Auf diesem Wege gelingt es nicht, die Entstehung und Höhe der Potentialbarriere vollständig zu erklären. MASON und KREEVOY [213] konnten z. B. zeigen, daß die VAN DER WAALS-Wechselwirkung chemisch nicht gebundener Atome nur etwa die Hälfte der die innere Rotation behindernden Potentialbarriere liefert.

Wegen der Unzulänglichkeiten der Berechnungen, die auf allgemeinen physikalischen Vorstellungen über die Art der die innere Rotation behindernden Kräfte im Molekül beruhen, wurde in einer Reihe von Arbeiten versucht, einfache halbempirische Methoden zur Bestimmung der Potentialbarrieren zu verwenden. Diesen Methoden liegt die Annahme zugrunde, daß die Höhe der Potentialbarriere übereinstimmt mit der Differenz der Abstoßungsenergien zweier rotierender Molekülteile bei maximaler und minimaler Abstoßung. Bei n-Butan ist dies z. B. die Differenz zwischen den Abstoßungsenergien der trans- und cis-Isomere (siehe Abb. 46). Unter Verwendung experimenteller Werte für die Barrieren einiger einfacher Moleküle ist es möglich, die Potentialbarrieren relativ komplizierter Moleküle mit hinreichender Genauigkeit zu berechnen [216—221].

In diesem Zusammenhang gewinnt die Möglichkeit, daß man die Potentialbarrieren experimentell aus den Frequenzen der in den RAMAN-Spektren auftretenden Torsionsschwingungen bestimmen kann, an Bedeutung. Dabei geht man wie folgt vor (siehe [80], Kap. 28, [220—223]).

Betrachten wir eine Bindung, um die eine innere Rotation erfolgt. Die Wechselwirkung zwischen den nicht entlang der Bindungsachse gelegenen Atomen bewirkt, daß sich bei einigen bestimmten Werten des Drehwinkels φ stabile Stellungen ergeben. Die Zylindersymmetrie der betrachteten Drehachse (die VAN'T HOFF angenommen hat) wird aufgehoben; die Drehachse wird zu einer Achse endlicher Ordnung C_n. Dementsprechend kann die potentielle Energie des Moleküls als eine periodische Funktion mit der Periode $2\pi/n$ angesehen werden. In erster Näherung kann man schreiben

$$U(\varphi) = \frac{1}{2} U_0(1 - \cos n\varphi), \tag{14.3}$$

wobei U_0 die Höhe der Potentialbarriere ist. Am wichtigsten ist der Fall einer Drehachse mit der Symmetrie C_{3v}:

$$U(\varphi) = \frac{1}{2} U_0(1 - \cos 3\varphi). \tag{14.4}$$

Die Untersuchungen von FATELEY und MILLER im fernen Infrarot [224] zeigten, daß für die Torsionsschwingungen der Methylgruppen die Potentialfunktion selbst bei einem unsymmetrischen Molekülgerüst nur geringfügig von dem Ausdruck (14.4) abweicht. Schreibt man z. B. die Potentialfunktion des Chloräthanmoleküls $CH_2Cl—CH_3$ in der Form

$$U(\varphi) = \frac{1}{2} U_0(1 - \cos 3\varphi) + \frac{1}{2} U'(1 - \cos 6\varphi), \tag{14.5}$$

dann beträgt der Beitrag des Terms mit U' nicht mehr als 3% vom ersten Term. Es sei bemerkt, daß der zweite Term keine Auswirkung auf die Höhe der Potentialbarriere hat, sondern lediglich ihre Form beeinflußt. Dementsprechend werden wir im folgenden den einfachen Ausdruck (14.4) benutzen (eine ausführlichere Darstellung der Theorie ist in [80], Kap. 28 zu finden).

Sind die geometrischen Parameter der rotierenden Gruppe und des Molekülgerüstes sowie die Potentialfunktion $U(\varphi)$ bekannt, so kann man an die quantenmechanische Lösung des Problems der inneren Rotation gehen. Nach Substitution der Potentialfunktion (14.4) in der SCHRÖDINGER-Gleichung für den eindimensionalen Rotator erhält man eine Gleichung von MATHIEUschem Typ:

$$\frac{d^2\psi}{dx^2} + (\lambda + q \cos 2x)\,\psi = 0, \tag{14.6}$$

wobei λ und q Funktionen der Molekülparameter und der Höhe der Potentialbarriere sind. Die Eigenwerte der MATHIEUschen Gleichungen sind tabelliert [225]; die Tabellen enthalten die Größen

$$\Delta b = \frac{\nu}{2{,}25F}, \qquad F = \frac{\hbar^2}{2\mathcal{I}_{\text{red}}} \tag{14.7}$$

mit ν als der Frequenz der Torsionsschwingungen und $\mathcal{I}_{\text{red}}$ als dem reduzierten Trägheitsmoment der rotierenden Gruppen. Aus Δb läßt sich nach Tabellen der Parameter S bestimmen, der unmittelbar mit der Höhe der Potentialbarriere durch die Beziehung

$$U_0 = 2{,}25F \cdot S \tag{14.8}$$

verknüpft ist.

Bei hoher Potentialkurve U_0 ist der Drehwinkel φ klein und wir können $\cos 3\varphi$ in eine Reihe entwickeln. Behält man nur die Glieder bis zu den quadratischen bei, so reduziert sich die Potentialfunktion (14.4) auf eine Parabel, d. h., die Torsionsschwingungen werden durch die Gleichung der harmonischen Schwingungen beschrieben. Die Beziehung zwischen der Höhe der Potentialbarriere U_0 und der Frequenz der Torsionsschwingungen nimmt hierbei die einfache Gestalt

$$\nu[\mathrm{cm}^{-1}] = \frac{3}{2\pi c} \sqrt{\frac{U_0}{2\mathscr{I}_{\mathrm{red}}}} \tag{14.9}$$

an.

Die angegebenen Formeln zeigen, daß man für die Rechnungen die reduzierten Trägheitsmomente $\mathscr{I}_{\mathrm{red}}$ benötigt. Besteht das Molekül aus einem bestimmten Gerüst und einer rotierenden Gruppe vom symmetrischen Kreiseltyp, so ergibt sich das reduzierte Trägheitsmoment aus der Crawford-Formel [226]:

$$\mathscr{I}_{\mathrm{red}} = \mathscr{I}_{\varphi} \left[1 - \mathscr{I}_{\varphi} \sum_j \frac{\lambda_j^2}{\mathscr{I}_j} \right] \tag{14.10}$$

mit $j = 1, 2, 3$; $\mathscr{I}_j$ sind die Hauptträgheitsmomente des ganzen Moleküls und λ_j die Richtungskosinus der von der Kreiselachse mit den Hauptträgheitsachsen gebildeten Winkel; $\mathscr{I}_{\varphi}$ ist das Trägheitsmoment des Kreisels bezogen auf die Drehachse.

Im Falle von zwei asymmetrischen rotierenden Gruppen läßt sich das reduzierte Trägheitsmoment mit hinreichender Genauigkeit nach der von Sirnit [220, 227] vorgeschlagenen Formel

$$\mathscr{I}_{\mathrm{red}} = \frac{\mathscr{I}_1 \mathscr{I}_2}{\mathscr{I}_1 + \mathscr{I}_2} \tag{14.11}$$

berechnen. Hierbei bezeichnen $\mathscr{I}_1$ und $\mathscr{I}_2$ die Trägheitsmomente der Gruppen bezüglich der Achse, die parallel zur Drehachse liegt und jeweils durch den Massenmittelpunkt der entsprechenden Gruppen geht. Sind mehrere symmetrische Rotationsgruppen vorhanden, so lassen sich die Torsionsschwingungen in Abhängigkeit von der Molekülsymmetrie in Symmetrierassen aufteilen. Den Torsionsschwingungen der verschiedenen Symmetrierassen entsprechen Linien, die sich in ihren Frequenzen etwas unterscheiden [228]. Jede Symmetrierasse der Torsionsschwingungen hat ein eigenes reduziertes Trägheitsmoment.

Die aus den Torsionsschwingungsfrequenzen ermittelten Potentialbarrieren können offensichtlich dazu verwendet werden, um die mit anderen Methoden gewonnenen Angaben wesentlich zu ergänzen und zu präzisieren. Die Torsionsschwingungsfrequenzen sind gewöhnlich nicht hoch, und die ihnen entsprechenden Raman-Linien liegen in der Nähe der Erregerlinie. Dieser Umstand erleichtert zwar die Zuordnung der beobachteten Linien zu den Torsionsschwingungen, macht aber die Untersuchung der Spektren bedeutend schwieriger, da die betreffenden Linien (in Flüssigkeiten) auf die Flanke der Rayleigh-Linie geraten. Außerdem macht sich der Lichthof der Erregerlinie u. ä. störend bemerkbar.

Praktisch lassen sich unter günstigen Bedingungen Linien mit Frequenzen von etwa 70—80 cm^{-1} feststellen [220]. Als Beispiel sind in Abb. 47 die Spektren von vier Methylbutanen schematisch dargestellt, die bezüglich der Torsionsschwingungen eine große Ähnlichkeit mit den Halogenderivaten des Äthans aufweisen (die Rolle des Halogenatoms spielt in den Methylbutanen die CH_3-Gruppe). Wie aus Abb. 47 ersichtlich ist, sind in den betrachteten Molekülen die niederfrequenten Linien recht weit von den anderen Linien entfernt, die den gewöhnlichen Deformationsschwingungen zugeordnet werden können. Die Zuordnung der Linien im Bereich 80—120 cm^{-1} zu den Torsionsschwingungen scheint deshalb vollauf begründet. In Tab. 29 sind die gemessenen Torsionsschwingungsfrequenzen und die auf ihrer Grundlage berechneten Werte der Potentialbarrieren angegeben. Die gefundenen Barrierenwerte stehen nicht im Widerspruch zu den vorhandenen

Tabelle 29

Torsionsschwingungsfrequenzen und Potentialbarrieren methylsubstituierter Butane

Substanz	ν [cm^{-1}]	$\mathcal{I}_{red}$ [amu·Å^2]	U [cal/Mol]
Isopentan	120	16,5	4500
2,2-Dimethylbutan	116	18,6	4700
2,3-Dimethylbutan	98	31,8	5800
2,2,3-Trimethylbutan	86	40,4	5600

thermodynamischen Daten [230, 231]. Für den komplizierteren Fall der Methylpentane sind die Daten in [220] zu finden.

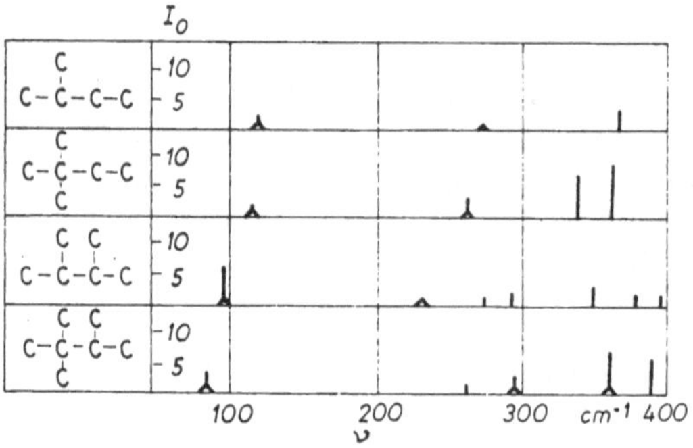

Abb. 47: Schema des niederfrequenten Raman-Spektrums von Methylbutanen [220, 229].

Das beschriebene direkte Verfahren zur Bestimmung der Höhe der Potentialbarriere aus den experimentell ermittelten Torsionsschwingungsfrequenzen wird dadurch erschwert, daß sich die beobachteten Linien nicht immer eindeutig diesem

Typ der inneren Molekülbewegung zuordnen lassen. In den niederfrequenten Spektrenbereich, in dem gewöhnlich die Torsionsschwingungsfrequenzen zu finden sind, können auch Frequenzen von Deformationsschwingungen des Moleküls gelangen. Die Genauigkeit der Frequenzberechnungen läßt gegenwärtig keine eindeutige Trennung der Deformations- und Torsionsschwingungen zu (in den vorliegenden Schwingungsberechnungen werden die Torsionsschwingungen gewöhnlich ausgeschlossen). In den niederfrequenten Spektrenbereich können darüber hinaus auch die Schwingungsfrequenzen einiger Komplexe gelangen, in erster Linie von Komplexen mit Wasserstoffbrückenbindungen (siehe § 17). Es müssen also wenigstens grobe Angaben über die Torsionsschwingungsfrequenz vorliegen, die eine vorläufige Spektreninterpretation erleichtern.

Hierzu berechnet man zweckmäßigerweise die Höhe der Barriere mit den beschriebenen halbempirischen Methoden. Wir illustrieren das am Beispiel der methylsubstituierten Cyclohexane [220, 221].

Bei den Kohlenwasserstoffverbindungen sind zwei Wechselwirkungsarten chemisch nicht gebundener Atome zu unterscheiden, die bei der Berechnung der Potentialbarrieren beachtet werden müssen, die Wechselwirkung H ... H und die Wechselwirkung H ... C. MAGNASCO [232] nimmt hierfür ein Abstoßungspotential mit der Form einer MORSE-Funktion an und berechnet die Abstoßung der Wasserstoffatome nach der Formel (r ist der Atomabstand)

$$U_0 = 923{,}2 \exp(-1{,}944r) - 1951 \exp(-2 \cdot 1{,}944r). \qquad (14.12)$$

Daneben wird auch die Existenz eines Abstoßungspotentials zwischen den C- und H-Atomen angenommen. Eine Überprüfung an einer Reihe von Substanzen, deren geometrische Parameter mit guter Genauigkeit bekannt sind und für die die Höhe der Potentialbarriere aus Mikrowellendaten (und einigen anderen) zuverlässig bestimmt wurde, ergab aber, daß die Berücksichtigung der Wechselwirkung zwischen den Atomen H und C zu überhöhten Barrierenwerten führt. Betrachtet man nur die H ... H-Wechselwirkung, jedoch auch die der weit voneinander entfernten Atome[1]), so stimmen die berechneten Werte für die Barriere mit den gemessenen mit einer Genauigkeit von $\pm 15\%$ überein. Es muß natürlich bemerkt werden, daß der Ausdruck (14.12) nur innerhalb eines begrenzten Intervalls von r richtig ist. Für kleine r ist die Funktion $U_0(r)$ streng genommen unbekannt.

Wie bereits in § 10 erwähnt wurde, treten im Cyclohexanmolekül zwei verschiedene C—H-Bindungen auf. Die einen liegen parallel zur Symmetrieachse des Ringes (axiale oder a-Bindungen), die anderen liegen nahezu in der „Ebene" des Ringes (äquatoriale oder e-Bindungen). Die substituierten Methylgruppen können sich ebenfalls entsprechend der Lage der ersetzten H-Atome in a- oder e-Stellungen befinden. Die einzige Methylgruppe im Methylcyclohexan befindet sich vorwiegend in Äquatorialstellung, da diese energetisch günstiger ist; in der a-Stellung stoßen sich die nahe liegenden Wasserstoffatome stark ab. In den Dimethylcyclohexanen können sich die Methylgruppen sowohl in der e- als auch in der a-Stellung befinden.

[1]) In der Arbeit [232] wird die Wechselwirkung nicht sehr weit voneinander entfernter Wasserstoffatome vernachlässigt.

Tabelle 30

Potentialbarrieren und Torsionsschwingungsfrequenzen der Cyclohexanderivate

Substanz	mögliche Stellung der CH_3-Gruppen	U_0 [cal/Mol]	ν_{berechn} [cm^{-1}]	ν_{exp} [cm^{-1}]
Methylcyclohexan	*e*	4000	240	237
1,1-Dimethylcyclohexan	*e, a*	4800	265	247
cis-1,2-Dimethylcyclohexan	*e, a*	2400	190	{181, 236}
cis-1,3-Dimethylcyclohexan	*e, e*	4000	240	278
trans-1,3-Dimethylcyclohexan	*e, a*	4000	240	257
cis-1,4-Dimethylcyclohexan	*e, a*	3700	230	256
trans-1,4-Dimethylcyclohexan	*e, e*	4000	240	258
cis-1,3,5-Trimethylcyclohexan	*e, e, e*	4000	240	253

Wegen der großen Annäherung der Wasserstoffatome der Methylgruppen in den *a*-Stellungen ist die Funktion (14.12) für sie nicht anwendbar. Deshalb wurden nur die Potentialbarrieren für die Äquatorialgruppen berechnet. Die erhaltenen Resultate U_0 und die auf ihrer Grundlage berechneten Torsionsschwingungsfrequenzen sind in Tab. 30 angeführt. Von den experimentellen Frequenzen im niederfrequenten Spektrenbereich sind die den theoretischen am nächsten liegenden angegeben. Wie man sieht, stimmen sie recht gut mit den berechneten Frequenzen überein. Lediglich bei cis-1,2-Dimethylcyclohexan beobachtet man im Bereich der berechneten Frequenz zwei experimentelle, so daß hier eine eindeutige Zuordnung zu den Torsionsschwingungen nicht möglich ist. Für die übrigen Substanzen lassen sich aus den experimentellen Frequenzen die Werte U_0 präzisieren.

Wir bemerken, daß die Verbindungen cis-1,3-Dimethylcyclohexan, trans-1,4-Dimethylcyclohexan und cis-1,3,5-Trimethylcyclohexan mehrere Methylgruppen in *e*-Stellung besitzen. Im Prinzip können demnach mehrere Torsionsschwingungsfrequenzen auftreten. In den letzten beiden Verbindungen ist aber wegen der Auswahlregeln nur eine Linie im Raman-Effekt erlaubt. Für cis-1,3-Dimethylcyclohexan müssen die beiden erlaubten Linien wegen der schwachen Wechselwirkung der Torsionsschwingungen mit den anderen Normalschwingungen fast die gleiche Frequenz haben, so daß sie wahrscheinlich mit der beobachteten Linie 278 cm^{-1} zusammenfallen.

Es ist zu bemerken, daß für eine Reihe von Verbindungen die berechneten Werte U_0 zusammenfallen (siehe Tab. 30). Daher ist zu erwarten, daß die Torsionsschwingungsfrequenzen für diese Substanzen dicht beieinander liegen, selbst wenn die Ausgangsfunktionen (14.12) nicht völlig korrekt sind. Wie aus Tab. 30 zu ersehen ist, bestätigt sich diese Vermutung für die Frequenzen um 240 cm^{-1}. Das spricht zugunsten des allgemeinen Rechenprinzips.

§ 15. Spektren zweiter Ordnung und Anharmonizität der Molekülschwingungen

1. Raman-Spektren zweiter Ordnung

In der Regel haben die Linien zweiter Ordnung in den RAMAN-Spektren eine sehr geringe Intensität, so daß sie experimentell schwer zu untersuchen sind. Deshalb gibt es auch nur wenige Arbeiten über RAMAN-Spektren zweiter Ordnung. Neben den ersten Arbeiten von LANDSBERG, MALYSCHEW [233] und ANANTHAKRISHNAN [234] ist lediglich die Arbeit von WELSH, CRAWFORD und SCOTT [235] erwähnenswert, in der quantitative Angaben über Frequenzen, Intensitäten und Depolarisationsgrad von Linien zweiter Ordnung für die Moleküle CCl_4, $SnCl_4$ und $SnBr_4$ enthalten sind. Später wurden vereinzelte Angaben über Obertöne in den Molekülen $TiCl_4$ [236], $CHCl_3$, $C_2H_2Cl_2$, $C_2H_4Cl_2$, CH_3OH, C_6H_5Cl und CS_2 [237] veröffentlicht. Systematisch untersucht wurden die RAMAN-Spektren zweiter Ordnung erst in jüngster Zeit in den Arbeiten [238—243]. Es liegen Untersuchungen über Cyclohexan, Benzol, Chloroform und deren deuterierte Verbindungen sowie über einige andere Moleküle vor. Zum Erfolg dieser Untersuchungen trug die Verwendung von Niederdrucklampen mit einem relativ geringen Untergrund als Lichtquelle bei.[1])

Die Interpretation der Spektren zweiter Ordnung hängt eng mit dem allgemeinen Problem der Anharmonizität der Schwingungen zusammen. Wir betrachten die Untersuchungsmethoden zunächst an Hand des einfachsten Beispiels, eines zweiatomigen Moleküls. Unter der Voraussetzung, daß die Anharmonizität klein ist[2]), kann man die potentielle Energie eines zweiatomigen Moleküls in der Form

$$U(x) = \frac{1}{2} Kx^2 + \alpha x^3 + \beta x^4 \tag{15.1}$$

schreiben. Wir führen die reduzierte Masse des Moleküls

$$m = \frac{m_1 m_2}{m_1 + m_2} \tag{15.2}$$

ein, wobei m_1 und m_2 die Atommassen sind. Dann läßt sich der HAMILTON-Operator des Moleküls in der Form

$$\hat{H} = \frac{\hat{p}^2}{2m} + \frac{1}{2} Kx^2 + \alpha x^3 + \beta x^4 \tag{15.3}$$

schreiben.

Die Lösung der Wellengleichung mit diesem HAMILTON-Operator erfolgt nach der Störungstheorie. Zuerst lassen wir die Glieder αx^3 und βx^4 fort. Das ergibt die

[1]) *Anmerkung des Herausgebers:* Das Gleiche gilt natürlich für den Einsatz von Lasern als Lichtquelle.

[2]) Das vorliegende experimentelle Material zeigt, daß diese Annahme bei den Molekülschwingungen in der Mehrzahl der Fälle erfüllt ist.

bekannte quantenmechanische Gleichung für den harmonischen Oszillator

$$\left(\frac{\hat{p}^2}{2m} + \frac{1}{2} K x^2\right) \psi = E \psi. \tag{15.4}$$

Die erlaubten Energiewerte sind

$$E_n = \hbar\omega \left(n + \frac{1}{2}\right) \tag{15.5}$$

mit $\omega = \sqrt{K/m}$ als Schwingungsfrequenz des Oszillators. Die normierten Eigenfunktionen $\psi_n(x)$ des harmonischen Oszillators sind in § 7 (Formel (7.3)) angegeben.

Wir betrachten nun das zweite und dritte Glied in (15.3) als „Störung“:

$$\hat{V} = \alpha x^3 + \beta x^4. \tag{15.6}$$

Die Matrixelemente des Störoperators sind gegeben durch

$$V_{nm} = \int \psi_n(x)\, \hat{V} \psi_m(x)\, dx. \tag{15.7}$$

Gemäß der allgemeinen Störungstheorie gilt für die Korrekturen der ersten und zweiten Ordnung zum n-ten Energieeigenwert (siehe [203])

$$\Delta' E_n = V_{nn} = \int \psi_n(x)\, \hat{V} \psi_n(x)\, dx, \tag{15.8}$$

$$\Delta'' E_n = \sum_{m \neq n} \frac{|V_{mn}|^2}{E_n - E_m}. \tag{15.9}$$

Die mit den Wellenfunktionen des harmonischen Oszillators gebildeten Matrixelemente wurden in § 7 behandelt. Aus der Gestalt des Ausdruckes (15.8) folgt unmittelbar, daß die von dem Term αx^3 herrührende Energiekorrektur in erster Näherung gleich Null ist. Die Korrektur erster Ordnung vom Glied βx^4 ist (siehe [20], [80], Kap. 16)

$$\Delta' E_n = \frac{3}{2} \beta \left(\frac{\hbar}{m\omega}\right)^2 \left(n^2 + n + \frac{1}{2}\right). \tag{15.10}$$

Die in der zweiten Näherung von dem Glied αx^3 stammende Korrektur ist von derselben Größenordnung. Bezeichnen wir analog zu (7.4)

$$a = \frac{\hbar}{m\omega}, \tag{15.11}$$

so finden wir die von Null verschiedenen Matrixelemente von x^3

$$(x_{n,n+1})^2 = \frac{9}{8} a^3 (n+1)^3,$$

$$(x_{n,n-1})^2 = \frac{9}{8} a^3 n^3, \tag{15.12}$$

$$(x_{n,n+3})^2 = \frac{1}{8} a^3 (n+3)(n+2)(n+1),$$

$$(x_{n,n-3})^2 = \frac{1}{8} a^3 (n-2)(n-1)\,n. \tag{15.13}$$

Setzt man diese Ausdrücke in (15.9) ein, so ergibt sich die durch das Glied αx^3 in der potentiellen Energie in der zweiten Näherung bedingte Energiekorrektur:

$$\Delta'' E_n = -\frac{15\alpha^2 a^3}{4\hbar\omega}\left(n^2 + n + \frac{11}{30}\right). \tag{15.14}$$

Die volle Energie des harmonischen Oszillators ist nach dem Zusammenfügen von (15.5), (15.10) und (15.14) gegeben durch

$$E_n = \hbar\omega\left(n + \frac{1}{2}\right) + \hbar\varkappa(n^2 + n) + C, \tag{15.15}$$

wo

$$\varkappa = -\frac{15\alpha^2 a^3}{4\hbar^2\omega} + \frac{3\beta a^3}{2\hbar},$$

$$C = -\frac{11\alpha^2 a^3}{8\hbar^2\omega} + \frac{3\beta a^2}{4\hbar}. \tag{15.16}$$

Die Größe $\varkappa$ heißt Anharmonizitätskoeffizient. Der Koeffizient läßt sich leicht experimentell bestimmen, wenn die Frequenz der Grundschwingung ν und des ersten Obertons ν_1 bekannt sind. Aus (15.15) folgt nämlich

$$E_2 - 2E_1 = \hbar(\nu_1 - 2\nu) = 2\hbar\varkappa,$$

so daß

$$\varkappa = \frac{\nu_1 - 2\nu}{2}. \tag{15.17}$$

Gewöhnlich ist $\varkappa < 0$, so daß sich die Energieniveaus mit wachsendem n einander annähern:

$$E_{n+1} - E_n = \hbar\omega + 2\hbar\varkappa\,(n+1). \tag{15.18}$$

Die anharmonischen Schwingungen mehratomiger Moleküle lassen sich nach demselben Schema wie die zweiatomigen Moleküle berechnen. In der potentiellen Energie (10.2) werden Glieder von der dritten und vierten Potenz der Schwingungskoordinaten $\alpha_{ijk}x_i x_j x_k$ und $\beta_{ijkl}x_i x_j x_k x_l$ hinzugefügt. Nach dem Übergang zu Normalkoordinaten Q_j (siehe § 10) wird der anharmonische Teil der potentiellen Energie die Glieder $\alpha'_{ijk}Q_i Q_j Q_k$ und $\beta'_{ijkl}Q_i Q_j Q_k Q_l$ enthalten. Diese Glieder beschreiben die dynamische durch die Anharmonizität bedingte Wechselwirkung zwischen den verschiedenen Normalkoordinaten. Hieraus wird klar, daß der Begriff der Normalkoordinate nur bei Fehlen der Anharmonizität anwendbar ist. Bei Berücksichtigung der Anharmonizität verwendet man die Normalkoordinaten als Koordinaten, in denen näherungsweise eine Trennung der Energien der verschiedenen Schwingungen erfolgt.

Die weitere Rechnung kann nach der Störungstheorie erfolgen, ganz analog zum Fall des zweiatomigen Moleküls. Die Glieder dritter und vierter Ordnung werden dabei als „Störung" betrachtet. Die Lösung des „ungestörten" Problems liefert die Gesamtheit der „harmonischen" Frequenzen ω_i und die Oszillatoreneigenfunktionen ψ_i, die den Normalkoordinaten Q_i ($i = 1, 2, \ldots, n$) entsprechen. Dieses Problem haben wir ausführlich in § 7 und § 10 behandelt. Die volle Wellenfunktion des ungestörten Systems ist das Produkt der Eigenfunktionen der einzelnen Normalschwingungen (siehe (7.2)). Mit dieser Funktion lassen sich die Korrekturen zur ungestörten Energie in der ersten und zweiten Näherung nach (15.8) und (15.9) finden. Die von den kubischen Gliedern stammende Korrektur erster Ordnung ist gleich Null, da in das Produkt $Q_iQ_jQ_k$ mindestens eine Normalkoordinate mit einer ungeraden Potenz eingeht. Die Korrekturen zweiter Ordnung von den kubischen Gliedern und die Korrekturen erster Ordnung von Gliedern vierten Grades sind von derselben Größenordnung. Mit diesen Korrekturen erhalten wir für die Schwingungsenergie den Ausdruck (siehe [83])

$$E(v_1, v_2, v_3, \ldots) = \sum_i \hbar\omega_i \left(v_i + \frac{d_i}{2}\right) + \sum_i \sum_{k \geqq i} \hbar\varkappa_{ik} \left(v_i + \frac{d_i}{2}\right)\left(v_k + \frac{d_k}{2}\right) + C. \tag{15.19}$$

Hier steht v_i für die Schwingungsquantenzahlen, ω_i für die Frequenzen der harmonischen Schwingungen, d_i für den Entartungsgrad der i-ten Normalschwingung, $\varkappa_{ik}$ sind die Anharmonizitätskoeffizienten und C ist eine Konstante. Im allgemeinen muß man bei den entarteten Schwingungen in (15.19) ein Glied der Form $\sum_i \sum_{k \geqq i} g_{ik} l_i l_k$ einfügen, wobei die Koeffizienten g_{ik} die Schwingungs-Rotations-Kopplung charakterisieren, l_i sind Quantenzahlen, die die Werte $l_i = v_i$, $v_i - 2$, $v_i - 4, \ldots, 1$ (oder 0) haben. Dieses Glied kann Anlaß zur Aufspaltung der entarteten Schwingungen geben, die bisher aber experimentell im Raman-Effekt noch nicht beobachtet wurde. Ausführlicher wird dieses Glied in § 16 behandelt.

Aus (15.19) folgt für die Frequenzen der Grundschwingungen, der Obertöne und Kombinationstöne

$$E(1, 0, 0, \ldots) - E(0, 0, 0, \ldots) = E(1, 0, 0, \ldots) - E_0$$
$$= \hbar\nu = \hbar\left(\omega_1 + \varkappa_{11} + d_1\varkappa_{11} + \frac{1}{2}\varkappa_{12}d_2 + \frac{1}{2}\varkappa_{13}d_3 + \cdots\right),$$

$$E(2, 0, 0, \ldots) - E_0 = \hbar\nu_1 = \hbar(2\omega_1 + 4\varkappa_{11} + 2\varkappa_{11}d_1 + \varkappa_{12}d_2 + \cdots),$$

$$E(3, 0, 0, \ldots) - E_0 = \hbar\nu_2$$
$$= \hbar\left(3\omega_1 + 9\varkappa_{11} + 3\varkappa_{11}d_1 + \frac{3}{2}\varkappa_{12}d_2 + \cdots\right),$$

$$E(0,1,0,\ldots) - E_0 = \hbar\nu'$$
$$= \hbar\left(\omega_2 + \varkappa_{22} + \varkappa_{22}d_2 + \frac{1}{2}\varkappa_{12}d_1 + \frac{1}{2}\varkappa_{23}d_2 + \cdots\right),$$

$$E(1,1,0,\ldots) - E_0 = \hbar\nu_{12} = \hbar\left(\omega_1 + \omega_2 + \varkappa_{11} + \varkappa_{22} + \varkappa_{11}d_1\right.$$
$$\left. + \varkappa_{22}d_2 + \varkappa_{12} + \frac{1}{2}\varkappa_{12}(d_1 + d_2) + \frac{1}{2}\varkappa_{13}d_3 + \frac{1}{2}\varkappa_{23}d_3 + \cdots\right). \quad (15.20)$$

Nach einfacher Rechnung finden wir

$$E(2,0,0,\ldots) - 2E(1,0,0,\ldots) = \hbar\,(\nu_1 - 2\nu) = 2\hbar\varkappa_{11},$$

$$\varkappa_{11} = \frac{1}{2}(\nu_1 - 2\nu); \quad (15.21)$$

$$E(3,0,0,\ldots) - 3E(1,0,0,\ldots) = \hbar(\nu_2 - 3\nu) = 6\hbar\varkappa_{11},$$

$$\varkappa_{11} = \frac{1}{6}(\nu_2 - 3\nu); \quad (15.22)$$

$$E(1,1,0,\ldots) - E(1,0,0,\ldots) - E\,(0,1,0,\ldots)$$
$$= \hbar(\nu_{12} - \nu - \nu') = \hbar\varkappa_{12},$$

$$\varkappa_{12} = \nu_{12} - (\nu + \nu'). \quad (15.23)$$

Hier sind ν, ν' die gemessenen Frequenzen der Grundtöne, ν_1 des ersten Obertons, ν_2 des zweiten Obertons und ν_{12} des Kombinationstons, der der Kombination $\nu + \nu'$ entspricht. Wie aus den Formeln (15.20)—(15.23) folgt, stimmen die beobachteten Frequenzen ν nicht mit den harmonischen Frequenzen ω überein, und die Ober- und Kombinationstöne unterscheiden sich von dem ganzen Vielfachen der Grundtöne bzw. von deren Kombinationen.

Im Prinzip gestattet die experimentelle Untersuchung der Spektren zweiter Ordnung, die Anharmonizitätskoeffizienten $\varkappa_{ik}$ und die harmonischen Frequenzen ω_i zu ermitteln. Praktisch ist diese Aufgabe jedoch äußerst schwierig. Neben den experimentellen Schwierigkeiten bei der Untersuchung von schwachen RAMAN-Spektren wird die Interpretation der Spektren zu einer komplizierten Aufgabe. Gewöhnlich kann man nämlich für komplizierte Moleküle mit vielen Schwingungsfreiheitsgraden nicht nur eine Kombination von Grundtönen finden, die mit den Auswahlregeln vereinbar ist und der gemessenen Linie hinreichend nahe kommt. Die Zuordnung der beobachteten Linien ist deshalb nicht eindeutig. In der Regel gibt man derjenigen Zuordnung den Vorrang, die den kleinsten Anharmonizitätskoeffizienten ergibt. Für diese Zuordnungsregel existiert natürlich keine strenge Begründung; für sie spricht lediglich die im allgemeinen geringe Anharmonizität der Molekülschwingungen. Verzichtet man aber auf die Zuordnungsregel nach dem

Prinzip der kleinsten Anharmonizitätskoeffizienten, so gibt es überhaupt keinen Leitgedanken für die Interpretation der Spektren. Einige zusätzliche für die Zuordnung nützliche Angaben lassen sich noch aus der gleichzeitigen Untersuchung der normalen und deuterierten Moleküle gewinnen. Im [239—243] wurde diese Untersuchung für drei Verbindungspaare vorgenommen: Cyclohexan, Benzol, Chloroform und ihre deuterierten Verbindungen. Es zeigte sich, daß in der Mehrzahl der Fälle die Zuordnung der Linien in den Spektren solcher Paare in gleicher Weise geschehen kann, d. h., es kombinieren bezüglich ihrer Symmetrierassen und Schwingungsformen gleiche Grundschwingungen. Darüber hinaus weisen ihrer Herkunft nach gleiche Linien zweiter Ordnung in den normalen und deuterierten Molekülen nahezu gleiche Intensitäten sowohl in den RAMAN- als auch in den IR-Spektren auf. Die Anharmonizitätskoeffizienten der genannten Linienpaare haben in der überwiegenden Mehrzahl das gleiche Vorzeichen und etwa gleiche Werte.

Die erwähnte Analogie im Verhalten von Linien gleicher Herkunft in normalen und deuterierten Verbindungen deutet auf eine bestimmte Charakteristizität der Spektren zweiter Ordnung hin. Einen etwas direkteren Beweis für diese charakteristische Eigenschaft liefern die Verbindungen mit deutlich ausgeprägten charakteristischen Strukturelementen. In Tab. 31 sind einige Daten für Moleküle mit typischen Bindungen zusammengefaßt. Wie man sieht, sind die Anharmonizitätskoeffizienten der charakteristischen Schwingungen dieser Bindungen charakteristisch.

Ungeachtet dessen, daß nur sehr spärliches Material über Spektren zweiter Ordnung vorliegt, ist eine allgemeine Analyse der vorhandenen Daten von Interesse. Zu diesem Zwecke wurden 118 Linien zweiter Ordnung ausgewählt, deren Messung und Zuordnung am zuverlässigsten erscheint (es wurden auch solche Linien ausgeschlossen, die mit Resonanzaufspaltung zusammenhängen). 73 der ausgewählten Linien besitzen einen kleinen Anharmonizitätskoeffizienten zwischen 0 und 6 cm^{-1}, bei 27 Linien liegt er zwischen 6 und 11 cm^{-1} und bei 18 Linien über 11 cm^{-1}. Diese Daten bestätigen die allgemeine Aussage, daß die Anharmonizität der Molekülschwingungen im Mittel klein ist. Es sei erwähnt, daß die Anharmonizität der Obertöne kleiner ist als die der Kombinationstöne.

In der Regel haben die Anharmonizitätskoeffizienten das gleiche Vorzeichen (minus): Für 92 von 118 Linien gilt $\varkappa < 0$, für 26 Linien $\varkappa > 0$. Dieses Resultat ist von großer Wichtigkeit für die Beurteilung des Einflusses der Anharmonizität auf die beobachteten Schwingungsfrequenzen. Jede beobachtete Schwingungsfrequenz ν_i stellt eine Summe der Gestalt

$$\nu_i = \omega_i + 2\varkappa_{ii} + \frac{1}{2} \sum_{i \neq k} \varkappa_{ik} \tag{15.24}$$

dar, wobei ω_i die harmonische Frequenz ist; das letzte Glied ist die Summe der Anharmonizitätskoeffizienten der Kombinationstöne. Wegen der großen Zahl der Summanden bei vielatomigen Molekülen, wobei diese meist gleiche Vorzeichen besitzen, kann die Summe einen großen Beitrag zur beobachteten Frequenz liefern (obwohl jeder einzelne Koeffizient, wie bereits erwähnt, klein ist).

Tabelle 31

Anharmonizitätskoeffizienten einiger charakteristischer Molekülschwingungen (nach [241])

Substanz	Bindung	Spektrum	ν [cm^{-1}]	$-\varkappa$ [cm^{-1}]
Chloroform $CHCl_3$	C−H	IR	$\nu_1 = 5921$	57
		RAMAN	$\nu = 3018$	58
		IR	$\nu_2 = 8703$	
deuteriertes Chloroform	C−D	IR	$\nu_1 = 4439$	33
$CDCl_3$		RAMAN	$\nu = 2253$	32
		IR	$\nu_2 = 6568$	
Methyldichlorsilan	Si−H	IR	$\nu_1 = 4384$	
CH_3Cl_2SiH		RAMAN	$\nu = 2221$	29
Äthyldichlorsilan	Si−H	IR	$\nu_1 = 4353$	
$C_2H_5Cl_2SiH$		RAMAN	$\nu = 2210$	33
Azeton $(CH_3)_2CO$	C=O	IR	$\nu_1 = 3409$	
		IR	$\nu = 1711$	6
		IR	$\nu_2 = 5102$	6
Methyläthylketon	C=O	IR	$\nu_1 = 3414$	
$CH_3C_2H_5CO$		IR	$\nu = 1716$	9
		IR	$\nu_2 = 5100$	8
Diäthylamin $(C_2H_5)_2NH$	N−H	IR	$\nu_1 = 6480$	
		RAMAN	$\nu = 3311$	71
		IR	$\nu_2 = 9444$	81
Azetonitril $CH_3C{\equiv}N$	C≡N	IR	$\nu_1 = 4520$	
		RAMAN	$\nu = 2246$	−14
		IR	$\nu_2 = 6870$	−22
Penten-1	C=C	RAMAN	$\nu_1 = 3279$	
C−C−C−C=C		RAMAN	$\nu = 1642$	3
Diallyl	C=C	RAMAN	$\nu_1 = 3278$	
C=C−C−C−C=C		RAMAN	$\nu = 1642$	3
Pentadien-1,3	C=C−C=C	RAMAN	$\nu_1 = 3301$	
C=C−C=C−C		RAMAN	$\nu = 1655$	5
Dipropenyl	C=C−C=C	RAMAN	$\nu_1 = 3320$	
C−C=C−C=C−C		RAMAN	$\nu = 1668$	8
Isobutadien	C=C−C=C	RAMAN	$\nu_1 = 3265$	
C=C−C=C $\vert$ C		RAMAN	$\nu = 1638$	6

2. *Berücksichtigung der Anharmonizität bei der Berechnung von Molekülspektren*

Die Theorie der Molekülschwingungen (§ 10) basiert auf der Annahme strenger Harmonizität der Schwingungen. Praktisch verwendet man jedoch stets experimentelle Frequenzwerte, da die Anharmonizitätskoeffizienten selbst für einfache Moleküle nicht vollständig bekannt sind. Dementsprechend wird in das System der Kraftkonstanten von Anfang an ein beachtlicher Fehler hineingetragen, und zwar auf unkontrollierbare Weise. Dieser Fehler überträgt sich auf die mit den

Kraftkonstanten der einfacheren Moleküle berechneten Frequenzen komplizierter Moleküle. Im Ergebnis ist die Genauigkeit der bisher berechneten Schwingungsfrequenzen begrenzt (die Fehler liegen bei 10—20 cm^{-1}, in Einzelfällen bis 50 cm^{-1}), ungeachtet der Anwendung elektronischer Rechenautomaten.

Wegen der Verwendung beobachteter Frequenzen ν_i anstelle der harmonischen ω_i werden auch die streng theoretisch begründeten Beziehungen zwischen den Frequenzen nicht eingehalten, wie etwa die Summen- und Produktregeln. Als Beispiel geben wir in Tab. 32 Angaben über Chloroform und deuteriertes Chloroform. Für diese Moleküle sind die Anharmonizitätskoeffizienten vollständig bestimmt worden [242], so daß die harmonischen Frequenzen berechnet werden können. Die in Tab. 32 angeführten Resultate zeigen, daß die Produktregel für die harmonischen Frequenzen mit größerer Genauigkeit erfüllt ist als dies für die beobachteten Frequenzen der Fall ist. Wie man aus der Tabelle sieht, unterscheiden sich die harmonischen Frequenzen in einer Reihe von Fällen wesentlich von den beobachteten.

Tabelle 32

Beobachtete und harmonische Frequenzen von $CHCl_3$ *und* $CDCl_3$

Schwingungsrasse	$CHCl_3$		$CDCl_3$		$\Pi_{(H)}/\Pi_{(D)}$		
	ν_i	ω_i	ν_i	ω_i	beobachtete Frequenzen	harmonische Frequenzen	theoretischer Wert
A	3018	3140	2254	2333			
	669	679	649	659	1,91	1,99	2,01
	366	380	365	374			
E	1219	1300	903	963			
	764	793	736	780	2,00	1,96	1,95
	264	276	260	272			

Anmerkung: Π(H) und Π(D) bedeuten die Produkte der Frequenzquadrate von Chloroform und deuteriertem Chloroform.

Die Berücksichtigung der Anharmonizität bei Berechnungen von Schwingungsspektren ist eines der kompliziertesten Probleme der Theorie der Molekülschwingungen. Das verbreitetste Verfahren ist die Methode der „spektroskopischen Massen“, vorgeschlagen von Hemptinne und Mannenback [244]. Es wird in der Berechnungsmethode von Eljaschewitsch und Stepanow [80, 81] benutzt. In einer Reihe von Fällen wird eine gute Übereinstimmung von gemessenen und berechneten Frequenzen erzielt, der prinzipielle Nachteil besteht jedoch darin, daß man bei der Anwendung der genannten Methode ein offenkundig verfälschtes Kraftfeld erhält. Die Methode der spektroskopischen Massen läßt sich auch nicht zur Berechnung der Spektren zweiter Ordnung benutzen.

In der letzten Zeit ist eine Reihe von Arbeiten erschienen, in denen versucht wird, die Anharmonizität durch die Einführung einiger Beziehungen zwischen den Anharmonizitätskoeffizienten zu berücksichtigen. Diese Beziehungen werden jedoch ohne jegliche Begründungen eingeführt oder aber mit wenig überzeugenden

Argumenten [245–247]. Offenkundig führt die Anwendung solcher Beziehungen nur zu einer illusorischen Übereinstimmung der theoretischen Werte mit den experimentellen.

Ein allgemeines Verfahren zur Berücksichtigung der Anharmonizität kann auf der Grundlage folgender Überlegungen entwickelt werden [248]. Bekanntlich wurde in den ersten Arbeiten zu Berechnungen von Schwingungsspektren ein stark vereinfachtes Kraftfeld angenommen. Es wurden lediglich die Diagonalelemente der Kraftkonstantenmatrix berücksichtigt. In dieser Näherung traten in einer Reihe von Fällen grobe Fehler auf, in der folgenden Etappe wurden deshalb auch einige nichtdiagonale Elemente berücksichtigt. Viele Koeffizienten werden bis heute noch Null gesetzt. Es scheint uns sinnvoll, das Problem der Anharmonizität anfänglich auf dem gleichen Wege zu lösen, d. h., nur die Anharmonizitätskonstanten der wichtigsten Wechselwirkungen zu berücksichtigen. Eine gewisse experimentelle Begründung für ein solches Herangehen ist die oben erwähnte Charakteristizität der Anharmonizitätskoeffizienten bestimmter Bindungen.

In inneren Koordinaten ausgedrückt, wird die Potentialfunktion des Moleküls bei dem geschilderten Vorgehen Glieder der Form $\alpha_i q_i^3$ und $\beta_i q_i^4$ enthalten, welche die Korrektur der Kraftkonstantenmatrix bezüglich der Anharmonizität beschreiben. So kann näherungsweise die Ungenauigkeit der wesentlichen diagonalen Kraftkonstanten durch die Einführung einer sehr geringen Zahl von kleinen Konstanten beschrieben werden. Dieser Schritt ist also der „nullten" Näherung des Berechnungsverfahrens äquivalent, wo lediglich die diagonalen Kraftkonstanten berücksichtigt werden. Trotz des groben Charakters dieses Vorgehens erscheint es uns als durchaus vernünftig und darüber hinaus als notwendiger erster Schritt bei der Lösung dieses komplizierten Problems. Es sei bemerkt, daß bei dieser Methode die für die einen Moleküle ermittelten Anharmonizitätskonstanten für andere mit dem gleichen Kraftfeld verwendet werden können. Als Beispiel für die Anwendung der beschriebenen Methode betrachten wir Methan und die deuterierten Verbindungen [248]. Es ergibt sich folgendes. Zur potentiellen Energie des Moleküls (siehe § 10), ausgedrückt in inneren Koordinaten, haben wir Glieder dritter und vierter Potenz

$$\begin{aligned}\Delta U = {} & \frac{1}{6}\,\alpha_q\,(q_1{}^3 + q_2{}^3 + q_3{}^3 + q_4{}^3) + \frac{1}{6}\,\alpha_\gamma(\gamma_{12}^3 + \gamma_{13}^3 + \gamma_{14}^3 + \gamma_{23}^3 + \gamma_{24}^3 + \gamma_{34}^3) \\ & + \frac{1}{24}\,\beta_q\,(q_1{}^4 + q_2{}^4 + q_3{}^4 + q_4{}^4) \\ & + \frac{1}{24}\,\beta_\gamma\,(\gamma_{12}^4 + \gamma_{13}^4 + \gamma_{14}^4 + \gamma_{23}^4 + \gamma_{24}^4 + \gamma_{34}^4) \qquad (15.25)\end{aligned}$$

hinzuzufügen. So führen wir nun insgesamt vier Anharmonizitätskonstanten ein: α_q, α_γ, β_q, β_γ. Die in inneren Koordinaten geschriebene potentielle Energie muß in Normalkoordinaten transformiert werden. Das allgemeine Vorgehen ist dazu in § 10 beschrieben. Dabei transformieren sich auch die Glieder dritter und vierter Ordnung in (15.25). Mit der in Normalkoordinaten ausgedrückten Korrektur ΔU zur potentiellen Energie lassen sich die Korrekturen zur Schwingungsenergie ΔE_v

berechnen. Die totale Schwingungsenergie des Moleküls ist [248]

$$\begin{aligned}
\frac{E_v}{\hbar} = {} & \omega_A\left(v_A+\frac{1}{2}\right)+\omega_E\,(v_E+1)+\omega_q\left(v_q+\frac{3}{2}\right)\\
&+\omega_\gamma\left(v_\gamma+\frac{3}{2}\right)-\varkappa_{AA}\left(v_A+\frac{1}{2}\right)^2-\varkappa_{Aq}\left(v_A+\frac{1}{2}\right)\left(v_q+\frac{3}{2}\right)\\
&-\varkappa_{A\gamma}\left(v_A+\frac{1}{2}\right)\left(v_\gamma+\frac{3}{2}\right)-\varkappa_{qq}\left[\left(v_{q1}+\frac{1}{2}\right)^2+\left(v_{q2}+\frac{1}{2}\right)^2\right.\\
&\left.+\left(v_{q3}+\frac{1}{2}\right)^2\right]-\varkappa_{\gamma\gamma}\left[\left(v_{\gamma1}+\frac{1}{2}\right)^2+\left(v_{\gamma2}+\frac{1}{2}\right)^2+\left(v_{\gamma3}+\frac{1}{2}\right)^2\right]\\
&-Y_{qq}\left[\left(v_{q1}+\frac{1}{2}\right)\left(v_{q2}+\frac{1}{2}\right)\right.\\
&\left.+\left(v_{q1}+\frac{1}{2}\right)\left(v_{q3}+\frac{1}{2}\right)+\left(v_{q2}+\frac{1}{2}\right)\left(v_{q3}+\frac{1}{2}\right)\right]\\
&-Y_{\gamma\gamma}\left[\left(v_{\gamma1}+\frac{1}{2}\right)\left(v_{\gamma2}+\frac{1}{2}\right)+\left(v_{\gamma1}+\frac{1}{2}\right)\left(v_{\gamma3}+\frac{1}{2}\right)\right.\\
&\left.+\left(v_{\gamma2}+\frac{1}{2}\right)\left(v_{\gamma3}+\frac{1}{2}\right)\right]-Y_{q\gamma}\left(v_q+\frac{3}{2}\right)\left(v_\gamma+\frac{3}{2}\right)\\
&-Y_{q1\gamma1}\left[\left(v_{q1}+\frac{1}{2}\right)\left(v_{\gamma1}+\frac{1}{2}\right)+\left(v_{q2}+\frac{1}{2}\right)\left(v_{\gamma2}+\frac{1}{2}\right)\right.\\
&\left.+\left(v_{q3}+\frac{1}{2}\right)\left(v_{\gamma3}+\frac{1}{2}\right)\right]-3Y_{EE}\left[\left(v_{E1}+\frac{1}{2}\right)^2+\left(v_{E2}+\frac{1}{2}\right)^2\right]\\
&-4Y_{EE}\left(v_{E1}+\frac{1}{2}\right)\left(v_{E2}+\frac{1}{2}\right). \qquad (15.26)
\end{aligned}$$

Hierin sind die Anharmonizitätskoeffizienten $\varkappa_{AA}$, Y_{EE} usw. bekannte Funktionen der in (15.25) eingehenden Anharmonizitätskonstanten sowie der harmonischen Frequenzen und Molekülparameter; v_{E1} und v_{E2} sind die Schwingungsquantenzahlen der einzelnen Typen zweifach entarteter Schwingungen. Es gilt $v_{E1}+v_{E2}=v_E$; v_{q1}, v_{q2}, v_{q3} und $v_{\gamma1}$, $v_{\gamma2}$, $v_{\gamma3}$ sind dasselbe für die dreifach entarteten Normalschwingungen, wobei $v_{q1}+v_{q2}+v_{q3}=v_q$ und $v_{\gamma1}+v_{\gamma2}+v_{\gamma3}=v_\gamma$. Unter Verwendung von (15.26) lassen sich die zu beobachtenden Frequenzen der Grund-, Ober- und Kombinationstöne leicht ermitteln.

Zur Ausführung numerischer Rechnungen wurde das experimentelle Material über die Frequenzen erster und zweiter Ordnung für die Moleküle CH_4, CD_4 und CT_4 [246] verwendet. Die Resultate der nach einem Iterationsverfahren durchgeführten Rechnung sind in Tab. 33 wiedergegeben. Man erkennt, daß die experimentellen und berechneten Frequenzen zufriedenstellend übereinstimmen. Dabei ist zu beachten, daß die Zahl der experimentellen Frequenzen (25 Frequenzen) die Zahl der in die Theorie eingehenden Konstanten (9 Konstanten) bei weitem übersteigt.

Die gefundenen Kraftkonstanten und Anharmonizitätskonstanten lauten:

$$K_q = 9{,}275 \cdot 10^6 \text{ cm}^{-2}, \quad K_\gamma = 0{,}741 \cdot 10^6 \text{ cm}^{-2}, \quad a = 0{,}36 \cdot 10^6 \text{ cm}^{-2},$$
$$h = 0{,}045 \cdot 10^6 \text{ cm}^{-2}, \quad l = -0{,}027 \cdot 10^6 \text{ cm}^{-2}, \quad a_q = 35{,}8 \cdot 10^6 \text{ cm}^{-2},$$
$$\alpha_\gamma = 0, \; b_q = -82{,}3 \cdot 10^6 \text{ cm}^{-3}, \; b_\gamma = -0{,}76 \cdot 10^6 \text{ cm}^{-3},$$

$$a_q^2 = \frac{\hbar \alpha_q^2}{64^2 \pi^4 M_0^3}, \qquad b_q = \frac{\hbar \beta_q}{16 \cdot 64 \pi^4 M_0^2}, \qquad b_\gamma = \frac{\hbar \beta_\gamma}{16 \cdot 64 \pi^4 M_0^2}.$$

Man erkennt, daß sich die erhaltenen Kraftkonstantenwerte merklich von den nach der Methode der spektroskopischen Massen [80] berechneten Werten unterscheiden.

Tabelle 33

Vergleich der berechneten Frequenzwerte mit den experimentellen für die Moleküle CH_4, CD *und* CT_4 (Frequenzen in [cm⁻¹])

Frequenzen	CH_4 Rechnung	CH_4 Experiment	CD_4 Rechnung	CD_4 Experiment	CT_4 Rechnung	CT_4 Experiment
ν_A	2929	2916,5	2099	2107,8	1773,5	—
ν_E	1538	1534	1089,5	1092,2	893,5	—
ν_q	3023,5	3018,7	2260	2258,6	1931,5	1937
ν_γ	1309	1306	995	996,0	857	858
$2\nu_A$	5792	—	4165	—	3427	—
$2\nu_E$	3071	—	2176	—	1780	—
$2\nu_q$	6007	6004,7	4498	4496,4	3846,5	3855
$2\nu_\gamma$	2608	2600	1984	1986,8	1710	—
$\nu_A + \nu_E$	4467	—	3188,5	—	2615,5	—
$\nu_A + \nu_q$	5880,5	5861	4321,5	4331	3629	—
$\nu_A + \nu_\gamma$	4238	4222	3094	3105	2581,5	—
$\nu_E + \nu_q$	4561,5	4546	3349,5	3338	2822,5	—
$\nu_E + \nu_\gamma$	2847	2826	2084,5	2084	1748	—
$\nu_q + \nu_\gamma$	4332,5	4313	3255	3255	2788,5	—

3. *Intensität der Linien zweiter Ordnung*

Nach der allgemeinen, in § 6 entwickelten Theorie werden im Gültigkeitsbereich der Polarisierbarkeitstheorie die Intensität und die Polarisation der Linien bestimmt durch die Invarianten β_s und γ^2 des Tensors

$$(\beta_{\varrho\sigma})_{2,0} = \int u_2^*(x)\, \alpha_{\varrho\sigma}(x)\, u_0(x)\, dx. \tag{15.27}$$

Die Polarisierbarkeit $\alpha_{\varrho\sigma}(x)$ kann man in eine Reihe nach den Potenzen der Koordinate x (siehe (7.9)) entwickeln. Dann läuft die Berechnung des Tensors $\beta_{\varrho\sigma}$ auf die Bestimmung der Matrixelemente der verschiedenen Potenzen von x hinaus. Dies ist in § 7 unter der Annahme, daß die Wellenfunktionen $u_k(x)$ die Eigenfunktionen des harmonischen Oszillators sind, geschehen. Für den uns interessierenden Übergang $0 \to 2$ haben wir gemäß (7.20)

$$(\beta_{\varrho\sigma})_{2,0} = \frac{1}{4} \sqrt{2} \left(\frac{\partial^2 \alpha_{\varrho\sigma}}{\partial x_i^2}\right)_0 a_i^2. \tag{15.28}$$

Der Ausdruck (15.28) bestimmt die Intensität des Obertons zur Frequenz ω_i unter der Bedingung, daß die Schwingungen streng harmonisch sind. Wolkenstein ([80], Kap. 23) bezeichnete den Beitrag zur Intensität, den (15.28) bedingt, als „elektrooptische" Anharmonizität. Für die Kombinationstöne $\omega_i + \omega_j$ erhalten wir analog dazu unter Verwendung von (7.22)

$$(\beta_{\varrho\sigma})_{11,00} = \frac{1}{4} \left(\frac{\partial^2 \alpha_{\varrho\sigma}}{\partial x_i \, \partial x_j}\right)_0 a_i a_j. \tag{15.29}$$

Die Anharmonizität der Schwingungen bewirkt auch eine Verschiebung der Energieniveaus, die bereits früher betrachtet wurde. Gleichzeitig ändern sich die Eigenfunktionen des Systems. Nach der allgemeinen Störungstheorie (siehe [20]) ergibt sich die Korrektur der ersten Näherung zur Wellenfunktion ψ_n als

$$\Delta\psi_n = \sum_m \frac{V_{mn}}{E_n - E_m} \psi_m \qquad (m \neq n), \tag{15.30}$$

wobei ψ_m die ungestörten Eigenfunktionen sind, d. h. in unserem Falle die Produkte der Wellenfunktionen des harmonischen Oszillators (siehe (7.2)). Für anharmonische Schwingungen haben wir also bei der Berechnung der Matrixelemente der Polarisierbarkeit (15.27) für die Funktionen $u_2(x)$ und $u_0(x)$ einzusetzen

$$u_2(x) = \psi_2 + \Delta\psi_2,$$
$$u_0(x) = \psi_0 + \Delta\psi_0,$$

wobei sich die Korrekturen $\Delta\psi_2$ und $\Delta\psi_0$ nach Formel (15.30) berechnen. Die Korrektur zu $(\beta_{\varrho\sigma})_{2,0}$ ist gegeben durch

$$\Delta(\beta_{\varrho\sigma})_{2,0} = \int [\psi_2(x)\, \Delta\psi_0(x) + \psi_0(x)\, \Delta\psi_2(x) + \Delta\psi_0(x)\, \Delta\psi_2(x)]\, \alpha_{\varrho\sigma}(x)\, dx. \tag{15.31}$$

Nach Wolkenstein [80] heißt der von dieser Korrektur herrührende Beitrag zur Intensität des Obertons „mechanische" Anharmonizität[1]). Es ist leicht zu sehen, daß die „mechanische" Anharmonizität verschwindet, wenn die Schwin-

[1]) In den Arbeiten von Wolkenstein [80, 249] wird die „mechanische" Anharmonizität im Rahmen der klassischen Theorie behandelt, die von ihm angeführten Formeln unterscheiden sich daher von den unten erhaltenen.

gungen harmonisch sind, d. h. wenn die Korrekturen zur potentiellen Energie in (15.1) Null sind. Die „elektrooptische" Anharmonizität bleibt dagegen erhalten.

Wir setzen in (15.31)

$$\alpha_{\varrho\sigma}(x) = \alpha_{\varrho\sigma}(0) + \sum_i \left(\frac{\partial\alpha_{\varrho\sigma}}{\partial x_i}\right)_0 x_i .$$

Unter Beibehaltung nur der Glieder niedrigster Ordnung bezüglich der kleinen Größe V_{mn} finden wir für den Oberton zur Frequenz ω_i

$$\begin{aligned}\Delta(\beta_{\varrho\sigma})_{2,0} = {} & \alpha_{\varrho\sigma}(0) \sum_{v_j} \frac{V_{v_j,2}\, V_{v_j,0}}{(E_2 - E_{v_j})\,(E_0 - E_{v_j})} \\ & + \frac{a_j}{\sqrt{2}} \left(\frac{\partial\alpha_{\varrho\sigma}}{\partial x_j}\right)_0 \left[\frac{V_{1,2}}{E_2 - E_1} + \frac{\sqrt{2}\, V_{1,0}}{E_0 - E_1} + \frac{\sqrt{3}\, V_{3,0}}{E_0 - E_3}\right] \\ & + \sum_k \frac{a_k}{\sqrt{2}} \left(\frac{\partial\alpha_{\varrho\sigma}}{\partial x_k}\right)_0 \left[\frac{V_{v_k=1,\, v_j=2;\, 00}}{E_{00} - E_{v_k=1,\, v_j=2}} + \frac{V_{v_k=1,\, v_j=0;\, v_k=0,\, v_j=2}}{E_{v_k=0,\, v_j=2} - E_{v_k=1,\, v_j=0}}\right],\end{aligned} \tag{15.32}$$

wobei $v_j \neq 0$, $v_j \neq 2$, $k \neq j$. In den Indizes sind lediglich die Schwingungsquantenzahlen angegeben, die bei dem betrachteten Übergang springen. Analog dazu finden wir für den Kombinationston $\omega_i + \omega_j$

$$\begin{aligned}\Delta(\beta_{\varrho\sigma})_{11,00} = {} & \alpha_{\varrho\sigma}(0) \sum_{v_i v_j} \frac{V_{v_i v_j,11}\, V_{v_i v_j,00}}{(E_{00} - E_{v_i v_j})\,(E_{11} - E_{v_i v_j})} \\ & + \frac{a_i}{\sqrt{2}} \left(\frac{\partial\alpha_{\varrho\sigma}}{\partial x_i}\right)_0 \left[\frac{V_{v_i=1,\, v_j=0;\, 11}}{E_{11} - E_{v_i=1,\, v_j=0}} + \frac{\sqrt{2}\, V_{v_i=0,\, v_j=1;\, 00}}{E_{00} - E_{v_i=0,\, v_j=1}}\right. \\ & \left. + \frac{\sqrt{3}\, V_{v_i=2,\, v_j=1;\, 00}}{E_{00} - E_{v_i=2,\, v_j=1}}\right] + \frac{a_j}{\sqrt{2}} \left(\frac{\partial\alpha_{\varrho\sigma}}{\partial x_j}\right)_0 \\ & \times \left[\frac{V_{v_i=0,\, v_j=1;\, 11}}{E_{11} - E_{v_i=0,\, v_j=1}} + \frac{\sqrt{2}\, V_{v_i=1,\, v_j=0;\, 00}}{E_{00} - E_{v_i=1,\, v_j=0}} + \frac{\sqrt{3}\, V_{v_i=1,\, v_j=2;\, 00}}{E_{00} - E_{v_i=1,\, v_j=2}}\right] \\ & + \sum_k \frac{a_k}{\sqrt{2}} \left(\frac{\partial\alpha_{\varrho\sigma}}{\partial x_k}\right)_0 \left[\frac{V_{v_k=1,\, v_i=0,\, v_j=0;\, 011}}{E_{011} - E_{v_k=1,\, v_i=0,\, v_j=0}} + \frac{V_{v_k=1,\, v_i=1,\, v_j=1;\, 000}}{E_{000} - E_{111}}\right],\end{aligned} \tag{15.33}$$

wo

$$v_i, v_j \neq 0, 0, \qquad v_i, v_j \neq 1, 1, \qquad k \neq i, k \neq j .$$

Aus (15.32) und (15.33) folgt, daß der Beitrag der mechanischen Anharmonizität zur Intensität der Linien zweiter Ordnung um so größer ist, je größer die Matrixelemente V_{mn} und je kleiner die Frequenz der Schwingungen ist, d. h. je größer die relative Anharmonizität der Schwingungen ist. Es ist deshalb zu erwarten, daß eine bestimmte Korrelation zwischen den Anharmonizitätskoeffizienten und der Intensität der Linien zweiter Ordnung existiert. Einige Fakten zugunsten dieser Behauptung werden in [243] angeführt.

4. *Resonanzaufspaltung der Raman-Linien (Fermi-Resonanz)*

Die oben dargelegte Theorie ist nur anwendbar, wenn das Korrekturglied $\Delta\psi_n$ (15.30) klein ist, d. h., es muß

$$V_{mn} \ll E_n - E_m \tag{15.34}$$

gelten.

Die Bedingung (15.34) kann verletzt sein, wenn der Abstand zwischen bestimmten gestörten Niveaus zufällig klein ist, d. h., wenn zufällige Entartung vorliegt. Dieses Problem wurde zum ersten Mal von FERMI [250] am Beispiel des Moleküls CO_2 betrachtet. Eine derartige zufällige Überlagerung der Energieniveaus erhielt die Bezeichnung FERMI-Resonanz.

Die Lösung des gegebenen Problems kann mit Hilfe der Störungstheorie für entartete Systeme erhalten werden (siehe [20], § 39). Es sei $E_m{}^0$ ein Energieniveau mit dem Entartungsgrad f, die dazugehörigen Eigenfunktionen bezeichnen wir mit $\psi_1{}^0, \psi_2{}^0, \ldots, \psi_f{}^0$. Die Wahl dieser Funktionen ist im allgemeinen nicht eindeutig, an ihrer Stelle kann man f beliebige unabhängige Linearkombinationen dieser Funktionen nehmen. Die Willkür wird jedoch aufgehoben, wenn diese Funktionen einer zusätzlichen Bedingung genügen müssen; die durch die angelegte Störung hervorgerufene Änderung der Funktionen soll klein sein. Die dieser Bedingung genügenden Wellenfunktionen seien

$$\psi_k = c_1{}^0\psi_1{}^0 + c_2{}^0\psi_2{}^0 + \cdots + c_f{}^0\psi_f{}^0 \qquad (k = 1, 2, \ldots, f). \tag{15.35}$$

In die allgemeine Gleichung der Störungstheorie (4.18) setzen wir in erster Näherung $\lambda = E_m = E_m{}^0 + E'$ und für die Größen c_m ihre Werte in nullter Näherung ein:

$$c_1 = c_1{}^0, \quad c_2 = c_2{}^0, \ldots, \quad c_f = c_f{}^0; \quad c_m = 0$$
$$\text{bei } m \neq 1, 2, \ldots, f.$$

Dann wird

$$E' c_k{}^0 = \sum_l H'_{kl} c_l{}^0, \tag{15.36}$$

wo $k = 1, 2, \ldots, f$. Dieses lineare homogene Gleichungssystem bezüglich der Größen $c_k{}^0$ hat von Null verschiedene Lösungen unter der Bedingung, daß

$$\begin{vmatrix} H'_{11} - E' & H'_{21} & \cdots & H'_{ff} \\ H'_{12} & H'_{22} - E' & \cdots & H'_{f2} \\ \cdots & \cdots & \cdots & \cdots \\ H'_{1f} & H'_{2f} & \cdots & H'_{ff} - E' \end{vmatrix} = 0. \tag{15.37}$$

Die Wurzeln dieser Gleichung sind die gesuchten Korrekturen erster Näherung zu den Energieeigenwerten. Setzt man die Wurzeln der Gleichung (15.37) sukzessiv in das System (15.36) ein, so kann man die Koeffizienten $c_k{}^0$ ermitteln und damit die Eigenfunktionen der nullten Näherung.

Für den uns interessierenden Fall der Schwingungsenergieniveaus nimmt die

Säkulargleichung (15.37), zweifache Entartung vorausgesetzt, die Gestalt

$$\begin{vmatrix} V_{11} - E' & V_{12} \\ V_{21} & V_{22} - E' \end{vmatrix} = 0 \tag{15.37'}$$

an.

Als Lösung finden wir

$$E' = \frac{1}{2}\left[(V_{11} + V_{22}) \pm \sqrt{(V_{11} - V_{22})^2 + 4V_{12}^2}\right]. \tag{15.38}$$

Die zweifach entarteten Energieniveaus $E_m{}^0$ spalten also in zwei Niveaus auf:

$$E_{m1} = E_0 \pm \frac{\varkappa}{2} = E_0 \pm \frac{1}{2}\sqrt{\Delta^2 + 4V_{12}^2},$$

$$E_{m2} = E_0 \mp \frac{\varkappa}{2} = E_0 \mp \frac{1}{2}\sqrt{\Delta^2 + 4V_{12}^2}. \tag{15.39}$$

Hierin bedeuten

$$E_0 = E_m{}^0 + \frac{1}{2}(V_{11} + V_{22}) = \frac{1}{2}(E_{m1} + E_{m2}),$$

$$\Delta = V_{11} - V_{22}, \quad \varkappa = \sqrt{\Delta^2 + 4V_{12}^2} = E_{m1} - E_{m2}, \tag{15.40}$$

wobei in den Formeln (15.39) das obere Vorzeichen bei $\Delta > 0$ und das untere bei $\Delta < 0$ zu wählen ist. Bestimmt man aus (15.38) die Koeffizienten $c_1{}^0$ und $c_2{}^0$ für die Energiewerte E', so ergeben sich die Eigenfunktionen nullter Näherung

$$u_1 = \frac{1}{\sqrt{2\varkappa}}\left[\sqrt{\varkappa + |\Delta|}\, u_1{}^0 \pm \sqrt{\varkappa - |\Delta|}\, u_2{}^0\right],$$

$$u_2 = \frac{1}{\sqrt{2\varkappa}}\left[\sqrt{\varkappa - |\Delta|}\, u_1{}^0 \mp \sqrt{\varkappa + |\Delta|}\, u_2{}^0\right]. \tag{15.41}$$

In (15.41) gilt das obere Vorzeichen für den Fall, daß Δ und V_{12} das gleiche Vorzeichen haben und das untere dann, wenn die Vorzeichen von Δ und V_{12} verschieden sind.

Aus (15.41) folgt, daß der Unterschied in den Eigenfunktionen u_1, $u_1{}^0$ und u_2, $u_2{}^0$ wesentlich bestimmt wird durch den Wert des Matrixelementes

$$V_{12} = \int u_1{}^0(x)\, \hat{V}\, u_2{}^0(x)\, dx. \tag{15.42}$$

In diesem Ausdruck ist $\hat{V}$ die Summe der anharmonischen Glieder (Glieder dritter, vierter und höherer Ordnung) in der potentiellen Energie[1]), und $u_1{}^0$ und $u_2{}^0$

[1]) Streng genommen enthält der Störoperator $\hat{V}$ auch die in der nullten Näherung weggelassenen Korrekturen zum Operator der kinetischen Energie. In der Regel ist aber der Beitrag dieser Glieder zum Matrixelement V_{12} klein (diese Glieder werden ausführlich in dem folgenden Abschnitt behandelt).

sind die zu den zwei miteinander gekoppelten Schwingungsniveaus gehörenden Eigenfunktionen nullter Näherung. Die potentielle Energie des Moleküls darf sich bei beliebigen Symmetrieoperationen, die zur Punktgruppe des Moleküls gehören, nicht ändern, mit anderen Worten, $\hat{V}$ ist totalsymmetrisch. Hieraus folgt, daß $u_1^0(x)$ und $u_2^0(x)$ zur gleichen Symmetrierasse gehören müssen. Eine gegenseitige Störung der Schwingungsniveaus tritt also nur dann auf, wenn diese ein und derselben Symmetrierasse angehören. Durch diese Regel werden die Möglichkeiten für das Auftreten von Resonanzwechselwirkung der Niveaus (FERMI-Resonanz) in Molekülen mit Symmetrieeigenschaften wesentlich eingeengt.

In den Fällen, wo die gekoppelten Niveaus der oben genannten Bedingung genügen, kann das Matrixelement der Störung (15.42) wesentlich größer sein als in Molekülen, in denen keine Resonanz der Niveaus auftritt. Im Unterschied zu (15.8) verschwindet im Resonanzfall die Korrektur erster Näherung zur Eigenenergie schon für die kubischen Glieder der potentiellen Energie nicht, während im Nicht-Resonanzfall die entsprechende Korrektur von Gliedern vierter Ordnung herrührt.

Als Beispiel betrachten wir den Fall, daß zwischen zwei Schwingungsfrequenzen des Moleküls das Verhältnis

$$\omega_1 \approx 2\omega_2 \tag{15.43}$$

gilt. Berücksichtigt man in der potentiellen Energie lediglich das Störglied $\alpha'_{122}Q_1Q_2^2$, so wird das Matrixelement der Störung (siehe (7.18)—(7.20))

$$V_{12} = V_{10,02} = \frac{1}{2}\,\alpha'_{122}a_1a_2^2, \tag{15.44}$$

wo (siehe (7.4)) $a_1^2 = \hbar/M\omega_1$, $a_2^2 = \hbar/M\omega_2$ (die unverändert bleibenden Quantenzahlen sind weggelassen).

Die meßbare Frequenzdifferenz $\omega_1 - 2\omega_2$ wird gemäß (15.40) durch zwei Konstanten, Δ und V_{12}, bestimmt. Für $\Delta^2 \ll V_{12}^2$ (scharfe Resonanz) gilt näherungsweise

$$\varkappa = 2V_{12}\left(1 + \frac{\Delta^2}{8V_{12}^2}\right). \tag{15.45}$$

Die entsprechenden gestörten Eigenfunktionen sind

$$u_1 = \frac{1}{\sqrt{2}}(u_1^0 + u_2^0),$$

$$u_2 = \frac{1}{\sqrt{2}}(u_1^0 - u_2^0). \tag{15.46}$$

Im entgegengesetzten Fall $\Delta^2 \gg V_{12}^2$ haben wir

$$\varkappa = \Delta\left(1 + \frac{2V_{12}^2}{\Delta^2}\right), \tag{15.47}$$

die Eigenfunktionen fallen mit den ungestörten Funktionen $u_1{}^0$ und $u_2{}^0$ zusammen. Die für die FERMI-Resonanz charakteristischen Effekte, die durch die Kopplung bedingte Niveauverschiebung und die Änderung der Wellenfunktionen, hängen vom Verhältnis der Größen V_{12}^2 und Δ^2 ab und können sogar bei sehr kleinen Δ eine nur unbedeutende Rolle spielen, und zwar wenn die Anharmonizitätskonstante α'_{122} klein ist. Dieser Umstand muß bei der Interpretation der experimentellen Spektren berücksichtigt werden. Es sei bemerkt, daß in der Literatur die FERMI-Resonanz des öfteren ohne gebührende Begründung zur Erklärung experimenteller Daten herangezogen wird.

Wir wenden uns jetzt der Berechnung der Linienintensitäten bei Resonanzwechselwirkung der Schwingungen zu. Dazu müssen wir gemäß der allgemeinen Regeln die Matrixelemente der Polarisierbarkeiten bestimmen. Wir bezeichnen mit $(\alpha'_{10})_0$ und $(\alpha''_{02})_0$ die Matrixelemente des ersten und zweiten Gliedes in der Zerlegung der Polarisierbarkeit für die Übergänge mit den Frequenzen ω_1 und $2\omega_2$ bei Fehlen von Schwingungskopplung. Die Berechnung der Matrixelemente der Polarisierbarkeit der gekoppelten Schwingungen liefert unter Verwendung der Eigenfunktionen (15.41) (siehe [7], § 20)

$$\alpha'_{10} = \frac{1}{\sqrt{2\varkappa}} \left\{\sqrt{\varkappa + |\Delta|}\,(\alpha'_{10})_0 \pm \sqrt{\varkappa - |\Delta|}\,(\alpha''_{02})_0\right\},$$

$$\alpha''_{02} = \frac{1}{\sqrt{2\varkappa}} \left\{\sqrt{\varkappa - |\Delta|}\,(\alpha'_{10})_0 \mp \sqrt{\varkappa + |\Delta|}\,(\alpha''_{02})_0\right\}. \tag{15.48}$$

Zur Berechnung der Intensität und des Depolarisationsgrades der Linien bilden wir die Invarianten $\beta_s = 1/3\, b^2$ und γ^2 der Tensoren α'_{10} und α''_{02} (siehe § 2, § 3). Die erste Invariante findet man leicht nach (15.48), wenn die Spuren b_1 und b_2 der Tensoren $(\alpha'_{10})_0$ und $(\alpha''_{02})_0$ bekannt sind. Unter Verwendung der Beziehungen

$$b_{10} = b(\alpha'_{10}), \qquad b_{02} = b(\alpha''_{02}), \qquad k_1 = \sqrt{\frac{\varkappa + |\Delta|}{2\varkappa}}, \qquad k_2 = \sqrt{\frac{\varkappa - |\Delta|}{2\varkappa}}$$

findet man[1])

$$b_{10} = k_1 b_1 + k_2 b_2, \qquad b_{02} = k_2 b_1 - k_1 b_2. \tag{15.49}$$

Die Anisotropie ist etwas schwieriger zu berechnen, da sich die Invariante nicht durch die Anisotropien $\gamma_1{}^2$ und $\gamma_2{}^2$ der ursprünglichen Tensoren ausdrücken läßt. Aus (2.40) folgt

$$\gamma_{10}^2 = k_1{}^2\gamma_1{}^2 + k_2{}^2\gamma_2{}^2 + 2k_1k_2\sigma,$$

$$\gamma_{02}^2 = k_2{}^2\gamma_1{}^2 + k_1{}^2\gamma_2{}^2 - 2k_1k_2\sigma, \tag{15.50}$$

wobei

$$\sigma = \frac{2}{3}\left(\sum_i \alpha_i'\alpha_i'' - \sum_{i \neq k} \alpha_i'\alpha_k''\right) \tag{15.51}$$

und α_i', α_i'' die Hauptwerte der Tensoren $(\alpha'_{10})_0$ und $(\alpha''_{02})_0$ sind.

1) Der Bestimmtheit halber verwenden wir im folgenden in den Formeln (15.48) das obere Vorzeichen.

Unter Beachtung von $k_1^2 + k_2^2 = 1$ folgt aus (15.49) und (15.50)

$$b_{10}^2 + b_{02}^2 = b_1^2 + b_2^2,$$

$$\gamma_{10}^2 + \gamma_{02}^2 = \gamma_1^2 + \gamma_2^2. \tag{15.52}$$

Das Quadrat der Spur ist der Intensität der skalaren Streuung proportional, die Größe γ^2 der Intensität der Anisotropiestreuung. Daher folgt aus (15.52)

$$I_{10} + I_{02} = I_1 + I_2, \tag{15.53}$$

wobei diese Beziehung im einzelnen sowohl für den skalaren als auch für den anisotropen Anteil der Streustrahlung erfüllt ist. Die Summe der Intensitäten der gekoppelten Linien ist gleich der Summe der Linienintensitäten bei Fehlen der Kopplung. Die Kopplung führt also lediglich zur Umverteilung der Intensität über beide Linien.

Im weiteren beschränken wir unsere Betrachtungen auf stark polarisierte Linien. Hierbei ist der Beitrag der Anisotropiestreuung zur Intensität der Linien gering, und wir können zur Berechnung der Anisotropie anstelle von (15.48) einen vereinfachten Ausdruck benutzen.

1. Für den Fall $k_2 \ll k_1$ gilt

$$\alpha_{10}' \approx k_1(\alpha_{10}')_0, \qquad \alpha_{02}'' \approx -k_1(\alpha_{02}'')_0, \tag{15.48a}$$

$$\gamma_{10}^2 = k_1^2\gamma_1^2, \qquad \gamma_{02}^2 = k_1^2\gamma_2^2. \tag{15.54}$$

Hierbei ist näherungsweise

$$I_{10} = \left(k_1 \sqrt{I_1} + k_2 \sqrt{I_2}\right)^2,$$

$$I_{02} = \left(k_2 \sqrt{I_1} - k_1 \sqrt{I_2}\right)^2, \tag{15.55}$$

$$\varrho_{10} = \frac{k_1^2 I_1 \varrho_1}{I_{10}}, \qquad \varrho_{02} = \frac{k_1^2 I_2 \varrho_2}{I_{02}}. \tag{15.56}$$

2. Haben k_2 und k_1 die gleiche Größenordnung, dann kann man bei der Berechnung der Anisotropie die sich auf den Oberton beziehenden Glieder vernachlässigen, da gewöhnlich $I_2 \ll I_1$ gilt. In diesem Falle ist

$$\alpha_{10}' \approx k_1(\alpha_{10}')_0, \qquad \alpha_{02}'' \approx k_2(\alpha_{10}')_0, \tag{15.48b}$$

$$\gamma_{10}^2 = k_1^2\gamma_1^2, \qquad \gamma_{02}^2 = k_2^2\gamma_1^2. \tag{15.57}$$

Wir haben also

$$\varrho_{10} = \frac{k_1^2 I_1 \varrho_1}{I_{10}}, \qquad \varrho_{02} = \frac{k_2^2 I_1 \varrho_1}{I_{02}}. \tag{15.58}$$

Für I_{10} und I_{02} bleiben die Formeln (15.55) in Kraft. Im Falle scharfer Resonanz ($k_1 \approx k_2$) gilt

$$\frac{I_{02}}{I_{10}} = \frac{\left(k_2\sqrt{I_1} - k_1\sqrt{I_2}\right)^2}{\left(k_1\sqrt{I_1} + k_2\sqrt{I_2}\right)^2} \approx \frac{\left(\sqrt{I_1} - \sqrt{I_2}\right)^2}{\left(\sqrt{I_1} + \sqrt{I_2}\right)^2}, \tag{15.59}$$

$$\varrho_{10} = \frac{k_1{}^2 I_1 \varrho_1}{\left(k_1\sqrt{I_1} + k_2\sqrt{I_2}\right)^2} \approx \frac{I_1\varrho_1}{\left(\sqrt{I_1} + \sqrt{I_2}\right)^2},$$

$$\varrho_{02} = \frac{k_2{}^2 I_1 \varrho_1}{\left(k_2\sqrt{I_1} - k_1\sqrt{I_2}\right)^2} \approx \frac{I_1\varrho_1}{\left(\sqrt{I_1} - \sqrt{I_2}\right)^2}. \tag{15.60}$$

Gewöhnlich ist $I_2 \ll I_1$. Aus (15.59) und (15.60) erkennt man daher, daß sich bei Annäherung an die Resonanz (Verringerung von $|\Delta|$) die Intensität der Linien I_{10} und I_{02} ausgleicht, während die Depolarisationsgrade ϱ_{10} und ϱ_{02} gegen den Wert ϱ_1 streben. Der eine nähert sich dabei von unten, der andere von oben ϱ_1. Es ist zu beachten, daß die Intensität I_{02} des Obertons monoton anwächst, wenn Δ und V_{12} das gleiche Vorzeichen haben. Anderenfalls fällt I_{02} zunächst ab, erreicht Null und steigt dann wieder monoton an.

Wir haben die Fermi-Resonanz für den Fall $\omega_1 \approx 2\omega_2$ betrachtet. Ähnliche Effekte treten auch auf, wenn etwa zwischen drei Frequenzen die Beziehung $\omega_1 + \omega_2 \approx \omega_3$ erfüllt ist, da das Transformationsverhalten der Schwingung ω_3 gleich dem Produkt der Transformationen für die Schwingungen ω_1 und ω_2 sein kann. Wenn die Frequenzen näherungsweise in einem anderen Verhältnis zueinander stehen, etwa $\omega_1 \approx n\omega_2$ bei $n > 2$, führen nur die Glieder vierter und höherer Ordnung in der potentiellen Energie zu Resonanzwechselwirkung, so daß die Resonanzerscheinungen in diesen Fällen nur schwach ausgeprägt sind.

Ein klassisches Beispiel für die Resonanzwechselwirkung von Schwingungen ist das Spektrum des CO_2-Moleküls [7, 80, 83, 250]. Auf Grund der Symmetrie dieses Moleküls ist im Raman-Effekt eine totalsymmetrische Schwingung der Frequenz ω_1 erlaubt, tatsächlich beobachtet man aber zwei intensive Linien mit den Frequenzen $\omega_1' = 1285{,}5\ \text{cm}^{-1}$ und $\omega_1'' = 1388{,}3\ \text{cm}^{-1}$. Das Auftreten der zusätzlichen Linie läßt sich leicht damit erklären, daß die zweifach entartete Infrarotfrequenz $\omega_2 = 667{,}3\ \text{cm}^{-1}$ näherungsweise der Bedingung $2\omega_2 \approx \omega_1$ genügt, d. h., es liegt Fermi-Resonanz vor.

Durch eine detaillierte Untersuchung der Raman- und IR-Spektren von CO_2 konnte für dieses Molekül die Gesamtheit der Anharmonizitätskoeffizienten ermittelt werden. Nach Dennison [251] ist in Formel (15.38) $V_{12} = 50{,}4\ \text{cm}^{-1}$ (siehe auch [83]). Hierbei ist $\varkappa = \omega_1'' - \omega_1' = 102{,}8\ \text{cm}^{-1}$. Unter Verwendung dieser Werte für V_{12} und $\varkappa$ ergibt sich nach Formel (15.40) $\Delta = 17{,}5\ \text{cm}^{-1}$, $k_1 = 0{,}765$, $k_2 = 0{,}644$.

Für das Verhältnis der experimentell meßbaren Intensitäten ergibt sich nach [252] (siehe auch [88]) $I_{02}/I_{01} = I'/I'' = 0{,}61$. Benutzt man diesen Wert, so findet man gemäß (15.59) $\sqrt{I_2}/\sqrt{I_1} = 0{,}04$, so daß gemäß (15.60)

$$\varrho_{10} = \varrho'' = 0{,}93\varrho_1, \qquad \varrho_{02} = \varrho' = 1{,}10\varrho_1, \qquad \frac{\varrho_{10}}{\varrho_{02}} = 0{,}84.$$

Experimentell wurde gefunden

$$\varrho'' = 0{,}14, \qquad \varrho' = 0{,}18, \qquad \frac{\varrho''}{\varrho'} = 0{,}78,$$

d. h., die berechneten und gemessenen Verhältnisse für die Depolarisationsgrade stimmen befriedigend überein.

§ 16. Rotationsstruktur der Raman-Linien

Bisher haben wir die Rotation und die Schwingung als unabhängige Molekülbewegungen behandelt. In Wirklichkeit führt das Molekül Drehung und Schwingungen zur gleichen Zeit aus. Das hat die Rotationsstruktur der Schwingungslinien zur Folge. Für die einfachsten Moleküle läßt sich die Rotationsstruktur auflösen. Solche Strukturanalysen liefern außerordentlich interessante und exakte Angaben über die Molekülstruktur. In der überwiegenden Mehrzahl der Fälle tritt jedoch die Rotationsstruktur nur als Linienverbreiterung in Erscheinung.

Wie bereits in § 8 erwähnt wurde, ruft die Rotation eine geringfügige Änderung der Bindungslängen hervor. Dies zieht wiederum eine Änderung der Trägheitsmomente und entsprechend der Rotationskonstanten des Moleküls nach sich. In den Rotationsenergien (8.10) und (8.16) treten demzufolge zusätzliche Glieder auf. Diese Korrekturglieder spiegeln den Einfluß der Molekülausdehnung infolge der Zentrifugalkräfte wider. Sie treten sowohl im ruhenden Molekül als auch im schwingenden auf, im letzteren Falle ändert sich jedoch die Rotationskonstante $D = D(v)$ leicht beim Übergang von einem Schwingungszustand v zum anderen. Das rührt daher, daß sich während der Schwingung das Trägheitsmoment $\mathcal{I}$ so ändert, daß der Mittelwert nicht mit dem entsprechenden, für die Gleichgewichtslage r_e errechneten Wert $\mathcal{I}_e$ zusammenfällt, obwohl im Falle harmonischer Schwingungen der mittlere Abstand $\bar{r} = r_e$ ist. Infolge der Anharmonizität der Schwingungen ist der Mittelwert des Atomabstandes $\bar{r}$ während der Schwingung nicht mehr gleich r_e. Dadurch erhält man noch eine zusätzliche Korrektur zum Energieausdruck; beide genannte Korrekturen sind jedoch klein. Praktisch ist für die Rotationsstruktur der Linien die durch die Coriolis-Wechselwirkung [7, 61, 82] bedingte Kopplung zwischen Rotation und Schwingungen ausschlaggebend.

Wie bekannt, entsteht bei der Bewegung eines Massenpunktes mit der Geschwindigkeit $\boldsymbol{v}$ in bezug auf ein Koordinatensystem, das sich mit einer konstanten Winkelgeschwindigkeit $\boldsymbol{\Omega}$ dreht, eine Zentrifugalkraft, gegeben durch

$$\boldsymbol{F}_Z = m\,[\boldsymbol{\Omega}\,[\boldsymbol{\varrho}\boldsymbol{\Omega}]] \tag{16.1}$$

und eine Coriolis-Kraft, gegeben durch

$$\boldsymbol{F}_C = 2m\,[\boldsymbol{v}\boldsymbol{\Omega}] \tag{16.2}$$

(m ist die Masse des betrachteten Massenpunktes, ϱ ist der Abstand von der Drehachse). Die Berücksichtigung dieser Kräfte führt im allgemeinen zu einem zusätzlichen Schwingungsdrehimpuls $\boldsymbol{l}$ und zu einer Änderung der Energie des Moleküls.

Wir haben also bei der Betrachtung der Rotationsstruktur der RAMAN-Linien drei Faktoren in Betracht zu ziehen: die Zentrifugaldehnung der Bindungen, die Anharmonizität der Schwingungen und die CORIOLIS-Wechselwirkung von Drehung und Schwingungen des Moleküls.

Die Trennung von Schwingungs- und Rotationsbewegung stößt bei komplizierten Molekülen auf gewisse Schwierigkeiten. Zur quantenmechanischen Behandlung muß man nämlich zuerst eine HAMILTON-Funktion für ein Molekül aufstellen, das eine Drehung bei gleichzeitiger Schwingungsbewegung seiner Atome ausführt. In diese Funktion muß der Drehimpuls des Systems eingehen, der dann verschwinden muß, wenn sich das Molekül nicht dreht. Bei Berücksichtigung der Atomschwingungen im Molekül wird jedoch der Begriff des „nichtrotierenden Moleküls" selbst unscharf und bedarf einer Definition.

Wir stellen die Radiusvektoren $\boldsymbol{r}_i$ der schwingenden Teilchen dar als

$$\boldsymbol{r}_i = \boldsymbol{r}_{0i} + \boldsymbol{u}_i, \tag{16.3}$$

wobei $\boldsymbol{r}_{0i}$ die Radiusvektoren der Gleichgewichtslagen der Teilchen und $\boldsymbol{u}_i$ die Auslenkungen aus der Gleichgewichtslage sind. Als Bedingung für das Fehlen der Rotation kann man definieren (siehe [20], § 104; [82]):

$$\sum_i m_i [\boldsymbol{r}_{0i}\boldsymbol{v}_i] = 0. \tag{16.4}$$

Wir nehmen an, daß die Translationsbewegung des Moleküls durch eine entsprechende Wahl des Koordinatensystems eliminiert ist. Dann ist $\boldsymbol{v}_i = \dot{\boldsymbol{r}}_i = \dot{\boldsymbol{u}}_i$. Die Gleichung (16.4) führt nach der Integration über die Zeit zur Bedingung

$$\sum_i m_i [\boldsymbol{r}_{0i}\boldsymbol{u}_i] = 0. \tag{16.5}$$

Nach den angeführten Definitionen kann man sich die Bewegung des Moleküls zusammengesetzt vorstellen aus der „reinen Schwingungsbewegung", bei der die Bedingungen (16.4) und (16.5) erfüllt sind, und der Rotation des Moleküls als Ganzes. Der Gesamtdrehimpuls des Moleküls $\boldsymbol{M}$ läßt sich dabei schreiben als

$$\boldsymbol{M} = \sum_i m_i [\boldsymbol{r}_i\boldsymbol{v}_i] = \sum_i m_i [\boldsymbol{r}_{0i}\boldsymbol{v}_i] + \sum_i m_i [\boldsymbol{u}_i\boldsymbol{v}_i]. \tag{16.6}$$

Interpretiert man das erste Glied auf der rechten Seite von Gleichung (16.6) als reinen Rotationsdrehimpuls

$$\boldsymbol{M}' = \sum_i m_i [\boldsymbol{r}_{0i}\boldsymbol{v}_i], \tag{16.7}$$

so hat man unter dem Schwingungsdrehimpuls die folgende Summe zu verstehen

$$\boldsymbol{l} = \sum_i m_i [\boldsymbol{u}_i\boldsymbol{v}_i] = \sum_i [\boldsymbol{u}_i\boldsymbol{p}_i]. \tag{16.8}$$

Es ist also

$$\boldsymbol{M}' = \boldsymbol{M} - \boldsymbol{l}. \tag{16.9}$$

Setzt man in den Ausdruck der Rotationsenergie (8.6) und (8.12) für den Rotationsdrehimpuls den Ausdruck $\boldsymbol{M}'$ ein, so ergibt sich explizit die Wechselwirkung der Schwingungen des Moleküls mit seiner Rotation. Diesen Effekt nennt man auch CORIOLIS-Wechselwirkung. Wie bereits erwähnt wurde, werden zusätzliche Wechselwirkungseffekte zwischen Schwingungen und Rotation durch die Abhängigkeit der Trägheitsmomente von den Normalkoordinaten und die Anharmonizität der Schwingungen bedingt.

Es ist zu beachten, daß der Schwingungsdrehimpuls $\boldsymbol{l}$ für sich genommen keineswegs erhalten bleiben muß. Dementsprechend hat dieser Drehimpuls nach den Regeln der Quantenmechanik in den stationären Zuständen des Systems im allgemeinen keine bestimmten Werte (siehe z. B. [20]). Jedem Schwingungszustand kann man nur einen Mittelwert des Schwingungsdrehimpulses zuschreiben. In jedem nichtentarteten Zustand des Moleküls ist dieser Mittelwert aber Null ([20], § 26), so daß sofort alle nichtentarteten Schwingungen aus der Betrachtung ausgeschlossen werden können.

Damit das Molekül entartete Schwingungen haben kann, muß es wenigstens eine Symmetrieachse der Ordnung $p > 2$ (siehe § 10) aufweisen. Wenn es eine Achse höherer als zweiter Ordnung gibt, gehört das Molekül zum Typ des symmetrischen Kreisels (siehe § 8). Es sei die z-Achse des molekülfesten Koordinatensystems entlang der Symmetrieachse des Moleküls gerichtet; dann gilt $\mathcal{I}_B = \mathcal{I}_C$. Aus Symmetrieüberlegungen folgt, daß die Mittelwerte der zur Symmetrieachse des Moleküls senkrechten Komponenten l_x und l_y des Schwingungsdrehimpulses verschwinden. Wir werden sie deshalb im weiteren nicht betrachten. Die Projektion auf die Symmetrieachse ist gegeben durch

$$l_z = \sum_i m_i \left(u_{ix} v_{iy} - u_{iy} v_{ix}\right) = \sum_i \left(u_{ix} p_{iy} - u_{iy} p_{ix}\right). \tag{16.10}$$

Nach dem Übergang zu Normalkoordinaten erhält man

$$l_z = l_\zeta = \sum_{i<k} \zeta_{ik} \left(\xi_i p_k - \xi_k p_i\right), \tag{16.11}$$

wobei ζ_{ik} die Konstanten der CORIOLIS-Wechselwirkung sind, die im allgemeinen Funktionen der Massen, der Gleichgewichtsabstände der Atome und der Kraftkonstanten sind; p_i und p_k sind die den entarteten Normalkoordinaten ξ_i und ξ_k entsprechenden Impulskomponenten. Die Rotations-Schwingungs-Energie des Moleküls ist für symmetrische Kreiselmoleküle gegeben durch (E' ist die Schwingungsenergie)

$$E = \frac{M^2}{2\mathcal{I}_B} + \left(\frac{1}{\mathcal{I}_A} - \frac{1}{\mathcal{I}_B}\right) \frac{M_\zeta^2}{2} - \frac{M_\zeta l_\zeta}{\mathcal{I}_A} + \frac{l_\zeta^2}{2\mathcal{I}_A} + E'. \tag{16.12}$$

Die Quantisierung erfolgt ähnlich wie für die reine Rotationsbewegung des symmetrischen Kreisels (§ 8); die Energieniveaus ergeben sich zu

$$E = \frac{\hbar^2 J(J+1)}{2\mathcal{I}_B} + \left(\frac{1}{\mathcal{I}_A} - \frac{1}{\mathcal{I}_B}\right) \frac{\hbar^2 K^2}{2} - \frac{\hbar K}{\mathcal{I}_A} \bar{l}_\zeta + \frac{\overline{l_\zeta^2}}{2\mathcal{I}_A}$$
$$+ \Delta_1 + \Delta_2 + \sum_\alpha \hbar\omega_\alpha \left(v_\alpha + \frac{1}{2}\right). \tag{16.13}$$

Hierbei beschreibt $\hbar K \bar{l}_\zeta / \mathcal{I}_A$ den Beitrag der CORIOLIS-Wechselwirkung, Δ_1 und Δ_2 (siehe (8.16)) bedeuten die von der Bindungsdehnung[1]) bzw. der Anharmonizität herrührenden Korrekturen. Für nichtentartete Schwingungen ist, wie bereits betont, $\bar{l}_\zeta = 0$.

Im Falle linearer Moleküle erhalten wir nach Ersetzen von $\boldsymbol{M}$ durch $\boldsymbol{M}'$ aus (16.9) in (8.6) den Ausdruck

$$E = \frac{1}{2\mathcal{I}} (\boldsymbol{M}^2 - 2M_\zeta l_\zeta + l_\zeta^2) + E'. \tag{16.14}$$

Im vorliegenden Falle ist $M_\zeta' = 0$, deshalb gilt $M_\zeta = l_\zeta$ und

$$E = \frac{1}{2\mathcal{I}} (\boldsymbol{M}^2 - l_\zeta^2) + E'. \tag{16.15}$$

Da die Projektion des Gesamtdrehimpulses M_ζ auf die Molekülachse in den stationären Zuständen des Moleküls bestimmte Werte hat, kann auch die Komponente l_ζ des Schwingungsdrehimpulses genau bestimmt werden:

$$l_\zeta = \hbar l, \tag{16.16}$$

wo l eine ganze Zahl ist. Die Energieniveaus des linearen Moleküls sind

$$E = \frac{\hbar^2}{2\mathcal{I}} [J(J+1) - l^2] + \Delta_1 + \Delta_2 + \sum_\alpha \hbar\omega_\alpha \left(v_\alpha + \frac{1}{2}\right). \tag{16.17}$$

Hierin ist Δ_1 eine Korrektur zweiter Ordnung, gegeben durch (siehe [83])

$$\Delta_1 = -D(v) [J(J+1) - l^2]^2, \tag{16.18}$$

Δ_2 ist die Korrektur zur Anharmonizität (siehe unten).

Der Gesamtdrehimpuls des Moleküls kann nicht kleiner als der Drehimpuls bezüglich der Achse sein, d. h., J und l durchlaufen die Werte

$$J = |l|, \qquad |l| + 1, \ldots \tag{16.19}$$

Das bedeutet, daß es keine Zustände mit $J = 0, 1, 2, \ldots, |l| - 1$ gibt.

Für lineare Moleküle gibt es zwei entartete transversale Schwingungen (siehe § 10). Ist eine dieser Schwingungen angeregt, so haben wir für die Quantenzahl l (siehe [20], § 104)

$$l = v,\ v-2,\ v-4, \ldots, -v,$$

wobei v die Schwingungsquantenzahl der entarteten Schwingung ist. Wenn gleichzeitig mehrere entartete Schwingungen mit den Quantenzahlen v_α angeregt sind, so ist

$$l = \sum_\alpha l_\alpha, \tag{16.20}$$

wobei l_α keine ganzen Zahlen mehr sind.

[1]) Eine elegante Methode zur Bestimmung der Konstanten der Zentrifugalausdehnung aus den geometrischen Parametern des Moleküls, den Atommassen und den Kraftkonstanten wird in der Arbeit von ALIJEW und ALEKSANJAN [253] entwickelt.

Berücksichtigt man neben Gliedern, die quadratisch in den Schwingungsquantenzahlen v_α sind, auch die Anharmonizität, so erscheinen im Fall entarteter Schwingungen im Ausdruck für die Rotations-Schwingungs-Energieniveaus (16.17) in l_α quadratische Glieder. Das liefert in (16.17) ein Korrekturglied:

$$\Delta_2 = \sum g_{\alpha\beta} l_\alpha l_\beta, \tag{16.21}$$

wobei $g_{\alpha\beta}$ Konstanten sind. Es sei bemerkt, daß wegen (16.20) der Ausdruck (16.17) nicht direkt von den Zahlen l_α abhängt, d. h., bezüglich dieser Zahlen sind die Schwingungs-Rotations-Niveaus entartet. Entsprechend (16.21) wird diese Entartung von der Anharmonizität aufgehoben. Die Niveaus bleiben jedoch zweifach entartet, da bei gleichzeitiger Vorzeichenänderung aller l_α und l die Energie des Moleküls unverändert bleibt. Diese verbleibende Entartung wird dadurch aufgehoben, daß in realen Fällen das Molekül bei der Auslenkung der Atome zu einem leicht asymmetrischen Kreisel wird. Im Ergebnis spaltet jedes Schwingungs-Rotations-Niveau in zwei Unterniveaus auf. Diesen Effekt nennt man l-Verdopplung. Der Abstand $\Delta\omega$ zwischen den genannten Unterniveaus wächst mit steigender Rotationsquantenzahl J (siehe [83]):

$$\Delta\omega = qJ(J+1), \tag{16.22}$$

wobei q eine Konstante ist.

Wir gehen nun zu den Kugelkreiselmolekülen über. Hierzu gehören die Moleküle mit der Symmetrie der kubischen Punktgruppen (von praktischem Interesse sind lediglich die Moleküle der Gruppe T_d). Diese Moleküle können neben nichtentarteten, zwei- und dreifach entartete Schwingungen haben. Für die zweifach entarteten Schwingungszustände fehlt jedoch die Coriolis-Aufspaltung, und ihre Rotations-Schwingungs-Niveaus haben dieselbe Gestalt wie die der nichtentarteten Schwingungszustände. Das folgt aus den Symmetrieeigenschaften der kubischen Moleküle. Nehmen wir an, die Vektoren der mittleren Schwingungsdrehimpulse in zwei Zuständen, die zu einem entarteten Energieniveau gehören, wären von Null verschieden. Dann müßten sie bei allen Symmetrietransformationen ineinander übergehen. Aber keine der kubischen Symmetriegruppen erlaubt die Existenz zweier sich ineinander transformierender Richtungen; es würden sich Gesamtheiten von nicht weniger als drei Richtungen ineinander transformieren.

In Kugelkreiselmolekülen existiert also die Coriolis-Wechselwirkung nur in solchen Zuständen, die dreifach entarteten Schwingungsniveaus entsprechen. Unter Verwendung von (16.9) erhalten wir für die Rotations-Schwingungs-Energie des Kugelkreiselmoleküls den Ausdruck

$$E = \frac{1}{2\mathcal{J}}(\boldsymbol{M} - \boldsymbol{l})^2 + E'. \tag{16.23}$$

Aus Symmetrieüberlegungen folgt (siehe [20], § 104), daß der Operator $\boldsymbol{l}$ eines dreifach entarteten Schwingungszustandes die Gestalt $\zeta\hat{\boldsymbol{l}}_1$ haben muß, wobei ζ eine für das gegebene Niveau charakteristische Konstante ist und $\hat{\boldsymbol{l}}_1$ ein Operator, der dem Einheitsmoment entspricht. Der Hamilton-Operator hat im gegebenen

Falle die Form

$$\hat{H} = \frac{\hbar^2}{2\mathscr{I}}(\hat{\boldsymbol{M}} - \zeta\hat{\boldsymbol{l}}_1) + \hat{H}' = \frac{\hbar^2}{2\mathscr{I}}\hat{\boldsymbol{M}}^2 + \frac{\hbar^2}{2\mathscr{I}}\zeta^2\hat{\boldsymbol{l}}_1{}^2 - \frac{\hbar^2}{\mathscr{I}}\zeta\hat{\boldsymbol{M}}\hat{\boldsymbol{l}}_1 + \hat{H}'. \tag{16.24}$$

Die Eigenwerte des ersten Gliedes sind die gewöhnliche Rotationsenergie (8.8) des Kugelkreisels. Das zweite Glied gibt nach Mittelung über den Schwingungszustand eine unwesentliche Konstante, die nicht von der Rotationsquantenzahl abhängt. Das letzte Glied gibt die gewöhnliche Schwingungsenergie. Die Energie der CORIOLIS-Wechselwirkung erhält man im Ergebnis der Mittelung des Ausdruckes

$$\hat{H}_C = -\frac{\hbar^2}{\mathscr{I}}\zeta\hat{\boldsymbol{M}}\hat{\boldsymbol{l}}_1. \tag{16.25}$$

Der Operator $\hat{\boldsymbol{M}}\hat{\boldsymbol{l}}_1$ kann bei gegebener Rotationsquantenzahl J drei Eigenwerte annehmen: J, -1, $-(J+1)$. Dementsprechend spaltet das Schwingungs-Rotations-Niveau in drei Unterniveaus auf, mit den entsprechenden Werten der CORIOLIS-Wechselwirkung

$$(E_C)_1 = -\frac{\hbar^2}{\mathscr{I}}\zeta J, \quad (E_C)_2 = \frac{\hbar^2}{\mathscr{I}}\zeta, \quad (E_C)_3 = \frac{\hbar^2}{\mathscr{I}}\zeta(J+1). \tag{16.26}$$

Die Struktur der Rotations-Schwingungs-Banden wird durch die Auswahlregeln für die Quantenzahlen J, K, l bei vorgegebenem Schwingungsübergang bestimmt. Von ausschlaggebender Wichtigkeit sind die Auswahlregeln für die Rotationsquantenzahl J. Ähnlich wie in den reinen Rotationsspektren haben wir bei $\Delta J = -2, -1, 0, 1, 2$ entsprechend die O-, P-, Q-, R- und S-Zweige der Rotations-Schwingungs-Bande.

Gewöhnlich kann man in guter Näherung annehmen, daß die Auswahlregeln für das reine Schwingungs- und das reine Rotationsspektrum auch bei Wechselwirkung zwischen Schwingungen und Rotation unverändert bleiben. Dementsprechend erhält man die Auswahlregeln für die Rotations-Schwingungs-Spektren durch Vereinigung der Auswahlregeln für die reinen Schwingungs- und reinen Rotationsspektren.

Eine besonders einfache Gestalt haben die Auswahlregeln für den isotropen Teil des Streutensors. Wegen der sphärischen Symmetrie dieses Anteils der Streustrahlung ist $\Delta J = 0$, d. h., die gesamte isotrope Streuung ist im Q-Zweig konzentriert. Eine Zusammenstellung der Auswahlregeln für die Rotations-Schwingungs-Linien ist in Tab. 34 gegeben.

Symmetrische Kreiselmoleküle

Die Auswahlregeln für die totalsymmetrischen RAMAN-Linien stimmen mit denen in den reinen Rotationsspektren überein (siehe § 8, Tab. 2). Bei antisymmetrischen und entarteten Schwingungen sind daneben noch Übergänge mit $\Delta K \neq 0$ erlaubt.

Die Intensität der einzelnen Komponenten der Rotations-Schwingungs-Bande hängt von Integralen der Form (8.18) ab. Die Faktoren

$$b_{J'|K'}^{J|K} = |H_{J'|K'}^{J|K}|^2, \tag{16.27}$$

Tabelle 34

Auswahlregeln für Rotations-Schwingungs-Linien in Raman-Spektren

Molekültyp	Schwingungsrasse	von Null verschiedene Polarisierbarkeitskomponenten	Auswahlregeln
Symmetrischer Kreisel	totalsymmetrische	$\alpha_{xx} + \alpha_{yy}; \alpha_{zz}$	$\Delta J = 0, \pm 1, \pm 2;$ $\Delta K = 0$
	antisymmetrische	$\alpha_{xx} - \alpha_{yy}; \alpha_{xy}$	$\Delta J = 0, \pm 1, \pm 2;$ $\Delta K = \pm 2$
	entartete	$\alpha_{xx} - \alpha_{yy}; \alpha_{xy}$	$\Delta J = 0, \pm 1, \pm 2;$ $\Delta K = \pm 2$
		α_{yz}, α_{zx}	$\Delta J = 0, \pm 1, \pm 2;$ $\Delta K = \pm 1\ (J' + J'' \geqq 2)$
Lineare Moleküle	totalsymmetrische	$\alpha_{xx} + \alpha_{yy}; \alpha_{zz}$	$\Delta J = 0, \pm 2$
	entartete	α_{yz}, α_{zx}	$\Delta J = 0, \pm 1, \pm 2$ $(J' + J'' \geqq 0)$
Kugelkreisel	totalsymmetrische	$\alpha_{xx} + \alpha_{yy} + \alpha_{zz}$	$\Delta J = 0$
	zweifach entartete	$\alpha_{xx} + \alpha_{yy} + 2\alpha_{zz};$ $\alpha_{xx} - \alpha_{yy}$	$\Delta J = 0, \pm 1, \pm 2$
	dreifach entartete	$\alpha_{xy}, \alpha_{yz}, \alpha_{xz}$	$\Delta J = 0, \pm 1, \pm 2$ $(J' + J'' \geqq 2)$
Asymmetrischer Kreisel	totalsymmetrische	$\alpha_{xx}, \alpha_{yy}, \alpha_{zz}$	$\Delta J = 0, \pm 1, \pm 2$ $(J' + J'' \geqq 2)$

die die relativen Intensitäten der einzelnen Rotationslinien im anisotropen Teil der Streustrahlung bei den Übergängen J, $K \to J'$, K' angeben, wurden von PLACZEK und TELLER [61] berechnet. Die Werte für $b_{JK}^{J'K'}$ sind z. B. in [63] angegeben.

Die Intensitäten der Rotationskomponenten in den totalsymmetrischen Rotations-Schwingungs-Banden bestimmen sich aus (8.30). In Abb. 48 sind die relativen Intensitäten der verschiedenen Zweige der totalsymmetrischen Banden in der anisotropen Streuung in Abhängigkeit vom Verhältnis $\mathcal{I}_A/\mathcal{I}_B$ dargestellt.

In entarteten Rotations-Schwingungs-Banden führt die CORIOLIS-Wechselwirkung zu einer zusätzlichen Aufspaltung der Banden (siehe [83]).

Lineare Moleküle

Die Größe $\boldsymbol{l}$ stellt für das lineare Molekül ebenso wie $\boldsymbol{K}$ für den symmetrischen Kreisel die Projektion des Drehimpulses auf die Figurenachse dar. Hieraus folgt, daß die Übergänge $\Delta K = 1$ und $\Delta l = 1$ die gleichen Intensitätsfaktoren haben.

Als Beispiel sind in Abb. 49 und 50 die Mikrophotogramme der totalsymmetrischen Bande $\nu_1 = 3372{,}5\ \mathrm{cm}^{-1}$ und der zweifach entarteten Bande $\nu_4 = 613{,}5\ \mathrm{cm}^{-1}$ im RAMAN-Spektrum von Azetylen nach Angaben von FELDMAN, SHEPHERD und WELSH [254] dargestellt. Die Bande ν_1 entsteht durch die Übergänge $\Delta J = 0$, ± 2 zwischen zwei $\sum_g{}^+$-Niveaus, deren Schema in Abb. 51 wiedergegeben ist.

Das statistische Gewicht der antisymmetrischen Niveaus ist dreimal so groß wie das der symmetrischen Niveaus, so daß ein Intensitätswechsel auftritt. In Abb. 49 ist der sehr intensive Q-Zweig zu erkennen, der für totalsymmetrische Banden typisch ist. Neben dem Q-Zweig sind zwei Kombinationslinien zu beobachten. Die Bande $\nu_4(\Pi_g)$ hat eine charakteristische Struktur mit einem sehr schwachen Q-Zweig (Abb. 50). Die Rotationsenergie des oberen Niveaus dieser Bande wird durch die Formeln (16.17) und (16.18) mit $l = 1$ beschrieben. Das Übergangsschema ist in Abb. 52 gezeigt.

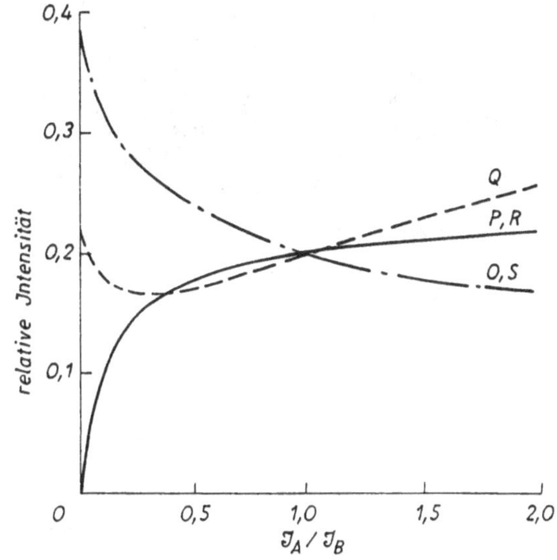

Abb. 48: Relative Intensitäten der Zweige in der totalsymmetrischen Rotations-Schwingungs-Bande von symmetrischen Kreiselmolekülen als Funktion des Verhältnisses $\mathcal{J}_A/\mathcal{J}_B$ [61].

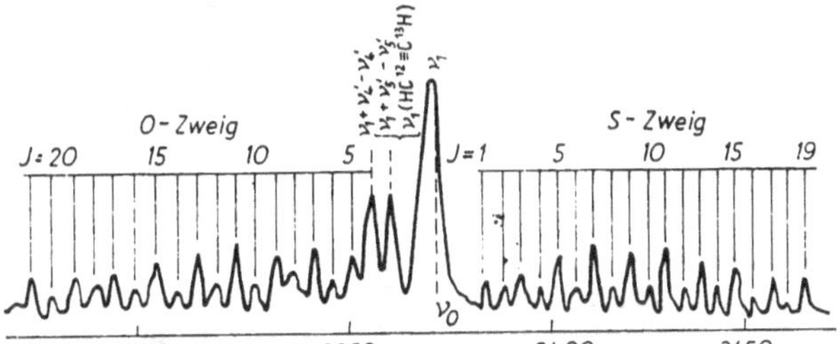

Abb. 49: Mikrophotogramm der totalsymmetrischen Bande ν_1 des Azetylenmoleküls nach Angaben von [254].

Im angeregten (entarteten) Schwingungszustand entsprechen jedem Wert der Rotationsquantenzahl J die zwei Unterniveaus $-a$ und $+s$. Die Aufspaltung der Niveaus (l-Verdopplung) wächst mit steigendem J. Nach den allgemeinen Regeln ist $J = l, l + 1 \ldots = 1, 2, \ldots,$ d. h., im oberen Zustand fehlt das Niveau $J = 0$. Die Auswahlregeln bezüglich der Symmetrie der Niveaus (siehe § 8) lassen im allgemeinen nur Übergänge zwischen Niveaus mit gleicher Symmetrie, d. h. Übergänge $+\leftrightarrow+$ und $-\leftrightarrow-$ zu. Aus Abb. 51 ist zu erkennen, daß

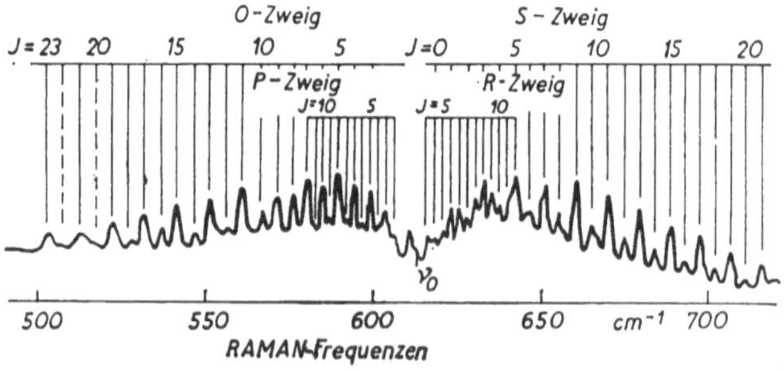

Abb. 50: Mikrophotogramm der zweifach entarteten Bande ν_4 des Azetylenmoleküls nach Angaben von [254].

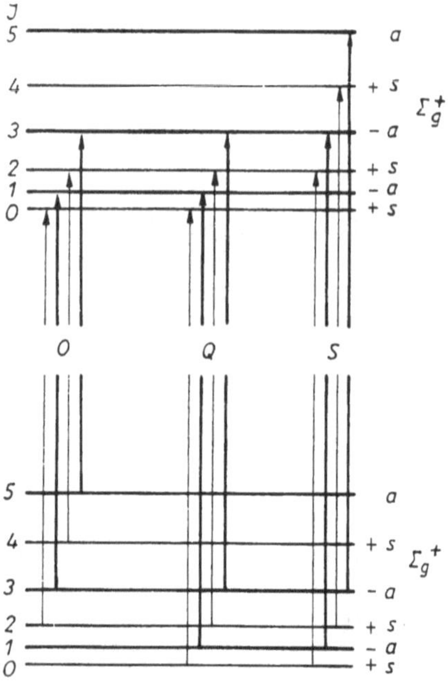

Abb. 51: Schema der Übergänge $\Sigma_g{}^+ \rightarrow \Sigma_g{}^+$ in linearen Molekülen.

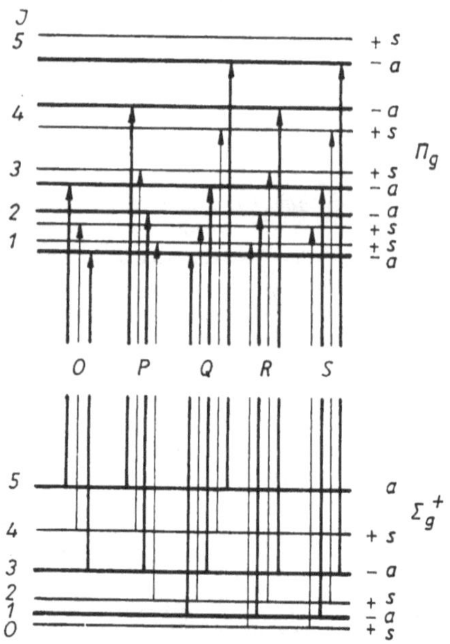

Abb. 52: Schema der Übergänge $\Sigma_g{}^+ \rightarrow \Pi_g$ in linearen Molekülen.

wegen der l-Verdopplung Übergänge möglich werden, bei denen $\Delta J = \pm 1$. Die Linien $Q(0)$, $P(1)$ und $O(2)$ dürfen aber im Spektrum nicht auftreten. Das beobachtete Spektrum hat tatsächlich einen sehr schwachen Q-Zweig, und die Linien $P(1)$ und $O(2)$ treten nicht auf. Die Zweige O, P, R und S weisen einen Intensitätswechsel auf.

Kugelkreisel

Die totalsymmetrischen Raman-Linien haben keine Rotationsstruktur, da für sie nur der Q-Zweig erlaubt ist ($\Delta J = 0$). Bei Übergängen in einen zweifach entarteten Schwingungszustand können fünf Zweige auftreten. Eine sehr komplizierte Struktur weisen Rotations-Schwingungs-Banden auf, die Übergängen in einen dreifach entarteten Zustand entsprechen. Bedingt durch die Coriolis-Aufspaltung der Niveaus in drei Komponenten und die Auswahlregeln $\Delta J = 0, \pm 1, \pm 2$ treten bei den genannten Übergängen fünfzehn Zweige auf.

Experimentelle Daten liegen nur für das Kugelkreiselmolekül Methan vor. In [254] ist die einer zweifach entarteten Schwingung des Moleküls entsprechende Bande ν_2 untersucht worden. Sie erscheint in Übereinstimmung mit den Auswahlregeln als Rotations-Schwingungs-Bande mit den Zweigen O, P, Q, R und S. Im Spektrum dieser Bande wurde eine interessante Besonderheit beobachtet. Der Abstand zwischen zwei aufeinanderfolgenden Linien des O- und S-Zweiges stimmt nicht mit dem entsprechenden doppelten Abstand im P- und R-Zweig überein. Aus der Spektrenanalyse wurde geschlosen, daß in diesem Falle der angeregte Schwingungszustand bei gegebenem J in zwei Unterniveaus α und β zerfällt, wobei die Auswahlregeln im Raman-Effekt besagen, daß $\Delta J = 0, \pm 1$ für das Unterniveau α und $\Delta J = \pm 2$ für das Unterniveau β gilt.

Die dreifach entartete Schwingungsbande ν_3 des Methanmoleküls hat Stoicheff [63] mit hoher Auflösung untersucht. Die komplizierte Struktur dieser Bande läßt sich mit der Theorie vereinbaren; eine vollständige Aufklärung liegt jedoch nicht vor.

Eine umfassende Theorie der Rotations-Schwingungs-Struktur der Raman-Banden für asymmetrische Kreiselmoleküle ist noch nicht entwickelt worden. Gewöhnlich nimmt man bei der Analyse des experimentellen Materials für diese Moleküle Bezug auf die Daten der symmetrischen Kreisel unter Annahme, daß die reale Molekülstruktur lediglich „leicht asymmetrisch“ ist.

Es sei darauf hingewiesen, daß bezüglich der Rotations-Schwingungs-Struktur der Infrarotbanden umfangreiches experimentelles Material vorliegt. Eine Übersicht über die vorhandenen Daten wird in der Monographie [255] gegeben.

Von großem Interesse ist die Frage, welche Ursache die beachtliche Breite der stark polarisierten Schwingungslinien hat. Maßgebend für diese Linien ist der Q-Zweig des isotropen Teils des Streutensors. Sowohl in linearen als auch in symmetrischen Kreiselmolekülen findet gemäß den Auswahlregeln $\Delta K = 0$ eine Überlagerung der verschiedenen Quantenzahlen J entsprechenden einzelnen Komponenten des Q-Zweiges statt, wobei eine scharfe Linie entsteht. Die Breite dieser Linien ist erstmals von Sterin [256] mit einem Fabry-Perot-Interferometer gemessen worden. Er hat die Linien 992 cm^{-1} von Benzol und 802 cm^{-1} von Cyclohexan, also von symmetrischen Kreiselmolekülen untersucht. Die Breite dieser

Linien beträgt etwa 2 cm^{-1} und verändert sich praktisch auch beim Übergang vom flüssigen zum gasförmigen Zustand nicht.

Bei einem Depolarisationsgrad dieser Linien von $\varrho \approx 0{,}05$ ist der Beitrag der anisotropen Streuung zum Q-Zweig sehr gering und kann so nicht zu einer merklichen Linienverbreiterung führen. STERIN diskutiert einige mögliche Gründe für die Verbreiterung der genannten RAMAN-Linien, z. B. infolge von Stößen, den DOPPLER-Effekt und die Anharmonizität. Er gelangte zu dem Schluß, daß keiner dieser Mechanismen die beobachtete Breite der untersuchten Linien erklären kann. Nimmt man andererseits an, daß die Breite der betreffenden Linien die mittlere Lebensdauer der angeregten Schwingungszustände charakterisiert, so stößt man auf ernsthafte Schwierigkeiten. Bei einer Linienbreite von 2 cm^{-1} müßte die Lebensdauer des Schwingungszustandes 10^{-11} s betragen. Die gewöhnlichen Strahlungsverluste ergeben für die totalsymmetrischen Schwingungszustände eine erheblich größere Lebensdauer. Der Energieaustausch zwischen den Schwingungs- und anderen Freiheitsgraden liefert ebenfalls eine mittlere Lebenszeit von 10^{-5}–10^{-7} s.

Eine sinnvolle Begründung der diskutierten Linienbreiten ist von SOBELMAN [77] vorgeschlagen worden. Er geht davon aus, daß eine Trennung der Schwingungs- und Rotationsenergie des Moleküls nur in der ersten Näherung möglich ist. Von ausschlaggebender Bedeutung ist, daß die Trägheitsmomente im angeregten Schwingungszustand nicht mit den entsprechenden Werten des Grundzustandes zusammenfallen. Die Berücksichtigung dieser Tatsache führt bei anharmonischen Schwingungen zu einer Aufspaltung des Q-Zweiges in eine Reihe von Komponenten, die verschiedenen Werten der Rotationsquantenzahl J entsprechen. Bei zweiatomigen Molekülen wird diese Aufspaltung gemäß [20], § 82 durch ein zusätzliches Glied in der Rotations-Schwingungs-Energie beschrieben:

$$\Delta E = \alpha \left(v + \frac{1}{2}\right) J(J+1), \tag{16.28}$$

wobei

$$\alpha = \frac{6B^2}{\hbar\omega} - \frac{6B^2 a}{M\omega^3} \sqrt{\frac{2}{MB}}. \tag{16.29}$$

Hier ist $B = \hbar^2/2\mathcal{J}_0$ die Rotationskonstante für die Gleichgewichtskonfiguration des Moleküls, M die Molekülmasse und a der Koeffizient des kubischen Gliedes in der Entwicklung der potentiellen Energie nach den Normalkoordinaten. In Einklang mit (16.28) ist die J-Komponente des Q-Zweiges gegenüber der nullten Komponente um den Betrag $\alpha J(J+1)$ verschoben. Die Intensität dieser Komponente, die der Anregungswahrscheinlichkeit des Niveaus mit gegebenem J proportional ist, ist

$$W(J) = c(2J+1) \exp\left[\frac{-BJ(J+1)}{kT}\right]. \tag{16.30}$$

Die Intensitätsverteilung des Q-Zweiges wird durch den Ausdruck

$$I = I_0 \sqrt{1 + 4\frac{\Delta\omega}{\alpha}} \exp\frac{-B\,\Delta\omega}{\alpha kT} \tag{16.31}$$

beschrieben, wo $\Delta\omega = \omega_J - \omega_0$.

Bei symmetrischen Kreiselmolekülen, zu denen auch die von STERIN untersuchten Benzol- und Cyclohexanmoleküle gehören, erscheint bei Berücksichtigung der Kopplung zwischen Schwingungen und Rotation ebenfalls ein zusätzliches Glied ΔE_i, das durch einen Ausdruck ähnlich wie (16.28) beschrieben wird. Ausführlich wird das in den Arbeiten von SOBELMAN [77], KOWNER und TSCHAPLIK [257] untersucht. Für die totalsymmetrischen Schwingungen der symmetrischen Kreiselmoleküle hat das Korrekturglied die Form

$$\Delta E_i = \alpha^i \left(v_i + \frac{1}{2}\right) \left[J(J+1) - \frac{1}{2} K^2\right], \tag{16.32}$$

wo $\alpha^i = \alpha_1{}^i + \alpha_2{}^i + \alpha_3{}^i$ und

$$\alpha_1{}^i = \frac{\hbar}{2m_i\omega_i} \left(\frac{\partial^2 B}{\partial q_i{}^2}\right)_0,$$

$$\alpha_2{}^i = -\frac{3\hbar a_i}{m_i{}^2\omega_i{}^3} \left(\frac{\partial B}{\partial q_i}\right)_0,$$

$$\alpha_3{}^i = -\sum_{j \neq i} \frac{\hbar a_{jii}}{m_i m_j \omega_i \omega_j{}^2} \left(\frac{\partial B}{\partial q_j}\right)_0. \tag{16.33}$$

Hierin sind q_i und q_j Normalkoordinaten, a_i und a_{jii} die Koeffizienten bei $q_i{}^3$ und $q_j q_i{}^2$ in der Entwicklung der potentiellen Energie nach den Normalkoordinaten, ω_i und ω_j die Normalschwingungsfrequenzen und m_i, m_j die Massen der harmonischen Oszillatoren, $B = \hbar^2/2\mathcal{I}_B$, wobei $\mathcal{I}_B$ das kleinere der beiden Hauptträgheitsmomente ist (für Benzol $B = 2A$).

Die Intensitätsverteilung des Q-Zweiges ist

$$I = I_0 \exp\left(-\frac{\hbar B\, \Delta\omega_i}{\alpha^i kT}\right). \tag{16.34}$$

Für die Linienbreite gilt die Näherungsformel

$$\delta_i = \frac{\alpha^i kT \ln 2}{\hbar B}. \tag{16.35}$$

Die Formeln für die zweifach entarteten Schwingungen des Benzols sind von KOWNER und TSCHAPLIK [257] abgeleitet worden.

Eine Abschätzung der Konstanten $\alpha_1{}^i$ ergibt für die Linie 992 cm^{-1} $\alpha_1{}^i = 0{,}12 \times 10^{-3}$ cm^{-1}, so daß sich für die Linienbreite die richtige Größenordnung ergibt. Die Berechnung der Konstanten $\alpha_2{}^i$, $\alpha_3{}^i$ stößt auf größte Schwierigkeiten, da die Anharmonizitätskoeffizienten a_i und a_{jii} unbekannt sind. Orientierungswerte sind in [77, 257] angegeben.

Im Anschluß an die ersten Arbeiten von STERIN wurden umfangreiche experimentelle Untersuchungen der RAMAN-Linienbreiten von MICHAILOW [76] durchgeführt. Es wurden die Moleküle N_2, O_2 und CH_4 bei verschiedenen Drücken und Temperaturen untersucht.

Die Schwingungslinie 1555 cm^{-1} des Sauerstoffs wurde bei $t = 27\,°C$ im Druckintervall von 15 bis 125 atm gemessen. Im Raman-Spektrum wurde eine scharfe Stokessche Linie, die dem Q-Zweig entspricht, beobachtet. Die nach den Auswahlregeln erlaubten O- und S-Zweige wurden in der Regel nicht beobachtet (bei hohen Drücken erscheint im Bereich des S-Zweiges ein schwacher verwaschener Flügel). In Abb. 53 ist das beobachtete Profil der Sauerstofflinie dargestellt. Man erkennt, daß die Linie asymmetrisch ist mit einem Flügel auf der Seite der Erregerlinie. Die beobachtete Linienbreite beträgt etwa 3 cm^{-1}. Es ist bemerkenswert, daß sich das Profil und die Breite der Linie bei Druckerhöhung nicht ändert. Eine Verschiebung des Linienmaximums wird ebenfalls nicht festgestellt.

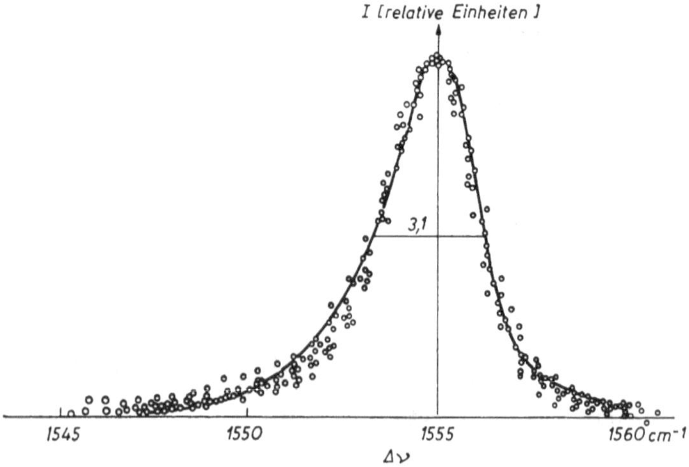

Abb. 53: Beobachtetes Profil des Q-Zweiges der Schwingungsbande von Sauerstoff, angeregt mit der Quecksilberlinie 4358 Å bei Drücken von 15 bis 125 atm [76].

Die Punkte beziehen sich auf die Meßergebnisse bei verschiedenen Drücken, die durchgezogene Linie stellt das berechnete Profil dar.

Das Stickstoffspektrum wurde bei der gleichen Temperatur im Druckintervall von 14 bis 114 atm gemessen. Es wurde nur der Q-Zweig der Schwingungsbande mit der Frequenz 2345 cm^{-1} und der Breite von ungefähr 3 cm^{-1} beobachtet. Ebenso wie bei Sauerstoff bleiben Linienprofil und -breite mit steigendem Druck praktisch unverändert.

Die Tatsache, daß die Breite der Schwingungslinien vom Druck unabhängig ist, während die Breite der Rotations-Raman-Linien mit steigendem Druck stark zunimmt (siehe § 8), erscheint auf den ersten Blick eigentümlich. Michailow konstatiert dieses Verhalten der Schwingungslinien als eine bisher noch ungeklärte Eigenschaft der Schwingungsübergänge. Demgegenüber folgt das diskutierte Resultat aus (4.91), wenn man t als eine Größe von der Ordnung der mittleren Zeit zwischen den Stößen der Moleküle ansieht. Nach dieser Theorie bestimmt sich die Breite der RAMAN-Linie aus der Differenz der Breiten des Anfangs- und des Endniveaus. Im Falle des Q-Zweiges sind Anfangs- und Endniveau ein und dasselbe Rotationsniveau, so daß bei Verbreiterung dieses Niveaus die Breite der Schwingungslinie verständlicherweise konstant bleibt.

Bei der Analyse des Q-Zweiges der Schwingungslinien von O_2 und N_2 wird in [76] sein Linienprofil unter der Annahme berechnet, daß der Zweig durch die Überlagerung der einzelnen J-Komponenten (siehe Formel (16.28)) eine unaufgelöste Struktur besitzt. Die Rechnung ergab eine gute Übereinstimmung mit dem experimentell gefundenen Linienprofil.

Die Resultate für den Q-Zweig der Schwingungsbande des Stickstoffs, die bei verschiedenen Temperaturen ermittelt wurden, zeigen, daß mit steigender Temperatur seine Breite erheblich zunimmt. In Abb. 54 sind die beobachteten Linien-

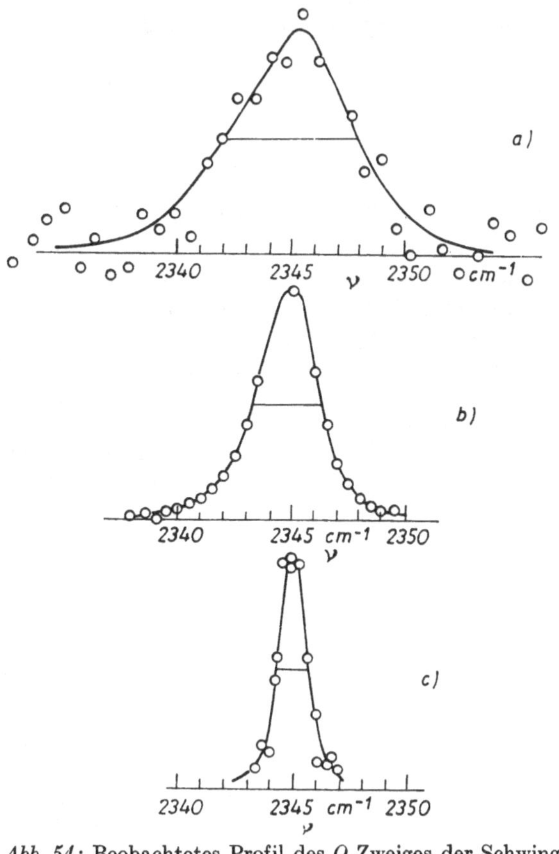

Abb. 54: Beobachtetes Profil des Q-Zweiges der Schwingungsbande von Stickstoff (Erregerlinie Hg 4358 Å) bei verschiedenen Temperaturen [76]: *a*) 200°C, $\delta = 5{,}7\ \mathrm{cm}^{-1}$; *b*) 27°C, $\delta = 3{,}1\ \mathrm{cm}^{-1}$; *c*) -196°C, $\delta = 1{,}4\ \mathrm{cm}^{-1}$.

profile bei verschiedenen Temperaturen nach Angaben von MICHAILOW [76] dargestellt. Es sei bemerkt, daß infolge der merklichen Breite der Apparatefunktion ($\delta_a = 1{,}0\,\mathrm{cm}^{-1}$) das für flüssigen Stickstoff gemessene Profil nicht das wahre Profil beschreibt; das wahre Profil ist bedeutend schmaler als das in der Abbildung gezeigte. Die beobachtete Änderung der Breite des Q-Zweiges läßt sich mit Änderungen in der Molekülverteilung über die Rotationsniveaus, die mit Formel (16.30) gegeben ist, erklären. Das Anwachsen der Linienbreite mit der Temperatur steht in Einklang mit der Formel (16.35).

Die Linienverbreiterung auf Grund zwischenmolekularer Wechselwirkungen wird im nächstfolgenden Paragraphen behandelt.

Aus dem Gesagten kann man schließen, daß die Breite der einzelnen J-Komponenten des Q-Zweiges in Gasen zweiatomiger Moleküle bei geringen Drücken offenkundig die geringste denkbare Breite der RAMAN-Linien ist. Eine direkte Untersuchung dieser Komponenten und Messung ihrer Breiten liegt gegenwärtig außerhalb der experimentellen Möglichkeiten. Die theoretischen Abschätzungen von STERIN [256] sprechen für eine Breite von der Ordnung $0{,}1\,\mathrm{cm}^{-1}$. Dieser Wert überschreitet bedeutend die natürliche Linienbreite, die ungefähr $5 \cdot 10^{-4}\,\mathrm{cm}^{-1}$ beträgt (siehe z. B. [258]). Dementsprechend sind selbst bei großen Anregungsdichten die in § 4 formulierten Bedingungen für die Anwendbarkeit der Störungstheorie noch erfüllt.

§ 17. Raman-Spektren und zwischenmolekulare Wechselwirkung

Die Wechselwirkung zwischen den Molekülen in kondensierten Medien beeinflußt praktisch alle Parameter der RAMAN-Linien. Die Gegenüberstellung von Gas- und Flüssigkeitsspektren zeigt, daß zwischen ihnen ein erheblicher Unterschied besteht. Noch deutlicher wird der Unterschied, wenn man RAMAN-Spektren von Gasen und Flüssigkeiten mit Kristallspektren vergleicht, die eine Reihe von Besonderheiten aufweisen (siehe Kap. 3.).

Bisher haben wir angenommen, daß die RAMAN-Streuung praktisch an isolierten Molekülen vor sich geht. In der Mehrzahl der Fälle verursacht diese Annahme selbst bei der Behandlung von kondensierten Medien keine wesentlichen Fehler. Dementsprechend kann man in gewisser Näherung die zwischenmolekulare Wechselwirkung als einen Störfaktor ansehen, der mehr oder weniger große Korrekturen zu den Parametern der RAMAN-Linien von verdünnten Gasen bedingt. Es muß aber betont werden, daß ein solches Vorgehen nicht immer möglich ist. So zeigt z. B. die Temperaturabhängigkeit der Intensität der RAMAN-Linien von Flüssigkeiten einen qualitativen Unterschied zur theoretischen Abhängigkeit für verdünnte Gase.

Um die Besonderheiten der RAMAN-Spektren von kondensierten Medien theoretisch zu analysieren, bedarf es der Kenntnis der Molekülbewegung und -wechselwirkung in diesen Medien. Heute kann eine solche Analyse bei weitem nicht immer mit der erforderlichen Vollständigkeit durchgeführt werden. Daher werden wir im vorliegenden Paragraphen in der Hauptsache experimentelle RAMAN-Spektren von kondensierten Medien diskutieren und nur einen kurzen Überblick über die wichtigsten theoretischen Interpretationen dieser Daten geben.

1. *Einfluß der zwischenmolekularen Wechselwirkung auf die Frequenz der Raman-Linien*

Auf den Unterschied zwischen den Werten der Schwingungsfrequenzen der gasförmigen und der kondensierten Phasen (Flüssigkeit, Lösung, Kristall) wurde in der Literatur mehrfach hingewiesen. WOLKENSTEIN [259] kommt auf der Grundlage des experimentellen Materials zu dem Schluß, daß sich beim Übergang zur kondensierten Phase die Frequenzen in der Regel verringern, wobei diese Frequenzabnahme bei polaren Verbindungen besonders stark in Erscheinung tritt (die relative Frequenzverschiebung erreicht hier mitunter $\sim$5%). Der Einfluß des Lösungsmittels auf die Schwingungsfrequenzen des gelösten Stoffes ist um so größer, je größer das Dipolmoment des Lösungsmittelmoleküls ist. SCHORYGIN [260] fand ebenfalls, daß die Frequenz der C=O-Schwingung in Lösungen von der Polarität des Lösungsmittels abhängt. In unpolaren Lösungsmitteln liegt die Frequenz der genannten Schwingung nahe dem entsprechenden Wert für die gasförmige Phase.

Systematische Untersuchungen zum Einfluß der Phasenübergänge und der Temperatur auf die Schwingungsfrequenzen wurden von SETSCHKARJEW [261 bis 264] vorgenommen. Es wurden polare Verbindungen mit den Gruppen C—Hal, C=O, O—H u. a. untersucht. Neben der oben erwähnten Frequenzverringerung beim Übergang vom Gas zur Flüssigkeit (wie das z. B. bei den Valenzschwingungen C=O, OH der Fall ist) wird nicht selten eine Frequenzerhöhung beobachtet (Tab. 35).

Ein typischer Fall für die Abhängigkeit der RAMAN-Frequenzen einer polaren Substanz von der Temperatur und dem Aggregatzustand ist in Abb. 55 dargestellt. Wie man sieht, übersteigt die Frequenzverschiebung bei Phasenübergängen erheblich die durch die Temperaturänderungen hervorgerufenen Frequenzänderungen.

In den RAMAN-Spektren dipolloser Moleküle beobachtet man bei der Änderung der Temperatur und bei Phasenübergängen ebenfalls eine Frequenzverschiebung,

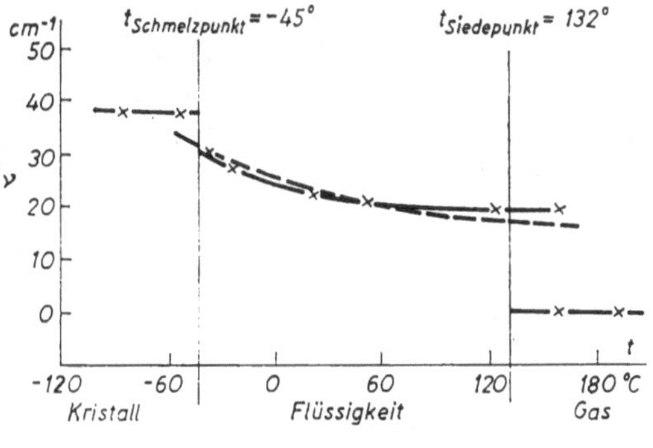

Abb. 55: Frequenzabhängigkeit der RAMAN-Linie einer polaren Substanz (Chlorbenzol, $\nu_0 = 174\ \mathrm{cm}^{-1}$) von der Temperatur und dem Aggregatzustand (nach Angaben von SETSCHKARJEW [264]).

die aber weniger ausgeprägt ist als bei polaren Molekülen. Bei konstanter Temperatur wird die Frequenzverschiebung durch zwei Faktoren bestimmt: der Änderung der Dichte und des Aggregatzustandes. Als Beispiel sind in Abb. 56 die Meßergebnisse für die Frequenz ν_1 von Methan [265] angeführt. Bei gleicher Dichte beträgt die Frequenz ν_1 im Gas ungefähr 2910 cm^{-1}, in der Flüssigkeit 2905,2 cm^{-1} und im festen Zustand 2903,9 cm^{-1}. Das Auftreten eines Minimums in der Kurve der Frequenzabhängigkeit von der Dichte ist offenbar eine typische Erscheinung.

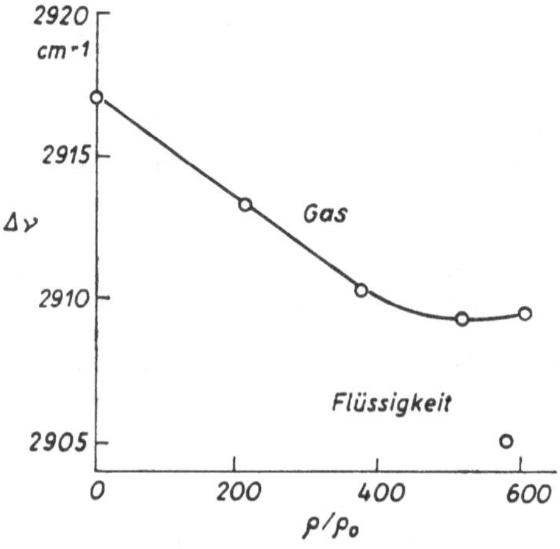

Abb. 56: Die Frequenz ν_1 von Methan in Abhängigkeit von der Dichte und dem Aggregatzustand [265].

Theoretisch wurde der Einfluß der zwischenmolekularen Wechselwirkung auf die Frequenzen des Schwingungsspektrums mehrfach diskutiert. Dessen ungeachtet existiert bis heute keine vollständige Theorie dieser Erscheinungen, und die Rechnungen ergeben nur mehr oder weniger verläßliche Abschätzungen.

Etwas willkürlich teilt man die zwischenmolekularen Wechselwirkungen in universelle und spezifische ein. Zu den universellen Wechselwirkungen gehört die VAN-DER-WAALS-Wechselwirkung; nach verschiedenen Mittelungen kann sie als das Resultat der Einwirkung des dielektrischen Mediums auf das sich darin befindende Moleküle beschrieben werden. Die Wechselwirkungen der zweiten Art sind in Gruppen von Bindungen oder Atomen lokalisiert. Sie wirken gerichtet und führen zur Ausbildung von Bindungen zwischen den Molekülen mit physikalisch-chemischem Charakter [266, 267].

Der Einfluß der VAN-DER-WAALS-Wechselwirkung auf die Schwingungsfrequenzen wurde eingehend von WOLKENSTEIN [80, 268] sowie von SETSCHKARJEW [261—264] behandelt. In den zitierten Arbeiten wird die Wechselwirkung zwischen Molekülen untersucht, deren Schwingungen infolge der VAN-DER-WAALS-Kräfte miteinander gekoppelt sind. Allgemein können diese Kräfte wie folgt berücksichtigt werden.

Tabelle 35

Frequenzänderungen der Schwingungen polarer Gruppen beim Übergang vom Gas zur Flüssigkeit und bei Temperaturänderung [261–264]

Verbindung	polare Gruppe	Schwingungsformen	ν [cm^{-1}]	$\Delta\nu_{beob}$	$\Delta\nu_{berechn}$	$\left\|\frac{d\nu}{dT}\right\|_0 \cdot 10^2$ [cm^{-1}/Grad]
Fluorbenzol	C–F	nichtebene Deformationsschwingungen	220	21	30	6,1
		ebene Deformationsschwingungen	351	14	17	6,9
		Pulsationsschwingungen	485	16	5	0,9
Chlorbenzol	C–Cl	nichtebene Deformationsschwingungen	174	19	17	4,4
		ebene Deformationsschwingungen	271	28	9	2,2
		Pulsationsschwingungen	413	6	6	1,1
Brombenzol	C–Br	nichtebene Deformationsschwingungen	167	7	10	4,9
		ebene Deformationsschwingungen	239	14	6	1,6
		Pulsationsschwingungen	309	2	5	2,7
Toluol	$C-CH_3$	nichtebene Deformationsschwingungen	214	1	2	1,0
		Pulsationsschwingungen	533	–12	– 3	$<0,4$
Azeton	C=O	Deformationsschwingungen	376	14	12	$<0,5$
		Valenzschwingungen	1740	–30		3,0
Azetaldehyd	C=O	Deformationsschwingungen	505	5	8	
		Valenzschwingungen	1740	–10		
Azetylchlorid	C=O	Deformationsschwingungen	429	7	6	1,2
		Valenzschwingungen	1824	–21		$<0,5$
	C–Cl	Valenzschwingungen	606	–14		$<0,5$
Azetamid	C=O	Deformationsschwingungen	439	9	11	$<0,7$
		Valenzschwingungen	1750	–20		$<0,7$
Azetophenon	C=O	nichtebene Deformationsschwingungen	145	10	6	5,3
		ebene Deformationsschwingungen	370	0	1	1,1
		Valenzschwingungen	1700	–14		2,1

Anmerkung: $\Delta\nu = \nu - \nu_0$ (wobei ν_0 die Frequenz des Gases und ν die Frequenz der Flüssigkeit nahe des Siedepunktes ist); $\left|\frac{d\nu}{dT}\right|_0$ ist der mittlere Temperaturverlauf der Flüssigkeitsfrequenz.

Gegeben sei ein System aus n gleichen Molekülen. Die der Normalkoordinate q entsprechende LAGRANGE-Funktion des Systems läßt sich schreiben als

$$L = \frac{1}{2} M \sum_{i=1}^{n} \dot{q}_i^2 - \frac{1}{2} M\omega_0^2 \sum_{i=1}^{n} q_i^2 - U(q_1, q_2, \ldots, q_n). \qquad (17.1)$$

Hierin ist M ein von den Atommassen und der geometrischen Konfiguration des Moleküls abhängiger Koeffizient, U die potentielle Energie der zwischenmolekularen Wechselwirkung; die Summation erstreckt sich über alle Moleküle. Bei Fehlen der zwischenmolekularen Wechselwirkung hätte jedes der Moleküle die Frequenz der gegebenen Normalschwingung ω_0, die bezüglich der n Moleküle als n-fach entartet anzusehen ist. Die Wechselwirkung hebt diese Entartung auf und die Frequenz ω_0 spaltet in n Komponenten auf (und verschiebt sich).

Die LAGRANGE-Funktion (17.1) führt zu folgendem System von n Bewegungsgleichungen

$$M\ddot{q}_i + M\omega_0^2 q_i + \frac{\partial U}{\partial q_i} = 0. \qquad (17.2)$$

Entwickelt man $\partial U/\partial q_i$ nach Potenzen von q_i und behält man nur lineare Glieder bei, so entsteht

$$\frac{\partial U}{\partial q_i} = C_i - B_i q_i - \sum_{i \neq j} A_{ij} q_j. \qquad (17.3)$$

Die Beziehung $A_{ji} = A_{ij}$ ist eine Folge der Gleichberechtigung der Moleküle bei paarweiser Wechselwirkung. Das konstante Glied C_i in (17.3) kann weggelassen werden, da es lediglich zu einer für uns uninteressanten Verschiebung des Gleichgewichtswertes von q_i führt.

Einsetzen von (17.3) in (17.2) liefert

$$M\ddot{q}_i + (M\omega_0^2 - B_i)\, q_i - \sum_{i \neq j} A_{ij} q_j = 0. \qquad (17.4)$$

Die Lösungen dieses Differentialgleichungssystems haben die Form (siehe § 9)

$$q_i = q_{i0} e^{i\omega t}.$$

Setzt man diese Lösungen in (17.4) ein, so erhält man für die Amplituden q_{i0} ein System von linearen homogenen algebraischen Gleichungen, das nichttriviale Lösungen besitzt, wenn

$$\begin{vmatrix} \lambda - B_1 & -A_{12} & \ldots & -A_{1n} \\ -A_{21} & \lambda - B_2 & \ldots & -A_{2n} \\ \cdots & \cdots & \cdots & \cdots \\ -A_{n1} & -A_{n2} & \ldots & \lambda - B_n \end{vmatrix} = 0 \qquad (17.5)$$

gilt. Der Kürze halber wurde die Bezeichnung

$$\lambda = M(\omega_0^2 - \omega^2) \qquad (17.6)$$

eingeführt.

Anstelle der Frequenz ω_0 gibt ein Molekülsystem also n dicht beieinander liegende Frequenzen $\omega_1, \omega_2, \ldots, \omega_n$, die den Wurzeln $\lambda_1, \lambda_2, \ldots, \lambda_n$ der Gleichung (17.5) entsprechen. Die Verteilung der Wurzeln ω_i bestimmt die Breite $\Delta\omega$ und das Profil der Raman-Linie.

Die Summe der Diagonalglieder der Säkulargleichung (17.5) ist gleich der Summe ihrer Wurzeln. Hieraus folgt

$$\sum_{i=1}^{n} \lambda_i \approx 2M\omega_0 \sum_{i=1}^{n} (\omega_0 - \omega_i) = \sum_{i=1}^{n} B_i. \tag{17.7}$$

Die Größe

$$\omega = \frac{1}{n} \sum_{i=1}^{n} \omega_i \tag{17.8}$$

ist der Mittelwert der Frequenz. Hieraus ergibt sich die durch zwischenmolekulare Wechselwirkung hervorgerufene Frequenzverschiebung $\delta\omega = \omega - \omega_0$:

$$\delta\omega = -\frac{\sum_{i=1}^{n} B_i}{2nM\omega_0}. \tag{17.9}$$

Im Falle von zwei gleichen Molekülen gilt (dieser Fall wurde in den oben zitierten Arbeiten [80, 268] behandelt)

$$B_1 = B_2 = B, \quad A_{12} = A_{21} = A,$$

und die Gleichung (17.5) nimmt die Form

$$\begin{vmatrix} \lambda - B & -A \\ -A & \lambda - B \end{vmatrix} = 0$$

an. Die Wurzeln dieser Gleichung sind

$$\omega = \omega_0 - \frac{B}{2M\omega_0} \pm \frac{A}{2M\omega_0}. \tag{17.10}$$

Die Linie verschiebt sich also um den Wert

$$\delta\omega = -\frac{B}{2M\omega_0} \tag{17.11}$$

und spaltet in zwei Komponenten mit dem Abstand

$$\Delta\omega = \frac{A}{M\omega_0} \tag{17.12}$$

auf. Bei einer großen Zahl von miteinander in Wechselwirkung stehenden Molekülen entsteht statt der Aufspaltung eine Linienverbreiterung, deren Maß wie früher $\Delta\omega$ ist. Bei Berücksichtigung der Wechselwirkung eines gegebenen Moleküls mit allen seinen Nachbarn sind die Größen $\delta\omega$ und $\Delta\omega$ in erster Näherung der Zahl der nächsten Nachbarn proportional. Bei dichtester Kugelpackung beträgt die Zahl der nächsten Nachbarn 12. Dementsprechend sind die aus (17.11) und (17.12) erhaltenen Werte $\delta\omega$ und $\Delta\omega$ ungefähr mit dem Faktor 10 zu multiplizieren.

Die VAN-DER-WAALS-Kräfte hängen in der Hauptsache vom Dipolmoment, der Polarisierbarkeit und dem Ionisationspotential der Moleküle ab. In einigen Fällen spielt offenkundig auch das Quadrupolmoment der Moleküle eine gewisse Rolle. In erster Näherung kann man folgende Typen der Wechselwirkung zwischen den Molekülen unterscheiden:

1. Orientierungswechselwirkung: Hierbei richtet sich ein Dipolmolekül mit dem Moment μ in bestimmter Weise im Feld eines anderen Dipolmoleküls. Die Wärmebewegung wirkt dieser Orientierung entgegen, so daß sich die Orientierungswechselwirkung mit steigender Temperatur verringert.

Wenn sich das i-te Molekül mit dem Moment μ_i in dem durch alle anderen Moleküle erzeugten elektrischen Feld E_i befindet, dann ist seine potentielle Energie gegeben durch

$$U_i = -E_i\mu_i \cos\varphi_i, \tag{17.13}$$

wo φ_i der Winkel zwischen Dipolmoment und Feldrichtung ist.

Gewöhnlich ist

$$U_i \ll kT. \tag{17.14}$$

Mittelt man die Wechselwirkungsenergie über alle möglichen Orientierungsrichtungen des Dipols, so ergibt sich für die potentielle Energie der Orientierungswechselwirkung des i-ten und k-ten Moleküls mit den Momenten μ_i und μ_k folgender Ausdruck (siehe z. B. [259])

$$U_{\text{or}} = -\frac{2}{3R^6}\frac{\mu_i^2\mu_k^2}{kT}. \tag{17.15}$$

R ist der Abstand zwischen den entsprechenden Molekülen.

Nach FRENKEL [269] ist in Flüssigkeiten die Bedingung (17.14) nicht erfüllt, und der entgegengesetzte Fall, nämlich

$$U_i > kT \tag{17.16}$$

ist möglich. Dann können die Winkel φ_i als klein angesehen werden, so daß sich folgende mittlere spezifische Energie der Orientierungswechselwirkung in Flüssigkeiten bezogen auf ein Molekül ergibt [259, 270]:

$$U'_{\text{or}} = -s(T)\frac{\mu_i\mu_k}{R^3}. \tag{17.17}$$

Hierin ist $s(T)$ ein Koeffizient, den man als Grad der gegenseitigen Orientierung der Moleküle bezeichnen kann.

2. Induktionswechselwirkung: Sie wird durch die wechselseitige polarisierende Wirkung des Dipols eines Moleküls auf die Elektronenhülle des anderen bedingt. Diese Wechselwirkung ist dem Dipol μ_i und der Polarisierbarkeit α_k des

k-ten und i-ten Moleküls proportional. Ist R sehr viel größer als die Ausdehnung des Moleküls, dann haben wir für die mittlere Energie der Induktionswechselwirkung [259]

$$U_{\text{ind}} = -\frac{2}{R^6}\,\mu_i^2\alpha_k. \tag{17.18}$$

3. Dispersionswechselwirkung: Die mittlere Energie der Wechselwirkung zweier Moleküle ist [259]

$$U_{\text{d}} = -\frac{3}{2R^6}\,\frac{Y_iY_k}{(Y_i + Y_k)}\,\alpha_i\alpha_k \tag{17.19}$$

mit Y_i und Y_k als Ionisationspotentiale der wechselwirkenden Moleküle. Diese Wechselwirkung hängt nicht davon ab, ob die Moleküle ein Dipolmoment besitzen oder nicht und tritt somit sowohl bei Dipol- als auch bei dipollosen Molekülen auf. Die Dispersionswechselwirkung zwischen den Molekülen ist ein reiner Quanteneffekt.

Es sei bemerkt, daß bei großen kT die mittlere Energie der Wechselwirkung in allen drei Fällen in gleicher Weise vom Abstand R zwischen den Molekülen abhängt, und zwar ist sie R^{-6} proportional.

4. Quadrupolwechselwirkung: Im Unterschied zu den vorangegangenen Effekten ändert sie sich mit dem Abstand wie R^{-5}. Nach Mittelung über alle möglichen gegenseitigen Orientierungen der Moleküle ist die mittlere Energie der Quadrupolwechselwirkung proportional R^{-10} [20]. Dementsprechend kann man gewöhnlich die Quadrupolwechselwirkung im Vergleich zur Dispersionswechselwirkung ignorieren.

Ein Sonderfall tritt auf, wenn sich eines der Moleküle im angeregten Zustand befindet (Resonanzwechselwirkung). Hierbei verhält sich die mittlere Energie der Dipolwechselwirkung wie R^{-3} und die der Quadrupolwechselwirkung wie R^{-5} (siehe [20, 56]).

Bei bekannter mittlerer Energie der zwischenmolekularen Wechselwirkung kann man ohne Mühe die Frequenzverschiebung $\delta\omega$ einer Raman-Linie und ihre Verbreiterung $\Delta\omega$ ausrechnen. Nach Entwicklung von $\mu_i(q_i)$ und $\mu_k(q_k)$ wird z. B. (17.15)

$$\begin{aligned} U_{\text{or}} = -\frac{2}{2R^6kT}\Bigg[& 2\mu_i\mu_k^2\frac{\partial\mu_i}{\partial q_i}\,q_i + 2\mu_i^2\mu_k\frac{\partial\mu_k}{\partial q_k}\,q_k + \mu_k^2\left(\frac{\partial\mu_i}{\partial q_i}\right)^2 q_i^2 \\ & + \mu_i\mu_k^2\frac{\partial^2\mu_i}{\partial q_i^2}\,q_i^2 + 4\mu_i\mu_k\frac{\partial\mu_i}{\partial q_i}\frac{\partial\mu_k}{\partial q_k}\,q_iq_k + \mu_i^2\left(\frac{\partial\mu_k}{\partial q_k}\right)^2 q_k^2 \\ & + \mu_i^2\mu_k\frac{\partial^2\mu_k}{\partial q_k^2}\,q_k^2\Bigg]. \end{aligned}$$

Für die Wechselwirkung zwischen gleichen Molekülen gilt

$$\begin{aligned} U_{\text{or}} = -\frac{2}{3kTR^6}\Bigg[& 2\mu^3\frac{\partial\mu}{\partial q}(q_i + q_k) + \left(\mu^2\left(\frac{\partial\mu}{\partial q}\right)^2 + \mu^3\frac{\partial^2\mu}{\partial q^2}\right)(q_i^2 + q_k^2) \\ & + 4\mu^2\left(\frac{\partial\mu}{\partial q}\right)^2 q_iq_k\Bigg]. \end{aligned} \tag{17.20}$$

Vergleichen mit (17.3) ergibt

$$A_{\text{or}} = \frac{8}{3kTR^6}\,\mu^2\left(\frac{\partial\mu}{\partial q}\right)^2,$$

$$B_{\text{or}} = \frac{4}{3kTR^6}\left[\mu^2\left(\frac{\partial\mu}{\partial q}\right)^2 + \mu^3\,\frac{\partial^2\mu}{\partial q^2}\right]. \tag{17.21}$$

In analoger Weise erhalten wir aus (17.18) und (17.19)

$$A_{\text{ind}} = \frac{4}{R^6}\,\mu\,\frac{\partial\mu}{\partial q}\,\frac{\partial\alpha}{\partial q},$$

$$B_{\text{ind}} = \frac{2}{R^6}\left[\alpha\left(\frac{\partial\mu}{\partial q}\right)^2 + \alpha\mu\,\frac{\partial^2\mu}{\partial q^2} + \mu^2\,\frac{\partial^2\alpha}{\partial q^2}\right], \tag{17.22}$$

$$A_{\text{d}} = \frac{3Y}{4R^6}\left(\frac{\partial\alpha}{\partial q}\right)^2,$$

$$B_{\text{d}} = \frac{3Y}{4R^6}\,\alpha\,\frac{\partial^2\alpha}{\partial q^2}. \tag{17.23}$$

Setzt man (17.21) bis (17.23) in die Gleichungen (17.11) und (17.12) ein, so findet man die Verschiebung und Verbreiterung der Linie. In den oben zitierten Arbeiten gibt Wolkenstein eine Orientierungsrechnung für HCl an. Die Größe $\delta\omega/\omega_0$ beträgt dieser Rechnung zufolge für die Orientierungskräfte 2%, für die Induktionskräfte 0,01% und schließlich für die Dispersionskräfte 0,24%. Die Linienverbreiterung ist von derselben Größenordnung. Demzufolge wird, wie die Ergebnisse der Rechnung zeigen, die Verschiebung und die Verbreiterung der Raman-Linien in der Hauptsache durch die van-der-Waals-Orientierungswechselwirkung bedingt.

Die Rolle der Orientierungswechselwirkung ist dann noch entscheidender, wenn infolge der Größe der Wechselwirkungsenergie die Ungleichung (17.16) erfüllt ist. Dieser Fall ist von Setschkarjew [261—264] berechnet worden.

Die Energie der elektrostatischen Wechselwirkung des i-ten und k-ten polaren Moleküls läßt sich darstellen als [271]

$$U_{ij} = S_{ij}\,\Phi_{ij}. \tag{17.24}$$

Hierbei sind:

$$S_{ij} = -\frac{\mu_i\mu_j}{R_{ij}^3}, \tag{17.25}$$

$$\Phi_{ij} = 2\cos\alpha_{ij}\cos\alpha_{ji} - \sin\alpha_{ij}\sin\alpha_{ji}\cos\psi_{ij}; \tag{17.26}$$

α_{ij} und α_{ji} sind die von den polaren Achsen der Moleküle und dem Vektor $\boldsymbol{R}_{ij}$ gebildeten Winkel, ψ_{ij} ist der Winkel zwischen den durch den Vektor $\boldsymbol{R}_{ij}$ und den Vektor $\boldsymbol{\mu}_i$ bzw. $\boldsymbol{\mu}_j$ gehenden Flächen. Die volle Energie der Wechselwirkung der Moleküle ist

$$U = \frac{1}{2} \sum_{ij} U_{ij} = \frac{1}{2} \sum_{ij} S_{ij} \Phi_{ij}. \tag{17.27}$$

Wir entwickeln jetzt die Funktion U nach Potenzen von q_i und q_j unter der Voraussetzung, daß sich während einer Schwingungsperiode die gegenseitige Lage der Moleküle nicht wesentlich ändert, d. h., wir setzen $\boldsymbol{R}_{ij}$ konstant. In der Entwicklung interessieren uns nur die quadratischen Glieder

$$\begin{aligned}[U] &= \frac{1}{2} \sum_{ij} \Phi_{ij} \frac{\partial^2 S_{ij}}{\partial q_i^2} q_i^2 + \sum_{ij} \Phi_{ij} \frac{\partial^2 S_{ij}}{\partial q_i \, \partial q_j} q_i q_j \\ &+ \frac{1}{2} \sum_{ij} S_{ij} \frac{\partial^2 \Phi_{ij}}{\partial q_i^2} q_i^2 + \sum_{ij} S_{ij} \frac{\partial^2 \Phi_{ij}}{\partial q_i \, \partial q_j} q_i q_j. \end{aligned} \tag{17.28}$$

Wenn man beachtet, daß für gleiche Moleküle $\mu_i = \mu_j = \mu$ gilt, so ist

$$\frac{\partial^2 S_{ij}}{\partial q_i^2} = \frac{1}{\mu} S_{ij} \frac{\partial^2 \mu}{\partial q_i^2}, \qquad \frac{\partial^2 S_{ij}}{\partial q_i \, \partial q_j} = \frac{1}{\mu^2} S_{ij} \left(\frac{\partial \mu}{\partial q_i}\right)^2. \tag{17.29}$$

Zur Vereinfachung setzen wir in (17.26) alle $\cos \psi_{ij} = 1$. Dann ist $\Phi_{ij} = \Phi_{ji}$,

$$\frac{\partial^2 \Phi_{ij}}{\partial \alpha_{ij}^2} = -\Phi_{ij},$$

$$\frac{\partial^2 \Phi_{ij}}{\partial \alpha_{ij} \, \partial \alpha_{ji}} = 2 \sin \alpha_{ij} \sin \alpha_{ji} - \cos \alpha_{ij} \cos \alpha_{ji}.$$

Für kleine Winkel α_{ij} und α_{ji} gilt näherungsweise

$$\frac{\partial^2 \Phi_{ij}}{\partial \alpha_{ij} \, \partial \alpha_{ji}} = -\frac{1}{2} \Phi_{ij}.$$

Damit wird

$$\begin{aligned} \frac{\partial^2 \Phi_{ij}}{\partial q_i^2} &= -\Phi_{ij} \left(\frac{\partial \alpha}{\partial q_i}\right)^2, \\ \frac{\partial^2 \Phi_{ij}}{\partial q_i \, \partial q_j} &= -\frac{1}{2} \Phi_{ij} \left(\frac{\partial \alpha}{\partial q_i}\right)^2. \end{aligned} \tag{17.30}$$

Einsetzen von (17.29) und (17.30) in (17.28) liefert

$$\begin{aligned}[U] &= \frac{1}{2\mu} \left(\frac{\partial^2 \mu}{\partial q_i^2}\right)_0 \sum_{ij} S_{ij} \Phi_{ij} q_i^2 + \frac{1}{\mu^2} \left(\frac{\partial \mu}{\partial q_i}\right)_0^2 \sum_{ij} S_{ij} \Phi_{ij} q_i q_j \\ &- \frac{1}{2} \left(\frac{\partial \alpha}{\partial q_i}\right)_0^2 \sum_{ij} S_{ij} \Phi_{ij} q_i^2 - \frac{1}{2} \left(\frac{\partial \alpha}{\partial q_i}\right)_0^2 \sum_{ij} S_{ij} \Phi_{ij} q_i q_j. \end{aligned} \tag{17.31}$$

Durch Differentiation dieses Ausdrucks nach q_i erhält man die Koeffizienten A_i und B_i in Formel (17.3):

$$B_i = -\left[\frac{1}{\mu}\left(\frac{\partial^2\mu}{\partial q_i^2}\right)_0 - \left(\frac{\partial\alpha}{\partial q_i}\right)_0^2\right] \sum_{j=1}^{n} S_{ij}\Phi_{ij}, \tag{17.32}$$

$$A_i = -\left[\frac{1}{\mu^2}\left(\frac{\partial\mu}{\partial q_i}\right)_0^2 - \frac{1}{2}\left(\frac{\partial\alpha}{\partial q_i}\right)_0^2\right] \sum_{j=1}^{n} S_{ij}\Phi_{ij}. \tag{17.33}$$

Hieraus folgt

$$\sum_{i=1}^{n} B_i = -2\left[\frac{1}{\mu}\left(\frac{\partial^2\mu}{\partial q^2}\right)_0 - \left(\frac{\partial\alpha}{\partial q}\right)_0^2\right] U. \tag{17.34}$$

Für die Frequenzverschiebung haben wir nach (17.9)

$$\delta\omega = \left[\frac{1}{\mu}\left(\frac{\partial^2\mu}{\partial q^2}\right)_0 - \left(\frac{\partial\alpha}{\partial q}\right)_0^2\right] \frac{U}{nM\omega_0}. \tag{17.35}$$

Die Größe $U' = U/n$ stellt die auf ein Molekül bezogene mittlere Wechselwirkungsenergie dar. Unter Beachtung von (17.17) und (17.35) finden wir

$$\delta\omega = -\left[\frac{1}{\mu}\left(\frac{\partial^2\mu}{\partial q^2}\right)_0 - \left(\frac{\partial\alpha}{\partial q}\right)_0^2\right] \frac{s\mu^2}{M\omega_0 R^3}. \tag{17.36}$$

Nach Angaben von Setschkarjew [261—264] stimmt (17.36) besser mit seinen Meßergebnissen überein als (17.21). Die auf dieser Formel basierenden Rechnungen liefern die richtige Größenordnung für die Frequenzverschiebungen $\delta\omega$ beim Übergang vom Gas zur Flüssigkeit. Daneben gestattet diese Formel, Verschiebungen sowohl zu höheren als auch zu niedrigeren Frequenzen zu erklären.

Die durch die zwischenmolekulare Wechselwirkung bedingte Frequenzverschiebung kann man auch in einer etwas anderen Form darstellen, und zwar als Resultat der Einwirkung des durch die übrigen Moleküle erzeugten inneren Feldes E_i auf das schwingende Molekül. Dazu setzen wir in den Ausdruck (17.35) anstelle von U/n die Größe U_i aus der Formel (17.13) ein:

$$\delta\omega = -\left[\frac{1}{\mu}\left(\frac{\partial^2\mu}{\partial q^2}\right)_0 - \left(\frac{\partial\alpha}{\partial q}\right)_0^2\right] \frac{\mu E_i}{M\omega_0} \tag{17.37}$$

(in Formel (17.13) wird $\cos\varphi = 1$ gesetzt).

Die Frage des inneren Feldes gehört zu den schwierigsten Problemen der Theorie der Flüssigkeiten und anderer kondensierter Medien; wir können hier deshalb nicht näher darauf eingehen. Nach der Näherung von Kirkwood ist [272, 80]

$$E_i = \frac{(\varepsilon - 1)}{(2\varepsilon + 1)} \frac{2\mu}{R^3}, \tag{17.38}$$

wobei ε die Dielektrizitätskonstante des Mediums ist. Setzt man diesen Ausdruck in (17.37) ein, so folgt

$$\frac{\delta\omega}{\omega_0} = C\,\frac{\varepsilon - 1}{2\varepsilon + 1}, \tag{17.39}$$

$$C = -\left[\left(\frac{\partial^2\mu}{\partial q^2}\right)_0 - \mu\left(\frac{\partial\alpha}{\partial q}\right)_0^2\right]\frac{2\mu}{M\omega_0{}^2R^3}. \tag{17.40}$$

Die Gleichung (17.39) wurde von KIRKWOOD erhalten. Der Ausdruck in den eckigen Klammern in Formel (17.40) hängt von der Annahme über die Größe des inneren Feldes ab. Ein Vergleich von (17.39) mit dem Experiment unter der Voraussetzung $U_i \ll kT$, wobei

$$C = -\left[\frac{1}{\mu}\left(\frac{\partial\mu}{\partial q}\right)_0^2 + \left(\frac{\partial^2\mu}{\partial q^2}\right)_0\right]\frac{2\mu}{M\omega_0{}^2R^3}, \tag{17.41}$$

liefert für $\delta\omega/\omega_0$ die richtige Größenordnung. Die numerischen Werte für $\delta\omega/\omega_0$ und die Richtung der Verschiebung unterscheiden sich jedoch erheblich von den Versuchsergebnissen [267].

2. *Zwischenmolekulare Wechselwirkungen und die Linienbreite im Raman-Effekt von Flüssigkeiten*

Die Breite der RAMAN-Linien von Flüssigkeiten variiert in weiten Grenzen: von 1,5—2,0 cm^{-1} bis 15—20 cm^{-1} und mehr. Die Linienbreite hängt wesentlich von der Symmetrie und der Form der Schwingungen sowie von der Temperatur ab. Bei den Phasenübergängen Gas—Flüssigkeit und Flüssigkeit—Kristall ändert sich die Linienbreite gewöhnlich sprunghaft.

Einen typischen Verlauf der Linienbreite in Abhängigkeit von der Temperatur zeigt Abb. 57 (nach Angaben von RAKOW [273]). Die Temperaturabhängigkeit der Breite ist bei depolarisierten Linien bei weitem stärker ausgeprägt als bei polarisierten. Der Sprung der Linienbreite beim Übergang der Substanz aus der flüssigen Phase in die kristalline ist bei depolarisierten Linien ebenfalls größer. Als Beispiel sind in Tab. 36 Meßergebnisse für die Linienbreite von zwei Sub-

Tabelle 36

Änderung der Linienbreite beim Übergang der Substanz aus der flüssigen Phase in die kristalline

Substanz	$\Delta\nu$ [cm^{-1}]	ϱ	δ_{fl} [cm^{-1}]	δ_{kr} [cm^{-1}]	$\delta_{fl} - \delta_{kr}$ [cm^{-1}]
Benzol	606	0,86	6,6	1,9	4,7
	992	0,06	1,7	0,9	0,8
	1586	0,81	12,5	2,3	10,2
	3062	0,30	7,8	3,6	4,2
para-Dichlorbenzol	298	0,73	6,0	1,0	5,0
	331	0,21	3,0	1,0	2,0
	627	0,86	2,5	1,0	1,5
	747	0,06	2,5	2,0	0,5
	1578	0,67	5,0	4,0	1,0
	3064	0,86	11,0	6,0	5,0
	3072	0,39	8,5	5,0	3,5

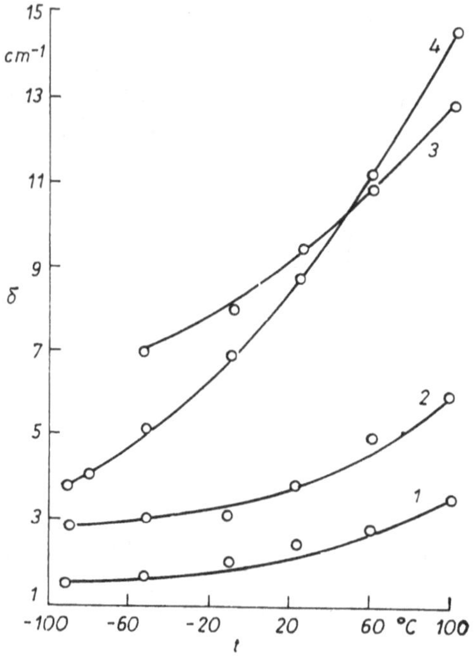

Abb. 57: Temperaturverhalten der Breite der Raman-Linien von Toluol [273]:
1 – ν = 786 cm^{-1}, ϱ = 0,09; *2* – ν = 1211 cm^{-1}, ϱ = 0,13; *3* – ν = 217 cm^{-1}, ϱ = 0,87; *4* – ν = 623 cm^{-1}, ϱ = 0,73.

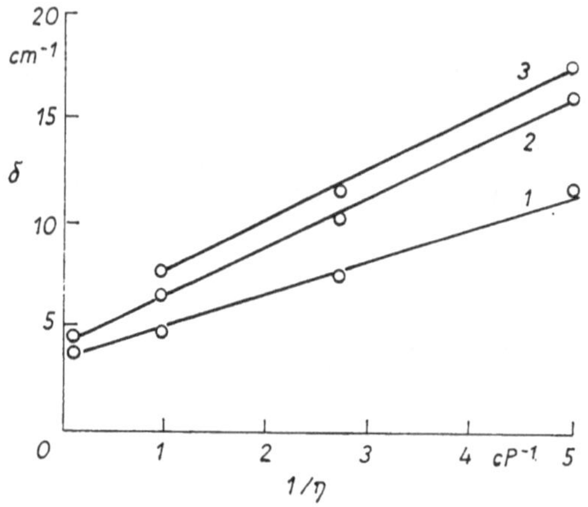

Abb. 58: Abhängigkeit der Linienbreite von der Größe $1/\eta$ in Isopentan:
1 – ν = 954 cm^{-1}, ϱ = 0,5; *2* – ν = 909 cm^{-1}, ϱ = 0,7; *3* – ν = 1147 cm^{-1}, ϱ = 0,7.

stanzen im flüssigen und kristallinen Zustand (δ_{fl} und δ_{kr}) [273] angeführt. Ähnliche Resultate wurden in [274—278] erhalten. In den RAMAN-Spektren von polaren Substanzen sind die Linien breiter, und die Verbreiterung mit der Temperatur ist stärker als für unpolare Substanzen [264].

Von großem Interesse ist der von RAKOW [273, 278] entdeckte Zusammenhang der Linienbreite im RAMAN-Effekt mit der Viskosität der Flüssigkeiten. Die Breite der depolarisierten und schwach polarisierten Linien ist der Größe $1/\eta$ (Abb. 58) proportional, wobei η die Viskosität ist.

Eine Reihe von Gesetzmäßigkeiten, welche die Linienbreite im RAMAN-Effekt betreffen, kann mit der Theorie der Wärmebewegung der Moleküle in Flüssigkeiten erklärt werden. Nach FRENKEL [269] stellt die Wärmebewegung des Moleküls in Flüssigkeiten eine unregelmäßige Schwingung um eine zeitweilige, instabile Gleichgewichtslage dar. Die mittlere Frequenz $1/\tau'$ der Schwingungen liegt in der Nähe der Schwingungsfrequenzen in Kristallen, während die Amplitude von der Ausdehnung des „freien Volumens", das dem betreffenden Molekül von seinen Nachbarn überlassen wird, abhängt. Das Schwingungszentrum wird durch das Feld der benachbarten Teilchen bestimmt und verschiebt sich mit der Auslenkung der Teilchen.

Wegen der großen Dichte der Flüssigkeiten und der starken Wechselwirkung zwischen den Teilchen geht die Verschiebung der Teilchen nicht kontinuierlich, sondern mehr oder weniger sprunghaft mit der Überwindung einer Potentialbarriere vor sich, die zwei Gebiete möglicher Schwingungen eines Teilchens trennt. Die mittlere „Verweilzeit" τ eines Moleküls in der Gleichgewichtslage zwischen zwei Sprüngen erfüllt die Bedingung

$$\tau \gg \tau'. \tag{17.42}$$

Aus allgemeinen statistischen Überlegungen folgt

$$\tau = \tau' e^{U/kT}, \tag{17.43}$$

wobei U die Potentialbarriere bezeichnet, die das Molekül bei der Änderung der Gleichgewichtslage überwinden muß. Sind die Eigenschaften des Moleküls anisotrop, so muß man neben der Translationsbewegung die Rotation und entsprechend die Torsionsschwingungen beachten. Hierbei hat τ' die Bedeutung einer Torsionsschwingungsperiode um eine gewisse Gleichgewichtsorientierung, $\tau = \tau_{\text{or}}$ ist die mittlere Umorientierungszeit, $U = U_{\text{or}}$ ist die Potentialbarriere, die bei der Änderung der Orientierung des Moleküls zu überwinden ist. Gleichung (17.43) nimmt für diese Molekülbewegung die Form

$$\tau_{\text{or}} = \tau' e^{U_{\text{or}}/kT} \tag{17.44}$$

an.

Wie SOBELMAN zeigen konnte [279], führt die BROWNsche Bewegung der Moleküle, die sich dabei außerdem noch drehen, zu einer Verbreiterung der RAMAN-Linien. Die wichtigsten Überlegungen von SOBELMAN bestehen in folgendem. Angenommen, der Tensor $\alpha'_{jk} = \partial\alpha_{jk}/\partial q_i$ sei anisotrop. Dann erfolgt eine Modulation der Amplitude E der gestreuten Lichtwelle durch die BROWNsche Drehbewegung der Moleküle. Je größer die Anisotropie des Tensors α'_{jk} ist, um so größer wird der Einfluß der chaotischen Umorientierung der Moleküle auf die Amplitude $E(t)$ sein, die man als Zufallsfunktion der Zeit ansehen kann. Andererseits bestimmt das Verhältnis von isotropem und anisotropem Teil des Tensors α'_{jk} den Depolarisationsgrad ϱ der RAMAN-Linien. Daraus folgt, daß die BROWNsche Drehbewegung am stärksten auf die depolarisierten RAMAN-Linien wirkt und keinen Einfluß auf stark polarisierte Linien hat.

Für eine vollständig depolarisierte Linie wird die Amplitude der gestreuten Lichtwelle $E(t)$ als Zufallsfunktion der Zeit durch die Korrelationsfunktion [280]

$$\varphi(\tau) = \overline{E(t)\, E^*(t+\tau)} \tag{17.45}$$

charakterisiert.

Die Funktion $\varphi(\tau)$ besitzt ein Maximum bei $\tau = 0$ und fällt mit wachsendem τ monoton ab. Für $\tau \to \infty$ strebt die Funktion $\varphi(\tau) \to 0$. Praktisch verschwindet die Korrelation bei einem bestimmten $\tau = \tau_k$. Für solche Prozesse wie die zufällige Änderung der Molekülorientierung nimmt man in der Theorie gewöhnlich an, daß

$$\varphi(\tau) = \overline{E^2} e^{-\frac{|\tau|}{\tau_k}}. \tag{17.46}$$

Von der Korrelationsfunktion kann man zur spektralen Intensitätsverteilung übergehen. Nach der Theorie der stationären Zufallsprozesse [280] ist die Korrelationsfunktion mit der Spektraldichte des Prozesses, d. h. im vorliegenden Falle mit der Linienform verknüpft durch die Beziehung

$$I(\omega - \omega_0) = \frac{1}{\pi} \operatorname{Re} \int_{-\infty}^{\infty} \varphi(\tau)\, e^{-i(\omega-\omega_0)\tau}\, d\tau. \tag{17.47}$$

Setzt man hier den Ausdruck für $\varphi(\tau)$ aus (17.46) ein, so erhält man für die durch die BROWNsche Drehbewegung der Moleküle bedingte Linienbreite

$$\Delta\omega_{\text{or}} = \frac{2}{\tau_k}. \tag{17.48}$$

Im betrachteten Falle beschreibt die Korrelationsfunktion den Prozeß der Änderung der Gleichgewichtsorientierung der Moleküle. Dementsprechend stellt τ_k die mittlere Lebensdauer des Moleküls zwischen zwei Änderungen der Orientierung dar, d. h., $\tau_k = \tau_{\text{or}}$.

Ist die betrachtete Linie teilpolarisiert ($\varrho < 6/7$), so muß man aus dem Tensor α'_{jk} den anisotropen Teil herauslösen. Die Linienbreite $\Delta\omega_{\text{or}}$ bezieht sich dann gemäß (17.48) nur auf diesen Anteil der Streustrahlung. Einsetzen von (17.44) in (17.48) ergibt

$$\Delta\omega_{\text{or}} = \frac{2}{\tau'}\, e^{U_{\text{or}}/kT}, \tag{17.49}$$

d. h., der Teil der Linienbreite, der durch die BROWNsche Drehbewegung bedingt wird, wächst exponentiell bei Erhöhung der Temperatur. Bei niedrigen Temperaturen ist die Größe $\Delta\omega_{\text{or}}$ verschwindend klein gegenüber der „Restbreite" $\Delta\omega_{\text{rest}}$, die durch andere Faktoren entsteht. Das beschriebene Verhalten der Linienbreite bei Temperaturänderung befindet sich in guter Übereinstimmung mit den Meßergebnissen von RAKOW [273]. Nach diesen Angaben hat τ_{or} die Größenordnung von 10^{-12} s, was gut mit den Ergebnissen anderer Methoden übereinstimmt. Die Größe U_{or} liegt in der Nähe der Potentialbarriere U_{Vis}, die nach FRENKEL die Viskosität bestimmt:

$$\eta = \text{const} \cdot e^{U_{Vis}/kT}.$$

Hieraus erklärt sich auch der schon erwähnte Zusammenhang zwischen Linienbreite und Viskosität.

Die Theorie der Linienbreite im RAMAN-Effekt wurde in den Arbeiten von WALIJEW [281—284] weiterentwickelt. Der Autor hat folgende Ursachen für die Linienverbreiterung untersucht: dissipativer Verlust eines Schwingungsquants durch das Molekül, d. h. Übergang der Schwingungsenergie in Wärmeenergie; Einfluß des Kraftfeldes, in dem sich das Molekül befindet, auf dessen Schwingungen; die BROWNsche Rotation des Moleküls und die Wechselwirkung der Molekülschwingungen mit der Rotation. Bei der Betrachtung der BROWNschen Drehbewegung wird in diesen Arbeiten berücksichtigt, daß das rotierende Molekül im allgemeinen keine Kugel, sondern ein symmetrischer bzw. asymmetrischer Kreisel (siehe § 8) ist. Es zeigte sich, daß der Beitrag zur Linienverbreiterung, der von der Wechselwirkung der Molekülschwingungen mit dem das Molekül umgebenden Kraftfeld herrührt, für die depolarisierten Linien von der gleichen Ordnung ist wie der der BROWNschen Drehbewegungen. Für polarisierte Linien spielt der genannte Wechselwirkungseffekt die wichtigste Rolle.

Eine Abschätzung der Linienverbreiterung infolge der VAN-DER-WAALS-Wechselwirkung zwischen den Molekülen kann ebenfalls mit der Gleichung (17.5) erhalten werden. Die durchgeführten Überschlagsrechnungen [261—264] bestätigen den Einfluß dieses Faktors auf die Verbreiterung der RAMAN-Linien.

Die experimentelle Untersuchung der Breite der polarisierten Komponenten von RAMAN-Linien ermöglicht es, Aufschluß über den realen Beitrag zu erhalten, den die BROWNsche Drehbewegung zur Breite teilpolarisierter Linien liefert. Wie bereits festgestellt, kann die BROWNsche Drehbewegung der Moleküle nur in der Linienkomponente zur Geltung kommen, die dem anisotropen Teil des Tensors der Ableitungen der Polarisierbarkeit entspricht. Andere Ursachen für die Linienverbreiterung können auf beide Komponenten wirken. Somit charakterisiert die Differenz $\delta_{\|} - \delta_{\perp}$[1]) zwischen den Breiten der beiden Komponenten die Linienverbreiterung durch die BROWNsche Drehbewegung.

In [286] sind die Linienbreiten der C—H- bzw. C—D-Valenzschwingungen von Chloroform und deuteriertem Chloroform gemessen worden. Diese Linien haben den Vorteil, daß ihr Depolarisationsgrad ziemlich hoch ist. Infolgedessen kann die Breite jeder polarisierten Linienkomponente einzeln gemessen werden. Bildet man jeweils den Quotienten I_{isotr}/I für die senkrechte Komponente, die gesamte Linie und die parallele Komponente (durch den anisotropen Teil des Tensors α' bedingt), so kann man durch graphische Extrapolation die durch den isotropen Teil des

[1]) Die Zeichen $\perp$ und $\|$ beziehen sich auf die Orientierungen der Polarisationsebenen, bei denen der elektrische Vektor des Erregerlichtes bei üblichen Polarisationsmessungen mit zylindrischer Polarisationsfolie senkrecht oder parallel zur Achse des Streurohrs gerichtet ist.

Tensors α' bedingte Linienbreite ermitteln (Abb. 59). Die erhaltenen Werte sind in Tab. 37 zusammengestellt. Wie man sieht, spielt für die untersuchten Linien die BROWNsche Drehbewegung keine dominierende Rolle bei der Linienverbreiterung.

Tabelle 37

Breite der verschiedenen Linienkomponenten

Größe	$CHCl_3$	$CDCl_3$
$\Delta\nu$ [cm^{-1}]	3018	2254
ϱ	0,28	0,31
δ_{gesamt} [cm^{-1}]	10	7
$\delta_{\parallel}$ [cm^{-1}]	13	9
$\delta_{\perp}$ [cm^{-1}]	9	7
$\delta_{\parallel} - \delta_{\perp}$ [cm^{-1}]	4	2

Im Zusammenhang mit dem allgemeinen Problem der RAMAN-Linienbreite (insbesondere der Breite polarisierter Linien) sind die empirischen Regeln interessant, die sich für die Änderung dieses Spektrenparameters für ähnlich gebaute Moleküle ergeben. Die Linienbreite der totalsymmetrischen Valenzschwingungen ändert sich in einer Reihe von Molekülen mit einem genügend stabilen charakteristischen Strukturelement systematisch. Die charakteristischen Linien eines

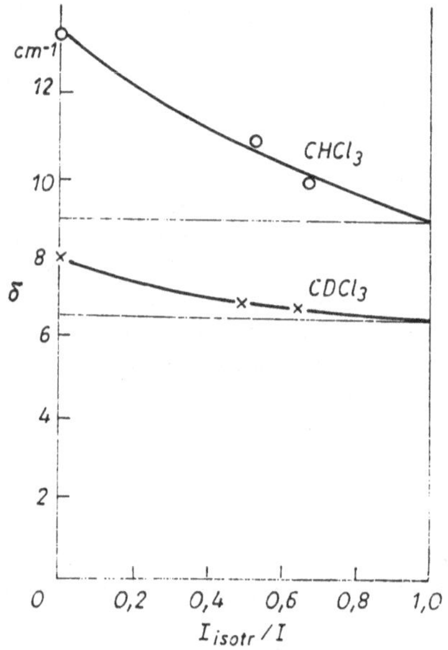

Abb. 59: Die Abhängigkeit der Linienbreite vom Anteil der isotropen Streuung in der gesamten Streustrahlung für die Linien 3018 cm^{-1} von $CHCl_3$ und 2254 cm^{-1} von $CDCl_3$.

gegebenen Strukturelements, die zur Rasse der totalsymmetrischen Valenzschwingungen gehören (und folglich stark polarisiert sind) haben eine Breite, die sich gesetzmäßig mit dem Bau der Moleküle ändert. Diese Regeln lassen sich auf folgende Weise formulieren [100]:

1. Bei Verlängerung der Substituentenkette vergrößert sich die Linienbreite; diese Erscheinung tritt bei nicht allzulangen Substituentenketten auf;

2. bei Erhöhung der Symmetrie des Moleküls und bei zusätzlichen Verzweigungen wird die Linienbreite geringer;

3. die Linienbreite ändert sich parallel zur Änderung des Depolarisationsgrades. Alle diese Regeln tragen qualitativen Charakter und werden nicht streng eingehalten. Ihre Bedeutung besteht darin, daß sie einen Hinweis auf den zweifellos bestehenden Zusammenhang zwischen der Linienbreite und dem Molekülbau liefern. (Es sei bemerkt, daß die Spektrenvergleiche stets bei gleichen Bedingungen vorgenommen wurden.)

Zu einer strengeren quantitativen Formulierung des Zusammenhangs zwischen der Breite der Raman-Linien und dem Molekülaufbau kann man gelangen, wenn man die Invarianten des Tensors der Ableitungen der Polarisierbarkeit α' in die Betrachtung einbezieht. Die Spur b und die Anisotropie g^2 dieses Tensors können für jede Linie experimentell aus der Intensität und ihrem Depolarisationsgrad ermittelt werden (siehe § 2):

$$g^2 = \frac{I}{6C}\,\frac{\varrho}{(1+\varrho)}, \qquad b^2 = \frac{I}{6C}\,\frac{(6-7\varrho)}{5(1+\varrho)}. \tag{17.50}$$

Hier ist C eine Größe, die von uns in einer Reihe ähnlicher Verbindungen mit gleichen charakteristischen Strukturelementen als konstant angenommen wird.

Ein Vergleich der Linienbreite δ mit den Invarianten g^2 und b^2 zeigt, daß dieser Parameter für die von uns untersuchten stark polarisierten Linien mit der Anisotropie des Tensors der Ableitungen der Polarisierbarkeit durch die Beziehung

$$\delta = A + Bg^4 \tag{17.51}$$

verknüpft ist.

Die Koeffizienten A und B hängen von dem betreffenden charakteristischen Strukturelement ab. In Abb. 60 ist die durch Formel (17.51) beschriebene Gesetzmäßigkeit dargestellt. Wie ersichtlich, passen sich die experimentellen Punkte der theoretischen Kurve befriedigend an. Abgesehen von Meßfehlern können Abweichungen vom Gesetz (17.51) ihre Ursache darin haben, daß außer der Anisotropie noch andere Faktoren die Breite der Raman-Linien beeinflussen. Insbesondere der Umstand, daß der Koeffizient A von Null verschieden ist, deutet darauf hin, daß die Breite der Raman-Linien nicht nur von der Anisotropie, sondern auch noch von anderen Faktoren abhängig ist.

Ausgehend von der allgemeinen Regel (17.51) lassen sich die drei oben formulierten Gesetzmäßigkeiten für die Änderung der Linienbreiten leicht erklären. Bei Verlängerung des Substituenten wächst die Anisotropie des Tensors α und damit für die totalsymmetrischen Schwingungen auch die des Tensors α', so daß letztlich die Linienbreite größer werden muß. Ferner bewirkt eine Symmetrieerhöhung bzw. eine stärkere Verzweigung des Moleküls eine weniger auseinander-

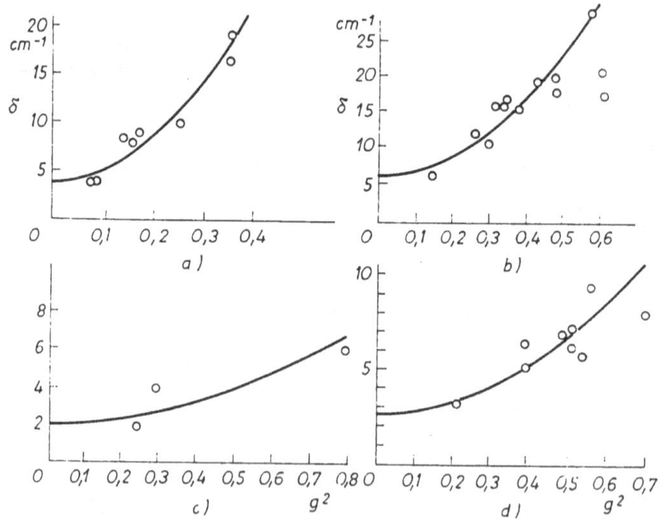

Abb. 60: Die Abhängigkeit der Linienbreite totalsymmetrischer Schwingungen von der Anisotropie des Tensors der Ableitungen der Polarisierbarkeit: *a*) quartäres Kohlenstoffatom, $\delta = 3{,}8 + 120\,g^4$; *b*) fünfgliedriger Ring, $\delta = 6{,}0 + 66\,g^4$; *c*) sechsgliedriger Ring, $\delta = 2{,}0 + 7{,}5\,g^4$; *d*) Doppelbindung C=C, $\delta = 2{,}5 + 16\,g^4$.

gezogene Form, d. h. verringert die Anisotropie. Das führt zu schmalen Linien. Schließlich folgt die Übereinstimmung der Änderungen der Breite und des Depolarisationsgrades der Linien direkt aus der Gleichung (17.51) bei Berücksichtigung des Ausdruckes für die Anisotropie (17.50).

Aus der angeführten Übersicht kann man schließen, daß die Breite der Raman-Linien von Flüssigkeiten sowohl von der zwischenmolekularen Wechselwirkung als auch von den Besonderheiten der Molekülstruktur beeinflußt wird. Die relative Bedeutung der verschiedenen Faktoren kann sich in Abhängigkeit von der Symmetrie und der Form der Schwingungen erheblich ändern.

3. *Einfluß der zwischenmolekularen Wechselwirkung auf die Intensität der Raman-Linien*

Die zwischenmolekulare Wechselwirkung kommt am stärksten in der Abhängigkeit der Intensität der Raman-Linien von der Temperatur, der Konzentration und dem Aggregatzustand der Substanz zur Geltung.

Wie bereits in § 7 festgestellt, stimmt die für Flüssigkeiten beobachtete Intensitätsabhängigkeit der Raman-Linien sogar rein qualitativ nicht mit dem theoretisch vorhergesagten Verhalten überein. Die für verdünnte Gase entwickelte Theorie sagt aus, daß die Linienintensität mit steigender Temperatur wachsen muß. Das Experiment zeigt aber, daß für Flüssigkeiten die Intensität der Raman-Linien mit der Temperatur fällt. Da mit steigender Temperatur die Linienbreite größer wird, kann zur Charakterisierung der Intensität nur die integrale Intensität der Linie dienen. Selbstverständlich muß man bei der Messung der Temperaturabhängigkeit der Intensität der RAMAN-Linien solche Faktoren wie die Wärmeausdehnung der Flüssigkeit, die Änderung ihres Brechungsindex und Absorptionskoeffizienten berücksichtigen. Wesentlich sind darüber hinaus einige Besonderheiten der verwendeten Apparatur. In Anbetracht dessen, daß die genannten Faktoren nicht in allen Arbeiten, die die Temperaturabhängigkeit der RAMAN-Intensitäten behandeln, richtig beachtet wurden, liegen diesbezüglich nur relativ wenige zuverlässige Daten vor.

Als Beispiel für die beobachtete Temperaturabhängigkeit der Intensität von STOKESschen RAMAN-Linien sind in Abb. 61 und 62 Angaben von KONDILENKO und BABITSCH [286, 287] für einige Linien des Benzols und CCl_4 angeführt. Wie zu erkennen ist, tritt bei Temperaturerhöhung ein schneller Abfall der Intensität ein, der sich später verlangsamt. In ein und demselben Temperaturintervall ist die relative Intensitätsänderung verschiedener Linien sehr unterschiedlich. So verringert sich zum Beispiel die Intensität der Linie 1178 cm^{-1} im Spektrum von Benzol um etwa 50%, die der Linie 992 cm^{-1} aber nur um einige Prozent. Ent

Tabelle 38

Intensität der Stokesschen Linien von Benzol und monosubstituiertem Benzol bei verschiedenen Temperaturen

Substanz	$\Delta\nu$ [cm^{-1}]	ϱ	I [relative Einheiten]				ΔI [%, bezogen auf 100 °C]
			25 °C		70 °C		
Benzol	607	0,88	15		13		28
	992	0,11	100		74		52
	1586	0,81	16		14		26
	1606	0,80	10		9		26
			−10 °C	25 °C	60 °C	100 °C	
Toluol	521	0,61	33	30	29	27	18
	623	0,73	25	23	23	19	27
	786	0,09	63	57	53	50	19
	1004	0,07	110	100	94	89	17
	1031	0,10	32	29	27	26	16
	1211	0,13	35	35	33	31	15
	1586	0,76	19	17	16	14	25
	1606	0,70	42	38	35	31	25
			25 °C	80 °C	125 °C		
Hexylbenzol	623	0,90	21	20	19		7
C—C—C—C—C—C	1003	0,11	100	96	94		6
	1031	0,09	34	34	33		4
	1584	0,77	19	18	18		6
	1606	0,76	57	55	53		7

gegen den Aussagen einiger Autoren ist keine bestimmte Abhängigkeit der Intensität von der Schwingungsform zu beobachten. So wird in [288] behauptet, daß Deformationsschwingungen gegenüber Temperaturänderungen empfindlicher sind als Valenzschwingungen. Der experimentelle Befund [287] zeigt aber, daß sich bei Tetrachlorkohlenstoff die Intensität der totalsymmetrischen Schwingung 459 cm^{-1} bei Erwärmung der Flüssigkeit von 20 auf 165 °C um 25% verringert, während sich die Intensität der Linien 313 und 217 cm^{-1}, die zu Deformationsschwingungen gehören, nur um 7 bzw. 16% abschwächt. Zu ähnlichen Schlußfolgerungen gelangten BASHULIN und SOKOLOWSKAJA [289–292] und REA [293].

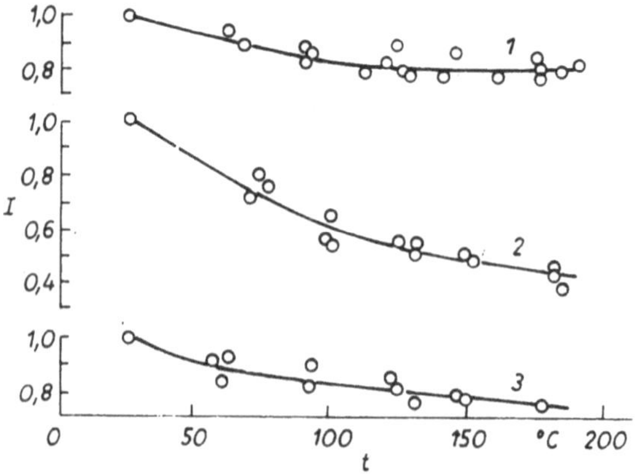

Abb. 61: Abhängigkeit der Intensität der Benzol-RAMAN-Linien von der Temperatur [286, 287]:

1 – ν = 3060 cm^{-1}; *2* – ν = 1178 cm^{-1}; *3* – ν = 992 cm^{-1}.

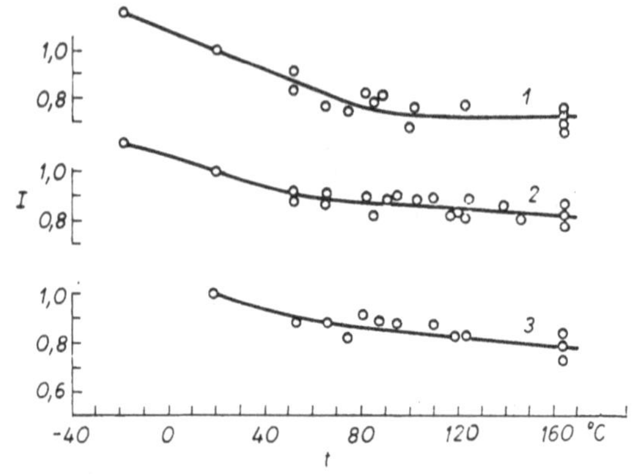

Abb. 62: Abhängigkeit der Intensität der CCl_4-RAMAN-Linien von der Temperatur [286, 287]:

1 – ν = 459 cm^{-1}; *2* – ν = 313 cm^{-1}; *3* – ν = 217 cm^{-1},

Man könnte annehmen, daß die Temperaturabhängigkeit der RAMAN-Intensitäten bei polaren Molekülen stärker ausgeprägt ist. Messungen von SOKOLOWSKAJA bestätigen dies jedoch nicht. In [292] sind die Linienintensitäten einer Reihe von Substanzen mit unterschiedlichem Dipolmoment μ bei verschiedenen Temperaturen gemessen worden. Die experimentellen Ergebnisse sind in Tab. 38 wiedergegeben. Wie aus der Tabelle folgt, treten maximale Intensitätsänderungen mit der Temperatur im Spektrum des Benzols mit $\mu = 0$ auf. Die Intensitätsänderun-

Tabelle 39

Temperaturabhängigkeit der Intensität I [relative Einheiten] der Raman-Linien im Stokesschen und anti-Stokesschen Spektrenbereich

$\Delta\nu$ [cm^{-1}]	t [°C]	I_{st} Experiment	I_{st} Theorie	$I_{anti\text{-}st}$ Experiment	$I_{anti\text{-}st}$ Theorie	$I_{st}/I_{anti\text{-}st}$ Experiment	$\left(\frac{\nu-\nu_j}{\nu+\nu_j}\right)^4 \times e^{h\nu_j/kT}$
			CCl_4				
217	−20	100	81	31	25	3,2	3,2
	+25	87	87	33	32	2,6	2,7
	+70	75	96	37	40	2,0	2,4
314	−20	105	91	19	17	5,5	5,4
	+25	97	97	23	24	4,2	4,0
	+70	83	104	26	31	3,2	3,4
459	−20	104	96	9	8,3	11,6	11,5
	+25	100	100	11	11	9,1	9,1
	+70	85	104	12	18	6,8	5,8
			$CHCl_3$				
366	−40	114	91	13,7	10,6	8,3	8,6
	+25	98	98	20	19	4,8	5,1
	+60	88	103	22	24	4,0	4,3
665	+25	100	110	5,1	4,9	19,4	20,4
	+60	94	103	7	7,4	13,5	14,0
			C_6H_6				
992	+25	100	100	1,1	1,15	91	87
	+70	74	103	1,8	2,3	42	45
			CS_2				
656	−50	198	98	2,4	1,8	80	66
	−20	155	99	3,4	3,0	46	39
	+25	100	100	7,1	5,2	14	12

gen in den Spektren von Substanzen, deren Moleküle wesentlich voneinander verschiedene Dipolmomente besitzen, erweisen sich als annähernd gleich. Deshalb ist offensichtlich das Dipolmoment des streuenden Moleküls nicht direkt mit der Größe des beobachteten Temperatureffektes verbunden.

Die oben angeführten Daten beziehen sich auf die STOKESschen RAMAN-Linien. Die Intensität der anti-STOKESschen Linien ändert sich mit der Temperatur nicht oder erhöht sich langsamer als von der Theorie gefordert (siehe § 7). Hierbei nähert sich das Verhältnis der Intensitäten der STOKESschen und anti-STOKESschen Komponenten der Linie dem theoretischen [292]. Als Beispiel führen wir in Tab. 39 die Meßergebnisse von SOKOLOWSKAJA [292] für einige Substanzen bei verschiedenen Temperaturen an. Wie zu ersehen ist, stimmt der experimentelle Wert für das Verhältnis $I_{st}/I_{anti\text{-}st}$ innerhalb der Fehlergrenzen mit dem berechneten überein. Hieraus folgt, daß die relative Besetzung der Schwingungsniveaus des Moleküls in Flüssigkeiten der theoretischen Besetzung entspricht, die in der Annahme berechnet wurde, daß die Moleküle nicht miteinander in Wechselwirkung stehen. Gemäß der angeführten Daten ist der Einfluß der zwischenmolekularen Wechselwirkung auf die Linienintensität für die STOKESschen und die anti-STOKESschen Komponenten gleich. Dementsprechend schlägt sich die Änderung der Wechselwirkung der Moleküle mit der Temperatur nicht im Verhältnis der Intensitäten nieder. In der gasförmigen Phase sind die zwischenmolekularen Wechselwirkungen klein und die Temperaturabhängigkeit der RAMAN-Intensitäten kommt der theoretischen nahe (siehe § 7).

Die Intensitätsänderung der RAMAN-Linien beim Übergang der Substanz aus der flüssigen Phase in die gasförmige ist bisher nur in den Arbeiten von SOKOLOWSKAJA [292] untersucht worden. Wie ihre Messungen zeigen, ist die Linienintensität (pro Molekül) in der flüssigen Phase größer als in der gasförmigen. Das Verhältnis I_{fl}/I_{gas} ist temperaturabhängig. Bei $t = 60\,°C$ erstreckt es sich von 1,42 (Linie 665 cm^{-1} des $CHCl_3$) bis 2,50 (Linie 992 cm^{-1} des Benzol). Bei $t = 120\,°C$ betragen die entsprechenden Verhältnisse 1,24 und 1,40. Für CS_2 erweist sich das Intensitätsverhältnis für die Linie 656 cm^{-1} im flüssigen Zustand und im gasförmigen als erheblich größer: es beträgt 7,40 bei $t = 40\,°C$ und 3,30 bei $t = 80\,°C$.

Für Untersuchungen über den Einfluß der zwischenmolekularen Wechselwirkungen auf die Linienintensität im RAMAN-Effekt ist die Erforschung der Intensitätsabhängigkeit von der Konzentration der Lösungen sehr interessant. Bei Fehlen der zwischenmolekularen Wechselwirkung ist die Linienintensität der Zahl der streuenden Moleküle proportional, d. h. unter gewöhnlichen Versuchsbedingungen der Volumenkonzentration c der gegebenen Komponente im Gemisch:

$$I = K \cdot c, \tag{17.52}$$

wobei K eine Konstante ist. Diese Abhängigkeit bleibt in vielen Fällen auch bei flüssigen Gemischen in Kraft, z. B. für Gemische ähnlich gebauter Kohlenwasserstoffe [294—299].

Abweichungen von der linearen Abhängigkeit (17.52) können infolge der Änderung des Volumens des Gemisches relativ zum Gesamtvolumen der einzelnen Komponenten vor der Mischung bzw. infolge einer Änderung des Brechungsindex auftreten. Solche „scheinbaren“ Intensitätsänderungen sind leicht zu berücksichtigen, und wir gehen hier nicht weiter darauf ein. In einigen Fällen können scheinbare Intensitätsänderungen auch als Folge einer teilweisen Überlagerung der Linien verschiedener Komponenten entstehen [294].

„Wahre“ Abweichungen von der Proportionalität zwischen der Intensität der RAMAN-Linien und der Konzentration der streuenden Moleküle können ihre Ursache in der Bildung von molekularen Komplexen haben [300, 301]. Es wurden auch Abweichungen von der linearen Abhängigkeit (17.52) fixiert, welche zweifelsohne mit der zwischenmolekularen Wechselwirkung zusammenhängen [302—308].

Am deutlichsten kommen Abweichungen von der Proportionalität zwischen RAMAN-Linienintensitäten und der Konzentration bei kleinen Konzentrationen zum Ausdruck. Als Beispiel sind in Abb. 63 die Meßergebnisse für die Intensität der Linie 459 cm^{-1} des CCl_4 in verschiedenen Lösungsmitteln angeführt [308]. Wie man sieht, kann sich die Größe $K = I/c$ bei kleinen Konzentrationen in Abhängigkeit vom Lösungsmittel sowohl verringern als auch erhöhen oder konstant bleiben.

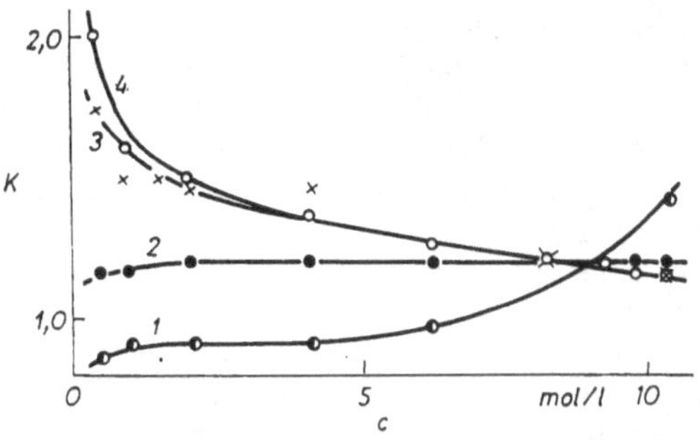

Abb. 63: Die Abhängigkeit der Intensität der CCl_4-Linie 459 cm^{-1} von der Konzentration in verschiedenen Lösungsmitteln nach [308]:

Lösungsmittel: *1* — Methylalkohol, *2* — Chloroform, *3* — Benzol, *4* — Toluol.

4. *Spezifische Wechselwirkungen zwischen den Molekülen und ihr Einfluß auf die Raman-Spektren*

Ein besonderer, spektroskopisch gut erforschter Typ zwischenmolekularer Wechselwirkung ist die „Wasserstoffbrückenbindung“. Es ist gut bekannt [160, 309, 310], daß sich Substanzen, die eine O—H-Gruppe enthalten, durch gewisse anomale Eigenschaften auszeichnen, die ihre Ursache in der Stärke der zwischen den Molekülen dieser Substanzen wirkenden Kräfte haben. Gewöhnlich nimmt man an, daß sich zwischen Molekülen mit O—H-Gruppen besondere „Wasserstoffbrückenbindungen“ herausbilden, auf Grund derer Molekülkomplexe entstehen. Abschätzungen besagen, daß die Energie der Wasserstoffbrückenbindungen zwischen 4 und 8 kcal/Mol schwankt, also um einige Male größer ist als die Energie der VAN-DER-WAALS-Wechselwirkung (1—2 kcal/Mol). Es sei bemerkt, daß sich Wasserstoffbrückenbindungen nicht nur zwischen Molekülen mit O—H-Gruppen, sondern auch zwischen Molekülen mit F—H- und N—H- oder anderen Gruppen ausbilden.

Spektren von Substanzen, deren Moleküle O—H-Gruppen besitzen, zeigen charakteristische Änderungen beim Übergang in einen anderen Aggregatzustand. So beobachtet man im RAMAN-Spektrum von Wasser eine etwa 400 cm^{-1} breite Bande mit einem Maximum bei ungefähr 3460 cm^{-1}, die der Schwingung der O—H-Gruppe zuzuordnen ist. Im Spektrum von Wasserdampf ist bei niedrigen Drücken eine schmale Linie mit der Frequenz 3654 cm^{-1} zu beobachten. Die Frequenzverschiebung beträgt im gegebenen Falle etwa 200 cm^{-1} oder ungefähr 6%. Analoge Änderungen treten auch in den Spektren anderer Substanzen mit O—H-Gruppen auf, wobei die anderen Frequenzen, etwa die der CH_2- und CH_3-Gruppen in Alkoholen, praktisch unverändert bleiben.

LANDSBERG und UCHOLIN [311, 312] haben den Einfluß der Dichte und der Temperatur auf die Schwingungen der O—H-Gruppe systematisch untersucht. Es wurde die Frequenzänderung der RAMAN-Linien von den O—H-Gruppen des Wassers und des Methylalkohols bei der Erhöhung der Flüssigkeitstemperatur gemessen, d. h. bei Vergrößerung des mittleren Molekülabstandes. Es stellte sich heraus, daß sich bei allmählicher Erwärmung des Wassers von 60 auf 320 °C, wobei sich die Dichte von 0,98 auf 0,66 ändert, das Maximum der breiten Bande von 3448 nach 3530 cm^{-1} verschiebt. Die Bande wird gleichzeitig schmaler. Bei 350 °C hat das Maximum der Bande eine Frequenz von 3530 cm^{-1}. Im kritischen Zustand entspricht dem Maximum die gleiche Frequenz (Temperatur 380 °C, Dichte 0,33), d. h., beim Durchgang durch den kritischen Punkt tritt ungeachtet der erheblichen Dichteänderung keine wesentliche Änderung im Spektrum auf. Im überhitzten Dampf bei einer Temperatur von 360 °C und einer Dichte von 0,133 ändert sich das Spektrum immer noch nicht. Erst bei einer Dichte von 0,096 erscheint neben der breiten Bande mit dem Maximum bei 3630 cm^{-1} eine schmale Linie 3646 cm^{-1}. Bei der Temperatur 330 °C und der Dichte 0,055 bleibt im Spektrum nur diese schmale Linie übrig. Schließlich spaltet bei 250 °C und einer Dichte von 0,0135 diese Linie in zwei Linien 3639 und 3653 cm^{-1} auf.

Man kann offensichtlich annehmen, daß die breite Bande mit der Anwesenheit von Molekülassoziaten zusammenhängt, während die schmale Linie den isolierten Molekülen angehört. Dann deutet die Tatsache, daß unter gewissen Bedingungen Bande und Linie gleichzeitig auftreten, auf die Existenz eines Gleichgewichts zwischen freien und assoziierten Molekülen hin. Die Temperaturänderung verschiebt lediglich das Gleichgewicht, ohne aber die Bindungen zwischen den assoziierten Molekülen abzuschwächen. Der wichtigste Parameter ist offensichtlich der mittlere Molekülabstand. Bei der Verringerung der Dichte ϱ des Wassers von 1 auf 0,06 wächst der mittlere Molekülabstand von 3 auf 8 Å. In diesem Dichteintervall beobachtet man im Spektrum eine breite Bande, die darauf schließen läßt, daß sich die Mehrzahl der Moleküle im assoziierten Zustand befindet. Lediglich bei einem mittleren Abstand zwischen den Molekülen von mehr als 10 Å sind alle Moleküle praktisch frei, und die Bande verschwindet.

Die Moleküle mit O—H-Gruppen kann man auch dadurch isolieren, indem man diese Substanzen in Lösungsmitteln ohne O—H-Gruppen löst. Umfangreiche Untersuchungen in dieser Richtung sind von LANDSBERG und MALYSCHEW [160, 313—316] durchgeführt worden. Die von ihnen vorgeschlagene Methode erwies sich bei der Untersuchung des Lösungsmitteleinflusses auf die O—H-Schwingungen als sehr nützlich. Hiermit konnte auch das allgemeinere Problem, die Untersuchung der zwischenmolekularen Wechselwirkungen an Hand der charakteristischen Veränderungen im Spektrum der O—H-Gruppen bei Lösung dieser Substanzen in verschiedenen Lösungsmitteln, geklärt werden.

Ist die Wechselwirkung zwischen den Molekülen der gelösten Substanz mit den Molekülen des Lösungsmittels schwach, so führt die Änderung der Konzentration der gelösten Substanz nur zu Effekten, die durch die Änderung des mittleren Abstandes zwischen den O—H-Gruppen hervorgerufen werden. So führt z. B. die Verringerung der Konzentration von Methylalkohol in CCl_4 zu Effekten im Spektrum, die auch bei abnehmender Dampfdichte beobachtet werden. Das Spektrum von reinem Methylalkohol weist eine breite Bande mit einem Maximum bei etwa 3370 cm^{-1} auf. Im Spektrum einer einprozentigen Lösung (Volumenkonzentration) von Methylalkohol in CCl_4 beobachtet man anstelle der erwähnten Bande eine scharfe Linie mit der Frequenz 3647 cm^{-1} (Abb. 64). Bei einer Konzentration des Methylalkohols von 2% oder höher beobachtet man gleichzeitig die Bande und die Linie, wobei sich ihre relative Intensität stetig mit der Konzentration ändert. Löst man Methylalkohol in anderen neutralen, unpolaren Lösungsmitteln, so bleibt das allgemeine Bild der Änderungen im Raman-Spektrum erhalten, es ändert sich lediglich die Frequenz und die Breite der den freien Molekülen entsprechenden Linie. So beträgt z. B. die Frequenz der betreffenden Linie für 5%ige Lösungen von Methylalkohol in Cyclohexan und Hexan bei 50 °C 3653 cm^{-1} bei einer Breite von etwa 20 cm^{-1} gegenüber einer Frequenz von 3611 cm^{-1} und einer Breite von 40 cm^{-1} in Benzol. Hieraus kann man schließen, daß die Wechselwirkung zwischen den Molekülen des Benzols und des Alkohols stärker ist als die Wechselwirkung zwischen den Alkoholmolekülen und den Molekülen der anderen oben erwähnten Lösungsmittel.

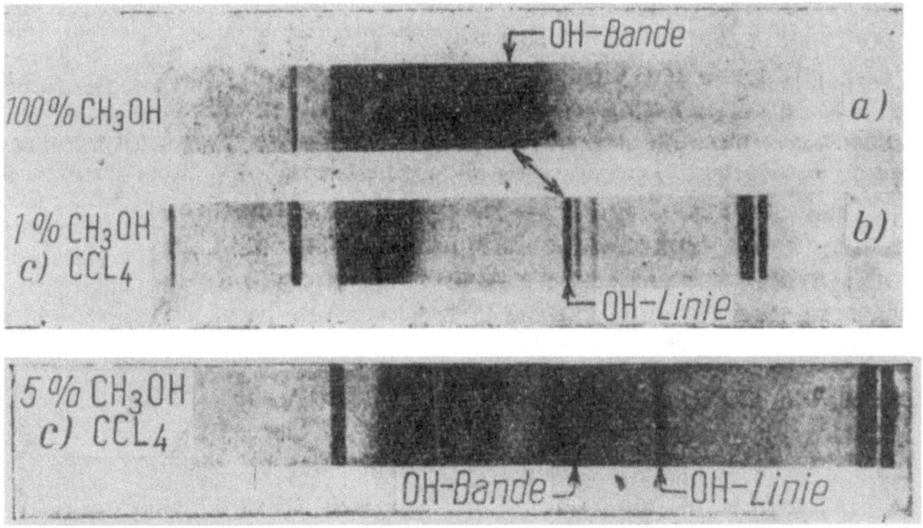

Abb. 64: Raman-Spektren des Methylalkohols und seiner 1%igen und 5%igen Lösungen in CCl_4 [160, 313—316].

Das Vorhandensein eines Dipolmomentes der Lösungsmittelmoleküle kommt in einer gewissen Frequenzverschiebung und in einer Verbreiterung der Linie der O—H-Gruppe nichtassoziierter Methylalkoholmoleküle zum Ausdruck. Im Spektrum einer 2%igen Lösung von Alkohol in Chloroform ($\mu = 1{,}15 \cdot 10^{-18}$CGS-Einheiten) ist die Frequenz dieser Linie gleich 3630 cm^{-1}, und ihre Breite beträgt ungefähr 30 cm^{-1}. Einen weitaus stärkeren Einfluß übt aber das Dipolmoment der Chloroformmoleküle auf die Bandenintensität der assoziierten Moleküle aus. Relativ zur Intensität der scharfen Linie ist diese Bande erheblich stärker, wenn Alkohol in CCl_4 gelöst ist als bei Lösung in $CHCl_3$ (bei gleicher Konzentration). Das Dipolmoment der Chloroformmoleküle bewirkt also, daß das Gleichgewicht zwischen assoziierten Molekülen und freien zugunsten der letzteren verschoben wird. Man kann sich vorstellen, daß als Folge der Wechselwirkung mit dem Dipolmoment der Lösungsmittelmoleküle die für die Bildung von Assoziaten günstige Orientierung der Moleküle der gelösten Substanz behindert wird.

Enthalten die Lösungsmittelmoleküle Sauerstoffatome, so erfährt das Maximum der breiten Bande der assoziierten Moleküle eine beträchtliche Verschiebung. Für die Lösung Methylalkohol in Azeton $CH_3—CO—CH_3$ hat das Maximum eine Frequenz von 3530 cm^{-1}. Ein analoges Bild ergibt sich auch für die Lösungen von Methylalkohol in Dioxan ($C_4H_8O_2$), Äthyläther ($(C_2H_5)_2O$) und in anderen Lösungsmitteln verschiedener Beschaffenheit, deren Moleküle ein Sauerstoffatom besitzen [314, 315].

Die beträchtliche Verschiebung der Bande der assoziierten Moleküle zeigt, daß die Wechselwirkung der Alkoholmoleküle mit den Molekülen des Lösungsmittels, die ein Sauerstoffatom besitzen, so stark ist, daß sie den Charakter einer Komplexbildung hat. Diese Komplexbildung konkurriert mit der Bildung von Assoziaten der Alkoholmoleküle untereinander. Eine solche Interpretation der Veränderungen im Raman-Spektrum wird durch die Untersuchung ternärer Gemische bestätigt [315, 316]. Wie bereits festgestellt, beobachtet man für eine 2%ige Lösung von Methylalkohol in CCl_4 eine intensive Linie der isolierten Moleküle und eine schwache Bande der assoziierten Alkoholmoleküle. Fügt man diesem Gemisch einige Prozent Azeton hinzu, so ändert sich das Spektrum: Die Intensität der Linie der freien Moleküle wird sprunghaft schwächer, und es ist eine neue Bande mit der Frequenz 3530 m^{-1} zu erkennen, die zu den OH-Gruppen des Alkohols gehört, die in Wechselwirkung mit dem Sauerstoffatom des Azetons stehen.

Die Analyse der Raman-Spektren führt also zu dem Schluß, daß zwei verschiedene Wechselwirkungen auftreten, die Wechselwirkung der Hydroxylgruppen (Hydroxylbindung) und die Wechselwirkung der OH-Gruppen mit einem Sauerstoffatom (Wasserstoffbrückenbindung). Schematisch kann man diese beiden Bindungsarten als zwei Dimere darstellen:

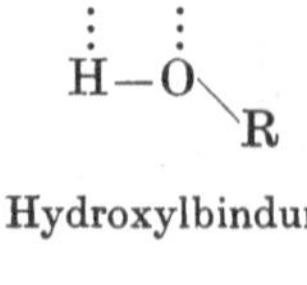

Hydroxylbindung

Wasserstoffbrückenbindung

Es steht außer Zweifel, daß sich in einer Reihe von Fällen auch kompliziertere Komplexe ausbilden können, worin die genannten einfachsten Dimere eingehen.

Anstelle von Molekülen mit Sauerstoffatomen (Azeton u. a.) können auch Wechselwirkungen zwischen Alkoholmolekülen und Molekülen mit einem Stickstoffatom (Pyridin C_5H_5N u. a.) auftreten. In beiden Fällen sind die Veränderungen im Spektrum ihrem Charakter nach ähnlich, die der Komplexbildung unter Beteiligung eines Stickstoffatoms entsprechende Bande hat aber ihr Maximum bei etwa 3400 cm^{-1} (im Unterschied zu 3530 cm^{-1} bei Komplexen mit einem Sauerstoffatom).

Molekülassoziationen können sich durch Hydroxylbindungen nur bei einer bestimmten gegenseitigen Orientierung der Hydroxylgruppen ausbilden. Ist eine genügende Annäherung und die gegenseitige Orientierung dieser Gruppen aus diesem oder jenem Grunde behindert, so sollte die Zahl der freien Moleküle im Gemisch anwachsen, die Zahl der assoziierten dagegen fallen. Diese Vermutung ist in der Arbeit von Malyschew und Schischkina [317] bestätigt worden, in der die Raman-Spektren einer Reihe einwertiger Alkohole, von Äthylalkohol (C_2H_5OH) bis Oktylalkohol ($C_8H_{17}OH$), untersucht wurden. Die von den Autoren angegebene relative Intensität der Linie der freien Moleküle und die Intensität im Maximum der Bande der assoziierten Moleküle sind in Tab. 40 zusammengestellt.

Tabelle 40

Relative Intensitäten der Linien isolierter und der Banden assoziierter Alkoholmoleküle

Alkohol	I_l/I_b	Alkohol	I_l/I_b
Normaler Propylalkohol C_3H_7OH	0,11	Normaler Octylalkohol $C_8H_{17}OH$	0,54
Normaler Butylalkohol C_4H_9OH	0,19	Isobutylalkohol C_4H_9OH	0,22
Normaler Hexylalkohol $C_6H_{13}OH$	0,35	Isoamylalkohol, primärer $C_5H_{11}OH$	0,30
Normaler Heptylalkohol $C_7H_{15}OH$	0,39	Isoamylalkohol, sekundärer $C_5H_{11}OH$	0,37

Die Messungen wurden unter gleichen Bedingungen bei 75 °C durchgeführt. Wie zu erkennen ist, führt die Verlängerung des Kohlenwasserstoffradikals und seine stärkere Verzweigung, die die gegenseitige Orientierung der Hydroxylgruppen behindert, zur Verringerung der relativen Intensität der Bande der assoziierten Moleküle.

Von großem Interesse sind Untersuchungen zur Wasserstoffbrückenbindung in Karbonsäuren. In den Raman-Spektren dieser Verbindungen liegt das Maximum der Bande der assoziierten Moleküle bei 3000 cm^{-1}, d. h., die Bande ist verglichen mit der analogen in Alkoholen (3370 cm^{-1}) beträchtlich verschoben. Eine derartige Verschiebung läßt sich mit der Ausbildung von außerordentlich stabilen Dimeren der Gestalt

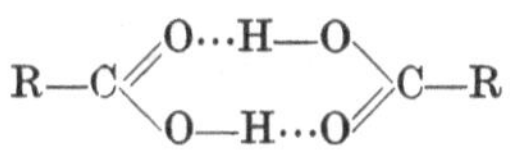

erklären, deren Existenz durch andere Angaben unterstützt wird. Die Dissoziationswärme der Karbonsäuren beträgt nach SCHUBIN [318] (siehe auch [318, 320]) 13,9 kcal/Mol für Ameisensäure und 16—17 kcal/Mol für die übrigen Säuren. Somit ergibt sich für die Bildungswärme einer Wasserstoffbrückenbindung ungefähr 8 kcal/Mol.

Die hohe Stabilität der Dimeren der Karbonsäuren rechtfertigt die Frage nach den Schwingungen dieses Assoziats. Die Frequenzen der Schwingungen einer Hälfte des Assoziats zur anderen sollten im niederfrequenten Spektrenbereich anzutreffen sein, da die Bindungsenergie der Dimeren gering ist verglichen mit gewöhnlichen chemischen Bindungen. Die RAMAN-Spektren der Karbonsäuren sind am gründlichsten von KOHLRAUSCH [88] untersucht worden. Er konnte aber in keiner der untersuchten Säuren Linien mit Frequenzen unterhalb 250 cm^{-1} feststellen. Eine Ausnahme bildete die Ameisensäure, wo eine breite Bande um 200 cm^{-1} gefunden wurde. HALFORD [321] ordnete diese Bande der symmetrischen Valenzschwingung einer Hälfte des Dimers relativ zur anderen zu. Das von HALFORD verwendete Modell ermöglichte es, ausgehend von dem experimentellen Frequenzwert dieser Schwingung, die Kraftkonstante der Wasserstoffbrückenbindung zu bestimmen. Der erhaltene Wert stimmt mit den mit anderen Methoden ermittelten Werten überein.

In [322] wurden die niederfrequenten RAMAN-Spektren von sechs Karbonsäuren untersucht. In diesem Spektrenbereich wurden breite Linien festgestellt, deren Frequenzen aus Tab. 41 ersichtlich sind. Auf Grund der Ähnlichkeit hinsichtlich der Lage und der Breite dieser Linien wurden sie den Schwingungen der Wasserstoffbrückenbindung zugeordnet. Um diese Zuordnung zu überprüfen,

Tabelle 41

Schwingungsfrequenzen dimerer Karbonsäuren

Säure	M [ME]	ν_{berechn} [cm^{-1}]	ν_{exp} [cm^{-1}]
Ameisensäure	46	(197)	197
Essigsäure	60	172	— (Rasse A_g)
Essigsäure	60	—	123 (Rasse B_g)
Propionsäure	74	156	155
Buttersäure	88	143	143
Isobuttersäure	88	143	134
Isovaleriansäure	102	132	133

wurde für das Assoziat ein einfaches Modell, analog zu dem von HALFORD für die Ameisensäure entwickelten, betrachtet. Alle Dimere der untersuchten Karbonsäuren kann man sich aus zwei starren Teilen bestehend vorstellen, die durch Wasserstoffbrückenbindungen gebunden sind. Im Falle der Ameisen- und der Essigsäure haben die Dimere die Symmetrie C_{2h}. Die Symmetrie der Dimeren komplizierterer Säuren kann infolge der Stereoisomerie niedriger sein. Von den sechs Normalschwingungen sind im RAMAN-Effekt bei C_{2h}-Symmetrie nur drei erlaubt (zwei der Rasse A_g und eine der Rasse B_g). HALFORD folgend stellen wir uns die totalsymmetrische Valenzschwingung des Dimers als Schwingung eines zweiatomigen Moleküls vor. Der Masse der beiden Atome M entspricht das Molekulargewicht der betreffenden Karbonsäure; die Kraftkonstante der Bindung soll für alle betrachteten Moleküle gleich sein. (Die Darstellung der antisymmetrischen Valenzschwingung des Dimers in [323] als Schwingung eines zweiatomigen Moleküls scheint uns ungerechtfertigt.) Für die harmonischen Schwingungen eines solchen zweiatomigen Moleküls gilt

$$\nu_1 = \nu_2 \sqrt{M_2/M_1},$$

wo ν_1 und ν_2 die Schwingungsfrequenzen der Dimeren beider Säuren sind und M_1 und M_2 die entsprechenden Molekulargewichte. Ausgehend von dem allgemein bestätigten Wert für Ameisensäure, $\nu = 197\ cm^{-1}$, wurden nach der angeführten Formel die Frequenzen anderer Karbonsäuren berechnet. Die experimentellen und berechneten Frequenzen sind zusammen mit den entsprechenden Molekulargewichten in Tab. 41 aufgeführt. Wie zu sehen ist, besteht qualitative Übereinstimmung zwischen den experimentellen und berechneten Frequenzwerten. Die im Spektrum der Essigsäure gefundene Frequenz 123 cm^{-1} gehört offenkundig nicht zu den Valenzschwingungen der Symmetrierasse A_g. Eine Zuordnung dieser Linie läßt sich basierend auf genaueren Schwingungsberechnungen für ein Essigsäuredimer von Miyazawa und Pitzer [324] angeben. Nach Angaben dieser Autoren können im Raman-Spektrum die Frequenzen 193 und 81 (oder 95) der Rasse A_g und die Frequenz 116 (oder 128 cm^{-1}, in Abhängigkeit von der Rechenweise) der Rasse B_g auftreten. Die letzte Frequenz stimmt sehr gut mit der in [322] experimentell beobachteten Frequenz 123 cm^{-1} überein. Es sei bemerkt, daß dieselben Autoren für die Schwingungen der Symmetrierasse B_u die Frequenz 180 cm^{-1} ermittelten, die gut mit der in [323] im fernen Infrarot beobachteten Frequenz 176 cm^{-1} übereinstimmt. Das bestätigt die Richtigkeit der in [324] durchgeführten Berechnungen.

Die Linie im Bereich 170—180 cm^{-1} der Rasse A_g wurde im Essigsäurespektrum offensichtlich wegen ihrer geringen Intensität nicht gefunden.

Neben dem direkten spektroskopischen Nachweis der Wasserstoffbrückenbindung im Bereich der O—H-Valenzschwingungen und im niederfrequenten Bereich sind zahlreiche Beweise für den Einfluß dieser Bindung auf die inneren Schwingungen der in Wechselwirkung stehenden Moleküle bekannt. Wegen der verhältnismäßig großen Energie der Wasserstoffbrückenbindung ändern sich die Kraftkonstanten der in der Nähe des Wechselwirkungszentrums befindlichen Bindungen, so daß es zu Frequenzverschiebung und Linienaufspaltung kommt. Besonders stark ändern sich die Kraftkonstanten, wenn das Wechselwirkungszentrum zum π-Elektronensystem gehört. Interessant sind in diesem Zusammenhang die Veränderungen im Pyridinspektrum, da Pyridin einer der stärksten Protonenakzeptoren ist.

Nach ihrem Verhalten gegenüber Pyridin lassen sich die Lösungsmittel in zwei Gruppen aufteilen. Im Gemisch mit solchen Lösungsmitteln wie CCl_4, Dioxan, Chloroform zeigen die Pyridinfrequenzen keine Veränderungen. Man kann deshalb annehmen, daß die Wechselwirkung dieser Lösungsmittel mit Pyridin schwach ist. In den Spektren der Lösungen von Pyridin in Wasser [325—327], in Alkoholen [328—331] und in Karbonsäuren [326, 327, 332—336] erfahren die Parameter einiger Linien eine Änderung, und es treten neue Linien auf, so daß man hier von einer starken Wechselwirkung der Lösungsmittel mit Pyridin sprechen kann. Besonders charakteristisch sind die Veränderungen der Pulsationsschwingung des Pyridinringes mit der Frequenz 990 cm^{-1}. Bei Pyridinlösungen in Wasser oder in Alkohol erscheint neben der Linie 990 cm^{-1} eine Linie 997 cm^{-1}, deren Intensität und Breite von der Konzentration der Lösung abhängt. Als Beispiel sind in Abb. 65 das Spektrum von Pyridin und seiner Lösung in Methylalkohol nach Angaben von Resajew und Wasiljewa [331] wiedergegeben. Die Linie mit der Frequenz 997 cm^{-1} wird der Pulsationsschwingung der Pyridinmoleküle zugeordnet, die sich mit den Lösungsmittelmolekülen zu einem Komplex vereinigen. Mit schwächer werdender Konzentration nimmt der Anteil der Moleküle im monomeren Zustand ab, im assoziierten dagegen zu, so daß sich die relative Intensität der Linien 990 und 997 cm^{-1} ändert. Die Summe der Intensitäten bleibt dabei konstant (siehe [331]).

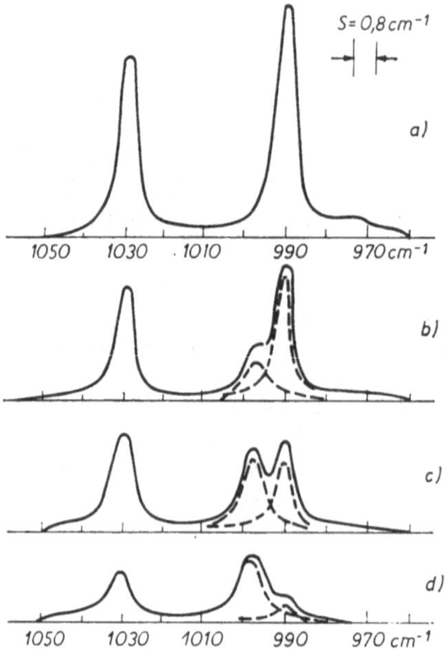

Abb. 65: Teil des Raman-Spektrums von reinem Pyridin (*a*) und Pyridinlösungen in Methylalkohol mit den Konzentrationen: *b*) 4 : 1; *c*) 1 : 1; *d*) 1 : 4.

In der Arbeit [331] wurde außerdem der Temperatureinfluß auf die Komplexbildung in Lösungen diskutiert. Untersucht wurden ternäre Gemische von Pyridin, Alkohol (oder Wasser) und CCl_4. Es zeigte sich eine Intensitätsumverteilung zwischen den Linien 990 und 997 cm^{-1} bei Temperaturänderung. Nach den Ergebnissen der Intensitätsmessungen wurde die Bildungsenergie der Wasserstoffbrückenbindung bestimmt.

In den Spektren der Lösungen von Pyridin in Karbonsäuren beobachtet man zwei verschobene Linien 1006 und 1021 cm^{-1}. Hierfür gibt es folgende Erklärung. Bei der Solvatation

$$C_5H_5N + HO(CO)R = C_5H_5NHO(CO)R$$

erfolgt zunächst ein spektraler Übergang von 990 nach 1006 cm^{-1}. Bei stärkerer Verdünnung erfolgt mit der Dissoziation des Solvatkomplexes

$$C_5H_5NHO(CO)R = C_5H_5NH^+ + [O(CO)R]^-$$

der Übergang der Ringschwingungsfrequenz nach 1021 cm^{-1}.

Mit der Assoziation der Karbonsäuren ist auch eine Veränderung der C=O-Frequenz verbunden. Diese Erscheinung wurde von verschiedenen Autoren untersucht [337—339]. Die Monomere der einzelnen Karbonsäuren haben die höchste C=O-Frequenz (1730—1740 cm^{-1}) und die ringförmigen Dimere die niedrigste (1660—1670 cm^{-1}), während die Frequenz der Ketten dazwischen liegt.

Im Voranstehenden wurden die durch Ausbildung von Wasserstoffbrückenbindungen verursachten Veränderungen im Raman-Spektrum behandelt. Analoge Veränderungen treten im Spektrum auch im allgemeinen Falle der Ausbildung sogenannter Assoziationskomplexe auf. Diese Komplexe bilden sich ohne Brücken, wie sie für die Wasserstoffbrückenbindung typisch sind, aus. Bindungen von der Art der Wasserstoffbrückenbindung können auftreten, wenn eine Atomgruppe des an der Wechselwirkung beteiligten Moleküls ein Protonendonator und eine andere Gruppe (oder ein einzelnes Atom) ein Protonenakzeptor ist. Die letztere zeichnet sich durch negative Überschußladung, z. B. ein freies Elektronenpaar aus.

Die Donator-Akzeptor-Wechselwirkung spielt offenbar in vielen Lösungen eine wesentliche Rolle. Von den Arbeiten, in welchen diese Wechselwirkung mit Hilfe des Raman-Effektes untersucht wurde, sei hier nur die Arbeit von Borodko und Syrkin [301] genannt.

3. Raman-Spektren von Kristallen

§ 18. Symmetrie des Kristallgitters

Bisher haben wir die RAMAN-Streuung an einzelnen Molekülen behandelt. In den Fällen, wo die intermolekulare Wechselwirkung in Betracht gezogen werden mußte, wurde sie als Störung aufgefaßt. Ein solches Herangehen ist im allgemeinen bei der Betrachtung von Kristallen unzulässig. In Kristallen sind die Atome, Moleküle bzw. Ionen[1]) in geringen Abständen voneinander angeordnet und können sich nicht wesentlich aus ihren mittleren Lagen entfernen. Die intermolekularen Kräfte können hierbei nicht als klein angesehen werden, da sie im Grunde genommen für die Existenz des Kristalls verantwortlich sind. Ferner zeichnen sich die Kristalle durch eine regelmäßige Anordnung der Atome und eine entsprechende Symmetrie aus. Diese Symmetrie bestimmt im starken Maße alle Kristalleigenschaften.

Zuerst werden wir uns das Kristallgitter als unendlich ausgedehnt vorstellen und von der endlichen Ausdehnung jedes Kristalls absehen. Wegen der räumlichen Periodizität wird dann der Kristall bei Parallelverschiebungen um bestimmte Abschnitte in bestimmten Richtungen in sich selbst überführt. Diese Verschiebungen, Translationen genannt, bestimmen die Translationssymmetrie des Kristallgitters. Darüber hinaus kann das Gitter auch eine Symmetrie bezüglich verschiedener Drehungen und Spiegelungen besitzen. Die entsprechenden Symmetrieelemente sind die gleichen wie bei den Molekülen (siehe § 9): Symmetrieachsen und -ebenen sowie Drehspiegelachsen.

Eine besondere Art von Symmetrieelementen des Kristallgitters bilden Kombinationen von Parallelverschiebungen mit Drehungen und Spiegelungen. Die Kombination einer Drehung um eine Achse mit einer Parallelverschiebung entlang dieser Achse führt zur Schraubenachse. Ein Gitter besitzt eine Schraubenachse n-ter Ordnung, wenn es bei einer Drehung um den Winkel $2\pi/n$ um eine Achse und gleichzeitiger Verschiebung um einen bestimmten Abstand d entlang dieser Achse invariant bleibt. Kombiniert man eine Spiegelung mit einer Verschiebung entlang einer Richtung, die in der Spiegelebene selbst liegt, so entsteht eine Gleitspiegelung. Ein Gitter besitzt dann eine Gleitspiegelebene, wenn es durch Spiegelung in dieser Ebene und gleichzeitiger Verschiebung um einen bestimmten Abstand d in einer bestimmten, in dieser Ebene liegenden Richtung in sich selbst überführt wird.

Die Beschreibung der Kristallstrukturen findet man in verschiedenen Physik- und Kristallographiebüchern, von denen die Arbeiten [280, 340—344] genannt seien. Wir werden uns deshalb im weiteren auf eine kurze Darstellung des für

[1]) Der Einfachheit halber werden wir im weiteren nur von „Atomen“ sprechen.

das Verständnis der eingebürgerten Terminologie erforderlichen Materials beschränken.

Auf Grund der Translationssymmetrie des Kristalls lassen sich drei Basisvektoren definieren $\boldsymbol{a}_1$, $\boldsymbol{a}_2$, $\boldsymbol{a}_3$, so daß das Gitter bei Parallelverschiebung um einen beliebigen Vektor $\boldsymbol{a}$, der eine ganzzahlige Linearkombination der Basisvektoren ist, invariant bleibt:

$$\boldsymbol{a} = l_1\boldsymbol{a}_1 + l_2\boldsymbol{a}_2 + l_3\boldsymbol{a}_3. \tag{18.1}$$

Die Wahl der Basisvektoren ist keinesfalls eindeutig.

Die Anordnung der Atome im Kristall kann man erhalten, indem man die Struktur einer Elementarzelle vorgibt, beispielsweise in Form eines von den Basisvektoren $\boldsymbol{a}_1$, $\boldsymbol{a}_2$, $\boldsymbol{a}_3$ aufgespannten Parallelepipedes. Das Gitter kann man sich als die Gesamtheit solcher regelmäßig zusammengefügter Elementarzellen vorstellen. In allen Eckpunkten der Elementarzellen befinden sich offenbar gleichartige Atome, d. h., die Eckpunkte sind äquivalente Punkte des Gitters. Die Gesamtheit aller dieser äquivalenten Punkte, die durch Parallelverschiebung auseinander hervorgehen können, bildet das sogenannte BRAVAIS-Gitter des Kristalls.

Wegen der Willkür in der Wahl der Basisvektoren ist auch die Elementarzelle nicht eindeutig bestimmt. Man kann die Elementarzelle durch beliebige Tripel von Basisvektoren aufspannen; entsprechend verändert sich auch die Form der Elementarzelle.

Als Beispiel betrachten wir das raumzentrierte kubische Gitter etwas näher (Abb. 66). Diese Struktur kann man sich vorstellen als kubisches Gitter mit zwei Atomen in der Elementarzelle bzw. als folgende zwei sich durchdringende einfache kubische Gitter:

$$\boldsymbol{a} = l_x\boldsymbol{a}_x + l_y\boldsymbol{a}_y + l_z\boldsymbol{a}_z, \tag{18.2}$$

$$\boldsymbol{a}' = \left(l_x + \frac{1}{2}\right)\boldsymbol{a}_x + \left(l_y + \frac{1}{2}\right)\boldsymbol{a}_y + \left(l_z + \frac{1}{2}\right)\boldsymbol{a}_z, \tag{18.3}$$

wobei l_x, l_y, l_z ganze Zahlen sind. Schreibt man hingegen

$$\boldsymbol{a}_1 = \frac{1}{2}\,(-\boldsymbol{a}_x + \boldsymbol{a}_y + \boldsymbol{a}_z),$$

$$\boldsymbol{a}_2 = \frac{1}{2}\,(\boldsymbol{a}_x - \boldsymbol{a}_y + \boldsymbol{a}_z),$$

$$\boldsymbol{a}_3 = \frac{1}{2}\,(\boldsymbol{a}_x + \boldsymbol{a}_y - \boldsymbol{a}_z), \tag{18.4}$$

so sind die Vektoren aller Punkte beider Untergitter gegeben durch

$$\boldsymbol{a} = l_1\boldsymbol{a}_1 + l_2\boldsymbol{a}_2 + l_3\boldsymbol{a}_3, \tag{18.5}$$

wo l_1, l_2 und l_3 ganze Zahlen sind. Ist die Summe $(l_1 + l_2 + l_3)$ eine ungerade Zahl, so treffen wir in den Würfelmittelpunkt, bei $(l_1 + l_2 + l_3)$ gerade gelangt man in eine Würfelecke. Wir haben es hier also tatsächlich mit einem Bravais-Gitter zu tun (Abb. 66b).

Anstelle einer kubischen Elementarzelle kann man auch die in Abb. 66c dargestellte „Wigner-Seitz-Zelle" annehmen, die man erhält, wenn man die Ecken das Würfels auf der halben Entfernung zum Mittelpunkt abschneidet. Die dabei entstehende Figur hat dieselbe Symmetrie wie der Würfel.

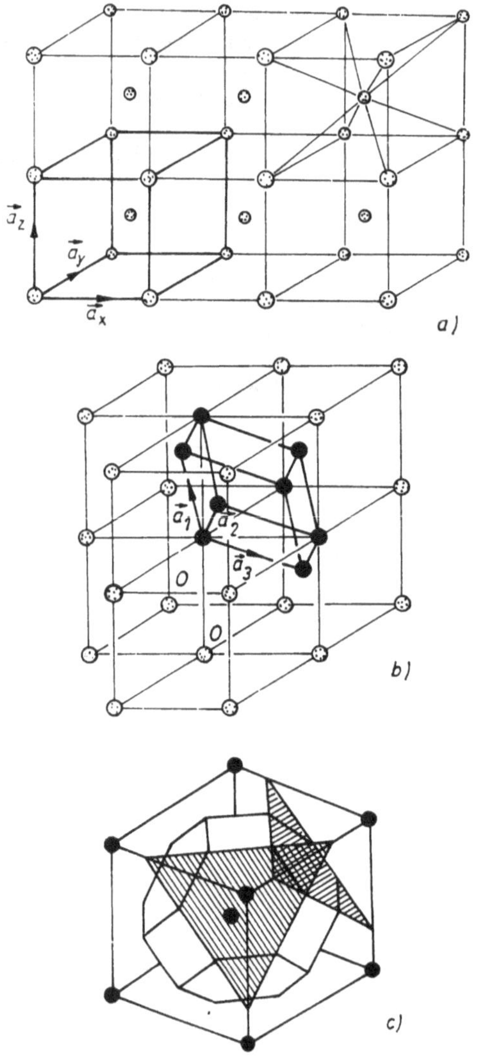

Abb. 66: Raumzentriertes kubisches Gitter: *a*) kubische Elementarzelle; *b*) Basisvektoren des Bravais-Gitters; *c*) Wigner-Seitz-Zelle.

Die verschiedenen Symmetriegruppen eines BRAVAIS-Gitters bei Drehungen und Spiegelungen heißen Kristallsysteme oder Syngonien.

Das durch die Basisvektoren

$$\boldsymbol{b}_1 = \frac{1}{v}\,[\boldsymbol{a}_2\boldsymbol{a}_3], \qquad \boldsymbol{b}_2 = \frac{1}{v}\,[\boldsymbol{a}_3\boldsymbol{a}_1],$$

$$\boldsymbol{b}_3 = \frac{1}{v}\,[\boldsymbol{a}_1\boldsymbol{a}_2], \qquad v = \boldsymbol{a}_1[\boldsymbol{a}_2\boldsymbol{a}_3] \tag{18.6}$$

gebildete Gitter trägt die Bezeichnung reziprokes Gitter. Als Elementarzelle des reziproken Gitters nimmt man gewöhnlich die sogenannte BRILLOUIN-Zone an. Sie wird auf folgende Weise konstruiert. Wir richten aus dem Koordinatenursprung des reziproken Gitters Vektoren in alle Gitterpunkte. Nachdem durch die Mittelpunkte dieser Vektoren zu ihnen senkrecht Ebenen gelegt wurden, kann man zeigen, daß der kleinste, den Koordinatenursprung einschließende Teil des Raumes einer Gitterzelle völlig äquivalent ist. Das so konstruierte symmetrische Vieleck heißt erste oder einfache BRILLOUIN-Zone. Es ist leicht zu sehen, daß die BRILLOUIN-Zone gerade die oben erwähnte WIGNER-SEITZ-Zelle des reziproken Gitters ist.

Direktes und reziprokes Gitter sind gegenseitig umkehrbar. Das oben betrachtete raumzentrierte Gitter ist das reziproke Gitter zum flächenzentrierten kubischen Gitter, dargestellt in Abb. 67, und umgekehrt. Die BRILLOUIN-Zone des flächenzentrierten Gitters ist die WIGNER-SEITZ-Zelle des raumzentrierten kubischen Gitters, das in Abb. 66c dargestellt ist.

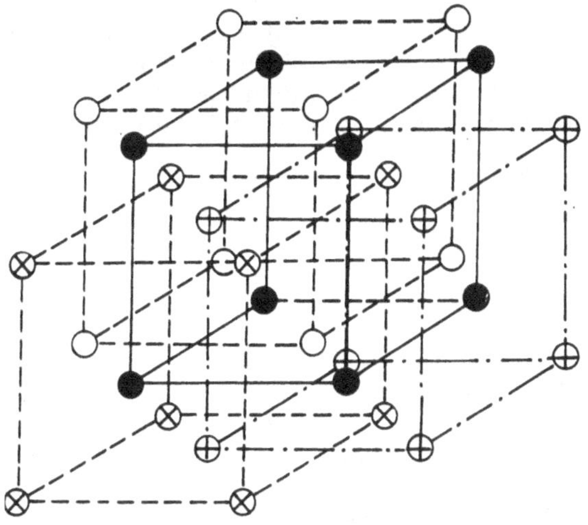

Abb. 67: Flächenzentriertes kubisches Gitter, dargestellt als vier einander durchdringende Untergitter.

Die meisten Anwendungen der Theorie der Kristallsymmetrie hängen mit der Verwendung des mathematischen Apparates der Theorie der Raumgruppen zusammen [85–87].

Die Gesamtheit aller Transformationen des durch den Kristall besetzten Raumes, die die Gleichgewichtskonfiguration invariant lassen, heißt Symmetriegruppe des Kristalls. Das Gitter hat immer eine bestimmte Translationssymmetrie und kann außerdem Symmetrieachsen und -ebenen[1]) besitzen. Die Gesamtheit aller dieser Symmetrieelemente des Kristallgitters nennt man seine Raumgruppe. Die verschiedenen Raumgruppen sind über die Kristallklassen verteilt. Insgesamt sind 230 verschiedene Raumgruppen möglich.

Jede Raumgruppe enthält die Untergruppe der Translationen, welche alle möglichen Parallelverschiebungen, die das Kristallgitter in sich überführen, umfaßt. Die Elemente der Untergruppe der Translationen kann man als $\{\varepsilon_1|\boldsymbol{a}\}$ schreiben, wobei ε_1 das Einselement der Gruppe der Richtungen des Kristalls ist, $\boldsymbol{a} = l_1\boldsymbol{a}_1 + l_2\boldsymbol{a}_2 + l_3\boldsymbol{a}_3$.

Die Raumgruppen sind unendliche Gruppen. Das erschwert ihre Untersuchung. Die Symmetriegruppen der Kristalle kann man jedoch als endliche Gruppen auffassen, wenn man die von Born [345] eingeführten zyklischen Bedingungen verwendet. Nach der Hypothese von Born kann man annehmen, daß bei einer genügend großen Zahl L von Translationen entlang eines jeden Vektors $\boldsymbol{a}_1$, $\boldsymbol{a}_2$ und $\boldsymbol{a}_3$ der Kristall mit sich selbst zur Deckung kommt, also

$$\{\varepsilon_1|\boldsymbol{a}_1\}^L = \{\varepsilon_1|\boldsymbol{a}_2\}^L = \{\varepsilon_1|\boldsymbol{a}_3\}^L = \{\varepsilon_1|\boldsymbol{0}\}. \qquad (18.7)$$

Aus der zyklischen Bedingung folgt

$$0 \leqq l_1, l_2, l_3 < L. \qquad (18.8)$$

Die Untergruppe der Translationen kann man also als endliche Gruppe der Ordnung $N = L^3$ ansehen. Da alle Translationen miteinander vertauschbar sind, ist es eine Abelsche Gruppe, und ihre irreduziblen Darstellungen sind daher eindimensional; ihre Zahl ist gleich N. Die Beschreibung dieser irreduziblen Darstellungen erfolgt zweckmäßigerweise im Raum der Wellenvektoren $\boldsymbol{k}$ oder im „reziproken" Raum, dessen Orte gegeben sind durch die Vektoren

$$\boldsymbol{b}_i = 2\pi \frac{[\boldsymbol{a}_k\boldsymbol{a}_l]}{(\boldsymbol{a}_i\boldsymbol{a}_k\boldsymbol{a}_l)} \quad (i, k, l = 1, 2, 3) \qquad (18.9)$$

(diese Vektoren unterscheiden sich von den Basisvektoren des reziproken Gitters (18.6) durch den Faktor 2π).

Zwei Vektoren des reziproken Raumes, die sich voneinander um eine ganze Zahl von Basisvektoren $\boldsymbol{b}_i$ unterscheiden, heißen äquivalent. Die Gesamtheit der nichtäquivalenten Vektoren des reziproken Raumes kann man erhalten, indem man sich auf die Punkte des reziproken Raumes beschränkt, die in der auf den Basisvektoren (18.9) aufgebauten Brillouin-Zone enthalten sind. Die Zahl

[1]) Die Gesamtheit aller Drehungen und Spiegelungen an der Symmetriefläche des Kristalls (eigentliche und uneigentliche Drehungen siehe § 10) bildet die Gruppe der Richtungen F oder die Gruppe der makroskopischen Symmetrie des Kristalls [86].

dieser Punkte und damit die Zahl der $\boldsymbol{k}$-Vektoren ist gleich N; jedem $\boldsymbol{k}$ entspricht hierbei eine irreduzible Darstellung der Untergruppe der Translationen, deren Operatoren einfach Zahlen von der Form

$$T(g) = T(\{\varepsilon_1|\boldsymbol{a}\}) = e^{i\boldsymbol{k}\boldsymbol{a}} \tag{18.10}$$

sind. Die Basisfunktionen sind

$$\psi_{\boldsymbol{k}} = e^{i\boldsymbol{k}\boldsymbol{a}}. \tag{18.11}$$

Der reziproke Raum hat eine einfache physikalische Bedeutung. Im System der Einheiten, in denen $\hbar = 1$ ist, fällt er mit dem Impulsraum der Quasiteilchen des Kristalls zusammen, deren Quasiimpuls nur N diskrete Werte (siehe § 20) haben kann.

Die volle Raumgruppe G erhält man durch Hinzufügen von f Elementen der Gestalt

$$g_j = \{h_j|\alpha_j\} \qquad (j = 1, 2, \ldots, f) \tag{18.12}$$

zur Untergruppe der Translationen. Hier sind h_j die Elemente der Gruppe der Richtungen,

$$\alpha_j = p_1\boldsymbol{a}_1 + p_2\boldsymbol{a}_2 + p_3\boldsymbol{a}_3 \qquad (0 \leqq p_1, p_2, p_3 \leqq 1). \tag{18.13}$$

In dem Sonderfall, daß alle $\alpha_j = 0$ sind, heißt die Raumgruppe symmorph. Hierbei sind die eigentlichen und uneigentlichen Drehungen im Kristall Elemente der Symmetriegruppe des ganzen Kristalls und führen nicht nur äquivalente Richtungen, sondern auch äquivalente Punkte ineinander über. Ist hingegen $\alpha_j \neq 0$, so gibt es unter den Elementen der Raumgruppe des Kristalls Schraubenachsen und Gleitspiegelebenen.

Mit der Theorie der irreduziblen Darstellungen der Gruppen der Richtungen F kann eine Reihe von Aufgaben gelöst werden, die bei der Untersuchung der Raman-Streuung an Kristallen entstehen. Häufig ist es aber auch notwendig, die Darstellungen der gesamten Raumgruppe G zu benutzen. Die irreduziblen Darstellungen der Raumgruppen sind in einer Reihe von Arbeiten [86, 280, 346—348] angegeben.

Jede Darstellung T der Raumgruppe G läßt sich durch einen Satz $\{\boldsymbol{k}\}$ von Vektoren des reziproken Raumes charakterisieren, der die Eigenschaft besitzt, daß er invariant gegenüber dem orthogonalen Anteil der Raumgruppe ist. Ist also $\boldsymbol{k}_i \subset \{\boldsymbol{k}\}$, so gilt auch $h_j\,\boldsymbol{k}_i \subset \{\boldsymbol{k}\}$ $(j = 1, 2, \ldots, f)$. Die genannte Gesamtheit der Vektoren $\{\boldsymbol{k}\}$ bezeichnet man als Stern der Darstellung T. Der Stern $\{\boldsymbol{k}\}$ heißt irreduzibel, wenn für beliebige Vektoren $\boldsymbol{k}_i$, $\boldsymbol{k}_j \subset \{\boldsymbol{k}\}$ eine orthogonale Transformation existiert, die $\boldsymbol{k}_j$ in $\boldsymbol{k}_i$ überführt. Einer irreduziblen Darstellung der Gruppe G entspricht ein irreduzibler Stern $\{\boldsymbol{k}\}$.

Wir betrachten alle Elemente aus G, deren Orthogonalanteile den Vektor $\boldsymbol{k}$ des Sterns invariant lassen. Die Gesamtheit dieser Elemente bildet eine Untergruppe der Gruppe G; sie wird Gruppe $G_{\boldsymbol{k}}$ des Vektors $\boldsymbol{k}$ oder „kleine" Gruppe genannt. Die irreduziblen Darstellungen der Gruppe $G_{\boldsymbol{k}}$ werden wir mit $\tau_{\boldsymbol{k}}\{h_j|\alpha_j\}$ bezeichnen. Es erweist sich, daß die Kenntnis dieser irreduziblen Darstellungen genügt, um die Matrixelemente der vollen irreduziblen Darstellung der Gruppe

G zu finden. Überdies kommt man bei den Anwendungen oft mit den irreduziblen Darstellungen der Gruppe $G_{\boldsymbol{k}}$ aus.

Praktisch ist die Gruppe $\hat{G}_{\boldsymbol{k}}$ von großem Interesse, deren Elemente die orthogonalen Transformationen h_j der Gruppe $G_{\boldsymbol{k}}$ sind, bei denen der Vektor $\boldsymbol{k}$ invariant bleibt. Für $\boldsymbol{k} = 0$ fällt die Gruppe $\hat{G}_{\boldsymbol{k}}$ mit der Gruppe der Richtungen F zusammen.

Um die irreduziblen Darstellungen der Gruppe $G_{\boldsymbol{k}}$ aufzufinden, ist es bequem, sich der in [86, 346] beschriebenen Methode der Darstellung der Gruppe $\hat{G}_{\boldsymbol{k}}$ mit Faktorsystem zu bedienen. Wird jedem Element g der Gruppe G ein Operator $T(g)$ so zugeordnet, daß

$$T(g_1)\,T(g_2) = T(g_1 g_2)\,\psi(g_1, g_2), \tag{18.14}$$

wobei $\psi(g_1, g_2)$ eine bestimmte Funktion ist, so spricht man von einer Darstellung mit Faktorsystem der Gruppe G. Für $\psi \equiv 1$ geht die Darstellung mit Faktorsystem in eine gewöhnliche Darstellung über.

Jedem Element h_j der Gruppe $\hat{G}_{\boldsymbol{k}}$ wollen wir einen Operator zuordnen:

$$h_j \to \hat{\tau}(h_j) = \tau_{\boldsymbol{k}}\{h_j|\alpha\}e^{-i\boldsymbol{k}\vec{\alpha}}, \tag{18.15}$$

wo $\alpha = \alpha_j + \boldsymbol{a}$.

Die Operatoren $\hat{\tau}(h_j)$ genügen der folgenden Beziehung (siehe [86]):

$$\hat{\tau}(h_s h_t) = \hat{\tau}(h_s)\,\hat{\tau}(h_t)\,e^{i(\boldsymbol{k}-h_s^{-1}\boldsymbol{k},\alpha_t)} \tag{18.16}$$

$$(s, t = 1, 2, \ldots, h),$$

d. h., sie realisieren eine Darstellung der Gruppe $\hat{G}_{\boldsymbol{k}}$ mit dem Faktorsystem

$$\psi(h_s h_t) = \exp\left[-i(\boldsymbol{k} - h_s^{-1}\boldsymbol{k}, \alpha_t)\right]. \tag{18.17}$$

Tabellen der irreduziblen Darstellungen mit Faktorsystem für alle Raumgruppen sind in der Arbeit von Kowaljew [346] zu finden.

Nachdem die irreduziblen Darstellungen der Gruppe $G_{\boldsymbol{k}}$ des Vektors $\boldsymbol{k}$ gefunden sind, erhält man ohne Mühe die Operatoren der irreduziblen Darstellung T der vollen Raumgruppe G in Blockstruktur [86].

§ 19. Schwingungsspektren von Kristallen

1. Schwingungen eines eindimensionalen Gitters

Viele wichtige Eigenschaften der Kristallschwingungen lassen sich am einfachen Fall eines eindimensionalen Gittermodells aufzeigen [349, 350].

Wir wollen eine Kette gleicher Atome der Masse m betrachten, die sich im Abstand a voneinander befinden. Mit u_n bezeichnen wir die Auslenkung des n-ten Atoms aus dieser Gleichgewichtslage. Berücksichtigt man nur die Wechselwirkung mit den nächsten Nachbarn, so läßt sich die auf das n-te Atom wirkende Kraft F_n

darstellen als

$$F_n = f \cdot (u_{n+1} - u_n) - f \cdot (u_n - u_{n-1}), \tag{19.1}$$

wo f die Kraftkonstante des Gitters bezeichnet. Die Bewegungsgleichung für das n-te Atom hat die Gestalt

$$m\ddot{u}_n = f \cdot (u_{n+1} + u_{n-1} - 2u_n). \tag{19.2}$$

Die Lösung dieser Gleichung suchen wir in der Form

$$u_n = u_0 e^{i(\omega t + kna)}. \tag{19.3}$$

Einsetzen von (19.3) in (19.2) führt zur Bedingung

$$\omega = \pm 2 \sqrt{\frac{f}{m}} \sin\left(\frac{ka}{2}\right). \tag{19.4}$$

Die Gleichung (19.4) verknüpft die Schwingungsfrequenz ω mit der Wellenzahl k und stellt das Dispersionsgesetz für die behandelte Aufgabe dar. Aus (19.4) folgt, daß die maximale Frequenz ω_m der Schwingung einer Kette aus gleichen Atomen $\omega_m = 2\sqrt{f/m}$ ist. Die entsprechenden Wellenzahlen sind hierfür $k_m = \pm\pi/a$. Das zwischen den Werten $-\pi/a$ und $+\pi/a$ eingeschlossene k — Intervall ist offenbar die Brillouin-Zone des betrachteten Gitters. Gewöhnlich ist in Kristallen $|k_m| = \pi/a \approx 10^8$ cm^{-1} und $\omega_m \approx 10^{13}$ s^{-1}. Diese Grenzfrequenz liegt im infraroten Spektralbereich.

Wenn die genannte eindimensionale Kette aus N Atomen besteht, so haben wir N Lösungen (19.3) und entsprechend N erlaubte Zahlenwerte k in der Brillouin-Zone. Dies entspricht der Anzahl der Freiheitsgrade der Kette, die gleich N ist. Die Länge L dieser Kette ist offensichtlich gleich $L = (N - 1)\,a$.

Wir betrachteten eine endliche Kette, können aber auch eine Kette von beliebig großer Länge L berechnen. Dazu stellen wir die zusätzliche Forderung, daß die Lösungen periodisch im Intervall L sein sollen

$$u(na + L) = u(na). \tag{19.5}$$

Hier ist $L = Na$. Aus (19.3) finden wir die möglichen Werte der Wellenzahl k:

$$k = \pm\frac{2\pi}{L},\ \pm\frac{4\pi}{L},\ \ldots,\ \pm\frac{(N/2)\,2\pi}{L}. \tag{19.6}$$

Diese Werte für k legen die N Eigenschwingungen der Kette fest.

Das Spektrum der Eigenschwingungen wird durch die Verteilungsfunktion beschrieben. Es sei $g(\omega)\,d\omega$ die Zahl der auf das Intervall von ω bis $\omega + d\omega$ entfallenden Frequenzen und $W(k)\,dk$ die Zahl der Schwingungen im Intervall der Wellenzahlen von k bis $k + dk$. Dann ist

$$g(\omega)\,d\omega = W(k)\left(\frac{dk}{d\omega}\right)d\omega. \tag{19.7}$$

Die Größe $dk/d\omega$ bestimmt man leicht aus (19.4):

$$\frac{dk}{d\omega} = \frac{2}{a\sqrt{\omega_m^2 - \omega^2}}. \tag{19.8}$$

Da auf das Intervall $2\pi/L$ gemäß (19.6) eine Schwingung entfällt, erhalten wir

$$g(\omega)\,d\omega = \frac{N}{\pi\sqrt{\omega_m^2 - \omega^2}}\,d\omega. \tag{19.9}$$

Wir wenden uns jetzt einem etwas komplizierteren Fall zu. Gegeben sei eine lineare Kette, deren Atome in gleichen Abständen angeordnet sind aber verschiedene, einander abwechselnde Massen m_1 und m_2 haben. Die Kraftkonstante benachbarter Atome bezeichnen wir wieder mit f. Die Elementarzelle enthält jetzt zwei Atome, und die Bewegungsgleichungen haben eine kompliziertere Form. Anstelle von (19.2) haben wir ein System aus zwei Gleichungen (wir berücksichtigen wieder nur die Wechselwirkung zwischen benachbarten Atomen):

$$m_1\ddot{u}_{2n} = f\cdot(u_{2n+1} + u_{2n-1} - 2u_{2n}),$$

$$m_2\ddot{u}_{2n+1} = f\cdot(u_{2n+2} + u_{2n} - 2u_{2n+1}). \tag{19.10}$$

Die Lösungen dieser Gleichungen werden wir in der Form

$$u_{2n} = A_1 e^{i(\omega t + 2nka)},$$

$$u_{2n+1} = A_2 e^{i[\omega t + (2n+1)ka]}. \tag{19.11}$$

suchen.

Setzt man diese Lösungen in (19.10) ein, so entsteht das System von zwei homogenen Gleichungen

$$-\omega^2 m_1 A_1 = f A_2(e^{ika} + e^{-ika}) - 2fA_1,$$

$$-\omega^2 m_2 A_2 = f A_1(e^{ika} + e^{-ika}) - 2fA_2. \tag{19.12}$$

Dieses System besitzt nichttriviale Lösungen bezüglich A_1 und A_2 unter der Bedingung, daß

$$\begin{vmatrix} 2f - m_1\omega^2 & -2f\cos ka \\ -2f\cos ka & 2f - m_2\omega^2 \end{vmatrix} = 0. \tag{19.13}$$

Hieraus folgt

$$\omega^2 = f\cdot\left(\frac{1}{m_1} + \frac{1}{m_2}\right) \pm f\cdot\left[\left(\frac{1}{m_1} + \frac{1}{m_2}\right)^2 - \frac{4\sin^2 ka}{m_1 m_2}\right]^{1/2}. \tag{19.14}$$

Die durch Formel (19.14) gegebene Abhängigkeit ω von k ist in Abb. 68 dargestellt (es wird $m_1 > m_2$ vorausgesetzt). Wie man sieht, besitzt die Dispersionskurve jetzt zwei Zweige. Einen der Zweige nennt man den akustischen, den anderen den optischen. Ähnliche Zweige entstehen auch bei zwei- und dreidimensionalen Gittern.

Im Falle eines dreidimensionalen Gitters mit N Elementarzellen gibt es $3Nn$ Schwingungsfrequenzen, die sich zu $3n$ Zweigen gruppieren, wobei n die Zahl der Teilchen in der Elementarzelle ist. Für drei Zweige streben die Frequenzen bei $k \to 0$ gegen Null. Sie heißen akustische Zweige. In den übrigen $3n - 3$ Zweigen wird die Frequenz für $k = 0$ nicht Null. Man nennt sie optische Zweige.

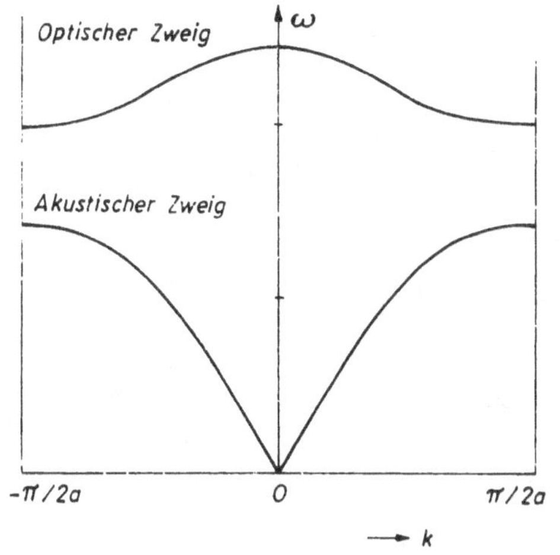

Abb. 68: Schwingungsfrequenzen einer zweiatomigen Kette.

Die anfänglich zur theoretischen Berechnung eindimensionaler Modelle entwickelten Methoden wurden später auf dreidimensionale Gitter übertragen. Daneben gibt es eine große Zahl von Arbeiten, die sich mit der Auffindung von analytischen Ausdrücken für die Verteilungsfunktion $g(\omega)$ befassen. Diese Arbeiten werden wir in § 21 besprechen.

2. *Allgemeine Theorie der harmonischen Kristallschwingungen [351]*

Wir betrachten einen Kristall, in dem jede Elementarzelle n Teilchen enthält und dessen Periodizitätsvolumen $N = L^3$ Elementarzellen umfaßt. Die Lage eines beliebigen Atoms im Kristall kann man mit dem Ortsvektor

$$\boldsymbol{R}\binom{\boldsymbol{l}}{\varkappa} = \boldsymbol{X}\binom{\boldsymbol{l}}{\varkappa} + \boldsymbol{u}\binom{\boldsymbol{l}}{\varkappa} = \boldsymbol{l} + \boldsymbol{x}_\varkappa + \boldsymbol{u}\binom{\boldsymbol{l}}{\varkappa} \tag{19.15}$$

bestimmen. Dabei gibt der Vektor $\boldsymbol{l} = l_1\boldsymbol{a}_1 + l_2\boldsymbol{a}_2 + l_3\boldsymbol{a}_3$ die Lage der Elementarzelle an, in der sich das betreffende Atom befindet; l_i sind ganze Zahlen, die der Ungleichung $0 \leqq l_i < L$ genügen. Der Vektor $\boldsymbol{x}_\varkappa$ bestimmt die Gleichgewichtslage des Atoms mit der Nummer $\varkappa$ ($\varkappa = 1, 2, \ldots, n$) innerhalb der durch $\boldsymbol{l}$ gegebenen Elementarzelle; der Vektor $\boldsymbol{u}\binom{\boldsymbol{l}}{\varkappa}$ bezeichnet die Auslenkung des genannten Atoms aus der Gleichgewichtslage.

Als verallgemeinerte Koordinaten des untersuchten mechanischen Systems kann man die $3Nn$ Koordinaten der Auslenkungen $u_\alpha\begin{pmatrix} l \\ \varkappa \end{pmatrix}$ der Atome aus ihren Gleichgewichtslagen in Richtung der Achsen α ($\alpha = 1, 2, 3$) des CARTESIschen Koordinatensystems betrachten. Die HAMILTON-Funktion und die LAGRANGE-Funktion des Systems haben in der harmonischen Näherung die Form

$$H = T + \Phi = \frac{1}{2} \sum_{l\varkappa\alpha} m_\varkappa \left[\dot{u}_\alpha \begin{pmatrix} l \\ \varkappa \end{pmatrix}\right]^2 + \frac{1}{2} \sum_{\substack{l\varkappa\alpha \\ l'\varkappa'\alpha'}} \Phi_{\alpha\alpha'} \begin{pmatrix} ll' \\ \varkappa\varkappa' \end{pmatrix} u_\alpha \begin{pmatrix} l \\ \varkappa \end{pmatrix} u_{\alpha'} \begin{pmatrix} l' \\ \varkappa' \end{pmatrix}, \tag{19.16}$$

$$L = T - \Phi = \frac{1}{2} \sum_{l\varkappa\alpha} m_\varkappa \left[\dot{u}_\alpha \begin{pmatrix} l \\ \varkappa \end{pmatrix}\right]^2 - \frac{1}{2} \sum_{\substack{l\varkappa\alpha \\ l'\varkappa'\alpha'}} \Phi_{\alpha\alpha'} \begin{pmatrix} ll' \\ \varkappa\varkappa' \end{pmatrix} u_\alpha \begin{pmatrix} l \\ \varkappa \end{pmatrix} u_\alpha \begin{pmatrix} l' \\ \varkappa' \end{pmatrix}. \tag{19.17}$$

Dabei bedeutet $m_\varkappa$ die Masse des $\varkappa$-ten Atoms,

$$\Phi_{\alpha\alpha'} \begin{pmatrix} ll' \\ \varkappa\varkappa' \end{pmatrix}$$

die Koeffizienten der quadratischen Glieder in der Zerlegung der potentiellen Energie nach den Atomauslenkungen.

Die Bewegungsgleichungen haben die Form

$$m_\varkappa \ddot{u}_\alpha \begin{pmatrix} l \\ \varkappa \end{pmatrix} + \sum_{l'\varkappa'\alpha'} \Phi_{\alpha\alpha'} \begin{pmatrix} ll' \\ \varkappa\varkappa' \end{pmatrix} u_{\alpha'} \begin{pmatrix} l' \\ \varkappa' \end{pmatrix} = 0. \tag{19.18}$$

Die Lösung von (19.18) ist

$$u_\alpha \begin{pmatrix} l \\ \varkappa \end{pmatrix} = u_\alpha^0 \begin{pmatrix} l \\ \varkappa \end{pmatrix} e^{-i\omega t}. \tag{19.19}$$

Nach Einsetzen von (19.19) in (19.18) erhalten wir

$$\sum_{l'\varkappa'\alpha'} \left[\Phi_{\alpha\alpha'} \begin{pmatrix} ll' \\ \varkappa\varkappa' \end{pmatrix} - \omega^2 m_{\varkappa'} \delta_{\alpha\alpha'} \delta_{\varkappa\varkappa'} \delta_{ll'}\right] u_{\alpha'}^0 \begin{pmatrix} l' \\ \varkappa' \end{pmatrix} = 0. \tag{19.20}$$

Die Bedingung für die Lösbarkeit des Systems (19.20) ist das Verschwinden der Determinante

$$\left| \Phi_{\alpha\alpha'} \begin{pmatrix} ll' \\ \varkappa\varkappa' \end{pmatrix} - \omega^2 m_{\varkappa'} \delta_{\alpha\alpha'} \delta_{\varkappa\varkappa'} \delta_{ll'} \right| = 0. \tag{19.21}$$

(19.21) ist eine algebraische Gleichung vom Grade $3Nn$ bezüglich ω^2. Die Lösung des Systems (19.20) sind $3Nn$ Eigenvektoren, die den Lösungen der Gleichung (19.21) entsprechen (siehe § 10).

Von $u_\alpha{}^0\begin{pmatrix}\boldsymbol{l}\\ \varkappa\end{pmatrix}$ kann man zu anderen bequemeren Variablen übergehen. Wegen der Translationssymmetrie sind dies die Größen $u_\alpha{}^0\begin{pmatrix}\boldsymbol{k}\\ \varkappa\end{pmatrix}$, die sich aus der Entwicklung von $u_\alpha{}^0\begin{pmatrix}\boldsymbol{l}\\ \varkappa\end{pmatrix}$ nach ebenen Wellen

$$u_\alpha{}^0\begin{pmatrix}\boldsymbol{l}\\ \varkappa\end{pmatrix} = \sum_{\boldsymbol{k}} \frac{1}{\sqrt{m_\varkappa N}}\, u_\alpha{}^0\begin{pmatrix}\boldsymbol{k}\\ \varkappa\end{pmatrix} e^{i\boldsymbol{k}\boldsymbol{l}} \tag{19.22}$$

ergeben. Aus (19.22) folgt

$$u_\alpha{}^0\begin{pmatrix}\boldsymbol{k}\\ \varkappa\end{pmatrix} = \sqrt{\frac{m_\varkappa}{N}} \sum_{\boldsymbol{l}} u_\alpha{}^0\begin{pmatrix}\boldsymbol{l}\\ \varkappa\end{pmatrix} e^{-i\boldsymbol{k}\boldsymbol{l}}. \tag{19.23}$$

Wegen der zyklischen Randbedingungen nimmt der Vektor $\boldsymbol{k}$ die diskreten Werte

$$k_x = \pm\frac{2\pi}{La_1},\ \pm\frac{4\pi}{La_1},\ \ldots,\ \pm\frac{2\pi}{La_1}\frac{L}{2},$$

$$k_y = \pm\frac{2\pi}{La_2},\ \pm\frac{4\pi}{La_2},\ \ldots,\ \pm\frac{2\pi}{La_2}\frac{L}{2},$$

$$k_z = \pm\frac{2\pi}{La_3},\ \pm\frac{4\pi}{La_3},\ \ldots,\ \pm\frac{2\pi}{La_3}\frac{L}{2}$$

an, wo a_1, a_2 und a_3 die linearen Ausdehnungen der Elementarzelle sind.

Setzt man (19.22) und (19.19) in (19.18) ein, so ergibt sich

$$\sum_{\alpha'\varkappa'} \left[D_{\alpha\alpha'}\begin{pmatrix}\boldsymbol{k}\\ \varkappa\varkappa'\end{pmatrix} - \omega^2\delta_{\alpha\alpha'}\delta_{\varkappa\varkappa'}\right] u^0_{\alpha'}\begin{pmatrix}\boldsymbol{k}\\ \varkappa'\end{pmatrix} = 0 \tag{19.24}$$

mit

$$D_{\alpha\alpha'}\begin{pmatrix}\boldsymbol{k}\\ \varkappa\varkappa'\end{pmatrix} = \frac{1}{\sqrt{m_\varkappa m_{\varkappa'}}} \sum_{\boldsymbol{l}} \Phi_{\alpha\alpha'}\begin{pmatrix}\boldsymbol{l}\\ \varkappa\varkappa'\end{pmatrix} e^{-i\boldsymbol{k}\boldsymbol{l}};$$

$$\Phi_{\alpha\alpha'}\begin{pmatrix}\boldsymbol{l}\\ \varkappa\varkappa'\end{pmatrix} = \Phi_{\alpha\alpha'}\begin{pmatrix}0\boldsymbol{l}\\ \varkappa\,\varkappa'\end{pmatrix}.$$

Die Bedingung für die Lösbarkeit von (19.24) ist das Verschwinden der Koeffizientendeterminante

$$\left|D_{\alpha\alpha'}\begin{pmatrix}\boldsymbol{k}\\ \varkappa\varkappa'\end{pmatrix} - \omega^2\delta_{\alpha\alpha'}\delta_{\varkappa\varkappa'}\right| = 0. \tag{19.25}$$

Wir wollen die Eigenvektoren des Systems (19.24) mit $\boldsymbol{l}\left(\varkappa\middle|\begin{matrix}\boldsymbol{k}\\ j\end{matrix}\right)$ und die dazugehörenden Eigenwerte mit $\omega^2\begin{pmatrix}\boldsymbol{k}\\ j\end{pmatrix}$ bezeichnen. Wir erhalten damit

$$\sum_{\varkappa'\alpha'} D_{\alpha\alpha'}\begin{pmatrix}\boldsymbol{k}\\ \varkappa\varkappa'\end{pmatrix} l_{\alpha'}\left(\varkappa'\middle|\begin{matrix}\boldsymbol{k}\\ j\end{matrix}\right) = \omega^2\begin{pmatrix}\boldsymbol{k}\\ j\end{pmatrix} l_\alpha\left(\varkappa\middle|\begin{matrix}\boldsymbol{k}\\ j\end{matrix}\right). \tag{19.26}$$

Die Gleichung (19.25) ist vom Grade $3n$, so daß $j = 1, 2, \ldots, 3n$.

Im Falle eines dreidimensionalen Gitters, bestehend aus $3nN$ Teilchen, gibt es $3nN$ Schwingungsfrequenzen, die sich in $3n$ Zweigen zusammenfassen lassen. Die aus (19.25) bestimmte Funktion $\omega = \omega(k)$ ist vieldeutig: für jeden Wert des Vektors $\boldsymbol{k}$ hat sie $3n$ verschiedene (bei Fehlen von Entartung) ω-Werte, von denen jeder zu einem der $3n$ Zweige gehört. Die drei „akustischen" Zweige haben bei $k \to 0$ verschwindende Frequenzen ω_{ak}. Die restlichen $3n$-3 Zweige heißen optische Zweige.

Aus (19.24) können die Eigenvektoren $\boldsymbol{l}\left(\varkappa\middle|\begin{matrix}\boldsymbol{k}\\ j\end{matrix}\right)$ nur bis auf einen konstanten Faktor genau bestimmt werden. Wir können sie deshalb orthonormiert wählen

$$\sum_{\varkappa\alpha} l_\alpha^*\left(\varkappa\middle|\begin{matrix}\boldsymbol{k}\\ j\end{matrix}\right) l_\alpha\left(\varkappa\middle|\begin{matrix}\boldsymbol{k}\\ j'\end{matrix}\right) = \delta_{jj'},$$

$$\sum_{j} l_{\alpha'}^*\left(\varkappa'\middle|\begin{matrix}\boldsymbol{k}\\ j\end{matrix}\right) l_\alpha\left(\varkappa\middle|\begin{matrix}\boldsymbol{k}\\ j\end{matrix}\right) = \delta_{\alpha\alpha'}\delta_{\varkappa\varkappa'}. \tag{19.27}$$

Die Hamilton-Funktion des Kristalls setzt sich additiv aus zwei quadratischen Formen zusammen, die gleichzeitig auf Diagonalform gebracht werden können (siehe § 10). Eine solche Transformation kann realisiert werden mit der Zerlegung

$$u_\alpha\begin{pmatrix}\boldsymbol{l}\\ \varkappa\end{pmatrix} = \frac{1}{\sqrt{Nm_\varkappa}}\sum_{kj} l_\alpha\left(\varkappa\middle|\begin{matrix}\boldsymbol{k}\\ j\end{matrix}\right) Q\begin{pmatrix}\boldsymbol{k}\\ j\end{pmatrix} e^{i\boldsymbol{k}\boldsymbol{l}}. \tag{19.28}$$

Weil $u_\alpha\begin{pmatrix}\boldsymbol{l}\\ \varkappa\end{pmatrix}$ reell ist, folgt

$$Q^*\begin{pmatrix}\boldsymbol{k}\\ j\end{pmatrix} = Q\begin{pmatrix}-\boldsymbol{k}\\ j\end{pmatrix}. \tag{19.29}$$

Setzt man den Ausdruck (19.28) in die Hamilton-Funktion und die Lagrange-Funktion ein, so erhält man

$$H = \frac{1}{2}\sum_{kj}\left[\dot{Q}^*\begin{pmatrix}\boldsymbol{k}\\ j\end{pmatrix}\dot{Q}\begin{pmatrix}\boldsymbol{k}\\ j\end{pmatrix} + \omega^2\begin{pmatrix}\boldsymbol{k}\\ j\end{pmatrix} Q^*\begin{pmatrix}\boldsymbol{k}\\ j\end{pmatrix} Q\begin{pmatrix}\boldsymbol{k}\\ j\end{pmatrix}\right],$$

$$L = \frac{1}{2}\sum_{kj}\left[\dot{Q}^*\begin{pmatrix}\boldsymbol{k}\\ j\end{pmatrix}\dot{Q}\begin{pmatrix}\boldsymbol{k}\\ j\end{pmatrix} - \omega^2\begin{pmatrix}\boldsymbol{k}\\ j\end{pmatrix} Q^*\begin{pmatrix}\boldsymbol{k}\\ j\end{pmatrix} Q\begin{pmatrix}\boldsymbol{k}\\ j\end{pmatrix}\right]. \tag{19.30}$$

Hieraus folgen die Bewegungsgleichungen

$$\ddot{Q}\begin{pmatrix}\boldsymbol{k}\\ j\end{pmatrix} + \omega^2\begin{pmatrix}\boldsymbol{k}\\ j\end{pmatrix} Q\begin{pmatrix}\boldsymbol{k}\\ j\end{pmatrix} = 0 \tag{19.31}$$

mit der Lösung

$$Q\begin{pmatrix}\boldsymbol{k}\\ j\end{pmatrix} = Q^0\begin{pmatrix}\boldsymbol{k}\\ j\end{pmatrix} e^{-i\omega t+\varphi_0}, \tag{19.32}$$

wo $Q^0\begin{pmatrix}\boldsymbol{k}\\ j\end{pmatrix}$ die Amplitude einer gegebenen Normalschwingung und φ_0 ihre Anfangsphase ist. Die Koordinaten $Q\begin{pmatrix}\boldsymbol{k}\\ j\end{pmatrix}$ heißen Normalkoordinaten und die Atomschwingungen des Kristalls mit der Frequenz $\omega\begin{pmatrix}\boldsymbol{k}\\ j\end{pmatrix}$ Grundschwingungen.

Die Normalkoordinaten $Q\begin{pmatrix}\boldsymbol{k}\\ j\end{pmatrix}$ und die zu ihnen kanonisch konjugierten Impulse $P\begin{pmatrix}\boldsymbol{k}\\ j\end{pmatrix}$ sind im allgemeinen komplex. Der Übergang zu reellen Koordinaten kann mit der Transformation

$$Q\begin{pmatrix}\boldsymbol{k}\\ j\end{pmatrix} = \frac{1}{2}\left[q\begin{pmatrix}-\boldsymbol{k}\\ j\end{pmatrix} + q\begin{pmatrix}\boldsymbol{k}\\ j\end{pmatrix}\right] + \frac{i}{2\omega\begin{pmatrix}\boldsymbol{k}\\ j\end{pmatrix}}\left[\dot{q}\begin{pmatrix}\boldsymbol{k}\\ j\end{pmatrix} - \dot{q}\begin{pmatrix}-\boldsymbol{k}\\ j\end{pmatrix}\right] \tag{19.33}$$

geschehen. Man kann zeigen, daß (19.33) eine kanonische Transformation ist. Dabei sind die Variablen $q\begin{pmatrix}\boldsymbol{k}\\ j\end{pmatrix}$ und $\dot{q}\begin{pmatrix}\boldsymbol{k}\\ j\end{pmatrix}$ zueinander kanonisch konjugiert.

Nach Einsetzen von (19.33) geht die HAMILTON-Funktion über in

$$H = \frac{1}{2}\sum_{kj}\left[p^2\begin{pmatrix}\boldsymbol{k}\\ j\end{pmatrix} + \omega^2\begin{pmatrix}\boldsymbol{k}\\ j\end{pmatrix} q^2\begin{pmatrix}\boldsymbol{k}\\ j\end{pmatrix}\right],$$

wo $p\begin{pmatrix}\boldsymbol{k}\\ j\end{pmatrix} = \dot{q}\begin{pmatrix}\boldsymbol{k}\\ j\end{pmatrix}$; die Variablen $p\begin{pmatrix}\boldsymbol{k}\\ j\end{pmatrix}$ und $q\begin{pmatrix}\boldsymbol{k}\\ j\end{pmatrix}$ sind reell.

Beim Übergang zur quantenmechanischen Behandlung werden die Größen $u_\alpha\begin{pmatrix}\boldsymbol{l}\\ \varkappa\end{pmatrix}$ und $p_\alpha\begin{pmatrix}\boldsymbol{l}\\ \varkappa\end{pmatrix}$ durch die Operatoren $\hat{u}_\alpha\begin{pmatrix}\boldsymbol{l}\\ \varkappa\end{pmatrix}$ und $\hat{p}_\alpha\begin{pmatrix}\boldsymbol{l}\\ \varkappa\end{pmatrix}$ ersetzt, die den folgenden Vertauschungsrelationen genügen:

$$\left[\hat{u}_\alpha\begin{pmatrix}\boldsymbol{l}\\ \varkappa\end{pmatrix}, \hat{p}_{\alpha'}\begin{pmatrix}\boldsymbol{l}'\\ \varkappa'\end{pmatrix}\right] = i\hbar\delta_{ll'}\delta_{\varkappa\varkappa'}\delta_{\alpha\alpha'}.$$

Entsprechend müssen auch die Größen $Q\begin{pmatrix}\boldsymbol{k}\\ j\end{pmatrix}$, $P\begin{pmatrix}\boldsymbol{k}\\ j\end{pmatrix}$ und $q\begin{pmatrix}\boldsymbol{k}\\ j\end{pmatrix}$, $p\begin{pmatrix}\boldsymbol{k}\\ j\end{pmatrix}$ als Operatoren aufgefaßt werden. Aus (19.27) folgt, daß

$$\left[\hat{Q}\begin{pmatrix}\boldsymbol{k}\\ j\end{pmatrix}, \hat{P}\begin{pmatrix}\boldsymbol{k}'\\ j'\end{pmatrix}\right] = i\hbar\Delta(k-k')\,\delta_{jj'},$$

$$\left[\hat{q}\begin{pmatrix}\boldsymbol{k}\\ j\end{pmatrix}, \hat{p}\begin{pmatrix}\boldsymbol{k}'\\ j'\end{pmatrix}\right] = i\hbar\Delta(k-k')\,\delta_{jj'} \tag{19.34}$$

(für $\boldsymbol{k} = 0$ oder für $\boldsymbol{k}$ gleich einem reziproken Gittervektor gilt $\Delta(\boldsymbol{k}) = 1$, anderenfalls $\Delta(\boldsymbol{k}) = 0$).

In Koordinatendarstellung haben wir die bekannten Relationen

$$\hat{p}\begin{pmatrix}\boldsymbol{k}\\ j\end{pmatrix} = -i\hbar \frac{\partial}{\partial q\begin{pmatrix}\boldsymbol{k}\\ j\end{pmatrix}},$$

$$\hat{q}\begin{pmatrix}\boldsymbol{k}\\ j\end{pmatrix} = q\begin{pmatrix}\boldsymbol{k}\\ j\end{pmatrix},$$

so daß die Schrödinger-Gleichung die Form

$$\frac{1}{2}\sum_{kj}\left\{-\hbar^2 \frac{\partial^2}{\partial q^2\begin{pmatrix}\boldsymbol{k}\\ j\end{pmatrix}} + \omega^2\begin{pmatrix}\boldsymbol{k}\\ j\end{pmatrix} q^2\begin{pmatrix}\boldsymbol{k}\\ j\end{pmatrix}\right\}\psi = E\psi$$

annimmt. Die Lösung dieser Gleichung ist gut bekannt:

$$\psi = \prod_{kj} \psi_{m\begin{pmatrix}\boldsymbol{k}\\ j\end{pmatrix}}\left[q\begin{pmatrix}\boldsymbol{k}\\ j\end{pmatrix}\right],$$

wo $m\begin{pmatrix}\boldsymbol{k}\\ j\end{pmatrix}$ die Schwingungsquantenzahl des Oszillators mit dem Index $\begin{pmatrix}\boldsymbol{k}\\ j\end{pmatrix}$ ist. Jede einzelne Funktion $\psi_{m\begin{pmatrix}\boldsymbol{k}\\ j\end{pmatrix}}$ erfüllt die Gleichung

$$\left\{-\frac{\hbar^2}{2} \frac{\partial^2}{\partial q^2\begin{pmatrix}\boldsymbol{k}\\ j\end{pmatrix}} + \frac{1}{2}\omega^2\begin{pmatrix}\boldsymbol{k}\\ j\end{pmatrix} q^2\begin{pmatrix}\boldsymbol{k}\\ j\end{pmatrix}\right\}\psi_{m\begin{pmatrix}\boldsymbol{k}\\ j\end{pmatrix}} = E_{m\begin{pmatrix}\boldsymbol{k}\\ j\end{pmatrix}}\psi_{m\begin{pmatrix}\boldsymbol{k}\\ j\end{pmatrix}}. \qquad (19.35)$$

Die Gesamtenergie $E_{\{m\}}$ des Kristalls in einem Zustand, der durch die $3Nn$ Quantenzahlen $m\begin{pmatrix}\boldsymbol{k}\\ j\end{pmatrix}$ festgelegt ist, ergibt sich als

$$E_{\{m\}} = \sum_{kj} E_{m\begin{pmatrix}\boldsymbol{k}\\ j\end{pmatrix}}.$$

Gleichung (19.35) hat die Lösung

$$\psi_m(q) = \left(\frac{\beta}{\pi^{1/2}2^n m!}\right)^{1/2} \exp\left(-\frac{1}{2}\beta^2 q^2\right) H_m(\beta q), \qquad (19.36)$$

wobei

$$\beta^2 = \beta_j^2(\boldsymbol{k}) = \frac{1}{\hbar}\omega^2\begin{pmatrix}\boldsymbol{k}\\ j\end{pmatrix}$$

und $H_m(x)$ das HERMITEsche Polynom m-ten Grades ist (siehe § 10).

Die dazugehörigen Energieniveaus sind gegeben durch die Formel

$$E_m = \left[m\begin{pmatrix}\boldsymbol{k}\\ j\end{pmatrix} + \frac{1}{2}\right]\hbar\omega\begin{pmatrix}\boldsymbol{k}\\ j\end{pmatrix},$$

wobei $m\begin{pmatrix}\boldsymbol{k}\\ j\end{pmatrix} = 0, 1, 2, \ldots$ Die mit der Wellenfunktion (19.36) berechneten Matrixelemente der Operatoren $\hat{q}\begin{pmatrix}\boldsymbol{k}\\ j\end{pmatrix}$ und $\hat{p}\begin{pmatrix}\boldsymbol{k}\\ j\end{pmatrix}$ haben die Form

$$\langle m|q|m'\rangle = \sqrt{\frac{\hbar}{2\omega}}\left(\sqrt{m+1}\,\delta_{m',m+1} + \sqrt{m}\,\delta_{m',m-1}\right),$$

$$\langle m|p|m'\rangle = -i\sqrt{\frac{\hbar\omega}{2}}\left(\sqrt{m+1}\,\delta_{m',m+1} - \sqrt{m}\,\delta_{m',m-1}\right). \tag{19.37}$$

Wir wollen uns jetzt der Darstellung der zweiten Quantelung zuwenden. Hierzu führen wir die neuen kanonischen Variablen $a\begin{pmatrix}\boldsymbol{k}\\ j\end{pmatrix}$ und $a^*\begin{pmatrix}\boldsymbol{k}\\ j\end{pmatrix}$ gemäß den Beziehungen

$$a\begin{pmatrix}\boldsymbol{k}\\ j\end{pmatrix} = \left[\left(\frac{\omega\begin{pmatrix}\boldsymbol{k}\\ j\end{pmatrix}}{2\hbar}\right)^{1/2} Q\begin{pmatrix}\boldsymbol{k}\\ j\end{pmatrix} + i\left(\frac{1}{2\hbar\omega\begin{pmatrix}\boldsymbol{k}\\ j\end{pmatrix}}\right)^{1/2} P\begin{pmatrix}\boldsymbol{k}\\ j\end{pmatrix}\right],$$

$$a^*\begin{pmatrix}\boldsymbol{k}\\ j\end{pmatrix} = \left[\left(\frac{\omega\begin{pmatrix}\boldsymbol{k}\\ j\end{pmatrix}}{2\hbar}\right)^{1/2} Q^*\begin{pmatrix}\boldsymbol{k}\\ j\end{pmatrix} - i\left(\frac{1}{2\hbar\omega\begin{pmatrix}\boldsymbol{k}\\ j\end{pmatrix}}\right)^{1/2} P^*\begin{pmatrix}\boldsymbol{k}\\ j\end{pmatrix}\right] \tag{19.38}$$

ein. Beim Übergang zur quantenmechanischen Behandlung werden die Größen $a\begin{pmatrix}\boldsymbol{k}\\ j\end{pmatrix}$ und $a^*\begin{pmatrix}\boldsymbol{k}\\ j\end{pmatrix}$ durch Operatoren ersetzt. Unter Verwendung von (19.34) findet man leicht

$$\left[\hat{a}\begin{pmatrix}\boldsymbol{k}\\ j\end{pmatrix}, \hat{a}^*\begin{pmatrix}\boldsymbol{k}'\\ j'\end{pmatrix}\right] = \Delta(k-k')\,\delta_{jj'}$$

$$\left[\hat{a}\begin{pmatrix}\boldsymbol{k}\\ j\end{pmatrix}, \hat{a}\begin{pmatrix}\boldsymbol{k}'\\ j'\end{pmatrix}\right] = \left[\hat{a}^*\begin{pmatrix}\boldsymbol{k}\\ j\end{pmatrix}, \hat{a}^*\begin{pmatrix}\boldsymbol{k}'\\ j'\end{pmatrix}\right] = 0.$$

Die Operatoren $\hat{a}$ sind also BOSE-Operatoren. Die Matrixelemente in der durch Formel (19.36) definierten Darstellung kann man mit Hilfe von (19.38), (19.33) und (19.37) erhalten:

$$\langle m|a^*|m'\rangle = \sqrt{m}\,\delta_{m',m-1},$$

$$\langle m|a|m'\rangle = \sqrt{m+1}\,\delta_{m',m+1}. \tag{19.39}$$

Der HAMILTON-Operator nimmt die Form

$$\hat{H} = \sum_{kj} \hbar\omega \begin{pmatrix} \boldsymbol{k} \\ j \end{pmatrix} \left[\hat{a}^* \begin{pmatrix} \boldsymbol{k} \\ j \end{pmatrix} \hat{a} \begin{pmatrix} \boldsymbol{k} \\ j \end{pmatrix} + \frac{1}{2} \right]$$

an. Jeder beliebige stationäre Zustand des Kristalls ist durch die Angabe von $3nN$ Quantenzahlen $\left\{m \begin{pmatrix} \boldsymbol{k} \\ j \end{pmatrix}\right\}$ festgelegt; wir können daher jeden beliebigen Quantenzustand des Systems mit der Gesamtheit dieser Zahlen beschreiben. Die entsprechende Wellenfunktion $\psi \left\{m \begin{pmatrix} \boldsymbol{k} \\ j \end{pmatrix}\right\}$ hängt von $3nN$ Variablen ab und liefert die Darstellung der zweiten Quantelung. Aus den Formeln (19.39) folgt, daß der Operator $\hat{a}^* \begin{pmatrix} \boldsymbol{k} \\ j \end{pmatrix} \hat{a} \begin{pmatrix} \boldsymbol{k} \\ j \end{pmatrix}$ in der Darstellung der zweiten Quantelung diagonal ist, wobei

$$\hat{a}^* \begin{pmatrix} \boldsymbol{k} \\ j \end{pmatrix} \hat{a} \begin{pmatrix} \boldsymbol{k} \\ j \end{pmatrix} \psi \left\{m \begin{pmatrix} \boldsymbol{k} \\ j \end{pmatrix}\right\} = m \begin{pmatrix} \boldsymbol{k} \\ j \end{pmatrix} \psi \left\{m \begin{pmatrix} \boldsymbol{k} \\ j \end{pmatrix}\right\}. \tag{19.40}$$

Entsprechend liefert die Anwendung des HAMILTON-Operators auf die Funktion $\psi \left\{m \begin{pmatrix} \boldsymbol{k} \\ j \end{pmatrix}\right\}$

$$\hat{H}\psi \left\{m \begin{pmatrix} \boldsymbol{k} \\ j \end{pmatrix}\right\} = E_{\{m\}}\psi \left\{m \begin{pmatrix} \boldsymbol{k} \\ j \end{pmatrix}\right\}$$

mit

$$E_{\{m\}} = \sum_{kj} \hbar\omega \begin{pmatrix} \boldsymbol{k} \\ j \end{pmatrix} \left[m \begin{pmatrix} \boldsymbol{k} \\ j \end{pmatrix} + \frac{1}{2} \right].$$

Den letzten Ausdruck kann man als die Energie der Gesamtheit von ungekoppelten Oszillatoren interpretieren, wobei auf jeden von ihnen $m \begin{pmatrix} \boldsymbol{k} \\ j \end{pmatrix}$ Quasiteilchen mit der Energie $\hbar\omega \begin{pmatrix} \boldsymbol{k} \\ j \end{pmatrix}$ entfallen, und das Vakuum die Energie $E_0 = \frac{1}{2} \sum_{kj} \hbar\omega \begin{pmatrix} \boldsymbol{k} \\ j \end{pmatrix}$ hat.

Die genannten Quasiteilchen heißen Phononen. Aus der Form der Matrixelemente (19.39) folgt, daß

$$\hat{a}^* \begin{pmatrix} \boldsymbol{k} \\ j \end{pmatrix} \psi \left\{m \begin{pmatrix} \boldsymbol{k} \\ j \end{pmatrix}\right\} = \sqrt{m \begin{pmatrix} \boldsymbol{k} \\ j \end{pmatrix} + 1} \; \psi \left\{m \begin{pmatrix} \boldsymbol{k} \\ j \end{pmatrix} + 1\right\},$$

$$\hat{a} \begin{pmatrix} \boldsymbol{k} \\ j \end{pmatrix} \psi \left\{m \begin{pmatrix} \boldsymbol{k} \\ j \end{pmatrix}\right\} = \sqrt{m \begin{pmatrix} \boldsymbol{k} \\ j \end{pmatrix}} \; \psi \left\{m \begin{pmatrix} \boldsymbol{k} \\ j \end{pmatrix} - 1\right\}. \tag{19.41}$$

Aus diesem Grunde bezeichnet man die Operatoren $\hat{a}^* \begin{pmatrix} \boldsymbol{k} \\ j \end{pmatrix}$ und $\hat{a} \begin{pmatrix} \boldsymbol{k} \\ j \end{pmatrix}$ als Erzeugungs- und Vernichtungsoperatoren der Quasiteilchen; der Operator

$$\hat{m}\begin{pmatrix}\boldsymbol{k}\\ j\end{pmatrix} = \hat{a}^*\begin{pmatrix}\boldsymbol{k}\\ j\end{pmatrix}\hat{a}\begin{pmatrix}\boldsymbol{k}\\ j\end{pmatrix}$$

heißt in Übereinstimmung mit (19.40) Teilchenzahloperator.

3. *Allgemeine Klassifikation der Grundschwingungen der Kristalle*

In der allgemeinen Theorie der kleinen Schwingungen werden die Grundschwingungen (d. h. Schwingungen aller Teilchen mit der gleichen Frequenz) nach den irreduziblen Darstellungen der Symmetriegruppe G der Gleichgewichtskonfiguration des Systems klassifiziert [86]. Das geschieht auf folgende Weise. Jedes Element der Symmetriegruppe führt das aus der Gleichgewichtslage herausgebrachte System von einer Konfiguration in eine im allgemeinen von der Ausgangskonfiguration unterschiedliche Konfiguration über. Den Raum $u_i(\boldsymbol{r})$ ($i = 1, 2, \ldots, 3s$; s ist die Zahl der Systemteilchen, $\boldsymbol{r}$ sind die Ortsvektoren der Gleichgewichtslagen der Teilchen) der Auslenkungen der Teilchen des Systems aus ihren Gleichgewichtslagen nennen wir den mechanischen Raum L_M (siehe § 10). Bei den Symmetrieoperationen geht die Gesamtheit der Auslenkungen $u_i(\boldsymbol{r})$ über in $\sum_{i'} T_{ii'}(g)\, u_{i'}(g\boldsymbol{r})$, wo g ein Element der Symmetriegruppe des Systems ist und $T_{ii'}(g)$ ein Element der von den Gruppenelementen G abhängigen Matrix ist.

Führt man die linearen Operatoren $T(g)$, definiert durch

$$T(g)\, u_i(\boldsymbol{r}) = \sum_{i'} T_{ii'}(g)\, u_{i'}(g\boldsymbol{r}), \tag{19.42}$$

ein, und ordnet man jedem Element g der Gruppe G einen Operator $T(g)$

$$g \to T(g)$$

zu, so erhalten wir eine Darstellung der Gruppe G, die als mechanische Darstellung T_M bezeichnet wird. Die mechanische Darstellung ist reduzibel und folglich ist der Raum der Auslenkungen L_M ebenfalls reduzibel.

Die wichtigsten Resultate der gruppentheoretischen Klassifizierung der Grundschwingungen bestehen in folgendem.

Jeder Grundschwingung wird ein Basisvektor eines bestimmten, sich nach der irreduziblen Darstellung T_j der Gruppe G transformierenden Raumes L_j zugeordnet; L_j ist hier einer der Unterräume, in welche der reduzible Raum L_M zerfällt: $L_M = \sum_j L_j$ (das Summenzeichen bezeichnet die direkte Summe der Räume). Alle in der genannten Art mit derselben Darstellung T_j und demselben Raum L_j verknüpften Grundschwingungen haben die gleiche Frequenz. Ist überdies die Darstellung T_j nicht reell, so haben alle zu der zu T_j komplex konjugierten Darstellung gehörenden Grundschwingungen die gleiche Frequenz wie die zu T_j gehörenden Grundschwingungen. Dementsprechend ist im Falle einer reellen Darstellung T_j der Entartungsgrad der entsprechenden Frequenz gleich der Dimension des Raumes L_j; hingegen fällt bei einer nicht reellen Darstellung T_j der Entartungsgrad dieser Frequenz mit der doppelten Dimension von L_j zusammen.

Aus dem Gesagten folgt, daß bei einer gruppentheoretischen Klassifikation der Grundschwingungen die reduzible mechanische Darstellung T_M in die irreduziblen Bestandteile T_j zerlegt wird und nachgeprüft wird, ob sie reell sind oder nicht.

Die Klassifikation der Grundschwingungen eines Kristalls wurde von einer Reihe von Autoren behandelt. Bhagavantam [352] klassifiziert sie nach den irreduziblen Darstellungen der Gruppe der Richtungen F (das entspricht dem Falle $k = 0$) und nach den irreduziblen Darstellungen der endlichen Gruppe der Raman-schen Hyperzelle (siehe unten). Last [353] löst im Kristall Gruppen mehrerer äquivalenter Atome heraus und betrachtet diese Atomgruppen als Moleküle. Die weitere Behandlung reduziert sich auf die Anwendung der für freie Moleküle entwickelten Methode. Es ist klar, daß die beiden Fälle vom Standpunkt der allgemeinen Theorie der Klassifikation der Grundschwingungen nicht als streng betrachtet werden können, da sie nicht die volle Symmetrie des Kristallgitters berücksichtigen.

Unter Einbeziehung aller Symmetrieelemente des Kristalls werden die Grundschwingungen in der Monographie von Ljubarskij [86] klassifiziert. Die dort angegebenen Endformeln sind jedoch für die praktische Benutzung etwas unbequem. Von Poulet [354] werden die Schwingungen des Kristalls bei $\boldsymbol{k} \neq 0$ betrachtet; die Formeln wurden jedoch nur für die einfachsten Fälle hergeleitet.

In Anbetracht der großen Wichtigkeit einer allgemeinen Klassifikation der Kristallschwingungen bei $\boldsymbol{k} \neq 0$ werden wir nachstehend diese Frage ausführlicher behandeln und dabei die in [355] erhaltenen Resultate zugrunde legen.

Für Kristalle wird der mechanische Raum L_M durch den $3nN$-dimensionalen Raum der Auslenkungen $u_\alpha \begin{pmatrix} \boldsymbol{l} \\ \varkappa \end{pmatrix}$ gebildet. Die Operatoren der mechanischen Darstellung sind definiert durch

$$T_M(g)\, u_\alpha \begin{pmatrix} \boldsymbol{l} \\ \varkappa \end{pmatrix} = \sum_\beta A_{\alpha\beta}(h_j)\, u_\beta \left[g \begin{pmatrix} \boldsymbol{l} \\ \varkappa \end{pmatrix} \right], \tag{19.43}$$

wo g ein Element der Gruppe G ist, $A_{\alpha\beta}(h_j)$ sind die Koeffizienten der Transformationsmatrix der Vektorkomponenten, $\alpha, \beta = 1, 2, 3$. Hierbei gilt

$$\begin{aligned} g \begin{pmatrix} \boldsymbol{l} \\ \varkappa \end{pmatrix} &= g(\boldsymbol{l} + \boldsymbol{x}_\varkappa) = \{h_j | \boldsymbol{a}\}\, (\boldsymbol{l} + \boldsymbol{x}_\varkappa) \\ &= h_j \boldsymbol{l} + h_j \boldsymbol{x}_\varkappa + \boldsymbol{a} = \boldsymbol{l}' + \boldsymbol{x}_{\varkappa'} = \begin{pmatrix} \boldsymbol{l}' \\ \varkappa' \end{pmatrix}. \end{aligned} \tag{19.44}$$

Hier ist $\begin{pmatrix} \boldsymbol{l}' \\ \varkappa' \end{pmatrix}$ der Vektor, der die Lage desjenigen Atoms bezeichnet, in welche das ursprüngliche Atom $\begin{pmatrix} \boldsymbol{l} \\ \varkappa \end{pmatrix}$ im Ergebnis der Symmetrietransformation übergegangen ist. Es ist deshalb

$$T_M(\{h_j | \boldsymbol{a}\})\, u_\alpha \begin{pmatrix} \boldsymbol{l} \\ \varkappa \end{pmatrix} = \sum_\beta A_{\alpha\beta}(h_j)\, u_\beta \begin{pmatrix} \boldsymbol{l}' \\ \varkappa' \end{pmatrix}. \tag{19.45}$$

Eine beliebige Auslenkung $u_\alpha\begin{pmatrix} \boldsymbol{l} \\ \varkappa \end{pmatrix}$ kann nach den Basisvektoren entwickelt werden, die sich nach den irreduziblen Darstellungen der Translationsgruppe transformieren

$$u_\alpha\begin{pmatrix} \boldsymbol{l} \\ \varkappa \end{pmatrix} = \sum_{\boldsymbol{k}} \frac{1}{\sqrt{m_\varkappa N}}\, u_\alpha{}^0\begin{pmatrix} \boldsymbol{k} \\ \varkappa \end{pmatrix} e^{i\boldsymbol{k}\boldsymbol{l}} = \sum_{\boldsymbol{k}} u_\alpha\begin{pmatrix} \boldsymbol{k} \\ \boldsymbol{l} \\ \varkappa \end{pmatrix}, \tag{19.46}$$

wobei $m_\varkappa$ die Masse des entsprechenden Atoms ist.

Die Funktionen $u_\alpha{}^0\begin{pmatrix} \boldsymbol{k} \\ \varkappa \end{pmatrix}$ hängen von den Vektoren $\boldsymbol{x}_\varkappa$, aber nicht von $\boldsymbol{l}$ ab, d. h., sie sind für alle Punkte des direkten Gitters gleich.

Aus der Entwicklung (19.46) erkennt man, daß der Stern der Darstellung T_M durch den reduziblen Stern $\{\boldsymbol{k}\}$ gegeben ist, dessen irreduzible Bestandteile durch alle irreduziblen Sterne der ersten Brillouin-Zone dargestellt werden. Aus (19.46) kann man außerdem schließen, daß der mechanische Raum L_M in N Unterräume $L_{\boldsymbol{k}}$ zerlegt werden kann, von denen jeder gegenüber der Gruppe $G_{\boldsymbol{k}}$ des Vektors $\boldsymbol{k}$ (der „kleinen" Gruppe) invariant ist, jedoch nicht bezüglich aller Elemente der Gruppe G.

Wir betrachten den mechanischen Raum L_M, der den invarianten Unterraum $L_{\boldsymbol{k}}$ enthält. Jeder Vektor aus $L_{\boldsymbol{k}}$ geht unter Wirkung des Operators $T_M(g)$ in Vektoren desselben Raumes über. Im Raum $L_{\boldsymbol{k}}$ können wir deshalb die Operatoren $\tau_{\boldsymbol{k}}(g)$ mit Hilfe der Beziehungen

$$\tau_{\boldsymbol{k}}(g)\, u_\alpha\begin{pmatrix} \boldsymbol{k} \\ \boldsymbol{l} \\ \varkappa \end{pmatrix} = T_M(g)\, u_\alpha\begin{pmatrix} \boldsymbol{k} \\ \boldsymbol{l} \\ \varkappa \end{pmatrix}$$

definieren. Wir sprechen davon, daß der Operator $T_M(g)$ im invarianten Unterraum $L_{\boldsymbol{k}}$ den Operator $\tau_{\boldsymbol{k}}(g)$ induziert (siehe [86]).

Für die Zerlegung von $\tau_{\boldsymbol{k}}(g)$ in irreduzible Bestandteile müssen die entsprechenden Charaktere $\chi_{\boldsymbol{k}}(g)$ bekannt sein. Wir lassen den Operator $\tau_{\boldsymbol{k}}(g)$ auf einen Basisvektor des Raumes $L_{\boldsymbol{k}}(g \subset G_{\boldsymbol{k}})$ wirken:

$$\begin{aligned}
\tau_{\boldsymbol{k}}(g)\, u_\alpha\begin{pmatrix} \boldsymbol{k} \\ \boldsymbol{l} \\ \varkappa \end{pmatrix} &= \tau_{\boldsymbol{k}}(g)\, \frac{1}{\sqrt{m_\varkappa N}}\, u_\alpha{}^0\begin{pmatrix} \boldsymbol{k} \\ \varkappa \end{pmatrix} e^{i\boldsymbol{k}\boldsymbol{l}} \\
&= \frac{1}{\sqrt{m_\varkappa N}} \sum_\beta A_{\alpha\beta}(h_j)\, u_\beta{}^0\begin{pmatrix} \boldsymbol{k} \\ \varkappa \end{pmatrix} e^{i\boldsymbol{k}\boldsymbol{l}} \\
&= \frac{1}{\sqrt{m_\varkappa N}} \sum_\beta A_{\alpha\beta}(h_j)\, u_\beta{}^0\begin{pmatrix} \boldsymbol{k} \\ \varkappa' \end{pmatrix} e^{i\boldsymbol{k}\boldsymbol{l}} e^{i\boldsymbol{k}(\boldsymbol{l}'-\boldsymbol{l})} \\
&= \sum_\beta A_{\alpha\beta}(h_j)\, u_\beta\begin{pmatrix} \boldsymbol{k} \\ \boldsymbol{l}' \\ \varkappa' \end{pmatrix} e^{i\boldsymbol{k}(\boldsymbol{l}'-\boldsymbol{l})}.
\end{aligned}$$

Hieraus erhalten wir für den Charakter $\chi_{\boldsymbol{k}}(g)$ der Darstellung $\tau_{\boldsymbol{k}}(g)$ den Ausdruck

$$\chi_{\boldsymbol{k}}(\{h_j \mid \alpha\}) = (\pm 1 + 2 \cos \varphi) \sum_{\varkappa} \delta(\varkappa)\, e^{i\boldsymbol{k}(\boldsymbol{l}'-\boldsymbol{l})}, \tag{19.47}$$

wobei das Vorzeichen davon abhängt, ob es sich um eine eigentliche oder uneigentliche Drehung handelt; summiert wird über alle nichtäquivalenten Atome der Elementarzelle; das Symbol $\delta(\varkappa)$ ist so definiert, daß $\delta(\varkappa) = 1$, wenn das betreffende Atom seinen Platz bis auf eine reine Translation beibehält, und $\delta(\varkappa) = 0$, falls nichtäquivalente, gleiche Atome ihre Plätze vertauschen. Formel (19.47) stimmt mit dem in [86] erhaltenen Resultat überein (bis auf unwesentliche Unterschiede in den Bezeichnungen). Die letzte Formel hat den Nachteil, daß in ihr die Abhängigkeit von der Translation α nicht explizit ausgedrückt ist. Dies erschwert den Übergang zu den Darstellungen mit Faktorsystem. Umständlich ist darüber hinaus, den Vektor $\boldsymbol{l}' - \boldsymbol{l}$ für jedes Atom der Elementarzelle zu finden. Wir formen deshalb (19.47) zweckmäßigerweise um. Wir bemerken, daß

$$\boldsymbol{l}' - \boldsymbol{l} = \begin{pmatrix} \boldsymbol{l}' \\ \varkappa' \end{pmatrix} - \begin{pmatrix} \boldsymbol{l} \\ \varkappa \end{pmatrix} - \boldsymbol{x}_{\varkappa'} + \boldsymbol{x}_{\varkappa}.$$

Deshalb läßt sich (19.47) umschreiben:

$$\begin{aligned}
\chi_{\boldsymbol{k}}(\{h_j \mid \alpha\}) &= (\pm 1 + 2 \cos \varphi) \sum_{\varkappa} \delta(\varkappa) \exp \left\{ i\boldsymbol{k} \left[\begin{pmatrix} \boldsymbol{l}' \\ \varkappa' \end{pmatrix} - \begin{pmatrix} \boldsymbol{l} \\ \varkappa \end{pmatrix} \right] \right\} \\
&= (\pm 1 + 2 \cos \varphi) \sum_{\varkappa} \delta(\varkappa) \exp \left\{ i\boldsymbol{k} \left[h_j \begin{pmatrix} \boldsymbol{l} \\ \varkappa \end{pmatrix} - \begin{pmatrix} \boldsymbol{l} \\ \varkappa \end{pmatrix} + \alpha \right] \right\} \\
&= (\pm 1 + \cos \varphi) \left[\sum_{\varkappa} \delta(\varkappa) \exp \left\{ i(h_j^{-1}\boldsymbol{k} - \boldsymbol{k}) \begin{pmatrix} \boldsymbol{l} \\ \varkappa \end{pmatrix} \right\} \right] e^{i\boldsymbol{k}\vec{\alpha}} \\
&= (\pm 1 + 2 \cos \varphi) \left[\sum_{\varkappa} \delta(\varkappa) \exp \{ i(h_j^{-1}\boldsymbol{k} - \boldsymbol{k}) \boldsymbol{x}_{\varkappa} \} \right] e^{i\boldsymbol{k}\vec{\alpha}}.
\end{aligned} \tag{19.48}$$

Führt man die Bezeichnung $\boldsymbol{k}_0 = h_j^{-1}\boldsymbol{k} - \boldsymbol{k}$ (der Vektor $\boldsymbol{k}_0$ ist gleich einem Vektor des reziproken Gitters oder Null, weil $\{h_j \mid \alpha\} \subset G_{\boldsymbol{k}}$) ein, so ergibt sich

$$\chi_{\boldsymbol{k}}(\{h_j \mid \alpha\}) = (\pm 1 + 2 \cos \varphi) \left[\sum_{\varkappa} \delta(\varkappa)\, e^{i\boldsymbol{k}_0 \boldsymbol{x}_{\varkappa}} \right] e^{i\boldsymbol{k}\vec{\alpha}}. \tag{19.49}$$

Ist $\boldsymbol{k}_0 = 0$, was insbesondere für alle Punkte innerhalb der Brillouin-Zone erfüllt ist, so vereinfacht sich die Formel (19.49) und fällt mit dem entsprechenden Resultat in [354] zusammen:

$$\chi_{\boldsymbol{k}}(\{h_j \mid a\}) = (\pm 1 + 2 \cos \varphi)\, n_0 e^{i\boldsymbol{k}\vec{\alpha}}, \tag{19.50}$$

wo n_0 die Zahl der äquivalenten Atome innerhalb der Elementarzelle ist, die bei der Symmetrieoperation ihren Platz bis auf reine Translationen beibehalten. Die Resultate der Arbeiten [86, 354] stehen also nicht im Widerspruch zueinander.

Andererseits ist die allgemeine Formel (19.49) frei von den oben genannten Nachteilen und gestattet einen bequemen Übergang zu den Charakteren der

Darstellung $\hat{\tau}_{\boldsymbol{k}}(h_j)$ der Gruppe $\hat{G}_{\boldsymbol{k}}$ (Punktgruppe des Vektors $\boldsymbol{k}$):

$$\begin{aligned}\hat{\chi}_{\boldsymbol{k}}(h_j) &= \chi_{\boldsymbol{k}}(\{h_j \mid \alpha\})\, e^{-i\boldsymbol{k}\vec{\alpha}} \\ &= (\pm 1 + 2\cos\varphi)\left(\sum_{\varkappa} \delta(\varkappa)\, e^{ik_0 x_\varkappa}\right).\end{aligned} \tag{19.51}$$

Für die Zahl n_p, die angibt, wie oft die irreduzible Darstellung mit Faktorsystem $\hat{\chi}^p(h_j)$ in der reduziblen Darstellung $\hat{\tau}_{\boldsymbol{k}}(h_j)$ enthalten ist, ergibt sich unter Berücksichtigung des Faktorsystems

$$n_p = \frac{1}{f'} \sum_{h_j \subset \hat{G}_{\boldsymbol{k}}} \hat{\chi}_{\boldsymbol{k}}(h_j)\, \overline{\hat{\chi}^p(h_j)}\, e^{i(\boldsymbol{k} - h_j \boldsymbol{k}, \vec{\alpha})}, \tag{19.52}$$

wobei $\hat{\chi}_{\boldsymbol{k}}(h_j)$ durch (19.51) gegeben ist, und f' die Zahl der Elemente der Gruppe $\hat{G}_{\boldsymbol{k}}$ bezeichnet.

Wir wollen die Formel (19.52) etwas ausführlicher betrachten. Liegt der Wellenvektor $\boldsymbol{k}$ innerhalb der Brillouin-Zone, dann folgt $\boldsymbol{k} - h_j\, \boldsymbol{k} = h_j^{-1}\, \boldsymbol{k} - \boldsymbol{k} = 0$ (die Darstellungen mit Faktorsystem unterscheiden sich nicht von den gewöhnlichen Darstellungen der Gruppe $\hat{G}_{\boldsymbol{k}}$) und ferner ist

$$n_p = \frac{1}{f'} \sum_{h_j \subset \hat{G}_{\boldsymbol{k}}} (\pm 1 + 2\cos\varphi)\, n_0 \overline{\chi^p(h_j)}, \tag{19.53}$$

wo $\chi^p(h_j)$ der Charakter der gewöhnlichen Darstellung der Punktgruppe $\hat{G}_{\boldsymbol{k}}$ ist.

Im Falle $\boldsymbol{k} = 0$ vereinfacht sich (19.53):

$$n_p = \frac{1}{f} \sum_{h_j \subset F} (\pm 1 + 2\cos\varphi)\, n_0 \overline{\chi^p(h_j)}, \tag{19.54}$$

wo F die Gruppe der Richtungen des Kristalls und f die Zahl ihrer Elemente ist.

Formel (19.54) fällt mit dem analogen Resultat von Bhagavantam [87, 352] zusammen, der, wie bereits erwähnt, die Klassifikation der Kristallschwingungen nach den irreduziblen Darstellungen der Punktgruppe F der Richtungen des Kristalls vorgenommen hat. Hieraus kann man schließen, daß die Einteilung der Schwingungen nach den irreduziblen Darstellungen der Gruppe F einer Klassifikation der Phononen mit $\boldsymbol{k} = 0$ gleichkommt.

Nachdem die irreduziblen Darstellungen der Gruppe $\tau_{\boldsymbol{k}}{}^p$, die in der reduziblen Darstellung $\tau_{\boldsymbol{k}}$ enthalten sind, aufgefunden wurden, muß man, um die in T_M enthaltenen irreduziblen Darstellungen der gesamten Raumgruppe zu erhalten, alle Darstellungen vereinigen, die sich auf den gleichen Stern $\{\boldsymbol{k}\}$ beziehen. Dies geschieht in Einklang mit der bekannten Methode [86] zur Konstruktion der irreduziblen Darstellungen der Raumgruppe. Jeder Grundschwingung des Kristalls entspricht eine so erhaltene irreduzible Darstellung $\tau^p_{\{\boldsymbol{k}\}}$.

Es bleibt nunmehr noch die Frage zu beantworten, ob die irreduziblen Darstellungen $\tau^p_{\{\boldsymbol{k}\}}$, nach denen sich die Räume $L^p_{\{\boldsymbol{k}\}}$ transformieren, reell sind. Dies geschieht leicht nach der folgenden Formel [86, 356]:

$$\frac{1}{f'} \sum_{h_j k = -k} \chi_k(g^2) = \begin{cases} 1, & \text{falls } \tau^p_{\{k\}} \text{ reell ist,} \\ 0 \text{ oder } -1, & \text{falls } \tau^p_{\{k\}} \text{ nicht reell ist.} \end{cases} \tag{19.55}$$

Summiert wird über alle Elemente der Punktgruppe F, für welche sich die Beziehung $h_j \boldsymbol{k} = -\boldsymbol{k}$, wobei $\boldsymbol{k}$ irgendein Vektor des Sterns $\{\boldsymbol{k}\}$ ist, erfüllt.

Der Entartungsgrad der Grundschwingung ist gleich der Dimension des entsprechenden Raumes $L^p_{\{k\}}$, falls die Darstellung $\tau^p_{\{k\}}$ reell ist, und gleich der doppelten Dimension, falls die Darstellung $\tau^p_{\{k\}}$ nicht reell ist. Physikalisch bedeutet das, daß alle den Grundschwingungen des Kristalls entsprechenden diskreten ebenen Wellen, deren Polarisation durch den Index ϱ und deren Ausbreitungsrichtung durch $\boldsymbol{k}$ charakterisiert werden, die gleiche Frequenz haben.

Es sei bemerkt, daß im ersten Stadium der experimentellen Untersuchungen des Raman-Effektes, das dem Spektrum $\omega_i(0)$ für verschiedene optische Zweige gewidmet war, die Klassifikation der den Anregungen mit $\boldsymbol{k} = 0$ entsprechenden Schwingungsniveaus in der Mehrzahl der Fälle ausreichte. Aber schon in dieser Näherung hat die Funktion $\omega(\boldsymbol{k})$ für einige im infraroten Absorptionsspektrum aktiven Schwingungen wesentliche Besonderheiten.

Die Klassifikation der Schwingungsniveaus für beliebige Werte des Wellenvektors ist unumgänglich bei der Untersuchung der Spektren zweiter Ordnung.

4. *Schwingungen von Kristallen mit komplizierten Atomgruppen*

Die eben dargelegte allgemeine Theorie gestattet, die Grundschwingungen eines Kristalls bei einer beliebigen Zahl nichtäquivalenter Atome in der Elementarzelle zu klassifizieren. Oft erweist es sich aber im Zusammenhang mit den zwischen den Teilchen wirkenden Kräften als zweckmäßig, einzelne Atomgruppen herauszulösen und diese als neue Struktureinheiten des Kristalls zu betrachten. Solche Gruppen können komplizierte Ionen oder — in Molekülkristallen — einzelne Moleküle sein. Hierbei können die Normalschwingungen in innere und äußere eingeteilt werden. Zu den äußeren Schwingungen gehören die Schwingungen der Teilchengruppen gegeneinander. Die inneren Schwingungen bestehen in der Bewegung der punktförmigen Teilchen innerhalb der genannten Gruppen.

Die Vektoren der Auslenkungen der Teilchen aus ihren Gleichgewichtslagen beschreiben im Falle der inneren Schwingungen die Verschiebungen der Atome innerhalb der Gruppen. Die Vektoren der äußeren Schwingungen sind dreidimensional, falls die betrachtete Gruppe als punktförmig und sechsdimensional, falls die Gruppe als starrer Körper mit sechs Freiheitsgraden aufgefaßt werden kann.

In einem weiteren Schritt erfolgt die Einteilung der äußeren Schwingungen in Translations- und Orientierungsschwingungen oder Torsionsschwingungen. Wir betonen, daß diese Einteilung, falls sie physikalisch gerechtfertigt ist, zu einer Aufspaltung der reduziblen Räume $L_{\boldsymbol{k}}$ führt. Eine solche Aufspaltung kann sich aber für gewisse Räume mit bestimmten Werten des Vektors $\boldsymbol{k}$ als unmöglich erweisen. Praktisch ist diese Aufspaltung von großer Wichtigkeit für die Grundschwingungen mit $\boldsymbol{k} = 0$. Die Charaktere der entsprechenden Darstellungen sind in Tab. 42 zusammengestellt.

Tabelle 42

Charaktere verschiedener Darstellungen

Elementarzelle	Bezeichnung der Darstellung	Charakterformeln
In der Elementarzelle sind n punktförmige Teilchen.	mechanische Darstellung $T_{\boldsymbol{k}}$, $\boldsymbol{k}$ gehört zur ersten Brillouin-Zone	$\chi(h_\varphi) = n_0(\pm 1 + 2 \cos \varphi)$
	Schwingungsdarstellung ($\boldsymbol{k} = 0$)	$\chi(h_\varphi) = (n_0 - 1)(\pm 1 + 2 \cos \varphi)$
In der Elementarzelle sind n punktförmige Teilchen; die äußeren Schwingungen werden durch m Gruppen realisiert.	Darstellung der äußeren Schwingungen (ohne akustische)	$\chi(C_\varphi) = (2m_0 - 1)(1 + 2 \cos \varphi)$ $\chi(S_\varphi) = 1 - 2 \cos \varphi$
	Darstellung der inneren Schwingungen	$\chi(C_\varphi) = (n_0 - 2m_0)(1 + 2 \cos \varphi)$ $\chi(S_\varphi) = n_0(-1 + 2 \cos \varphi)$
	Translations-Schwingungsdarstellung	$\chi(C_\varphi) = (m_0 - 1)(1 + 2 \cos \varphi)$ $\chi(S_\varphi) = (m_0 - 1)(-1 + 2 \cos \varphi)$
	Rotations-Schwingungsdarstellung	$\chi(C_\varphi) = m_0(1 + 2 \cos \varphi)$ $\chi(S_\varphi) = m_0(1 - 2 \cos \varphi)$
In der Elementarzelle sind n punktförmige Teilchen; die äußeren Schwingungen werden durch m asymmetrische Gruppen und p punktförmige Teilchen realisiert.	Darstellung der äußeren Schwingungen	$\chi(C_\varphi) = (2m_0 + p_0 - 1)(1 + \cos \varphi)$ $\chi(S_\varphi) = (p_0 - 1)(-1 + 2 \cos \varphi)$
	Translations-Schwingungsdarstellung	$\chi(C_\varphi) = (p_0 + m_0 - 1)(1 + 2 \cos \varphi)$ $\chi(S_\varphi) = (p_0 + m_0 - 1)(-1 + 2 \cos \varphi)$
	Rotations-Schwingungsdarstellung	$\chi(C_\varphi) = m_0 (1 + 2 \cos \varphi)$ $\chi(S_\varphi) = m_0 (1 - 2 \cos \varphi)$
	Darstellung der inneren Schwingungen	$\chi(C_\varphi) = (n_0 - p_0 - 2m_0)(1 + 2 \cos \varphi)$ $\chi(S_\varphi) = (n_0 - p_0)(-1 + 2 \cos \varphi)$

Anmerkung: n_0, m_0 und p_0 sind die Anzahl der Teilchen, die bis auf eine Translation um den Vektor des direkten Gitters nicht bewegt werden.

5. *Theorie von Raman zur Dynamik des Kristallgitters*

In [357] entwickelt RAMAN eine Theorie der Kristallgitterschwingungen, die von der BORNschen Theorie abweicht. Die grundlegenden Ideen dieser Theorie bestehen in folgendem.

RAMAN löst sich von den oben erwähnten zyklischen Randbedingungen von BORN in der Annahme, daß die Normalschwingungen der Kristallteilchen nicht mit allen, aus den zyklischen Randbedingungen folgenden Wellenbewegungen zu identifizieren sind. RAMAN postuliert stattdessen, daß die Verhältnisse der Verschiebungen α, β und γ von zwei beliebigen benachbarten äquivalenten Atomen, die auf einer der drei Hauptachsen des BRAVAIS-Gitters liegen und an der Normalschwingung teilnehmen, reell und für jedes Paar dieser Atome gleich sind:

$$\alpha, \beta, \gamma = \pm 1 .$$

Dies bedeutet, daß die Phasen der erwähnten Atome entweder gleich oder entgegengesetzt sind. Falls $\alpha = \beta = \gamma = 1$, d. h. die Schwingungen äquivalenter Atome gleich sind, dann schwingen bei n nichtäquivalenten Teilchen in einer einfachen Zelle n sich gegenseitig durchdringende BRAVAIS-Gitter mit der Phase der Schwingungen benachbarter äquivalenter Atome gegeneinander. Insgesamt zählt man $3n$ solcher Schwingungen; die 7 übrigen Werte von α, β und γ ergeben nochmals $21n$ Freiheitsgrade, die den Schwingungen entsprechen, bei denen sich nicht alle benachbarten Flächen der äquivalenten Atome in Phase bewegen (einige bewegen sich in Gegenphase). Es wird also vorausgesetzt, daß der Kristall über $24n-3$ Freiheitsgrade verfügt, die realen physikalischen Schwingungen entsprechen (drei der Normalschwingungen entsprechen einfach der Translation des Kristalls als Ganzes). Dementsprechend reduziert sich das Problem auf die Untersuchung der Schwingungen eines Systems aus $8n$ Atomen, die sich in 8 aneinanderliegenden Elementarzellen befinden, so daß die gleichen Überlegungen wie bei der Behandlung der mehratomigen Moleküle gelten.

Mit Hilfe der Gruppentheorie werden die RAMANschen Normalschwingungen in einer Reihe von Arbeiten [358—361] klassifiziert. Gewöhnlich geht man hierbei in zwei Etappen vor. Zuerst werden $3n$ Normalschwingungen für $\alpha = \beta = \gamma = 1$ klassifiziert. Dazu betrachtet man die nichtäquivalenten Atome einer Elementarzelle; die Symmetriegruppe des Systems ist nach Voraussetzung die Faktor-Gruppe der Gruppe G (d. h. die Gruppe der Richtungen des Kristalls). Die Formeln für die mechanische und die anderen Darstellungen fallen mit den entsprechenden Formeln [87] für $\boldsymbol{k} = 0$ zusammen.

Alle RAMANschen Normalschwingungen werden mit der Betrachtung von 8 benachbarten Elementarzellen (der sogenannten Hyperzelle) klassifiziert. Als Symmetriegruppe dient die Gruppe der Richtungen des Kristalls, vervollständigt durch die Translationen, welche benachbarte äquivalente Atome ineinander überführen. Für Diamant enthält diese Gruppe beispielsweise 384 Elemente (lediglich 48 von ihnen gehören zur Gruppe der Richtungen des Kristalls). Die Formeln für die Charaktere der mechanischen Darstellung haben unter Berücksichtigung der Zahl der Atome in der Hyperzelle das gleiche Aussehen wie (19.50) für $\boldsymbol{k} = 0$ (siehe Tab. 42)

Anfänglich schien es, daß sich die RAMANsche und die BORNsche Theorie der Dynamik des Kristallgitters gegenseitig ausschließen. Die Entwicklung der Theorie der kritischen Punkte klärte jedoch die Beziehung zwischen den beiden Theorien auf (siehe unten).

Eine Diskussion der experimentellen RAMAN-Spektren von Kristallen nach der RAMAN-Theorie wird in § 21 gegeben.[1])

6. *Polare Schwingungen des Kristallgitters*

Bisher setzten wir voraus, daß die Ionen unabhängig von den sich im Kristall ausbreitenden elektromagnetischen Schwingungen schwingen. Dies ist jedoch für polare Schwingungen, die mit einer Änderung des Dipolmomentes verbunden sind, ungültig.

[1]) *Anmerkung des Herausgebers:* Siehe auch BRANDMÜLLER, J., CLAUS, R., Physik. Blätter **27**, 295, 1971.

Bei den polaren Schwingungen der Ionen werden elektromagnetische Wellen erzeugt, die stark mit den rein mechanischen Schwingungen koppeln. Die Bewegungsgleichungen für solche Schwingungen umfassen sowohl die gegenseitigen Verschiebungen der Ionen als auch die Komponenten des elektromagnetischen Feldes. Im Falle des zweiatomigen polaren Gitters eines kubischen Kristalls haben diese Bewegungsgleichungen die Form

$$\ddot{\boldsymbol{w}} = b_{11}\boldsymbol{w} + b_{12}\boldsymbol{E}, \qquad \boldsymbol{P} = b_{21}\boldsymbol{w} + b_{22}\boldsymbol{E},$$
$$\operatorname{div} \boldsymbol{D} = 0, \qquad \operatorname{div} \boldsymbol{H} = 0,$$
$$\operatorname{rot} \boldsymbol{E} = -\frac{1}{c}\dot{\boldsymbol{H}}, \qquad \operatorname{rot} \boldsymbol{H} = \frac{1}{c}\dot{\boldsymbol{D}}, \tag{19.56}$$

wo

$$\boldsymbol{w} = \boldsymbol{u}\sqrt{\frac{m_1 m_2}{m_1 + m_2}},$$

$\boldsymbol{u}$ ist der Vektor der relativen Verschiebung der beiden Untergitter, m_1 und m_2 sind die Atommassen, und b_{11}, b_{12}, b_{21}, b_{22} sind gewisse Koeffizienten; die übrigen Bezeichnungen haben die übliche Bedeutung.

Die Lösung des Systems (19.56) sind ebene monochromatische Wellen

$$\left.\begin{aligned} \boldsymbol{w} &= \boldsymbol{w}_0 \\ \boldsymbol{P} &= \boldsymbol{P}_0 \\ \boldsymbol{E} &= \boldsymbol{E}_0 \\ \boldsymbol{H} &= \boldsymbol{H}_0 \end{aligned}\right\} \cdot e^{i(\boldsymbol{k}\boldsymbol{x} - \omega t)}. \tag{19.57}$$

Einsetzen von (19.57) in (19.56) liefert

$$-\omega^2\boldsymbol{w} = b_{11}\boldsymbol{w} + b_{12}\boldsymbol{E}, \qquad \boldsymbol{P} = b_{21}\boldsymbol{w} + b_{22}\boldsymbol{E},$$
$$\boldsymbol{k}(\boldsymbol{E} + 4\pi\boldsymbol{P}) = 0, \qquad \boldsymbol{k}\boldsymbol{H} = 0,$$
$$[\boldsymbol{k}\boldsymbol{E}] = \frac{\omega}{c}\boldsymbol{H},$$
$$[\boldsymbol{k}\boldsymbol{H}] = -\frac{\omega}{c}(\boldsymbol{E} + 4\pi\boldsymbol{P}). \tag{19.58}$$

Aus der ersten und zweiten Gleichung (19.58) erhalten wir

$$\boldsymbol{w} = -\frac{b_{12}\boldsymbol{E}}{b_{11} + \omega^2}, \tag{19.59a}$$

$$\boldsymbol{P} = \left(-\frac{b_{12}b_{21}}{b_{11} + \omega^2} + b_{22}\right)\boldsymbol{E}, \tag{19.59b}$$

$$\boldsymbol{D} = \left(1 + 4\pi b_{22} - \frac{b_{12}b_{21}}{b_{11} + \omega^2}\right)\boldsymbol{E} = \varepsilon\boldsymbol{E}. \tag{19.60}$$

Aus (19.60) folgt

$$\varepsilon(\omega) = 1 + 4\pi b_{22} - \frac{b_{12}b_{21}}{b_{11} + \omega^2}. \tag{19.61}$$

Der Ausdruck (19.61) läßt sich umformen:

$$\varepsilon(\omega) = \varepsilon_\infty + \frac{\varepsilon_0 - \varepsilon_\infty}{1 - (\omega/\omega_0)^2}. \tag{19.62}$$

Die Konstanten ω_0, ε_0 und ε_∞ haben eine einfache physikalische Bedeutung und werden experimentell bestimmt: $\varepsilon_0 = \varepsilon(0)$ ist die statische Dielektrizitätskonstante, $\varepsilon_\infty = \varepsilon(\infty)$ die Dielektrizitätskonstante bei Frequenzen, die viel größer als infrarote aber kleiner als die Frequenzen der Elektronenabsorption sind; ω_0 ist die Infrarotdispersionsfrequenz.

Aus dem Vergleich von (19.61) und (19.62) erhalten wir (gemäß der mikroskopischen Theorie können die Koeffizienten b_{12} und b_{21} gleichgesetzt werden [345]):

$$b_{11} = -\omega_0^2,$$

$$b_{12} = b_{21} = \left(\frac{\varepsilon_0 - \varepsilon_\infty}{4\pi}\right)^{1/2} \omega_0,$$

$$b_{22} = \frac{1}{4\pi}(\varepsilon_\infty - 1).$$

Die Lösung der Gleichungen (19.58) stellt eine Gesamtheit von longitudinalen und transversalen Wellen dar. Mit Hilfe von (19.59) können wir die dritte Gleichung des Systems (19.58) in der Form

$$(\boldsymbol{kE})\left(1 + 4\pi b_{22} - \frac{4\pi b_{12}b_{21}}{b_{11} + \omega^2}\right) = 0 \tag{19.63}$$

schreiben. Hieraus folgen zwei Möglichkeiten:

$$\text{a) } 1 + 4\pi b_{22} - \frac{4\pi b_{12}b_{21}}{b_{11} + \omega^2} = 0; \tag{19.64}$$

$$\text{b) } (\boldsymbol{kE}) = 0. \tag{19.65}$$

Wir wollen zunächst den Fall a) betrachten. Aus (19.64) und (19.58) folgt, daß $[\boldsymbol{k}\,\boldsymbol{H}] = 0$ ist. Die letzte Gleichung besagt, daß $\boldsymbol{H} = 0$ ist; dies wiederum führt auf die Gleichung $[\boldsymbol{k}\,\boldsymbol{E}] = 0$. Da nun $\boldsymbol{E} \neq 0$ (die Bedingung $\boldsymbol{E} = 0$ gibt lediglich eine triviale Lösung des Systems (19.58)), folgt $\boldsymbol{E} \parallel \boldsymbol{k}$. Dann ergibt sich aus (19.59a) und (19.59b), daß $\boldsymbol{P} \parallel \boldsymbol{k}$ und $\boldsymbol{w} \parallel \boldsymbol{k}$. Die Lösung der Gleichung (19.64) bestimmt die Frequenzen:

$$\omega^2 = -b_{11} + \frac{4\pi b_{12}b_{21}}{1 + 4\pi b_{22}} = \frac{\varepsilon_0}{\varepsilon_\infty}\,\omega_0^2 = \omega_l^2, \tag{19.66}$$

wobei ω_l die Frequenz der longitudinalen Schwingung ist.

Unter Benutzung von (19.58) erhalten wir im Falle (19.65)

$$\frac{k^2c^2}{\omega^2} = 1 + 4\pi b_{22} - \frac{4\pi b_{12}b_{21}}{b_{11} + \omega^2} = \varepsilon_\infty + \frac{\varepsilon_0 - \varepsilon_\infty}{\omega_0^2 - \omega^2}\,\omega_0^2. \tag{19.67}$$

Die Beziehung (19.67) liefert die Frequenzen der transversalen Zweige; wie man sieht, ändern sich die Frequenzwerte mit dem Absolutwert des Wellenvektors $\boldsymbol{k}$.

In Abb. 69 sind alle Lösungen (19.58) durch ausgezogene Linien dargestellt; die entsprechenden Kurven für die ungestörten Untersysteme (elektromagnetisches und mechanisches) sind punktiert eingezeichnet.

Faktisch haben wir es im vorliegenden Falle mit einem typischen Beispiel für Resonanz zweier Schwingungsuntersysteme zu tun. Rechts von der Resonanzstelle ist die Frequenz der elektromagnetischen Schwingungen (Zweig *1*) so groß, daß die Ionen infolge ihrer großen Masse nicht in Schwingung geraten; die entsprechenden Ionenschwingungen sind rein mechanisch (Zweig *2*). Im Gegensatz dazu „mischen" sich in der Nähe der Resonanzstelle die mechanischen und elektromagnetischen Schwingungen. Die diesem Abschnitt der Dispersionskurve *5* in der Nähe der Resonanzstelle entsprechenden Quasiteilchen des Kristalls nennt man Polaritonen.

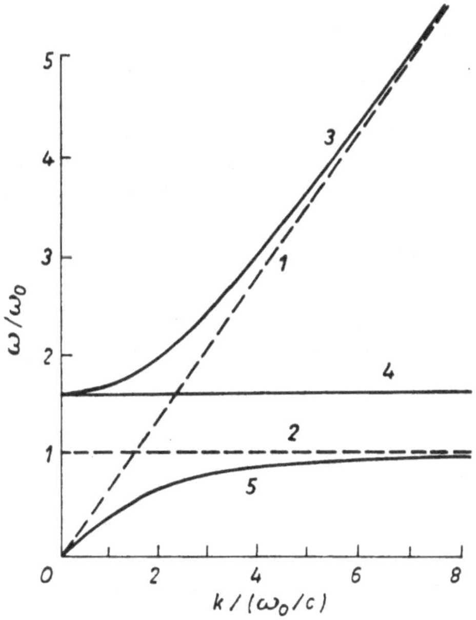

Abb. 69: Optische und mechanische Gitterschwingungen:

1 – optische Wellen ohne Berücksichtigung der Dispersion; *2* – mechanische Schwingungen der Kerne ohne Berücksichtigung der Wechselwirkung mit dem elektromagnetischen Feld; *3* – optische Wellen unter Berücksichtigung der Dispersion; *4* – longitudinale Gitterschwingungen; *5* – transversale Gitterschwingungen.

Für kompliziertere Fälle kubischer Kristalle wurden die Bewegungsgleichungen (19.56) verallgemeinert und diskutiert [362]. Diese Arbeit ergab, daß jede dreifach entartete Schwingung vom Vektortyp (d. h. im Infrarotabsorptionsspektrum aktiv) in eine nichtentartete longitudinale und in eine zweifach entartete transversale Schwingung aufspaltet. Für Kristalle, die n optische Schwingungen vom Vektortyp besitzen, gilt hierbei die folgende Beziehung[1])

$$\prod_{j=1}^{n} \left(\frac{\omega_{lj}}{\omega_{tj}}\right)^2 = \frac{\varepsilon_0}{\varepsilon_\infty}, \tag{19.68}$$

wo ω_{lj} und ω_{tj} die Frequenzen der longitudinalen bzw. transversalen Schwingung für hinreichend große Werte des Wellenvektors ($k \gg \omega/c$) sind.

Für nichtkubische Kristalle haben die Dispersionskurven der Schwingungszweige eine kompliziertere Form. Die Frequenzen der polaren Schwingungen hängen jetzt nicht nur vom Absolutwert des Vektors $\boldsymbol{k}$, sondern auch von seiner Richtung ab. Die Einteilung der Schwingungen in longitudinale und transversale ist nur für einige, sehr symmetrische Richtungen des Vektors $\boldsymbol{k}$ möglich. Bei Richtungsänderung des Vektors $\boldsymbol{k}$ kann sich eine transversale Schwingung in eine longitudinale verwandeln und umgekehrt. Als Beispiel betrachten wir einen einachsigen Kristall, der nur eine Gruppe von drei Zweigen besitzt, die im Infraroten aktiv sind. Wegen der Anisotropie des Kristalls hat beim Fehlen langwelliger elektrischer Kräfte die Schwingung, bei der sich die Atome entlang der z-Achse des Kristalls bewegen, eine Frequenz $\omega_{\|}$, die sich von der Frequenz $\omega_{\perp}$ der zweifach entarteten Schwingung in der xy-Ebene unterscheidet.

Die Verallgemeinerung der Gleichungen (19.56) auf den Fall einachsiger, nichtkubischer Kristalle unter Berücksichtigung von drei polaren Zweigen wird in [363, 364] gegeben. Für eine willkürliche Orientierung des Wellenvektors $\boldsymbol{k}$ des Phonones bezüglich der z-Achse ergeben sich zwei Lösungen. Einmal sind die Vektoren $\boldsymbol{E}$ und $\boldsymbol{P}$ sowohl zum $\boldsymbol{k}$-Vektor als auch zur z-Achse senkrecht. Diese Lösung entspricht der ordentlichen Welle, für die die Beziehung

$$\frac{k^2c^2}{\omega^2} = \frac{\omega_\perp^2 \varepsilon_{0\perp} - \omega^2 \varepsilon_{\infty\perp}}{\omega_\perp^2 - \omega^2} \; {}^{2)} \tag{19.69}$$

gilt. Die zweite Lösung entspricht der außerordentlichen Welle. Die Frequenz der außerordentlichen Welle steht zum Winkel zwischen dem $\boldsymbol{k}$-Vektor und der z-Achse in der Beziehung

$$\frac{k^2c^2}{\omega^2} = \frac{\left(\dfrac{\omega_\|^2 \varepsilon_{0\|} - \omega^2 \varepsilon_{\infty\|}}{\omega_\|^2 - \omega^2}\right)\left(\dfrac{\omega_\perp^2 \varepsilon_{0\perp} - \omega^2 \varepsilon_{\infty\perp}}{\omega_\perp^2 - \omega^2}\right)}{\left(\dfrac{\omega_\|^2 \varepsilon_{0\|} - \omega^2 \varepsilon_{\infty\|}}{\omega_\|^2 - \omega^2}\right)\cos^2\theta + \left(\dfrac{\omega_\perp^2 \varepsilon_{0\perp} - \omega^2 \varepsilon_{\infty\perp}}{\omega_\perp^2 - \omega^2}\right)\sin^2\theta} \; {}^{3)}, \tag{19.70}$$

[1]) *Anmerkung des Herausgebers:* Bekannt als LYDDANE—SACHS—TELLER-Beziehung.

[2]) *Anmerkung des Herausgebers:* oder kürzer: $\dfrac{k^2c^2}{w^2} = \varepsilon_\perp$.

[3]) *Anmerkung des Herausgebers:* oder kurz: $\dfrac{k^2c^2}{w^2} = \dfrac{\varepsilon_\| \varepsilon_\perp}{\varepsilon_\| \cos^2\theta + \varepsilon_\perp \sin^2\theta}$

wobei $\varepsilon_{0\perp}$, $\varepsilon_{\infty\perp}$, $\varepsilon_{0\|}$ und $\varepsilon_{\infty\|}$ die entsprechenden Werte der Dielektrizitätskonstanten sind.

Es ist günstig, folgende Bezeichnungen einzuführen

$$\omega_\|{}^l = \omega_\| \sqrt{\frac{\varepsilon_{0\|}}{\varepsilon_{\infty\|}}}, \quad \omega_\perp{}^l = \omega_\perp \sqrt{\frac{\varepsilon_{0\perp}}{\varepsilon_{\infty\perp}}}. \tag{19.71}$$

Aus (19.69) und (19.70) geht hervor, daß für $\boldsymbol{k} = 0$ die Phononenfrequenzen gleich $\omega_\|{}^l$ und $\omega_\perp{}^l$ sind. Für große Wellenvektoren ($k \gg \omega/c$) erhalten wir aus (19.69) und (19.70) $\omega = \omega_\perp$ (ordentliche Phononen),

$$\left(\frac{\omega_\|{}^2\varepsilon_{0\|} - \omega^2\varepsilon_{\infty\|}}{\omega_\|{}^2 - \omega^2}\right)\cos^2\theta + \left(\frac{\omega_\perp{}^2\varepsilon_{0\perp} - \omega^2\varepsilon_{\infty\perp}}{\omega_\perp{}^2 - \omega^2}\right)\sin^2\theta = 0 \tag{19.72}$$

(außerordentliche Phononen).

Da die letzte Gleichung im allgemeinen Falle zwei verschiedene Wurzeln ω_1 und ω_2 hat, haben wir für $k \gg \omega/c$ drei nichtentartete Schwingungszweige mit den Frequenzen $\omega_\perp$, ω_1, ω_2.

Zur Analyse der allgemeinen Formel (19.72) betrachten wir zwei Grenzfälle:

1. $$|\omega_\| - \omega_\perp| \ll \omega_\|{}^l - \omega_\|, \omega_\perp{}^l - \omega_\perp .$$

Die Differenz der mechanischen Elastizitätskoeffizienten der Schwingungszweige ist infolge der Anisotropie des Kristalls sehr viel kleiner als die von den elektrostatischen Kräften herrührende Korrektur. Beispiele hierfür sind die Kristalle ZnO und SiC der hexagonalen Modifikation u. a. Unter der Bedingung, daß $\varepsilon_\|$ und $\varepsilon_\perp$ nur unwesentlich voneinander verschieden sind, folgt aus (19.72)

$$\omega_1{}^2 = \omega_\|{}^2 \sin^2\theta + \omega_\perp{}^2 \cos^2\theta,$$

$$\omega_2{}^2 = (\omega_\|{}^l)^2 \cos^2\theta + (\omega_\perp{}^l)^2 \sin^2\theta. \text{ [1]} \tag{19.73}$$

Die Dispersionskurven für die verschiedenen Richtungen des Wellenvektors $\boldsymbol{k}$ sind in Abb. 70a, b und c schematisch dargestellt.

2. $$|\omega_\| - \omega_\perp| \gg \omega_\|{}^l - \omega_\|, \omega_\perp{}^l - \omega_\perp .$$

Die Lösungen der Gleichung (19.72) haben die Form

$$\omega_1{}^2 = \omega_\|{}^2 \sin^2\theta + (\omega_\|{}^l)^2 \cos^2\theta,$$

$$\omega_2{}^2 = \omega_\perp{}^2 \cos^2\theta + (\omega_\|{}^l)^2 \sin^2\theta. \tag{19.74}$$

[1]) *Anmerkung des Herausgebers:* Siehe dazu MERTEN, L., LAMPRECHT, G., Z. Naturforsch. **26a**, 215, 1971.

Die diesbezüglichen Kurven sind in Abb. 70d, e, f wiedergegeben. Zu (19.73) und (19.74) analoge Formeln wurden erstmalig in [365] hergeleitet.

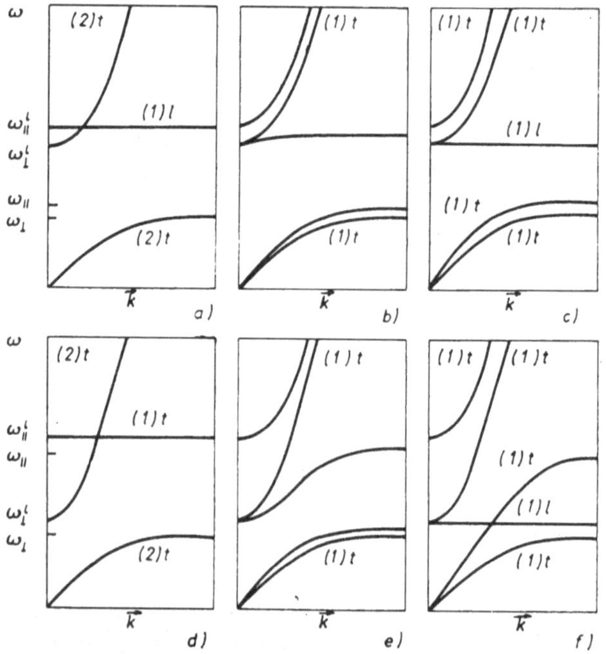

Abb. 70: Dispersionskurven der optischen Schwingungszweige bei kleinen Wellenvektoren $\boldsymbol{k}$ für einachsige Kristalle bei verschiedenen Lagen des Wellenvektors des Phonons: *a* und *d*) parallel zur *z*-Achse; *c* und *f*) in der *xy*-Ebene; *b* und *e*) Zwischenstellungen.

Die Kurven *d, e* und *f* entsprechen dem Falle, bei dem die anisotropen zwischenatomaren Kräfte größer als die elektrostatischen sind. Die Zeichen *l* und *t* bezeichnen den longitudinalen bzw. den transversalen Zweig, die Indizes in den Klammern bezeichnen den Grad der Entartung der Schwingungen.

Die Theorie für den Fall von mehr als drei polaren Zweigen wurde in [365] entwickelt. Im allgemeinen hängen die Frequenzen der polaren Schwingungen sowohl von der Richtung des Wellenvektors als auch von seinem Betrag ab.[1])

Die gruppentheoretische Klassifikation der polaren Schwingungen für $\boldsymbol{k} = 0$ kann nicht auf der Grundlage der in Tab. 42 angeführten Formeln erfolgen, da das mechanische System nicht unabhängig, sondern stark an das elektromagnetische Feld gekoppelt ist. Für $\boldsymbol{k} \neq 0$ bleiben aber die obigen Resultate gültig, weil

[1]) *Anmerkung des Herausgebers:* Weitere Literatur hierzu: Merten, L., Z. Naturforsch. **15a**, 47, 1960; **15a**, 512, 1960; **15a**, 626, 1960; **16a**, 447, 1961; **17a**, 65, 1961; **22a**, 359, 1967; **24a**, 878, 1969; Merten, L., phys. stat. sol. **25**, 125, 1968; **28**, 111, 1968; **30**, 449, 1968; Lamprecht, G., Merten, L., phys. stat. sol. **35**, 353, 1969; Merten, L., Lamprecht, G., phys. stat. sol. **39**, 573, 1970.

strenggenommen sogar bei kleinen $\boldsymbol{k}$ die anisotropen zwischenatomaren Kräfte zu einer Aufspaltung der entarteten Schwingungsniveaus führen; die elektrostatischen Kräfte vergrößern diese Aufspaltung nur noch. Im behandelten Falle liegt der Vektor $\boldsymbol{k}$ innerhalb der BRILLOUIN-Zone, so daß alle irreduziblen Darstellungen der Gruppe $\hat{G}_{\boldsymbol{k}}$ gewöhnlich (ohne Faktorsystem) sind; die Charaktere der mechanischen Darstellung sind durch (19.50) gegeben.

7. *Beispiel für die gruppentheoretische Klassifizierung der Gitterschwingungen*

Wir wollen die Klassifizierung der Schwingungen des Kristallgitters am Beispiel der Kristalle vom Typ ZnS (kubische Modifikation) erläutern. Der Kristall ZnS gehört zur symmorphen Symmetriegruppe T_d^2 (siehe § 18).

Die Elementarzelle und die BRILLOUIN-Zone für ZnS sind in Abb. 71a—c dargestellt. Ist $2l$ die Kantenlänge des Würfels, so sind die primitiven Translationsvektoren gegeben durch

$$\boldsymbol{a}_1 = l(0, 1, 1), \qquad \boldsymbol{a}_2 = l(1, 0, 1), \qquad \boldsymbol{a}_3 = l(1, 1, 0).$$

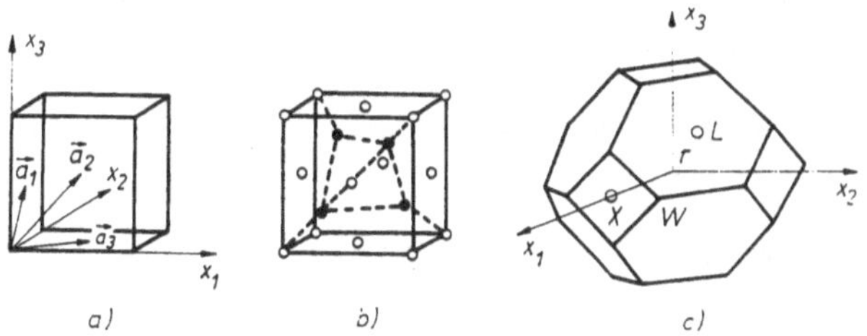

Abb. 71: Gitter des ZnS-Kristalls (kubische Modifikation): *a*) und *b*) Elementarzelle; *c*) BRILLOUIN-Zone.

Die Vektoren des reziproken Gitters sind

$$\boldsymbol{b}_1 = \frac{\pi}{l}(-1, 1, 1), \qquad \boldsymbol{b}_2 = \frac{\pi}{l}(1, -1, 1), \qquad \boldsymbol{b}_3 = \frac{\pi}{l}(1, 1, -1).$$

Die Vektoren der wichtigsten symmetrischen Punkte der BRILLOUIN-Zone sind (siehe [354])

$$\boldsymbol{k}_2 = \mu(\boldsymbol{b}_1 + \boldsymbol{b}_2) + \mu_3\boldsymbol{b}_3 = \frac{\pi}{l}(\mu_3, \mu_3, (2\mu - \mu_3)),$$

$$\boldsymbol{k}_5 = \mu(\boldsymbol{b}_1 + \boldsymbol{b}_2 + \boldsymbol{b}_3) = \frac{\pi}{l}(\mu, \mu, \mu),$$

$$\boldsymbol{k}_6 = \mu(\boldsymbol{b}_1 + \boldsymbol{b}_2) = \frac{\pi}{l}(0, 0, 2\mu),$$

$$\boldsymbol{k}_7 = \frac{1}{2}(\boldsymbol{b}_1 + \boldsymbol{b}_3) + \mu(\boldsymbol{b}_1 + \boldsymbol{b}_2) = \frac{\pi}{l}(0, 1, 2\mu),$$

$$\boldsymbol{k}_8 = \frac{1}{4}(\boldsymbol{b}_1 + \boldsymbol{b}_2) + \frac{1}{2}(\boldsymbol{b}_2 + \boldsymbol{b}_3) = \frac{\pi}{2}\left(1, 0, \frac{1}{2}\right),$$

$$\boldsymbol{k}_9 = \frac{1}{2}(\boldsymbol{b}_1 + \boldsymbol{b}_2 + \boldsymbol{b}_3) = \frac{\pi}{l}\left(\frac{1}{2}, \frac{1}{2}, \frac{1}{2}\right),$$

$$\boldsymbol{k}_{10} = \frac{1}{2}(\boldsymbol{b}_1 + \boldsymbol{b}_2) = \frac{\pi}{l}(0, 0, 1),$$

$$\boldsymbol{k}_{11} = 0 = \frac{\pi}{l}(0, 0, 0).$$

Diese sind durch verschiedene Gruppen $\hat{G}_{\boldsymbol{k}}$ charakterisiert. Wendet man die Elemente der Gruppe F des Kristalls auf die Vektoren $\boldsymbol{k}$ an, so erhält man alle irreduziblen Sterne der Gruppe G. Die Charaktere der zu den genannten Vektoren gehörenden Darstellungen $\hat{\tau}_{\boldsymbol{k}}(h_j)$ findet man mit der Formal (19.51). Unter Verwendung der Beziehung (19.52) zerlegt man die reduziblen Darstellungen $\hat{\tau}_{\boldsymbol{k}}(h_j)$ in irreduzible. Die Resultate für alle angeführten Vektoren sind in Tab. 43 zusammengefaßt.

Entsprechend setzt sich die Darstellung T_M aus der Gesamtheit der folgenden irreduziblen Darstellungen zusammen:

$$3\tau^{(1)}_{\{\boldsymbol{k}_2\}} + 3\tau^{(2)}_{\{\boldsymbol{k}_2\}},$$

$$\tau^{(1)}_{\{\boldsymbol{k}_5\}} + \tau^{(2)}_{\{\boldsymbol{k}_5\}} + 2\tau^{(3)}_{\{\boldsymbol{k}_5\}},$$

$$2\tau^{(1)}_{\{\boldsymbol{k}_6\}} + 2\tau^{(3)}_{\{\boldsymbol{k}_6\}} + 2\tau^{(4)}_{\{\boldsymbol{k}_6\}},$$

$$3\tau^{(1)}_{\{\boldsymbol{k}_7\}} + 3\tau^{(2)}_{\{\boldsymbol{k}_7\}},$$

$$2\tau^{(2)}_{\{\boldsymbol{k}_8\}} + 2\tau^{(3)}_{\{\boldsymbol{k}_8\}} + 2\tau^{(4)}_{\{\boldsymbol{k}_8\}},$$

$$\tau^{(1)}_{\{\boldsymbol{k}_9\}} + \tau^{(2)}_{\{\boldsymbol{k}_9\}} + 2\tau^{(3)}_{\{\boldsymbol{k}_9\}},$$

$$2\tau^{(1)}_{\{\boldsymbol{k}_{10}\}} + 2\tau^{(3)}_{\{\boldsymbol{k}_{10}\}} + 2\tau^{)4)}_{\{\boldsymbol{k}_{10}\}},$$

$$2\tau^{(3)}_{\{\boldsymbol{k}_{11}\}}.$$

Mit Hilfe der Kriterien (19.55) kann man entscheiden, ob diese Darstellungen reell sind oder nicht. Analoge Rechnungen wurden von Poulet [354] für die vier Punkte der Brillouin-Zone $\Gamma(\boldsymbol{k}_{11})$, $X(\boldsymbol{k}_{10})$, $L(\boldsymbol{k}_9)$ und $W(\boldsymbol{k}_8)$ durchgeführt. Die allgemeinen Formeln aus § 19 gestatten, eine analoge Klassifizierung auch für Kristalle nichtsymmorpher Gruppen für beliebige Punkte der Brillouin-Zone vorzunehmen.

Tabelle 43

Charakterdarstellungen für den ZnS-Kristall

Vektor

$\boldsymbol{k}_2 = \mu(\boldsymbol{b}_1 + \boldsymbol{b}_2) + \mu_3 \boldsymbol{b}_3$

$G_{\boldsymbol{k}}$	E	σ
$\chi^{(1)}$	1	1
$\chi^{(2)}$	1	−1
$\chi_{\boldsymbol{k}}$	6	2

$\tau_{\boldsymbol{k}} = 4\tau^{(1)} + 2\tau^{(2)}$

Vektor

$\boldsymbol{k}_7 = \frac{1}{2}(\boldsymbol{b}_1 + \boldsymbol{b}_3) + \mu(\boldsymbol{b}_2 + \boldsymbol{b}_2)$

$G_{\boldsymbol{k}}$	E	C_2
$\chi^{(1)}$	1	1
$\chi^{(2)}$	1	−1
$\chi_{\boldsymbol{k}}$	6	−2

$\tau_{\boldsymbol{k}} = 2\tau^{(1)} + 4\tau^{(2)}$

Vektoren

$\boldsymbol{k}_5 = \mu(\boldsymbol{b}_1 + \boldsymbol{b}_2 + \boldsymbol{b}_3)$

$\boldsymbol{k}_9 = \frac{1}{2}(\boldsymbol{b}_1 + \boldsymbol{b}_2 + \boldsymbol{b}_3) \quad (L)$

$G_{\boldsymbol{k}}$	E	$C_3^{\pm 1}$	3σ
$\chi^{(1)}$	1	1	1
$\chi^{(2)}$	1	1	−1
$\chi^{(3)}$	2	−1	0
$\chi_{\boldsymbol{k}}$	6	0	2

$\tau_{\boldsymbol{k}} = 2\tau^{(1)} + 2\tau^{(3)}$

Vektor

$\boldsymbol{k}_8 = \frac{1}{4}(\boldsymbol{b}_1 + \boldsymbol{b}_2) + \frac{1}{2}(\boldsymbol{b}_2 + \boldsymbol{b}_3)$

(W)

$G_{\boldsymbol{k}}$	E	C_2	S_4	S_4^3
$\chi^{(1)}$	1	1	1	1
$\chi^{(2)}$	1	−1	i	$-i$
$\chi^{(3)}$	1	1	−1	−1
$\chi^{(4)}$	1	−1	$-i$	i
$\chi_{\boldsymbol{k}}$	6	−2	−2	−2

$\tau_{\boldsymbol{k}} = \tau^{(1)} + 2\,\tau^{(2)} + 2\tau^{(3)} + \tau^{(4)}$

Vektoren

$\boldsymbol{k}_6 = \mu(\boldsymbol{b}_1 + \boldsymbol{b}_2)$

$\boldsymbol{k}_{10} = \frac{1}{2}(\boldsymbol{b}_1 + \boldsymbol{b}_2) \quad (X)$

$G_{\boldsymbol{k}}$	E	C_2	σ_1	σ_2
$\chi^{(1)}$	1	1	1	1
$\chi^{(2)}$	1	1	−1	−1
$\chi^{(3)}$	1	−1	1	−1
$\chi^{(4)}$	1	−1	−1	1
$\chi_{\boldsymbol{k}}$	6	−2	2	2

$\tau_{\boldsymbol{k}} = 2\tau^{(1)} + 2\tau^{(3)} + 2\tau^{(4)}$

Vektor

$\boldsymbol{k}_{11} = 0$

$G_{\boldsymbol{k}}$	E	$4C_3^{\pm 1}$	$3C_2$	6σ	$3S_4^{\pm 1}$
$\chi^{(1)}$	1	1	1	1	1
$\chi^{(2)}$	1	1	1	−1	−1
$\chi^{(3)}$	2	−1	2	0	0
$\chi^{(4)}$	3	0	−1	−1	1
$\chi^{(5)}$	3	0	−1	1	−1
$\chi_{\boldsymbol{k}}$	6	0	−2	2	−2

$\tau_{\boldsymbol{k}} = 2\tau^{(5)}$

§ 20. Raman-Streuung erster Ordnung an Kristallen

1. *Theorie der Intensität der Raman-Streuung an Kristallen*

Die Berechnung der Intensität ist eines der grundlegenden Probleme der Theorie des RAMAN-Effektes. Hierzu entstanden verschiedene Methoden für die Behandlung der RAMAN-Streuung.

Zu den ersten theoretischen Untersuchungen der RAMAN-Streuung an Kristallen zählt die Arbeit von TAMM [366]. In ihr wird die RAMAN-Streuung als das Produkt der Wechselwirkung zwischen den Normalschwingungen, die elektromagnetischen Wellen entsprechen, und den mechanischen Schwingungen des Kristallgitters, den Phononen, aufgefaßt. Formal entstehen diese Prozesse, wenn man im HAMILTON-Operator des aus den Elektronen, Kernen und dem Strahlungsfeld bestehenden Systems neben den quadratischen Gliedern auch Terme dritter und höherer Ordnung bezüglich der Amplituden der Kristallschwingungen berücksichtigt.

Trotz des allgemeinen Herangehens ist die TAMMsche Theorie ihrem Wesen nach eine halbphänomenologische Theorie, weil in ihr die expliziten Ausdrücke für die Anharmonizitätskonstanten des Kristalls unbekannt bleiben. Eine mikroskopische Theorie für Molekülkristalle ist von OWANDER [367] entwickelt worden, der auch die konkrete Berechnung der Anharmonizitätskoeffizienten angibt. Mit einer kanonischen Transformation werden sukzessiv alle Glieder zweiter und dritter Ordnung herausgelöst unter der Voraussetzung, daß die Wechselwirkung zwischen den Molekülen des Kristalls schwach ist. Gemäß dieser Theorie ist

$$H = H^{(2)} + H^{(3)}, \tag{20.1}$$

wobei

$$H^{(2)} = \sum_{\varrho \boldsymbol{k}} E_\varrho (\boldsymbol{k}) \xi_\varrho^+(\boldsymbol{k}) \xi_\varrho(\boldsymbol{k}), \tag{20.2}$$

$$\mathrm{H}^{(3)} = \sum_{\varrho_1\varrho_2\varrho_3} Q_{\varrho_1\varrho_2\varrho_3} (\boldsymbol{k}_1, \boldsymbol{k}_2)\, \xi_{\varrho_1} (\boldsymbol{k}_1)\, \xi_{\varrho_2}(\boldsymbol{k}_2)\, \xi_{\varrho_3}^+ (\boldsymbol{k}_3) + \text{hermitesch adjungierte Glieder.} \tag{20.3}$$

Die Operatoren $\xi_\varrho^+(\boldsymbol{k})$ und $\xi_\varrho(\boldsymbol{k})$ sind hier BOSE-Operatoren der Erzeugung und Vernichtung der Quasiteilchen des Kristalls, ϱ der Polarisationsindex, $\boldsymbol{k}$ der Wellenvektor und $Q_{\varrho_1\varrho_2\varrho_3}(\boldsymbol{k}_1, \boldsymbol{k}_2)$ sind die Anharmonizitätskoeffizienten. Der HAMILTON-Operator des Systems, bestehend aus den quadratischen Gliedern, dient als nullte Näherung. Er bestimmt das Energiespektrum der Quasiteilchen des Kristalls, die der BOSE-Statistik genügen, also der Excitonen. Terme dritter Ordnung werden störungstheoretisch behandelt. Diese geben Anlaß zu Prozessen unter gleichzeitiger Beteiligung von drei Quasiteilchen (Zerfall eines Teilchens in zwei andere oder umgekehrt).

Angewandt auf den RAMAN-Effekt ergibt sich folgendes. Das einfallende Photon der Erregerstrahlung sei durch den Index $(\varrho_0, \boldsymbol{k}_0)$ charakterisiert, das am Prozeß der RAMAN-Streuung beteiligte Phonon durch $(\varrho, \boldsymbol{k})$ und schließlich das gestreute Photon im Falle der STOKESschen Streuung durch den Index $(\varrho', \boldsymbol{k}')$ und durch $(\varrho'', \boldsymbol{k}'')$ im Falle der anti-STOKESschen Streuung. Die entsprechenden Konstanten in (20.3) sind $Q_{\varrho'\varrho\varrho_0}(\boldsymbol{k}', \boldsymbol{k})$ und $Q_{\varrho_0\varrho\varrho''}(\boldsymbol{k}_0, \boldsymbol{k})$. Die zeitliche Änderung der Zahl der Quasiteilchen infolge der betrachteten Prozesse wird in der ersten Näherung der Störungstheorie beschrieben durch

$$\frac{dn(\varrho', \boldsymbol{k}')}{dt} = \frac{2\pi}{\hbar} \sum_{\varrho_0\varrho} |Q_{\varrho'\varrho\varrho_0}(\boldsymbol{k}', \boldsymbol{k})|^2 \, n(\varrho_0, \boldsymbol{k}_0) \, [n(\varrho', \boldsymbol{k}') + 1]$$

$$\times [n(\varrho, \boldsymbol{k}) + 1] \, \delta\{E(\varrho_0, \boldsymbol{k}_0) - E(\varrho, \boldsymbol{k}) - E(\varrho', \boldsymbol{k}')\}, \tag{20.4}$$

$$\frac{dn(\varrho'', \boldsymbol{k}'')}{dt} = \frac{2\pi}{\hbar} \sum_{\varrho_0\varrho} |Q_{\varrho_0\varrho\varrho''}(\boldsymbol{k}_0, \boldsymbol{k})|^2 \, n(\varrho_0, \boldsymbol{k}_0) \, n(\varrho, \boldsymbol{k})$$

$$\times [n(\varrho'', \boldsymbol{k}'') + 1] \, \delta\{E(\varrho_0, \boldsymbol{k}_0) + E(\varrho, \boldsymbol{k}) - E(\varrho'', \boldsymbol{k}'')\}. \tag{20.5}$$

Hierin sind $n(\varrho_0, \boldsymbol{k}_0)$, $n(\varrho, \boldsymbol{k})$, $n(\varrho', \boldsymbol{k}')$ und $n(\varrho'', \boldsymbol{k}'')$ die Besetzungszahlen für die Erregerstrahlung, die Phononen, die STOKESsche und die anti-STOKESsche Streustrahlung.

Die explizite Form der Anharmonizitätskoeffizienten ist sehr kompliziert, und wir werden sie hier nicht aufführen. Wir verzichten auch darauf, den in [367] erhaltenen komplizierten Ausdruck für die Intensität der Streustrahlung anzugeben. Die Verallgemeinerung der Excitonentheorie auf Halbleiterkristalle wird in [368] gegeben.

Die wesentliche Besonderheit der in [367, 368] entwickelten Theorie besteht darin, daß die Wechselwirkung der elektromagnetischen Strahlung mit den Elektronen- und Schwingungsuntersystemen nicht als schwach vorausgesetzt wird. Daher kann auch die RAMAN-Streuung in dem Falle beschrieben werden, wenn die Frequenz des einfallenden Lichtes in die Nähe der Excitonenabsorptionsbande kommt.

Ein anderes Herangehen an die Erscheinung der RAMAN-Streuung ist auf der Kleinheit der Störung des Elektronensystems des Kristalls durch das elektromagnetische Strahlungsfeld begründet. Die unmittelbare Wechselwirkung des Lichtes mit den Kernschwingungen wird wegen der großen Masse der Kerne vernachlässigt. Es wird jedoch angenommen, daß die Gitterschwingungen mit dem Licht indirekt, über das Elektronenuntersystem in Wechselwirkung treten. Die Theorie der RAMAN-Streuung unter den genannten Voraussetzungen ist ausführlich in Kap. 1. behandelt worden. Die Besonderheiten der RAMAN-Streuung an Kristallen werden in [369, 370] diskutiert.

Faßt man den Kristall als ein gigantisches Molekül auf, dann gelangt man unter Verwendung der allgemeinen Formel (5.57) und (5.54), (6.8) für die Intensität der RAMAN-Streuung zu folgendem Ausdruck

$$I_{Ra}(\omega', \Omega') = \frac{I_E \omega'^4 F_k(\infty)}{4\pi c^3} \, |(\beta_{\varrho\sigma})_{k1}|^2, \tag{20.6}$$

wo ϱ und σ die Indizes der Achsen X, Y und Z des raumfesten Koordinatensystems sind (siehe § 6). Sind die Bedingungen für die Gültigkeit der Polarisierbarkeitstheorie[1]) erfüllt, ist der Streutensor $(\beta_{\varrho\sigma})_{kl}$ gleich dem Matrixelement $\alpha_{\varrho\sigma}$ des Polarisierbarkeitstensors des Kristalls (siehe § 6). Für die Schwingungsübergänge erster Ordnung gilt gemäß (7.18) und (7.19)

$$(\beta_{\varrho\sigma})_{v_1+1,v_1} = \sqrt{v_1+1}\left(\frac{\partial\alpha_{\varrho\sigma}}{\partial x_i}\right)_0 \sqrt{(\overline{x_i^2})_0}\,, \tag{20.7}$$

$$(\beta_{\varrho\sigma})_{v_1-1,v_1} = \sqrt{v_1}\left(\frac{\partial\alpha_{\varrho\sigma}}{\partial x_i}\right)_0 \sqrt{(\overline{x_i^2})_0}\,. \tag{20.8}$$

Ein Nachteil der soeben beschriebenen Methode, wo der Prozeß der RAMAN-Streuung in der zweiten Ordnung der Störungstheorie betrachtet wird, besteht darin, daß sich die Eigenfunktionen des Elektronensystems auf die Nichtgleichgewichtskonfiguration der Kerne beziehen. Die konkrete Form dieser Funktionen ist unbekannt, weswegen eine Abschätzung der in den Streutensor eingehenden Matrixelemente unmöglich ist. Es ist günstiger, von den ungestörten Funktionen des Elektronensystems auszugehen, die sich auf die Gleichgewichtskonfiguration der Kerne beziehen. Der Einfluß der Kernschwingungen wird durch Einführen einer zusätzlichen Störung, der Elektronen-Phononen-Wechselwirkung berücksichtigt. Erstmalig wurde die RAMAN-Streuung von diesem Standpunkt aus von SOBELMAN [371] betrachtet. Die Anwendung der genannten Methode auf einfache Kristalle wird in [372, 373] beschrieben.

Die Wahrscheinlichkeit der RAMAN-Streuung ist in der gegebenen Methode erst in der dritten Ordnung der Störungstheorie von Null verschieden. Die Wahrscheinlichkeit der STOKESschen Streuung in der Zeiteinheit ist gegeben durch

$$W_{Ra} = \frac{2\pi}{\hbar^6}\sum_{\boldsymbol{k}_0\boldsymbol{k}'}\left|\sum_{a,b}\frac{\langle n_0-1,1;\,n+1;\,0|V|a\rangle\,\langle a|V|b\rangle\,\langle b|V|n_0,0;\,n;\,0\rangle}{(\omega_a-\omega_0)\,(\omega_b-\omega_0)}\right|^2. \tag{20.9}$$

Hier sind a und b die Indizes der Zwischenzustände des gesamten Systems, $\boldsymbol{k}_0$ und $\boldsymbol{k}'$ die Wellenvektoren des einfallenden und des Streulichtes, $V = H_{\text{str}} + H_{\text{git}}$ bezeichnet den Störoperator, der sich aus den Störungen des Elektronensystems durch das Strahlungsfeld H_{str} und durch das Phononenfeld H_{git} zusammensetzt. Obwohl der Ausdruck (20.9) recht umständlich ist, gelang es gerade auf diesem Wege, konkrete Abschätzungen für den Streuquerschnitt einfacher Kristalle zu erhalten; denn die Konstanten der Elektronen-Photonen- und Elektronen-Phononen-Wechselwirkung sind für einige Kristalle bekannt.

Angaben über den durch direkte Messung ermittelten absoluten Streuquerschnitt der RAMAN-Streuung werden in § 22 gemacht.

[1]) Bei der Umformung der Matrixelemente (5.26) und (5.27) ist zu beachten, daß die Exponentialfaktoren $e^{i\boldsymbol{k}\boldsymbol{r}}$ und $e^{-i\boldsymbol{k}\boldsymbol{r}}$ in Kristallen im allgemeinen nicht als konstant angesehen und dementsprechend nicht aus dem Integral herausgezogen werden können (siehe § 5). Dieser Umstand ist jedoch unwesentlich für die darauffolgenden Rechnungen, die zu Formel (6.26) führen. Der Streutensor und der Polarisierbarkeitstensor des Kristalls hängen aber jetzt vom Wellenvektor $\boldsymbol{k}$ ab, d. h., es liegt räumliche Dispersion vor.

2. *Auswahlregeln für die Raman-Spektren erster Ordnung*

Im Unterschied zu Gasen und Flüssigkeiten, wo die Intensität der RAMAN-Linien von den Invarianten des Streutensors abhängt, hängt die Intensität der RAMAN-Streuung an Kristallen (bei gegebener Ausbreitungsrichtung der einfallenden und gestreuten Strahlung) direkt mit den Komponenten des Streutensors zusammen. Daher haben die Auswahlregeln für Kristalle verglichen mit denen einzelner Moleküle eine kompliziertere Form, obwohl in beiden Fällen die allgemeinen Grundlagen für die Herleitung der Auswahlregeln die gleichen sind.

Nach der allgemeinen Theorie (siehe § 10) ist das Matrixelement $(f_\lambda)_{ik}$ irgendeiner physikalischen Größe f_λ nur dann von Null verschieden, wenn im direkten Produkt der Darstellungen $\Gamma^i \times \Gamma^\lambda \times \Gamma^k$ die Einsdarstellung enthalten ist. Hier ist Γ^i die Darstellung der Symmetriegruppe des quantenmechanischen Systems, nach der sich die Wellenfunktion ψ_i des Anfangszustandes transformiert, Γ^k die Darstellung, nach der sich die Wellenfunktion ψ_k des Endzustandes transformiert (der Anfangs- und Endzustand sind nach Voraussetzung verschieden) und Γ^λ die Darstellung, nach der sich die Größe f_λ transformiert. Im Falle der RAMAN-Streuung an Kristallen transformieren sich die Wellenfunktionen ψ_i und ψ_k nach den irreduziblen Darstellungen der Raumgruppe des Kristalls, während die Größe f_λ in der Näherung der Polarisierbarkeitstheorie mit den Komponenten des symmetrischen Polarisierbarkeitstensors $\alpha_{\varrho\sigma}$ zusammenfällt.

Aus dem Erhaltungssatz des Quasiimpulses bei der RAMAN-Streuung folgt, daß die Wellenvektoren der am Prozeß beteiligten Photonen und Phononen die gleiche Größenordnung haben. Bei $\boldsymbol{k}_{\text{phot}} = 0$ ist also auch $\boldsymbol{k}_{\text{phon}} \approx 0$. Entsprechend können wir näherungsweise die Schwingungswellenfunktionen nach den irreduziblen Darstellungen der Gruppe F der Richtungen des Kristalls klassifizieren, d. h., wir können uns auf den für Moleküle entwickelten mathematischen Apparat stützen (siehe § 10). Es sei $\chi_{\alpha_{\varrho\sigma}}(h_j)$ der Charakter der irreduziblen Darstellung, nach der sich die Komponente $\alpha_{\varrho\sigma}$ transformiert und f die Zahl der Elemente in der Gruppe F. Dann haben wir für die Zahl n_{Γ^k} der Grundschwingungen:

$$n_{\Gamma^k} = \frac{1}{f} \sum_{n_j \subset F} \chi_{\alpha_{\varrho\sigma}}(h_j)\, \chi_{\Gamma^k}(h_j). \tag{20.10}$$

Ist $n_{\Gamma^k} = 0$, dann ist die Schwingung der betreffenden Symmetrierasse bezüglich der Komponente $\alpha_{\varrho\sigma}$ des Polarisierbarkeitstensors verboten. Nach (20.10) kann man die von Null verschiedenen Komponenten des Streutensors für einen gegebenen Kristall leicht ermitteln. Für die wichtigsten Kristallklassen sind diese Tensoren nach Angaben von [373] in Tab. 44 zusammengestellt. Unter jeder Kristallklasse sind alle im Spektrum erster Ordnung aktiven irreduziblen Darstellungen aufgezählt.

Wie schon an früherer Stelle festgestellt wurde, ist im allgemeinen Falle der Streutensor nicht symmetrisch. OWANDER [367] hat die von Null verschiedenen Elemente des Streutensors, betrachtet als Tensor zweiter Stufe, angegeben. Diese Elemente unterscheiden sich von den in Tab. 44 angeführten durch das Auftreten zusätzlicher Glieder.

Tabelle 44

Auswahlregeln in den Raman-Spektren erster Ordnung für die wichtigsten Kristalle (nach Angaben von Loudon [373])

System	Klasse		Streutensor				
Monoklines			$\begin{pmatrix} a & & d \\ & b & \\ d & & c \end{pmatrix}$	$\begin{pmatrix} & e & \\ e & & f \\ & f & \end{pmatrix}$			
	2	C_2	$A(y)$	$B(x, z)$			
	m	C_s	$A'(x, z)$	$A''(y)$			
	$2/m$	C_{2h}	A_g	B_g			
Orthorombisches			$\begin{pmatrix} a & & \\ & b & \\ & & c \end{pmatrix}$	$\begin{pmatrix} & d & \\ d & & \\ & & \end{pmatrix}$	$\begin{pmatrix} & & e \\ & & \\ e & & \end{pmatrix}$	$\begin{pmatrix} & & \\ & & f \\ & f & \end{pmatrix}$	
	222	D_2	A	$B_1(z)$	$B_2(y)$	$B_3(x)$	
	$mm2$	C_{2v}	$A_1(z)$	A_2	$B_1(x)$	$B_2(y)$	
	mmm	D_{2h}	A_g	B_{1g}	B_{2g}	B_{3g}	
			$\begin{pmatrix} a & & \\ & a & \\ & & b \end{pmatrix}$	$\begin{pmatrix} c & d & e \\ d & -c & f \\ e & f & \end{pmatrix}$	$\begin{pmatrix} d & -c & -f \\ -c & -d & e \\ -f & e & \end{pmatrix}$		
	3	C_3	$A(z)$	$E(x)$	$E(y)$		
	$\bar{3}$	C_{3i}	A_g	E_g	E_g		
Trigonales			$\begin{pmatrix} a & & \\ & a & \\ & & b \end{pmatrix}$	$\begin{pmatrix} c & & \\ & -c & d \\ & d & \end{pmatrix}$	$\begin{pmatrix} & -c & -d \\ -c & & \\ -d & & \end{pmatrix}$		
	32	D_3	A_1	$E(x)$	$E(y)$		
	$3m$	C_{3v}	$A_1(z)$	$E(y)$	$E(-x)$		
	$\bar{3}m$	D_{3d}	A_{1g}	E_g	E_g		
Tetragonales			$\begin{pmatrix} a & & \\ & a & \\ & & b \end{pmatrix}$	$\begin{pmatrix} c & d & \\ d & -c & \\ & & \end{pmatrix}$	$\begin{pmatrix} & & e \\ & & f \\ e & f & \end{pmatrix}$	$\begin{pmatrix} & & -f \\ & & e \\ -f & e & \end{pmatrix}$	
	4	C_4	$A(z)$	B	$E(x)$	$E(y)$	
	$\bar{4}$	S_4	A	$B(z)$	$E(x)$	$E(-y)$	
	$4/m$	C_{4h}	A_g	B_g	E_g	E_g	
			$\begin{pmatrix} a & & \\ & a & \\ & & b \end{pmatrix}$	$\begin{pmatrix} c & & \\ & -c & \\ & & \end{pmatrix}$	$\begin{pmatrix} & d & \\ d & & \\ & & \end{pmatrix}$	$\begin{pmatrix} & & e \\ & & \\ e & & \end{pmatrix}$	$\begin{pmatrix} & & \\ & & e \\ & e & \end{pmatrix}$
	$4mm$	C_{4v}	$A_1(z)$	B_1	B_2	$E(x)$	$E(y)$
	422	D_4	A_1	B_1	B_2	$E(-y)$	$E(x)$
	$\bar{4}2m$	D_{2d}	A_1	B_1	$B_2(z)$	$E(y)$	$E(x)$
	$4/mmm$	D_{4d}	A_{1g}	B_{1g}	B_{2g}	E_g	E_g

Tabelle 44 (Fortsetzung)

System	Klasse		Streutensor					
Hexagonales			$\begin{pmatrix} a & & \\ & a & \\ & & b \end{pmatrix}$	$\begin{pmatrix} & & c \\ & & d \\ c & d & \end{pmatrix}$	$\begin{pmatrix} & & -d \\ & & c \\ -d & c & \end{pmatrix}$	$\begin{pmatrix} e & f & \\ f & -e & \\ & & \end{pmatrix}$	$\begin{pmatrix} f & -e & \\ -e & -f & \\ & & \end{pmatrix}$	
	6	C_6	$A(z)$	$E_1(x)$	$E_1(y)$	E_2	E_2	
	$\bar{6}$	C_{3h}	A'	E''	E''	$E'(x)$	$E'(y)$	
	$6/m$	C_{6h}	A_g	E_{1g}	E_{1g}	E_{2g}	E_{2g}	
			$\begin{pmatrix} a & & \\ & a & \\ & & b \end{pmatrix}$	$\begin{pmatrix} & & \\ & & c \\ & c & \end{pmatrix}$	$\begin{pmatrix} & & -c \\ & & \\ -c & & \end{pmatrix}$	$\begin{pmatrix} & d & \\ d & & \\ & & \end{pmatrix}$	$\begin{pmatrix} d & & \\ & -d & \\ & & \end{pmatrix}$	
	622	D_6	A_1	$E_1(x)$	$E_1(y)$	E_2	E_2	
	$6mm$	C_{6v}	$A_1(z)$	$E_1(y)$	$E_1(-x)$	E_2	E_2	
	$\bar{6}m2$	D_{3h}	A_1'	E''	E''	$E'(x)$	$E'(y)$	
	$6/mmm$	D_{6h}	A_{1g}	E_{1g}	E_{1g}	E_{2g}	E_{2g}	
Kubisches			$\begin{pmatrix} a & & \\ & a & \\ & & a \end{pmatrix}$	$\begin{pmatrix} b & & \\ & b & \\ & & b \end{pmatrix}$	$\begin{pmatrix} b & & \\ & b & \\ & & b \end{pmatrix}$	$\begin{pmatrix} & & \\ & & d \\ & d & \end{pmatrix}$	$\begin{pmatrix} & & d \\ & & \\ d & & \end{pmatrix}$	$\begin{pmatrix} & d & \\ d & & \\ & & \end{pmatrix}$
	23	T	A	E	E	$F(x)$	$F(y)$	$F(z)$
	$m3$	T_h	A_g	E_g	E_g	F_g	F_g	F_g
	432	O	A_1	E	E	F_2	F_2	F_2
	$\bar{4}3m$	T_d	A_1	E	E	$F_2(x)$	$F_2(y)$	$F_2(z)$
	$m3m$	O_h	A_{1g}	E_g	E_q	F_{2g}	F_{2g}	F_{2g}

Um den effektiven Streuquerschnitt σ oder die Intensität I der Raman-Linien unter Zuhilfenahme der Tab. 44 berechnen zu können, muß man die Formel

$$\sigma = A\left[\sum_{\varrho\sigma} e_\varrho \beta_{\varrho\sigma} e_\sigma'\right]^2 \tag{20.11}$$

benutzen, wo A ein Proportionalitätsfaktor und $\beta_{\varrho\sigma}$ die Komponenten des Streutensors sind; e_ϱ, e_σ' bedeuten die Komponenten der Polarisationseinheitsvektoren des einfallenden und des gestreuten Lichtes.

Als Beispiel soll der Raman-Effekt für eine in Abb. 72 dargestellte Geometrie besprochen werden.

Wir stellen zuerst die Frage, ob die Schwingung der Symmetrierasse B bei C_4-Symmetrie im Raman-Effekt erlaubt ist. Der effektive Streuquerschnitt ist

$$\sigma = A(e_x\beta_{xx}e_x' + e_x\beta_{xy}e_y' + e_x\beta_{xz}e_z' + e_y\beta_{yx}e_x' + e_y\beta_{yy}e_y' + e_y\beta_{yz}e_z')^2 .$$

Gemäß Tab. 44 ist $\beta_{xz} = \beta_{yz} = 0$, $\beta_{xx} = c$, $\beta_{xy} = \beta_{yx} = d$ und $\beta_{yy} = -c$. Betrachtet man die in der xz-Ebene polarisierte Streustrahlung (parallele Streu-

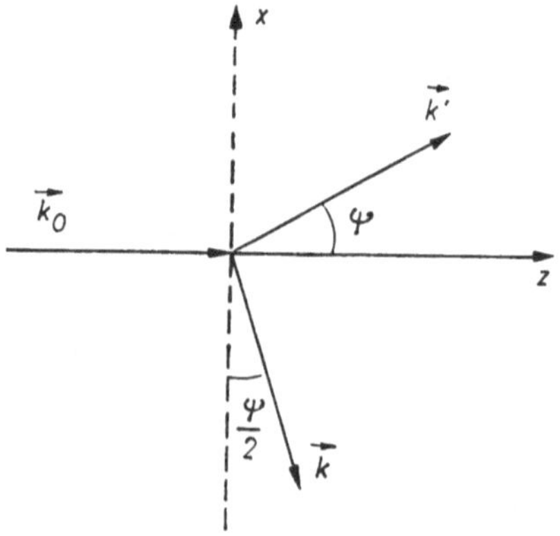

Abb. 72: Geometrische Bedingungen der Streuung.

ung), so wird der effektive Streuquerschnitt gegeben durch

$$\sigma_{\parallel} = A(e_x c + e_y d)^2 \cos^2 \psi.$$

Entsprechend gilt für die senkrecht zur xz-Ebene polarisierte Streustrahlung

$$\sigma_{\perp} = A(e_x d - e_y c)^2.$$

Hierbei wurde vorausgesetzt, daß die gestreute Lichtwelle transversal ist. Als weiteres Beispiel soll die dreifach entartete Schwingung der Rasse F_{2g} der Gruppe O_h untersucht werden. In diesem Falle setzt sich der effektive Streuquerschnitt additiv aus drei Gliedern zusammen, die sich aus der entsprechenden Matrix der Tab. 44 herleiten. Die Rechnung liefert

$$\sigma_{\parallel} = Ad^2 \, [(e_x \sin \psi)^2 + e_y{}^2],$$

$$\sigma_{\perp} = Ad^2 e_x{}^2.$$

Für den Spezialfall $\psi = \pi/2$ vereinfacht sich der Ausdruck beträchtlich.

Ein wichtiger Parameter des Streulichtes ist sein Depolarisationsgrad, definiert als $\varrho = \sigma_{\parallel}/\sigma_{\perp}$.

Im allgemeinen Falle ist der Depolarisationsgrad vom Winkel ψ abhängig und gestattet Aussagen über die Symmetrie der am Streuvorgang beteiligten Schwingungen. Die Depolarisationsgrade für verschiedene Kristalle und verschiedene Beleuchtungsgeometrien wurden mehrfach [374, 375] berechnet.

Bei der experimentellen Analyse des Streutensors ordnet man gewöhnlich die Intensitäten in einer quadratischen Tabelle an [340]. Zu diesem Zwecke mißt man die Intensität des Streulichtes bei verschiedenen Orientierungen des Kristalls und der Polarisationsvorrichtungen im Strahlengang des einfallenden und des

Tabelle 44a
Auswahlregeln für die Raman-Streuung[1])

System	Klasse		Streutensor			
Monoklines			$\begin{vmatrix} a & d & \cdot \\ d & b & \cdot \\ \cdot & \cdot & c \end{vmatrix}$	$\begin{vmatrix} \cdot & \cdot & e \\ \cdot & \cdot & f \\ e & f & \cdot \end{vmatrix}$		
$Oz \parallel C_2$	2	C_2	A, z	B, x, y		
$Oz \perp \sigma_h$	m	C_{1h}	A', x, y	A'', z		
$Oz \parallel C_2$	$2/m$	C_{2h}	A_g	B_y		
Orthorom-bisches			$\begin{vmatrix} a & \cdot & \cdot \\ \cdot & b & \cdot \\ \cdot & \cdot & c \end{vmatrix}$	$\begin{vmatrix} \cdot & d & \cdot \\ d & \cdot & \cdot \\ \cdot & \cdot & \cdot \end{vmatrix}$	$\begin{vmatrix} \cdot & \cdot & e \\ \cdot & \cdot & \cdot \\ e & \cdot & \cdot \end{vmatrix}$	$\begin{vmatrix} \cdot & \cdot & \cdot \\ \cdot & \cdot & f \\ \cdot & f & \cdot \end{vmatrix}$
$Ox, Oy, Oz \parallel C_2^x, C_2^y, C_2^z$	222	D_2	A	B_1, z	B_2, y	B_3, x
$Oz \parallel C_2^z$, $Ox \parallel \sigma_y$	$mm2$	C_{2v}	A_1, z	A_2	B_1, x	B_2, y
$Oz \parallel C^z{}_2$, $Ox \parallel \sigma_y$	mmm	D_{2h}	A_g	B_{1g}	B_{2g}	B_{3g}
Trigonales			$\begin{vmatrix} a & \cdot & \cdot \\ \cdot & a & \cdot \\ \cdot & \cdot & b \end{vmatrix}$	$\begin{vmatrix} c & d & e \\ d & -c & f \\ e & f & \cdot \end{vmatrix}$	$\begin{vmatrix} d & -c & -f \\ -c & -d & -e \\ -f & e & \cdot \end{vmatrix}$	
$Oz \parallel C_3$	3	C_3	A, z	E, x	E, y	
	$\bar{3}$	C_{3i}	A_g	$E_g, 1$	$E_g, 2$	
			$\downarrow$	$\begin{vmatrix} c & \cdot & \cdot \\ \cdot & -c & d \\ \cdot & d & \cdot \end{vmatrix}$	$\begin{vmatrix} \cdot & -c & -d \\ -c & \cdot & \cdot \\ -d & \cdot & \cdot \end{vmatrix}$	
$Oz \parallel C_3$, $Ox \parallel C_2$	32	D_3	A_1	E, x	E, y	
	$\bar{3}m$	D_{3d}	A_{1g}	$E_g, 1$	$E_g, 2$	
			$\downarrow$	$\begin{vmatrix} c & \cdot & d \\ \cdot & -c & \cdot \\ d & \cdot & \cdot \end{vmatrix}$	$\begin{vmatrix} \cdot & -c & \cdot \\ -c & \cdot & d \\ \cdot & d & \cdot \end{vmatrix}$	
$Oz \parallel C_3$, $Ox \parallel \sigma_v$	$3m$	C_{3v}	A_1, z	E, x	E, y	
Tetragonales			$\begin{vmatrix} a & \cdot & \cdot \\ \cdot & a & \cdot \\ \cdot & \cdot & b \end{vmatrix}$	$\begin{vmatrix} c & d & \cdot \\ d & -c & \cdot \\ \cdot & \cdot & \cdot \end{vmatrix}$	$\begin{vmatrix} \cdot & \cdot & e \\ \cdot & \cdot & f \\ e & f & \cdot \end{vmatrix}$	$\begin{vmatrix} \cdot & \cdot & -f \\ \cdot & \cdot & e \\ -f & e & \cdot \end{vmatrix}$

Tabelle 44 a (Fortsetzung)

System	Klasse		Streutensor				
$Oz \parallel C_4$	4	C_4	A, z	B	E, x		E, y
	$4/m$	C_{4h}	A_g	B_g	$E_g, 1$		$E_g, 2$
			↓	↓	↓		$\begin{vmatrix} \cdot & \cdot & f \\ \cdot & \cdot & -e \\ f & -e & \cdot \end{vmatrix}$
$Oz \parallel S_4$	$\bar{4}$	S_4	A	B	E, x		E, y
			↓	$\begin{vmatrix} c & \cdot & \cdot \\ \cdot & -c & \cdot \\ \cdot & \cdot & \cdot \end{vmatrix}$	$\begin{vmatrix} \cdot & d & \cdot \\ d & \cdot & \cdot \\ \cdot & \cdot & \cdot \end{vmatrix}$	$\begin{vmatrix} \cdot & \cdot & e \\ \cdot & \cdot & \cdot \\ e & \cdot & \cdot \end{vmatrix}$	$\begin{vmatrix} \cdot & \cdot & \cdot \\ \cdot & \cdot & e \\ \cdot & e & \cdot \end{vmatrix}$
$Oz \parallel C_4$, $Ox \parallel \sigma_v$	$4mm$	C_{4v}	A, z	B_1	B_2	E, x	E, y
			↓	↓	↓	$\begin{vmatrix} \cdot & \cdot & \cdot \\ \cdot & \cdot & e \\ \cdot & e & \cdot \end{vmatrix}$ ↓	$\begin{vmatrix} \cdot & \cdot & -e \\ \cdot & \cdot & \cdot \\ -e & \cdot & \cdot \end{vmatrix}$ ↓
$Oz \parallel C_4$, $Ox \parallel C_2'$	422	D_4	A_1	B_1	B_2	E, x	E, y
	$4/mmm$	D_{4h}	A_{1g}	B_{1g}	B_{2g}	$E_g, 1$	$E_g, 2$
			↓	↓	↓	↓	$\begin{vmatrix} \cdot & \cdot & e \\ \cdot & \cdot & \cdot \\ e & \cdot & \cdot \end{vmatrix}$
$Oz \parallel C_4$, $Ox \parallel C_2'$	$\bar{4}2m$	D_{2d}	A_1	B_1	B_2, z	E, x	E, y
Hexagonales			$\begin{vmatrix} a & \cdot & \cdot \\ \cdot & a & \cdot \\ \cdot & \cdot & b \end{vmatrix}$	$\begin{vmatrix} \cdot & \cdot & c \\ \cdot & \cdot & d \\ c & d & \cdot \end{vmatrix}$	$\begin{vmatrix} \cdot & \cdot & -d \\ \cdot & \cdot & c \\ -d & c & \cdot \end{vmatrix}$	$\begin{vmatrix} e & f & \cdot \\ f & -e & \cdot \\ \cdot & \cdot & \cdot \end{vmatrix}$	$\begin{vmatrix} f & -e & \cdot \\ -e & -f & \cdot \\ \cdot & \cdot & \cdot \end{vmatrix}$
$Oz \parallel C_6$	6	C_6	A, z	E, x	E, y	$E_2, 1$	$E_2, 2$
$Oz \parallel C_3$	$\bar{6}$	C_{3h}	A'	$E'', 1$	$E'', 2$	E', x	E', y
$Oz \parallel C_6$	$6/m$	C_{6h}	A_g	$E_{1g}, 1$	$E_{1g}, 2$	$E_{2g}, 1$	$E_{2g}, 2$
			↓	$\begin{vmatrix} \cdot & \cdot & \cdot \\ \cdot & \cdot & c \\ \cdot & c & \cdot \end{vmatrix}$	$\begin{vmatrix} \cdot & \cdot & -c \\ \cdot & \cdot & \cdot \\ -c & \cdot & \cdot \end{vmatrix}$	$\begin{vmatrix} d & \cdot & \cdot \\ \cdot & -d & \cdot \\ \cdot & \cdot & \cdot \end{vmatrix}$	$\begin{vmatrix} \cdot & -d & \cdot \\ -d & \cdot & \cdot \\ \cdot & \cdot & \cdot \end{vmatrix}$
$Oz \parallel C_6$, $Ox \parallel C_2'$	622	D_6	A_1	E_1, x	E_1, y	$E_2, 1$	$E_2, 2$
$Oz \parallel C_6$, $Ox \parallel C_2'$	$6/mmm$	D_{6h}	A_{1g}	$E_{1g}, 1$	$E_{1g}, 2$	$E_{2g}, 1$	$E_{2g}, 2$
$Oz \parallel C_3$, $Ox \parallel C_2$	$\bar{6}m2$	D_{3h}	A_1'	$E'', 1$	$E'', 2$	E', x	E', y
			↓	$\begin{vmatrix} \cdot & \cdot & c \\ \cdot & \cdot & \cdot \\ c & \cdot & \cdot \end{vmatrix}$	$\begin{vmatrix} \cdot & \cdot & \cdot \\ \cdot & \cdot & c \\ \cdot & c & \cdot \end{vmatrix}$	↓	↓
$Oz \parallel C_6$, $Ox \parallel \sigma_v$	$6mm$	C_{6v}	A_1, z	E_1, x	E_1, y	$E_2, 1$	$E_2, 2$

Tabelle 44 a (Fortsetzung)

System	Klasse		Streutensor					
Kubisches								
			$\begin{vmatrix} a & . & . \\ . & a & . \\ . & . & a \end{vmatrix}$	$\begin{Vmatrix} b+3^{1/2}c & . & . \\ . & b-3^{1/2}c & . \\ . & . & -2b \end{Vmatrix}$	$\begin{Vmatrix} c-3^{1/2}b & . & . \\ . & c+3^{1/2}b & . \\ . & . & -2c \end{Vmatrix}$	$\begin{Vmatrix} . & . & . \\ . & . & d \\ . & d & . \end{Vmatrix}$	$\begin{Vmatrix} . & . & d \\ . & . & . \\ d & . & . \end{Vmatrix}$	$\begin{vmatrix} . & d & . \\ d & . & . \\ . & . & . \end{vmatrix}$
$Ox, Oy, Oz \parallel$	23	T	A	$E, 1$	$E, 2$	F, x	F, y	F, z
C_2^x, C_2^y, C_3^z	$m3$	T_h	A_g	$E_g, 1$	$E_g, 2$	$F_g, 1$	$F_g, 2$	$F_g, 3$
			↓	$\begin{vmatrix} b & . & . \\ . & b & . \\ . & . & -2b \end{vmatrix}$	$\begin{Vmatrix} -3^{1/2}b & . & . \\ . & 3^{1/2}b & . \\ . & . & 0 \end{Vmatrix}$	↓	↓	↓
$Ox, Oy, Oz \parallel$	432	O	A_1	$E, 1$	$E, 2$	$F_2, 1$	$F_2, 2$	$F_2, 3$
axes C_4	$\bar{4}3m$	T_d	A_1	$E, 1$	$E, 2$	F_2, x	F_2, y	F_2, z
	$m3m$	O_h	A_{1g}	$E_g, 1$	$E_g, 2$	$F_{2g}, 1$	$F_{2g}, 2$	$F_{2g}, 3$

[1]) *Anmerkung des Herausgebers:* Zum besseren Verständnis wurde eine etwas umfassendere Tabelle aus der Monographie von Poulet und Mathieu (Poulet, H., Mathieu, J.-P., „*Spectres de Vibration et Symétrie des Cristaux*", Paris, London, New York 1970) übernommen und abweichend vom russischen Original eingefügt.

gestreuten Lichtes. Beobachtet wird senkrecht zur Richtung des einfallenden Lichtes. Theoretisch ermittelt man die Komponenten der obigen Tabelle für eine nichtentartete Schwingung durch Quadrieren der entsprechenden Komponente des Streutensors. Beispielsweise ist die Komponente der Intensitätstabelle, die bei einer Orientierung der Polarisationsvorrichtungen des Empfängers und der Lichtquelle entlang der x-Achse gemessen wurde, der Größe β_{xx}^2 proportional usw. Ist die betreffende Schwingung entartet, so erhält man die interessierende Komponente der Intensitätstabelle indem man die entsprechenden Quadrate der Streutensorkomponenten summiert.

In der Literatur wird oft auf Fälle hingewiesen, bei denen die Auswahlregeln in den Raman-Spektren von Kristallen durchbrochen werden. Dafür gibt es verschiedene Gründe.

Erstens treten ähnlich wie in den Raman-Spektren von Molekülen verbotene Linien deshalb auf, weil sich der Kristall bei hinreichend hohen Temperaturen im angeregten Schwingungszustand befindet [376—378]. Zweitens bleibt bei Annäherung an die Elektronenabsorptionsbande der Streutensor nicht mehr symmetrisch, so daß für einige Schwingungsrassen das Verbot im Raman-Effekt aufgehoben wird (siehe § 7). Drittens wird durch Störstellen und Leerstellen im Kristall die Translationsinvarianz gestört und damit das Erhaltungsgesetz des Quasiimpulses bei der Raman-Streuung aufgehoben [379]. Im Ergebnis können Phononen mit beliebigen Werten des Quasiimpulses an der Raman-Streuung beteiligt sein. Der Hauptbeitrag zur Streuung ist hierbei von den Phononen zu erwarten, die den kritischen Punkten in der Brillouin-Zone entsprechen. Um eine solche Verletzung der Auswahlregeln handelt es sich offenbar bei den Linien erster Ordnung des Kristalls $SrTiO_3$ [376], für den auf Grund der strengen Auswahlregeln alle Schwingungsrassen im Raman-Spektrum inaktiv sind. Das Auftreten zusätzlicher scharfer, jedoch sehr schwacher Linien in der Nähe der starken Raman-Linien [382] ist ebenfalls auf eine solche Verletzung der Auswahlregeln zurückzuführen.

Die Auswahlregeln können auch durch ein äußeres Feld, das zu einer Verringerung der Kristallsymmetrie führt, außer Kraft gesetzt werden. Das erweist sich bei der Untersuchung von Schwingungen, die im Raman-Effekt inaktiv sind, als sehr nützlich [383].

3. *Raman-Spektren erster Ordnung der einfachsten Kristalle*

Kalzit ($CaCO_3$)

Das Raman-Spektrum von Kalzit wurde oft untersucht. Seine großen Einkristalle eignen sich verhältnismäßig gut dafür, weil sie in einem weiten Spektralbereich durchsichtig, homogen und leicht zu bearbeiten sind. Die Elementarzelle von Kalzit ist in Abb. 73 dargestellt. Sie enthält zwei $CaCO_3$-Moleküle. Die Bezeichnungen und die Koordinaten der Atome sind

$$\mathrm{Ca}(1;\,2)\colon \frac{1}{4},\frac{1}{4},\frac{1}{4};\ \frac{3}{4},\frac{3}{4},\frac{3}{4};$$

$$\mathrm{C}(3;\,4)\colon 0,0,0;\ \frac{1}{2},\frac{1}{2},\frac{1}{2};$$

$$\mathrm{O}(5;\,6,7,8;\,9,10).$$

Der Kristall hat die Symmetrie D_{3d}^6 und die Gruppe der Richtungen D_{3d}. Die Restschwingungen ($\boldsymbol{k} = 0$) der Elementarzelle lassen sich folgendermaßen einteilen. Wird die CO_3-Gruppe als Ganzes angesehen, so erhält man die Translationsschwingungen (die Bewegung der CO_3-Gruppen gegeneinander und bezüglich der Ca-Atome), die Orientierungsschwingungen (Drehschwingungen der CO_3-Gruppen in Phase oder in Gegenphase) und die inneren Schwingungen der CO_3-Gruppen. Die Charaktere der diesbezüglichen Darstellungen der Schwingungen sowie die Vektordarstellung und die Darstellung eines symmetrischen Tensors zweiter Stufe lassen sich aus Abb. 73 und Tab. 42 ermitteln. Die Resultate sind in Tab. 45 zusammengefaßt.

Die Zerlegung der reduziblen Darstellungen in irreduzible ergibt

$$\Gamma_{\mathrm{dr}} = A_{2g} + A_{1u} + E_g + E_u,$$

$$\Gamma_{\mathrm{tr}} = A_{2g} + A_{1u} + A_{2u} + 2E_u + E_g,$$

$$\Gamma_{\mathrm{in}} = A_{1g} + A_{2g} + A_{1u} + A_{2u} + 2E_u + 2E_g,$$

$$\Gamma_{\mathrm{gesamt}} = A_{1g} + 3A_{2g} + 3A_{1u} + 2A_{2u} + 5E_u + 4E_g. \qquad (20.12)$$

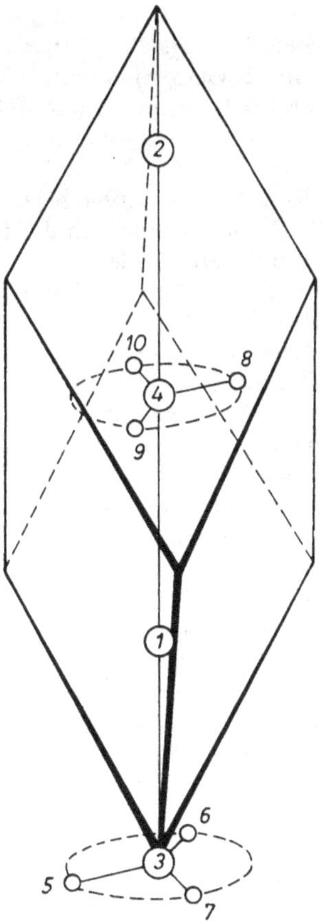

Abb. 73: Elementarzelle des Kalzitkristalls.

Tabelle 45

Charaktere der Darstellungen für den Kalzitkristall (Gruppe D_{3d})

Bezeichnung der Darstellung	e	$2S_6$	$2C_3$	i	$3\sigma_v$	$3C_2$
Schwingungsdarstellung	27	0	0	−3	−1	−3
Translations-Schwingungsdarstellung	9	0	0	−3	−1	−1
Rotations-Schwingungsdarstellung	6	0	0	0	0	−2
Darstellung der äußeren Schwingung	15	0	0	−3	−1	−3
Darstellung der inneren Schwingung	12	0	0	0	0	0
Darstellung eines Vektors	3	0	0	−3	1	−1
Darstellung eines symmetrischen Tensors	6	0	0	6	2	2
A_{1g}	1	1	1	1	1	1
A_{1u}	1	−1	1	−1	−1	1
A_{2g}	1	1	1	1	−1	−1
A_{2u}	1	−1	1	−1	1	−1
E_g	2	−1	−1	2	0	0
E_u	2	1	−1	−2	0	0

Vergleicht man (20.12) mit den Vektordarstellungen $\Gamma_v = A_{2u} + E_u$ und der Tensordarstellung $\Gamma_{\alpha_{\varrho\sigma}} = 2A_{1g} + 2E_g$, so erkennt man (siehe § 10), daß die Schwingungen der Symmetrierasse A_{1g} und E_g im RAMAN-Spektrum aktiv und im Infraroten verboten sind. Im Bereich hoher Frequenzen (innere Schwingungen) sind drei RAMAN-Linien zu erwarten und im niederfrequenten Bereich zwei Linien.

Im RAMAN-Spektrum von Kalzit sind fünf Linien beobachtet worden: 155, 282, 712, 1086 und 1436 cm^{-1} [380—382]. Die letzten drei sind offenbar innere Schwingungen der CO_3-Gruppe, wobei die stärkere Linie $\Delta\nu = 1086$ cm^{-1} der totalsymmetrischen Schwingung der Rasse A_{1g} zuzuordnen ist und die Linien 712 und 1436 cm^{-1} Schwingungen der Rasse E_g. Die restlichen zwei niederfrequenten Linien werden Schwingungen der Rasse E_g zugeordnet.

Weitere Untersuchungen des RAMAN-Effektes an Kalzit [384, 385] ergaben, daß das Spektrum eine weitaus kompliziertere Struktur besitzt. In den genannten Arbeiten konnten zahlreiche schwache, scharfe Linien beobachtet werden sowie ein kontinuierlicher Untergrund in einigen Spektrenbereichen. So traten in der Nähe der Linie 1086 cm^{-1} schwache Satelliten mit den Frequenzen 1067, 1072 und 1075 cm^{-1} auf; neben der Linie 1436 cm^{-1} wurden Linien bei 1399, 1412 und 1418 cm^{-1} usw. gefunden.

In [382, 384] wird das Auftreten zusätzlicher Linien mit der RAMANschen dynamischen Theorie des Kristallgitters erklärt. Sie werden mit der Streuung an zusätzlichen Freiheitsgraden der RAMANschen Hyperzelle in Zusammenhang gebracht. Es sei bemerkt, daß sich die zusätzlichen Linien auch auf der Grundlage der BORNschen Theorie erklären lassen, und zwar durch die Aufhebung der Quasiimpulserhaltung infolge von Inhomogenitäten im Kristallgitter. Wir kehren zur Diskussion dieser Frage mit der Theorie der kritischen Punkte in § 21 zurück.

Quarz (SiO_2)

Der experimentellen Untersuchung des RAMAN-Spektrums von Quarz ist eine große Zahl von Arbeiten gewidmet, so daß neben Frequenzwerten auch die Intensitäten, die Polarisationszustände und die Linienbreiten gut bekannt sind [1, 374, 386—392].

Das Kristallgitter von α-Quarz ist aus Silizium-Sauerstoff-Tetraedern aufgebaut: jedes Siliziumion ist an vier benachbarte Sauerstoffionen und jedes Sauerstoffion an zwei Siliziumionen gebunden. Die Gruppe der Richtungen für α-Quarz ist D_3, jede Elementarzelle enthält drei Moleküle SiO_2. Dementsprechend sind für $\boldsymbol{k} = 0$ im RAMAN-Spektrum vier Schwingungen der Rasse A_1 und acht zweifach entartete E-Schwingungen erlaubt. Die übrigen Freiheitsgrade geben zu vier A_2-Schwingungen im Infrarotspektrum Anlaß, und es verbleiben noch drei akustische Zweige.

Gewöhnlich haben die zu untersuchenden Quarzkristalle Würfelform; die Kanten verlaufen entlang der kristallographischen Achsen. Im weiteren soll angenommen werden, daß die optische Achse von α-Quarz mit der z-Achse zusammenfällt. Gemäß Tab. 44 gilt für die Komponenten des Streutensors $\beta_{xx} = \beta_{yy} \neq \beta_{zz}$, $\beta_{\varrho\sigma} = 0$ bei $\varrho \neq \sigma$ (A_1-Schwingungen); $\beta_{xx} = -\beta_{yy} = -\beta_{xy}$, $\beta_{xz} = -\beta_{yz}$, $\beta_{zz} = 0$ (E-Schwingungen). Experimentell wurden im Spektrum von α-Quarz 12 Linien gefunden. In Tab. 46 sind die photoelektrisch gemessenen Linienparameter für α-Quarz zusammengestellt (nach [388]). Die Intensitätsmessungen wurden für drei Orientierungen des Kristalls durchgeführt, wobei die Streurichtung jeweils mit einer der drei Achsen zusammenfiel (bei im übrigen gleichen Bedingungen). Die Buchstaben X, Y und Z in Tab. 46 kennzeichnen die Daten, die bei Übereinstimmung der Streurichtung mit der jeweiligen Achse gemessen wurden. Die Bestrahlung der Probe erfolgte gleichmäßig auf die zur Achse senkrechten Ebene.

Auf der Grundlage von Polarisationsmessungen haben Kiseljew und Osipowa [389] Intensitätstabellen für Raman-Linien von α-Quarz aufgestellt. Im allgemeinen können diese Messungen bei verschiedenen Anordnungen erfolgen.

Tabelle 46

Relative Intensitäten der Raman-Linien von α-Quarz

Symmetrierasse	Frequenz $\Delta\nu$ [cm^{-1}]	Linienbreite δ [cm^{-1}]	$I_\infty (Z)$	$I_\infty (X)$	$I_\infty (Y)$	$I_0 (Z)$	$I_0 (X)$	$I_0 (Y)$
E	128	4,4	90	55	55	100	60	60
A	206	21	51	60	60	28	30	30
E	266	4,4	6,2	6,5	6,0	12	11	12
A	357	4	5,3	5,7	6,1	12	14	13
A	466	6,6	180	210	210	180	220	220
E	696	6,4	3,1	2,4	2,4	4,4	3	3
E	795	8,4 }	7,3	6,4	6,2	3	3,4	3,4
E	805	11,3 }				3,8	4,3	4,1
E	1061	7,9	2,7	1,8	1,5	3,1	1,9	2,1
A	1081	11,5	1,5	3,3	3,1	1,1	2,8	2,7
E	1159	8,4	10	7,2	7	10	6,9	6,5
E	1228	11,6	1,4	1,6	1,4	1,3	1,1	1,2

1. Der Kristall wird einem linear polarisierten Primärstrahl ausgesetzt, während der Polarisator im Strahlengang des Streulichtes abwechselnd parallel oder senkrecht zum Spalt des Spektrographen gedreht wird.

2. Der Kristall wird mit linear, parallel oder senkrecht zur Beobachtungsrichtung polarisiertem Licht angeregt. Dies geschieht gewöhnlich mit zylindrischen Polarisatoren.

3. Der einfallende Lichtstrahl ist nicht polarisiert, und die Polarisationsrichtung des Polarisators im Strahlengang des Streulichtes wird abwechselnd parallel und senkrecht zum Apparatespalt eingestellt. Die mit jeder dieser Anordnungen gemessenen Intensitätswerte können in einer Intensitätstabelle zusammengestellt werden, deren Komponenten dem Quadrat der Streutensorkomponenten proportional sind (Meß-, Rechen- und Korrekturmethoden sind in [389, 393] beschrieben; siehe auch Anhang zur Monographie [44]). Unter Verwendung der Intensitätstabelle lassen sich die Absolutwerte der Streutensorkomponenten leicht finden. Die Vorzeichen der Tensorelemente lassen sich manchmal aus einfachen Symmetrieüberlegungen bestimmen, in einer Reihe von Fällen bedarf es jedoch zusätzlicher Rechnungen und Messungen,

Im Falle von α-Quarz läßt sich durch die Berücksichtigung der Kristallsymmetrie eine bedeutende Vereinfachung dieser Aufgabe erreichen. Nimmt man an, daß die optische Achse des Kristalls mit der z-Achse zusammenfällt, und die beiden zweizähligen Achsen mit der x bzw. y-Richtung, so sind die letzten beiden Richtungen in optischer Hinsicht äquivalent. Das bedeutet, daß in der Intensitätstabelle $I_{zx} = I_{zy}$, $I_{xx} = I_{yy}$ ist. Demzufolge haben die Intensitätstabelle und entsprechend der Streutensor nur vier hinsichtlich ihres Betrages verschiedene Komponenten. Für die Linien der Rasse A_1 können alle Komponenten des Streutensors als positiv vorausgesetzt werden. Der Streutensor für die stärkste Linie bei 466 cm^{-1} hat nach Angaben von [389] die Form:

$$\beta(466) = \begin{bmatrix} 103 \pm 3 & 14 \pm 12 & 22 \pm 2 \\ 14 \pm 12 & 103 \pm 3 & 22 \pm 2 \\ 22 \pm 2 & 22 \pm 2 & 100 \pm 2 \end{bmatrix}.$$

Analoge Daten für andere A_1-Linien werden in [389] angegeben. Auffällig ist, daß die gemischten Komponenten $\beta_{\varrho\sigma}$ ($\varrho \neq \sigma$) nicht verschwinden, d. h., es bestehen Abweichungen von den Auswahlregeln.

Wie die Messungen für die Linien 206, 357 und 466 cm^{-1} [389] ergaben, haben die Streutensoren annähernd sphärische Symmetrie ($\beta_{zz} \approx \beta_{xx} = \beta_{yy}$). Die vierte Linie der Rasse A_1 hat einen stark abweichenden Streutensor (die Komponentenwerte sind in den gleichen Einheiten angegeben wie für $\beta(466)$):

$$\beta(1081) = \begin{bmatrix} 6 & 0 & 5 \\ 0 & 6 & 5 \\ 5 & 5 & 17{,}3 \end{bmatrix}.$$

Das Aussehen des Tensors deutet darauf hin, daß hier die Schwingungen des induzierten Dipolmomentes vornehmlich entlang der z-Achse erfolgen.

Für die entarteten Schwingungen des α-Quarzes hat Kiseljew [390] den Streutensor experimentell ermittelt. Die Messungen wurden an zwei gleichen würfelförmigen Proben vorgenommen, deren kristallographische Achsen X und Y verschieden gerichtet waren. Einmal lagen die Achsen in Richtung der Würfelkanten, und zum anderen bildeten die Würfelkanten mit den kristallographischen Achsen X und Y einen Winkel von 45°.

Die Messungen zeigten, daß innerhalb der Fehlergrenze die Intensitätstabellen der beiden untersuchten Proben für die intensivsten Linien der Rasse E 128, 696, 795, 805 und 1159 cm^{-1} gleich sind.

Für die entarteten Schwingungen kann der Streutensor in der Form

$$\beta_{\varrho\sigma} = \beta'_{\varrho\sigma} + \beta''_{\varrho\sigma}$$

geschrieben werden, wobei sich β' und β'' jeweils auf eine der entarteten Schwingungen mit der Frequenz ω beziehen. Da die zwei Schwingungen der Rasse E mit der Frequenz ω voneinander unabhängige Normalschwingungen sind, gilt

$$I_{\varrho\sigma} = (\beta'_{\varrho\sigma})^2 + (\beta''_{\varrho\sigma})^2 = I'_{\varrho\sigma} + I''_{\varrho\sigma}.$$

Das experimentelle Material wurde in [390] unter der Voraussetzung, daß $I'_{\varrho\sigma} = I''_{\varrho\sigma}$ ist, ausgewertet. Deshalb unterscheiden sich die Streutensoren β'

und β'' lediglich durch die Vorzeichen einiger Komponenten. Die Streutensoren für die Linien der Rasse E wurden so erhalten.

§ 21. Einige typische Fälle der Raman-Streuung an Kristallen

Untersuchungen zur Raman-Streuung an Kristallen sind mit großen experimentellen Schwierigkeiten verbunden. Vor allem benötigt man für die Untersuchung genügend große und sehr reine Proben. Dadurch wird der Kreis der möglichen Objekte bedeutend eingeschränkt. Es können auch Kristallpulver oder Polykristalle verwendet werden, was jedoch mit zusätzlichen Schwierigkeiten verbunden ist. Die Raman-Linien von Kristallen sind oft sehr schwach und liegen zudem dicht bei der Erregerlinie, die einen starken Untergrund, oder, bei Verwendung von Beugungsgittern, „Geister" aufweist. Ungeachtet dessen sind derzeit mehr als hundert verschiedene Kristalle untersucht worden, und die Anzahl der Arbeiten über Raman-Streuung an Kristallen beläuft sich auf mehrere Hundert. Wir haben es uns nicht zur Aufgabe gemacht, einen systematischen Überblick über alle diese Arbeiten zu geben; einige Übersichtsarbeiten [373, 394, 395] sind bereits mit einer umfangreichen Bibliographie erschienen. Nachstehend sollen lediglich einige typische Fälle der Raman-Streuung an Kristallen behandelt werden, die unserer Meinung nach physikalisch am interessantesten sind.

1. *Molekülkristalle*

Eine intensive Untersuchung der Gitterschwingungen von Molekülkristallen setzte ein, nachdem Gross und Wuks [396] niederfrequente Raman-Spektren entdeckt hatten. Die Linien dieses Spektrums besitzen zwei wesentliche Besonderheiten:

1. Die Linien liegen in unmittelbarer Nähe der Erregerlinie, so daß die mit ihnen zusammenhängenden Eigenfrequenzen der Substanz sehr klein sind.

2. Im Kristallspektrum sind die Linien deutlich ausgeprägt, während im betrachteten Spektrenbereich für die flüssige Substanz nur ein kontinuierlicher Untergrund (Flügel der Rayleigh-Linie) zu beobachten ist.

Schon in den ersten Arbeiten sprachen Gross und seine Mitarbeiter die Vermutung aus, daß das niederfrequente Spektrum von den zwischenmolekularen Schwingungen herrührt, also von Gitterschwingungen der untersuchten Substanz. Diese Vermutung wurde durch eine Reihe von Experimenten bestätigt [397].

In der ersten Näherung kann man annehmen, daß die Moleküle im Gitter des Molekülkristalls starre, feste Gebilde sind und als Ganzes Translations- und Orientierungsschwingungen ausführen. Hier entsteht die Frage nach der Möglichkeit einer Trennung dieser Schwingungen. Anselm und Porfirjewa [398] haben die Schwingungen eines eindimensionalen Modells des Molekülkristalls berechnet. Daraus ergab sich eine klare Vorstellung über die Besonderheiten des gestellten Problems.

Wir betrachten zunächst ein eindimensionales Gitter mit einem Molekül in der Elementarzelle. Die Lage des Massenmittelpunktes und die Orientierung des n-ten Moleküls seien durch x_n bzw. θ_n gekennzeichnet (das Molekül kann sich nur in einer Ebene drehen). Die potentielle Energie des n-ten Moleküls ist dann

$$U_n = U_0 + \frac{1}{2} a(\theta_{n-1}^2 + \theta_n^2) + \frac{1}{2} b(\theta_n^2 + \theta_{n+1}^2)$$
$$+ c(\theta_{n-1}\theta_n + \theta_n\theta_{n+1}) + \frac{1}{2} f[(x_{n-1} - x_n)^2 + (x_n - x_{n+1})^2]$$
$$+ g[\theta_{n-1} (x_{n-1} - x_n) + \theta_n(x_n - x_{n+1})]$$
$$+ h[\theta_n(x_{n-1} - x_n) + \theta_{n+1}(x_n - x_{n+1})] + \dots \quad (21.1)$$

Hier sind a, b, c, f, g und h gewöhnliche Kraftkonstanten. Die Bewegungsgleichungen haben die Form

$$m\ddot{x}_n = -f(2x_n - x_{n-1} - x_{n+1}) - g(\theta_n - \theta_{n-1}) - h(\theta_{n+1} - \theta_n),$$
$$\mathscr{I}\ddot{\theta}_n = -(a + b)\,\theta_n - c(\theta_{n-1} + \theta_{n+1}) - g(x_n - x_{n+1}) - h(x_{n-1} - x_n) \quad (21.2)$$

(m ist die Masse und $\mathscr{I}$ das Trägheitsmoment des Moleküls).

Die Lösung dieses Systems suchen wir in der Form

$$x_n = Xe^{i(\omega t - n\varphi)}, \qquad \theta_n = \Theta e^{i(\omega t - n\varphi)}, \quad (21.3)$$

wobei die Phase der Welle $\varphi = 2\pi\delta/\lambda$ ist und δ die Gitterkonstante. Setzt man (21.3) in (21.2) ein, so erhält man für die Amplituden X und Θ ein System von zwei linearen homogenen Gleichungen:

$$[m\omega^2 - 2f(1 - \cos\varphi)]\,X - [g(1 - e^{i\varphi}) - h(1 - e^{-i\varphi})]\,\Theta = 0,$$
$$[g(1 - e^{-i\varphi}) - h(1 - e^{i\varphi})]\,X - [\mathscr{I}\omega^2 - (a + b + 2c\cos\varphi)]\,\Theta = 0. \quad (21.4)$$

Setzt man wie üblich die Determinante des Systems gleich Null, so findet man

$$\omega^2 = \frac{1}{2}\,\Omega_1^2\,(1 - \cos\varphi) + \frac{1}{2}\,\Omega_2^2\,(1 + q\cos\varphi)$$
$$\pm \left\{\left[\frac{1}{2}\,\Omega_2^2(1 + q\cos\varphi) - \frac{1}{2}\,\Omega_1^2(1 - \cos\varphi)\right]^2\right.$$
$$\left. + (g_0 - h_0)^2\,(1 - \cos\varphi)^2 + (g_0 + h_0)^2 \sin^2\varphi\right\}^{1/2}. \quad (21.5)$$

Hier ist

$$g_0 = g/\sqrt{m\mathscr{I}}, \quad h_0 = h/\sqrt{m\mathscr{I}}, \quad \Omega_1^2 = 2f/m, \quad \Omega_2^2 = (a + b)/\mathscr{I},$$
$$q = 2c/(a + b).$$

Die Größen Ω_1 und Ω_2 sind Translations- und Drehschwingungsfrequenz des Moleküls, wenn seine nächsten Nachbarn in der Gleichgewichtslage festgehalten werden.

Aus (21.5) ist zu ersehen, daß die Schwingungen im allgemeinen sowohl Translations- als auch Orientierungscharakter haben. Eine Trennung des Spektrums in Drehschwingungs- und Translationsfrequenzen geschieht unter der Bedingung

$$g = h = 0 \tag{21.6}$$

Hierbei ist

$$\omega_{\text{or}} = \omega_+ = \Omega_2 \sqrt{1 + q \cos \varphi}\,,$$

$$\omega_{\text{tr}} = \omega_- = \Omega_1 \sqrt{1 - \cos \varphi}\,. \tag{21.7}$$

Die Grenzfrequenzen für $\lambda \to \infty$ (oder $\varphi = 0$) ergeben sich als

$$\omega_{\text{or}}^2 = \frac{a + b}{\mathcal{I}} (1 + q)\,, \qquad \omega_{\text{tr}}{}^2 = 0\,. \tag{21.8}$$

Die Translationsfrequenzen ergeben also in diesem Falle den gewöhnlichen akustischen Zweig (siehe § 19, 1.).

Im Falle eines linearen Molekülgitters mit zwei Molekülen in der Elementarzelle führen die Rechnungen von Anselm und Porfirjewa [398] auf folgende Ausdrücke für die Grenzfrequenzen:

$$\omega_1{}^2 = 0, \qquad \omega_2{}^2 = \Omega_2{}^2(1 - q)\,,$$

$$\omega_3{}^2 = \frac{1}{2}(1 + q)\,\Omega_2{}^2 + \Omega_1{}^2 + \left[\left(\frac{1}{2}(1 + q)\,\Omega_2{}^2 - \Omega_1{}^2\right)^2 + 4(g_0 + h_0)^2\right]^{1/2},$$

$$\omega_4{}^2 = \frac{1}{2}(1 + q)\,\Omega_2{}^2 + \Omega_1{}^2 - \left[\left(\frac{1}{2}(1 + q)\,\Omega_2{}^2 - \Omega_1{}^2\right)^2 + 4(g_0 + h_0)^2\right]^{1/2}. \tag{21.9}$$

Die erste Frequenz bezieht sich auf den rein akustischen Translationszweig, die zweite entspricht einer reinen Drehschwingung. Der dritte und vierte Zweig sind gemischt und eine Trennung in Translations- und Drehschwingungsfrequenzen erfolgt nur bei $g_0 + h_0 = 0$.

In den darauffolgenden Arbeiten [399] betrachtet Porfirjewa zwei- und dreidimensionale Modelle für Molekülkristallgitter. Die Einteilung in reine Translationsschwingungen und Orientierungsschwingungen erfolgt nur für die Grenzfrequenzen und mit der zusätzlichen Bedingung $g + h = 0$. Dann sind die Grenzfrequenzen der akustischen Zweige der reinen Translationsschwingungen gleich Null und die der reinen Orientierungsschwingungen der Größe $\sqrt{R_i/\mathcal{I}_i}$ $(i = x, y, z)$ proportional. Die Grenzfrequenzen der optischen Zweige sind für den betrachteten Fall proportional $\sqrt{f_i/m}$ (Translationsschwingungen) und $\sqrt{R'_i/\mathcal{I}_i}$ (Orientierungsschwingungen). Hier sind $\mathcal{I}_x$, $\mathcal{I}_y$ und $\mathcal{I}_z$ die Trägheitsmomente des Moleküls bezüglich der Achsen und R_i, R'_i, f_i gewisse Kombinationen der Gitterkraftkonstanten. Analoge Resultate wurden in den Arbeiten [400] erhalten.

Die volle Anzahl der Linien im niederfrequenten Spektrum ist durch die Zahl m der Moleküle in der Elementarzelle bestimmt. Gewöhnlich kann man annehmen, daß nur die Grenzfrequenzen für $\lambda \to \infty$ erscheinen. Dabei sind die Grenzfrequenzen der drei akustischen Zweige Null. Demzufolge sollten im Spektrum $3(m-1)$ „Translationsfrequenzen" und $3m$ „Orientierungsfrequenzen" auftreten. Natürlich können viele dieser Frequenzen wegen der mit dem Auffinden schwacher Linien verbundenen Schwierigkeiten unbeobachtet bleiben.[1]) So können im Spektrum des Hexamethylbenzolkristalls, dessen Elementarzelle ein Molekül enthält, drei „Orientierungslinien" auftreten. Gefunden wurden zwei Linien bei 53 und 95 cm^{-1} [401]. Im Falle von Kristallen mit zwei Molekülen in der Elementarzelle besitzt das Spektrum neun Linien. Vorausgesetzt, daß wenigstens eine approximative Einteilung in Translations- und Orientierungsschwingungen möglich ist, entfallen auf die ersten drei und auf die letzten sechs Linien.

Ein Spektrenvergleich für Kristalle, deren Kraftkonstanten annähernd gleiche Werte haben, ermöglicht im Prinzip die Zuordnung der experimentell gefundenen Linien zu bestimmten Schwingungen. Systematisch wurde dieses Problem von Gross, Korschunow, Wuks und Mitarbeitern [402–404] behandelt. Verglichen wurden die niederfrequenten Spektren von Kristallen mit ähnlicher Struktur, in erster Linie von isomorphen Kristallen. Die gesetzmäßigen Veränderungen der Frequenzen in den Spektren von ähnlich gebauten Kristallen, die aus Molekülen mit verschiedenen Massen und Trägheitsmomenten aufgebaut sind, geben Aufschluß über den Charakter der betreffenden Schwingungen.

Ein gutes Beispiel für die Anwendung dieser Methode sind die niederfrequenten Spektren der para-Dihalogenbenzole. Die Moleküle dieser Verbindungen haben die Form

R_1 und R_2 stehen für die Atome Cl, Br und J. Die Ergebnisse der Arbeiten [403, 405] sind in Tab. 47 wiedergegeben. Das Hauptträgheitsmoment $\mathcal{J}_1$ bezieht sich auf die zum Benzolring senkrechte Achse, $\mathcal{J}_2$ auf die Achse, die in der Ebene des Benzolringes liegt und senkrecht auf der Verbindungslinie der Halogenatome steht, $\mathcal{J}_3$ auf die Achse, die durch die Halogenatome verläuft.

Die Linien in einer Spalte der Tab. 47 haben annähernd gleiche Intensitäten und den gleichen Polarisationszustand, was von einer gleichen Herkunft der Linien in den verschiedenen Kristallen zeugt. Die Frequenzen ν_9 und ν_8 ändern sich beim Übergang von einer Verbindung zur anderen nur unwesentlich, so daß sie den Orientierungsschwingungen um die durch die Halogenatome laufende Achse zugeordnet werden können. Die schwachen Linien ν_1, ν_2, ν_4 werden in [403] den Translationsschwingungen und die starken Linien ν_3, ν_5, ν_6, ν_7 den Orientierungsschwingungen um die Achse mit den Trägheitsmomenten $\mathcal{J}_1$ und $\mathcal{J}_2$ zugeordnet. Diese Trägheitsmomente ändern sich beim Übergang von einem Molekül zum anderen wesentlich. Trägt man graphisch ν^2 über $1/\mathcal{J}$ ab, so ergibt sich für die vier letztgenannten Linien eine Gerade. Als Beispiel sind in Abb. 74 die Daten für die Linien ν_7 dargestellt. Wegen des geringen Unterschiedes zwischen $\mathcal{J}_1$ und $\mathcal{J}_2$ gelingt es nicht, eine eindeutige Zuordnung zu den Drehschwingungen um die

[1]) Einige Linien können durch die Auswahlregeln verboten sein.

Tabelle 47

Niederfrequente Raman-Spektren von Kristallen des para-Dihalogenbenzols

Substanz	ν_1	ν_2	ν_3	ν_4	ν_5	ν_6	ν_7	ν_8	ν_9
α-$C_6H_4Cl_2$	8	17	27,5	35	47,5	48,7	56	72	93
$\mathcal{J}_1 = 1384$, $\mathcal{J}_2 = 1234$	(2)	(2)	(10)	(2)	(10)	(10)	(10)	(1)	(6)
C_6H_4ClBr	7	13	22,4	29	42,3	41	44,7	70	94
$\mathcal{J}_1 = 2284$, $\mathcal{J}_2 = 2131$	(2)	(2)	(10)	(2)	(10)	(10)	(10)	(1)	(6)
C_6H_4ClJ	—	—	18	—	40	34,5	37	64	90
$\mathcal{J}_1 = 2692$, $\mathcal{J}_2 = 2542$			(10)		(10)	(10)	(10)	(1)	(6)
$C_6H_4Br_2$	6	12	20,1	25	40	37,4	39,4	68	93
$\mathcal{J}_1 = 3182$, $\mathcal{J}_2 = 3030$	(2)	(2)	(10)	(2)	(10)	(10)	(10)	(1)	(6)
C_6H_4BrJ	—	—	18	—	37	32	35,5	66	92
$\mathcal{J}_1 = 4162$, $\mathcal{J}_2 = 4012$			(10)		(10)	(10)	(10)	(1)	(6)

Anmerkung: Frequenzen ν [cm^{-1}] (in den Klammern stehen die relativen Intensitäten), Trägheitsmomente $\mathcal{J}$ [10^{-40} g · cm^2]. Für alle betrachteten Moleküle ist $\mathcal{J}_3 = 150 \cdot 10^{-40}$ g · cm^2.

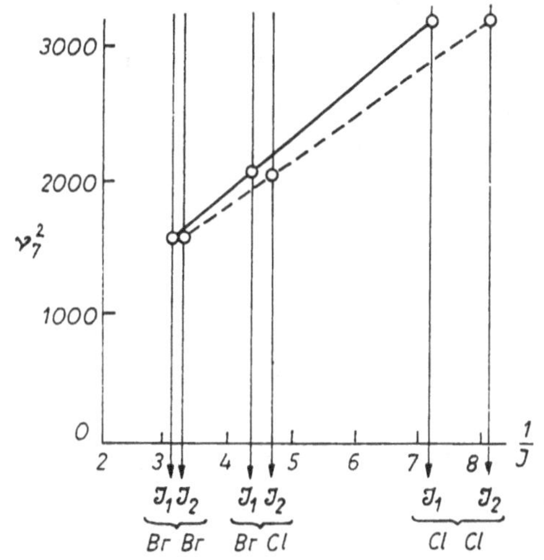

Abb. 74: Die Abhängigkeit der Größe ν_7^2 vom reziproken Wert des Trägheitsmomentes für die para-Dihalogenbenzol-Kristalle.

eine oder um die andere Achse zu treffen; deshalb werden mit der ausgezogenen und der punktierten Linie zwei Interpretationen angegeben. Auffallend ist, daß die Kurven in Abb. 74 nicht durch den Koordinatenursprung gehen. Die Autoren [403] führen dies auf eine gesetzmäßige Veränderung der Kraftkonstanten beim Übergang von einem Molekül zum anderen zurück.

Gruppentheoretisch können die Schwingungen der Molekülkristalle der para-Dihalogenbenzole mit der in § 19 und § 20 entwickelten allgemeinen Theorie analysiert werden. Die betrachteten Kristalle sind isomorph und gehören zur Raumgruppe C_{2h}^5; die Elementarzellen bestehen aus zwei Molekülen. Die Elementarzelle wird also mit zwölf Koordinaten beschrieben. Als solche Koordinaten können wir die Verschiebung des Massenmittelpunktes der Moleküle bezüglich der entlang der Kanten der Elementarzelle gerichteten Achsen und die den Drehschwingungen der Moleküle um die Hauptrichtungen des Trägheitsellipsoids entsprechenden Winkel wählen (Abb. 75).

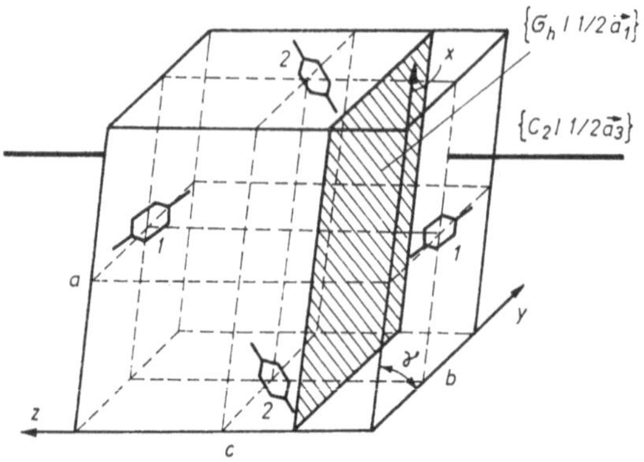

Abb. 75: Elementarzelle der Molekülkristalle von para-Dihalogenbenzolen.
$\left\{C_2\middle|\frac{1}{2}\,\boldsymbol{a}_3\right\}$ bezeichnet eine Schraubenachse, $\left\{\sigma_h\middle|\frac{1}{2}\,\boldsymbol{a}_1\right\}$ eine Gleitspiegelebene und γ den Winkel zwischen den Achsen der Elementarzelle.

Die Raumgruppe C_{2h}^5 enthält die identische Transformation $\{e|0\}$, die zweizählige Schraubenachse $\left\{C_2\middle|\frac{1}{2}\,\boldsymbol{a}_3\right\}$, die Gleitspiegelebene $\left\{\sigma_h\middle|\frac{1}{2}\,\boldsymbol{a}_1\right\}$ und das Inversionszentrum mit teilweiser Translation $\left\{i\middle|\frac{1}{2}\,(\boldsymbol{a}_1+\boldsymbol{a}_3)\right\}$. Die Gruppe der Richtungen dieser Kristalle ist die Gruppe C_{2h}.

Mit Tab. 42 kann man die Charaktere der Schwingungsdarstellung finden:

Darstellung der äußeren Schwingungen

$$\chi(C_\varphi) = (2m_0 - 1)\,(1 + 2\cos\varphi),$$

$$\chi(S_\varphi) = 1 - 2\cos\varphi;$$

Translations-Schwingungsdarstellung

$$\chi(C_\varphi) = (m_0 - 1)(1 + 2\cos\varphi),$$

$$\chi(S_\varphi) = (m_0 - 1)(1 - 2\cos\varphi);$$

Rotations-Schwingungsdarstellung

$$\chi(C_\varphi) = m_0(1 + 2\cos\varphi),$$

$$\chi(S_\varphi) = m_0(-1 + 2\cos\varphi).$$

Nach Tab. 42 erhalten wir die Charaktere der Darstellung eines symmetrischen Tensors

$$\chi(C_\varphi) = 2\cos\varphi\,(1 + 2\cos\varphi),$$

$$\chi(S_\varphi) = 2\cos\varphi\,(-1 + 2\cos\varphi);$$

der Darstellung eine Vektors

$$\chi(C_\varphi) = 1 + 2\cos\varphi,$$

$$\chi(S_\varphi) = -1 + 2\cos\varphi.$$

Tab. 48 enthält die Ergebnisse der Rechnungen.

Unter Ausnutzung der Orthogonalitätsrelation für die Charaktere (19.52) und der Charaktertafel für die irreduziblen Darstellungen der Punktgruppe C_{2h} (siehe § 10) können wir die reduziblen Darstellungen leicht in irreduzible zerlegen:

$$T_{\text{ex}} = 3A_g + 3B_g + 2A_u + B_u,$$

$$T_{\text{dr}} = 3A_g + 3B_g,$$

$$T_{\text{tr}} = 2A_u + B_u,$$

$$T_{\text{vek}} = A_u + 2B_u,$$

$$T_{\text{sym T}} = 4A_g + 2B_g.$$

Dementsprechend untergliedern sich alle Restschwingungen (für $\boldsymbol{k} = 0$) des Gitters in zwölf Zweige, drei akustische, sechs Zweige der Orientierungsschwingungen und drei Zweige der Translationsschwingungen. Im Raman-Spektrum sind die sechs Orientierungsschwingungen aktiv. Die Translationsschwingungen sind im Raman-Spektrum verboten, im Infraroten dagegen erlaubt.

Eingehender wurden die Schwingungen der Molekülkristalle der para-Dihalogenbenzole von Porfirjewa [399] behandelt.

Im voranstehenden wurden die Bedingungen für die Einteilung in Translations- und Orientierungsschwingungen im Niederfrequenzspektrum formuliert. Die experimentellen Ergebnisse werden gewöhnlich stillschweigend unter der Voraussetzung diskutiert, daß diese Trennung möglich ist. Indessen zeigen zahlreiche Durchbrechungen der Auswahlregeln im niederfrequenten Raman-Spektrum

Tabelle 48

Charaktere der Darstellungen für die Kristalle der para-Dihalogenbenzole

Darstellung	e	C_2	σ_h	i
äußere Schwingung	9	1	−1	3
Translationsschwingung	3	1	−1	−3
Rotationsschwingung	6	0	0	6
symmetrischer Tensor	6	2	2	6
Vektor	3	−1	1	−3

(Beispiele hierfür wurden oben genannt), daß bei der Zuordnung der Schwingungen Vorsicht geboten ist.

Eine der Ursachen für die Nichteinhaltung der Auswahlregeln kann in der Inhomogenität des Kristallgitters liegen. Nach LOUDON [379] führt das zur Aufhebung der Quasiimpulserhaltung im Prozess der RAMAN-Streuung und damit zur Anregung von Schwingungen mit $\boldsymbol{k} \neq 0$. Die Einteilung der Schwingungen in Translations- und Orientierungsschwingungen ist aber nur für die Restfrequenzen ($\boldsymbol{k} = 0$) sinnvoll. Im realen Kristall beobachten wir also auch dann gemischte Translations-Orientierungsschwingungen, wenn die Restfrequenzen streng getrennt werden können.

Es ist ferner zu bemerken, daß die Einteilung der Schwingungen in äußere und innere nicht streng ist. Die oft schwer kontrollierbare Kopplung der äußeren und inneren Schwingungen kann zur Verschiebung der Linien und zur Änderung einiger anderer Parameter im Niederfrequenzspektrum führen. Nach den theoretischen Resultaten von PORFIRJEWA [406], bleibt auch dann, wenn die äußeren Restschwingungen vollständig in Translations- und Orientierungsschwingungen zerfallen, noch eine Kopplung von inneren und Orientierungsschwingungen bestehen.

Was das Verhältnis der Werte der Translations- und Orientierungsschwingungen betrifft, so lassen sich offenbar keine allgemeingültigen Aussagen treffen. Seinerzeit wurde von BHAGAVANTAM [407] die Vermutung ausgesprochen, daß die Translationsfrequenzen viel kleiner als die der Orientierungsschwingungen seien, und daß sie überdies eine sehr geringe Intensität im RAMAN-Spektrum haben. SKRIPOW und RACHIMOW [408, 409] konnten diese Hypothese nicht bestätigen: die Orientierungs- und Translationsfrequenzen können von gleicher Größenordnung sein. Numerische Rechnungen von SCHUR [410] für die Translationsschwingungen von KH_2PO_4 ergaben ebenfalls Frequenzwerte, die im Bereich der gewöhnlichen Orientierungsschwingungen liegen.

Neben Spektrenuntersuchungen und -vergleichen für ähnlich gebaute (in erster Linie isomorphe) Kristalle hat die Analyse der Niederfrequenzspektren bei verschiedenen Temperaturen und Drücken eine große Bedeutung für die Untersuchung der Kristalldynamik. Mit solchen Analysen können in einigen Fällen Linien zu diesen oder jenen Gitterschwingungen zugeordnet werden.

Nach Angaben von [409, 411, 412] beobachtet man bei Temperaturverringerung eine Erhöhung der Frequenzen. Dieser Effekt wird offenbar durch die gegenseitige Annäherung der Moleküle infolge der Verdichtung der Substanz bei Temperaturabnahme bedingt. Hierbei erhöhen sich die Kraftkonstanten des Kristalls. Die Frequenzverschiebung hat einen allmählichen (fast linearen)

Verlauf, der sich bei tieferen Temperaturen etwas verlangsamt. Zur Illustration dieser Gesetzmäßigkeit ist in Abb. 76 die Temperaturabhängigkeit der Frequenzen von Stilben und Tolan nach Angaben von [412] dargestellt. Ein analoger Effekt ist bei hydrostatischer Kompression der Substanz zu beobachten. Nach FRÜHLING [411] haben die Frequenzen von kristallinem Benzol, die unter gewöhnlichen Bedingungen 63 und 105 cm^{-1} betragen, bei einem Druck von 720 atm die Werte 66 und 112 cm^{-1}.

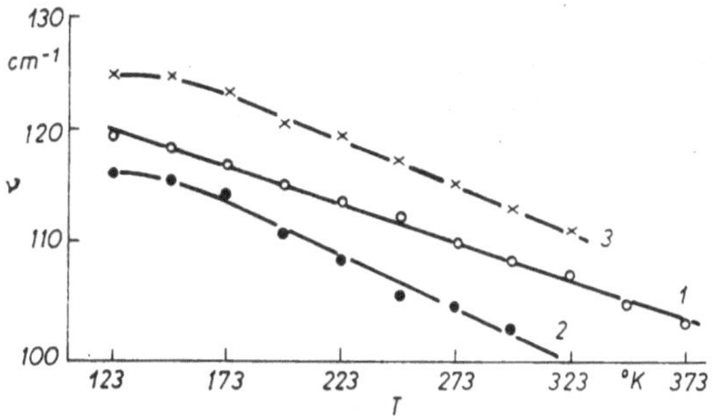

Abb. 76: Die Temperaturabhängigkeit der Frequenzen:
1 – Stilbenlinie 110 cm^{-1}; *2* – Tolanlinie 105 cm^{-1}; *3* – Tolanlinie 116 cm^{-1}.

Bei Temperaturerhöhung nimmt die integrale Intensität der Linien im niederfrequenten RAMAN-Spektrum nach [409] zu, wobei im Unterschied zu den Flüssigkeiten (siehe § 17) der Temperaturverlauf der Intensität mit der theoretischen Abhängigkeit (7.39) übereinstimmt.

Der Untersuchung der Linienbreite in den niederfrequenten RAMAN-Spektren sind die Arbeiten von KORSCHUNOW und BONDARJEW [413] und von BASHULIN RAKOW und RACHIMOW [409, 414] gewidmet. Besonderes Interesse verdienen die Messungen der Linienbreite bei verschiedenen Temperaturen.

Die hauptsächlichen Ursachen für die Linienverbreiterung im Niederfrequenzspektrum liegen offenbar in der Anharmonizität und in der sprunghaften Änderung der Molekülorientierung. Qualitativ wurde der Einfluß der Anharmonizität auf die Temperaturabhängigkeit der Linienbreiten in [415] behandelt. Für die Linienbreite wurde der Ausdruck

$$\delta_{\text{anharm}} = \frac{aT\nu}{f} \tag{21.10}$$

erhalten, worin a eine Konstante, T die absolute Temperatur, ν die Frequenz der betrachteten Linie und f die Kraftkonstante ist.

Der Einfluß der Orientierungsänderung der Moleküle auf die Breite der RAMAN-Linien, deren Tensoren der Ableitungen der Polarisierbarkeit einen anisotropen Anteil haben, ist für Flüssigkeiten experimentell und theoretisch mehrfach analysiert worden (siehe § 17). Im Unterschied zu Flüssigkeiten, wo im Prinzip Moleküldrehungen um beliebige Winkel möglich sind, erfolgen in Kristallen nur solche Drehungen, bei denen die Kristallsymmetrie erhalten bleibt. RAKOW [273] konnte als erster mit optischen Methoden zeigen, daß in einer Reihe von kristallinen Substanzen tatsächlich eine zufällige Orientierungsänderung der Moleküle stattfindet. Er berechnete die Potentialbarrieren für die Orientierungsänderung U_{kr}. Ebenso wie für die Flüssigkeiten gilt für die Temperaturabhängigkeit der Linienbreite

$$\delta_{\text{oränd}} = B\exp\left(-\frac{U_{\mathrm{kr}}}{kT}\right). \tag{21.11}$$

Besonders interessant sind Untersuchungen zur Orientierungsänderung der Moleküle im Kristallgitter mit Hilfe von Niederfrequenzspektren [409]. Gemäß (21.10) und (21.11) ist die Temperaturabhängigkeit der Linienbreite im allgemeinen Falle durch die Summe aus anharmonischem und Orientierungsänderungsanteil bestimmt:

$$\delta = \delta_{\text{anharm}} + \delta_{\text{oränd}} = AT + B\exp\left(-\frac{U_{\mathrm{kr}}}{kT}\right). \tag{21.12}$$

A und B sind Konstanten. Je nach dem Verhältnis dieser beiden Glieder nähert sich die Temperaturabhängigkeit der Linienbreite mehr oder weniger dem linearen bzw. dem exponentiellen Gesetz.

Abb. 77 zeigt einen typischen Temperaturverlauf der Linienbreite im Niederfrequenzspektrum (nach [409]). Wie zu erkennen ist, hat die Mehrzahl der Linien eine lineare Abhängigkeit, die für die Frequenz 90 cm^{-1} nähert sich hingegen dem exponentiellen Verlauf, d. h., für diese Frequenz spielt die Orientierungsänderung der Moleküle im Gitter die Hauptrolle. Aus den experimentellen Werten können die Potentialbarriere U_{kr} und die mittlere Zeit der Orientierungsänderung τ_{kr} bestimmt werden.

Im voranstehenden sind wir von ziemlich groben qualitativen Vorstellungen über die Ursachen der Linienverbreiterung in den Niederfrequenzspektren ausgegangen. Eine strengere Lösung des Problems wird in den Arbeiten [416] auf der Grundlage der Theorie der zufälligen Drehbewegungen der Moleküle im Kristallgitter gegeben. Gemäß dieser Theorie betrachtet man zuerst die Streuung an einem einzelnen Molekül und berechnet danach die summare Streuung durch die Gesamtheit aller Moleküle des Kristalls. Trotz der klassischen Behandlung des Problems liefert die Korrelationstheorie [416] eine gute Übereinstimmung mit dem Experiment. Eine quantenmechanische Theorie wurde von SCHELJEPIN und RACHIMOW [417] entwickelt. Die Formeln der quantenmechanischen Theorie und der Korrelationstheorie haben im wesentlichen die gleiche physikalische Bedeutung.

Wir wollen nun die Störung der innermolekularen Schwingungen durch das Kristallgitterfeld betrachten. Gewöhnlich sind diese Störungen gering und lassen sich auf zwei Mechanismen zurückführen:

a) den Einfluß des statischen Kristallfeldes, der zu einer Frequenzverschiebung und zu Änderungen der Auswahlregeln für die innermolekularen Schwingungen führt (im Ergebnis können einige verbotene Frequenzen aktiv werden und einige entartete Frequenzen aufspalten);

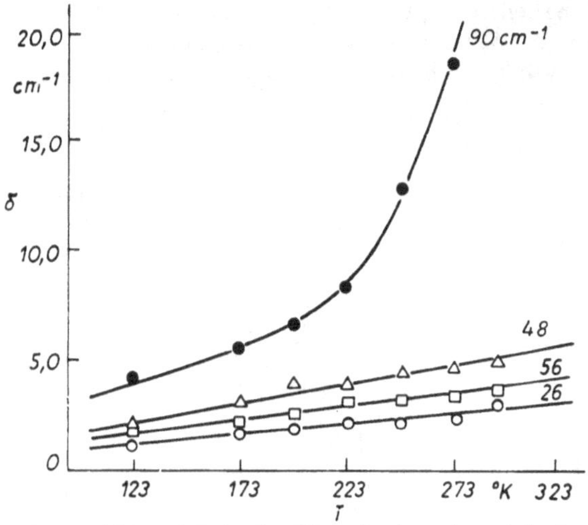

Abb. 77: Abhängigkeit der Linienbreiten im niederfrequenten Spektrum des para-Dichlorbenzols von der Temperatur.

b) die Resonanzwechselwirkung zwischen gleichen Schwingungen der Moleküle einer Elementarzelle, die zu einer Frequenzaufspaltung führt (die Anzahl der Komponenten der aufgespaltenen Linie darf die Zahl der Moleküle in der Elementarzelle nicht überschreiten). Der erste Effekt hat die Bezeichnung statische Aufspaltung, der zweite dynamische oder Dawydow-Aufspaltung (er wurde zuerst von Dawydow [418] zur Erklärung der Struktur der Elektronenspektren von Molekülkristallen vorgeschlagen). Bislang wurde die Aufspaltung der Schwingungsfrequenzen infolge der genannten Störfaktoren in der Hauptsache an Absorptionsspektren untersucht [419]. In einigen Fällen ist es gelungen, eine lediglich durch die Wirkung eines der beiden Faktoren bedingte Aufspaltung zu beobachten. Fialkowskaja [420] untersuchte beispielsweise das Infrarotspektrum eines Anthrazen-Monokristalls, wobei die Aufspaltung der Bande 740 cm^{-1} in die zwei Komponenten 742 und 728 cm^{-1} beobachtet wurde. Das Anthrazenmolekül hat keine entarteten Schwingungen. Der in dieser Arbeit beobachtete Effekt kann also nur Dawydow-Aufspaltung sein. Die statische Aufspaltung der entarteten Linien im Infrarotspektrum hat die gleiche Größenordnung.

Für eine Untersuchung des Einflusses des Kristallfeldes auf die innermolekularen Schwingungen sind die Eigenschaften des Cyclohexankristalls sehr interessant. Cyclohexan kristallisiert bei +6 °C im kubischen System (Form I) mit vier Molekülen in der Elementarzelle. Eine Linienaufspaltung im Bereich der Grundfrequenzen ist nicht zu beobachten. Bei −87 °C findet ein Phasenübergang erster Art unter Ausbildung von Kristallen des monoklinen Systems (Form II) mit acht Molekülen in der Elementarzelle statt. Im Infrarotspektrum der Form II sind viele Linien aufgespalten [139]. Eine analoge Aufspaltung weist auch das Raman-Spektrum dieser Form auf. Nach Angaben von Ito [421] spalten die Linien der Rasse E_g, die im flüssigen Cyclohexan die Frequenzen 1025, 1266,

1345 und 1441 cm⁻¹ haben, entsprechend in 1023 und 1032, 1264 und 1276, 1335 und 1347, 1439 und 1445 cm⁻¹ auf. Die Mikrophotogramme von drei Linien bei 77 °K im unterkühlten Kristall der Form I bzw. im Kristall der Form II sind in Abb. 78 dargestellt.

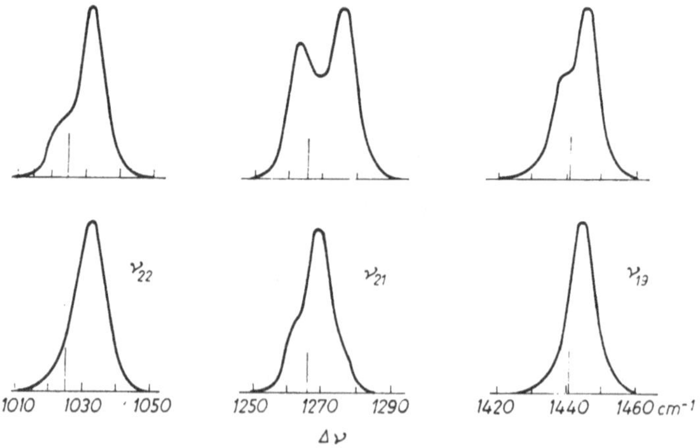

Abb. 78: Mikrophotogramme von drei Linien kristallinen Cyclohexans bei einer Temperatur von 77°K.
Unten ein Kristall der Form I, oben ein Kristall der Form II. Die vertikalen Marken bezeichnen die Lage der Linie im flüssigen Cyclohexan.

Im Spektrum der Form II erscheinen zusätzliche Linien der Symmetrierasse A_{2g} bei 1059 und 1422 cm⁻¹, die in der flüssigen Phase durch die Auswahlregeln verboten sind. Diese Effekte dürften ihre Ursache in einer niedrigeren Kristallgittersymmetrie haben (Mechanismus der statischen Aufspaltung) und können so ihrerseits zur Präzisierung der Symmetriegruppe des Kristalls herangezogen werden [421].

2. *Untersuchungen der Raman-Spektren von Kristallen bei Phasenübergängen*

Schon in einer der ersten Arbeiten zur RAMAN-Streuung an Kristallen beobachteten LANDSBERG und MANDELSTAM [422] eine Veränderung der Intensität und der Breite von RAMAN-Linien des Quarzes in der Nähe des Phasenübergangspunktes $\alpha \rightleftharpoons \beta$ bei $T = 573$ °C. In der Arbeit wurden die Linien 207 und 466 cm⁻¹ untersucht. Es zeigte sich, daß die Linie 466 cm⁻¹ bei steigender Temperatur breiter und diffuser wird, die Lage ihres Maximums dagegen oberhalb des Phasenüberganges nahezu unverändert bleibt. Die Linie 207 cm⁻¹ wird bei Temperaturerhöhung stark verwaschen und verschiebt sich in Richtung der Erregerlinie. In der Nähe des Phasenüberganges ist sie kaum bemerkbar und verschwindet oberhalb des Phasenüberganges, d. h. für β-Quarz vollständig.

Infolge experimenteller Schwierigkeiten wurden nach der Arbeit [422] über einen langen Zeitraum keine systematischen Untersuchungen auf diesem Gebiet durchgeführt. Eine eingehende Beschäftigung mit den RAMAN-Spektren in der Nähe der Phasenübergänge zweiter Art setzte erst ein, nachdem GINSBURG [423] auf das besondere Verhalten einiger Linien in diesen Punkten aufmerksam gemacht hatte.

Im Falle der Phasenübergänge zweiter Art zwischen verschiedenen Kristallmodifikationen kommt es entweder zur Verschiebung der Untergitter des Kristalls entlang einer der Normalschwingungen oder zur Anordnung der Untergitter entlang einiger Normalschwingungen. Von wesentlicher Bedeutung ist hierbei die Form der Potentialkurve der Normalschwingung. Für Potentiale mit einem Minimum ist der Phasenübergang vom Typ einer Verschiebung, bei zwei Minima vom Typ Ordnung-Unordnung.

Es sei bemerkt, daß man für ferroelektrische Substanzen den Übergangstyp aus der Größe der CURIE-WEISS-Konstante bestimmen kann. Für Übergänge vom Typ der Verschiebung ist diese Konstante $\sim 10^5$ grad, für Übergänge vom Typ Ordnung—Unordnung $\sim 10^3$ grad [424]. Zum Typ der Verschiebung gehören insbesondere die Phasenübergänge in den Kristallen $BaTiO_3$, $SrTiO_3$, $KTaO_3$ und Quarz; zum zweiten Typ die Kristalle $NaNO_2$, $NaClO_3$, KH_2PO_4, $NH_4 \cdot H_2PO_4$, Seignettesalz, Triglyzinsulfat u. a.

Die von GINSBURG und LEWANJUK [423] entwickelte Theorie stellt einen Zusammenhang zwischen dem Übergang vom Typ der Verschiebung und der Kristallgitterdynamik her. Entsprechend dieser Theorie strebt die Frequenz einer (oder mehrerer) RAMAN-Linien bei Annäherung an den Übergangspunkt gegen Null, ihre Intensität wächst dagegen stark an. Zu ähnlichen Ergebnissen hinsichtlich der Verschiebung einiger Frequenzen gelangt COCHRAN [425] auf der Basis einer halbphänomenologischen Theorie der Ferroelektrika.

Die Grundzüge der GINBURGschen Theorie bestehen in folgendem. Entsprechend der allgemeinen Theorie der Phasenübergänge zweiter Art (siehe [280]) läßt sich das thermodynamische Potential des Systems in der Umgebung des Übergangspunktes in eine Reihe nach Potenzen eines charakteristischen Parameters η, dessen Gleichgewichtswert nur für eine Phase von Null verschieden ist, entwickeln:

$$\Phi(p, T, \eta) = \Phi_0(p, T) + \alpha\eta^2 + \frac{1}{2}\beta\eta^4 + \dots \tag{21.13}$$

Die Koeffizienten α und β in (21.13) sind Funktionen der Temperatur und des Drucks. Bei Phasenübergängen zweiter Art ist $\alpha(\Theta) = 0$, d. h., man kann annehmen, daß

$$\alpha(T) = \alpha_\Theta'(T - \Theta) \qquad \text{bei} \qquad T > \Theta, \tag{21.14}$$

wobei Θ der Übergangspunkt ist. Im Gleichgewicht gilt

$$\frac{\partial\Phi}{\partial\eta} = \eta(2\alpha + 2\beta\eta^2) = 0, \tag{21.15}$$

$$\frac{\partial^2\Phi}{\partial\eta^2} = 2\alpha + 6\beta\eta^2 > 0. \tag{21.16}$$

Die Gleichgewichtswerte des charakteristischen Parameters $\eta = \eta_0$ sind also

$$\eta_0 = 0 \qquad \text{bei} \qquad T > \Theta, \tag{21.17}$$

$$\eta_0^2 = -\frac{\alpha}{\beta} = \frac{\alpha_\Theta'(\Theta - T)}{\beta} > 0 \qquad \text{bei} \qquad T < \Theta. \tag{21.18}$$

Für Phasenübergänge zweiter Art in Kristallen ist der Parameter η die Verschiebung des einen Untergitters bezüglich des anderen. In der symmetrischen Phase schwingen die Atome oder Atomgruppen um eine gewisse Gleichgewichtslage $\eta_0 = 0$; in der unsymmetrischen Phase ist $\eta_0 \neq 0$, d. h., die Gleichgewichtslage ändert sich. Das Verschwinden von α im Übergangspunkt entspricht dem Verschwinden der verallgemeinerten elastischen Energie $\alpha\eta^2$. Das Gleichgewicht wird beim Verschwinden der verallgemeinerten elastischen Kraft erreicht:

$$-\frac{\partial \Phi}{\partial \eta} = -\alpha\eta - \beta\eta^3 = 0. \tag{21.19}$$

Gegeben sei ein Oszillator mit der reduzierten Masse μ und der Dämpfungskonstante γ, die durch die Dissipation der Energie des betrachteten Oszillators infolge der Wechselwirkung mit anderen Freiheitsgraden bedingt ist. Die Bewegungsgleichung des Oszillators unter Berücksichtigung der verallgemeinerten quasielastischen Kraft $-(\alpha\eta + \beta\eta^3)$ und irgendeiner äußeren Kraft $f(t)$ hat die Form

$$\mu\ddot{\eta} + \gamma\dot{\eta} + \alpha\eta + \beta\eta^3 = f(t). \tag{21.20}$$

Beschränkt man sich für kleine Schwingungen um die Gleichgewichtslage η_0 auf lineare Glieder bezüglich $\Delta\eta = \eta - \eta_0$, so entsteht

$$\mu\Delta\ddot{\eta} + \gamma\Delta\dot{\eta} + \mu\Omega_i^2\Delta\eta = f(t), \tag{21.21}$$

wobei die Frequenz Ω_i durch die Bedingungen

$$\Omega_i^2 = \frac{\alpha}{\mu} = \frac{\alpha_\Theta'(T - \Theta)}{\mu} \qquad \text{bei} \qquad T > \Theta, \tag{21.22}$$

$$\Omega_i^2 = \frac{2|\alpha|}{\mu} = \frac{2\alpha_\Theta'(\Theta - T)}{\mu} \qquad \text{bei} \qquad T < \Theta \tag{21.23}$$

bestimmt ist. Gemäß diesen Bedingungen gilt im Übergangspunkt direkt $\Omega_i = 0$.

Schwingungsspektren von Kristallen in der Umgebung von Phasenübergängen zweiter Art wurden bisher vorwiegend im Zusammenhang mit den ferroelektrischen Eigenschaften dieser Kristalle untersucht. Ferroelektrische Kristalle weisen in einer oder in mehreren Richtungen eine spontane Polarisation auf, wobei die Richtung dieser Polarisation durch ein äußeres elektrisches Feld beeinflußt werden kann. Die spontane Polarisation existiert in einem bestimmten Temperaturintervall. Die Temperatur, bei der der Übergang von dem unpolarisierten in den polarisierten Zustand geschieht, heißt CURIE-Temperatur. In den Ferroelektrika sind Phasenübergänge erster und zweiter Art möglich. Im Übergangspunkt hat die Dielektrizitätskonstante ε gewöhnlich ein scharfes Maximum.

Der Zustand eines Ferroelektrikums wird außer durch die Temperatur T und den Druck p noch durch die Polarisation $\boldsymbol{P}$ charakterisiert. Die Polarisation $\boldsymbol{P}$ setzt sich aus der spontanen Polarisation $\boldsymbol{P}_0$ und der durch das äußere Feld $\boldsymbol{E}$ induzierten Polarisation $\boldsymbol{P}_i$ zusammen. Die spontane Polarisation ist nur im geordneten (pyroelektrischen) Zustand von Null verschieden.

Für Ferroelektrika kann man annehmen, daß $\Delta\eta = P_{iz}$ ist, wobei P_{iz} die durch das äußere Feld $E_z = E_0 e^{i\Omega t}$ induzierte Polarisation ist. Für schwache Felder und große ε gilt

$$P_{iz} = \frac{\varepsilon - 1}{4\pi} E_z \approx \frac{\varepsilon}{4\pi} E_z. \qquad (21.24)$$

Bei Anwesenheit eines äußeren Feldes kommt in der Entwicklung (21.13) das Glied $P_{iz}E_z$ hinzu, das zum Auftreten der verallgemeinerten Kraft E_z auf der rechten Seite von (21.20) führt. Die Schwingungsgleichung (21.21) nimmt die Form

$$\ddot{P}_{iz} + \left(\frac{\gamma}{\mu}\right) \dot{P}_{iz} + \Omega_i^2 P_{iz} = \frac{E_z}{\mu} \qquad (21.25)$$

an. Setzt man das Feld E_z in (21.25) ein und löst die erhaltene Gleichung, so ergibt sich mit Rücksicht auf (21.24)

$$\varepsilon = \varepsilon' - i\varepsilon'' = \frac{(4\pi/\mu)}{\Omega_i^2 - \Omega^2 + i(\gamma/\mu)\Omega}, \qquad (21.26)$$

wo $\Omega_i^2 = \alpha/\mu$ bei $T > \Theta$ und $\Omega_i^2 = 2|\alpha|/\mu$ bei $T < \Theta$ ist; die Frequenz Ω_i in (21.26) ist die Eigenfrequenz des optischen Zweiges. Bei dieser Schwingung ändert sich die Polarisation $\boldsymbol{P}$ unterhalb des Übergangspunktes entlang der z-Achse. Oberhalb des Übergangspunktes ist der Kristall hinsichtlich seiner dielektrischen Eigenschaften isotrop.

Das Spektrum des gestreuten Lichtes wird durch die Kinetik der Fluktuation $\Delta\varepsilon$ bestimmt, die in der Umgebung des Übergangspunktes zweiter Art mit den Fluktuationen des Parameters η verbunden ist. In der Nähe des Übergangspunktes gilt näherungsweise (siehe [423])

$$\Delta\varepsilon = 2a\eta_0\,\Delta\eta, \qquad \text{wo} \qquad a = \left(\frac{\partial\varepsilon}{\partial\eta^2}\right)_{\varrho,T}. \qquad (21.27)$$

Das Feld der gestreuten Lichtwelle des Wellenvektors $\boldsymbol{k}$ ist der Größe

$$\Delta\varepsilon_{\boldsymbol{k}} e^{i\omega_0 t} = 2a\eta_0 \Delta\eta_{\boldsymbol{k}} e^{i\omega_0 t}$$

proportional, während das Spektrum durch die FOURIER-Komponenten

$$G_\Omega = \frac{1}{2\pi} \int_{-\infty}^{\infty} \Delta\eta_{\boldsymbol{k}}(t)\, e^{-i\Omega t}\, dt \qquad (21.28)$$

beschrieben wird, wobei $\Omega = \omega - \omega_0$, ω die Frequenz des gestreuten Lichtes, und ω_0 die Frequenz des einfallenden Lichtes ist. Die Spektraldichte der gestreuten Intensität ist $I(\Omega) \sim \overline{|G_\Omega|^2}$.

Die Fluktuationen des Parameters η werden durch die Wärmebewegung im Kristall hervorgerufen. Löst man die Gleichung (21.21) unter der Voraussetzung, daß $f(t)$ eine Zufallsfunktion der Zeit ist, so findet man

$$G_\Omega = \frac{f_\Omega}{\Omega_i^2 - \Omega^2 + i(\gamma/\mu)\Omega},$$

$$f_\Omega = \frac{1}{2\pi} \int_{-\infty}^{\infty} f(t)\, e^{-i\Omega t}\, dt. \tag{21.29}$$

Somit wird

$$I(\Omega) = \frac{(\gamma\Omega_i^2/\pi\mu)\; Y(T)}{(\Omega_i^2 - \Omega^2)^2 + (\gamma/\mu)^2\,\Omega^2},$$

$$Y(T) = \int_{-\infty}^{\infty} I(\Omega)\, d\Omega, \tag{21.30}$$

wobei entsprechend der Normierungsbedingung die Größe $Y(T)$ die integrale Intensität des durch die betrachteten Fluktuationen gestreuten Lichtes ist.

Für die zu den Kristallschwingungen mit der Frequenz Ω_i gehörenden Linien haben wir

$$\Omega_{\max} = \pm\sqrt{\Omega_i^2 - \frac{1}{2}\left(\frac{\gamma}{\mu}\right)^2}. \tag{21.31}$$

Die Frequenzen $\Omega_{\max}$ entsprechen den Maxima der Funktion $I(\Omega)$ bei $\Omega_i > \gamma/\sqrt{2}\mu$. Für $\Omega_i \leqq \gamma/\sqrt{2}\mu$ besitzt die Funktion $I(\Omega)$ nur ein Maximum bei $\Omega = 0$. Die Intensität im Maximum der Raman-Linien ist gegeben durch

$$I(\Omega_{\max}) = \frac{Y(T)}{(\pi\gamma/\mu)\left[1 - \dfrac{\gamma^2}{4\mu^2\Omega_i^2}\right]}. \tag{21.32}$$

Bei Annäherung an den kritischen Curie-Punkt wächst die Gesamtintensität des Streulichtes $Y(T)$ an. Deshalb muß in solchen Fällen auch die Intensität der Raman-Linie, die sich zur Erregerlinie hin verschiebt, anormal ansteigen. Ein diesem Effekt nahekommender Fall liegt offenkundig bei der Streuung in Quarz vor, wo $I(\Theta)/I(20\,°\mathrm{C}) = 1{,}4 \cdot 10^4$ ist, wobei im Bereich des $\alpha \rightleftharpoons \beta$-Überganges kritische Opaleszenz [426] zu beobachten ist. Die Linie mit der Frequenz 207 cm^{-1} (bei 20 °C) ist vollständig polarisiert. Der wachsende Beitrag dieser Linie zur Summe der Rayleigh- und Raman-Streuung kommt darin zum Ausdruck, daß sich der Depolarisationsgrad, der bei 20 °C 0,12 beträgt und bei Erwärmung auf 0,18 anwächst, im Übergangspunkt auf 0,06 verringert. Bei $T > \Theta$ ist diese Schwingung im RAMAN-Spektrum erster Art inaktiv, und die entsprechende Linie wird nicht beobachtet.

Die theoretischen Arbeiten von GINSBURG und LEWANJUK [423] und COCHRAN [425] stimulierten zahlreiche experimentelle Untersuchungen über die Schwingungsspektren in der Umgebung der Phasenübergänge.

Eines der interessantesten Objekte ist Bariummetatitanat $BaTiO_3$. In reinem $BaTiO_3$ ist der ferroelektrische Phasenübergang ein Übergang erster Art, nahe des kritischen CURIE-Punktes. Demzufolge ist die Frequenz $\Omega_i(\Theta) \neq 0$, obwohl sie sehr klein ist. Diese Frequenz entspricht der Schwingung von Ba gegen die TiO_3-Gruppe. Das Infrarotspektrum eines Bariummetatitanat-Einkristalls enthält bei Zimmertemperatur die Frequenzen 12, 174, 182 und 491 cm^{-1} [427], wobei die Frequenz 174 cm^{-1} oberhalb des Übergangspunktes verschwindet. Die Frequenzaufspaltung im Bereich 180 cm^{-1} kann mit der Kristallsymmetrieänderung erklärt werden; oberhalb des Übergangspunktes ($\Theta \approx 120$ °C) hat der Kristall kubische und unterhalb tetragonale Symmetrie. Die Frequenzen 182 und 491 cm^{-1} ändern sich bei Temperaturerhöhung nicht, während die Frequenz der ersten Schwingung in der Umgebung des Übergangspunktes auf 6 cm^{-1} absinkt. Der Effekt der Frequenzänderung im Bereich des Phasenüberganges ist einige Zeit früher an polykristallinen Proben des $BaTiO_3$ beobachtet worden [428].

Die RAMAN-Spektren von Bariummetatitanat sind nur im Bereich relativ hoher Frequenzen untersucht worden. Für die tetragonale Phase sind in der Umgebung des Übergangspunktes die Linien 235, 306, 512 und 718 cm^{-1} gefunden worden [377]. Nur die Frequenz der ersten Linie variiert merklich mit der Temperatur. Sie verändert sich bei einer Temperaturerhöhung von 290 auf 393 °K von 271 auf 235 cm^{-1}. Die Autoren ordnen diese Frequenz einer longitudinalen Schwingung zu, die mit der niederfrequenten transversalen ferroelektrischen Schwingung verbunden ist.

BASHULIN und AREFJEW [429] untersuchten das RAMAN-Spektrum von KH_2PO_4, ebenfalls ein typisches Ferroelektrikum, sowie von $NH_4H_2PO_4$. Die Messungen erfolgten bei Zimmertemperatur und im Bereich der Übergangstemperatur $\Theta = 123$ °K für KH_2PO_4 und $\Theta = 147$ °K für $NH_4H_2PO_4$. In den Spektren beider Kristalle wurde die Linie 34 cm^{-1} beobachtet. Bei Abkühlung bis zum Übergangspunkt verringerte sich die Frequenz in beiden Fällen um 4 cm^{-1}. Es sei bemerkt, daß sich den Rechnungen von COCHRAN [425] zufolge in KH_2PO_4 die Frequenz der mit dem ferroelektrischen Übergang verbundenen Schwingung von 85 cm^{-1} bei Zimmertemperatur auf 14 cm^{-1} am Übergangspunkt verringern müßte. Der in [429] beobachtete Effekt stimmt hinsichtlich der Größe der Verschiebung schlecht mit der Theorie überein. Unverständlich ist auch der Umstand, daß sich [429] zufolge die Intensität der betrachteten Linien in den Kristallen KH_2PO_4 und $NH_4H_2PO_4$ bei Annäherung an den Übergangspunkt nicht erhöht, sondern verringert.

In [430] sind die RAMAN-Spektren der Ferroelektrika Triglyzinsulfat und SEIGNETTE-Salz im niederfrequenten Bereich untersucht worden. In den Spektren der genannten Monokristalle konnten keine Veränderungen bei Temperaturvariation und beim Durchgang durch den Übergangspunkt beobachtet werden. Zu analogen Schlußfolgerungen gelangten auch die Autoren der Arbeit [431].

Einige Veränderungen im RAMAN-Spektrum wurden für den Monokristall $NaNO_2$ im Übergangspunkt beobachtet [378, 432]. Die in [378] durchgeführten Messungen ergaben, daß sich bei Erwärmung des $NaNO_2$-Kristalls alle Linien in Richtung der Erregerlinie verschieben und dabei breiter werden. Am deutlichsten treten diese Effekte an den niederfrequenten Linien $\Delta\nu_1 = 121\ \text{cm}^{-1}$, $\Delta\nu_2 = 158\ \text{cm}^{-1}$ und $\Delta\nu_3 = 184\ \text{cm}^{-1}$ auf (die Frequenzen sind für Zimmertemperatur angegeben). Im Punkt des ferroelektrischen Phasenüberganges $\Theta = 160\,°\text{C}$ haben die genannten Linien die Frequenzen $\Delta\nu_1' = 110\ \text{cm}^{-1}$, $\Delta\nu_2' = 143\ \text{cm}^{-1}$, während die Linie $\Delta\nu_3'$ so stark verwaschen ist, daß sie nicht mehr registriert werden kann. Oberhalb des Übergangspunktes besteht das Spektrum im niederfrequenten Bereich aus einer breiten asymmetrischen Bande, deren Maximum bei $110\ \text{cm}^{-1}$ liegt. Ihre Intensität fällt allmählich mit der Entfernung von der Erregerlinie ab. Darüber hinaus verschwinden oberhalb des Übergangspunktes in Einklang mit den Auswahlregeln einige Linien mit höheren Frequenzen.

Die bei Erwärmung des Kristalls zu beobachtende Verbreiterung der RAMAN-Linien und ihre Verschiebung zur Erregerlinie ist ein gewöhnlicher Temperatureffekt. Eine Linie mit anomaler Frequenzverringerung in der Umgebung des Übergangspunktes konnte in [378] nicht gefunden werden. Die ihr entsprechende Schwingung müßte zum Translationstyp gehören (Verschiebung von Na gegenüber NO_2 entlang der z-Achse). Offensichtlich hat die entsprechende Linie unterhalb des Übergangspunktes eine sehr geringe Intensität. Oberhalb des Übergangspunktes sind alle Translationsschwingungen im RAMAN-Effekt verboten (eine gruppentheoretische Analyse des $NaNO_2$-Kristalls findet man in [378]).

Wesentlich stärkere Veränderungen wurden im RAMAN-Spektrum des $NaClO_3$-Kristalls bei Erwärmung gefunden [433]. Der ferroelektrische Übergang erfolgt in diesem Kristall bei $\Theta = 593\,°\text{K}$. Die Untersuchungen erstreckten sich auf das Temperaturintervall von 83 bis 483 °K. Experimente bei noch höheren Temperaturen werden durch die Schmelztemperatur des Kristalls bei 537 °K erschwert.

Die im Spektrum beobachteten Linien für $NaClO_3$ lassen sich in drei Gruppen einteilen:

1. die schwachen Linien mit den niedrigsten Frequenzen $\Delta\nu_1 = 72\ \text{cm}^{-1}$, $\Delta\nu_2 = 81\ \text{cm}^{-1}$ und $\Delta\nu_3 = 107\ \text{cm}^{-1}$ entsprechen offenbar den Translationsschwingungen;
2. die Linien $\Delta\nu_4 = 123\ \text{cm}^{-1}$, $\Delta\nu_5 = 131\ \text{cm}^{-1}$ und $\Delta\nu_6 = 179\ \text{cm}^{-1}$ den Orientierungsschwingungen und
3. die Linien mit den höheren Frequenzen den inneren Schwingungen des $NaClO_3$-Moleküls (die Frequenzwerte beziehen sich auf 45 °C). Alle Schwingungen sind im RAMAN-Spektrum aktiv.

Mit Ausnahme von $\Delta\nu_6$ verschieben sich die Linien bei Erwärmung unter gleichzeitiger Verbreiterung nur geringfügig (um $3-5\ \text{cm}^{-1}$). Eine wesentliche Veränderung mit der Temperatur erfährt die Linie $\Delta\nu_6$. Die gemessenen Parameter der Linie $\Delta\nu_6$ sind in Abb. 79 gezeigt. Bei Erwärmung von 83 auf 483 °K verschiebt sich die Linie $\Delta\nu_6$ um $45\ \text{cm}^{-1}$ in Richtung der Erregerfrequenz, wobei ihre Breite von 5 auf $44\ \text{cm}^{-1}$ ansteigt. Ihre integrale Intensität ist näherungsweise dem Produkt $I_0\delta$ proportional und nimmt ebenfalls mit der Temperatur zu.

Alle von der Theorie [423] vorhergesagten Effekte werden also qualitativ bestätigt. Ein neuer, experimentell gefundener Effekt [433] besteht in der enormen Verbreiterung der mit dem ferroelektrischen Übergang verbundenen Linie. Bei hohen Temperaturen wird sie so stark verwaschen, daß die Anwendung der harmonischen Näherung für die Kristallgitterschwingungen offenbar nicht mehr gerechtfertigt ist. Die Ursachen für die Mißerfolge bei der Suche nach den von der Theorie vorhergesagten Effekten im RAMAN-Spektrum liegen offenbar darin, daß in der Umgebung des Übergangspunktes die diskutierte Linie wegen ihrer enormen Breite mit dem Untergrund zusammenfließt und sich daher der Registrierung entzieht.[1])

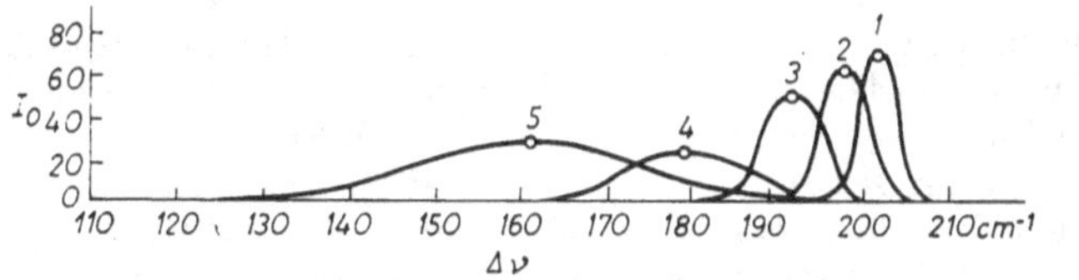

Abb. 79: Die Änderung der Parameter der Linie $\Delta\nu_6$ des $NaClO_3$-Kristalls bei verschiedenen Temperaturen.

1 – T = 83 °K; *2* – T = 113 °K; *3* – T = 203 °K; *4* – T = 318 °K; *5* – T = 423 °K. (I_0 ist die Intensität im Maximum. Die Linien wurden unter Berücksichtigung der Halbwertsbreiten konstruiert.)

Die Diskrepanz zwischen den experimentellen Befunden und den Vorhersagen der Theorie [423, 425] liegt in einigen Fällen sicherlich darin begründet, daß sich die Theorie auf Übergänge vom Typ der Verschiebung bezieht, die Messungen indessen auf Übergänge vom Typ Ordnung—Unordnung (siehe S. 331). In diesem Zusammenhang ist die Arbeit [434] von großem Interesse, in der eine Theorie der kollektiven Anregungen in der Nähe des Phasenüberganges zweiter Art entwickelt wird. Hierin wird festgestellt, daß das Verhalten der mit dem ferroelektrischen Übergang verknüpften Frequenz Ω_i von der Form der Potentialkurve abhängig ist. Besitzt das Potential ein Minimum, so strebt die Größe Ω_i^2 bei Annäherung an den Übergangspunkt wie $T - \Theta$ gegen Null. Beim Vorhandensein von mehreren Minima bei $k = 0$ strebt diese Größe für $T \to \Theta$ gegen einen endlichen Grenzwert. Eine wesentliche Verringerung von Ω_i ist hier nur für niedrige Barrieren zu erwarten. (Dieses Resultat ergab sich nur für die „klassische" Variante der Theorie [434].)

Die Erscheinung, daß sich eine der RAMAN-Linien bei Annäherung der Temperatur an den Punkt des Phasenüberganges, anomal stark zur Erregerlinie verschiebt, ist auch in [383] gefunden worden. Die Frequenz der für den ferroelektrischen Übergang verantwortlichen Schwingung verschiebt sich bei Abkühlung von 300 auf 8 °K um 60 cm^{-1} in Richtung der Erregerlinie. Eigentlich ist die erwähnte Schwingung im RAMAN-Effekt verboten, in [383] wurde jedoch ein äußeres elektrisches Feld angelegt, und somit wurden die Auswahlregeln durchbrochen. Es sei bemerkt, daß sich die Frequenz der Schwingung zwar bedeutend verringert, aber im Übergangspunkt nicht verschwindet.

[1]) Es sei erwähnt, daß nach (21.31) die Intensitätsverteilung im Streuspektrum bei großer Breite der RAMAN-Linien ein einziges Maximum bei $\Omega = 0$ hat.

3. *Lichtstreuung an piezoelektrischen Kristallen*

Bisher wurde vorausgesetzt, daß die Streuung an solchen Schwingungen erfolgt, die im Infraroten inaktiv sind. Besitzt der Kristall ein Inversionszentrum, so haben alle im RAMAN-Effekt aktiven Schwingungen diese Eigenschaften. Beim Fehlen des Inversionszentrums, was auf piezoelektrische Kristalle zutrifft, ist jedoch eine Streuung an polaren Gitterschwingungen möglich. Die RAMAN-Streuung an polaren Schwingungen zeichnet sich durch eine Reihe spezifischer Eigenschaften aus.

Infolge der Besonderheiten der Dispersionskurven für die optischen Zweige der polaren Schwingungen ändert sich die Frequenz des Streulichtes in Abhängigkeit vom Betrag und von der Richtung des Wellenvektors, der zum an der Streuung beteiligten Schwingungsquant gehört. Regt man diese oder jene Punkte im reziproken Raum an, so kann man den Verlauf der Dispersionskurven studieren. Dazu ist für den Versuch die entsprechende Geometrie zu wählen. Wie aus Abb. 72 zu erkennen ist, wird der Betrag des Wellenvektors bei kleiner werdendem Winkel ψ zwischen den Richtungen des einfallenden und des gestreuten Lichtes kleiner. Ist dieser Winkel sehr klein, so spricht man von longitudinaler Streuung. Bei longitudinaler RAMAN-Streuung können nicht nur die rein mechanischen Schwingungen angeregt werden, sondern auch die gemischten Schwingungsquanten, die Polaritonen, deren Frequenz mit abnehmendem Wellenvektorbetrag erheblich geringer wird. Experimentell wurde die RAMAN-Streuung an Polaritonen im kubischen piezoelektrischen Kristall GaP nachgewiesen [435]. Die Schwierigkeit des erwähnten Versuches besteht darin, daß die Öffnungswinkel des einfallenden und des gestreuten Strahlenbündels klein sein müssen ($\sim$0,5°), wodurch die Intensität des Streulichtes stark verringert wird. Als Erregerlichtquelle diente in [435] ein Helium-Neon-Laser. Die beobachtete Verschiebung der Polaritonenfrequenz betrug 20% bei Änderung des Winkels θ von Null um einige Grad. In [436] wurde der longitudinale RAMAN-Effekt mit Hilfe eines Argon-Lasers ($\lambda = 4880$ Å) an einem einachsigen ZnO-Kristall untersucht. Der Laserstrahl breitete sich entlang der x-Achse aus, das Streulicht in der xy-Ebene unter dem Winkel θ zur Einstrahlrichtung (Abb. 80). Sowohl der einfallende als auch der gestreute Strahl waren polarisiert. Der Fall, daß der Erregerstrahl ein ordentlicher und der gestreute ein außerordentlicher Strahl ist, wird in Abb. 80a mit yz bezeichnet; für den Fall entgegengesetzter Polarisation der einfallenden und gestreuten Strahlung wird die Bezeichnung zy verwendet.

In beiden Fällen wurde ein gewöhnliches transversales Polariton angeregt, das entlang der y-Achse polarisiert ist. Die Dispersionskurve, berechnet nach der Beziehung

$$\frac{k^2c^2}{\omega^2} = \frac{\nu_0{}^2\varepsilon_{0\perp} - \nu_\perp{}^2\varepsilon_{\infty\perp}}{\nu_0{}^2 - \nu^2}$$

($\omega = 2\pi\nu$, $\varepsilon_{0\perp} = 8{,}15$, $\varepsilon_{\infty\perp} = 4{,}0$ sind die statische bzw. hochfrequente Dielektrizitätskonstanten, $\nu_0 = 407$ cm^{-1} die Dispersionsfrequenz und k ist in den Einheiten $2\pi\nu_0/c$ ausgedrückt) wird in Abb. 80a durch die ausgezogene Kurve dargestellt.

Gemäß der Gesetze der Erhaltung der Energie und des Quasiimpulses gilt für kleine θ die Relation

$$k = \{[\nu_e(n_e - n_0) + \nu n_0]^2 + \nu_e(\nu_e - \nu)\, n_e n_0 \theta^2\}^{1/2}$$

für den Fall zy und

$$k = -\{[\nu n_e - \nu_e(n_e - n_0)]^2 + \nu_e(\nu_e - \nu)\, n_0 n_e \theta^2\}^{1/2}$$

für den Fall yz. ν_e bezeichnet die Laserfrequenz, n_0 und n_e sind die Brechungsindizes für den ordentlichen und den außerordentlichen Strahl. Die entsprechenden Kurven für den Energie- und Quasiimpulserhaltungssatz sind in Abb. 80a als punktierte Linien eingezeichnet. Abb. 80b zeigt die Spektrogramme für die Polarisation yz. Wie ersichtlich ist, ändert sich die beobachtete Frequenz von 407 cm^{-1} bis 160 cm^{-1} entsprechend der Winkeländerung von 0° bis 3,4°.

In den beschriebenen Versuchen wurde mit Hilfe der Raman-Streuung die Abhängigkeit der Frequenzen der polaren Schwingungen vom Betrag des Wellenvektors untersucht. Wie bereits in § 19 erwähnt, hängt in nichtkubischen Kristallen die Frequenz der polaren Schwingungen auch von der Richtung des Wellenvektors $\boldsymbol{k}$ ab. Ein Effekt dieser Art wurde in den Raman-Spektren einiger Kristalle gefunden [437—439][1]).

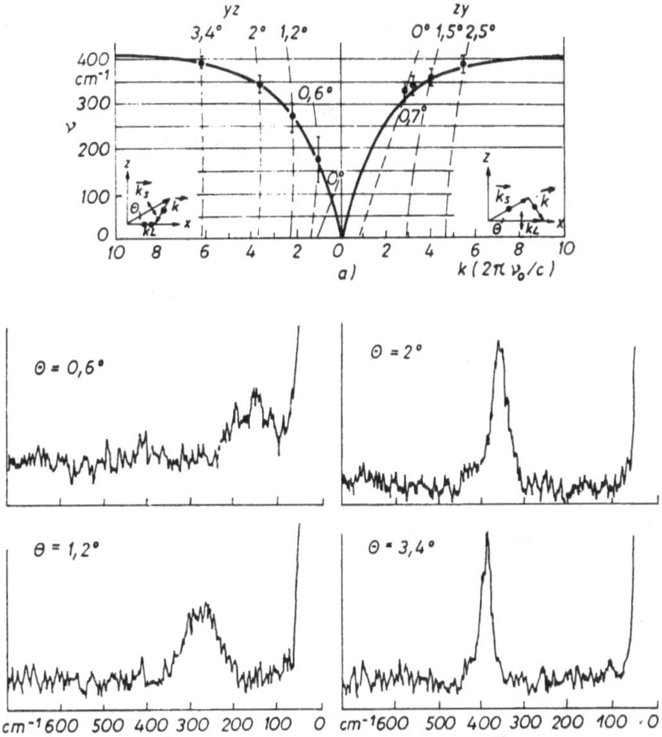

Abb. 80: Dispersionskurven (*a*); Raman-Spektren des ZnO-Kristalls bei verschiedenen Winkeln θ (*b*).

[1]) *Anmerkung des Herausgebers:* Siehe auch Claus, R., phys. stat. sol. **50b, 11, 1972.**

Der RAMAN-Effekt in piezoelektrischen Kristallen zeichnet sich auch dadurch aus, daß eine Reihe von Linien einen ungewöhnlich großen, vom theoretischen Wert abweichenden Depolarisationsgrad haben [440]. Diese Anomalie wird in [365, 367, 373] diskutiert. Wie bereits oben festgestellt wurde, spalten die polaren entarteten Schwingungen unter der Wirkung der elektrostatischen Kräfte in longitudinale und transversale Schwingungen auf (für kubische Kristalle). Die Intensität der RAMAN-Streuung an longitudinalen und transversalen Schwingungen ist verschieden. Das folgt beispielsweise aus der Gestalt des Streutensors, der mit der Störungstheorie dritter Ordnung berechnet wurde [373], da die Elektron-Phonon-Wechselwirkungen für transversale und longitudinale Schwingungen verschieden sind. Bei longitudinalen Schwingungen, die von einem elektrischen Feld begleitet werden, entsteht nämlich eine zusätzliche Elektron-Phonon-Wechselwirkung, die bedeutend stärker als die gewöhnliche, mit der Deformationspotentialtheorie beschriebene Elektron-Phonon-Wechselwirkung sein kann.

4. *Raman-Spektren zweiter Ordnung*

An der RAMAN-Streuung zweiter Ordnung sind gleichzeitig zwei Phononen beteiligt. Hierbei sind folgende Prozesse möglich.

1. Ein Photon der Frequenz ω_0 (einfallende Strahlung) zerfällt in ein Photon der Frequenz ω' (Streustrahlung) und zwei Phononen der Frequenzen Ω_1 und Ω_2. Die Erhaltungssätze für die Energie und den Quasiimpuls lauten

$$\hbar\omega_0 = \hbar\omega' + \hbar\Omega_1 + \hbar\Omega_2,$$
$$\hbar\boldsymbol{k}_0 = \hbar\boldsymbol{k}' + \hbar\boldsymbol{k}_1 + \hbar\boldsymbol{k}_2. \tag{21.33}$$

2. Ein Photon der Frequenz ω_0 tritt in Wechselwirkung mit einem Phonon der Frequenz Ω_1. Im Ergebnis werden ein Photon der Frequenz ω' und ein Phonon der Frequenz Ω_2 gestreut. Die Erhaltungssätze lauten

$$\hbar\omega_0 + \hbar\Omega_1 = \hbar\omega' + \hbar\Omega_2,$$
$$\hbar\boldsymbol{k}_0 + \hbar\boldsymbol{k}_1 = \hbar\boldsymbol{k}' + \hbar\boldsymbol{k}_2. \tag{21.34}$$

3. Ein Photon der Frequenz ω_0 tritt gleichzeitig in Wechselwirkung mit zwei Phononen der Frequenzen Ω_1 und Ω_2. Es entsteht dabei ein gestreutes Photon der Frequenz ω'. Die Erhaltungssätze haben die Form

$$\hbar\omega_0 + \hbar\Omega_1 + \hbar\Omega_2 = \hbar\omega',$$
$$\hbar\boldsymbol{k}_0 + \hbar\boldsymbol{k}_1 + \hbar\boldsymbol{k}_2 = \hbar\boldsymbol{k}'. \tag{21.35}$$

Da der Betrag der Wellenvektoren der Photonen klein ist verglichen mit den linearen Ausdehnungen der ersten BRILLOUIN-Zone, folgt aus (21.33)—(21.35), daß für die Wellenvektoren der am Streuprozeß beteiligten Phononen näherungsweise die Relationen

$$\boldsymbol{k}_1 + \boldsymbol{k}_2 = 0$$

oder

$$\boldsymbol{k}_1 - \boldsymbol{k}_2 = 0 \tag{21.36}$$

gelten.

Aus (21.36) folgt, daß an der RAMAN-Streuung zweiter Ordnung nicht nur die Phononen des Zentrums der ersten BRILLOUIN-Zone beteiligt sein können, sondern auch die Phononen eines beliebigen Punktes der Zone, insbesondere die der an der Grenze der Zone liegenden Punkte. Somit gestatten die Spektren zweiter Ordnung Aufschlüsse über das Phononenspektrum der gesamten ersten BRILLOUIN-Zone.

Die Prozesse (21.33)—(21.35) kann man berücksichtigen, indem man im Kristall-HAMILTON-Operator anharmonische Glieder vierter Ordnung zuläßt, die Prozesse unter gleichzeitiger Beteiligung von vier Quasiteilchen, zwei Photonen und zwei Phononen, beschreiben. Im besonderen sind für den Prozeß vom Typ (21.33) die Glieder

$$H^{(4)} = \sum_{\varrho_0\varrho'\varrho_1\varrho_2} Q_{\varrho_0\varrho'\varrho_1\varrho_2}(\boldsymbol{k}_0, \boldsymbol{k}', \boldsymbol{k}_1, \boldsymbol{k}_0 - \boldsymbol{k}' - \boldsymbol{k}_1)$$
$$\times\ \xi_{\varrho_0}(\boldsymbol{k}_0)\, \xi^+_{\varrho'}(\boldsymbol{k}_1')\, \xi^+_{\varrho'}(\boldsymbol{k}_1)\, \xi^+_{\varrho_2}(\boldsymbol{k}_0 - \boldsymbol{k}' - \boldsymbol{k}_1) \tag{21.37}$$

verantwortlich. Hier sind ξ und ξ^+ BOSE-Operatoren der Vernichtung und Erzeugung der Quasiteilchen des Kristalls, ϱ_0, ϱ', ϱ_1 und ϱ_2 die entsprechenden Polarisationsindizes der Quasiteilchen und $\boldsymbol{k}_0$, $\boldsymbol{k}'$, $\boldsymbol{k}_1$und $\boldsymbol{k}_2$ die dazugehörigen Wellenvektoren. Die sekundliche Zuwachsrate der gestreuten Photonen $n(\varrho', \boldsymbol{k}')$ findet man unter Verwendung der Störungstheorie erster Ordnung:

$$\frac{dn(\varrho', \boldsymbol{k}')}{dt} = \frac{2\pi}{\hbar} \sum_{\varrho'\varrho_1\varrho_2} |Q_{\varrho_0\varrho'\varrho_1\varrho_2}|^2\, n(\varrho_0, \boldsymbol{k}_0)\, \{n(\varrho', \boldsymbol{k}') + 1\}$$
$$\times\ \{n(\varrho_1, \boldsymbol{k}_1) + 1\}\, \{n(\varrho_2, \boldsymbol{k}_2) + 1\}\, \delta\, \{E_{\varrho_0\boldsymbol{k}_0} - E_{\varrho'\boldsymbol{k}'} - E_{\varrho_1\boldsymbol{k}_1} - E_{\varrho_2\boldsymbol{k}_2}\}, \tag{21.38}$$

worin $n(\varrho, \boldsymbol{k})$ die Zahl der Quasiteilchen je Oszillator $(\varrho, \boldsymbol{k})$ angibt. Analoge Ausdrücke kann man auch für die Prozesse (21.34) und (21.35) erhalten. Die expliziten Ausdrücke für die Anharmonizitätskoeffizienten vierter Ordnung sind bislang unbekannt. Die entsprechenden Formeln dürften sehr umständlich sein.

Der Prozeß der RAMAN-Streuung zweiter Ordnung kann auch auf der Grundlage der Polarisierbarkeitstheorie [441, 442] beschrieben werden. Wie bereits festgestellt wurde, besteht das Hauptergebnis der Polarisierbarkeitstheorie in der Feststellung, daß sich die Intensität des Streulichtes durch die Matrixelemente der Polarisierbarkeit des Elektronensystems, die von den Kernkoordinaten als Parameter abhängt, ausdrücken läßt. Für den Prozeß (21.33) wird das Matrixelement zwischen dem Grundzustand des Kristalls und einem Zustand gebildet, der einem zweifach angeregten Schwingungsniveau entspricht. Hierbei wird das von dem Glied

$$\frac{1}{2}\left(\frac{\partial^2 \alpha_{\varrho\sigma}}{\partial Q_\mu \partial Q_\nu}\right)_0 Q_\mu Q_\nu$$

in der Entwicklung der Elektronenpolarisierbarkeit nach den Normalkoordinaten herrührende Matrixelement von Null verschieden. Ebenso wie bei den Molekülen (siehe § 15) ist also die Intensität der Linien zweiter Ordnung der Größe

$$\left(\frac{\partial^2 \alpha_{\varrho\sigma}}{\partial Q_\mu \partial Q_\nu}\right)_0$$

proportional.

Wir bemerken, daß man die Intensität der RAMAN-Streuung zweiter Ordnung auch unter Zugrundelegung der der Gleichgewichtskonfiguration der Kerne entsprechenden Elektronenwellenfunktionen berechnen kann; die Kernbewegung wird hierbei als zusätzliche schwache Störung berücksichtigt. Bei dieser Methode wird die Streuwahrscheinlichkeit erst in der vierten Ordnung der Störungstheorie von Null verschieden. Wegen der Umständlichkeit der resultierenden Formeln erscheint ein solches Programm wenig perspektivreich. Ein wesentliches qualitatives Ergebnis dieses Herangehens besteht darin, daß der Streuquerschnitt des RAMAN-Effektes durch die Konstanten der Elektron-Phonon- und der Elektron-Photon-Kopplung bestimmt wird.

Bei der konkreten Berechnung des Streuquerschnittes des RAMAN-Effektes zweiter Ordnung ergeben sich demnach folgende Schwierigkeiten:

1. Die Anharmonizitätskonstante vierter Ordnung ist unbekannt.

2. Die Dichte der Zwei-Phononen-Zustände des Kristalls, die in die Endformel der Störungstheorie eingeht, ist unbekannt (die Wahrscheinlichkeit des Streuprozesses ist der Dichte der Endzustände, d. h. der Zahl der Zustände pro Energieintervall proportional).

Die Dichte der Ein-Phononen-Zustände erhält man aus der Säkulargleichung (19.25), wenn die die gegenseitige Wechselwirkung der Atome (Ionen) im Kristallgitter charakterisierenden Kraftkonstanten bekannt sind. Im allgemeinen Falle hat die Funktion die Form [351, 445]

$$g(\omega) = \frac{2\omega v_0}{3n} \int\limits_{S(\omega^2)} \frac{dS}{|\mathrm{grad}_{\boldsymbol{k}}\, \omega^2(\boldsymbol{k})|}, \tag{21.39}$$

wo v_0 das Volumen der Elementarzelle, n die Zahl der Atome in der Elementarzelle und $S(\omega^2)$ die Oberfläche in der BRILLOUIN-Zone ist, die durch die Gleichung $\omega^2(\boldsymbol{k}) = \omega^2$ definiert ist.

Ein endgültiger Ausdruck für die Funktion $g(\omega)$ läßt sich nur bei einer Reihe von vereinfachenden Voraussetzungen gewinnen, und dabei auch nur für die einfachsten Kristallgitter. (Für das eindimensionale Gitter wurde die Funktion in § 19, 1. direkt berechnet.) In [441, 442] wurden Berechnungen dieser Art für kubische Gitter vom Typ NaCl und Diamant unter Berücksichtigung der Wechselwirkung nur zwischen den nächsten Nachbarn durchgeführt. Es wurde gefunden, daß die Abhängigkeit der Zustandsdichte von der Frequenz (Funktion $g(\omega)$) hinreichend glatt ist, obwohl sie einige Maxima enthält. Hieraus folgt, daß das RAMAN-Spektrum zweiter Ordnung quasikontinuierlich sein muß.

In der letzten Zeit konnte gezeigt werden, daß die Ein-Phononen-Zustandsdichte des Kristalls stets eine Reihe von charakteristischen Punkten, sogenannten kritischen Punkten, besitzt. Als kritischen Punkt bezeichnet man einen solchen

Punkt im $\boldsymbol{k}$-Raum, für den jede Komponente von $\text{grad}_{\boldsymbol{k}}\, \omega(\boldsymbol{k})$ entweder verschwindet oder das Vorzeichen wechselt. Gemäß (21.39) strebt die Zustandsdichte in diesem Punkte gegen Unendlich[1]). Auf diese Eigenschaft der kritischen Punkte wurde in [443] hingewiesen. Später wurde festgestellt [444], daß die Singularitäten der Ein-Phononen-Zustandsdichte mit denen der Zwei-Phononen-Zustandsdichte bei $\boldsymbol{k} = 0$ zusammenfallen, deren Kenntnis für die Berechnung der Wahrscheinlichkeit der Raman-Streuung zweiter Ordnung notwendig ist. Kennt man also die kritischen Punkte, dann kann man den Beitrag dieser oder jener Bereiche der Brillouin-Zone zum Streuprozeß bestimmen, ohne die gesamte Zustandsdichte exakt berechnen zu müssen. Methoden zum Auffinden kritischer Punkte wurden in [443, 445] ausgearbeitet. Für die Kristalle vom Typ ZnS (kubische Modifikation) und Diamant sind dies die Punkte Γ, L, W, X (siehe Abb. 71c). Infolge der kritischen Punkte müssen also im Raman-Spektrum zweiter Ordnung scharfe Intensitätsmaxima auftreten; der Beitrag der übrigen Punkte der Brillouin-Zone äußert sich lediglich als kontinuierlicher schwacher Untergrund.

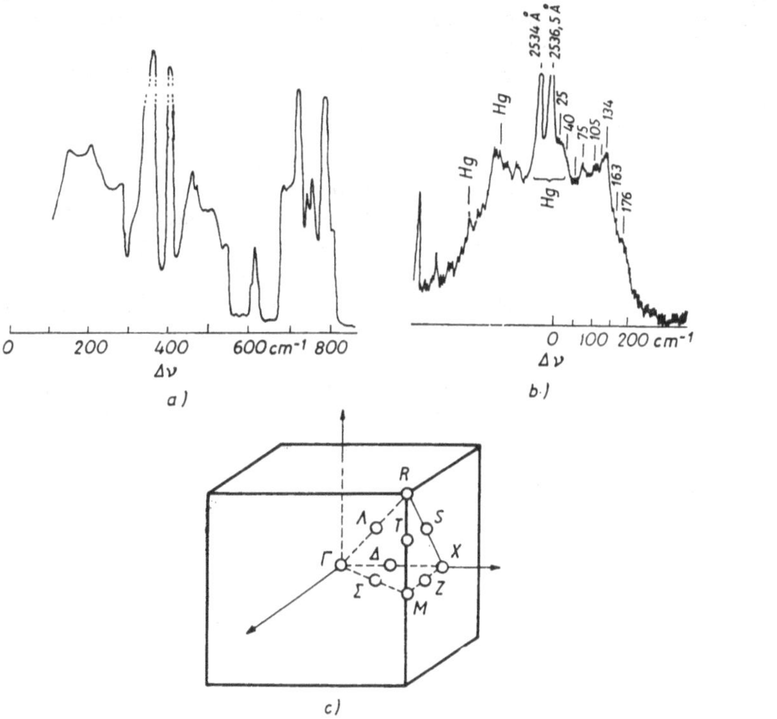

Abb. 81: Raman-Spektren zweiter Ordnung der Kristalle: *a*) GaP [456]; *b*) CsBr [451]; *c*) Brillouin-Zone für CsBr.

[1]) Die Divergenz der Zustandsdichte in einem kritischen Punkt trifft faktisch nur auf das eindimensionale Gitter zu. Im dreidimensionalen Gitter besitzt die Zustandsdichte in diesen Punkten ein Maximum.

Die Interpretation der experimentellen Befunde bezüglich der Spektren zweiter Ordnung erfolgt bislang ausgehend von zweierlei Gesichtspunkten: der von BORN entwickelten Theorie der Gitterdynamik und der RAMANschen Theorie. Am besten sind die Spektren zweiter Ordnung von Alkalihalogeniden [446—451] untersucht. Beispiele für Spektren zweiter Ordnung sind in Abb. 81a und b dargestellt. Die Existenz scharfer Peaks in den Spektren zweiter Ordnung wird in [447] im Rahmen der RAMANschen Theorie als das Ergebnis der zusätzlichen Freiheitsgrade der RAMANschen Hyperzelle gedeutet. Gleichzeitig wird in den Arbeiten [446, 448, 451] auf den quasikontinuierlichen Charakter des Spektrums zweiter Ordnung hingewiesen und die befriedigende Übereinstimmung der experimentellen Spektren mit der von BORN gefundenen Zustandsdichtefunktion konstatiert, obwohl die Anzahl der experimentell festgestellten scharfen Peaks größer ist, als aus der Theorie folgt.

Die Analyse der kritischen Punkte ist fruchtbarer als theoretische Berechnungen, die auf vereinfachten Modellen fußen, und beseitigt die scheinbare Diskrepanz zwischen der BORNschen Kristallgitterdynamik und dem Experiment. Wir nehmen an, daß es durch die Berücksichtigung der kritischen Punkte auch möglich ist, die scharfen zusätzlichen Linien „nullter" Intensität zu erklären, die in den RAMAN-Spektren einer Reihe von Kristallen auftreten (z. B. für Kalzit [384, 385]). Diese Linien entstehen im Ergebnis von Ein-Phononen-Prozessen und sind offensichtlich durch die Nichteinhaltung der Quasiimpulserhaltung infolge der Störung der Translationsinvarianz des Kristallgitters durch Störstellen oder Defekte (siehe § 20) bedingt. Die Streuwahrscheinlichkeit ist hierbei für die kritischen Punkte am größten, so daß das beobachtete Spektrum aus scharfen Linien besteht. Andererseits erweist es sich, daß die zusätzlichen Freiheitsgrade der RAMANschen Hyperzelle mit Normalschwingungen des Kristallgitters zusammenfallen können, die zu kritischen Punkten der BRILLOUIN-Zone gehören.

Wir wollen unter diesem Gesichtspunkt die zu den kritischen Punkten Γ, L, X gehörenden Normalschwingungen des ZnS- und Diamantkristalltyps betrachten. Im Punkte $\Gamma(\boldsymbol{k} = 0)$ bewegen sich die Atome (Ionen) der benachbarten Zellen in Phase, was der Bedingung von RAMAN genügt. Diesem Punkt entsprechen sechs Normalschwingungen (zwei Atome in der Elementarzelle). Im Punkte L ist

$$\boldsymbol{k}_9 = \frac{1}{2}(\boldsymbol{b}_1 + \boldsymbol{b}_2 + \boldsymbol{b}_3) = \left\{\frac{\pi}{2\tau}, \frac{\pi}{2\tau}, \frac{\pi}{2\tau}\right\}.$$

Entsprechend ist

$$\boldsymbol{k}_9\boldsymbol{a}_1 = \pi, \qquad \boldsymbol{k}_9\boldsymbol{a}_2 = \pi, \qquad \boldsymbol{k}_9\boldsymbol{a}_3 = \pi$$

wegen

$$\boldsymbol{a}_1 = \{0, \tau, \tau\}, \qquad \boldsymbol{a}_2 = \{\tau, 0, \tau\}, \qquad \boldsymbol{a}_3 = \{\tau, \tau, 0\}.$$

Die Schwingungen der Atome der benachbarten Zellen erfolgen demzufolge in Gegenphase und genügen auch der RAMANschen Bedingung ($\alpha = \beta = \gamma = -1$). Der Stern $\{\boldsymbol{k}_9\}$ enthält vier Vektoren, daher erzeugen die diesen Vektoren entsprechenden Punkte der BRILLOUIN-Zone zusätzliche Normalschwingungen vom RAMANschen Typ. Die volle Zahl der dem Stern $\{\boldsymbol{k}_9\}$ zukommenden Schwingungen beträgt offensichtlich 24. Die Schwingungen, die dem Punkt X entsprechen, genügen ebenfalls dem Kriterium von RAMAN

$$\boldsymbol{k}_{10}\boldsymbol{a}_1 = \pi, \qquad \boldsymbol{k}_{10}\boldsymbol{a}_2 = \pi,$$

$$\boldsymbol{k}_{10}\boldsymbol{a}_3 = 0, \qquad \boldsymbol{k}_{10} = \frac{1}{2}(\boldsymbol{b}_1 + \boldsymbol{b}_2);$$

weil in diesem Falle die Anzahl der Vektoren des Sterns drei ist, erhalten wir 18 RAMANsche Normalschwingungen. Wir kommen also zu dem Schluß, daß alle den kritischen Punkten Γ, L, X entsprechende Normalschwingungen als Normalschwingungen der RAMANschen Hyperzelle anzusehen sind; mehr noch, da die RAMANsche Hyperzelle im vorliegenden Falle 48 Freiheitsgrade besitzt, sind damit alle Schwingungen vom RAMANschen Typ ausgeschöpft. Es ist klar, daß es für die RAMANsche Theorie ein günstiger Umstand ist, daß im gegebenen Falle die postulierten Normalschwingungen tatsächlich als die wichtigsten anzusehen sind und den Hauptbeitrag zum Streuprozeß zweiter Ordnung liefern. Daher stimmen die berechneten Frequenzen der entsprechenden Schwingungen mit den experimentellen Ergebnissen [452] überein. Andererseits ist offenkundig, daß die den kritischen Punkten entsprechenden Normalschwingungen nicht unbedingt mit den RAMANschen Normalschwingungen zusammenfallen müssen. So entspricht der Punkt $W\left(\boldsymbol{k}_8 = \frac{1}{4}(\boldsymbol{b}_1 + \boldsymbol{b}_2) + \frac{1}{2}(\boldsymbol{b}_2 + \boldsymbol{b}_3)\right)$ des oben erwähnten Beispiels keinen Schwingungen vom RAMANschen Typ, obwohl es sich um einen kritischen Punkt handelt. Die durch die Vorstellungen über die kritischen Punkte vervollständigte Theorie von BORN ist offenkundig die konsequenteste Theorie und stimmt am besten mit dem Experiment überein.

Wir wenden uns jetzt den Auswahlregeln in den RAMAN-Spektren zweiter Ordnung zu. In Übereinstimmung mit (21.36) sind an den Prozessen der RAMAN-Streuung die Phononen der gesamten ersten BRILLOUIN-Zone beteiligt. Wir wollen die Auswahlregeln für die durch die Gleichung (21.33)[1]) beschriebenen Prozesse betrachten. Bei Obertonübergängen (Streuung unter Beteiligung zweier identischer Phononen) transformiert sich die Wellenfunktion des Endzustandes nach der Darstellung $[\tau]^2$, dem symmetrischen Quadrat der physikalisch irreduziblen Darstellung τ, nach der die interessierende Normalschwingung des Kristallgitters klassifiziert wird. Unter der Voraussetzung (siehe § 10), daß der Anfangszustand des Kristalls mit seinem Grundzustand zusammenfällt und sich somit nach der totalsymmetrischen Darstellung transformiert, erhalten wir in diesem Falle auf der Grundlage der allgemeinen Regeln:

$$[v]_a^2 \times [\tau]^2 \supset A. \tag{21.40a}$$

Entsprechend gilt für die Kombinationsübergänge

$$[v]_a^2 \times \tau_1 \times \tau_2 \supset A. \tag{21.41a}$$

[1]) Die Auswahlregeln für die durch die Gleichungen (21.34) und (21.35) beschriebenen Prozesse können in analoger Weise abgeleitet werden.

Die Regeln (21.40a) und (21.41a) lassen sich umschreiben in

$$[\tau]^2 \supset [v]_\alpha^2, \tag{21.40b}$$

$$\tau_1 \times \tau_2 \supset [v]_\alpha^2. \tag{21.41b}$$

Gemäß § 19 stellt die physikalisch irreduzible Darstellung τ entweder eine irreduzible reelle Darstellung der Gruppe G dar oder die direkte Summe zweier komplex konjugierter Darstellungen τ' und τ''. Im letzteren Falle kann man $[\tau]^2$ in folgender Weise darstellen (siehe [86])

$$[\tau]^2 = [\tau']^2 + [\tau'']^2 + \tau'\tau''. \tag{21.42}$$

Formel (21.40a) ist hierbei den Bedingungen

$$[\tau']^2 \supset [v]_\alpha^2, \tag{21.43a}$$

$$[\tau'']^2 \supset [v]_\alpha^2, \tag{21.43b}$$

$$[\tau'\tau''] \supset [v]_\alpha^2 \tag{21.43c}$$

äquivalent.

Entsprechend kann man die Darstellung $\tau_1 \times \tau_2$ als Produktsumme von irreduziblen Darstellungen der Gruppe G schreiben. Dementsprechend lassen sich die Auswahlregeln in beiden Fällen auf Bedingungen der Art (21.40b) und (21.41b) zurückführen, wobei die Darstellungen τ, τ_1, τ_2 irreduzible Darstellungen der Gruppe G sind.

Die Aufgabe hinsichtlich der Auswahlregeln in den Raman-Spektren zweiter Ordnung kann also nur gelöst werden, wenn die Struktur der Produkte irreduzibler Darstellungen bezüglich der gesamten Raumgruppe geklärt wird. Lediglich in dem Spezialfall, wo bei der Streuung Phononen mit dem Wellenvektor $\boldsymbol{k} = 0$ erzeugt werden, kann die Darstellung τ als Darstellung der Punktgruppe F der Richtungen des Kristalls angesehen werden, so daß die für die Moleküle entwickelte Methodik (siehe § 10) anwendbar ist.

Die Zerlegung von Produkten der Raumgruppendarstellungen wurde in einer Reihe von Arbeiten [453–455] im Zusammenhang mit konkreten physikalischen Anwendungen betrachtet. In [454] wurde eine allgemeine Methode entwickelt, nach der die Zerlegung der Produkte von zwei oder drei irreduziblen Darstellungen der Raumgruppe in irreduzible Darstellungen erfolgen kann. Es wurden Auswahlregeln für die Raman-Streuung unter Beteiligung von zwei oder drei zu kritischen Punkten der Brillouin-Zone gehörenden Phononen für Kristalle der Gruppe T_d^2 abgeleitet. Im Rahmen dieser Methode werden die Charaktere der irreduziblen Darstellungen der gesamten Raumgruppe aus den Charakteren der kleinen Darstellungen aufgebaut. Die in [454] entwickelte allgemeine Theorie ist ziemlich umständlich; für die Herleitung der Auswahlregeln in den Raman-Spektren zweiter Ordnung ist sie aber nicht unbedingt erforderlich.

Wir wollen etwas näher auf die von Gorelik [355] ausgearbeitete Methode eingehen, die analog zu der in [86] bei der Behandlung von Phasenübergängen zweiter Art verwendeten ist. Neben der einfachen praktischen Anwendung, besitzt die Methode den Vorteil, daß die Endformeln sowohl zur Klärung einer

Reihe von Spezialfällen als auch zur Herleitung allgemeiner Relationen geeignet sind.

Wir wollen das Verfahren betrachten, nachdem die allgemeinen Darstellungen des symmetrischen Quadrates einer irreduziblen Darstellung $[\tau]^2$ der Gruppe G sowie die Darstellung $[v]^2$ eines symmetrischen Tensors zweiter Stufe, die sich in die irreduziblen Darstellungen $[v]_\alpha^2$ zerlegen läßt, gefunden werden können. Der Stern $\{\boldsymbol{k}\}^2$ der Darstellung $[\tau]^2$ enthält alle möglichen Vektoren der Gestalt $\boldsymbol{k}_i + \boldsymbol{k}_{i'}$ ($\boldsymbol{k}_i$, $\boldsymbol{k}_{i'}$ gehören zum Stern $\{\boldsymbol{k}\}$ der Darstellung τ). Wenn sich unter den Vektoren kein Nullvektor befindet, dann ist (21.41) keinesfalls erfüllt, weil der Stern der Darstellung $[v]^2$ nur den Nullvektor $\{\boldsymbol{0}\}$ enthält. Damit die Bedingung (21.41) erfüllt ist, ist also notwendig, daß unter den Vektoren des Sterns $\{\boldsymbol{k}\}$ mit jedem Vektor $\boldsymbol{k}_i$ zugleich $\boldsymbol{k}_{i'} = -\boldsymbol{k}_i$[1]) vorkommt. Diese Forderung drückt die Bedingung der Quasiimpulserhaltung im Prozeß der Raman-Streuung aus. Wenn τ eine solche Darstellung ist, dann zerfällt der Stern $\{\boldsymbol{k}\}^2$ in zwei Sterne: Einer von ihnen enthält nur den Nullvektor, der andere alle übrigen Vektoren. Entsprechend zerfällt die Darstellung $[\tau]^2$ in zwei Darstellungen: τ_0 und τ_1, wobei nur τ_0 eine gemeinsame Darstellung mit $[v]^2$ besitzen kann, was für (21.41) notwendig ist.

Wir betrachten zunächst nur solche Darstellungen τ, deren Sterne die nicht zu $-\boldsymbol{k}_i$ äquivalenten Vektoren $\boldsymbol{k}_i$ enthalten. Für diesen Fall erhalten wir gemäß [86]

$$n([v]_\alpha^2) = \frac{1}{2f'} \sum_{h_j \subset \hat{G}_{k_1}} \{\chi^{(1)}(g)\, \chi^{(1)}(g_{11'}^{-1} g g_{11'})\, \chi_v(g) + \chi^{(1)}(g_{11'} g g_{11'} g)\, \chi_v(g_{11'} g)\}, \tag{21.44}$$

wobei $g = \{h_j | \alpha_j + \boldsymbol{a}\}$, l die Zahl der Vektoren des Sterns $\{\boldsymbol{k}\}$, f' die Zahl der Elemente der Punktgruppe des Vektors $\boldsymbol{k}_1 \subset \{\boldsymbol{k}\}$ sind, $g_{11'}\boldsymbol{k}_1 = \boldsymbol{k}_{1'} = -\boldsymbol{k}_1$; $g_{11'} \subset G$, $\chi^{(1)}(g)$ sind die Charaktere der kleinen Darstellung der Gruppe $G_{\boldsymbol{k}_1}$; χ_v ist der Charakter der irreduziblen Darstellung $[v]_\alpha^2$, die in die Darstellung $[v]^2$ eingeht; $n([v]_\alpha^2)$ die Zahl der irreduziblen Darstellungen $[v]_\alpha^2$, die in der Darstellung τ_0 enthalten sind. Sind die Vektoren des Sterns der Darstellung τ derart, daß jeder Vektor $\boldsymbol{k}_1$ einem Vektor $-\boldsymbol{k}_1$ äquivalent ist, dann haben wir nach [86]

$$n([v]_\alpha^2) = \frac{1}{2f'} \sum_{h_j \subset \hat{G}_{k_1}} \{[\chi^{(1)}(g)]^2 + \chi^{(1)}(g^2)\}\, \chi_v(g). \tag{21.45}$$

Die Bezeichnungen sind die gleichen wie in (21.44).

Um die Bedingung $\tau_1 \times \tau_2 \supset [v]_\alpha^2$ mit τ_1 und τ_2 als irreduzible Darstellungen der Gruppe G zu erfüllen, ist notwendig, daß der Stern $\{\boldsymbol{k}\}_1 \times \{\boldsymbol{k}\}_2$ der Darstellung $\tau_1 \times \tau_2$ den Stern $\{\boldsymbol{0}\}$ enthält. Das ist erfüllt, wenn die Sterne $\{\boldsymbol{k}\}_1$ und $\{\boldsymbol{k}\}_2$ darstellbar sind in der Form

$$\{\boldsymbol{k}\}_1 = \{\boldsymbol{k}_1, \boldsymbol{k}_2, \ldots, \boldsymbol{k}_l\},$$
$$\{\boldsymbol{k}\}_2 = \{-\boldsymbol{k}_1, -\boldsymbol{k}_2, \ldots, -\boldsymbol{k}_l\}. \tag{21.46}$$

[1]) Hier und im folgenden ist die Gleichheit zwischen Wellenvektoren bis auf einen Vektor des reziproken Gitters gemeint.

Existiert ein Element $g \subset G$ derart, daß $g\boldsymbol{k}_1 = -\boldsymbol{k}_1$ ($\boldsymbol{k}_1 \subset \{\boldsymbol{k}\}_1$), so bestehen die Sterne $\{\boldsymbol{k}\}_1$ und $\{\boldsymbol{k}\}_2$ aus ein und denselben Vektoren $\boldsymbol{k}$. Unter der genannten Bedingung zerfällt das Produkt der Darstellungen $\tau_1 \times \tau_2$ in eine Darstellung τ_0 mit dem Stern $\{\boldsymbol{0}\}$ und τ_1, deren Stern alle übrigen Vektoren enthält. Die Zahl der in $\tau_1 \times \tau_2$ enthaltenen irreduziblen Darstellungen $[v]_\alpha{}^2$ bestimmt sich nach der Formel

$$n([v]_\alpha{}^2) = \frac{l}{f'} \sum_{h_j \boldsymbol{k}_1 = \boldsymbol{k}_1} \chi^{(1)}(g)\, \chi^{(1)'}(g)\, \chi_v(g), \tag{21.47}$$

wobei $g = \{h_j|\alpha_j + \boldsymbol{a}\} \subset G$; $\chi^{(1)}(g)$ ist der Charakter der kleinen Darstellung $\tau_{\boldsymbol{k}_1}(g)$; $\chi^{(1)'}(g)$ ist der Charakter der kleinen Darstellung $\tau_{-\boldsymbol{k}_1}(g)$.

Wir bemerken, daß, falls τ_1 und τ_2 komplex konjugierte nichtreelle Darstellungen sind, stets die Bedingung

$$\tau_1 \times \tau_2 \supset A \tag{21.48}$$

erfüllt ist, d. h., das Produkt komplex konjugierter Darstellungen enthält stets die Einsdarstellung.

Unter Verwendung der Relationen (21.44), (21.46) und (21.48) kann man die Auswahlregeln für die Obertonübergänge leicht bestimmen und mit Hilfe von Formel (21.47) die Auswahlregeln für die Kombinationsübergänge auffinden. Wenn z. B. die Vektoren des Sterns $\{\boldsymbol{k}\}$ eine allgemeine Lage innerhalb der BRILLOUIN-Zone einnehmen, ist das einzige Element der Punktgruppe F, mit dem der Vektor $\boldsymbol{k}$ in $-\boldsymbol{k}$ überführt werden kann, die Inversion. Unter Verwendung der allgemeinen Formeln (21.44) und (21.47) erhalten wir in beiden Fällen

$$n([v]_\alpha{}^2) = \chi_v(\varepsilon_1) \neq 0,$$

d. h., die RAMAN-Streuung ist stets für die Oberton- und Kombinationsübergänge der genannten Symmetrie erlaubt, falls der Kristall ein Inversionszentrum besitzt. Dieses Resultat stimmt mit der analogen Schlußfolgerung in [86] überein, die aus der direkten Aufstellung der Charaktere der irreduziblen Darstellungen der genannten Raumgruppe gewonnen wurde. Wir bemerken auch, daß gemäß Formel (21.48) der Obertonübergang für die reduzible Darstellung τ, die aus zwei komplex konjugierten irreduziblen Darstellungen besteht, infolge der skalaren Komponente des Polarisierbarkeitstensors stets erlaubt ist.

Als Beispiel betrachten wir die Auswahlregeln in den RAMAN-Spektren zweiter Ordnung für die Gruppe C_{2h}^5. Jedes Element dieser Gruppe ist das Produkt einer Translation $\{e|\boldsymbol{a}\}$ ($\boldsymbol{a} = n_1\boldsymbol{a}_1 + n_2\boldsymbol{a}_2 + n_3\boldsymbol{a}_3$; $n_1, n_2, n_3 = 0, \pm 1, \ldots$) mit einem der Elemente

$$\{e|\boldsymbol{0}\}, \qquad \{C_2|\alpha_1\}, \qquad \{i|\alpha_2\}, \qquad \{\sigma_h|\alpha_3\}. \tag{21.49}$$

Hier sind

$$\alpha_1 = \frac{1}{2}\,\boldsymbol{a}_3, \qquad \alpha_2 = \frac{1}{2}\,(\boldsymbol{a}_1 + \boldsymbol{a}_3), \qquad \alpha_3 = \frac{1}{2}\,\boldsymbol{a}_1;$$

$\boldsymbol{a}_1, \boldsymbol{a}_2, \boldsymbol{a}_3$ bezeichnen die Vektoren der primitiven Translation (siehe [86]). Die

Gruppe der Richtungen des Kristalls ist die Punktgruppe $C_{2h} = \{e, C_2, i, \sigma_h\}$. Gemäß [86] gibt es in der BRILLOUIN-Zone der uns interessierenden Gruppe 14 charakteristische Punkte, von denen jedem der entsprechende Stern einer irreduziblen Darstellung der Gruppe G zugeordnet werden kann. Wir betrachten einige von ihnen.

1. Der Punkt $\boldsymbol{k}_1 = (1/2)(\boldsymbol{b}_1 + \boldsymbol{b}_2)$. Der entsprechende Stern der irreduziblen Darstellung τ besteht nur aus einem Vektor ($l = 1$), weil alle Elemente der Gruppe F den Vektor $\boldsymbol{k}_1$ invariant lassen. Die Punktgruppe des Vektors $\boldsymbol{k}_1$ ist deshalb die Gruppe C_{2h}. Es kann ebenfalls leicht nachgeprüft werden, daß die Beziehung $\boldsymbol{k} = -\boldsymbol{k}$ (bis auf Äquivalenz) erfüllt ist. Wir müssen also die allgemeine Formel (21.45) benutzen. Unter Verwendung der Resultate aus [86] erhalten wir, daß die Gruppe C_{2h} nur eine zweidimensionale Darstellung $\hat{\tau}$ mit Faktorsystem in dem betrachteten Punkt besitzt. In Tab. 49 sind die Matrixelemente der Darstellungen $\hat{\tau}$, τ_k und die Charaktere der Darstellung τ_k, die zur Berechnung mit Hilfe von (21.45) notwendig sind, angegeben. Aus dem Kriterium, daß die Darstellung reell ist, folgt mit Hilfe von Tab. 42

$$\frac{1}{f'} \sum_{g\boldsymbol{k}_1 = -\boldsymbol{k}_1} \chi_{\boldsymbol{k}_1}(g^2) = 1,$$

d. h., die irreduzible Darstellung τ der Raumgruppe G ist reell. Benutzt man Formel (21.45) und (21.47), so erhält man im vorliegenden Falle

$$[\tau]^2 \supset A_g, \qquad \tau \times \tau \supset A_g + B_g.$$

Der Obertonübergang ist auf Grund der totalsymmetrischen Komponenten des Polarisierbarkeitstensors α_{xx}, α_{yy}, α_{zz} und α_{xy} erlaubt; der Kombinationsübergang ist für alle Komponenten dieses Tensors erlaubt.

2. Der Punkt $\boldsymbol{k} = (1/2)(\boldsymbol{b}_1 + \boldsymbol{b}_2 + \boldsymbol{b}_3)$. Wie auch der soeben betrachtete Punkt befindet er sich auf der Oberfläche der BRILLOUIN-Zone. Die Punktgruppe ist die Gruppe C_{2h}. Die Darstellungen mit Faktorsystem dieser Gruppe für den Vektor $\boldsymbol{k} = (1/2)(\boldsymbol{b}_1 + \boldsymbol{b}_2 + \boldsymbol{b}_3)$ sind eindimensional (Tab. 49). Aus dem Kriterium für die reelle Darstellungen (Tab. 49) folgt, daß alle irreduziblen Darstellungen τ_1, τ_2, τ_3 und τ_4 der Raumgruppe, die $\hat{\tau}^{(1)}$, $\hat{\tau}^{(2)}$, $\hat{\tau}^{(3)}$ und $\tau^{(4)}$ entsprechen, zu ihren komplex konjugierten Darstellungen nicht äquivalent sind. Vereinigt man die komplex konjugierten Darstellungen, so erhält man die physikalisch irreduziblen Darstellungen $\tau_{\mathrm{I}} = \tau_1 + \tau_3$ und $\tau_{\mathrm{II}} = \tau_2 + \tau_4$. Auf der Grundlage von Formel (21.48) können wir behaupten, daß die Obertonübergänge im RAMAN-Effekt auf Grund der Komponenten des Polarisierbarkeitstensors der Symmetrie A_g aktiv sind. Verwendet man die allgemeinen Formeln (21.45), (21.47) und die Tab. 49, so erhält man

$$[\tau_{\mathrm{I}}]^2 \supset A_g + B_g, \qquad [\tau_{\mathrm{II}}]^2 \supset A_g + B_g,$$

$$\tau_{\mathrm{I}} \times \tau_{\mathrm{I}} \supset A_g + B_g, \qquad \tau_{\mathrm{II}} \times \tau_{\mathrm{II}} \supset A_g + B_g.$$

Die Obertöne und Kombinationsübergänge im RAMAN-Spektrum sind also für alle Komponenten des Polarisierbarkeitstensors erlaubt.

Tabelle 49

Matrixelemente und Charaktere der Darstellungen der Gruppe C_{2h}^5

Vektor $\boldsymbol{k} = \frac{1}{2}(\boldsymbol{b}_1 + \boldsymbol{b}_2)$

$\hat{G} = C_{2h}$	e	C_2	i	σ_h
$\hat{\mathfrak{t}}$	$\begin{pmatrix} 1 & 0 \\ 0 & 1 \end{pmatrix}$	$\begin{pmatrix} 1 & 0 \\ 0 & -1 \end{pmatrix}$	$\begin{pmatrix} 0 & -1 \\ 1 & 0 \end{pmatrix}$	$\begin{pmatrix} 0 & 1 \\ 1 & 0 \end{pmatrix}$
$G_{\boldsymbol{k}}$	$\{e \mid \boldsymbol{0}\}$	$\left\{C_2 \middle\vert \frac{1}{2}\boldsymbol{a}_3\right\}$	$\left\{i \middle\vert \frac{1}{2}(\boldsymbol{a}_1 + \boldsymbol{a}_3)\right\}$	$\left\{\sigma_h \middle\vert \frac{1}{2}\boldsymbol{a}_1\right\}$
$\tau_{\boldsymbol{k}}$	$\begin{pmatrix} 1 & 0 \\ 0 & 1 \end{pmatrix}$	$\begin{pmatrix} 1 & 0 \\ 0 & -1 \end{pmatrix}$	$\begin{pmatrix} 0 & -i \\ i & 0 \end{pmatrix}$	$\begin{pmatrix} 0 & i \\ i & 0 \end{pmatrix}$
$\chi(g)$	2	0	0	0

Vektor $\boldsymbol{k} = \frac{1}{2}(\boldsymbol{b}_1 + \boldsymbol{b}_2 + \boldsymbol{b}_3)$

$\hat{\mathfrak{t}}^{(1)}$	1	1	1	−1
$\hat{\mathfrak{t}}^{(2)}$	1	1	−1	1
$\hat{\mathfrak{t}}^{(3)}$	1	−1	1	1
$\hat{\mathfrak{t}}^{(4)}$	1	−1	−1	−1
$G_{\boldsymbol{k}}$	$\{e \mid \boldsymbol{0}\}$	$\left\{C_2 \middle\vert \frac{1}{2}\boldsymbol{a}_3\right\}$	$\left\{i \middle\vert \frac{1}{2}(\boldsymbol{a}_1 + \boldsymbol{a}_3)\right\}$	$\left\{\sigma_h \middle\vert \frac{1}{2}\boldsymbol{a}_1\right\}$
$\tau_{\boldsymbol{k}}^{(1)}$	1	i	−1	$-i$
$\tau_{\boldsymbol{k}}^{(2)}$	1	i	1	i
$\tau_{\boldsymbol{k}}^{(3)}$	1	$-i$	−1	i
$\tau_{\boldsymbol{k}}^{(4)}$	1	$-i$	1	$-i$
$\chi_1(g)$	1	i	−1	$-i$
$\chi_2(g)$	1	i	1	i
$\chi_3(g)$	1	$-i$	−1	i
$\chi_4(g)$	1	$-i$	1	$-i$

Anwendung des Kriteriums für reelle Darstellungen

g	$\{e \mid \boldsymbol{0}\}$	$\left\{C_2 \middle\vert \frac{1}{2}\boldsymbol{a}_3\right\}$	$\left\{i \middle\vert \frac{1}{2}(\boldsymbol{a}_1 + \boldsymbol{a}_3)\right\}$	$\left\{\sigma_1 \middle\vert \frac{1}{2}\boldsymbol{a}_1\right\}$
g^2	$\{e \mid \boldsymbol{0}\}$	$\{e \mid \boldsymbol{a}_3\}$	$\{e \mid \boldsymbol{0}\}$	$\{e \mid \boldsymbol{a}_1\}$
$\boldsymbol{k} = \frac{1}{2}(\boldsymbol{b}_1 + \boldsymbol{b}_2)$				
$\chi(g^2)$	2	2	2	−2
$\boldsymbol{k} = \frac{1}{2}(\boldsymbol{b}_1 + \boldsymbol{b}_2 + \boldsymbol{b}_3)$				
$\chi_1(g^2)$, $\chi_2(g^2)$, $\chi_3(g^2)$, $\chi_4(g^2)$	1	−1	1	−1

Die Kenntnis der kritischen Punkte und der Auswahlregeln im RAMAN-Spektrum sowie die Daten über Infrarotabsorption, Neutronenstreuung und die Berechnungen der Dispersionskurven ermöglichen die Zuordnung der beobachteten Linien in den RAMAN-Spektren zweiter Ordnung; sie ist aber nicht in jedem Falle eindeutig. Wir wollen einige Beispiele für die Zuordnung der RAMAN-Spektren zweiter Ordnung betrachten.

Tabelle 50
Raman-Spektrum zweiter Ordnung des CsBr-*Kristalls*

Experiment [451] $\Delta\nu$ [cm^{-1}]	Rechnung $\Delta\nu$ [cm^{-1}]	Zuordnung
25	24	$LA(M) - TA_2(M)$; $LO(T)$;$- LA(T)$ $LO(S) - LA(S)$; $TO_1(Z) - TA_1(Z)$
40	41	$LO(\Gamma) - TO(\Gamma)$; $LO(X) - TO(X)$; $LO(T) - LA(T)$; $LO(S) - TA_2(S)$; $LO(Z) - TA_1(Z)$
54	52	$LO(M) - TA_2(M)$; $LO(X) - TA(X)$; $LO(S) - TA_1(S)$; $LO(Z) - TA_2(Z)$
75	83	$LA(M) + TA_2(M)$; $2LA(T)$, $TA(S) + TA_2(S)$
105	105	$2TO_2(M)$; $TO_1(T) + LA(T)$; $TO_2(S) + TA_1(S)$; $LA(Z) + TA_1(Z)$
125	125	$LO(X) + TA(X)$; $LO(T) + LA(T)$; $TO_1(S) + LA(S)$; $TO_1(S) + LA(S)$; $TO_1(Z) + TA_1(Z)$
134	134	$TO(X) + LA(X)$; $LO(M) + TO_2(M)$
134	135	$LO(M) + LA(M)$
134	133	$LO(R) + LA(R)$; $LO(T) + TO(T)$; $TO_1(S) + TA_1(T)$; $LO(Z) + TA_1(Z)$
—	155	$2LA(X)$; $2LO(T)$; $LO(S) + TO_1(S)$; $2TO_1(Z)$
163	163	$2LO(M)$; $2LO(T)$; $LO(S) + TO_1(S)$; $LO(Z) + TO_1(Z)$
176	182	$2LO(X)$; $2LO(S)$; $2LO(Z)$

Anmerkung: LO und LA sind longitudinale optische bzw. akustische Zweige: TO, TO_1, TO_2, TA, TA_1, TA_2 sind transversale optische und akustische Zweige.

In [451] wurde das Spektrum zweiter Ordnung des CsBr-Kristalls untersucht. Die Elementarzelle dieses Kristalls enthält zwei nichtäquivalente Atome. Die Symmetriegruppe ist die Raumgruppe O_h^1. Abb. 81c zeigt die BRILLOUIN-Zone der betrachteten Gruppe. Die Klassifizierung der Schwingungsniveaus erfolgt mit den Kompatibilitätsbeziehungen für die irreduziblen Darstellungen der Gruppe $G_{\boldsymbol{k}}$. Entsprechend ihrer Polarisation werden die Schwingungen in transversale und longitudinale eingeteilt. Die Auswahlregeln sagen aus, daß in diesem Kristall sowohl die Ober- als auch die Kombinationstöne in den Punkten Γ, Δ, T, X, Λ, R, Σ, S, Z, M erlaubt sind. Aus der Berechnung der Dispersionskurven [451] folgt, daß die Punkte Γ, M, X, Λ, R, S, Σ, und T kritische Punkte sind. Wegen der großen Zahl kritischer Punkte und der Tatsache, daß die entsprechenden Übergänge durch die Auswahlregeln erlaubt sind, weist das Spektrum relativ zahlreiche scharfe Maxima auf (Abb. 81b). Gestützt auf die berechneten Frequenzwerte versuchen die Autoren von [451], eine Zuordnung für sämtliche beobachteten Linien zu geben (Tab. 50). Die eindeutige Zuordnung wird erschwert, weil in diesem Spektrum zahlreiche Phononenpaare zu ein und demselben Maximum beitragen.

In [456] ist das RAMAN-Spektrum zweiter Ordnung des Kristalls GaP untersucht worden. Das Kristallgitter stimmt vollständig mit dem der kubischen Modifikation des ZnS-Kristalls überein (Abb. 71). Die kritischen Punkte der BRILLOUIN-Zone sind die Punkte Γ, L, X und W. Nach [451] sind alle Oberton- und Kombinationsübergänge in jedem dieser Punkte im RAMAN-Effekt erlaubt. In Abb. 81a ist das Spektrum des genannten Kristalls bei 20 °K wiedergegeben. Die Berechnungen der Dispersionskurven für den Kristall GaAs ergaben, daß sich der longitudinale optische Zweig (*LO*) und der transversale optische Zweig (*TO*) überschneiden, so daß im Ursprung der BRILLOUIN-Zone $LO > TO$ ist und an ihrem Rande $TO > LO$ ist. Darüber hinaus ist der longitudinale akustische Zweig (*LA*) weit entfernt vom transversalen akustischen Zweig (*TA*) und erreicht am Rande der BRILLOUIN-Zone fast den optischen Zweig. In [456] wird angenommen, daß die Dispersionskurven der Schwingungszweige für GaP ein ähnliches Aussehen haben. Unter dieser Voraussetzung läßt sich das RAMAN-Spektrum auf folgende Weise erklären (siehe Abb. 81a). Das beobachtete Spektrum läßt sich in drei Bereiche einteilen. Das Intervall 670—800 cm^{-1} entspricht summaren Übergängen von Paaren optischer Phononen; der zweite Bereich erstreckt sich von 293—613 cm^{-1}, die betreffenden Linien entstehen durch Kombinationen von

Tabelle 51
Raman-Spektrum des CaP-*Kristalls*

Frequenz [cm^{-1}]	Zuordnung	Frequenz [cm^{-1}]	Zuordnung
804	Maximum der Zwei-Phononen-Zustandsdichte	548	Maximum der Kombinationen $TA + TO$
802	$2 \times TO\,(W)$	546	$TO_1\,(W) + TA_1\,(W)$
786	$2 \times TO\,(X)$	533	$TO_2\,(W) + TA_2\,(W)$
770	$2 \times TO\,(W)$	570	$2 \times LA\,(X)$
756	$2 \times TO\,(L)$	495	$TO\,(X) + TA\,(X)$
745	$TO\,(X) + LO\,(X)$	471	$2 \times LA\,(L)$
740	$TO\,(L) + LO\,(L)$	460	$LO\,(X) + TA\,(X)$
721	$2 \times LO\,(L)$	450	$TO\,(L) + TA\,(L)$
705	$2 \times LO\,(X)$	402, 366	Linien erster Ordnung
687	$2 \times LO\,(W)$		
650, 618, 613, 607	$LA + TO$	309	$TA\,(L) + LA\,(L)$
		289	Maximum der Kombinationen $2 \times TA$
582, 567	$LA + LO$	285	$2 \times TA\,(W)$
		209	$2 \times TA\,(X)$
		151	$2 \times TA\,(L)$

Anmerkung: *LO* und *LA* sind die longitudinalen optischen und akustischen Zweige; *TO*, *TA*, TA_1 und TA_2 sind die transversalen optischen und akustischen Zweige.

optischen und akustischen Phononen; im Intervall 150—289 cm^{-1} erscheinen offenbar die Phononen des transversalen akustischen Zweiges. Differenzprozesse treten infolge der hinreichend tiefen Temperatur des Kristalls nicht auf. Die Linien 366 und 422 cm^{-1} rühren von der RAMAN-Streuung erster Ordnung an den transversalen und longitudinalen langwelligen optischen Schwingungen her. Der Intensitätspeak bei 289 cm^{-1} entspricht wahrscheinlich einem Phononenpaar am Rande des transversalen akustischen Zweiges, während der Peak bei 804 cm^{-1} auf den Obertonübergang einer langwelligen longitudinalen optischen Schwingung zurückzuführen ist. Die Anwesenheit von mehreren Maxima im Bereich 786 cm^{-1} deutet darauf hin, daß sich der transversale optische Zweig bei Annäherung an den Rand der BRILLOUIN-Zone stark verschiebt. Tab. 51 zeigt eine mögliche Zuordnung für die übrigen beobachteten Linien. Die Analyse der RAMAN-Spektren zweiter Ordnung liefert somit nützliche Informationen über die Dispersionskurven der Schwingungszweige von Kristallen.

§ 22. Raman-Spektren von dispersen Systemen

Die Anwendung der Methoden der Molekülspektroskopie auf disperse Systeme (Polykristalle, Pulver, Suspensionen) ist deshalb von großem Interesse, weil viele natürliche und künstliche Produkte von dieser Art sind. Wegen der großen Schwierigkeiten, von diesen Objekten ein RAMAN-Spektrum zu erhalten, wurden sie jedoch nur sehr wenig untersucht. Es sei bemerkt, daß, obwohl schon seit langem Methoden zur Aufnahme und Analyse von RAMAN-Spektren der dispersen Systeme ausgearbeitet werden [458—460], diese Methoden erst in den letzten Jahren verbreitete Anwendung [461—467] zur Untersuchung verschiedenartiger Objekte (auch absorbierender) gefunden haben. Im beachtlichen Maße sind die Erfolge auf diesem Gebiet dem Einsatz von Lasern als Erregerlichtquellen zu verdanken [468—470].

Um die RAMAN-Spektren von dispersen Systemen (bisher wurden hauptsächlich schwach absorbierende Pulver untersucht) zu erhalten, wurden zahlreiche Methoden vorgeschlagen. Hierbei sind zwei Gruppen von RAMAN-Anordnungen zu unterscheiden: die Rückstreuanordnung und die Anordnungen, bei denen das Erregerlicht die Probe durchstrahlt. Bei der Rückstreuanordnung wird das Streulicht von derselben Oberfläche gesammelt, auf welche die Erregerstrahlung fällt; bei der Durchstrahlungsanordnung sind diese Oberflächen durch die Probenschicht voneinander getrennt. Die Rückstreuanordnung bietet die Möglichkeit, Spektren von hoher Intensität zu erhalten, das Verhältnis der Intensität der RAMAN-Linien zur Intensität des Untergrundes ist dagegen bei der Durchstrahlungsanordnung wesentlich günstiger. Die verschiedenen Methoden werden in den Arbeiten [44, 471] verglichen.

Die schwierigste Aufgabe bei der Untersuchung der RAMAN-Spektren von dispersen Systemen ist die Messung der Linienintensitäten, die in komplizierter Weise nicht nur von den Eigenschaften der Substanz abhängen, sondern auch von den Parametern des Systems, beispielsweise von der Korngröße. Eine ähnliche Aufgabe steht bei der Untersuchung der Lumineszenz von dispersen Systemen. IWANOW [473] hat erstmalig versucht, den Einfluß des Dispersionsgrades des Systems auf die Intensität der Lumineszenz zu berücksichtigen. Gestützt auf die

Berechnungen von Gerschun [472], konnte er die Abhängigkeit der Lumineszenzintensität von der Schichtdicke des Pulvers ermitteln. In den genannten Berechnungen wurde allerdings vorausgesetzt, daß das Lumineszenzlicht bedeutend schwächer absorbiert wird als das Erregerlicht. Für die Raman-Streuung ist diese Annahme nicht richtig.

Nachdem von Iwanow ausgearbeiteten Lösungsweg, jedoch unter allgemeineren Voraussetzungen, ist die Aufgabe von Schuwalow [474] betrachtet worden. Die wesentlichen Resultate dieser Arbeit sollen im nachstehenden dargestellt werden.

Wir nehmen an, daß die Raman-Streuung an einem System erfolgt, das aus einer großen Zahl von Körnern besteht. Ist die Zahl der Körner in der Volumeneinheit so groß, daß man die Streuung an den Grenzschichten der Körner und die Absorption als stetige Funktionen der Schichtdicke ansehen kann, so ist das differentiale Herangehen gerechtfertigt.

Im allgemeinen hängen die Bedingungen für die Lichtausbreitung in dispersen Systemen von den Beleuchtungsbedingungen ab. Der Einfachheit halber wollen wir eine Substanzschicht betrachten, die zwischen zwei unendlich ausgedehnten parallelen Ebenen eingeschlossen ist und mit diffusem Licht bestrahlt wird. Denkt man sich innerhalb dieser Schicht eine zu den Grenzflächen parallele Ebene herausgelöst, so wird diese von rechts und von links bestrahlt.

E_1 sei die Beleuchtung von rechts und E_2 die Beleuchtung von links. Die Größen E_1 und E_2 sind Funktionen der Einlagerungstiefe der betrachteten Ebene, der Schichtdicke, der Absorption und des Streuvermögens der Substanz. Wir betrachten eine Schicht der Dicke dx; es seien $r = s dx$ der Reflexions- und $t = 1 - (s + k) \times dx$ der Transmissionskoeffizient der interessierenden unendlich dünnen Schicht. Hier ist s die Streukonstante, die den von der unendlich dünnen Schicht reflektierten Strahlenfluß charakterisiert und k die Absorptionskonstante. Die obige Beschreibung eines diffusen Mediums wurde erstmalig von Schuster [475] eingeführt. Setzt man voraus, daß sich die Struktur des gegebenen Objektes mit der Schichtdicke nicht ändert, und das Licht innerhalb der Schicht völlig diffus bleibt, so hängen s und k nur von der Substanz ab, nicht aber von der Schichtdicke. Davon ausgehend erhielt Gerschun für E_1 und E_2 die folgenden Ausdrücke [472]

$$E_1(x) = \frac{\operatorname{sh}[L(x_0 - x) - \ln R]}{\operatorname{sh}[Lx_0 - \ln R]}, \tag{22.1}$$

$$E_2(x) = \frac{\operatorname{sh}[L(x_0 - x)]}{\operatorname{sh}[Lx_0 - \ln R]}. \tag{22.2}$$

Hier sind

$$L = \sqrt{k^2 + 2ks},$$
$$R = 1 + (k/s) - \sqrt{(k/s)^2 + 2(k/s)}. \tag{22.3}$$

Die Größe R stellt den Reflexionskoeffizienten von einer unendlich dicken Schicht dar und L den effektiven Abschwächungskoeffizienten.

Es sei dI die von einer in der Entfernung x von der Oberfläche liegenden Schicht mit der Dicke dx ausgestrahlte Intensität der RAMAN-Streuung. Dann gilt

$$dI = 2\varkappa(E_1 + E_2)\,dx, \tag{22.4}$$

wobei $\varkappa$ der Streukoeffizient für die gegebene RAMAN-Linie ist. Es seien $I_1(x)$ und $I_2(r)$ die Dichten der von rechts und von links auf die innerhalb der Schicht liegenden Ebene auffallenden Lichtströme der RAMAN-Streuung. Die Lichtbilanz auf dieser Ebene ist gegeben durch (Abb. 82)

$$I_1(x + dx) = tI_1(x) + rI_2(x + dx) + \varkappa(E_1 + E_2)\,dx, \tag{22.5}$$

$$I_2(x)\,dx = tI_2(x + dx) + rI_1(x) + \varkappa(E_1 + E_2)\,dx. \tag{22.6}$$

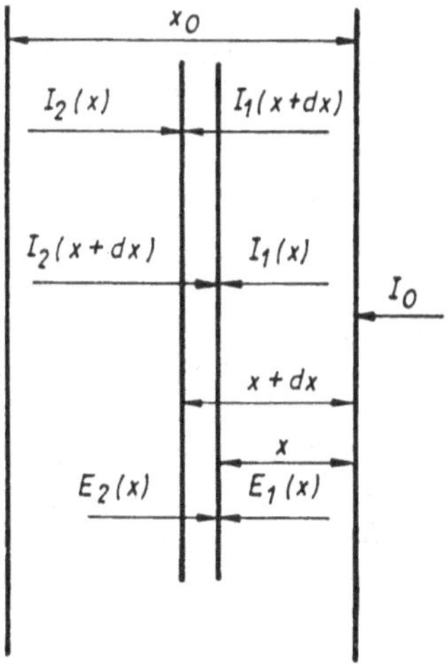

Abb. 82: Zur Berechnung der Intensität der RAMAN-Streuung in dispersen Medien.

I_0 ist das Erregerlicht, I_1 und I_2 die Intensitäten der RAMAN-Streuung, E_1 und E_2 die Beleuchtung der Fläche, die in einer Entfernung x von der Oberfläche liegt.

Setzt man für r und t die entsprechenden Werte ein, so ergibt sich

$$\frac{dI_1}{dx} = -(s' + k')\,I_1 + s'I_2 + \varkappa(E_1 + E_2), \tag{22.7}$$

$$\frac{dI_2}{dx} = -s'I_1 + (s' + k')\,I_2 - \varkappa(E_1 + E_2) \tag{22.8}$$

die gestrichenen Größen beziehen sich auf die RAMAN-Streuung). Es wird vorausgesetzt, daß die Beiträge der nach rechts und links von der unendlich dünnen Schicht ausgestrahlten Ströme gleich sind.

Mit Rücksicht auf $I_1(0) = 0$, $I_2(l) = 0$ (l ist die Schichtdicke) erhalten wir als Lösung des Systems (22.7) und (22.8)

$$I_1(l) = \frac{(1 + R')(1 + R)\varkappa}{(\delta^2 - R^2)(\delta'^2 - R'^2)} \left[\frac{(\delta - \delta')(\delta\delta' + RR')}{L - L'} - \frac{(\delta' R + R'\delta)(\delta\delta' - 1)}{L + L'}\right], \tag{22.9}$$

$$I_2(0) = \frac{(1 + R')(1 + R)\varkappa}{(\delta^2 - R^2)(\delta'^2 - R'^2)} \left[\frac{(\delta\delta' + RR')(\delta\delta' - 1)}{L + L'} - \frac{(\delta - \delta')(\delta' R + R'\delta)}{L - L'}\right]. \tag{22.10}$$

Hier sind $\delta = e^{Ll}$ und $\delta' = e^{L'l}$.

Die Parameter s und k stellen effektive Charakteristika der Streusubstanz dar; unter einigen zusätzlichen Voraussetzungen lassen sie sich nach den Formeln (siehe [473])

$$s = \frac{2Cr}{\Delta}, \quad k = 2k_0 C \tag{22.11}$$

bestimmen, wobei C der Packungskoeffizient ist, Δ die mittlere Korngröße und k_0 der Absorptionskoeffizient der Kristallsubstanz.

Die Formeln (22.9) und (22.10) stellen die allgemeine Lösung des Problems der Raman-Intensitäten in dispersen absorbierenden Systemen dar. Hierbei entspricht $I_1(l)$ der Intensität der Raman-Streuung (mit ebener Küvette) bei der Durchstrahlungsmethode und $I_2(0)$ der Intensität bei der Rückstreumethode. Es ist aber zu bemerken, daß unter realen Bedingungen die bei der Herleitung der Formeln gemachten Voraussetzungen nur mehr oder weniger schlecht erfüllt sind. Daher ist es in der Praxis in erster Linie notwendig, die Bedingungen zu klären, unter welchen die gegebenen Formeln anwendbar sind.

Wir wollen zunächst einige wichtige Sonderfälle betrachten. Untersucht man den Raman-Effekt im Bereich nicht allzu hoher Schwingungsfrequenzen, so kann man $k = k'$ und $s = s'$ setzen.
Dann wird

$$I_1(l) = \frac{(1 + R)^2 \varkappa\delta}{L(\delta^2 - R^2)^2} [lL(\delta^2 + R^2) - R(\delta^2 - 1)], \tag{22.12}$$

$$I_2(0) = \frac{(1 + R)^2 \varkappa}{2L(\delta^2 - R^2)^2} [(\delta^2 + R^2)(\delta^2 - 1) - 4lLR\delta^2]. \tag{22.13}$$

Für $s = s' = 0$ und $k \neq k'$ erhalten wir

$$I_1(l) = \frac{\varkappa}{k - k'} e^{-k'l}[e^{(k-k')l} - 1], \tag{22.14}$$

$$I_2(0) = \varkappa \left[\frac{1}{k + k'} + \frac{2k'}{k^2 - k'^2} e^{-(k-k')l} - \frac{1}{k - k'} e^{-2kl}\right]. \tag{22.15}$$

Für $k = k'$ und $s = s' = 0$ folgt aus (22.12) und (22.13)

$$I_1(l) = \varkappa l e^{-kl}, \tag{22.16}$$

$$I_2(0) = \frac{1}{2}\varkappa(1 - e^{-2kl}). \tag{22.17}$$

Die letzten Formeln entsprechen offensichtlich der Streuung in absorbierenden, aber nicht dispersen Systemen. Wir bemerken, daß in einigen Arbeiten das Medium mit einem einzigen effektiven Trübungsparameter beschrieben wird, wobei man auch zu einer Formel ähnlich (22.16) gelangt. Ungeachtet der Tatsache, daß dieses Vorgehen in einigen Fällen zu einer guten Übereinstimmung mit dem Experiment führt [471], ist sein Gültigkeitsbereich selbstverständlich mehr beschränkt, als die Anwendbarkeit der oben entwickelten Methode, in der das Medium durch zwei effektive Parameter beschrieben wird.

Im weiteren werden wir Formel (22.12) anwenden, die umgeschrieben werden kann:

$$\frac{I}{l} = \frac{(1 + R)^2 \varkappa\delta}{(\delta^2 - R^2)^2}\left[\delta^2 + R^2 - \frac{R(\delta^2 - 1)}{Ll}\right] = f(R, Ll)\,\varkappa. \tag{22.18}$$

Die Formel (22.18) ist bequem, weil sie nur zwei variable Größen: R und Ll enthält. Die Größe L läßt sich aus Messungen der Abhängigkeit der Erregerlinienintensität von der Küvettenlänge bestimmen. Setzt man nämlich für diesen Fall $\varkappa = 0$ und löst das Gleichungssystem (22.7) und (22.8), so findet man

$$I_E(l) = I_E(0)\, e^{-Ll}. \tag{22.19}$$

Mißt man das Verhältnis $I_E(l)/I_E(0)$ für einige Werte l, so läßt sich L für die betrachtete Pulversubstanz leicht finden, und in der Formel (22.18) bleibt lediglich der Parameter R unbekannt. Diesen Parameter kann man ebenfalls experimentell aus den Intensitäten der Raman-Linie für verschiedene Küvettenlängen l bestimmen, indem man die so erhaltenen Werte für $I(l)/l$ mit den nach Formel (22.18) errechneten vergleicht.[1]) So können im Prinzip alle in Formel (22.18) enthaltenen, von den Eigenschaften der gegebenen Substanz abhängigen Faktoren gefunden werden. Danach kann der Streukoeffizient $\varkappa = I_E(0)\varkappa_0$ bestimmt werden, der die wahre Linienintensität der Raman-Streuung der Substanz charakterisiert.

Bei der praktischen Anwendung des oben beschriebenen Schemas [476] zeigte sich, daß bei kleinen Küvettendicken eine gewisse Diskrepanz zwischen berechneter Kurve und Experiment zu beobachten ist. In Abb. 83 ist für Stilbenpulver definierter Korngröße das experimentelle Resultat dargestellt, wobei die Küvette am Spektrometerspalt angeordnet war. Die erwähnte Diskrepanz läßt sich leicht damit erklären, daß bei geringen Küvettenlängen die Bedingung für den diffusen Charakter der Erregerstrahlung nicht erfüllt ist.

[1]) Zur Bestimmung von R genügen im Prinzip zwei l-Werte; mit den Angaben für die anderen l-Werte kann die Übereinstimmung von Formel (22.18) mit dem Experiment überprüft werden.

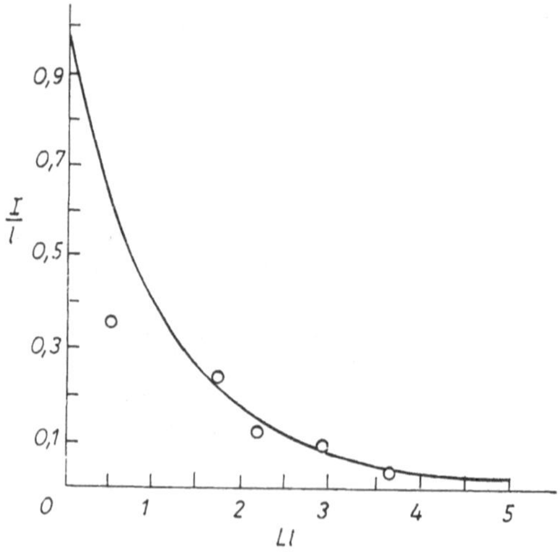

Abb. 83: Die Abhängigkeit der RAMAN-Linienintensität geteilt durch die Küvettenlänge von der Größe Ll.

Die durchgezogene Linie beschreibt die theoretische Kurve, die Punkte die experimentellen Daten (Stilben, Fraktion No 4, Messungen auf dem Spektrometer DFS – 12).

Für die weiteren Messungen wurde eine bequemere Anordnung gewählt. Die Küvette mit dem Pulver befand sich in einiger Entfernung vom Spalt und die Streustrahlung wurde mit Hilfe einer Kondensorlinse auf den Spalt konzentriert. Das Experiment zeigte wieder, daß die Abhängigkeit der RAMAN-Linienintensität von der Dicke der Küvette vom Verhältnis α der bestrahlten Küvettenoberfläche zur Gesamtoberfläche abhängt. Eine gute Übereinstimmung des Experimentes mit der theoretisch vorhergesagten Abhängigkeit der Intensität der RAMAN-Linien von Ll erhält man dann, wenn sich α in den Grenzen von 0,4 bis 0,6 bewegt. Unter Beachtung dieser Bedingung wurden in [476] die Intensitäten der Stilben-RAMAN-Linien für eine Reihe von Korngrößen-Fraktionen und Küvettendicken gemessen. Bei bekannten Werten für die Intensitäten I, L und die Küvettenlänge wurde R für verschiedene Fraktionen bestimmt (Tab. 52).

Tabelle 52

Substanzparameter für verschiedene Korngrößen-Fraktionen

Nummer der Fraktion	Korngröße [mm]	L	R
1	von 0,1 bis 0,2	1,18	0,30
2	von 0,2 bis 0,3	1,15	0,25
3	von 0,3 bis 0,4	0,99	0,20
4	von 0,4 bis 0,5	0,72	0,10

Abb. 84 zeigt einen Vergleich der theoretischen Ergebnisse nach Formel (22.18) mit den experimentellen Resultaten. Wie zu erkennen ist, stimmen die berechneten Werte recht gut mit den experimentellen überein.

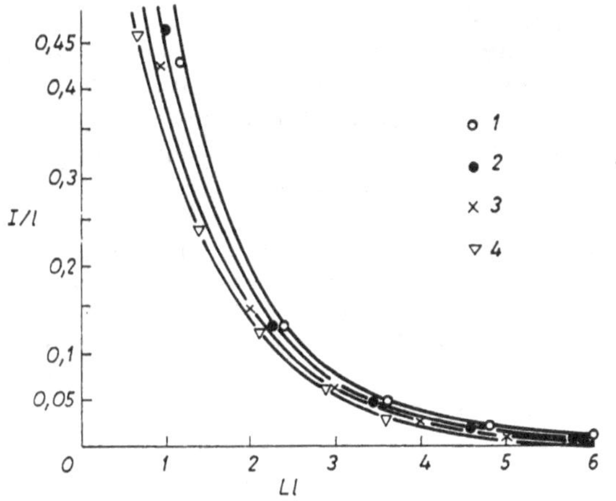

Abb. 84: Experimentelle und theoretische Abhängigkeit der Größe I/l von Ll.

Durchgezogene Linien sind die Rechnung für die entsprechenden R und L, die Punkte die experimentellen Werte, *1*, *2*, *3* und *4* die Nummer der Fraktion.

Die durchgeführten Untersuchungen zeigen, daß die Formel (22.18) zur Ermittlung der wahren Intensität der Raman-Linien benutzt werden kann, wenn die entsprechenden Meßbedingungen eingehalten werden.

Die angeführten Daten zeigen, daß günstige Aussichten hinsichtlich der Messung der absoluten Intensitäten der Raman-Linien und ihrem Vergleich für verschiedene disperse Systeme bestehen. Diesem Problem sind die Arbeiten [477] gewidmet.

In jüngster Zeit wurde eine Reihe von Arbeiten publiziert, in denen über Messungen des absoluten Koeffizienten bzw. des Querschnittes der Raman-Streuung in Flüssigkeiten berichtet wird (siehe § 2), [12, 16, 291, 478—480]. Das größte methodische Problem bei solchen Messungen ist die Berücksichtigung der unterschiedlichen Aperturen des Erreger- und des Streulichtes. In allen oben zitierten Arbeiten wurden die Messungen so durchgeführt, daß die Richtungen der Erregerstrahlung und des Streulichtes einen Winkel von 90° bis 20° miteinander bildeten. Unter diesen Bedingungen erfordert die Berücksichtigung der Apertur zusätzliche Messungen und Korrekturen. Am einfachsten läßt sich die Beleuchtungsapertur berücksichtigen, wenn die Beobachtung in Richtung des Erregerlichtes erfolgt. Bei einer solchen Anordnung wurden jedoch keine Messungen des Streuquerschnittes durchgeführt, offensichtlich wegen der starken Störung durch die Primärstrahlung. In den Arbeiten [477] wurde der Streuquerschnitt des Raman-Effektes in Pulver und Monokristallen von Stilben photographisch und photoelektrisch gemessen. In Übereinstimmung mit (22.18) ist der Streuquerschnitt des Raman-Effektes einer Substanz in einem bestimmten Raumwinkel, bezogen auf ein Molekül, gegeben durch

$$\sigma = \frac{I}{I_E(0)\, lf(R, Ll) N}, \tag{22.20}$$

wobei N die Zahl der Moleküle der Substanz je Streuvolumeneinheit ist.

In [477] wurde Stilbenpulver mit folgenden Korngrößen untersucht: erste Fraktion von 0,1 bis 0,2 mm und zweite Fraktion von 0,4 bis 0,5 mm. Das Pulver befand sich in ebenen Küvetten der Dicke 2 und 4 mm mit einem Durchmesser von 12 mm. Als Erregerlichtquelle diente die Quecksilberlampe PRK-2 (Linie 4358 Å). Gemessen wurde die Intensität der RAMAN-Linie $\Delta\nu = 1593\ \mathrm{cm}^{-1}$ des Stilbens. Verwendet wurde ein Spektrometer DFS-12. Gemessen wurde die integrale Intensität sowohl der RAMAN- als auch der Erregerlinie. Bei der Registrierung der Erregerlinie wurde diese durch neutrale Lichtfilter um ein bestimmtes Vielfaches abgeschwächt. Der absolute Koeffizient der RAMAN-Streuung an Pulver wurde für einen bestimmten Raumwinkel nach (22.20) ermittelt. Analog wurde der Streuquerschnitt des RAMAN-Effektes im Monokristall von Stilben gemessen. Zu diesem Zwecke wurden Stilben-Monokristalle von zylindrischer Form mit einem Durchmesser von 15 mm und einer Länge von 5 bis 50 mm verwendet. Der Versuch zeigte, daß die Erregerlinie im betrachteten Monokristall nach dem Gesetz (22.19) abgeschwächt wird. Das an zwei Monokristallen vom Durchmesser 15 mm und den Längen 20 und 50 mm durchgeführte Experiment ergab $R = 0{,}008$, d. h. einen Wert, der, wie für den Monokristall zu erwarten war, die Größe der Funktion $f(R, Ll)$ nicht wesentlich beeinflußt. Dementsprechend konnte für den Monokristall in weiteren Rechnungen der Parameter R Null gesetzt werden. Dann geht die Gleichung (22.20) in die Formel für Monokristalle über:

$$\sigma = \frac{I}{I_E(0)\, e^{-Ll} l N}. \tag{22.21}$$

Man sieht leicht, daß diese Formel für $L = 0$ den Streuquerschnitt des RAMAN-Effektes von transparenten Flüssigkeiten liefert. Die zur Bestimmung des Streuquerschnittes in Pulvern und Monokristallen verwendete Anordnung ist in Abb. 85 schematisch dargestellt.

Im Experiment wurden zwei verschiedene Kondensoren mit den Brennweiten 60 und 120 mm benutzt. Wie der Versuch zeigte, hängt der gemessene Querschnittswert bei einer Ausgangsapertur von 6° und weniger nicht von der Brennweite der Kondensoren ab. Die Größe des Raumwinkels $\Delta\Omega_{\mathrm{me}}$, in welchem die RAMAN-Streuung in transparenten Medien erfolgt, kann man leicht durch Integration über das Volumen des Monokristalls (bzw. der Flüssigkeit) erhalten Es wird vorausgesetzt, daß die Moleküle, die sich in einer bestimmten Entfernung r vom Mittelpunkt des Monokristalls befinden, in demselben Raumwinkel abstrahlen, wie die Moleküle im Monokristallzentrum. Eine einfache Rechnung liefert den Ausdruck:

$$\Delta\Omega_{\mathrm{me}} = \frac{S}{ab}, \tag{22.22}$$

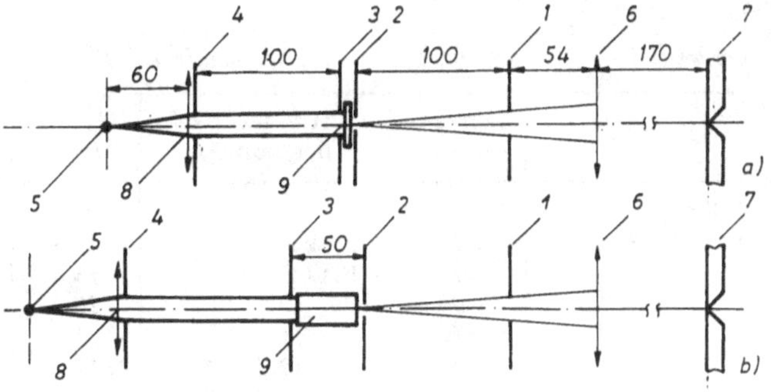

Abb. 85: Schema der Apparatur zur Bestimmung des absoluten Koeffizienten σ der RAMAN-Streuung *a*) von Pulver; *b*) von einem Monokristall.
1, 2, 3 und *4* – Blenden; *5* – Lampe; *6* – Kondensor, *7* – Spektrometerspalt, *8* – Linse (f = 60 mm) und *9* – Küvette mit dem Pulver oder dem Monokristall.

wobei S die beleuchtete Kondensorfläche ist, und a und b die Entfernungen von der vorderen bzw. hinteren Kristallfläche bis zum Kondensor sind. Eine genauere Rechnung liefert praktisch das gleiche Resultat.

Nach der beschriebenen Methode wurde der Streuquerschnitt des RAMAN-Effektes in Stilbenpulver und -monokristallen für verschiedene Raumwinkel ermittelt. Die Meßresultate sind in Tab. 53 zusammengestellt. Sie wurden unter der Voraussetzung erhalten, daß die Indikatrix der Stilben-Linie 1593 cm^{-1} sphärisch symmetrisch ist; sie lassen sich ohne Mühe für andere Indikatrix-Formen umrechnen. Der relative Meßfehler für den Streuquerschnitt des RAMAN-Effektes beträgt $\pm 20\%$. Die Übereinstimmung der unter verschiedenen Bedingungen erhaltenen Ergebnisse läßt darauf schließen, daß die gegebene Methode zur Messung des Streuquerschnittes in Pulvern und Monokristallen geeignet ist. Es wurde außerdem der Streuquerschnitt von Benzolpulver gemessen. Dazu wurde Pulver von Benzol im gefrorenen Zustand mit Korngrößen von 0,3 bis 0,04 mm in runde Quarzküvetten mit einem Durchmesser von 12 mm und einer Dicke von 1, 2, 3, 4 und 5 mm gefüllt. Gemessen wurde bei 101°, 172° und 252 °K die Intensität der Benzollinie 992 cm^{-1}; als Erregerlichtquelle diente ein Hg-Niederdruckbrenner (Linie 4358 Å) mit einem Interferenzfilter. Es wurde festgestellt, daß für die interessierende Linie der Streuquerschnitt praktisch nicht von der Temperatur abhängt. Deshalb sind in Tab. 53 gemittelte Werte angegeben.

Um die RAMAN-Linien für die Flüssigkeit und den festen Zustand zu vergleichen, wurde von uns der Streuquerschnitt in flüssigem Benzol bei Zimmertemperatur und in Stilben bei einer Temperatur von +150 °C bei Anregung mit der Quecksilberlinie 4358 Å gemessen. Zur Messung des Streuquerschnittes des RAMAN-Effektes von Benzol wurde eine Glasröhre von 1050 mm Länge und einem Durchmesser von 28 mm verwendet, die mit einem parallelen Strahlenbündel beleuchtet wurde. Die Apertur des austretenden Strahlenbündels war kleiner als 5°. Die Messung des RAMAN-Streuquerschnittes von Benzol erfolgte für verschiedene effektive Küvettendurchmesser, die durch Blenden vorgegeben wurden. Der Streuquerschnitt für flüssiges Stilben wurde in Metallröhren von 12 mm Durchmesser mit Quarzfensterchen gemessen.

Tabelle 53

Querschnitt der Raman-Streuung für einige Kristalle und Flüssigkeiten

Substanz	Aggregat-zustand[1])	Charakteristika der Probe[2])	$\Delta\Omega_{me} \cdot 10^3$ [sr]	$\sigma \cdot 10^{28}$ [cm^2]
Stilben				
$\Delta\nu = 1593\ cm^{-1}$	P	Fraktion 1	33,4	469
	P	Fraktion 2	33,3	464
	M	$d = 15$	25	460
	M	$d = 11$	25	458
	F	$d = 12, l = 104$	47	27
	F	$d = 12, l = 23$	20	25
Benzol				
$\Delta\nu = 992\ cm^{-1}$	P	—	7,9	55
	F	$d = 26, l = 1050$	14	2,1
	F	$d = 18, l = 1050$	4,2	2,0
$NaClO_3$				
$\Delta\nu = 936\ cm^{-1}$	P	$T = 101$	—	7,7
	P	$T = 293$	—	7,2
	P	$T = 483$	—	7,9
GaP				
$\Delta\nu = 402\ cm^{-1}$	P	$T = 103$	—	200
	P	$T = 293$	—	390
	P	$T = 723$	—	980
	M	$T = 293$	—	300
CdS				
$\Delta\nu = 207\ cm^{-1}$	P	$T = 293$		0,7

[1]) Der Buchstabe P bedeutet Pulver, M Monokristall und F Flüssigkeit.
[2]) d bezeichnet den Durchmesser [mm], l die Länge [mm] und T die Temperatur [°K].

Die Meßergebnisse für die Benzollinie 992 cm^{-1} sind unter Berücksichtigung der Streuindikatrix in Tab. 53 wiedergegeben. Die Resultate für Stilben wurden unter der Voraussetzung erhalten, daß die Indikatrix der Raman-Linie 1593 cm^{-1} sphärisch symmetrisch ist. Auffällig ist der große Unterschied zwischen dem Streuquerschnitt in der Flüssigkeit und im Kristall.

Die für flüssiges Benzol erhaltenen Daten stimmen gut mit dem in [12, 480] ermittelten Wert $\sigma \cdot 10^{28} = 1{,}9\ cm^2$ überein.

Tab. 53 enthält außerdem Angaben über $NaClO_3$-Kristalle, die bei Anregung mit der Hg-Linie 4358 Å gemessen wurden, sowie über die Kristalle GaP und CdS, aufgenommen bei Anregung mit der Linie 6328 Å eines He-Ne-Lasers. Die starke Temperaturabhängigkeit des Streuquerschnittes in GaP kann mit der Temperaturverschiebung der Elektronenabsorptionsbande dieses Kristalls erklärt werden [477].

4. Stimulierter Raman-Effekt

§ 23. Linienintensität des stimulierten Raman-Effektes und die Abhängigkeit von den Anregungsbedingungen

1. *Erste experimentelle Resultate*

Der stimulierte Raman-Effekt wurde im Jahre 1962 von Woodbury und Ng [481] bei Experimenten mit der Impulsstrahlung hoher Leistung eines Rubinlasers entdeckt. Zur Verringerung der Abstrahlungszeit des Rubinlasers verwendeten sie in ihren Versuchen als optischen Schalter eine Kerr-Zelle mit Nitrobenzol. Dabei stellte sich heraus, daß in der Strahlung zusätzliche, für den Raman-Effekt des Nitrobenzols typische Frequenzen anwesend waren, die durch ihre enorme Intensität auffielen. Nach der Arbeit [481] erschien eine Reihe von Mitteilungen über Untersuchungen des stimulierten Raman-Effektes (siehe die Übersichtsarbeiten [482, 483]). Es wurden einige Besonderheiten dieses Effektes festgestellt, der die charakteristischen Züge der gewöhnlichen Raman-Streuung und der Strahlung optischer Laser wiedergibt.

Es ist wichtig zu bemerken, daß für die Anregung der Spektren der stimulierten Raman-Streuung nicht die Energie der Erregerstrahlung, sondern ihre Leistung ausschlaggebend ist. Die erforderlichen Leistungen kann man mit Hilfe von Riesenimpulslasern, auch Laser mit gepulster oder modulierter Ausgangsleistung genannt, erhalten.

Aus der allgemeinen Theorie der Laser ist bekannt, daß ihre Intensität in der Hauptsache davon abhängt, inwieweit es gelingt, die Besetzung des oberen Niveaus über die für die Schwelle der stimulierten Emission erforderliche minimale Besetzung hinaus zu erhöhen. Die Anregungsschwelle wird durch die Verluste im Resonator bestimmt. Unter gewöhnlichen Bedingungen ist es jedoch unmöglich, die Besetzung an der Schwelle stark zu überschreiten, weil die stimulierte Emission einsetzt, sobald die Besetzung des oberen Niveaus den Schwellenwert erreicht hat, und damit die Besetzung stark vermindert wird (bis unter die Schwelle), und die stimulierte Emission zum Stillstand kommt. Ist der Pumpimpuls genügend stark und seine Dauer hinreichend groß, so entsteht eine Reihe von relativ schwachen Strahlungsimpulsen. Eine Vergrößerung der Pumpleistung führt in der Hauptsache zu einer höheren Anzahl der Impulse, die Strahlungsleistung steigt dagegen wenig. Hieraus folgt, daß, um die Besetzung des oberen Niveaus zu erhalten, die Schwelle der stimulierten Emission angehoben werden muß, d. h., die Verluste im Resonator müssen vergrößert werden. Das ist aber nicht alles. Damit die Leistung der stimulierten Emission maximal wird, ist eine Einrichtung notwendig, die, sobald die Besetzung ihr Maximum erreicht hat, die Verluste erheblich herabsetzt. Dieses Problem wird derzeit auf dreierlei Weise gelöst: elektrooptisch, optisch-mechanisch und nichtlinear optisch.

Bei der elektrooptischen Methode bringt man zwischen zwei gekreuzte Polarisatoren, die die Rolle eines Schalters spielen, eine Kerr-Zelle in das System.

Legt man an die Zelle eine hohe Spannung an, so dreht sich die Polarisationsebene um den nötigen Winkel, und das Licht kann die Polarisatoren ungehindert passieren. Für Apparaturen dieser Art benötigt man eine komplizierte Hochspannungsanlage. Darüber hinaus ist diese Methode für den stimulierten RAMAN-Effekt unvorteilhaft, weil wegen der für die KERR-Zelle verwendeten Substanzen im Spektrum in der Regel parasitäre Linien erscheinen.

Als Beispiel für einen optisch-mechanischen Schalter kann der Schalter mit einem rotierenden Spiegel (totalreflektierendes Prisma) dienen. Hier sind große Drehgeschwindigkeiten nötig; trotzdem ist diese Methode einfacher und bequemer als die vorhergehende.

In der letzten Zeit finden die nichtlinearen optischen Schalter eine immer breitere Anwendung. Fällt auf ein absorbierendes Medium eine Strahlung mit genügend großer Leistung, so gehen alle Moleküle in den angeregten Zustand über, und die Substanz wird transparent. Solange die Moleküle im angeregten Zustand sind, ist die Substanz transparent. Für solche Schalter werden beispielsweise Kryptozyanin und KS-19-Glas verwendet. Mit diesen Schaltern werden Leistungen in der Größenordnung von Gigawatt erreicht.

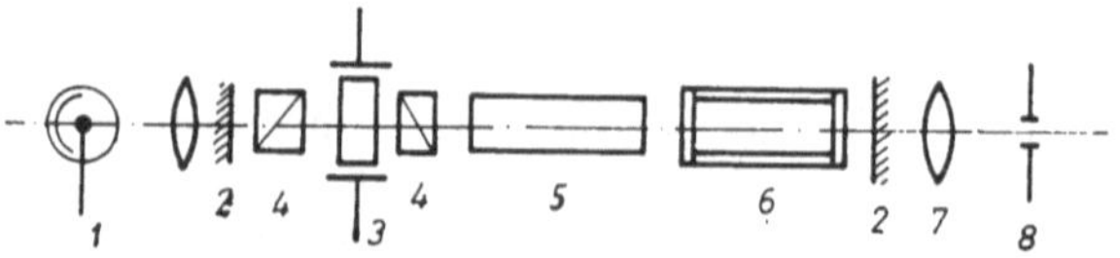

Abb. 86: Schema der Anordnung.

1 – Photomultiplier; *2* – mehrschichtiger dielektrischer Spiegel; *3* – KERR-Zelle; *4* – Polarisatoren, *5* – Rubinstab; *6* – Küvette mit der Probenflüssigkeit; *7* – Kondensorlinse; *8* – Eingangsspalt.

Der stimulierte RAMAN-Effekt hängt wesentlich von der Anordnung der aktiven Substanz bezüglich des Resonators ab. In den ersten Arbeiten über den stimulierten RAMAN-Effekt wurden Anordnungen verwendet, bei denen sich die Streusubstanz innerhalb des Resonators befand. Als Beispiel ist in Abb. 86 die von ECKHARDT und Mitarbeitern [484] entwickelte Apparatur dargestellt. Als aktives Medium im Laser wurde ein zylinderförmiger $76 \times 9{,}5$ mm Rubinstab mit polierter Oberfläche verwendet. Das Pumpen erfolgte durch eine gewendelte Blitzlampe (fehlt auf der Zeichnung); der Rubin befand sich längs der Lampenachse. Im Resonator wurden Spiegel mit mehreren dielektrischen Schichten benutzt. Als Polarisator diente ein WOLLASTON-Quarzprisma. Als Schalter wurde eine KERR-Zelle verwendet, in der das Nitrobenzol durch einen KH_2PO_4-Kristall ersetzt war, der, wie es sich herausstellte, keine eigenen Linien erzeugt. Die Probenküvette hatte eine Länge von 2,5 bis 10 cm. Das aus beiden Enden der Apparatur austretende Licht wurde registriert. Auf der einen Seite befand sich ein Photomultiplier, der die Rubinstrahlung ($\lambda = 6943$ Å) registrierte, auf der anderen Seite eine Spektralapparatur zur Registrierung der Streustrahlung. Der Ausgangsimpuls des Rubinlasers betrug 0,2—2 MW bei einer Dauer von 20—70 ns, was einer Energie von 0,05—0,2 J entspricht.

Zu den Vorteilen solcher Anordnungen gehört, daß die Erregerlinie 6943 Å gerade im Resonator besonders stark ist; darüber hinaus wird ein und derselbe

Resonator sowohl für den Rubin als auch für die induzierte Strahlung der Flüssigkeit verwendet.

In [484] und in der folgenden Arbeit [485], die nach derselben Methode durchgeführt wurde, wurden einige Flüssigkeiten (Benzol, Toluol, Pyridin, Cyclohexan, Nitrobenzol u. a.) untersucht. In den Spektren jeder dieser Substanzen wurden eine oder zwei STOKESsche Linien und ihre Harmonischen beobachtet. Diese Linien entsprechen den totalsymmetrischen Schwingungen mit den größten Linienintensitäten im gewöhnlichen RAMAN-Spektrum. Die zweite und dritte Harmonische fallen nicht mit den entsprechenden Obertönen zusammen; im Unterschied zu den Obertönen sind die Frequenzen der Harmonischen mit größerer Genauigkeit ein Vielfaches der Grundfrequenzen (Tab. 54).

Tabelle 54

Stimulierter Raman-Effekt in einigen Flüssigkeiten

Substanz	$\Delta\nu_{\text{stim Raman}}$ [cm^{-1}]	$\Delta\nu$ [cm^{-1}]	Substanz	$\Delta\nu_{\text{stim Raman}}$ [cm^{-1}]	$\Delta\nu$ [cm^{-1}]
Benzol	990 ± 2	992	1-Bromnaphthalin	1368 ± 4	1363
	$2 \times (990 \pm 2)$			—	3060
	3064 ± 4	3064			
Nitrobenzol	—	1004	Pyridin	992 ± 2	991
	1344 ± 2	1345		$2 \times (992 \pm 5)$	
	$2 \times (1346 \pm 2)$			—	3054
	$3 \times (1340 \pm 5)$		Cyclohexan	—	801
Toluol	—	785		2852 ± 1	2853
	1004 ± 4	1002	deuteriertes Benzol	944 ± 1	945
				$2 \times (944 \pm 1)$	
				—	2292

Anmerkung: $\Delta\nu_{\text{stim Raman}}$ bedeutet die Frequenzverschiebung der stimulierten RAMAN-Linie zur Rubinstrahlung, $\Delta\nu$ sind die Frequenzen der stärksten RAMAN-Linien.

Die Autoren verweisen auf drei Tatsachen, die nach ihrer Meinung darauf hindeuten, daß auf den verschobenen Frequenzen stimulierte Emission stattfindet:

1. der hohe Grad von Parallelität der aus der Küvette austretenden Strahlung, der demjenigen der Rubinlaserstrahlung entspricht;

2. Verringerung der Linienbreite, die sich bei den untersuchten Linien mit Erhöhung der Pumpenergie weiter verringert (0,6 cm^{-1} anstelle von einigen cm^{-1} in gewöhnlichen RAMAN-Spektren);

3. das Vorhandensein einer Schwelle[1]) für die Ausgangsleistung des Rubinlasers und die Länge der Küvette mit der untersuchten Substanz, d. h. für die Länge des Lichtweges in der aktiven Substanz. Nach Überschreitung der Schwelle wächst die Leistung der frequenzverschobenen Strahlung stark an, wobei 0,01—0,1 der Laserleistung, also 10—100 KW erreicht werden.

In [485] wurde ein starker Effekt der Strahlungsunterdrückung festgestellt; sind zwei oder mehrere RAMAN-aktive Substanzen vorhanden, so wird die stimu-

[1]) Zum Begriff der Schwelle siehe § 23,4.

lierte RAMAN-Streuung der schwächeren Linien durch die Strahlung der stärkeren unterdrückt. Die Autoren bringen das damit in Zusammenhang, daß die Leistung der Erregerlinie des Lasers durch Energieübertragung in die Streustrahlung abgeschwächt wird.

Da die Anregung der stimulierten RAMAN-Spektren mit einer sehr hohen Schwelle verbunden ist, wurde diese Erscheinung zunächst nur bei Experimenten mit Impulslaseranordnung beobachtet. In der Folge konnte der Effekt auch mit Hilfe eines gewöhnlichen Rubinlasers gefunden werden, obgleich er bezüglich der Leistung etwa zwei Größenordnungen kleiner war als der Impulslaser [486]. Hierbei betrug die Anregungsschwelle für den stimulierten RAMAN-Effekt bezüglich der Pumpenergie des Rubinlasers 360 J bei einer Blitzdauer der Lampe von ungefähr 500 μs. Durch die längere Wirkung der Erregerstrahlung wurde also die Anregungsschwelle der verschobenen Strahlung erreicht.

Beim zweiten Anordnungstyp zur Untersuchung des stimulierten RAMAN-Effektes befindet sich die Küvette mit der Streusubstanz außerhalb des Resonators. Dabei muß die Impulsleistung der Erregerstrahlung bei weitem höher sein als in dem Falle, wo sich die Küvette innerhalb des Resonators befindet. Dieser Nachteil wird jedoch dadurch kompensiert, daß eine solche Anordnung die Untersuchung der Streustrahlung in einem großen Winkel gestattet. Dieser Umstand ist von großer Wichtigkeit [487, 488].

Von STOICHEFF wurde die in Abb. 87 schematisch dargestellte Anordnung verwendet [488]. Die Riesenimpulsschaltung[1]) erfolgte mit Hilfe eines rotierenden totalreflektierenden Prismas. Die Rotationsgeschwindigkeit betrug 400 Umdrehungen/s. Die Lampenblitze wurden mit der Rotation des Prismas synchronisiert. Die Strahlungsenergie der Rubinlinie 6943 Å betrug 0,1 bis 0,8 J, die Blitzdauer ungefähr 20 ns. Um eine maximale Leistungsdichte zu erreichen, wurde die Laserstrahlung mit einer Linse der Brennweite 25 cm in die Küvette mit der Probenflüssigkeit fokussiert. Die Küvettenlänge wurde zwischen 2 und 70 mm variiert. Der Querschnitt des Laserstrahls in der Küvette war kleiner als 0,1 cm^2. Die Leistungsdichte wurde hierbei auf 100 MW/cm^2 geschätzt.

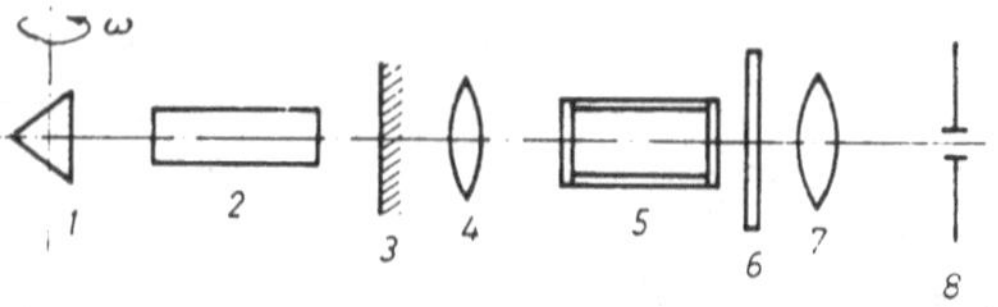

Abb. 87: Schema der Anordnung:
1 – totalreflektierendes Prisma; *2* – Rubinstab; *3* – mehrschichtiger dielektrischer Spiegel; *4* – Linse; *5* – Küvette mit Probenflüssigkeit; *6* – Filter; *7* – Kondensorlinse; *8* – Eingangsspalt.

Mit einer solchen Anordnung konnte TERHUNE [487] nicht nur die STOKESsche, sondern auch die anti-STOKESsche RAMAN-Streuung registrieren. Es stellte sich heraus, daß die anti-STOKESsche Streustrahlung nicht entlang der Achse aus der Küvette austritt, sondern unter einem gewissen Winkel zu dieser, auf der Oberfläche eines Kegels, dessen Achse mit der Richtung der Erregerstrahlung zusammenfällt. Jede Harmonische hat einen eigenen Öffnungswinkel des Kegels, so daß

[1]) *Anmerkung des Herausgebers:* Auch Q-switch oder Güteschaltung.

auf einem Farbfilm, der sich in einiger Entfernung von der Küvette mit der zu untersuchenden Flüssigkeit senkrecht zu ihrer Achse befindet, konzentrische Kreise von verschiedener Farbe zu beobachten sind. Die Intensität der anti-STOKESschen Linien in den stimulierten RAMAN-Spektren erwies sich von derselben Größenordnung wie die Intensität der STOKESschen Linien. Die Tatsache, daß die anti-STOKESschen Linien in den Anordnungen mit der Küvette im Resonator nicht beobachtet wurden, läßt sich damit erklären, daß die anti-STOKESsche Strahlung unter einem gewissen Winkel zur Achse des Resonators, der auf die Strahlung entlang der Achse abgestimmt ist, ausgestrahlt wird.

Es sei bemerkt, daß in [488] für verflüssigten Wasserstoff, Sauerstoff und Stickstoff eine intensive anti-STOKESsche Streuung beobachtet wurde. In den gewöhnlichen RAMAN-Spektren wurde für keine dieser Substanzen anti-STOKESsche Streuung beobachtet; offenkundig wegen der tiefen Temperaturen.

Mit der Weiterentwicklung der experimentellen Technik wurden auch Spektrenaufnahmen von Gasen möglich [489]. Einige Zeit später konnten im anti-STOKESschen Bereich des Wasserstoffspektrums bei einer Komprimierung auf 100 atm sechs Harmonische gefunden werden [490]. Somit wurde eine induzierte Strahlung mit der Wellenlänge von ungefähr 2500 Å erhalten.

In der Arbeit [491] wurde die stimulierte RAMAN-Streuung von Diamant-, Kalzit- und Schwefelmonokristallen gefunden. Es wurde ein Diamantkristall vom Typ II A in Form einer Scheibe mit 9 mm Durchmesser und einer Dicke von 2,95 mm, der senkrecht zur [111]-Achse geschnitten war, verwendet. Im Spektrum wurden die STOKESschen Frequenzen 1325 und 2661 cm^{-1} und die anti-STOKESsche Frequenz 1335 cm^{-1} beobachtet. Im Kalzitspektrum wurden die Linien 1075 und 2171 cm^{-1}, im Schwefelspektrum 216, 472 und 946 cm^{-1} registriert.

In der Arbeit [492] wurden die stimulierten RAMAN-Spektren von einigen pulverförmigen Substanzen erhalten. Der Nachweis der stimulierten RAMAN-Streuung in dispersen Systemen besitzt große Bedeutung für das Verständnis dieser Erscheinung.

So kann man offensichtlich bei hinreichend hoher Leistung der Erregerstrahlung in jeder beliebigen transparenten Substanz jedes beliebigen Aggregatzustandes eine stimulierte RAMAN-Streuung erzeugen.

Im Zusammenhang mit dem Einsatz neuer Erregerlichtquellen ist der Artikel von ACHMANOW und Mitarbeitern [493] von großem Interesse. Als Erregerlicht benutzten sie die Harmonische eines Neodymglaslasers (Wellenlänge $\sim$0,53 μ). Es wurde eine Gegenüberstellung der Anregungsschwelle der stimulierten RAMAN-Streuung für eine Reihe von Substanzen bei Anregung mit Rubinstrahlung und der genannten Harmonischen gegeben. Es zeigte sich, daß bei Anregung mit der Harmonischen die Schwellenwerte niedriger liegen. Die Autoren weisen darauf hin, daß die Herabsetzung der Schwelle offenbar nicht eindeutig auf die Erhöhung der RAMAN-Intensität um den Faktor ν^4 zurückgeführt werden kann.

2. *Halbklassische Theorie der stimulierten Raman-Streuung*

Die wichtigsten Besonderheiten des stimulierten RAMAN-Effektes lassen sich schon auf der Grundlage einer halbklassischen Betrachtung erklären. Das allgemeine Schema einer solchen Behandlung wurde von TOWNES [494, 495] entwickelt.

Der zitierten Arbeit folgend, betrachten wir ein Molekül mit der Polarisierbarkeit α im elektrischen Feld $\boldsymbol{E}$. Unter der Wirkung des Feldes $\boldsymbol{E}$ erhält das Molekül ein elektrisches Moment $\mu = \alpha \boldsymbol{E}$ und die potentielle Energie $U = -1/2 \times \alpha \boldsymbol{E}^2$.

Es sei x eine Koordinate, die irgendeinen Schwingungsprozeß im Molekül beschreibt. Vorausgesetzt, daß auf das Molekül die äußere Kraft

$$F = -\frac{\partial U}{\partial x} = \frac{1}{2} \frac{\partial \alpha}{\partial x} \boldsymbol{E}^2 \tag{23.1}$$

wirkt, erhalten wir die folgende Gleichung für die innermolekularen Schwingungen

$$m\ddot{x} + R_0\dot{x} + fx = F_0 \cos \omega t \tag{23.2}$$

(die äußere Kraft wird als harmonisch angenommen). Die Lösung dieser Gleichung für eine Frequenz ω, welche dicht bei der Resonanzfrequenz $\omega_r = \sqrt{f/m}$ liegt, lautet

$$x = \frac{F_0}{R_0\omega} \sin \omega t \tag{23.3}$$

(R_0 ist eine phänomenologische Dämpfungskonstante und f die der Normalschwingung mit der Frequenz ω_r entsprechende Kraftkonstante des betrachteten Moleküls).

Wir wollen nun annehmen, daß das elektrische Feld $\boldsymbol{E}$ die Gesamtheit einer gewissen Zahl von ebenen Wellen, deren Frequenzen sich um den Betrag ω bzw. (im allgemeinen Falle) um ein Vielfaches von ω unterscheiden, darstellt. Im einfachsten Falle zweier Wellen haben wir

$$\boldsymbol{E} = \boldsymbol{E}_0 e^{i(\omega_0 t - \boldsymbol{k}_0 \boldsymbol{r})} + \boldsymbol{E}' e^{i(\omega' t - \boldsymbol{k}' \boldsymbol{r} + \varphi)}, \tag{23.4}$$

wo $\omega_0 - \omega' = \omega$. Dabei ist

$$\boldsymbol{E}^2 = \boldsymbol{E}_0^2 + \boldsymbol{E}'^2 + 2\boldsymbol{E}_0\boldsymbol{E}' \cos [(\omega_0 - \omega')t - (\boldsymbol{k}_0 - \boldsymbol{k}')\boldsymbol{r} - \varphi']. \tag{23.5}$$

Die konstanten Glieder können hier weggelassen werden, und wir erhalten

$$F_0 = \frac{d\alpha}{dx} \boldsymbol{E}_0\boldsymbol{E}'. \tag{23.6}$$

Dementsprechend wird

$$x = \frac{\boldsymbol{E}_0\boldsymbol{E}' \dfrac{d\alpha}{dx}}{R_0(\omega_0 - \omega')} \sin [(\omega_0 - \omega')t - (\boldsymbol{k}_0 - \boldsymbol{k}')\boldsymbol{r} - \varphi']. \tag{23.7}$$

Die oben erwähnten Molekülschwingungen erzeugen ein oszillierendes Dipolmoment

$$\mu = x \frac{d\alpha}{dx} \boldsymbol{E} = \frac{\boldsymbol{E}_0\boldsymbol{E}' \left(\dfrac{d\alpha}{dx}\right)^2}{R_0(\omega_0 - \omega')} \sin [(\omega_0 - \omega')t - (\boldsymbol{k}_0 - \boldsymbol{k}')\boldsymbol{r} - \varphi']\boldsymbol{E}. \tag{23.8}$$

Die Geschwindigkeit der Energieübertragung zwischen Dipolmoment und der Feldkomponente mit der Frequenz ω' wird gegeben durch

$$p' = -\left\langle \frac{d\mu}{dt} \boldsymbol{E}' \right\rangle; \tag{23.9}$$

die Mittelung erfolgt über die Zeit. Hieraus erhalten wir die Leistung, die das ursprüngliche Feld $\boldsymbol{E}_0$ der Komponente $\boldsymbol{E}'$ erteilt:

$$p' = \frac{1}{2R_0} \left(\frac{d\alpha}{dx}\right)^2 \frac{\omega'}{\omega_0 - \omega'} (\boldsymbol{E}_0 \boldsymbol{E}')^2. \tag{23.10}$$

Für die STOKESsche Strahlung gilt $\omega' = \omega_0 - \omega_r$ und $p' > 0$, und die der Komponente $\boldsymbol{E}'$ entsprechende Strahlung wird verstärkt. Für die anti-STOKESsche Strahlung ist $\omega' = \omega_0 + \omega_r$, und die genannte Strahlung verliert Energie.

Um die Möglichkeit der Erzeugung von anti-STOKESschen Linien zu erklären, betrachten wir den Fall, daß das Feld $\boldsymbol{E}$ drei Komponenten mit verschiedenen Frequenzen besitzt:

$$\begin{aligned} \boldsymbol{E} = \boldsymbol{E}_0 \exp\{i(\omega_0 t - \boldsymbol{k}_0 \boldsymbol{r})\} + \boldsymbol{E}_{-1} \exp\{i[(\omega_0 - \omega_r)t - \boldsymbol{k}_{-1}\boldsymbol{r} + \varphi_{-1}]\} \\ + \boldsymbol{E}_1 \exp\{i[(\omega_0 + \omega_r)t - \boldsymbol{k}_1 \boldsymbol{r} + \varphi_1]\}. \end{aligned} \tag{23.11}$$

In der gleichen Weise wie oben können die Molekülschwingungen und das oszillierende Dipolmoment berechnet werden. Hieraus erhalten wir für die Verstärkung der STOKESschen Strahlung:

$$\begin{aligned} p_{-1} = \frac{1}{2R_0} \left(\frac{d\alpha}{dx}\right)^2 \frac{\omega_0 - \omega_r}{\omega_r} \{(\boldsymbol{E}_0 \boldsymbol{E}_{-1})^2 + (\boldsymbol{E}_0 \boldsymbol{E}_1)(\boldsymbol{E}_0 \boldsymbol{E}_{-1}) \\ \times \cos[(2\boldsymbol{k}_0 - \boldsymbol{k}_1 - \boldsymbol{k}_{-1})\boldsymbol{r} + \varphi_1 + \varphi_{-1}]\}. \end{aligned} \tag{23.12}$$

Die Verstärkung der Leistung der anti-STOKESschen Welle wird beschrieben durch

$$\begin{aligned} p_1 = \frac{1}{2R_0} \left(\frac{d\alpha}{dx}\right)^2 \frac{\omega_0 + \omega_r}{\omega_r} \{-(\boldsymbol{E}_0 \boldsymbol{E}_1)^2 - (\boldsymbol{E}_0 \boldsymbol{E}_1)(\boldsymbol{E}_0 \boldsymbol{E}_{-1}) \\ \times \cos[(2\boldsymbol{k}_0 - \boldsymbol{k}_1 - \boldsymbol{k}_{-1})\boldsymbol{r} + \varphi_1 + \varphi_{-1}]\}. \end{aligned} \tag{23.13}$$

Wenn also $|\boldsymbol{E}_{-1}| > |\boldsymbol{E}_1|$ ist, dann kann die Komponente $\boldsymbol{E}_1$ bei Erfüllung der Bedingungen

$$2\boldsymbol{k}_0 = \boldsymbol{k}_1 + \boldsymbol{k}_{-1}, \qquad \cos(\varphi_1 + \varphi_2) < 0 \tag{23.14}$$

verstärkt werden. Hierin sind $\boldsymbol{k}_0$, $\boldsymbol{k}_{-1}$ und $\boldsymbol{k}_1$ die Wellenvektoren der ursprünglichen, STOKESschen und anti-STOKESschen Wellen. Wenn gilt $\varphi_1 + \varphi_{-1} = \pi$, so ist die Verstärkung der anti-STOKESschen Linie maximal. Die Verstärkung der STOKESschen Linie verringert sich für die entsprechende Richtung wegen des negativen Vorzeichens des Cosinus.

Qualitativ kann man die Verstärkung der STOKESschen und anti-STOKESschen RAMAN-Linien erklären, wenn man von der Vorstellung ausgeht, daß die einfallende Lichtwelle durch die kohärenten Molekülschwingungen moduliert wird. Zahlenmäßige Abschätzungen besagen, daß sich unter der Wirkung des Lichtimpulses eines Rubinlasers mit einer Leistung von der Ordnung 100 MW/cm² die Bindungslängen der Moleküle um etwa 10^{-4} bezüglich ihres Gleichgewichtswertes ausdehnen und zusammenziehen können. Im Ergebnis entstehen im streuenden Volumen elastische Wellen mit einer Frequenz, die mit der Eigenfrequenz ω_r der Molekülschwingungen zusammenfällt. In einer Fläche konstanter Phase schwingen alle Moleküle in einer solchen Welle synchron, mit gleicher Phase, so daß die Substanz ausgedehnt und zusammengezogen wird. Die relativen Änderungen der dielektrischen Permeabilität betragen dabei ungefähr 10^{-4}. Diese räumlichen Veränderungen der dielektrischen Permeabilität wirken wie ein Phasengitter, das die Lichtwellen streut. Da die dielektrische Permeabilität von der Zeit abhängt, wird die Lichtwelle unter Bildung von Satelliten mit den Frequenzen $\omega_0 \pm m\omega_r$ ($m = 1, 2, 3, \ldots$) moduliert. Es ist leicht zu sehen, daß der beschriebene Mechanismus im Prinzip der gleiche ist, wie bei der Lichtstreuung an Hyperschallwellen thermischer Herkunft. Wir kehren somit zu den ursprünglichen Ideen von MANDELSTAM zurück, die der Klärung der RAMAN-Streuung zugrunde gelegt wurden (siehe § 1). Es sei bemerkt, daß die Hyperschallwellen nicht so schnell entstehen wie die Schwingungen der Moleküle selbst. Die Einstellzeit der elastischen Wellen beträgt ungefähr 10^{-9} s.

Zur Ausstrahlung von STOKESschen Linien ist es nicht notwendig, daß irgendwelche zusätzlichen Bedingungen bezüglich der Wellenvektoren erfüllt sind. Die STOKESsche Strahlung erfolgt also in alle Richtungen. Im Gegensatz dazu folgt aus Gleichung (23.14), daß die anti-STOKESsche Strahlung nur in solche Richtungen ausgesendet wird, die einen Kegel mit dem Winkel θ_1 um die ursprüngliche Richtung des Strahls bilden. Für kleine Winkel θ_1 ergibt die unmittelbare Rechnung

$$\theta_1^2 = \frac{1}{n} \frac{\omega_0 - \omega_r}{\omega_0 + \omega_r} \left[\Delta n_1 - \Delta n_{-1} + \frac{\omega_r}{\omega_0} (\Delta n_1 + \Delta n_{-1}) \right]. \tag{23.15}$$

Hier ist n der Brechungsindex des Mediums für die Frequenz ω_0; Δn_1 und Δn_{-1} sind die Differenzen zwischen den Brechungsindizes bezüglich der Frequenzen $\omega_0 \pm \omega_r$ und ω_0. Für normale Dispersion sind alle diese Größen positiv. Weil $\omega_r/\omega_0 \ll 1$ ist, erhalten wir

$$\theta_1^2 \approx \frac{1}{n} \frac{\omega_0 - \omega_r}{\omega_0 + \omega_r} (\Delta n_1 - \Delta n_{-1}). \tag{23.16}$$

Der Winkel θ_1 ist also durch die Krümmung der Dispersionskurve der Substanz bestimmt. Numerische Abschätzungen zeigen, daß diese Winkel von der Größenordnung einiger Grad sind.

Es ist wesentlich, daß, nachdem die stimulierte STOKES-Strahlung eingesetzt hat, zur Erzeugung der anti-STOKESschen Strahlung keine zusätzliche Schwelle überschritten werden braucht. Ferner kann bei Anwesenheit der STOKESschen Strahlung der Frequenz $\omega_0 - \omega_r$ das Feld $\boldsymbol{E}_{-2}$ der Frequenz $\omega_0 - 2\omega_r$ entstehen.

Die Strahlungsleistung auf dieser Frequenz setzt sich aus zwei Anteilen zusammen. Einer von ihnen ist der Größe $\boldsymbol{E}_{-1}^2\,\boldsymbol{E}_{-2}^2$ proportional. Dies kann leicht in Analogie zur oben angeführten Rechnung gezeigt werden. Daneben kann ein Feld dieser Frequenz bei der Modulation des Feldes $\boldsymbol{E}_{-1}$ durch die Schwingungen der Dielektrizitätskonstante, die unter der Wirkung von $\boldsymbol{E}_0$ und $\boldsymbol{E}_{-1}$ entstehen, erzeugt werden. Die erzeugte Leistung ist hierbei $\boldsymbol{E}_0\,|\boldsymbol{E}_{-1}|^2\,\boldsymbol{E}_{-2}$ proportional. Da $|\boldsymbol{E}_{-2}| < |\boldsymbol{E}_0|$ ist, kann dieser Anteil der Strahlung mit der Frequenz $\omega_0 - 2\omega_r$ den größeren Wert haben, falls die mit der Richtung der Wellenvektoren verknüpften zusätzlichen Bedingungen erfüllt sind (siehe [494, 495]). In analoger Weise erhält man höhere Harmonische im Stokesschen Bereich mit den Frequenzen $\omega_0 - m\omega_r$.

Es sei bemerkt, daß der erste Mechanismus zur Erzeugung der Frequenz $\omega_0 - 2\omega_r$ die Erreichung einer bestimmten Schwelle erfordert, während dies beim zweiten nicht der Fall ist. In diesem Zusammenhang ist wahrscheinlich, daß bei der Untersuchung der Flüssigkeit im Resonator der erste Mechanismus in Erscheinung tritt, weil hier die Bedingungen bezüglich der Wellenvektoren nicht erfüllt sind. Der zweite Mechanismus dürfte bei der Untersuchung der Flüssigkeit außerhalb des Resonators dominieren. Die Bedingung für die Wellenvektoren ist hier erfüllt, und es braucht keine zusätzliche Schwelle überschritten werden.

Die Harmonische im anti-Stokesschen Bereich $\omega_0 + 2\omega_r$ wird ohne jegliche Schwellenverbote bei Modulation der Frequenz $\omega_0 + \omega_r$ durch die Schwingungen der Frequenz ω_r erzeugt. Die Strahlung dieser Frequenz wird in einer Richtung ausgesendet, die durch die Gleichung

$$\boldsymbol{k}_0 - \boldsymbol{k}_{-1} = \boldsymbol{k}_2 - \boldsymbol{k}_1 \tag{23.17}$$

definiert ist. Der Winkel zwischen $\boldsymbol{k}_0$ und $\boldsymbol{k}_2$ beträgt ungefähr $2\theta_1$. Andere anti-Stokessche Harmonische mit den Frequenzen $\omega_0 + m\omega_r$ werden in analoger Weise erzeugt, und zwar auf Kegeln, deren Achsen mit der ursprünglichen Richtung des Strahls zusammenfallen.

Die grundsätzlichen Züge der stimulierten Raman-Streuung können also mit Hilfe der halbklassischen Theorie erklärt werden.

3. *Quantentheorie der stimulierten Raman-Streuung*

Die elementare Theorie der Raman-Streuung folgt unmittelbar aus der quantenmechanischen Formel (5.53) für die Wahrscheinlichkeit des Überganges, der zur Streuung eines Photons mit einer verschobenen Frequenz führt. Nach dieser Formel setzt sich die Wahrscheinlichkeit für die Raman-Streuung aus zwei Gliedern zusammen: aus einem Glied, das proportional der Zahl n der vorhandenen Photonen der Erregerstrahlung der Frequenz ω ist, und einem Glied, das dem Produkt nn' proportional ist, wobei n' die Zahl der Photonen der Streustrahlung mit der Frequenz ω' ist, die sich in der Richtung des einfallenden Lichtes ausbreiten. Es gilt

$$W_{Ra} = k_1 nn' + k_2 n\,.$$

Wir wollen ein vereinfachtes Modell der stimulierten Raman-Streuung betrachten (siehe [483, 496]). Der Lichtimpuls soll sich entlang der Achse einer zylinderförmigen Küvette von endlicher Länge ausbreiten. Die Substanz in der Küvette sei durch die Absorptionskonstanten α und α' für die Erreger- und Streustrahlung charakterisiert. In diesem Falle wird die Änderung der Zahl der Photonen n und n' der Erreger- bzw. gestreuten Strahlung beim Durchgang des Impulses durch eine Schicht dx bestimmt durch die Gleichungen

$$\frac{dn}{dx} = -\alpha n - k_2 n - k_1 n n', \tag{23.18a}$$

$$\frac{dn'}{dx} = -\alpha' n' + k_2 n + k_1 n n'. \tag{23.18b}$$

Jeweils die ersten Glieder in den Gleichungen (23.18a) und (23.18b) beschreiben den Strahlungsverlust im Medium (Absorption, Streuung usw.), die Glieder an zweiter Stelle charakterisieren die gewöhnliche RAMAN-Streuung, die dritten Glieder sind für die stimulierte RAMAN-Streuung verantwortlich.

Wir lösen dieses Gleichungssystem für den praktisch interessantesten Fall, daß die Absorption klein ist. Weiter wollen wir annehmen, daß $\alpha = \alpha'$ und die Zahl der Lichtquanten n_0' der Frequenz ω' am Küvetteneingang ($x = 0$) Null ist. Praktisch sind diese Bedingungen in der Regel erfüllt. Dann folgt aus (23.18a) und (23.18b)

$$n + n' = n_0 e^{-\alpha x}, \tag{23.19}$$

wobei n_0 die Zahl der Lichtquanten mit der Frequenz ω am Küvetteneingang ist. Nach Einsetzen von (23.19) in (23.18b) und der Substitution $n' = v(x) e^{-\alpha x}$ erhalten wir eine Gleichung der Form

$$\frac{dv}{dx} = v[q \cdot (n_0 - v) - k_2] + k_2 n_0, \tag{23.20}$$

wo $q = k_1 e^{-\alpha x}$. Für relativ kleine Werte von αx (d. h., die Absorption auf der Länge der Küvette ist klein) ist $q \approx k_1$ und $v(x) = n'$. Dann liefert die Integration von (23.20)

$$\ln \left[\frac{(k_2/k_1) + n'}{n_0 - n'}\right] = (k_1 n_0 + k_2) x + C. \tag{23.21}$$

Mit Rücksicht darauf, daß an der Grenze $n'(0) = 0$ ist, erhalten wir

$$\ln \left(1 + \frac{n'}{b}\right) - \ln \left(1 - \frac{n'}{n_0}\right) = k_1 x (n_0 + b) \tag{23.22}$$

mit der Bezeichnung $k_2/k_1 = b$, woraus

$$n' = \frac{b\left[e^{k_1 x (n_0 + b)} - 1\right]}{1 + \dfrac{b}{n_0} e^{k_1 x (n_0 + b)}} \tag{23.23}$$

folgt. Am Küvettenausgang, d. h. bei $x = l$, gilt

$$n' = \frac{b\left[e^{a(n_0+b)} - 1\right]}{1 + \frac{b}{n_0}\, e^{a(n_0+b)}}, \tag{23.24}$$

wobei die Bezeichnung $k_1 l = a$ benutzt wurde.

Die Konstanten a und b lassen sich leicht berechnen, wenn man für die Wahrscheinlichkeit der RAMAN-Streuung die Formel (5.53b) verwendet, welche der Voraussetzung über die vollständige Korrelation der Eigenschaften der stimulierten Streustrahlung mit der Erregerstrahlung entspricht (siehe § 5). Zur Vereinfachung der Rechnung wollen wir annehmen, daß die Intensität der Erregerstrahlung innerhalb eines engen Kegels mit dem Raumwinkel Ω konstant und außerhalb dieses Kegels Null ist. Zieht man aus dem Integral (5.53b) den sich langsam ändernden Faktor $|S_{k1}|^2$ heraus und läßt den Polarisationsindex weg, so findet man unter Berücksichtigung der Normierungsbedingung (4.61)

$$W({}_{Ra}\omega', \Omega')\, d\omega'\, d\Omega' = \frac{(2\pi)^2\, \omega\omega' n}{\hbar^2} |S_{k1}|^2 \left[\frac{n'_\infty \varrho(a)\, \varrho(\Omega')}{(q_k - q_1)^2} + \frac{F_k(\infty)\, \omega'^2}{(2\pi c)^3}\right] d\omega'\, d\Omega'. \tag{23.25}$$

Entsprechend den Versuchsbedingungen wird gewöhnlich die integrale Intensität gemessen, wobei auf den Empfänger die gesamte Strahlung fällt, die sich innerhalb eines Kegels mit dem Raumwinkel Ω' ausbreitet. Wir müssen deshalb den Ausdruck (23.25) über alle Frequenzen ω' und über den Winkel Ω' integrieren. Führt man diese Rechnungen unter Berücksichtigung von Formel (4.60) aus, so findet man unter der Voraussetzung, daß $F_k(\infty)$ eine Dispersionskurve mit der Halbwertsbreite $q_k - q_1$ ist (siehe (4.94)), den Ausdruck

$$W_{Ra} = \frac{(2\pi)^2\, \omega\omega' n}{\hbar^2 (q_k - q_1)^2} |S_{k1}|^2 \left[n'_\infty + \frac{\pi(q_k - q_1)\, \Omega' \omega'^2}{(2\pi c)^3}\right]. \tag{23.26}$$

Es sei N_i die Zahl der streuenden Teilchen pro Volumeneinheit, c_i die Volumenkonzentration der Streusubstanz, n und n'_∞ die Zahl der einfallenden bzw. gestreuten Photonen pro Volumeneinheit im Vakuum und $\bar{n}$ und $\bar{n}'$ die Brechungsindizes des Mediums bezüglich des Erreger- bzw. des Streulichtes. Dann ist der Zuwachs der Strahlungsdichte in einer Schicht der Dicke $dx' = dx/\bar{n}$ gegeben durch

$$dn'_\infty = \frac{\omega\omega' c_i N_0 |S_{k1}|^2 n}{\hbar^2 \delta^2 c^2} \left[n'_\infty + \frac{\omega'^2 \delta c \Omega'}{4\pi (c/\bar{n}')^3}\right] dx'. \tag{23.27}$$

Hier ist N_0 die Gesamtzahl der Moleküle in der Volumeneinheit, Ω' der Raumwinkel in der Streusubstanz, δ die Linienbreite [cm^{-1}] $(q_k - q_1 = 2\pi c\delta)$. Vergleicht man (23.27) mit (23.18) so folgt

$$k_1 = \frac{\omega\omega' c_i N_0 |S_{k1}|^2}{\hbar^2 \delta^2 c^2},$$

$$k_2 = \frac{\omega\omega'^3 c_i N_0 |S_{k1}|^2 \Omega' \bar{n}'^3}{4\pi \hbar^2 \delta c^4}. \tag{23.28}$$

Gewöhnlich werden die Erregerstrahlung und die Streustrahlung durch die volle Intensität I_E bzw. I' charakterisiert. Es gilt

$$I_E = \hbar\omega n S' c/\bar{n},$$

$$I' = \hbar\omega' n'_\infty S_1' c/\bar{n}', \tag{23.29}$$

wobei S' die Querschnittsfläche des Kanals ist, in dem sich die Strahlung in der Streusubstanz ausbreitet ($S' = S/\bar{n}^2$, $S_1' = S/\bar{n}'^2$, wobei S der Kanalquerschnitt im Vakuum ist). Unter Verwendung von (23.29) können wir die Gleichung (23.27) umschreiben:

$$dn'_\infty = \frac{\omega' c_i N_0 |S_{k1}|^2 I_E \bar{n}^2}{\hbar^3 \delta^2 c^3} \left[n'_\infty + \frac{\omega'^2\, \delta\Omega \bar{n}'^3}{4\pi c^2 \bar{n}^2}\right] \frac{dx}{S(x)}, \tag{23.27 a}$$

wobei Ω der Raumwinkel ist, in dem sich die Erregerstrahlung im Vakuum ausbreitet. Wir führen den absoluten Streuquerschnitt σ des gewöhnlichen Raman-Effektes ein, der gegeben ist durch den Ausdruck (siehe § 22)

$$I' = \sigma c_i N_0 \Omega l I_E. \tag{23.30}$$

Hieraus finden wir

$$\sigma = \frac{\omega'^4 |S_{k1}|^2}{4\pi \hbar^2 \delta c^4}, \tag{23.31}$$

d. h., σ ist der Raman-Streuquerschnitt, bezogen auf das Einheitsintervall der Linienbreite (siehe (2.16), (2.47) und (6.8)). Einsetzen von (23.31) in (23.27 a) liefert

$$dn'_\infty = \frac{4\pi\sigma c c_i N_0 \bar{n}^2 I_E}{\hbar\omega'^3 \delta} \left[n'_\infty + \frac{\omega'^2\, \delta\Omega \bar{n}'^3}{4\pi c^2 \bar{n}^2}\right] \frac{dx}{S(x)}. \tag{23.27 b}$$

Wird die Primärstrahlung ohne Anwendung fokussierender Linsen in die Streusubstanz gerichtet, und kann man die Erscheinung der Selbstfokussierung vernachlässigen, so kann $S(x)$ als konstant angesehen werden. Dann finden wir nach Integration von (23.27 b) unter Verwendung von (23.29) und der Beziehung

$$n + n'_\infty = n_0 \quad (I_0 = \hbar\omega n_0 S c/\bar{n}^3):$$

$$I' = \frac{(\omega'/\omega)\,(\bar{n}/\bar{n}')^3\, b[e^{a(I_0+b)} - 1]}{1 + (b/I_0)\, e^{a(I_0+b)}}. \tag{23.32}$$

In dieser Formel sind

$$a = \frac{4\pi\sigma c c_i N_0 \bar{n}^2 l}{\hbar\omega'^3 \delta S},$$

$$b = \frac{\hbar\omega\omega'^2\, \delta\Omega S (\bar{n}'/\bar{n})^3}{4\pi c \bar{n}^2}. \tag{23.33}$$

Die Gleichung (23.27b) läßt sich auch für den praktisch wichtigen Fall, daß die Primärstrahlung auf die Küvette mit der Streusubstanz konzentriert wird, mühelos integrieren. In diesem Falle ist jedoch nur die stimulierte RAMAN-Strahlung in einer kleinen Umgebung des Brennpunktes von wesentlicher Bedeutung. Vorausgesetzt, daß der genannte Bereich die Form eines Zylinders mit der effektiven Länge Δl und dem effektiven Querschnitt ΔS hat, können wir Formel (23.32) benutzen.

In vielen Fällen ist die Untersuchung der stimulierten RAMAN-Streuung in der Nähe der „Schwelle" der Registrierbarkeit der RAMAN-Linien von Interesse, die durch die Versuchsbedingungen bestimmt und bei einer Intensität des Erregerlichts von $I_E = \pi$ erreicht wird. Für den Schwellenwert $I' = I'(\pi)$ folgt aus (23.32) (der Einfachheit halber setzen wir $\bar{n}' = \bar{n}$)

$$\ln\left[1 + \frac{I'(\pi)\omega}{\omega' b}\right] - \ln\left[1 - \frac{I'(\pi)\omega}{\omega'\pi}\right] = a(\pi + \mathrm{b}). \tag{23.34}$$

Im Bereich der Schwelle und bei geringer Überschreitung kann man annehmen, daß $I'(\pi)/\pi \ll 1, I'/I_E \ll 1$ ist, und demzufolge das zweite Glied auf der linken Seite der Gleichung (23.34) vernachlässigt werden kann. Dabei ergibt sich

$$\ln\left[1 + \frac{I'\omega}{\omega' b}\right] - \ln\left[1 + \frac{I'(\pi)\omega}{\omega' b}\right] = a(I_E - \pi). \tag{23.35}$$

Diese Formel hat den Vorteil, daß sie sich bequem mit dem Experiment vergleichen läßt, weil die Größe $I_E - \pi$, die unmittelbar gemessen wird, eingeht.

Aus dem Ausdruck (23.33) für die Größe b folgt, daß in (23.34) die linke Seite nicht von den Parametern l und c_i abhängt (wir setzen wiederum voraus, daß das zweite Glied auf der linken Seite von (23.34) vernachlässigt werden kann). Deshalb finden wir beim Vergleich von zwei Streusubstanzen, die sich durch die erwähnten Parameter unterscheiden, aus (23.34)

$$a_1(\pi_1 + b) = a(\pi + b). \tag{23.36}$$

Hieraus folgt

$$\frac{\pi}{\pi_1} = \frac{a_1}{a}\left[1 + \frac{b}{\pi_1}\left(1 - \frac{a}{a_1}\right)\right]. \tag{23.37}$$

Wir legen die Schwelle der ersten Substanz π_1 als Referenzwert fest. Dann ist die Größe $r = b/\pi_1$ unter den gegebenen Versuchsbedingungen konstant. Beim Vergleich zweier Substanzen, die sich durch den Wert des Parameters z ($z = l$ oder c_i) unterscheiden, finden wir

$$\frac{\pi}{\pi_1} = \frac{1 + r(1 - z/z_1)}{(z/z_1)}. \tag{23.38}$$

Insbesondere gilt für $r \ll 1$

$$\frac{\pi_1}{\pi} = \frac{z}{z_1}. \tag{23.39}$$

In den zitierten Arbeiten [483, 496] wurde zur Anregung der stimulierten RAMAN-Strahlung ein Rubinimpulslaser mit einem rotierenden Prisma benutzt. Die Laserstrahlung wurde durch eine Linse der Brennweite 250 mm in der Probenküvette konzentriert. Bei den Messungen wurde besonderer Wert auf die strenge Standardisierung der Versuchsbedingungen gelegt. Daher wurden in der Apparatur keine empfindlichen Spiegel oder ähnliche Elemente verwendet.

Zur Messung der Anregungsschwelle wurde die Erregerstrahlung durch einige Glasplatten abgeschwächt, die vor der Küvette mit der Flüssigkeit angebracht waren. Je nach der Zahl der Glasplättchen konnte die einfallende Intensität in kleinen Intervallen geändert werden. Die „Schwelle“ wurde der minimalsten Intensität gleichgesetzt, bei der (bei einem Blitz) der RAMAN-Effekt noch registrierbar war. Die sich durch große Einfachheit auszeichnende Methode garantierte andererseits eine hinreichende Meßgenauigkeit (um 10%).

Die Registrierung der stimulierten RAMAN-Spektren erfolgte photographisch mit Hilfe eines Gitterspektrometers mit einer Dispersion von 13 Å/mm. Für jede Substanz wurden einige Versuchsserien durchgeführt.

Die Linienparameter der gewöhnlichen RAMAN-Spektren (integrale Intensität I_∞, Linienbreite δ und Depolarisationsgrad ϱ) wurden mit einem photoelektrischen Spektrometer mit der Dispersion von ungefähr 5 Å/mm bei Anregung mit der Quecksilberlinie 4358 Å gemessen.

Die Intensitätsmessungen erfolgten mit der Methode der photographischen Photometrie. Die Schwärzungsmarken wurden mit Hilfe eines Stufenabschwächers aufgetragen. Als Lichtquelle diente der Blitz eines Lasers, um die Wirkung des SCHWARZSCHILD-Faktors auszuschließen. Die Auswertung der Spektrogramme erfolgte mit herkömmlichen Methoden unter Anwendung aller möglicher Vorsichtsmaßnahmen. Um das meßbare Intensitätsintervall zu vergrößern, wurden neutrale Filter benutzt, deren Durchlässigkeit auf derselben Apparatur gemessen wurde. Es sei bemerkt, daß die Durchlässigkeit der Lichtfilter gegenüber intensiven Lichtimpulsen viel größer ist als bei Verwendung von gewöhnlicher Strahlung der gleichen Wellenlänge. Um die Erregerintensität zu variieren, wurden ähnlich wie bei den Messungen der Schwelle, Glasplättchen verwendet.

Mit Hilfe der oben beschriebenen Apparatur wurden die stimulierten RAMAN-Spektren von 12 Substanzen verschiedener Klassen (Benzol, Brombenzol, Chlorbenzol, Toluol, Pyridin, Orthoxylol, Styrol, Pentadien-1, 3, 2-Methylbutadien-1, 3, Schwefelkohlenstoff, Tetrachlorkohlenstoff und Nitrobenzol) aufgenommen.

Bei der Auswertung der Spektren wurde in den genannten Arbeiten das Hauptaugenmerk auf die quantitative Bestimmung der Anregungsschwelle und der Linienintensitäten der stimulierten RAMAN-Streuung gerichtet. In der Hauptsache wurde die erste STOKESsche Komponente untersucht; alle folgenden Daten beziehen sich auf diese Komponente.

Um die Frage zu klären, in welchem Verhältnis die Intensitäten der Erregerstrahlung und der stimulierten Strahlung zueinander stehen, wurden die Linienintensitäten in Abhängigkeit von der Intensität der Erregerstrahlung über dem Schwellenwert gemessen. Die für Schwefelkohlenstoff, Benzol und Toluol erhaltenen Daten sind in Abb. 88 und 89 dargestellt. Die Geraden in den Abbildungen geben die theoretische Abhängigkeit der Linienintensitäten, die aus Formel (23.35) folgt, wieder. Die Konstanten a und b in dieser Formel wurden nach dem folgenden Verfahren bestimmt. Nach den experimentell gefundenen Punkten für

Schwefelkohlenstoff bzw. Benzol wurde die Abhängigkeit ln $[1 + I'\omega/\omega' b]$ von $I_E - \pi$ graphisch dargestellt. (I' wurde in Einheiten, die von der Plattenempfindlichkeit im Bereich der gegebenen Spektrallinien abhängen, gemessen, $I_E - \pi$ in anderen willkürlichen Einheiten.) Durch Variation von b konnte erreicht werden, daß die Kurve linear verläuft. Bei einem fixierten b-Wert wurde die Konstante a so bestimmt, daß der Anstieg der genannten Geraden 45° betrug.

Für die Intensität derselben Linie im Gemisch bzw. für eine Substanz mit einer ähnlich liegenden RAMAN-Linie wurde der alte Wert für b benutzt, während die Konstante a aus dem Anstieg der experimentellen Kurve ermittelt wurde. Die erhaltenen Werte für die Konstante a sind in Tab. 55 zusammengestellt. Es sei bemerkt, daß es wegen der Meßbedingungen nur sinnvoll ist, die relativen Parameterwerte zu vergleichen.

Tabelle 55

Linienintensitäten im stimulierten Raman-Effekt für verschiedene Substanzen und Gemische

Substanz	$\Delta\nu$ [cm^{-1}]	c_i	a/a_0	I/I_{benz}
Schwefelkohlenstoff	656	1,0	1,0	—
		0,6	0,6	—
		0,5	0,41	—
Benzol	992	1,0	1,0	1,0
		0,6	0,5	—
Toluol	1004	1,0	0,40	0,42

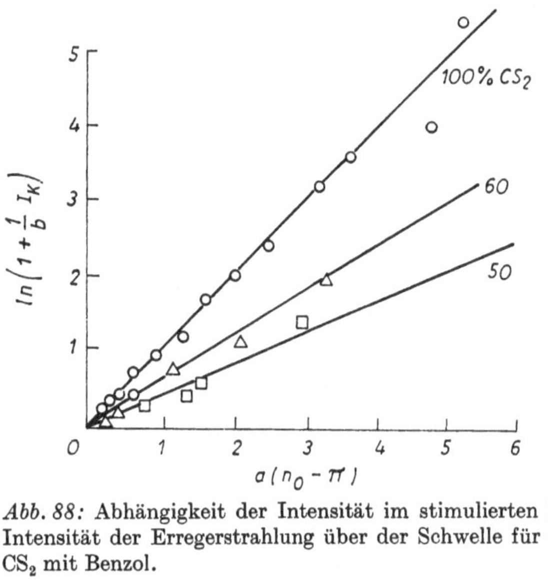

Abb. 88: Abhängigkeit der Intensität im stimulierten RAMAN-Effekt von der Intensität der Erregerstrahlung über der Schwelle für CS_2 und Gemische von CS_2 mit Benzol.

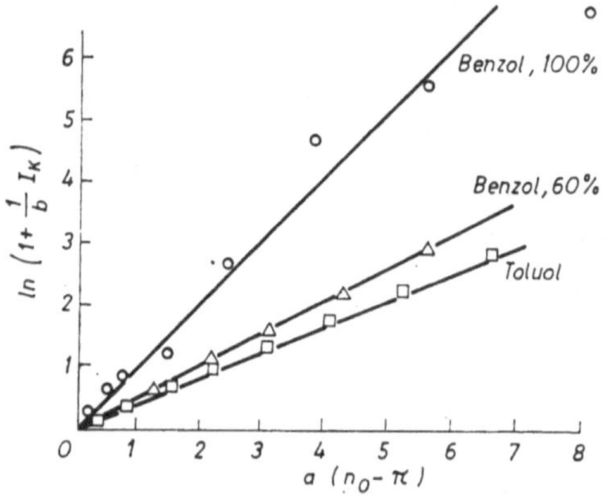

Abb. 89: Abhängigkeit der Intensität der stimulierten RAMAN-Streuung von der Intensität der Erregerstrahlung über der Schwelle für Benzol, Toluol und Gemische von Benzol und CS_2.

Aus Abb. 88 und 89 kann man schließen, daß die Näherungsformel (23.35) die beobachtete Abhängigkeit der RAMAN-Linienintensität von der Erregerlinienintensität über der Schwelle hinreichend gut beschreibt. Bei Toluol stimmen die erhaltenen Größen recht gut mit dem Verhältnis der Linienintensitäten seines Spektrums zur Intensität der Benzollinie im gewöhnlichen RAMAN-Effekt überein.

Nach Formel (23.24) wurde die Abhängigkeit der RAMAN-Linienintensitäten von der Intensität des Erregerlichtes graphisch dargestellt. Das Ergebnis ist in Abb. 90 wiedergegeben; sie zeigt ein qualitatives Bild der Erscheinung bei verschiedenen Werten der Erregerlichtintensität oberhalb der Schwelle.

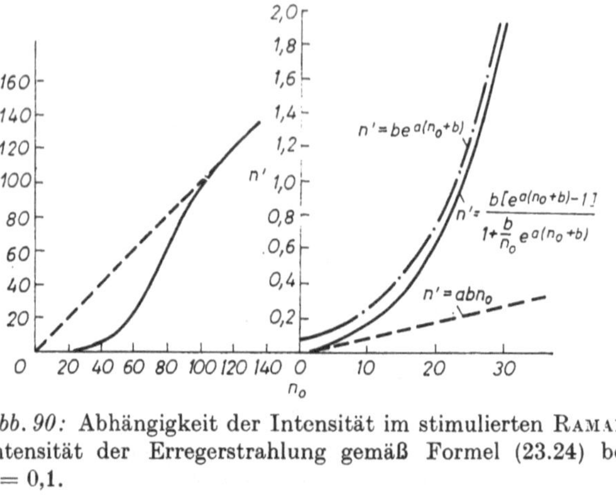

Abb. 90: Abhängigkeit der Intensität im stimulierten RAMAN-Effekt von der Intensität der Erregerstrahlung gemäß Formel (23.24) bei $a = 0{,}1$ und $b = 0{,}1$.

Rechts ist der Anfang der Kurve vergrößert dargestellt.

Interessante Untersuchungen zur Abhängigkeit der Linienintensitäten im stimulierten RAMAN-Effekt von der Intensität des Erregerlichtes wurden von BRET und MAYER [497] durchgeführt. Ausgehend von der allgemeinen PLACZEKschen Formel für die Übergangswahrscheinlichkeit im RAMAN-Effekt, leiten sie die Abhängigkeit der Intensität in stimulierten RAMAN-Spektren von der Erregerlichtintensität und dem Verhältnis n_0/n_0' ab. Hierbei ist n_0' die Zahl der Photonen in der Strahlung mit der Frequenz ω' am Küvetteneingang. Vernachlässigt man in der PLACZEK-Formel das Glied, das den gewöhnlichen RAMAN-Effekt beschreibt, so kann man schreiben

$$\frac{dn'}{dx} = knn', \tag{23.40}$$

woraus mit Rücksicht auf die Randbedingungen folgt

$$n_l' = n_0' e^{kn_0 l}. \tag{23.41}$$

Nimmt man n_0 als unabhängig von l an, so erhält man aus (23.41) für die Verstärkung G

$$G = \frac{\int n_0'(t)\, e^{kn_0(t) l}\, dt}{\int n_l'(t)\, dt}. \tag{23.42}$$

In (23.42) stehen Integrale über die Zeit. Das ist dadurch bedingt, daß sich die Impulsbreiten der Erregerstrahlung und der stimulierten RAMAN-Streuung ungefähr um den Faktor 2—3 unterscheiden. Integriert wurde graphisch.

In der Arbeit [497] wurden zwei verschiedene Arten von Experimenten durchgeführt. In den Versuchen der ersten Art wurde G in Abhängigkeit von n_0 am Küvetteneingang gemessen; n_0' wurde dabei unverändert gelassen. Dazu wurden vor der Küvette SCHOTT-Filter vom Typ RG angebracht. In der in der Arbeit angeführten Abbildung trägt die Abhängigkeit ln G von einer zu n_0 proportionalen Größe deutlich ausgeprägten linearen Charakter, womit die oben angeführten theoretischen Überlegungen gestützt werden.

In den Experimenten der zweiten Art wurde die Größe ln G in Abhängigkeit vom Verhältnis $g = n_0'/n_0$ am Küvetteneingang bei konstantem n_0 gemessen, wozu vor der Küvette Neodymgläser angebracht wurden. Die angeführten Resultate zeigen eine Verringerung von ln G bei wachsendem g. Auf die theoretische Interpretation dieses Ergebnisses wurde von den Autoren verzichtet. Die nebenher durchgeführten Polarisationsmessungen zeigten, daß die Verstärkung gleich Null ist, wenn die Polarisationsvektoren der Felder n_0 und n_0' am Küvetteneingang orthogonal sind. Diese Tatsache spricht für die Kohärenz der stimulierten RAMAN-Streuung.

WANG berichtet [498] über Intensitätsmessungen der ersten STOKESschen Benzollinie in einem breiten Leistungsintervall der Erregerstrahlung. Die Messungen erfolgten im parallelen Strahl; die Küvettenlänge wurde von 3,7 bis 90 cm variiert. Im oberen Teil der Kurve zeigt sich deutlich eine „Sättigung" (Abb. 91). Es ist interessant, diese experimentellen Befunde mit der theoretischen Formel (23.32) zu vergleichen. Die entsprechenden Kurven sind ebenfalls in Abb. 91

dargestellt. Das allgemeine Verhalten der theoretischen Kurven stimmt gut mit den experimentellen Werten überein, die Sättigung erscheint aber in diesen Kurven erst bei höheren Anregungsleistungen. Diese Diskrepanz rührt zweifelsohne daher, daß die in diesem Abschnitt entwickelte Theorie die Energieübertragung von der ersten STOKESschen Linie in die höheren Harmonischen und zurück in die Erregerlinie nicht berücksichtigt (siehe § 24). Aus der Auswertung der experimentellen Daten [498] ergaben sich folgende Werte für die Konstanten (für $l = 1$ cm): $a \approx 0{,}1\ \mathrm{MW^{-1}\,cm}$, $b \approx 10^{-11}\ \mathrm{MW\,cm^{-2}}$.

Theoretisch kann man die Konstanten a und b mit Hilfe der Formel (23.33) bei $\lambda_E = 6942{,}6$ Å, $\lambda = 7456$ Å, $N_0 = 6{,}75\ 10^{21}$, $\delta = 1{,}8\ \mathrm{cm^{-1}}$ und $\bar{n} = \bar{n}' = 1{,}50$ berechnen. Die Größe σ beträgt bei Anregung mit der Hg-Linie 4358 Å und Benutzung von natürlichem Licht $2 \cdot 10^{-28}$ (siehe § 22). Die Messungen erfolgten senkrecht zur Richtung des einfallenden Lichtes. Beim stimulierten RAMAN-Effekt wird polarisierte Laserstrahlung verwendet, wobei die Einfalls- und Beobachtungs-

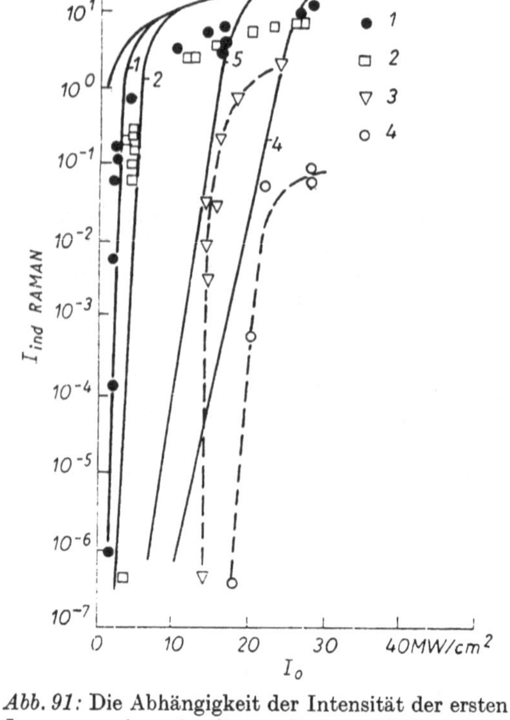

Abb. 91: Die Abhängigkeit der Intensität der ersten STOKESschen Komponente $I_{\mathrm{stim\ RAMAN}}$ im stimulierten RAMAN-Effekt für Benzol von der Intensität der Erregerstrahlung bei verschiedenen Küvettenlängen.

Die durchgezogene Linie wurde nach Formel (23.32) für folgende Parameterwerte erhalten: $a \approx 0{,}1\ \mathrm{MW^{-1}cm}$; $b \approx 10^{-11}\ \mathrm{MW\,cm^{-2}}$; Kurven $1 - l = 90$ cm; $2 - l = 45$ cm; $3 - l = 15$ cm; $4 - l = 10$ cm. Die Punkte stellen die experimentellen Werte von WANG [498] dar.

richtung zusammenfallen. Vergleicht man (3.19) mit (2.59), so findet man, daß im zweiten Falle der absolute Streuquerschnitt ungefähr doppelt so groß ist wie im ersten. Berücksichtigt man ferner die Frequenzabhängigkeit von σ (siehe Abb. 15 und Formel (23.31)), so kann man einen Wert von $\sigma = 0{,}3 \cdot 10^{-28}$ annehmen. Unter Verwendung der Angaben in [498] erhalten wir $\Omega \approx 10^{-6}$ sr und $S \approx 1\ \mathrm{cm}^2$.

Nach Einsetzen der oben angeführten Werte in die Formel (23.33) haben wir für $l = 1\mathrm{cm}$ $a = 0{,}05\ \mathrm{MW}^{-1}\,\mathrm{cm}$ und $b = 0{,}4 \cdot 10^{-11}\ \mathrm{MW\ cm}^{-2}$. Diese Konstantenwerte stimmen befriedigend mit den oben erwähnten Werten, die unmittelbar aus den experimentellen Kurven gewonnen wurden, überein.

Im voranstehenden haben wir das Problem der Abhängigkeit der Intensität im stimulierten RAMAN-Effekt von der Intensität der Erregerstrahlung behandelt. In den Arbeiten [496, 499] wurde die Abhängigkeit der Intensität der stimulierten RAMAN-Streuung von der Konzentration der streuenden Moleküle untersucht. Die Meßergebnisse (Abb. 88 und 89) zeigen, daß die Linienintensität im stimulierten RAMAN-Effekt bei konstanter Konzentration exponentiell von der Größe der Erregerlichtintensität oberhalb der Schwelle abhängt. Was die Abhängigkeit der Intensität dieser Linien von der Konzentration in Gemischen betrifft, so weicht diese etwas von der theoretischen ab. Dies läßt sich mit einer gewissen Verringerung der Streuintensität in Gemischen infolge der zwischenmolekularen Wechselwirkung erklären. Solche Intensitätsänderungen wurden mehrfach in gewöhnlichen RAMAN-Spektren beobachtet.

Eine wesentlich andere Abhängigkeit der Linienintensität von der Konzentration wurde in [500] erhalten; dort wurde die Intensitätsabhängigkeit von Benzol- und Nitrobenzollinien in Gemischen untersucht. Die Autoren gelangten zu dem Schluß, daß für den stimulierten RAMAN-Effekt in Gemischen die zwischenmolekulare Wechselwirkung eine wesentliche Bedeutung erlangt. Nach ihren Angaben wurden für ein Benzol-Heptan-Gemisch die stimulierten RAMAN-Linien von Benzol bis zu einer Heptankonzentration von 75% beobachtet. Die Intensität der ersten STOKESschen Benzollinie änderte sich in erster Näherung nicht mit der Konzentration im Gemisch bis zu einem Gehalt von 50% Heptan (Abb. 92). Bei einer weiteren Erhöhung der Heptankonzentration fiel die Intensität dieser Linie schnell ab. Es ist typisch, daß die stimulierten RAMAN-Linien von Heptan im Experiment überhaupt nicht beobachtet wurden. Ein völlig anderes Bild ergab sich bei einem Versuch mit einem Benzol-Nitrobenzol-Gemisch. Hier verringerte sich die Intensität der stimulierten RAMAN-Linien von Benzol (bzw. Nitrobenzol) etwas mit geringer werdender Konzentration. Bei Konzentrationen um 50% verringert sich die Intensität abrupt (um einige Größenordnungen). Bei dieser Konzentration wurden die Linien des Benzols ν_1 und des Nitrobenzols ν_2 sowie Linien mit den Kombinationsfrequenzen vom Typ $\nu = \nu_0 \pm (k_1\nu_1 + k_2\nu_2)$, wo $k = \pm 1, \pm 2, \ldots$ beobachtet. Bei der Benzol- (bzw. Nitrobenzol-)konzentration von 40% verschwanden die stimulierten RAMAN-Linien von Benzol (Nitrobenzol).

Die von den Autoren in [500] erhaltene Abhängigkeit der Intensität der stimulierten RAMAN-Streuung von der Konzentration weicht wesentlich von der theoretischen ab. Sie führen diese Diskrepanz zwischen Theorie und Experiment auf die Wirkung der zwischenmolekularen Kräfte zurück. Hierbei berufen sie sich auf die Arbeit [494], in welcher auf die Möglichkeit aufmerksam gemacht wird, daß sich die Intensität der stimulierten RAMAN-Linien von Benzol in Gemischen,

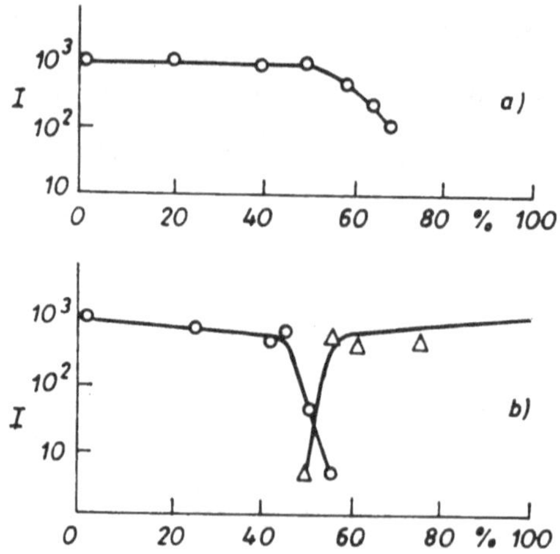

Abb. 92: Abhängigkeit der relativen Intensität der stimulierten RAMAN-Linien von der Konzentration [500]: *a*) Gemisch Benzol—Heptan; *b*) Gemisch Benzol—Nitrobenzol.

Entlang der Abszisse ist die Konzentration von Nitrobenzol und Heptan aufgetragen; O – Benzol, Δ – Nitrobenzol.

in denen polarisierte Moleküle anwesend sind, erhöhen kann. Diese Erklärung scheint uns nicht überzeugend genug. Im vorliegenden Falle ist offenbar eine strengere und vollständigere Analyse der Versuchsbedingungen notwendig.[1])

4. *Untersuchungen der Schwelle der stimulierten Raman-Streuung*

Die Existenz einer bestimmten Anregungsschwelle für die stimulierte RAMAN-Streuung erscheint vom Standpunkt der allgemeinen Lasertheorie, in welcher die Schwelle der stimulierten Emission eine wichtige Eigenschaft der Erscheinung ist, als völlig natürlich. Die ersten, oben beschriebenen Experimente bestätigen scheinbar auch das Vorhandensein einer Schwelle. Bei der photographischen Registrierung des Spektrums erschienen die stimulierten RAMAN-Linien erst nach Erreichung eines gewissen „Schwellenwertes" für die Erregerstrahlungsleistung. Hierbei wird die „Schwelle" mit einer relativ hohen Genauigkeit von etwa 10% der beobachteten Größe gemessen. Ungeachtet dessen hatte der Begriff der „Schwelle" in der stimulierten RAMAN-Streuung keinen tiefgreifenden physikalischen Inhalt.

Der bedingte Charakter der Schwelle der stimulierten RAMAN-Streuung kommt vor allem darin zum Ausdruck, daß die Schwellengröße wesentlich von den Auf-

[1]) *Anmerkung des Herausgebers:* Die erhaltene Intensitätskurve in Abhängigkeit von der Konzentration kann mit der Wirkung der Selbstfokussierung, die bei unterschiedlicher Konzentration verschieden ist, und mit der Wirkung der Konkurrenz der starken RAMAN-Linien der Substanzen in Gemischen erklärt werden. Die zwischenmolekulare Wechselwirkung ist dabei meistens nur von geringer Bedeutung.

nahmemethoden abhängig ist. Der Übergang von einer Sorte von Platten zu einer anderen führt beispielsweise zu einer spürbaren Veränderung der Schwelle, obwohl die Anregungsbedingungen selbstverständlich die gleichen sind. Ferner stellte sich heraus, daß die Veränderung der Anzahl der zur Anregung der stimulierten RAMAN-Streuung verwendeten Blitze die beobachtete Schwelle um ein Vielfaches herabsetzen kann. Der Begriff der Schwelle der stimulierten RAMAN-Streuung ist also nur im Zusammenhang mit streng fixierten Versuchsbedingungen anwendbar, die auch die Registrierbedingungen der Spektren einschließen. Gewöhnlich wird vorausgesetzt, daß die Schwelle während eines Laserblitzes erreicht wird. In diesem Sinne (wenn nicht anders vereinbart) wollen wir im weiteren diesen Begriff verwenden. Die Schwelle gibt eine Standardintensität der stimulierten RAMAN-Linien an, die unter gegebenen Versuchsbedingungen ausreichend ist, um eine registrierbare Schwärzung der Photoplatte zu erreichen.

Die Tatsache, daß sich die Anregungsschwelle im Experiment so sicher fixieren läßt, hängt mit der nichtlinearen Abhängigkeit der Linienintensität im stimulierten RAMAN-Effekt von der Erregerlichtintensität zusammen. Dieses nichtlineare Verhalten (näherungsweise exponentielles) bleibt gewöhnlich auch im Bereich „unterhalb der Schwelle" erhalten. Als Beispiel ist in Abb. 93 die in [501] ermittelte Intensitätsabhängigkeit der stimulierten RAMAN-Linien von der Erregerlichtintensität „unterhalb der Schwelle" (bei einem Blitz) dargestellt; die Zahl der Blitze erreichte mehrere Dutzend.

Ungeachtet der Tatsache, daß die Anregungsschwelle des stimulierten RAMAN-Effektes von den experimentellen Bedingungen abhängt, ist die Untersuchung dieser Größe von großem Interesse, da sie sich praktisch fast ohne Mühe sehr genau messen läßt. Der Zusammenhang zwischen der Anregungsschwelle und den Linienparametern, der Konzentration usw. kann im Rahmen der oben beschriebenen elementaren Theorie erklärt werden.

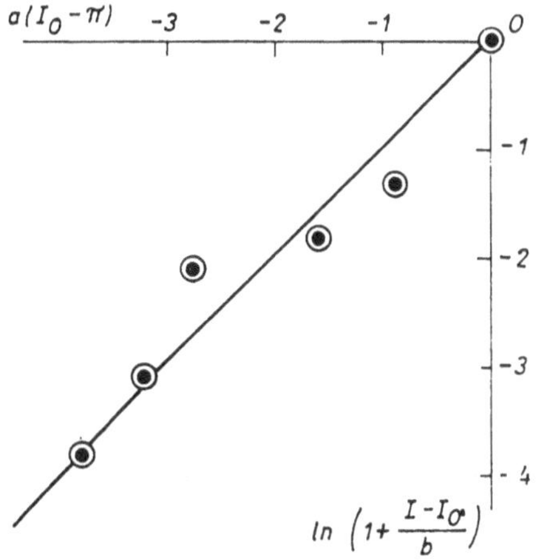

Abb. 93: Die Abhängigkeit der Intensität der stimulierten RAMAN-Streuung von der Intensität der Erregerstrahlung für Nitrobenzol ($\Delta\nu = 1365\ \text{cm}^{-1}$) unter dem „Schwellenbereich".

In den Arbeiten [499, 502] wurden systematische Untersuchungen der Anregungsschwelle des stimulierten RAMAN-Effektes für eine Reihe von Substanzen durchgeführt. Die erhaltenen Werte sind in Tab. 56 wiedergegeben. Als Einheit wurde die Anregungsschwelle für Benzol angenommen. Gleichzeitig werden die

Tabelle 56

Abhängigkeit der Schwelle des stimulierten Raman-Effektes von den Parametern der Raman-Linien

Substanz	$\Delta\nu$ [cm^{-1}]	δ [cm^{-1}]	ϱ	σ	σ/δ	$1/\pi_{exp}$	$1/\pi_{berechn}$
Benzol	992	1,8	0,06	1	1	1	1,0
Toluol	1004	1,6	0,07	0,38	0,42	0,40	0,42
Pentadien-1, 3	1655	15	0,31	1,6	0,2	0,5	0,25
2-Methylbutadien-1, 3	1638	7	0,21	1,3	0,3	0,5	0,40
Schwefelkohlenstoff	656	1	0,25	1,6	3	1,4	3,0
Styrol	998	2	—	0,7	0,6	0,5	0,67
	1602	3	—	0,9	0,6	—	0,64
	1634	3	—	1,6	0,9	0,9	1,1

Linienparameter in den gewöhnlichen RAMAN-Spektren angegeben. Wie zu sehen ist, wird die Schwelle für den stimulierten RAMAN-Effekt in der Hauptsache durch die Linienintensität im gewöhnlichen RAMAN-Effekt bestimmt, während der Depolarisationsgrad dem Anschein nach eine unwesentliche Rolle spielt. In einer groben Näherung wird die reziproke Größe der Schwelle durch die Linienintensität pro Breiteneinheit bestimmt. Dies steht in Einklang mit den Formeln (23.33) und (23.39), wenn man die Abhängigkeit der Konstante b von den Eigenschaften der Substanz und der betreffenden Linie vernachlässigen kann. Eine exaktere Formel, welche die genannte Abhängigkeit berücksichtigt, kann leicht aus (23.34) abgeleitet werden. Unter der Voraussetzung, daß $b \ll \pi$ ist, gilt

$$\frac{\pi_1}{\pi} = \frac{a/a_1}{1 + \dfrac{1}{a_1\pi_1} \ln\left(\dfrac{\omega_1'b_1}{\omega'b}\right)}. \tag{23.43}$$

Hierbei beziehen sich die Größen a, b, π, ω' auf die untersuchte Linie, a_1, b_1, π_1 und ω'_1 auf die Vergleichslinie (im vorliegenden Falle auf die Benzollinie 992 cm^{-1}). Die nach Formel (23.43) errechneten Schwellenwerte für $a_1\pi_1 = 12$ sind in der letzten Spalte von Tab. 56 angeführt. Bei dem genannten Wert für das Produkt $a_1\pi_1$ haben wir (für Benzol) $I_1'(\pi)\,\omega/\omega_1'b_1 = 2 \cdot 10^5$. In den beschriebenen Versuchen betrug der Schwellenwert $\pi_1 \approx 0{,}5$ MW, woraus $a_1 \approx 24$ MW^{-1} cm folgt. Verwendet wurde ein fokussierter Erregerlichtstrahl mit $\Omega \approx 10^{-2}$ sr, daher findet man aus (23.33), wenn $\Delta S = 10^{-5}$ cm^2 angenommen wird, $b = 10^{-12}$ MW cm^{-2}, $\Delta l = 5 \cdot 10^{-3}$ cm. Dabei ist $I_1'(\pi) = 2 \cdot 10^{-7}$ MW, was annähernd mit dem in der Arbeit [498] gefundenen Schwellenwert $I'(\pi)$ zusammenfällt (siehe Abb. 91). Die erhaltenen Abschätzungen werden wir später benutzen.

In den Arbeiten [496, 499] wurde die Abhängigkeit der Anregungsschwelle von der Konzentration untersucht, und zwar für die Gemische CS_2 mit Benzol bei den Konzentrationen 80, 60, 50 und 40% sowie für die reinen Substanzen CS_2 und

Benzol. Die Meßergebnisse für die Anregungsschwelle der Linie mit der Frequenz 656 cm^{-1} sind in Abb. 94 gezeigt (linke Kurve). Die genannte Linie konnte bei den Volumenkonzentrationen von CS_2 im Gemisch im Intervall von 100 bis 50% angeregt werden. Bei der Konzentration 40% setzte die Anregung der Benzollinie bei 992 cm^{-1} ein (Abb. 94, rechte Kurve). Die durchgezogenen Linien in Abb. 94 stellen die theoretischen, nach Formel (23.39) berechneten Abhängigkeiten dar. Eine gewisse Diskrepanz zwischen den experimentellen und theoretischen Ergebnissen bezüglich der Schwellenabhängigkeit von der Konzentration läßt sich mit der Änderung der Bedingungen für die Selbstfokussierung erklären, die in den betrachteten Gemischen eine wesentliche Rolle spielen dürfte (siehe § 25,4.), sowie mit dem Einfluß der zwischenmolekularen Wechselwirkung.

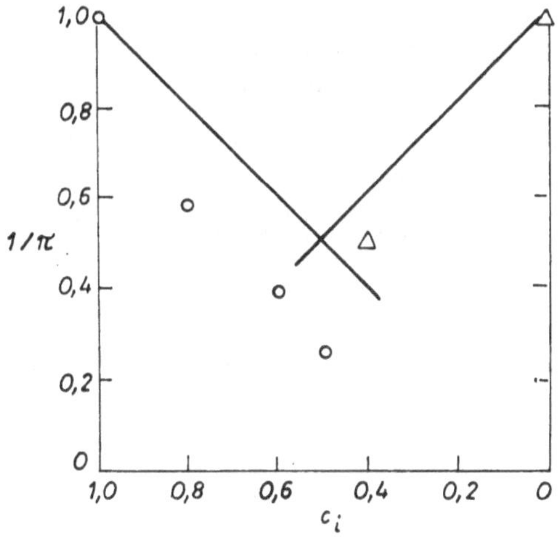

Abb. 94: Abhängigkeit der Anregungsschwelle des stimulierten RAMAN-Effektes von der Konzentration der streuenden Moleküle für die Gemische Benzol und Schwefelkohlenstoff.

Linke Kurve: CS_2-Linie 656 cm^{-1}; rechte Kurve: Benzollinie 992 cm^{-1}; c_i bezeichnet die Konzentration von CS_2 im Gemisch.

SUBOWA und SUBOW [503] haben die Abhängigkeit der Anregungsschwelle für Benzol von der Küvettenlänge untersucht. In der Apparatur wurden keine Sammellinsen verwendet, so daß der Laserstrahl sich in der Küvette parallel ausbreitete. Es wurde gefunden, daß die Schwellenabhängigkeit von der Küvettenlänge in Einklang mit Formel (23.39) steht.

Von WANG [498] wurde die Schwellenabhängigkeit von der Küvettenlänge l in einem größeren Intervall von l untersucht. Die in dieser Arbeit erhaltenen Werte für Benzol sind in Abb. 95 als Punkte eingetragen. Die durchgezogene Linie entspricht der nach Formel (23.39) errechneten theoretischen Kurve. Wie zu erkennen ist, besteht gute Übereinstimmung zwischen den experimentellen Befunden und der Theorie.

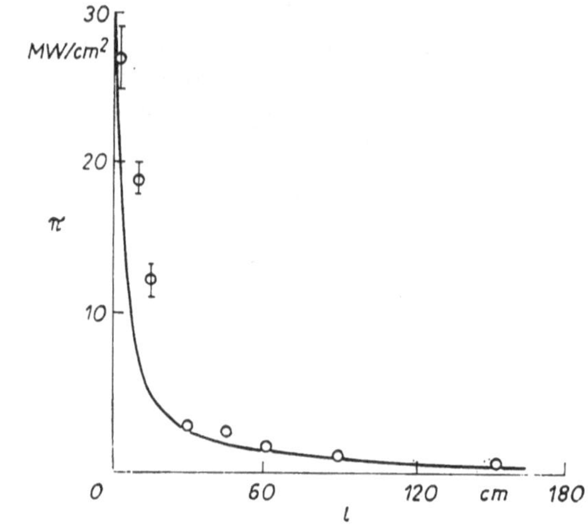

Abb. 95: Die Abhängigkeit der Schwelle der stimulierten RAMAN-Streuung im Benzol von der Küvettenlänge l.

Die Kurve bezeichnet die Rechnung nach der Formel $\pi = \pi_0 l_0/l$ (π_0 ist die Schwelle bei einer Küvettenlänge von $l_0 = 150$ cm); die Punkte bezeichnen die experimentellen Werte [498].

§ 24. Intensitätsverteilung und Linienbreite in den stimulierten Raman-Spektren

1. *Einige Besonderheiten der Intensitätsverteilung in den stimulierten Raman-Spektren*

Gewöhnlich beobachtet man in den stimulierten RAMAN-Spektren nur eine geringe Anzahl von Frequenzen aus dem ganzen RAMAN-Spektrum der betrachteten Substanz. Wird hierbei das Spektrum durch einen einzigen Laserimpuls angeregt, so erscheint in der Regel nur eine der Frequenzen und ihre Harmonischen im STOKESschen und anti-STOKESschen Bereich. Anfänglich war man der Auffassung, daß dies eine allgemeingültige Eigenschaft der stimulierten RAMAN-Spektren sei, weil die Anregung einer Frequenz infolge der Energieübertragung in die RAMAN-Streuung die Erregerstrahlungsleistung schon wesentlich herabsetzt, so daß die verbleibende Leistung nicht mehr zur Anregung weiterer Frequenzen ausreicht. Berechnungen zeigen, daß tatsächlich bis zu 80% der Erregerstrahlungsleistung in die stimulierte RAMAN-Streuung übergehen. Trotzdem wurden für Styrol die gleichzeitige Anregung von zwei Frequenzen $\nu_1 = 999\ \text{cm}^{-1}$ und $\nu_2 = 1626\ \text{cm}^{-1}$ [499] beobachtet, wobei in [504] neben den Grundtönen und ihren Harmonischen auch die Kombinationstöne $N_1\nu_1 \pm N_2\nu_2$ im Spektrum gefunden werden konnten. In Gemischen treten bei hoher Leistung ebenfalls die Frequenzen beider Komponenten sowie deren Kombinationen auf (siehe § 23,3.).

Die wesentlichste Besonderheit der stimulierten RAMAN-Spektren ist die enorme Intensität der anti-STOKESschen Linien und der STOKESschen und anti-STOKESschen Harmonischen. Das Intensitätsverhältnis dieser Harmonischen ist eindeutig von den Versuchsbedingungen abhängig. Um eine allgemeine Vorstellung zu vermitteln, wollen wir erwähnen, daß nach Angaben von [505] im stimulierten RAMAN-Spektrum von Benzol auf die erste STOKESsche Linie 85% der Streustrahlungsintensität entfallen, auf die zweite STOKESsche Linie 9,8%, auf die dritte 0,1%, der Anteil der ersten anti-STOKESschen Linie beträgt 0,8%, der zweiten 0,7% und der dritten 0,002%.

Die scharfen Linien sind in den stimulierten RAMAN-Spektren häufig von mehr oder weniger intensiven kontinuierlichen Spektrenabschnitten umgeben, die die Form ziemlich breiter Banden haben. Außerdem beobachtet man in einigen Fällen eine eigentümliche Linienaufspaltung in mehrere Komponenten (siehe § 23,5.).

2. *Inverser Raman-Effekt*

Wie aus der allgemeinen Theorie (siehe Kap. 1.) folgt, ist der Prozeß der Energieübertragung aus einem Spektralbereich in einen anderen bei der RAMAN-Streuung umkehrbar. In der Tat gilt für die Übergangswahrscheinlichkeit unter Absorption des Quantes $\hbar\omega$ und der Emission des Quantes $\hbar\omega'$ gemäß (5.53)

$$W_{Ra} = K\left[nn' + \frac{n\omega'^2}{(2\pi c)^3}\right], \tag{24.1}$$

wo n die Zahl der Photonen der Erregerstrahlung und n' die der Photonen mit der umgewandelten Frequenz ω' ist. Der Faktor K hat für beide Prozesse $\omega \rightarrow \omega'$ und $\omega' \rightarrow \omega$ den gleichen Wert, daher wird die Wahrscheinlichkeit des umgekehrten Prozesses, d. h. der Absorption des Quantes $\hbar\omega'$ und der Emission von $\hbar\omega$ durch die gleiche Formel gegeben; lediglich ω und ω' sowie n und n' sind zu vertauschen.

Richtet man auf das System Strahlung mit einem kontinuierlichen Spektrum, so findet im allgemeinen eine gewisse Energieumverteilung im Spektrum statt, wobei dieses kontinuierlich bleibt. Fehlt nun aber im kontinuierlichen Spektrum die Strahlung auf irgendeiner Frequenz (z. B. der Frequenz ω_0), so verläuft der Prozeß nur in einer Richtung, es wird Energie von der Strahlung mit der Frequenz $\omega' = \omega_0 \mp \omega_r$ in die Strahlung der Frequenz ω_0 übertragen. Anstelle der Frequenz ω' entsteht eine „Absorptionsbande".

Ein Experiment dieser Art wurde zuerst von LANDSBERG und BARYSCHANSKAJA [506] durchgeführt. Das kontinuierliche Spektrum einer Lichtquelle (1000 W-Glühlampe) wurde durch eine Küvette mit einer Lösung von Praseodym- und Neodymsalzen, die eine scharfe Absorptionsbande besitzt, geleitet. Mit diesem Licht wurde ein Quarzkristall bestrahlt. In der durch den Quarz gestreuten Strahllung wurde neben der gewöhnlichen noch eine falsche Absorptionsbande beobachtet, deren Frequenzverschiebung gegenüber der „Hauptabsorptionsbande" mit der Eigenfrequenz von Quarz ($\omega_r = 465$ cm^{-1}) zusammenfiel. Später wurde von KASTLER vorgeschlagen, diese Erscheinung zur Erklärung einiger Spektrenbesonderheiten in der Astrophysik heranzuziehen [507]. Nach unserer Kenntnis ist es bislang niemandem gelungen, den Versuch von LANDSBERG und BARYSCHANSKAJA zu wiederholen, obwohl STOICHEFF z. B. daran gearbeitet hat [508].[1])

Das Glied nn' in (24.1) ist zur Erklärung der Existenz des inversen RAMAN-Effektes nicht notwendig. Mit diesem Glied ist aber noch ein nur für induzierte Prozesse typischer Effekt verknüpft. Die Arbeit von JONES und STOICHEFF [508] ist diesem Effekt gewidmet. Die Strahlung eines gewöhnlichen gütemodulierten Lasers wurde durch zwei hintereinander angeordnete Küvetten geleitet, wobei der Strahl in die zweite Küvette fokussiert wurde. Waren beide Küvetten mit der gleichen Substanz gefüllt (Benzol), so beobachtete man die Selbstabsorption der ersten anti-STOKESschen Benzollinie. Noch interessantere Resultate wurden erhalten, wenn die Küvetten mit verschiedenen Substanzen gefüllt waren. Es sei bemerkt, daß unter bestimmten Anregungsbedingungen die anti-STOKESschen Linien eine beachtliche Breite (bis zu hundert reziproken Zentimetern) haben können [509]. Auf die zweite Küvette fällt also eine Strahlung, die aus einer starken monochromatischen Linie ω_0 und einem quasikontinuierlichen Untergrund $\omega' = \omega_0 + \omega_r \pm \Delta\omega$ besteht. In diesem Falle wurde am Ausgang der zweiten Küvette im Bereich des Untergrundes eine scharfe ($\delta \approx 2$ cm^{-1}) Absorptionsbande gefunden, die bezüglich der „Erregerlinie" ω_0 genau um die Eigenfrequenz der Molekülschwingungen der in der zweiten Küvette befindlichen Substanz verschoben war. Die erste Küvette war mit Toluol gefüllt, die zweite mit Benzol bzw. Nitromethan. Um die „Absorptionsbande" von Benzol zu beobachten, genügte ein Blitz, während zur Registrierung der „Absorptionsbande" von Nitromethan zehn Impulse erforderlich waren. Das ist leicht damit zu erklären, daß die Nitromethanlinie bezüglich der Toluollinie um fast 85 cm^{-1} verschoben ist; die gleiche Verschiebung für das System Toluol-Benzol beträgt 11 cm^{-1}.

Der beobachtete Effekt läßt sich auf folgende Weise erklären. Es ist vollkommen evident, daß die Übergänge $\omega_0 \to \omega'$ und $\omega' \to \omega_0$ ($\omega' = \omega_0 + \omega_r$) gleichzeitig vor sich gehen, wobei bei genügend hohen Intensitäten der „Erregerstrahlung" der Frequenz ω_0 die diesbezüglichen Wahrscheinlichkeiten mehr oder weniger gleich sind. Die Übergangswahrscheinlichkeit ist aber in erster Näherung der Zahl der im Anfangszustand befindlichen Teilchen proportional. Für den Übergang $\omega' \to \omega_0$ ist der Anfangszustand der Grundzustand, für den Übergang $\omega_0 \to \omega'$ dagegen der erste angeregte Zustand. Unter gewöhnlichen Bedingungen befinden sich praktisch alle Moleküle im Grundzustand, und der Übergang $\omega' \to \omega_0$ vollzieht sich bei weitem intensiver als der Übergang $\omega_0 \to \omega'$. Folglich haben wir es mit einer etwas paradoxen Situation zu tun, daß Energie von der relativ schwachen Strahlung auf der Frequenz ω' auf die intensive Strahlung mit der Frequenz ω_0 übertragen wird. Es ist leicht zu erkennen, daß zur Entstehung dieses Effektes das Produkt nn' in Formel (24.1) hinreichend groß sein muß, die Größe n aber gleichzeitig nicht sehr groß sein darf. Falls die Photonenzahl der „Erregerstrahlung" n groß ist, beginnt der induzierte Übergang $\omega_0 \to \omega_0 - \omega_r$, der die Moleküle in den angeregten Zustand überführt und damit die Intensität des Übergangs $\omega_0 \to \omega'$ erhöht, eine wesentliche Rolle zu spielen. Dies wurde tatsächlich

[1]) *Anmerkung des Herausgebers:* Der von KASTLER beobachtete „inverse RAMAN-Effekt" und der von STOICHEFF beschriebene inverse RAMAN-Effekt sind nicht identisch. Im ersten Fall handelt es sich um einen linearen und im zweiten Fall um einen nichtlinearen Effekt. Heute ist die Bezeichnung inverser RAMAN-Effekt nur für den zweiten Fall üblich.

experimentell beobachtet. Die Erhöhung der Ausgangsleistung des Lasers führte dazu, daß die Absorption verschwand und an der Stelle der Absorptionsbande die stimulierte RAMAN-Linie der Substanz in der zweiten Küvette auftrat. Die angeführten Überlegungen können auch die „Umkehrung" der STOKESschen stimulierten RAMAN-Linien erklären [509].

3. *Quantentheorie der Intensitätsverteilung in den stimulierten Raman-Spektren* [*510*]

Die in § 23 dargelegte halbklassische Theorie der stimulierten RAMAN-Streuung liefert eine gewisse Vorstellung über den Entstehungsmechanismus der Harmonischen und anti-STOKESschen Linien. Sie ist jedoch nicht in der Lage, Hinweise bezüglich der quantitativen Intensitätsverteilung in den stimulierten RAMAN-Spektren zu geben. Was die strenge Quantentheorie betrifft, so kann sie unter keinen Umständen als abgeschlossen angesehen werden. Mehr noch, der grundlegende Mechanismus der Erscheinung kann noch nicht als geklärt gelten. Deshalb betrachten wir nachstehend zwei Mechanismen für die stimulierte RAMAN-Streuung, die als die wahrscheinlichsten gelten dürften, sowie einen auf den Vorstellungen der nichtlinearen Optik basierender Zugang zur Erscheinung des stimulierten RAMAN-Effektes.

Stufenweise Anregung der Harmonischen

Nach dem Primärakt der STOKESschen RAMAN-Streuung bildet sich ein angeregtes Molekül und ein Photon mit der verringerten Frequenz $\hbar\omega_{-1}$. Die STOKESsche Wechselwirkung des Photons $\hbar\omega_{-1}$ mit einem nichtangeregten Molekül ergibt ein Photon $\hbar\omega_{-2}$, wo $\omega_{-2} = \omega - 2(\omega - \omega_{-1})$, d. h., es entsteht die erste Harmonische.[1]) Wiederholen sich diese Prozesse, so ergeben sich die Harmonischen von höherer Ordnung im STOKESschen Bereich. Die Wechselwirkung eines Photons $\hbar\omega$ des Erregerlichtes mit einem angeregten Molekül ergibt ein anti-STOKESsches Photon $\hbar\omega_1$, wobei das Molekül in den nichtangeregten Zustand übergeht. Die Wechselwirkung eines anti-STOKESschen Photons $\hbar\omega_1$ mit einem angeregten Molekül liefert die anti-STOKESsche Harmonische der Frequenz $\hbar\omega_2$, wobei $\omega_2 = \omega + 2 \times (\omega - \omega_{-1})$ usw. Konkurrierende Prozesse sind die Streuung der anti-STOKESschen Photonen an den nichtangeregten Molekülen unter Bildung von Photonen mit geringerer Frequenz und die Streuung der STOKESschen Photonen an den angeregten Molekülen, in deren Ergebnis Photonen mit einer höheren Frequenz erzeugt werden.

Wir wollen ein Differentialgleichungssystem aufstellen, das den stufenweisen Anregungsprozeß der STOKESschen und anti-STOKESschen Harmonischen unter Berücksichtigung der oben erwähnten konkurrierenden Prozesse im anti-STOKESschen Bereich (im STOKESschen Bereich spielen solche Prozesse bei geringer Anregungsdichte eine untergeordnete Rolle) beschreibt. Es seien $n, n_{-1}, n_{-2}, n_{-3}, \ldots$ die Photonenzahl des Erregerlichtes und der STOKESschen Harmonischen mit den Frequenzen $\omega, \omega_{-1}, \omega_{-2}, \omega_{-3}, \ldots$ und analog dazu $n_1, n_2, \ldots$ die Photonenzahl mit den anti-STOKESschen Frequenzen $\omega_1, \omega_2, \ldots$. Mit N sei die Zahl der Moleküle pro Volumeneinheit im nichtangeregten Zustand und mit N^* die der angeregten

[1]) *Anmerkung des Herausgebers:* Wird auch als *secoud harmonic generation* (*shg*) bezeichnet.

Moleküle mit der Schwingungsfrequenz $\omega_i = \omega - \omega_{-1}$ bezeichnet. Wir wollen voraussetzen, daß N^* im allgemeinen von der Zahl n der einfallenden Photonen abhängt, d. h. keine Gleichgewichtsgröße ist.

Ähnlich wie in § 23,3. betrachten wir einen Erregerlichtstrahl, der sich entlang der Achse des Streurohrs ausbreitet. Die Änderung der Photonenzahl in der zur Streuachse senkrechten Schicht dx ist gegeben durch

$$\frac{dn_{-3}}{dx} = -\alpha n_{-3} + Np_{-3}n_{-2} + N\varkappa_{-3}n_{-2}n_{-3}, \tag{24.2a}$$

$$\frac{dn_{-2}}{dx} = -\alpha n_{-2} + Np_{-2}n_{-1} + N\varkappa_{-2}n_{-1}n_{-2} - Np_{-3}n_{-2} - N\varkappa_{-3}n_{-2}n_{-3}, \tag{24.2b}$$

$$\frac{dn_{-1}}{dx} = -\alpha n_{-1} + Np_{-1}n + N\varkappa_{-1}nn_{-1} - Np_{-2}n_{-1} - N\varkappa_{-2}n_{-1}n_{-2}, \tag{24.2c}$$

$$\frac{dn}{dx} = -\alpha n + Np_{-1}n + N\varkappa_{-1}nn_{-1} - N^*p_1n - N^*\varkappa_1nn_1 + Npn_1 + N\varkappa nn_1, \tag{24.2d}$$

$$\frac{dn_1}{dx} = -\alpha n_1 + N^*p_1n + N^*\varkappa_1nn_1 - N^*p_2n_1 - N^*\varkappa_2n_1n_2 - Npn_1 - N\varkappa nn_1 + Np_1n_2 + N\varkappa_1n_1n_2, \tag{24.2e}$$

$$\frac{dn_2}{dx} = -\alpha n_2 + N^*p_2n_1 + N^*\varkappa_2n_1n_2 - Np_1n_2 - N\varkappa_1n_1n_2. \tag{24.2f}$$

Harmonische höherer Ordnung wollen wir aus der Betrachtung ausschließen. Die Koeffizienten $\varkappa_i$ und p_i sind auf ein Molekül bezogen: $k_{1i} = N_i\varkappa_i$ und $k_{2i} = N_ip_ib_i = p_i/\varkappa_i$, wobei N_i die Zahl der streuenden Moleküle der gegebenen Sorte pro Volumeneinheit und i die Nummer der Harmonischen sind. Indem wir $n_{-3} \ll n_{-2}$, $n_{-2} \ll n_{-1}$, $n_{-1} \ll n$, $n_2 \ll n_1$, $n' \ll n_{-1}$, $N^* \ll N$ setzen, können wir bei Betrachtung jeder einzelnen Harmonischen den Einfluß der höheren Harmonischen vernachlässigen. Dementprechend können wir für $n_{-1} = n'$ den Wert aus Formel (23.23) einsetzen. Außerdem vernachlässigen wir die ersten Glieder in den Formeln (24.2a)–(24.2f), die eine schwache Absorption beschreiben. Unter diesen vereinfachenden Voraussetzungen liefert die Gleichung (24.2b)

$$\frac{dn_{-2}}{N(p_{-2} + \varkappa_{-2}n_{-2})} = n_{-1}\,dx \tag{24.3}$$

und analog dazu

$$\frac{dn_{-3}}{N(p_{-3} + \varkappa_{-3}n_{-3})} = n_{-2}\,dx \tag{24.4}$$

usw. Es ist leicht zu sehen, daß die erste Stokessche Komponente die Rolle der Erregerlinie für die zweite Stokessche Linie spielt usw.

Wir setzen jetzt für $n_{-1}(x)$ den Näherungsausdruck, der für nicht zu große Werte des Arguments in der Exponentialfunktion gültig ist,

$$n_{-1}(x) = b[e^{k_1(n_0+b)x} - 1] \tag{24.5}$$

ein. Hierbei ist

$$\ln\left(1 + \frac{n_{-2}}{b_{-2}}\right) = N\varkappa_{-2}\left[\frac{b}{k_1(n_0 + b)}\,(e^{k_1(n_0+b)x} - 1) - x\right]. \tag{24.6}$$

Hieraus kann man leicht $n_{-2}(x)$ finden. Setzt man in (24.4) den entsprechenden Wert für $n_{-2}(x)$ ein, so erhält man

$$n_{-3}(x) = b_{-3}\,\{e^{N\varkappa_{-3}[F(x)-F(0)]} - 1\}, \tag{24.7}$$

wo

$$F(x) = \int n_{-2}(x)\,dx. \tag{24.8}$$

Setzt man diesen Prozeß fort, so kann man die Photonenzahl für die STOKESsche Harmonische beliebiger Ordnung finden.

Vernachlässigt man in (24.2e) n_2 proportionale Glieder, so haben wir für die erste anti-STOKESsche Komponente

$$\frac{dn_1}{dx} = -(\alpha + N^*p_2 + Np)\,n_1 + N^*p_1 n + (N^*\varkappa_1 - N\varkappa)\,nn_1. \tag{24.9}$$

Es ist zu beachten, daß sich der Faktor $N^*\varkappa_1$ auf die Streuung eines Photons mit der Frequenz ω und der Faktor $N\varkappa$ auf die Streuung eines Photons der Frequenz ω_1 bezieht. Die Frequenz- und Winkelverteilung fallen für diese beiden Fälle nicht zusammen. Deshalb können ungeachtet der Tatsache, daß $N \gg N^*$ ist, Frequenz- und Winkelbereiche existieren, für welche

$$N^*\varkappa_1(\omega, \Omega) - N\varkappa(\omega_1, \Omega_1) > 0 \tag{24.10}$$

gilt. In diesen Bereichen kann die Verstärkung auf der Frequenz ω_1 erfolgen (zusätzliche Einschränkungen folgen aus dem II. Hauptsatz der Thermodynamik). Über die „Inversion" des RAMAN-Effektes wurde bereits am Anfang dieses Paragraphen gesprochen. Die eigentümliche Winkelverteilung der anti-STOKESschen Strahlung wird im folgenden betrachtet.

Wir wollen annehmen, daß die Bedingung (24.10) erfüllt ist. Dann nimmt die Gleichung (24.9) die gleiche Form wie (23.18b) an, wenn wir die Bezeichnungen

$$\alpha_1 = \alpha + N^*p_2 + Np, \qquad k_{2a} = N^*p_1,$$

$$k_{1a} = N^*\varkappa_1(\omega, \Omega) - N\varkappa(\omega_1, \Omega_1) \tag{24.11}$$

verwenden. Die „Verluste" setzen sich in diesem Falle aus den wahren Verlusten durch Absorption und dem Verlust durch die gewöhnliche RAMAN-Streuung zusammen. Bei Vernachlässigung dieser Verluste finden wir

$$\frac{dn_1}{k_{2a} + k_{1a}n_1} = n(x)\,dx. \tag{24.12}$$

Mit wachsendem x verringert sich die Zahl der Photonen $n(x)$ des Erregerlichtes infolge der Bildung von STOKESschen und anti-STOKESschen Photonen, die Harmonischen verschiedener Ordnung entsprechen. Von grundlegender Bedeutung ist indessen nur die erste STOKESsche Komponente, in welche ein wesentlicher Teil der Erregerlichtphotonen übergeht, während die übrigen Harmonischen nur kleine Korrekturen geben. Wir können deshalb in erster Näherung für $n(x)$ die Formel (23.19) benutzen, die zusammen mit (24.5)

$$n(x) = n_0 e^{-\alpha x} - b[e^{k_1(n_0+b)x} - 1] \tag{24.13}$$

liefert.

Nach Substitution von (24.13) in (24.12) kann man die erhaltene Gleichung integrieren. Eine gewisse Schwierigkeit wird dadurch hervorgerufen, daß sich im allgemeinen die Zahl der angeregten Moleküle N^* infolge der STOKESschen RAMAN-Streuung erhöht und damit $N^* = f(x)$. Zur Vereinfachung der Rechnungen werden wir künftig annehmen, daß sich $f(x)$ entlang der Küvettenlänge nur wenig ändert:

$$N^* = f(\bar{x}) = \text{const.} \tag{24.14}$$

Dann liefert die Integration von (24.12)

$$n_1 = \frac{k_{2a}}{k_{1a}} (e^{k_{1a}(\varphi(x)-\varphi(0))} - 1], \tag{24.15}$$

wobei

$$\varphi(x) - \varphi(0) = \frac{n_0}{\alpha} [1 - e^{-\alpha x}] - b \left[\frac{1}{k_1(n_0 + b)} (e^{k_1(n_0+b)x} - 1) - x\right]. \tag{24.16}$$

In erster Näherung ist

$$\varphi(x) - \varphi(0) = n_0 x \tag{24.17}$$

und folglich

$$n_1 = \frac{k_{2a}}{k_{1a}} e^{k_{1a}n_0 x} - 1]. \tag{24.18}$$

Dieser Ausdruck unterscheidet sich von dem entsprechenden Ausdruck für die erste STOKESsche Komponente (24.5) nur durch die Parameterwerte. Es ist jedoch zu beachten, daß die Größe k_{1a} gemäß (24.11) von der Zahl der angeregten Moleküle N^* abhängt. Bei hohen Leistungen des zur Anregung der RAMAN-Streuung verwendeten Lasers kann die Größe N^* vom Gleichgewichtswert verschieden sein, wobei sie mit n_0 anwächst. Hierbei wird mit steigender Zahl n_0 n_1 schneller wachsen als n_{-1}. Stimmt dagegen N^* mit dem Gleichgewichtswert überein, d. h., N^* ist von n_0 unabhängig, so muß das Verhältnis n_1/n_{-1} mit steigendem n_0 kleiner werden, weil die Parameter der Funktion $n_1(n_0)$ kleiner als die entsprechenden Parameter der Funktion $n_{-1}(n_0)$ sind.

Vernachlässigt man wiederum die Verluste, so erhält man aus (24.2f) für die zweite anti-STOKESsche Harmonische

$$\frac{dn_2}{N^* p_2 + [N^* \varkappa_2(\omega_1, \Omega_1) - N \varkappa_1(\omega_2, \Omega_2)] n_2} = n_1\, dx. \tag{24.19}$$

Nach Einsetzen des Ausdruckes (24.18) für n_1 kann man nach der Integration n_2 finden. Wiederholt man diesen Prozeß, so findet man sukzessive n_3 usw.

Vier-Photonen-Anregungsprozesse im stimulierten RAMAN-Effekt

Gemäß dem von TERHUNE [487] für die stimulierte RAMAN-Streuung vorgeschlagenen Vier-Photonen-Prozeß werden bei diesem Effekt zwei Erregerlichtquanten absorbiert und die STOKESsche und anti-STOKESsche Komponente emittiert. Die Theorie der Vier-Photonen-Anregung im stimulierten RAMAN-Effekt wurde in einer Reihe von Arbeiten weiterentwickelt, von denen die eingehenden Untersuchungen [511, 512] genannt seien. Der Molekülzustand bleibt bei einem solchen Prozeß unverändert. Der Prozeß genügt der Synchronisationsbedingung (siehe § 23,2.): $2\boldsymbol{k} = \boldsymbol{k}_{-1} + \boldsymbol{k}_1$, wo $\boldsymbol{k}, \boldsymbol{k}_{-1}$ und $\boldsymbol{k}_1$ die Wellenvektoren der Erregerstrahlung sowie der STOKESschen und anti-STOKESschen Komponente sind.

Entsprechend der allgemeinen Theorie (siehe § 4) kann ein Vier-Photonen-Prozeß, in dessen Ergebnis das Molekül im Ausgangszustand verbleibt, nur in Form von zwei voneinander unabhängigen aber gleichzeitigen Prozessen der STOKESschen und anti-STOKESschen RAMAN-Streuung erfolgen. Die Wahrscheinlichkeit eines solchen zusammengesetzten Prozesses $W_{4\text{ph}}$ ist gegeben durch das Produkt der Wahrscheinlichkeiten der STOKESschen und anti-STOKESschen Streuung:

$$W_{4\text{ph}} = W_{\text{st}} \cdot W_{\text{anti-st}}. \tag{24.20}$$

Setzt man für W_{st} und $W_{\text{anti-st}}$ die Ausdrücke gemäß (5.53) ein und verwendet die in § 23,3. eingeführten Bezeichnungen, so erhält man

$$W_{4\text{ph}} = n^2(k_1 n_{-1} + k_2)(k_1' n_1 + k_2'). \tag{24.21}$$

Die Koeffizienten k_1 und k_2 beziehen sich auf die STOKESsche, k_1' und k_2' auf die anti-STOKESsche Komponente. Geht man ähnlich wie in § 23,3. von der Wahrscheinlichkeit des Vier-Photonen-Prozesses zur Zahl der von einer Substanzschicht der Dicke dx emittierten Photonen über, so ergibt sich

$$k_1' = \frac{4\pi\omega\,\sigma_1 c^2}{\omega_1{}^3\delta},$$

$$k_2' = \frac{\sigma_1\omega\bar{n}_1{}^3\Omega'}{\omega_1},$$

$$\sigma_1 = \sigma(\omega_1). \tag{24.22}$$

Für die Größen k_1 und k_2 bleiben die Formeln (23.28) gültig.

Die weitere Rechnung führen wir in zwei Varianten durch.

a) Das Anwachsen der Zahl n_{-1} der bei dem betrachteten Prozeß unter dem der Synchronisationsbedingung genügenden Winkel erzeugten Photonen der STOKESschen Strahlung ist klein gegenüber dem Hauptprozeß. Dann erhalten wir aus (24.21) in Übereinstimmung mit der obigen Darstellung

$$\frac{dn_1}{k_1' n_1 + k_2'} = n^2(x)\,[k_1 n_{-1}(x) + k_2]\,dx = n\,dn_{-1}, \tag{24.23}$$

wobei (23.18b) berücksichtigt wurde.

Führt man die Bezeichnung $b' = k_2'/k_1'$ ein und setzt voraus, daß sich der behandelte Prozeß in der Hauptsache im letzten Intervall des Arbeitsvolumens der aktiven Substanz abspielt, so daß $n(x) = n(l)$ gesetzt werden kann (l ist die Länge des aktiven Substanzteils), so findet man

$$n_1 = b'(e^{k_1' n(l) n_{-1}} - 1). \tag{24.24}$$

b) Wenn die STOKESsche Strahlung unter dem der Synchronisationsbedingung genügenden Winkel vorwiegend durch den betrachteten Vier-Photonen-Prozeß erzeugt wird, dann kann man $n_1 = n_{-1}$ setzen. Anstelle von (24.23) ergibt sich dann

$$\frac{dn_1}{(n_1 + b)(n_1 + b')} = k_1 k_1' n^2(x)\, dx. \tag{24.25}$$

Durch Integration bei $n = n_0$ findet man leicht

$$n_1 = \frac{bb' k_1 k_1' n_0^2 x}{1 - bk_1 k_1' n_0^2 x}. \tag{24.26}$$

Wenden wir uns jetzt solchen Vier-Photonen-Prozessen zu, bei denen das Molekül in den angeregten Schwingungszustand übergeht. Wir kehren zu dem in § 4 beschriebenen Schema der RAMAN-Streuung zurück und nehmen an, daß der Zwischenzustand L der angeregte Schwingungszustand des Moleküls ist. An den Übergängen aus dem Anfangszustand 1 in den Zwischenzustand L und aus dem Zwischenzustand L in den Endzustand k sind jeweils zwei Photonen beteiligt. Für solche Übergänge sind mehrere Varianten möglich.

1. Im Anfangszustand befindet sich das Molekül bei Anwesenheit von zwei Lichtquanten der Erregerstrahlung im nichtangeregten Zustand. Die Energie dieses Zustandes ist

$$E_1 = \varepsilon_1 + 2\Phi. \tag{24.27}$$

Im Zwischenzustand L befindet sich das Molekül im angeregten Zustand ε_k, ein Lichtquant Φ ist absorbiert und ein anti-STOKESsches Photon $\Phi_1 = \hbar\omega_1$ emittiert worden. Die Energie des Zwischenzustandes ist

$$E_L = \varepsilon_k + \Phi + \Phi_1,$$

$$E_L' - E_1' = \varepsilon_k - \varepsilon_1 + \Phi_1 - \Phi = \hbar[2\omega_i + i(q_1 - q_k)]. \tag{24.28}$$

Im Endzustand besetzt das Molekül denselben Zustand ε_k, das zweite Lichtquant Φ ist absorbiert und ein Quant der zweiten STOKESschen Harmonischen $\Phi_{-2} = \hbar\omega_{-2}$ emittiert worden. Die Energie des Endzustandes ist

$$E_k = \varepsilon_k + \Phi_1 + \Phi_{-2},$$

$$E_k' - E_1' = \varepsilon_k - \varepsilon_1 + \Phi_1 + \Phi_{-2} - 2\Phi = \hbar[x + i(q_1 - q_k)]. \tag{24.29}$$

Unter Verwendung von Formel (4.41) finden wir die Wahrscheinlichkeit des beschriebenen Prozesses

$$W_{Ra}^{I} = \frac{|H_{1L}'|^2 |H_{Lk}'|^2 |f_{k1}|^2}{|E_1' - E_L'|^2 |E_k' - E_1'|^2}\,. \tag{24.30}$$

Bei der Berechnung des Matrixelementes H_{1L}' für den Übergang $1 \to L$ berücksichtigen wir die angeregten Elektronenzustände l des Moleküls. Unter Benutzung von (4.91) erhalten wir

$$|H_{1L}'|^2 = \left| \sum_l \frac{H_{1l}' H_{lk}'}{\omega_l^e - \omega_E + i(q_1 - q_l)} + \frac{H_{1l'}' H_{l'k}'}{\omega_l^e + \omega_k + i(q_1 - q_l)} \right|^2 \tag{24.31}$$

Das zweite Matrixelement H_{Lk}' fällt mit dem durch Formel (5.42) gegebenen Matrixelement H_1' zusammen, in dem $n_\mu = n_E$ und $n_\lambda = n_{-2}$ zu setzen sind. Wir beachten, daß bei der stimulierten Raman-Streuung die Polarisationszustände der Erreger- und Streustrahlung gleich sind, also $(\boldsymbol{e}_\lambda \boldsymbol{e}_\mu) = 1$. Damit wird

$$|H_{Lk}'|^2 = \frac{e^4 (2\pi\hbar)^2 n}{\mu^2 \omega\omega_{-2}} \left[n_{-2} + \frac{\omega_{-2}^2}{(2\pi c)^3} \right]. \tag{24.32}$$

Mit Rücksicht auf (5.53) und (5.54) erhalten wir schließlich

$$W_{Ra}^{I} = \frac{(2\pi)^2 e^4 n^2 \left[k_1' n_1 + k_2'\right] \left[n_{-2} + \frac{\omega_{-2}^2}{(2\pi c)^3} \right]}{\mu^2 [4\omega_i^2 + (q_k - q_1)^2]\, \omega\omega_{-2}}. \tag{24.33}$$

Bei Verwendung von Formel (24.33) finden wir in Analogie zu den oben beschriebenen Fällen, die Gleichung

$$\frac{dn_1}{k_1' n_1 + k_2'} = A n^2(x) \left[n_{-2} + b_{-2}^*\right] dx \tag{24.34}$$

mit

$$A = \frac{3\pi\sigma_T c^4 c_i N_0}{2\omega\omega_{-2} \left[4\omega_i^2 + (q_k - q_1)^2\right]},$$

$$b_{-2}^* = \frac{\omega_{-2}^2}{(2\pi c)^3} \tag{24.35}$$

und $\sigma_T = (8\pi/3)\,(e^2/\mu c^2)^2 = 6{,}65 \cdot 10^{-25}\ \mathrm{cm}^{-2}$ als Thomsonschen Streuquerschnitt.

Unter der Voraussetzung, daß $n_{-2}(x)$ nicht von dem betrachteten Prozeß abhängig ist (Fall a), finden wir

$$n_1 = b' \left\{ \exp\left[k_1' A \int_0^x n^2(x)\, (n_{-2} + b_{-2}^*)\, dx \right] - 1 \right\}, \tag{24.36}$$

wobei $n_{-2}(x)$ durch Formel (24.6) gegeben ist. Ist dagegen $n_{-2} = n_1$ (Fall b), so haben wir in Analogie zu (24.26)

$$n_1 = \frac{b' b_{-2}^* A k_1' n_0^2 x}{1 - b_{-2}^* A k_1' n_0^2 x}\,. \tag{24.37}$$

2. Wir wollen jetzt annehmen, daß das Molekül beim Übergang in den Zwischenzustand L in den angeregten Schwingungszustand übergeht, wobei zwei Photonen der Erregerstrahlung absorbiert werden. Dann gilt

$$E_L = \varepsilon_k, \tag{24.38}$$

$$E_L' - E_1' = \varepsilon_k - \varepsilon_1 - 2\Phi = \hbar[\omega_i - 2\omega + i(q_1 - q_k)]. \tag{24.39}$$

Beim Übergang aus dem Zwischenzustand L in den Endzustand verbleibt das Molekül im angeregten Schwingungszustand; es werden zwei Lichtquanten Φ_1 und Φ_{-2} emittiert. Gleichung (5.43) beschreibt diesen Prozeß. Wir gelangen hier wiederum zu einem Ausdruck der Gestalt (24.34), allerdings mit anderen numerischen Koeffizienten. Da im gegebenen Falle

$$\frac{1}{\hbar^2} |E_L' - E_1'|^2 = (2\omega - \omega_i)^2 + (q_k - q_1)^2 \gg 4\omega_i^2 + (q_k - q_1)^2$$

gilt, wird die Wahrscheinlichkeit für die nach Schema II erfolgende RAMAN-Streuung kleiner als W_{Ra}^I sein; wir werden deshalb den genannten Prozeß und alle ähnlichen nicht betrachten.

Wir fassen jetzt die verschiedenen Prozesse für die Anregung von Harmonischen bei der stimulierten RAMAN-Streuung, die im voranstehenden behandelt wurden, noch einmal zusammen. Für die STOKESschen Harmonischen zweiter und höherer Ordnung ist augenscheinlich die stufenweise Anregung am wesentlichsten. Verwenden wir nämlich die am Ende von § 23 angeführten Abschätzungen für den experimentellen Schwellenwert von Benzol, so finden wir nach (24.5) und (24.6) für die Anregungsschwelle der zweiten STOKESschen Harmonischen $(a\pi)_{-2} \approx 3a_1\pi_1$. Dieser Wert stimmt befriedigend mit den vorliegenden experimentellen Angaben überein. Wie oben festgestellt wurde, ist bei stufenweiser Anregung eine Verstärkung der ersten anti-STOKESschen Komponente nur für bestimmte Frequenzen und Winkel möglich, wenn nämlich der inverse Prozeß keine Rolle spielt. Vernachlässigt man diesen Prozeß, so ergibt sich für die Intensität der ersten anti-STOKESschen Komponente der Ausdruck (24.18), der sich von der entsprechenden Formel (24.5) für die erste STOKESsche Komponente in erster Näherung lediglich durch den Wert für die Konzentration der streuenden Moleküle unterscheidet. Benutzt man für die Konzentration c_i^* der Moleküle im angeregten Schwingungszustand den Gleichgewichtswert, d. h. (für die Benzollinie 992 cm^{-1}) $c_j^* = 0{,}008$, so ergibt sich für die Anregungsschwelle der ersten anti-STOKESschen Komponente $(a\pi)^a_{\text{stufen}} \approx 120\, a_1\pi_1$. Während der stimulierten RAMAN-Streuung erhöht sich die Konzentration c_i^*, es ist aber kaum anzunehmen, daß sich diese Größe wesentlich ändert. Der soeben betrachtete Prozeß (ohne Einhaltung der Synchronisationsbedingung) dürfte also nur bei hohen Anregungsdichten eine Rolle spielen.

Wenden wir uns nun den Prozessen der Vier-Photonen-Anregung der stimulierten RAMAN-Streuung zu. Für den ohne Änderung des Schwingungszustandes des Moleküls erfolgenden Prozeß in Anwesenheit der entsprechenden STOKESschen Komponente erhalten wir gemäß (24.24) mit Rücksicht auf (23.29) und (24.22)

$$\frac{I_1}{b'} = \exp\left[\frac{1{,}13 \cdot 10^{-9}\, I_E I_{-1}}{S'^2}\right] - 1 \tag{24.24a}$$

mit $b' = \hbar\omega_1^3\delta S\Omega/4\pi c$. Diese Formel unterscheidet sich von (23.32) in der Hauptsache durch den Wert des Arguments der Exponentialfunktion. Setzt man wie für die STOKESsche Streuung in der Nähe der Anregungsschwelle $I_1/b' \approx 2 \cdot 10^5$ (siehe § 23,4.), so hat das Argument den Wert $1{,}13 \approx 10^{-9} I_E I_{-1}/S'^2 = 12$.

Um diese Beziehung bei einem Kanalquerschnitt von 10^{-5} cm² zu erfüllen, genügt gemäß (23.32) eine Erregerstrahlungsleistung von $I_E \approx 1{,}5$ MW. Die Anregungsschwelle für den betrachteten Prozeß ist also nur geringfügig höher als die für die STOKESsche stimulierte RAMAN-Streuung. Hervorgehoben sei die deutlich ausgeprägte Abhängigkeit der bei diesem Prozeß erzeugten Intensität der anti-STOKESschen Komponente vom Kanalquerschnitt. Dementsprechend erfolgt dieser Prozeß hauptsächlich in dem Gebiet, wo die Erregerstrahlung fokussiert wird.

Die Eigentümlichkeit des betrachteten Anregungstyps der stimulierten RAMAN-Streuung besteht darin, daß er, als selbständiger Prozeß genommen, eine außerordentlich hohe, praktisch unerreichbare Anregungsschwelle besitzt. Nach Formel (24.26) finden wir tatsächlich, daß die Anregungsschwelle in diesem Falle $I_E(\pi) = 10^{15}$ MW beträgt.

Die erhaltenen Abschätzungen zeigen, daß die Vier-Photonen-Prozesse bei Erfüllung der Synchronisationsbedingung auch für die Anregung höherer Harmonischer eine große Bedeutung haben dürften. Es sind beispielsweise die Prozesse $2k_1 = k + k_2$, $2k_{-1} = k + k_{-2}$, $k + k_{-1} = k_1 + k_{-2}$ usw. möglich.

Um die Vier-Photonen-Prozesse der stimulierten RAMAN-Streuung abzuschätzen, die mit einer Änderung des Schwingungszustandes des Moleküls verbunden sind, d. h. ohne Einhaltung der Synchronisationsbedingung erfolgen, vergleichen wir zunächst die in die Gleichungen (24.23) bzw. (24.34) eingehenden Größen k_1 und A. Unter Benutzung von (23.28) und (24.35) finden wir für die Benzollinie 992 cm⁻¹

$$k_1 = 2 \cdot 10^{-16}, \qquad A = 2 \cdot 10^{-20}.$$

Die Gleichungen (24.23) und (24.34) sind vom gleichen Typ, wobei jedoch n_{-1} und n_{-2} zu vertauschen sind. Für die näherungsweise Abschätzung erhalten wir somit anstelle von (24.24a) die Beziehung

$$\frac{I_1}{b'} = \exp\left[\frac{1{,}13 \cdot 10^{-13}\, I_E I_{-2}}{S'^2}\right] - 1. \tag{24.24b}$$

Bei $I_E = 10$ MW und $I_{-2} \approx 1$ MW kann die Anregungsschwelle nur bei $S' \approx 10^{-7}$ cm² erreicht werden. Möglicherweise bilden sich lichtführende Fäden mit einem solchen Querschnitt infolge der Selbstfokussierung und Selbstkanalisierung aus. Es ist somit nicht ausgeschlossen, daß der betrachtete Vier-Photonen-Prozeß bei hohen Anregungsdichten eine Rolle spielt.

4. *Stimulierter Raman-Effekt als Erscheinung der nichtlinearen Optik*

Die lineare Beziehung zwischen dem Polarisationsvektor $\boldsymbol{P}$ und dem elektrischen Feld $\boldsymbol{E}$

$$\boldsymbol{P} = \varkappa \boldsymbol{E} \tag{24.40}$$

trägt nur Näherungscharakter. Bei hohen Feldstärken muß diese Beziehung zur Beschreibung der optischen Erscheinungen durch eine Gleichung von komplizierterer Form ersetzt werden:

$$\boldsymbol{P} = \varkappa \boldsymbol{E} + \boldsymbol{P}^{\mathrm{nl}}, \tag{24.41}$$

wo $\boldsymbol{P}^{\mathrm{nl}}$ die Abweichung von der Linearität beschreibt. Für die FOURIER-Komponente der der Frequenz ω_p entsprechenden Polarisation gilt

$$\begin{aligned} \boldsymbol{P}_i^{\mathrm{nl}}(\omega_p) &= \chi_{ijk}(\omega_p, \omega_q, \omega_r)\, E_j(\omega_q)\, E_k(\omega_r) \\ &\quad + \chi_{ijkl}(\omega_p, \omega_q, \omega_r, \omega_s)\, E_j(\omega_q)\, E_k(\omega_r)\, E_l(\omega_s) + \dots \end{aligned} \tag{24.42}$$

Die nichtlinearen Suszeptibilitäten verschiedener Ordnung χ_{ijk}, χ_{ijkl} usw. beschreiben formal die nichtlinearen Eigenschaften des Mediums.

Die Untersuchung der bei hohen Strahlungsintensitäten entstehenden nichtlinearen Effekte stellt den Gegenstand der sich in den letzten Jahren schnell entwickelnden nichtlinearen Optik dar. Der Behandlung der stimulierten RAMAN-Streuung mit Methoden der nichtlinearen Optik ist eine große Zahl von Arbeiten [513—521] gewidmet. Wir wollen uns hier auf die Darlegung der in der Monographie vom BLOEMBERGEN angeführten Resultate beschränken [514].

Um den in der nichtlinearen Optik üblichen Zugang zur Untersuchung der nichtlinearen Phänomene zu erläutern, ist es angebracht, zuerst den einfachen Fall eines anharmonischen Oszillators zu betrachten [514]. Die Bewegungsgleichung für einen solchen Oszillator, der sich unter der Wirkung eines elektrischen Feldes mit den FOURIER-Komponenten zu den Frequenzen $\pm\omega_1$ und $\pm\omega_2$ befindet, lautet

$$\ddot{x} + \Gamma\dot{x} + \omega_0^2 x + v x^2 = \frac{2e}{m} \operatorname{Re}\left[E_1 e^{i(k_1 z - \omega_1 t)} + E_2 e^{i(k_2 z - \omega_2 t)}\right. . \tag{24.43}$$

In linearer Näherung hat die Lösung die Form

$$x(\omega_1) = \frac{eE_1}{mD(\omega_1)}\, e^{i(k_1 z - \omega_1 t)}, \tag{24.44}$$

wobei $D(\omega) = \omega_0^2 - \omega^2 - i\Gamma\omega$. In der nichtlinearen Näherung niedrigster Ordnung treten Glieder mit den Frequenzen der zweiten Harmonischen $2\omega_1$ und $2\omega_2$ sowie den Kombinationsfrequenzen $\omega_1 + \omega_2$ und $\omega_1 - \omega_2$ auf, die Schwebungen zwischen zwei Lichtquellen entsprechen. Für die zweite Harmonische und die Differenzfrequenz haben wir entsprechend

$$x(2\omega_1) = -\frac{e^2 E_1^2 v}{m^2 D^2(\omega_1)\, D(2\omega_1)}\, e^{i(2k_1 z - 2\omega_1 t)}, \tag{24.45}$$

$$x(\omega_1 - \omega_2) = -\frac{e^2 v E_1 E_2^*}{m^2 D(\omega_1)\, D^*(\omega_2)\, D(\omega_1 - \omega_2)}\, e^{i[(k_1 - k_2)z - (\omega_1 - \omega_2)t]}. \tag{24.46}$$

Aus (24.45) folgen für die nichtlineare Polarisation und die nichtlineare Suszeptibilität, welche die Erzeugung der zweiten Harmonischen beschreiben, die

Ausdrücke

$$P_x^{\mathrm{nl}}(2\omega) = N_0 e x(2\omega) = \chi_{xxx}(2\omega, \omega, \omega)\, E_x^2(\omega), \tag{24.47}$$

$$\chi_{xxx}(2\omega, \omega, \omega) = -\frac{N_0 e^3 v}{m^2 D^2(\omega)\, D(2\omega)}, \tag{24.48}$$

wo N_0 die mittlere Elektronendichte bezeichnet. Ein analoger Ausdruck für die Suszeptibilität auf der Differenzfrequenz läßt sich leicht aus (24.46) ableiten.

Liegt die Differenz $\omega_1 - \omega_2$ dicht bei der Resonanzfrequenz ω_0, dann braucht bei der Berechnung der nichtlinearen Effekte der nächstfolgenden Ordnung nur die FOURIER-Komponente (24.46) berücksichtigt werden. Wegen des Gliedes vx^2 in der Gleichung (24.43) führt diese Komponente zum Auftreten von Komponenten mit den Frequenzen $2\omega_1 - \omega_2$ und $\omega_1 - 2\omega_2$. So ist z. B.

$$[\chi^{\mathrm{nl}}(\omega_2)]^* = \chi^{\mathrm{nl}}(-\omega_2) = \frac{e^3 v^2 E_2^* |E_1|^2}{m^3 [D^*(\omega_2)]^2 |D(\omega_1)|^2 D(\omega_1 - \omega_2)}, \tag{24.49}$$

woraus folgt

$$\chi_{xxxx}(\omega_2) = \frac{N_0 e^4 v^2}{m^3 D^2(\omega_2) |D(\omega_1)|^2 D^*(\omega_1 - \omega_2)}. \tag{24.50}$$

Bei Resonanz ist $\omega_1 - \omega_2 = \omega_0$. Falls außerdem $\omega_1 \gg \omega_0$ gilt, ist die Größe $D^*(\omega_1 - \omega_2)$ rein imaginär, während die anderen Faktoren im Nenner von (24.50) reell sind. Deshalb ist

$$\chi_{xxxx}(\omega_2) = -\frac{i N_0 e^4 v^2}{m^3 \omega_0 \Gamma (\omega_1^2 - \omega_0^2)^2 (\omega_2^2 - \omega_0^2)^2}. \tag{24.51}$$

Analog dazu findet man

$$\chi_{xxxx}(\omega_1) = \chi^*_{xxxx}(\omega_2) \tag{24.52}$$

sowie

$$\chi_{xxxx}(2\omega_1 - \omega_2) = \frac{N_0 e^4 v^2}{m^3 D^2(\omega_1)\, D^*(\omega_2)\, D(2\omega_1 - \omega_2)\, D(\omega_1 - \omega_2)}. \tag{24.53}$$

Gemäß (24.51) ist bei Resonanz der Imaginärteil von χ_{xxxx} negativ. Deshalb ist auf der kleineren Frequenz ω_2 die Absorption negativ, auf der größeren Frequenz ω_1 hingegen positiv. Ist der Betrag $|E(\omega_1)|^2$ hinreichend groß, so kann die negative Absorption alle Verluste auf der Frequenz ω_2 überwiegen, wobei das Feld $E_2(\omega_2)$ exponentiell im Raum anwächst. Die Geschwindigkeit des Anwachsens hängt von $|E(\omega_1)|^2$ ab. Unter gewissen Bedingungen kann auf der Frequenz ω_2 stimulierte Emission auftreten. Der betrachtete Effekt entspricht der stimulierten RAMAN-Streuung, bei welcher das Lichtquant $\hbar\omega_1$ absorbiert und das Quant $\hbar\omega_2$ emittiert wird (STOKESsche Strahlung), während die Energie des Systems um $\hbar\omega_0 = \hbar(\omega_1 - \omega_2)$ anwächst. Ist eine Strahlung auf der Frequenz ω_1 und der STOKESschen Frequenz ω_2 vorhanden, so tritt eine nichtlineare Polarisation auf der anti-STOKESschen Frequenz $2\omega_1 - \omega_2 = \omega_1 + \omega_0$ auf. Die entsprechende FOURIER-Komponente ist durch den Ausdruck (24.53) gegeben. Ferner treten die Polarisationskomponenten mit den Frequenzen $\omega_1 + n\omega_0$ auf. Es muß bemerkt werden, daß die erhaltenen Ausdrücke für χ^{nl} der dritten Potenz der Feldamplituden proportional sind, d. h. dem zweiten Glied in der Entwicklung der Polarisierbarkeit (24.42) entsprechen. Die in § 23,2. auf der Grundlage einer elementaren Überlegung und in § 23,3. auf der Grundlage der quantenmechanischen Formel von PLACZEK erhaltenen analogen Ausdrücke entsprechen dem kubischen Glied in der Entwicklung (24.42).

Wir wollen jetzt die Wellenerzeugung in einem nichtlinearen Medium unter der Wirkung von harmonischen Feldern betrachten. Die Frequenzen der sich in einem nichtlinearen Medium ausbreitenden Wellen seien ω_i, die Wellenvektoren $\boldsymbol{k}_i$ und die Polarisationsvektoren $\boldsymbol{e}_i$ $(i = 1, 2, \ldots)$. Unter der Wirkung dieser Wellen entsteht im Medium eine nichtlineare Polarisation $\boldsymbol{P}^{\mathrm{nlQ}}$ mit der Kombinationsfrequenz $\omega_s = \sum_i l_i \omega_i$. Diese nichtlineare Polarisation geht in die MAXWELL-Gleichungen und entsprechend in die Wellengleichung als zusätzliches Glied ein. Dieses zusätzliche Glied spielt hierbei die Rolle einer nichtlinearen Quelle, die eine Welle mit der Frequenz ω_s aussendet. (Der Index „nl Q" im Symbol für die Polarisation bedeutet „nichtlineare Quelle".)

Im weiteren wollen wir annehmen, daß die Grenze des nichtlinearen Mediums in der Fläche $z = 0$ liegt, und die einfallenden Wellen ebene Wellen sind.

Wir wollen jetzt die oben entwickelten allgemeinen Überlegungen auf die Erscheinung des stimulierten RAMAN-Effektes anwenden. Mit ω sei die Laserfrequenz bezeichnet, ω_v sei die Schwingungsfrequenz und $\omega \pm l\omega_v$ seien die Kombinationsfrequenzen. Zur vollständigen Analyse der stimulierten RAMAN-Streuung bedarf es der Betrachtung eines Gleichungssystems für gekoppelte Wellen zu sämtlichen Frequenzen, welche im allgemeinen zahlreiche Ausbreitungsrichtungen haben können. Diese Aufgabenstellung ist zu kompliziert, und wir sind deshalb genötigt, eine Reihe von vereinfachenden Voraussetzungen zu machen. Erstens schließen wir aus der Betrachtung Wellen der Frequenz ω_v aus, was durch die starke Absorption der optischen Phononen durch das Medium gerechtfertigt ist. Zweitens setzen wir das Laserfeld E_L als gegeben voraus. Diese Näherung entspricht den Bedingungen, die stets am Anfang des Streuprozesses realisiert sind, wenn der intensive Laserstrahl auf die ebene Grenzfläche $(z = 0)$ des nichtlinearen Mediums auftrifft.

Wir beschränken uns auf die Betrachtung der STOKESschen und anti-STOKESschen Wellen mit den Frequenzen ω_{-1} bzw. ω_1 und den Amplituden E_{-1} bzw. $E_1{}^*$. Weiter wollen wir voraussetzen, daß die Polarisation aller Wellen gleich ist, und somit die Suszeptibilitäten als skalare Größen angesehen werden können. In dieser Näherung wird die Erzeugung von gekoppelten STOKESschen und anti-STOKESschen Wellen beschrieben durch das Gleichungssystem (siehe [514])

$$\nabla^2 E_{-1} - \frac{\varepsilon_{-1}}{c^2}\frac{\partial^2 E_{-1}}{\partial t^2} = \frac{4\pi}{c^2}\frac{\partial^2}{\partial t^2} P^{\mathrm{nl}}_{-1}, \tag{24.54}$$

$$\nabla^2 E_1{}^* - \frac{\varepsilon_1{}^*}{c^2}\frac{\partial^2 E_1{}^*}{\partial t^2} = \frac{4\pi}{c^2}\frac{\partial^2}{\partial t^2} P_1{}^{\mathrm{nl}}. \tag{24.55}$$

Für die nichtlineare Polarisation werden in [514] die Ausdrücke

$$P^{\mathrm{nl}}_{-1} = (\chi_{-1} + \chi_0)\,|E_L|^2\, E_{-1} + [(\chi_{-1}\chi_1{}^*)^{1/2} + \chi_0]\, E_L{}^2 E_1{}^*, \tag{24.56}$$

$$P_1{}^{\mathrm{nl}} = (\chi_1 + \chi_0)\,|E_L|^2\, E_1 + [(\chi^*_{-1}\chi_1)^{1/2} + \chi_0]\, E_L{}^2 E^*_{-1} \tag{24.57}$$

verwendet. Hierin sind χ_{-1}und χ_1 die im allgemeinen komplexe, nichtlineare STOKESsche und anti-STOKESsche Suszeptibilität, χ_0 ist die reelle, nichtresonante Suszeptibilitätskomponente. Die Abhängigkeit des Real- und des Imaginärteils von $\chi_{-1} = \chi'_{-1} + i\chi''_{-1}$ von der Frequenz ist in Abb. 96 dargestellt. Es ist leicht zu sehen, daß die Ausdrücke (24.56) und (24.57) hinsichtlich der Amplitudenabhängigkeit den Beziehungen (24.49), die oben für den harmonischen Oszillator gefunden wurden, äquivalent sind.

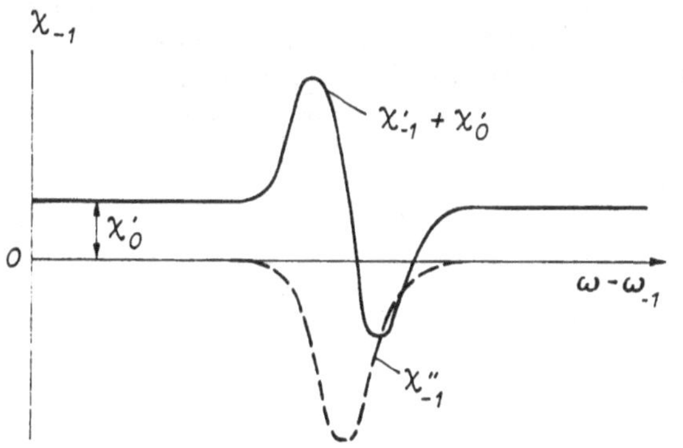

Abb. 96: Dispersion der komplexen Suszeptibilität [514].

Wir stellen die Welle der Erregerstrahlung in der Form

$$E_L = 2 \operatorname{Re} \left[E_L e^{i(\boldsymbol{k}_L \boldsymbol{r} - \omega t)} \right] \tag{24.58}$$

dar. Die STOKESsche und anti-STOKESsche Welle können wir in der Form ebener Wellen suchen, deren Flächen konstanter Amplitude parallel zur Grenzfläche zwischen den linearen und nichtlinearen Medien verlaufen. Dementsprechend setzen wir als Lösung der Gleichungen (24.54) und (24.55):

$$E_{-1}(\boldsymbol{r}, t) = E_{-1} e^{i(\boldsymbol{k}_{-1}\boldsymbol{r} - \omega_{-1} t)}, \tag{24.59}$$

$$E_1{}^*(\boldsymbol{r}, t) = E_1{}^* e^{-i(2\boldsymbol{k}_L - \boldsymbol{k}_{-1})\boldsymbol{r}}\, e^{i(2\omega - \omega_{-1})t}. \tag{24.60}$$

Nach Einsetzen dieser Lösungen in die Wellengleichungen erhalten wir zwei algebraische Gleichungen. Die Determinante dieses Systems muß verschwinden. Im Ergebnis erhalten wir für jeden Satz der Werte $(k_x)_{-1}$, $(k_y)_{-1}$ und ω_{-1} eine Gleichung vierten Grades bezüglich $(k_z)_{-1}$. Der negative Imaginärteil der Wurzel $(k_z)_{-1}$ entspricht der Verstärkung.

Die unter einigen zusätzlichen vereinfachenden Voraussetzungen durchgeführten Rechnungen (siehe [514]) führen zu dem folgenden Intensitätsverhältnis der STOKESschen und anti-STOKESschen Komponente:

$$\frac{|E_1|^2}{|E_{-1}|^2} = \left(\frac{2\pi\omega_{-1}^2}{c^2 (k_z{}^m)_{-1}} \right) \frac{|\chi_{-1} + \chi_0|^2}{(\Delta k)^2} \, |E_L|^4. \tag{24.61}$$

Hier ist $(k_z^m)_{-1}$ die Tangentialkomponente des Wellenvektors bei Fehlen des Anregungsfeldes, Δk die Verstimmung der Wellenvektoren der STOKESschen und anti-STOKESschen Wellen in der Richtung der z-Achse, welche die Abweichung von der Synchronisationsbedingung beschreibt.

5. *Breite und Profil der stimulierten Raman-Linien*

Die Frage über die Breite und das Profil der stimulierten RAMAN-Linien läßt sich in den beiden in § 5 behandelten Grenzfällen leicht beantworten. Liegt vollständige Korrelation bezüglich der Eigenschaften der Streu- und Erregerstrahlung[1]) vor, so gleichen die stimulierten RAMAN-Linien der Erregerlinie hinsichtlich ihrer Breite und ihres Profils, wobei sie mit wachsender I_E schmaler werden. Ist dagegen keine Korrelation vorhanden, so kann man die Breite der stimulierten RAMAN-Linien auf folgende Weise ermitteln.

Nach der allgemeinen Formel (5.53) wird die Intensitätsverteilung innerhalb der Kontur der RAMAN-Linien durch den Faktor $F_k(\infty)$ (4.94) bestimmt. Ist die Breite der Erregerlinie viel kleiner als die Größe $q_k - q_1$, wie das gewöhnlich beim stimulierten RAMAN-Effekt der Fall ist, dann hat $F_k(\infty)$ die Form einer Dispersionskurve

$$F_k(\infty) = \frac{1}{(\Delta\omega)^2 + (q_k - q_1)^2} \tag{24.62}$$

mit $\Delta\omega = a = \omega_k + \omega_i - \omega_E$. Der Ausdruck (23.24), der die Intensität der ersten STOKESschen stimulierten RAMAN-Linie angibt, läßt sich mit Hilfe von $F_k(\infty) = f(\Delta\omega)$ schreiben als:

$$n' = \frac{b\left[e^{a_0 f(\Delta\omega)(n_0+b)} - 1\right]}{1 + \dfrac{b}{n_0}\, e^{a_0 f(\Delta\omega)(n_0+b)}}. \tag{24.63}$$

Dieser Ausdruck beschreibt die Intensitätsverteilung in der Kontur der ersten STOKESschen Linie.

In dem für die stimulierte RAMAN-Streuung typischen Bereich kann man n' näherungsweise schreiben als

$$n'(\Delta\omega) = b e^{a_0 f(\Delta\omega) n_0}. \tag{24.64}$$

Hieraus folgt, daß sich bei wachsender Intensität der Erregerstrahlung (die proportional n_0 ist) die Linienkontur im stimulierten RAMAN-Effekt ändert, und zwar so, daß in der Nähe des Linienmaximums wegen der exponentiellen Abhängigkeit $n'(\Delta\omega)$ von n_0 der Zuwachs schneller erfolgt als am Rande der Kontur. Im Ergebnis haben wir es nicht mehr mit einem Dispersionsprofil zu tun, sondern die Intensität der Flanken nimmt im Verhältnis zum Linienmaximum ab. Die Linienbreite wird ebenfalls mit wachsendem n_0 geringer. Die Halbwertsbreite 2δ der Verteilung

[1]) Wir bemerken, daß die auf S. 57 eingeführte Frequenzkorrelationsfunktion aus der gewöhnlichen Formel für die Wahrscheinlichkeit des RAMAN-Effektes, die explizit den Energieerhaltungssatz in diesem Prozeß berücksichtigt, folgt.

(24.64) läßt sich aus der Bedingung

$$n'(\delta) = \frac{1}{2} n'(0)$$

leicht bestimmen. Hieraus ergibt sich (siehe [501])

$$\delta = (q_k - q_1) \sqrt{\frac{\ln 2}{a_0 f(0)\, n_0 - \ln 2}} \approx (q_k - q_1) \sqrt{\frac{\ln 2}{a_0 f(0)\, n_0}}$$

$$= (q_k - q_1) \sqrt{\frac{\ln 2}{a n_0}}\,. \tag{24.65}$$

Die Linienbreite nimmt also proportional $\sqrt{n_0}$ ab.

6. *Experimentelle Untersuchungen der Intensitätsverteilung in stimulierten Raman-Spektren*

Die Untersuchungen der Intensitätsverteilung in den stimulierten Raman-Spektren bei verschiedenen Anregungsbedingungen gestatten, die Rolle der verschiedenen, oben betrachteten Anregungsmechanismen aufzuklären. Derzeit liegen jedoch nur wenige Untersuchungen dieser Art vor.

In der Arbeit [522] wurde die relative Intensität der ersten und zweiten Stokesschen sowie der ersten anti-Stokesschen Linie im CS_2-Spektrum im Temperaturintervall $+20$ bis $-100\,°C$ untersucht. Bei Abkühlung nimmt die Linienintensität in den gewöhnlichen Raman-Spektren von CS_2 zu [292]. Dementsprechend wächst die Intensität der stimulierten Raman-Spektren mit sinkender Temperatur, wobei es zu einer wesentlichen Umverteilung der Intensitäten zwischen den einzelnen Linien kommt. Abb. 97 zeigt die Intensitätsverteilung im CS_2-Spektrum bei verschiedenen Temperaturen.

Das deutliche Anwachsen der relativen Intensität der zweiten Stokesschen Komponente stimmt qualitativ mit der in § 24,3. entwickelten Theorie überein. Insgesamt erhält die Erscheinung der stimulierten Raman-Streuung durch das Auftreten einer „Sättigung" und der Selbstfokussierung einen komplizierten Charakter (siehe § 25,4).

In den Arbeiten [523] wurde die Intensität verschiedener Komponenten der stimulierten Raman-Streuung in Abhängigkeit von der Anregungsenergie analysiert. Die Registrierung erfolgte photographisch für CS_2 (Linie 656 cm^{-1}) und kalorimetrisch für flüssigen Stickstoff (Linie 2330 cm^{-1}) (siehe auch [524]). Im zweiten Falle wurden die Komponenten der stimulierten Raman-Streuung durch Lichtfilter eliminiert. Die Meßergebnisse für flüssigen Stickstoff sind in Abb. 98 wiedergegeben. Wie zu sehen ist, wächst bei kleinen Anregungsenergien W_0 die Intensität I der Komponenten der stimulierten Raman-Streuung annähernd exponentiell, wobei der Exponent (der dem Anstieg des linearen Teils in den Kurven der Abb. 98 proportional ist) mit steigender Nummer der Harmonischen kleiner wird. Bei wachsendem W_0 verringert sich die Zuwachsgeschwindigkeit der Energie der Komponenten des stimulierten Raman-Effektes. Für große W_0-Werte tritt in den Kurven für die Komponenten der stimulierten Raman-Streuung niederer

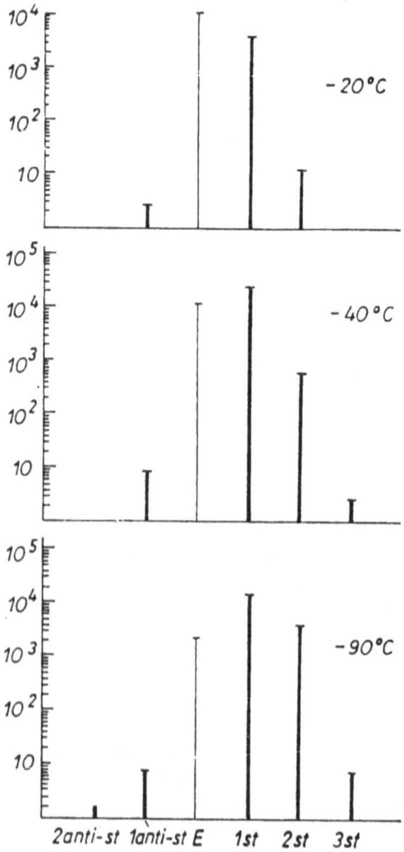

Abb. 97: Intensitätsverteilung im stimulierten RAMAN-Spektrum von CS_2.

Ordnung deutlich eine „Sättigung" (horizontaler Abschnitt der Kurven) ein. Aufmerksamkeit verdient auch der Umstand, daß die Energie $W(l)$ der durch die Probe hindurchgehenden Erregerstrahlung nahezu konstant bleibt, obgleich sich die Energie W_0 der auf die Probe auftreffenden Erregerstrahlung wesentlich ändert.

Wie aus Abb. 98 zu erkennen ist, wächst bei steigender Anregungsenergie die Energie der Komponenten höherer Ordnung immer mehr an. Es ist hervorzuheben, daß die STOKESsche Komponente zweiter Ordnung so stark wird, daß ihre Intensität die erste STOKESsche Komponente und die Erregerstrahlung am Ausgang der Probe überwiegt. Dabei gehen 32% der auftreffenden Energie der Erregerstrahlung in die zweite STOKESsche Komponente über; dies entspricht 47% der Photonenzahl.

Für den Fall, daß die Energie der Komponente der stimulierten RAMAN-Streuung klein ist, sagt die oben entwickelte Theorie der sukzessiven Anregung der STOKESschen Komponenten eine exponentielle Abhängigkeit der Energie der n-ten Komponente von der Energie der $(n - 1)$-ten Komponente voraus. Diese Aussage wird durch die experimentellen Daten bezüglich der zweiten STOKESschen Komponente in flüssigem Stickstoff, die in Abb. 99 (Kurve *2*) dargestellt sind, gut bestätigt. Es ist jedoch festzustellen, daß der Anstieg der Kurve *2* etwas größer ist als derjenige der Kurve *1*, die die Energieabhängigkeit der ersten STOKESschen Komponente von der Erregerstrahlungsenergie beschreibt. Wir können deshalb annehmen, daß die durch andere Mechanismen erzeugte Streustrahlung einen gewissen

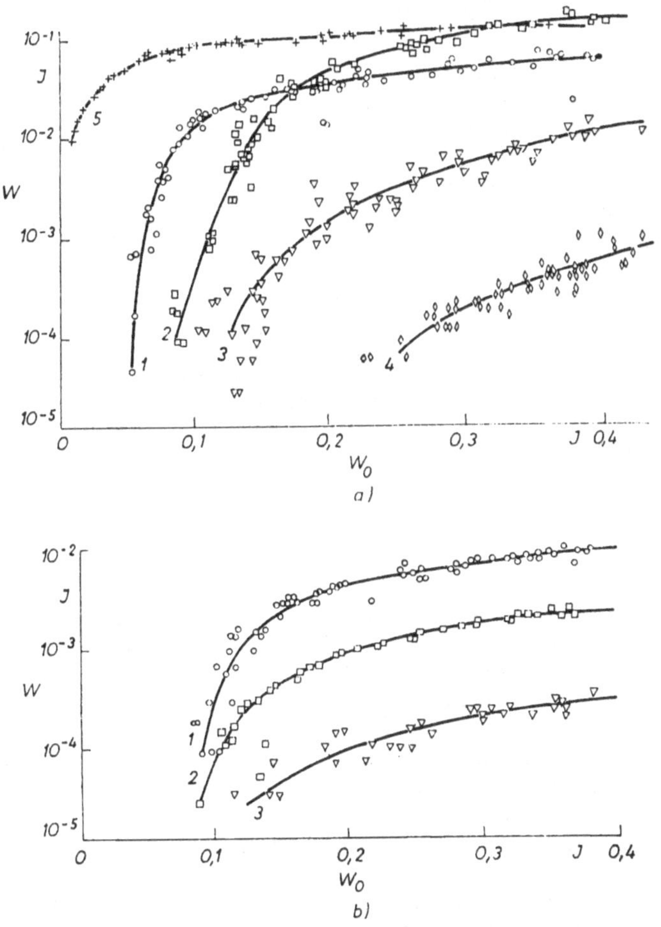

Abb. 98: Die Abhängigkeit der Energie der Komponenten der stimulierten RAMAN-Streuung W in flüssigem Stickstoff von der Energie der Erregerstrahlung W_0: *a*) die Kurven *1*, *2*, *3* und *4* bezeichnen die erste, zweite, dritte und vierte STOKESsche Komponente der stimulierten RAMAN-Streuung, die Kurve *5* die Erregerstrahlung am Ausgang der Probe; *b*) die Kurven *1*, *2* und *3* bezeichnen die erste, zweite und dritte anti-STOKESsche Komponente der stimulierten RAMAN-Streuung.

Beitrag zur zweiten STOKESschen Komponente liefert. Diese Schlußfolgerung wird dadurch bekräftigt, daß die Anregungsschwelle mit steigender Nummer der Harmonischen absinkt (Kurven *1*, *2*, und *3*). Der Mechanismus der stufenweisen Anregung spielt offenkundig eine wesentliche Rolle bei der Erzeugung der STOKESschen Komponenten, wird aber von anderen Mechanismen begleitet.

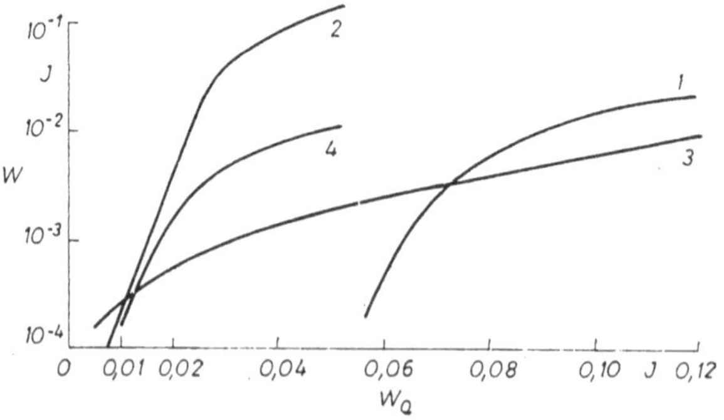

Abb. 99: Die Abhängigkeit der Energie der ersten STOKESschen Komponente von der Energie der Erregerstrahlung (*1*); die Abhängigkeit der Energie der zweiten STOKESschen Komponente von der Energie der ersten Stokesschen Komponente (*2*); die Abhängigkeit der Energie der dritten STOKESschen Komponente von der Energie der zweiten STOKESschen Komponente (*3*); die Abhängigkeit der Energie der ersten anti-STOKESschen Komponente von der Energie der ersten STOKESschen Komponente (*4*).

Oben haben wir das Gleichungssystem (24.2), das die stufenweise Anregung der STOKESschen Komponenten der stimulierten RAMAN-Streuung beschreibt, für den Fall analysiert, daß die Energie dieser Komponenten klein ist. Eine Näherungslösung dieses Systems bei vergleichbaren Energien der Erregerstrahlung, der ersten und zweiten STOKESschen Komponente zeigt, daß die Energie in Komponenten immer höherer Ordnung übertragen wird. Dies steht in Einklang mit dem Experiment. Etwas unerwartet ist die Stabilisierung des Energieumpumpprozesses, der in den Kurven der Abb. 98 zu einem nahezu horizontalen Abschnitt führt. Aus der Lösung des Gleichungssystems (24.2) müßte man erwarten, daß die Intensität der durch die Probe hindurchgehenden Erregerstrahlung und die der ersten STOKESschen Komponente schwächer werden, wenn die einfallende Intensität erhöht wird. Die erwähnte Stabilisierung läßt sich auf die Existenz von umgekehrten Prozessen zurückführen, die neben dem Stufenprozeß existieren und Energie aus den höheren Komponenten in die niederen umpumpen.

Bei der Aufklärung der der stimulierten RAMAN-Streuung zugrunde liegenden Prozesse sind Angaben über eine Intensitätskorrelation zwischen der ersten STOKESschen Komponente und der ersten anti-STOKESschen Komponente von Interesse. Die für flüssigen Stickstoff und CS_2 gewonnenen Ergebnisse sind in den Abb. 99 (Kurve *4*) und 100 dargestellt.

Den Meßbedingungen entsprechend wurde die Streustrahlung im Winkel 20—25°

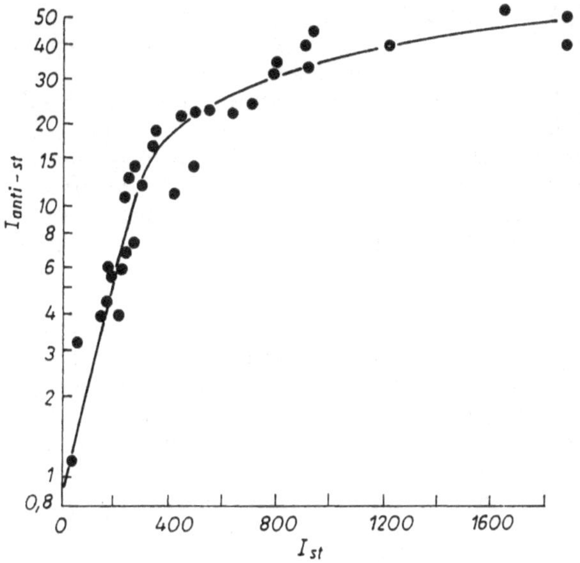

Abb. 100: Die Abhängigkeit der Intensität der ersten anti-STOKESschen Komponente der stimulierten RAMAN-Streuung von der Intensität der ersten STOKESschen Komponente für Schwefelkohlenstoff. (Die Intensitäten sind in willkürlichen Maßeinheiten angegeben.)

registriert, d. h., es wurde die über die Winkel integrierte Intensität gemessen. Wie aus den Abb. 99 und 100 zu entnehmen ist, hängt die Intensität der ersten anti-STOKESschen Komponente auf dem ersten Abschnitt exponentiell von der Intensität der ersten STOKESschen Komponente ab. Dieses Resultat stimmt gut mit Formel (24.24) überein, wenn man berücksichtigt, daß die Intensität der Erregerstrahlung am Küvettenausgang nur sehr schwach von der einfallenden Intensität abhängt.

Um das Verhältnis zwischen dem stimulierten RAMAN-Effekt und dem gewöhnlichen (spontanen) RAMAN-Effekt zu verstehen, ist die Arbeit [525] interessant, in welcher die Spektren beider Streutypen gleichzeitig gemessen wurden. Die Streuung wurde mit einem parallelen Strahl eines Rubinlasers ohne Impulsschaltung angeregt. Die Küvettenlänge betrug 100 cm. Untersucht wurden Benzol, Toluol und Nitrobenzol. Bei der Energie von 1 J und mehr beobachtete man in den Spektren dieser Substanzen eine Reihe von Linien (für Benzol z. B. die Linien 607, 992, 1178 und 1586 cm^{-1}). Im ganzen hatte das Spektrum das Aussehen des gewöhnlichen RAMAN-Spektrums. Bei Erhöhung der Erregerstrahlung wurde eine erhebliche Verstärkung einer der Linien beobachtet, wobei die für den stimulierten RAMAN-Effekt typische zweite Harmonische dieser Linie hervortrat. Die Intensität der übrigen Linien erlitt keine spürbaren Änderungen.

Ein gleichzeitiges Auffinden der stimulierten und spontanen RAMAN-Spektren kann als Argument dafür gewertet werden, daß die verschiedenen Schwingungsfrequenzen unabhängig voneinander angeregt werden. Es ist anzunehmen, daß zusammen mit der stimulierten RAMAN-Streuung stets das Spektrum des spontanen RAMAN-Effektes auftritt, die Energie dieser Spektrallinien liegt jedoch gewöhnlich unterhalb der Nachweisgrenze für die gegebenen Versuchsbedingungen, so daß sie nicht registriert werden können.

Bei Erhöhung der Erregerstrahlungsleistung wird die stimulierte RAMAN-Streuung wesentlich. Die exponentielle Intensitätsabhängigkeit der stimulierten RAMAN-Linien von der Erregerstrahlung erweckt im Experiment den Eindruck eines „sprunghaften" Einsetzens der stimulierten RAMAN-Streuung. Der kontinuierliche Übergang von der linearen zur exponentiellen Intensitätsabhängigkeit der RAMAN-Linien von der Intensität der Erregerstrahlung konnte tatsächlich bei der Untersuchung von Azeton [526] nachgewiesen werden.

Der reale Prozeß der stimulierten RAMAN-Streuung wird dadurch komplizierter, daß unter der Wirkung der intensiven Strahlung im Medium neben der stimulierten RAMAN-Streuung andere verschiedenartige optische und nichtlineare optomechanische Prozesse, wie die Selbstfokussierung und die Selbstkanalisierung des Lichtes, ablaufen. Im Ergebnis ist das oben beschriebene einfache Modell für die Entstehung der stimulierten RAMAN-Streuung nicht immer anwendbar. Am wesentlichsten ist der sprungartige Übergang von der spontanen zur stimulierten RAMAN-Streuung in einigen Substanzen und Gemischen (siehe z. B. [526]). Solche Sprünge treten offenbar dann auf, wenn die Schwelle der Selbstfokussierung unter der Anregungsschwelle für den stimulierten RAMAN-Effekt liegt.

Was die „Konkurrenz" zwischen der Anregung verschiedener Schwingungsfrequenzen betrifft, von der in § 24, 1 gesprochen wurde, so kann sie wahrscheinlich bei hohen Erregerstrahlungsleistungen von Bedeutung sein, wenn nämlich ein wesentlicher Teil dieser Strahlung auf die stimulierte RAMAN-Streuung übergeht. Es ist zu beachten, daß im für die stimulierte RAMAN-Streuung typischen Bereich die Intensität der stimulierten RAMAN-Linien mit der Intensität der Erregerstrahlung sehr schnell ansteigt (siehe z. B. Abb. 91). Haben zwei Linien im Spektrum des spontanen RAMAN-Effektes nur wenig verschiedene Intensitäten, so kann sich die eine noch unterhalb der Anregungsschwelle, die andere dagegen erheblich über der Anregungsschwelle befinden. Wächst die Erregerstrahlungsleistung an, wobei die Schwelle für die erste Linie aber noch nicht erreicht wird, so kann die Intensität der zweiten Linie schon so stark werden, daß die Energieübertragung auf die stimulierte RAMAN-Streuung dieser Linie wesentliche Bedeutung erlangt. Um zwei Schwingungsfrequenzen gleichzeitig beobachten zu können, bedarf es im allgemeinen also besonders günstiger Bedingungen.

Ein Beispiel für die „Konkurrenz" wird in [527] beschrieben, wo die stimulierte RAMAN-Streuung in Pyridin untersucht wurde. Im RAMAN-Spektrum von Pyridin gibt es zwei Linien mit nahezu gleicher Intensität: 990 und 1030 cm^{-1}. Die Anregungsschwelle im stimulierten RAMAN-Effekt ist für die zweite Linie 3,5mal größer als für die erste. Fügt man zum Pyridin eine geringe Menge salpetersaures Neodym hinzu, das die Linie 990 cm^{-1} stärker absorbiert als 1030 cm^{-1}, dann senkt sich die Anregungsschwelle für 1030 cm^{-1}, und das Verhältnis der beiden Anregungsschwellen wird 1,3.

In den Spektren der stimulierten RAMAN-Streuung sind die scharfen Linien in der Regel von einem starken „Untergrund" in Form von Banden umgeben. Diese Intensitätsverteilung, die man mit „Liniengrobstruktur" bezeichnen kann, ist in [501] an den stimulierten RAMAN-Spektren von Schwefelkohlenstoff untersucht worden.

Das Auftreten von breiten Untergrundbanden läßt sich nach Berechnungen von SHIMODA [528] mit der Multimodenstruktur der Erregerstrahlung in Zusammenhang bringen. BLOEMBERGEN und Mitarbeiter [529] konnten dies an Hand eines direkten Experiments bestätigen. In ihren Versuchen hatte die Rubinlaserstrahlung zwei Komponenten mit der Frequenzdifferenz $\Delta\omega = 1{,}6\ \text{cm}^{-1}$. Dabei wurden in der ersten STOKESschen Komponente bis zu 50 Seitenbanden mit der genannten Frequenzdifferenz beobachtet. Häufig sind die Seitenbanden nicht aufgelöst und man beobachtet eine quasikontinuierliche Verbreiterung, die eine Untergrundbande bildet. Für Benzaldehyd war die Verbreiterung bei 85 °C fünfmal größer als bei −25 °C. Bei 85 °C erreichte die Untergrundbreite 50 Å. Die Verringerung der Breite bei Abkühlung bringen die Autoren in Zusammenhang mit dem Anwachsen der Viskosität und damit der größeren Zeit für die Orientierungsänderung der Moleküle, die für das Auftreten der Selbstfokussierung verantwortlich ist.

Bei der Untersuchung der Spektren der stimulierten RAMAN-Streuung im Bereich der ersten STOKESschen Komponente wurde in [530] eine eigentümliche Aufspaltung der Linien in mehrere Komponenten gefunden. Diese Erscheinung tritt besonders deutlich zutage bei Erregerstrahlungsleistungen, die die Anregungsschwelle nur wenig überschreiten. Die Aufspaltung hat keinen regelmäßigen Charakter: die Zahl der Komponenten variiert von 1—2 bis 5—6, während der Abstand zwischen den äußeren Komponenten von 1—2 bis 10—12 cm^{-1} beträgt. Mit steigender Erregerstrahlungsleistung nimmt sowohl die Anzahl der Komponenten als auch der Abstand zwischen ihnen ab. Bei einer Erregerstrahlungsleistung, die 2—4 mal größer als die Anregungsschwelle ist, bleibt eine einzige scharfe Linie übrig.

Muster der erhaltenen Spektren sind in Abb. 101 zusammengestellt.

Die Gründe für die Entstehung einer komplizierten Linienstruktur sind vorläufig noch unklar. Hier spielen wahrscheinlich kompliziertere Prozesse, die in der Substanz unter Wirkung von Strahlung hoher Leistung vor sich gehen, eine grundlegende Rolle. Nicht auszuschließen ist auch die Möglichkeit, daß für diese Erscheinung ebenfalls die Multimodenstruktur der Erregerstrahlung verantwortlich ist.

§ 25. Winkelverhalten der stimulierten Raman-Streuung

1. Besonderheiten der Winkelverteilung der stimulierten Raman-Streuung

Der wahrscheinlich eigenartigste Effekt, mit dem die Experimentatoren bei der Untersuchung der stimulierten RAMAN-Streuung konfrontiert wurden, ist der ungewöhnliche Charakter der Winkelverteilung der Strahlung auf den anti-STOKESschen Frequenzen (siehe § 23, 1.). Während die Strahlungsausbreitung auf der ersten STOKESschen Frequenz ein scharfes Maximum in der Ausbreitungsrichtung der Erregerstrahlung besitzt, bildet die Richtung der maximalen Intensität der anti-STOKESschen Strahlung einen gewissen Winkel mit dieser Richtung, der von der untersuchten Substanz und der Vielfachheit der Harmonischen abhängt. Diese Besonderheit der stimulierten RAMAN-Streuung konnte erstmalig von TOWNES und Mitarbeitern [494, 495] auf der Grundlage der in § 23, 2. entwickelten halbklassischen Theorie erklärt werden.

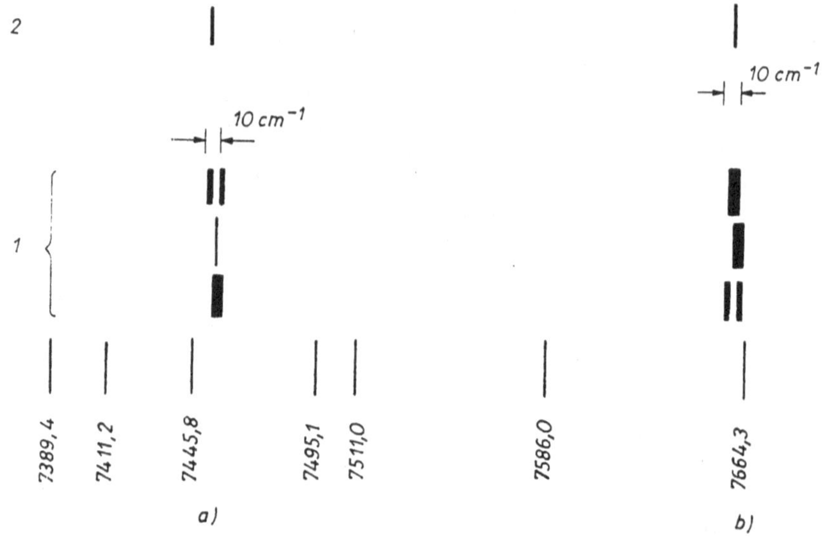

Abb. 101: Die Aufspaltung der stimulierten RAMAN-Linien *a*) in Benzol, *b*) in Nitrobenzol.

Die Aufnahme *1* wurde in der Nähe der Anregungsschwelle erhalten (wegen der Instabilität des Prozesses sind drei Spektren angeführt). Bei zwei- bis vierfachem Wert der Anregungsschwelle wurde keine Aufspaltung beobachtet (Aufnahme *2*).

Allgemeinere Beziehungen, die aus den Impulserhaltungsgesetzen folgen, haben die Form

$$\boldsymbol{k}_0 + \boldsymbol{k}_{n-1} = \boldsymbol{k}_{-1} + \boldsymbol{k}_n, \tag{25.1}$$

$$\boldsymbol{k}_0 + \boldsymbol{k}_{-1} = \boldsymbol{k}_{n-1} + \boldsymbol{k}_{-n}, \tag{25.2}$$

wobei $\boldsymbol{k}_j$ die Wellenvektoren der Lichtwellen zu den Frequenzen $\omega_j = \omega_0 + j\omega_v$ sind ($j = 1, 2, 3, \ldots$, das Minuszeichen bezieht sich auf die STOKESschen Frequenzen). Der Fall $n = 1$ ist in Abb. 102 dargestellt. Für kleine θ finden wir aus der Abbildung

$$\theta_1^2 = \frac{(k_{-1} + k_1 - 2k_0)\,(k_{-1} - k_1 + 2k_0)}{2k_0 k_1}.$$

Gewöhnlich kann man annehmen, daß $2k_0 \approx k_1 + k_{-1}$ ist. Damit vereinfacht sich die Formel:

$$\theta_1^2 = \frac{2k_{-1}(k_1 + k_{-1} - 2k_0)}{k_1(k_1 + k_{-1})}.$$

CHIAO und STOICHEFF [531] konnten die Gültigkeit der Beziehungen (25.1) und (25.2) für Kristalle nachweisen. Sie führten Versuche mit Kalzit durch,

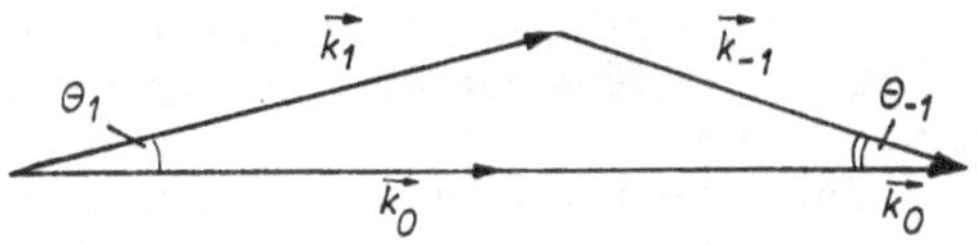

Abb. 102: Zum Impulserhaltungssatz beim stimulierten RAMAN-Effekt.

dessen Brechungsindex in einem breiten Spektrenbereich gut bekannt ist. Als Proben wurden 5—10 cm lange Kalzitmonokristalle verwendet, die so orientiert waren, daß sich der Erregerstrahl als gewöhnlicher Strahl durch den Kristall ausbreitete. Zur Anregung wurde ein gütegeschalteter Rubinlaser benutzt. Seine Leistung erreichte 10 MW bei einer Impulslänge von 30 ns. Unter diesen Bedingungen wurde die totalsymmetrische Schwingung des CO_3^{--}-Ions mit der Frequenz 1085,6 cm^{-1} angeregt. Es wurden fünf Harmonische dieser Frequenz gefunden. Zur Auflösung der verschiedenen Wellenlängen wurden Filter verwendet. Eine typische Aufnahme der Winkelverteilung ist in Abb. 103 wiedergegeben.

Zur Winkelvermessung wurde eine einfache aber zuverlässige Methode verwendet. Die Streustrahlung wurde photographisch direkt mit einer Photoplatte

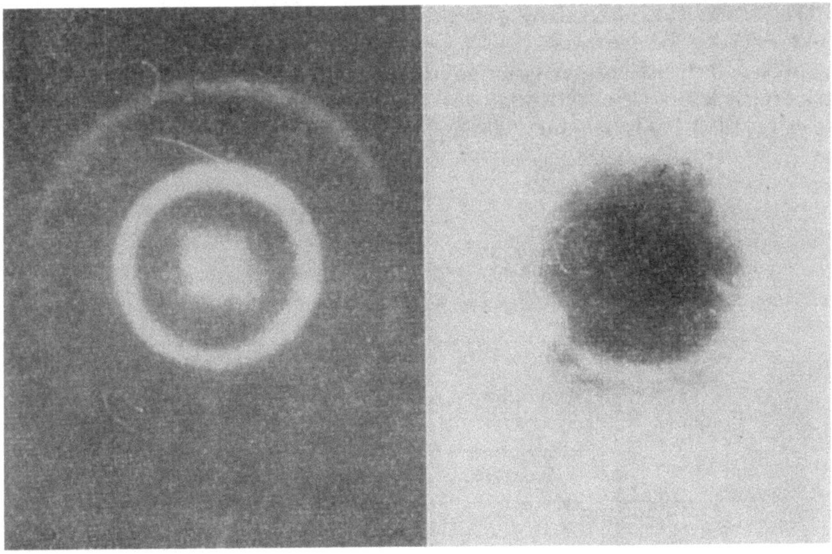

a) *b)*

Abb. 103: Winkelverteilung der RAMAN-Streuung in Kalzit [531]; *a*) anti-STOKESsche Komponenten; *b*) STOKESsche Komponenten (Negativ).

Der Laserstrahl fällt senkrecht auf die Kristalloberfläche.

aufgenommen, die sich im aus den Kristall austretenden Strahlenbündel befand. Bei einem zu den Eingangs- und Ausgangsflächen des Kristalls senkrechten Erregerstrahl werden die anti-STOKESschen Komponenten als dunkle konzentrische Ringe abgebildet. Die STOKESsche Strahlung lieferte einen dunklen Mittelpunkt mit hellen Ringen, die der Lichtabsorption auf der ersten STOKESschen Frequenz entsprechen (Tab. 57). Variiert man den Abstand zwischen der Photoplatte und dem Kristall, so lassen sich aus den Ringdurchmessern nicht nur die jeweiligen Öffnungswinkel für die Strahlung auf den verschiedenen Wellenlängen, sondern auch die „Kegelspitzen" berechnen. Solche Messungen zeigten, daß, falls der Erregerstrahl auf einen Punkt innerhalb des Kristalls konzentriert ist, die Spitze mit dem Brennpunkt der fokussierenden Linse zusammenfällt. Lag der Brennpunkt der Linse dagegen außerhalb des Kristalls, so befand sich die Kegelspitze in unmittelbarer Nähe der Ausgangsfläche des Kristalls.

Ein symmetrisches Bild wurde nur dann beobachtet, wenn der Erregerstrahl senkrecht zur Ein- und Ausgangsfläche des Kristalls gerichtet war. Bei etwas geneigtem Kristall wurde die Intensitätsverteilung innerhalb der Ringe inhomogen. Die Ringbereiche mit der maximalen Intensität der anti-STOKESschen Strahlung lagen daher auf der einen Seite bezüglich des Mittelpunktes, diejenigen, die den STOKESschen Komponenten von höherer als erster Ordnung und der Absorption der ersten STOKESschen Komponente entsprachen, auf der gegenüberliegenden Seite.

Untersuchungen zur Winkelverteilung in Abhängigkeit von verschiedenen Faktoren zeigten, daß die Winkel in der Hauptsache durch die Streusubstanz bestimmt werden. Die Winkel sind unabhängig von der Länge der Probe und variieren nur sehr wenig mit der Temperatur (~3% bei $\Delta T = 100\,°C$). Dagegen hängen sie ziemlich stark von der Brennweite der fokussierenden Linse ab. CHIAO und STOICHEFF erklären diesen Effekt damit, daß der Wellenvektor $\boldsymbol{k}_0$ im Brennpunkt der Linse etwas kleiner als bei einer ebenen Welle ist. Gleichzeitig sind die Winkel-

Tabelle 57

Experimentelle und theoretische Winkelwerte der Strahlung und Absorption im stimulierten Raman-Spektrum von Kalzit

Frequenz	Strahlungswinkel [10^{-2} rad]		Absorptionswinkel für die erste STOKESsche Komponente [10^{-2} rad]	
	Experiment	Theorie	Experiment	Theorie
$\omega_0 - 2\omega_v$	5,2 ± 0,1 [1])	5,57	1,8 ± 0,1 [1])	2,22
$\omega_0 + \omega_v$	2,50 ± 0,03	2,49	2,90 ± 0,03	2,90
$\omega_0 + 2\omega_v$	5,03 ± 0,08	4,91	3,26 ± 0,06	3,21
$\omega_0 + 3\omega_v$	7,64 ± 0,2	7,29	3,50 ± 0,06	3,55
$\omega_0 + 4\omega_v$	10,2 ± 0,4	9,61	3,77 ± 0,06	3,86

[1]) Die Werte wurden bei $f = 20$ cm erhalten. Alle übrigen Werte wurden für $f \to \infty$ extrapoliert.

größen sehr empfindlich gegenüber Änderungen von $\boldsymbol{k}_0$. In diesem Zusammenhang wurden in der Arbeit Linsen mit verschiedenen Brennweiten (8, 20, 30, 50 und 127 cm) verwendet. Die erhaltenen Resultate wurden für $f \to \infty$ (ebene Welle) extrapoliert.

Die theoretische Berechnung erfolgte nach der Beziehung

$$\theta_n = \beta_n \pm (\beta_n^2 + \delta_n - \gamma_n)^{1/2} \tag{25.3}$$

mit

$$\beta_n = \frac{k_{n-1}\theta_{n-1}}{k_{-1} + k_n},$$

$$\delta_n = \frac{2k_{-1}(k_n + k_{-1} - k_0 - k_{n-1})}{k_n(k_{-1} + k_n)},$$

$$\gamma_n = \frac{(k_{n-1} - k_{-1})\beta_n\theta_{n-1}}{k_n}.$$

Die Winkel, die die Richtung der Absorption der Strahlung auf der ersten Stokesschen Frequenz bestimmen, wurden nach der Formel

$$(\theta_{-1})_n = \frac{k_{n-1}\theta_{n-1} - k_n\theta_n}{k_{-1}} \tag{25.4}$$

errechnet. Die Ergebnisse der Messungen und Rechnungen nach den Formeln (25.3) und (25.4) sind oben in Tab. 57 zusammengestellt.

Eine eingehende Untersuchung der Winkelverteilung der Intensität der ersten Stokesschen Komponente im stimulierten Raman-Effekt zeigt, daß auf dem Flügel dieser Verteilung in der der Synchronisationsbedingung entsprechenden Richtung jegliche Maxima fehlen. Daraus wurde in den Arbeiten [531, 532] der Schluß gezogen, daß die stimulierte Raman-Streuung nicht nach dem Vier-Photonen-Mechanismus $2k_0 = k_1 + k_{-1}$ erfolgen kann, welcher dem Anschein nach zu einer zusätzlichen Stokesschen Strahlung unter dem Synchronisationswinkel führt. Diese Bemerkung ist aber nur für den Fall gerechtfertigt, wo der Vier-Photonen-Prozeß isoliert erfolgt. Maßgebend ist hingegen nur der Vier-Photonen-Prozeß, bei dem die Intensität der Stokesschen Komponente nicht durch Vier-Photonen-, sondern durch andere Mechanismen geregelt wird (siehe § 24, 3.). Dementsprechend stehen die oben erwähnten experimentellen Resultate nicht im Widerspruch zum Vier-Photonen-Schema.

Die auf der Grundlage der Synchronisationsbedingungen und analoger Regeln durchgeführten Rechnungen liefern eine schlechtere Übereinstimmung mit dem Experiment, wenn die Winkelverteilung der stimulierten Raman-Streuung in Flüssigkeiten beobachtet wird. Hellwarth und Mitarbeiter [533] erhielten z. B. für Nitrobenzol eine deutliche Diskrepanz zwischen den experimentellen und theoretischen Resultaten. Wir bemerken, daß Chiao und Stoicheff deshalb Kalzit als Untersuchungsobjekt wählten, weil dessen Dispersion in einem weiten Spektrenbereich gut bekannt ist. Da solche Angaben für Nitrobenzol fehlten, wurde in [533] der Brechungsindex für die interessierenden Wellenlängen gemessen. Aus den Rechnungen ergaben sich folgende Werte für die Winkel:

$$\theta_1 = 2{,}5^\circ \pm 0{,}2^\circ, \qquad \theta_{-2} = 12{,}4^\circ \pm 1^\circ,$$
$$\theta_{-3} = 16^\circ \text{ oder } 12^\circ \pm 1^\circ$$

(in verschiedenen Rechenvarianten). Das Experiment lieferte wesentlich andere Ergebnisse

$$\theta_1 = 3{,}1^\circ \pm 0{,}1^\circ, \qquad \theta_{-2} = 3{,}9 \pm 0{,}1^\circ, \qquad \theta_{-3} = 3{,}8^\circ \pm 0{,}1^\circ.$$

Weitere Untersuchungen der Winkelverteilung der stimulierten Raman-Streuung in Flüssigkeiten zeigten, daß diese Erscheinung einen komplizierteren Charakter trägt, als früher angenommen wurde. Garmire [534] stellte fest, daß es in Flüssigkeiten zwei Klassen für den stimulierten Raman-Effekt höherer Ordnung gibt. Die Klasse I besitzt eine Winkelverteilung, die den Synchronisationsbedingungen (25.1) und (25.2) genügt. Nach [534] wurde diese Strahlung in der Mehrzahl der vorangegangenen Experimente nicht beobachtet, weil die Stokessche Strahlung unter dem geforderten Winkel eine verschwindend geringe Intensität besitzt. Die Strahlung der Klasse II ist gewöhnlich hinreichend intensiv und wird entlang der erzeugenden Geraden von Kegeln ausgesendet, deren Öffnungswinkel sich um 30% und mehr von den Winkeln unterscheiden, die aus den Synchronisationsbedingungen folgen. Im Falle der Strahlung der Klasse II können die Ringe diffus sein, und manchmal spalten sie in einige Komponenten auf.

In der zitierten Arbeit wurde die stimulierte Raman-Streuung von einem parallelen Strahl eines Riesenimpuls-Rubinlasers mit der Leitung 10 MW angeregt. Um die Intensität der Stokesschen Strahlung in der Nähe der der Synchronisationsbedingung entsprechenden Richtung zu vergrößern, wurde die Küvettenachse um den Winkel θ bezüglich der Laserstrahlrichtung geneigt. Die Küvette hatte die Länge von 10 cm; die Fenster zu beiden Seiten der Küvette waren streng parallel. Ein Teil der Stokesschen Strahlung unter dem Winkel θ wurde von der Grenzfläche Glas-Luft zurückgeworfen, so daß eine Erhöhung der Strahlungsintensität in der gegebenen Richtung um den Faktor 10^4 erreicht wurde.

Für die Entstehung der Strahlung der Klasse II wurde in [534] die Aufspaltung des Laserstrahls in außerordentlich dünne Fäden in der Flüssigkeit verantwortlich gemacht (siehe weiter unten).

Im Zusammenhang mit dem Problem der Winkelverteilung im stimulierten Raman-Effekt sind die Versuche interessant, einen Resonator für die stimulierte Raman-Streuung zu entwickeln, der nicht mit dem Resonator des Anregungsgenerators verbunden ist. In [535] war die Achse des Resonators für die stimulierte Raman-Streuung um etwa 2,5° zur Achse des Lasers geneigt. Unter diesen Bedingungen wurde die stimulierte Emission auf der ersten Stokesschen Frequenz von Benzol erhalten. In [536] stand die Resonatorachse senkrecht auf der Laserachse. Bei maximaler Leistung des angeregten Lasers ($\sim$5 MW) betrug die Strahlungsleistung auf der ersten Stokesschen Frequenz von Nitrobenzol 150 und 10 KW in der Vorwärts- bzw. in der senkrechten Richtung. Außer der Strahlung der ersten Stokesschen Frequenz wurde in der senkrechten Richtung auch Strahlung der zweiten Stokesschen Harmonischen beobachtet. Die Intensität dieser Strahlung betrug ~1% von der Strahlungsintensität der ersten STOKESschen Frequenz in der gleichen Richtung.

Die Erzeugung der stimulierten RAMAN-Streuung unter einem größeren Winkel zum Ausgangsstrahl ist von großem Interesse für die Untersuchung der allgemeinen Gesetzmäßigkeiten der Winkelverteilung im stimulierten RAMAN-Effekt. Wie die direkten Versuche von STOICHEFF [488], MAKER und TERHUNE [537] und anderen Autoren zeigen, ist die STOKESsche Streuung erster Ordnung vorwärts gerichtet und innerhalb eines Kegels mit einem sehr kleinen Öffnungswinkel konzentriert. Die oben beschriebenen Versuche, bei denen die STOKESsche Strahlung unter einem gewissen Winkel zur Ausbreitungsrichtung des Erregerstrahls erzeugt wurde, zeigen, daß ein geringer Teil dieser Strahlung mehr oder weniger gleichmäßig über alle Richtungen verteilt ist. Die Frage nach der Herkunft der gleichmäßig im Raum verteilten STOKESschen Strahlung wird in § 25, 3. behandelt.

Großes Interesse verdienen die in [537] angeführten Angaben über die Polarisation der stimulierten RAMAN-Linien. Die Messungen erfolgten in gasförmigem Wasserstoff mit einem fokussierten Strahl. Innerhalb der experimentellen Fehlergrenzen fallen, wie sich zeigte, die Polarisationszustände der stimulierten RAMAN-Linien und des in einer bestimmten Ebene polarisierten Laserstrahls zusammen. Bei elliptisch polarisiertem Laserstrahl war die stimulierte RAMAN-Strahlung ebenfalls elliptisch polarisiert, und zwar mit derselben Exzentrizität.

2. Asymmetrie der Indikatrix der stimulierten Raman-Streuung

Aus der allgemeinen Theorie (siehe § 3) folgt, daß im Falle der gewöhnlichen RAMAN-Streuung die Indikatrix symmetrisch bezüglich der Vorwärts- und Rückwärtsstreuung sein muß. Im allgemeinen stehen die experimentellen Befunde nicht im Widerspruch dazu. Die in einigen Arbeiten beobachtete Asymmetrie der Indikatrix ist nicht sehr groß und darf als gewisse „Anomalie" angesehen werden.

Bei der stimulierten RAMAN-Streuung ändert sich die Situation. Bereits die ersten Arbeiten von STOICHEFF [509] und MAKER und TERHUNE [537] zeigten, daß die Leistung des in die Richtung des Erregerlichtes gestreuten Lichtstromes wesentlich größer als die Leistung des in die entgegengesetzte Richtung gestreuten ist.

Die in [522, 538] durchgeführten Messungen der Intensität hinsichtlich der Vorwärts- und Rückwärtsstreuung zeichneten sich durch eine strengere Methodik aus als diejenigen in [509, 537]. Wegen des instabilen Charakters der stimulierten RAMAN-Streuung wurde eine Technik entwickelt, wobei die vorwärts und rückwärts gestreuten Lichtbündel gleichzeitig registriert wurden. Die prinzipielle Anordnung ist in Abb. 104 dargestellt.

Als Untersuchungsobjekte dienten flüssiger Stickstoff, Schwefelkohlenstoff und Kalzit. Die stimulierte Vorwärts- und Rückwärtsstreuung wurde für einige STOKESsche und anti-STOKESsche Komponenten beobachtet. Die Meßergebnisse für das Intensitätsverhältnis zwischen der Vorwärts- und Rückwärtsstreuung sind in Tab. 58 zusammengestellt.

Wie aus der Tabelle zu erkennen ist, ist die Intensität der Vorwärtsstreuung gewöhnlich wesentlich größer als die der Rückwärtsstreuung. Wesentlich dabei ist, daß die Intensität des Erregerlichtes keinen Einfluß auf die Größe I_v/I_r hat.

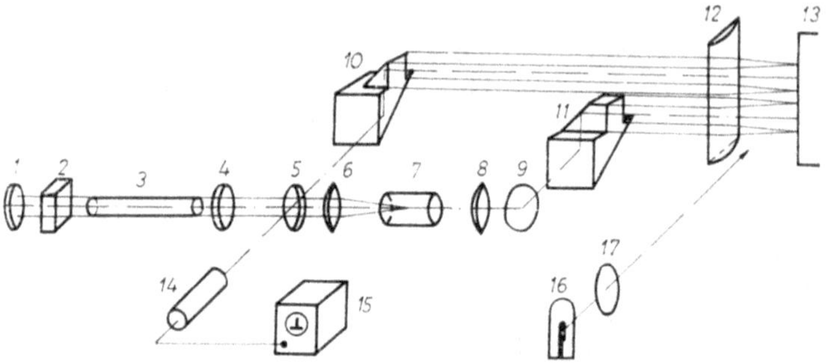

Abb. 104: Schema der Anordnung zur Messung der Asymmetrie der Indikatrix: *1* und *4* ebene Spiegel des Rubinlasers; *2* – Küvette mit Kryptocyanin; *3* – Rubin; *5* und *9* – Glasplättchen; *6* und *8* – Linsen; *7* – Küvette; 10 und 11 – Prismen; *12* – zylindrische Linse; *13* – Spektrograph; *14* – Photodiode; *15* – Oszillograph S 1-4; *16* – bandförmige Lampe; *17* – Linse.

Es sei bemerkt, daß die beobachtete Rückwärtsstreuung eine Folge von sekundären Effekten, etwa der MANDELSTAM-BRILLOUIN-Streuung sein kann, so daß die Asymmetrie der Indikatrix in Wirklichkeit noch größer ist.

In [522] wurde ebenfalls die Struktur der stimulierten RAMAN-Streuung bei kleinen Aperturen (weniger als 3°) untersucht. Gemessen wurde die stimulierte Vorwärts- und Rückwärtsstreuung[1]) in Schwefelkohlenstoff für die Frequenz 656 cm^{-1}. Zu diesem Zwecke wurde die oben beschriebene Anordnung benutzt, allerdings ohne die zylinderförmige Sammellinse. Auf der Photoplatte bildete sich die STOKESsche Komponente der Vorwärtsstreuung als diffuser Fleck ab, bei Rückwärtsstreuung beobachtete man eine Reihe von Flecken bzw. einen

Tabelle 58

Asymmetrie der Indikatrix im stimulierten Raman-Effekt

Substanz	t [°C]	I_v/I_r				
		2. anti-st	1. anti-st	Erreger	1. st	2. st
Schwefelkohlenstoff $\Delta\nu = 656$ cm^{-1}	20	–	6	–	9	100
Kalzit $\Delta\nu = 1085$ cm^{-1}	20	3	10	21	5	4
	−100	3	21	25	5	4
	−196	3	80	75	5	4
Flüssiger Stickstoff (in einem sphärisch symmetrischen Gefäß) $\Delta\nu = 2330$ cm^{-1}	−196	–	55	22	27	–

[1]) In den in § 25,1. behandelten Arbeiten wurde die Winkelverteilung des stimulierten RAMAN-Effektes nur für Winkel größer als 3° untersucht.

zentralen Fleck, umgeben von einem diffusen Ring (Abb. 105). Der Ringradius auf der Photoplatte betrug 2 mm, der daraus resultierende Öffnungswinkel des entsprechenden Kegels schätzungsweise 1°. Dieser Winkelbereich ist vorher nicht untersucht worden, weil das Streulicht in der Regel in der Vorwärtsrichtung beobachtet wurde und ohne vorhergehende spektrale Auflösung aufgenommen

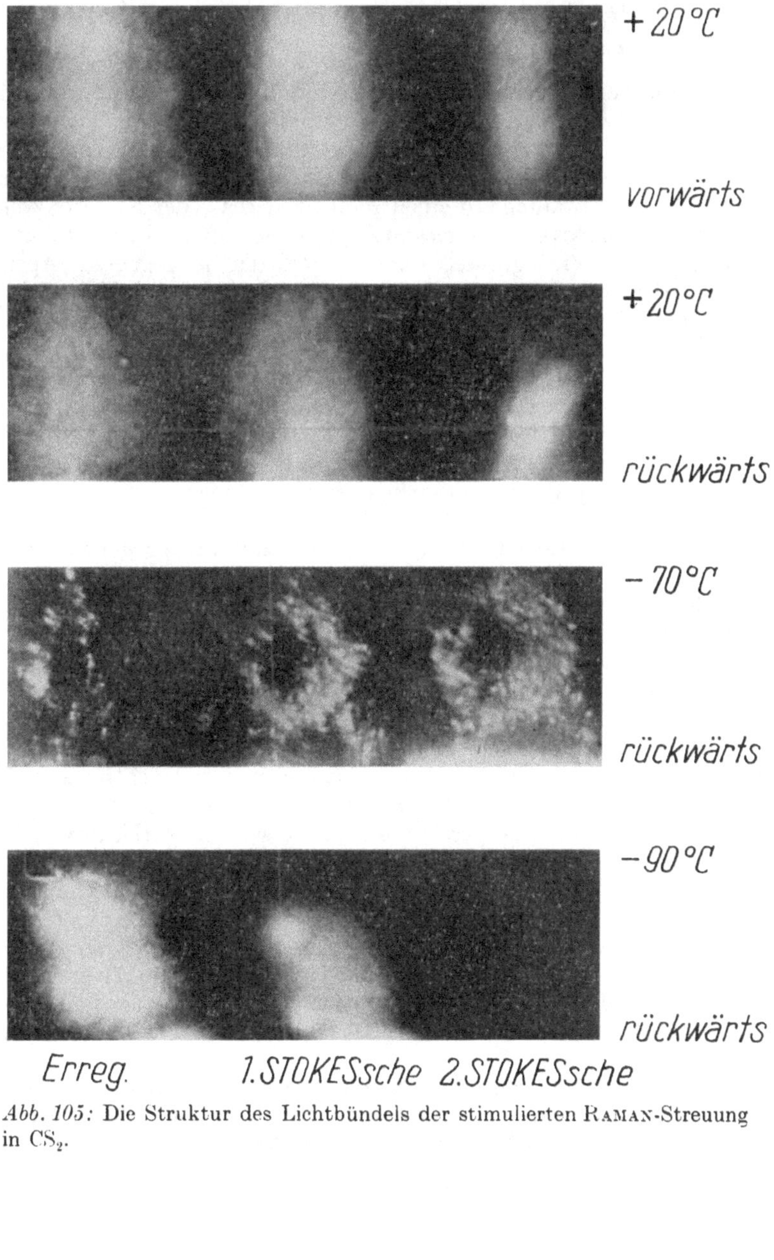

Abb. 105: Die Struktur des Lichtbündels der stimulierten RAMAN-Streuung in CS_2.

wurde (die Herauslösung der interessierenden Komponente erfolgte mit Hilfe von Interferenzfiltern). In diesem Falle ist die Belichtung durch den Rubin recht erheblich und überdeckt gewöhnlich den genannten Winkel. Es ist interessant, daß bei Abkühlung auf $-80\,°C$ die komplizierte Struktur des Rückwärtsstrahls verschwand; die gesamte Strahlung konzentrierte sich in einem Punkt auf der Systemachse [522].

3. *Mögliche Erklärungen der Winkelverteilung im stimulierten Raman-Effekt*

Die Theorie der Winkelverteilung im stimulierten RAMAN-Effekt kann wie die Theorie der Spektralverteilung noch nicht als abgeschlossen angesehen werden.

Wir betrachten zuerst die erste STOKESsche Komponente der stimulierten RAMAN-Streuung. Dieser Anteil der Streustrahlung ist deutlich vorwärts gerichtet. Wird die Rubinstrahlung auf einen Punkt innerhalb der Küvette konzentriert, so befindet sich praktisch die gesamte Streuung auf der ersten STOKESschen Frequenz innerhalb eines geometrischen Kegels, der bei gegebener Apertur von den aus dem Brennpunkt auseinanderlaufenden Strahlen gebildet wird. Gewöhnlich wird eine solche Winkelverteilung der Intensität damit erklärt (siehe z. B. [514]), daß die optische Weglänge l entlang des Laserstrahls wesentlich von der optischen Weglänge nach der Seite differiert.¹) Selbstverständlich muß dieser Faktor wegen der exponentiellen Intensitätsabhängigkeit der stimulierten RAMAN-Linien von l berücksichtigt werden. Eine einfache geometrische Überlegung führt aber zu dem Ergebnis, daß die Differenz der optischen Weglängen unmöglich eine so scharf gerichtete Streustrahlung hervorbringen kann, wie sie experimentell beobachtet wird [510].

Im vorangegangenen Paragraphen ist bereits hervorgehoben worden, daß die Vorwärtsstreuung die Rückwärtsstreuung deutlich überwiegt. Wegen der exponentiellen Intensitätsabhängigkeit der stimulierten RAMAN-Streuung von der Linienintensität im gewöhnlichen RAMAN-Effekt und anderen Faktoren könnte die deutliche Asymmetrie zwischen Vorwärts- und Rückwärtsstreuung, allgemein gesehen, bereits bei geringfügigem Überwiegen der Vorwärtsstreuung gegenüber der Rückwärtsstreuung entstehen. Möglicherweise sind diese Richtungen im gewöhnlichen RAMAN-Effekt nicht gleichberechtigt (siehe § 3), bzw. kann eine Nichtäquivalenz bei der Wellenausbreitung im nichtlinearen Medium entstehen (siehe [514]). In diesem Falle müßte nun aber bei wachsender Intensität der Erregerstrahlung, längeren Küvetten usw. das Verhältnis I_v/I_r anwachsen, was experimentell allem Anschein nach nicht bestätigt wird.

Die erwähnten Besonderheiten in der Winkelverteilung der stimulierten RAMAN-Streuung lassen sich leicht erklären, wenn man annimmt, daß eine Korrelation zwischen der stimulierten RAMAN-Streuung und der Erregerstrahlung besteht (siehe § 5 und § 23, 3.). Gemäß der Formel (5.53 b) wird die Winkelverteilung des stimulierten Anteils der RAMAN-Streuung durch dieselbe Funktion $\varrho(\Omega')$ wie die Winkelverteilung der Erregerstrahlung $\varrho(\Omega)$ beschrieben. Die Winkelverteilung des

¹) Wir bemerken, daß die primäre Strahlungsquelle der ersten STOKESschen Frequenz die gewöhnliche RAMAN-Streuung ist, für welche in dem für uns interessanten Winkelintervall die Winkelverteilung nahezu gleichförmig ist (siehe § 2).

stimulierten RAMAN-Effektes ist also eine „Kopie“ der Winkelverteilung der Erregerstrahlung. Ist die letztere in einem engen Winkelintervall $\Omega \leqq \Omega_0$ konzentriert, so gilt dies auch für die stimulierte RAMAN-Streuung. Selbstverständlich ist diese Strahlung vorwärts gerichtet.

Diese Aussagen finden eine zusätzliche Bestätigung in den experimentellen Ergebnissen der jüngsten Zeit [539]. In dieser Arbeit wurde die Winkelverteilung der stimulierten RAMAN-Streuung in CS_2 untersucht. Im Unterschied zu den oben zitierten Arbeiten wurde die aus dem Spektrographen austretende Strahlung registriert, wodurch die verschiedenen Komponenten des stimulierten RAMAN-Effektes vollständig getrennt werden konnten.

Die Erregerstrahlung wurde mit Hilfe der Linse L_1 in der Probenküvette konzentriert. Eine zweite Linse L_2 wurde so angeordnet, daß der vordere Brennpunkt mit dem Brennpunkt der Linse L_1 zusammenfiel, während die hintere Fokalebene mit der Ebene des Spektrographenspaltes (im weiteren wurde dieser Spalt entfernt) übereinstimmte. Unter diesen Bedingungen entspricht die auf der Photoplatte aufgenommene Intensitätsverteilung offensichtlich der Winkelverteilung der stimulierten RAMAN-Streuung. Indem die Brennweite der Linse L_1 geändert, sowie Blenden verschiedener Durchmesser vor ihr angebracht wurden, konnte

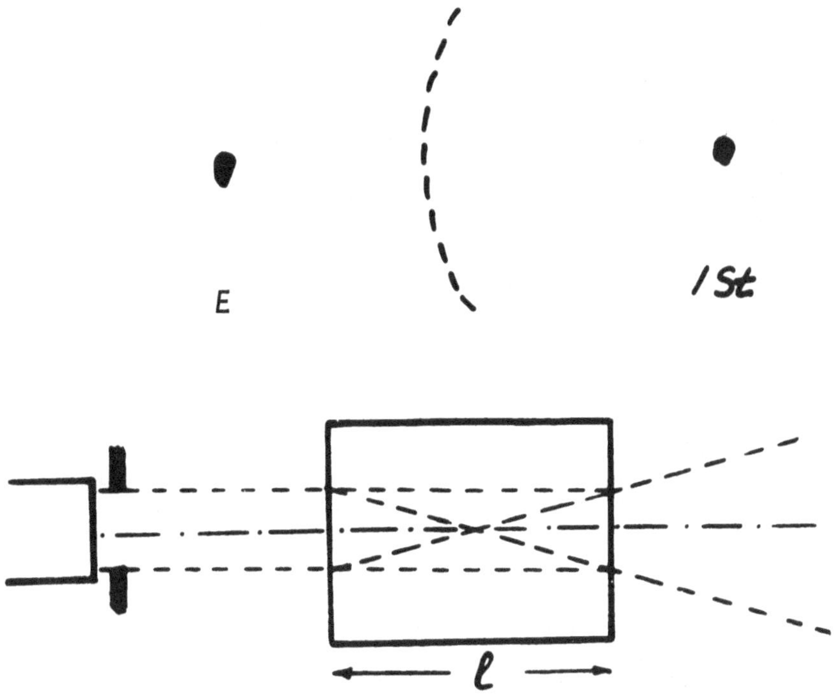

Abb. 106: Winkelverteilung der ersten STOKESschen Komponente der stimulierten RAMAN-Streuung in Benzol. E — Erregerlinie; 1 st — erste STOKESsche Komponente

man die Winkelverteilung der in die Küvette eintretenden Erregerstrahlung variieren.

Die erhaltene Winkelverteilung der Erregerstrahlung und der STOKESschen Komponenten der stimulierten RAMAN-Streuung zeigen, daß die erste STOKESsche Komponente der stimulierten RAMAN-Streuung in gewisser Näherung tatsächlich die Winkelverteilung der Erregerlinie „kopiert".

Analoge Verhältnisse wurden auch für die erste STOKESsche Komponente von Benzol, Azeton und Kalzit sowie der zweiten STOKESschen Komponente von Schwefelkohlenstoff beobachtet.

Bei stufenweiser Anregung „kopiert" also die zweite STOKESsche Komponente der stimulierten RAMAN-Streuung die erste, die für sie die Rolle der Erregerlinie spielt. Zur Illustration ist in Abb. 106 die Winkelverteilung der Erregerstrahlung und der ersten STOKESschen Komponente der induzierten RAMAN-Streuung von Benzol bei einer Küvettenlänge von 10 cm dargestellt. Die Anregung erfolgte mit dem Parallelstrahl eines Rubinlasers. Unten ist das geometrische Schema der Anregung der induzierten RAMAN-Streuung unter der Voraussetzung einer für alle Richtungen gleichen Verstärkung der induzierten RAMAN-Streuung dargestellt. Nach diesem Schema erfolgt durch die Rubinstrahlung zunächst die Anregung der gewöhnlichen RAMAN-Streuung auf der STOKESschen Frequenz ω'. Die Winkelverteilung der gestreuten Photonen in dem hier interessierenden Winkelbereich (nahe der Achse) kann als gleichförmig angesehen werden. Jedes STOKESsche Photon induziert dem betrachteten Photon gleichgerichtete Photonen. Deshalb muß unter gleichen geometrischen Bedingungen (diese Voraussetzung ist nahe der Achse erfüllt) die Verstärkung für alle Richtungen gleich sein. Der Querschnitt der Erregerstrahlung besitzt entlang der Küvettenachse in diesem Falle eine rechteckige Form. Die optische Weglänge ist unter einem kleinen Winkel zur Achse offensichtlich größer als auf der Küvettenachse. Entsprechend muß auch die RAMAN-Intensität unter einem kleinen Winkel zur Achse, z. B. entlang der Diagonalen des Strahlenquerschnittes, kleiner sein als entlang der Achse.

Die experimentellen Daten widersprechen einer solchen Schlußfolgerung in starkem Maße. Als Beispiel ist in Abb. 106 ein Kreis punktiert gezeichnet, innerhalb dessen sich nach der Berechnung eine gleichförmige RAMAN-Streustrahlung ausbreiten müßte. So erhält man einen anschaulichen Beweis für den „Kopie"-Effekt.

Es ist zu beachten, daß bei Erregerstrahlungsleistungen von 1—10 MW die gewöhnliche RAMAN-Streuung eine beachtliche Intensität besitzt (siehe § 24, 5.). Außerdem wird ein Teil der Strahlung aller Frequenzen infolge der optischen Inhomogenität des Mediums gestreut. Deshalb ist in beliebiger Richtung in bezug auf das einfallende Bündel z. B. eine Strahlung der ersten STOKESschen Frequenz vorhanden. Falls das System in einen Resonator gebracht wird, kann diese Strahlung verstärkt werden (siehe § 25, 1.).

Mit dem Prozeß der stufenweisen Anregung der stimulierten RAMAN-Streuung ist die Entstehung der Ringe der anti-STOKESschen Strahlung und der STOKESschen Strahlung der zweiten und höheren Harmonischen nicht zu erklären, ebensowenig die Absorptionsringe. Die sich in den genannten Richtungen ausbreitende Streustrahlung entsteht anscheinend im Ergebnis der Vier-Photonen-Prozesse, welche in § 24 behandelt wurden. Wir erinnern daran, daß bei diesen Prozessen die Synchronisationsbedingungen (25.1) und (25.2) erfüllt werden. Im ganzen ergibt sich infolge der bei der Wechselwirkung der intensiven Strahlung mit dem Medium auftretenden sekundären Prozesse (siehe § 25, 4.) ein außerordentlich kompliziertes Bild.

4. *Selbstfokussierung und ihr Einfluß auf den stimulierten Raman-Effekt*

Eine der interessantesten Erscheinungen der modernen nichtlinearen Optik ist die Selbstfokussierung eines intensiven Lichtstrahles, die auch zur Aufspaltung des Strahles in eine Reihe von dünnen lichtführenden Fäden führt. Diese Erscheinung ist verknüpft mit der Abhängigkeit des Brechungsindexes von der Intensität der Lichtwelle:

$$n = n_0 + n_2 E^2 + \dots \qquad (25.5)$$

Bei einer Leistung von 100—1000 MW/cm² ist in einigen Flüssigkeiten, z. B. Schwefelkohlenstoff $n_2 \sim 10^{-12}$ CGS-Einheiten, und die nichtlinearen Korrekturen am Brechungsindex werden praktisch wesentlich.

In den Medien, deren Brechungsindex durch Gleichung (25.5) gegeben ist, ist der Brechungsindex auf der Lichtstrahlachse größer als auf der Peripherie dieses Strahls; die Strahlen werden so zur Achse gelenkt. Im Ergebnis wird bei Fokussierung eines intensiven Lichtstrahls im nichtlinearen Medium der Brennpunkt verschoben (die Brennweite der Linse verringert sich anscheinend). Die Ausmaße der Fokalebene werden ebenfalls verkleinert. Unter bestimmten Bedingungen stellt sich ein Wellenleiterregime der Lichtausbreitung (Selbstkanalisation) ein. Die beschriebenen Erscheinungen werden in einer Reihe von Arbeiten behandelt [514, 516, 540—543].

Die Abhängigkeit des Brechungsindexes von der Intensität der Lichtwelle läßt sich auf die nichtlineare Polarisation ebenso wie auf die Elektrostriktion, die im Ergebnis der elektromechanischen Einwirkung des Feldes auf das Medium entsteht, zurückführen.

In Flüssigkeiten, deren Moleküle eine beträchtliche Anisotropie aufweisen, kann die Selbstfokussierung dadurch hervorgerufen werden, daß sich im starken elektrischen Feld die Achse der maximalen Polarisierbarkeit des Moleküls parallel zum Vektor des elektrischen Feldes ausrichtet. Unter der Wirkung des intensiven Lichtstrahles wird das Medium also doppelbrechend. Kelley [544] hat diesen Effekt eingehend behandelt. Aus seiner Arbeit folgt, daß die Schwellenleistung P für die Selbstfokussierung der Kerr-Konstante B der gegebenen Substanz umgekehrt proportional ist:

$$P = \beta / B, \qquad (25.6)$$

wobei β eine von den Versuchsbedingungen abhängige Konstante ist.

Bei der Selbstfokussierung und der damit verbundenen Aufspaltung des Laserstrahls in dünne Fäden mit hoher Lichtintensität ändern sich hierin die Bedingungen für die Anregung des stimulierten Raman-Effektes. Deshalb wurde in einer Reihe von Arbeiten [522, 529, 539—548] der Zusammenhang zwischen diesen beiden Erscheinungen behandelt.

Nach den Angaben in [522] wird in CS_2 bei Temperaturen unterhalb $-50\,°C$, wo sich das Selbstfokussierungsregime ändert, die Intensität der durch eine Substanzschicht von 25 mm hindurchgehenden Erregerlinie fast um das fünffache abgeschwächt, weil ihre Energie in den stimulierten RAMAN-Effekt (Abb. 107) übergeht. Wenn sich im Medium die Verhältnisse der Selbstfokussierung und -kanalisierung ändern, so ruft das eine sprunghafte Änderung der Energieverteilung im stimulierten RAMAN-Spektrum hervor (siehe Abb. 97). In der Beziehung der Intensität der ersten STOKESschen Komponente zur Intensität der Erregerstrahlung (unter Berücksichtigung der Temperaturabhängigkeit des Streukoeffizienten) tritt ebenfalls eine plötzliche Änderung ein, sobald sich das Selbstfokussierungsregime verändert (Abb. 108). Weiter sei hervorgehoben, daß auch die Winkelverteilung der Rückwärtsstreuung beim stimulierten RAMAN-Effekt charakteristische Veränderungen beim Übergang zur Selbstkanalisierung aufweist. Wie aus Abb. 105 ersichtlich ist, tritt zunächst eine Aufspaltung des rückwärtsgestreuten Bündels in einzelne Fäden auf, die sich daraufhin zu einem lichtleitenden Kanal vereinigen.

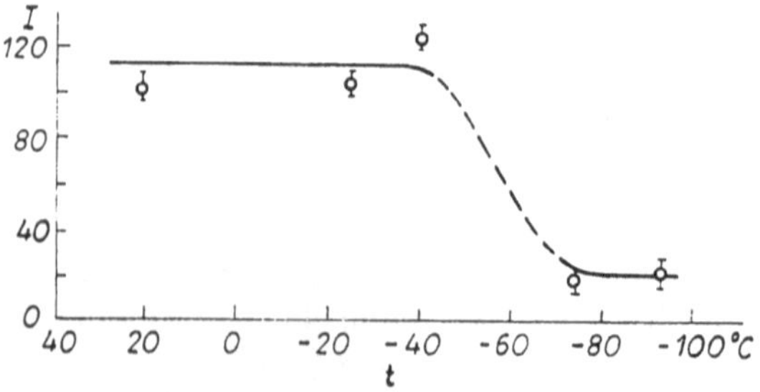

Abb. 107: Die Abhängigkeit der Intensität der Erregerstrahlung von der Temperatur beim Durchgang durch die Küvette mit CS_2.

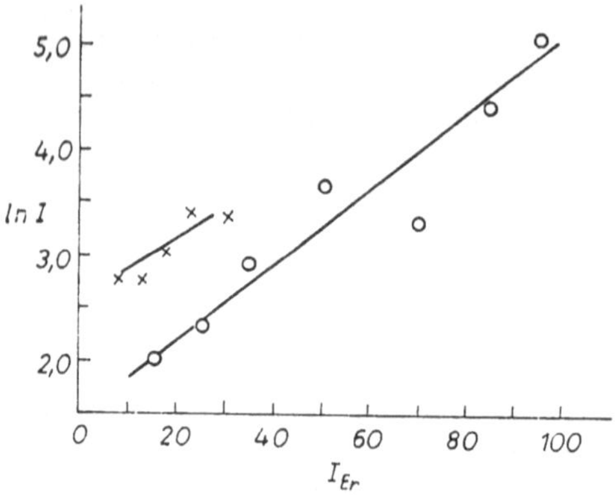

Abb. 108: Die Abhängigkeit der Intensität der ersten STOKESschen Linie von CS_2 von der Intensität der Erregerstrahlung.

O – erster Bereich, X – zweiter Bereich der Selbstkanalisierung.

Ohne auf eine ausführliche Diskussion der Resultate einzugehen, die auf dem sich stürmisch entwickelnden Gebiet der nichtlinearen Optik erzielt wurden, bemerken wir, daß die Erscheinung der Selbstfokussierung dem stimulierten RAMAN-Effekt einen sehr komplizierten Charakter gibt. So ist z. B. die komplizierte Winkelverteilung der Intensität der anti-STOKESschen Komponenten im stimulierten RAMAN-Effekt, die zur Ausbildung von Ringen der ersten und zweiten Klasse Anlaß gibt, nach der halbklassischen Theorie von SHIMODA [549] bedingt durch die Streuung in den fadenförmigen Bereichen, die sich unter der Wirkung der Laserstrahlung hoher Leistung im Medium ausbilden.

Neben der Selbstfokussierung besitzt das Wechselverhältnis der stimulierten RAMAN-Streuung zu den anderen nichtlinearen Erscheinungen, deren Erörterung über den Rahmen des vorliegenden Buches hinausgeht, wesentliche Bedeutung.

Zusätzliche Literatur über den stimulierten RAMAN-Effekt ist in der Übersichtsarbeit von SCHRÖTTER [550] zu finden.[1])

[1]) *Anmerkung des Herausgebers:* Siehe BLOEMBERGEN, N., Am. J. Phys. **35**, 989, 1967.

5. Literatur

[1] LANDSBERG, G. S., „*Ausgewählte Werke*", Isd. AN SSSR, 1958, S. 101–110; MANDELSTAM, L. I., „*Gesammelte Werke*", Bd. 1, Isd. AN SSSR, 1947, S. 293, 305.
[2] RAMAN, C. V., KRISHNAN, K. S., Nature **121**, 501, 1928.
[3] LOMMEL, E., Pogg. Ann. **143**, 26, 1871; Wiedem. Ann. **3**, 251, 1878.
[4] SMEKAL, A., Naturwissenschaften **11**, 873, 1923.
[5] MURNAGAN, F. D., „*Theory of Group Representations*", Baltimore 1938.
[6] LANDAU, L. D., LIFSCHITZ, E. M., „*Klassische Feldtheorie*", Akademie-Verlag, Berlin 1966.
[7] PLACZEK, G., „*Rayleigh-Streuung und Raman-Effekt*", in MARX, E., „*Handbuch der Radiologie*", Bd. 6, Leipzig 1934.
[8] LANDAU, L. D., LIFSCHITZ, E. M., „*Elektrodynamik der Kontinua*", Akademie-Verlag, Berlin 1967.
[9] HANLE, W., Ann. Physik **11**, 885, 1931; **15**, 345, 1932.
[10] PLACZEK, G., „*Raman-Effekt und Molekülbau*", in „*Leipziger Vorträge*", 1931, S. 71.
[11] POKROWSKI, G. I., GORDON, E. A., Ann. Physik **4**, 488, 1930.
[12] KONDILENKO, I. I., KOROTKOW, P. A., STRISHEWSKIJ, W. L., Optika i spektroskopija 8, 471, 1960; **11**, 169, 1961.
[13] KONDILENKO, I. I., KOROTKOW, P. A., Optika i spektroskopija **17**, 451, 1964.
[14] SOKOLOWSKAJA, A. I., SIMOWA, P. D., Optika i spektroskopija **15**, 622, 1963.
[15] KOROTKOW, P. A., Kandidatendissertation, Charkow 1965.
[16] DAMEN, T. C., LEITE, R. C., PORTO, P. S., Phys. Rev. Lett. **14**, 9, 1965.
[17] DIRAC, P. A. M., „*The Principles of Quantum Mechanics*", Clarendon Press, Oxford **1962.**
[18] STEPANOW, W. W., „*Lehrbuch der Differentialgleichungen*", Deutscher Verlag der Wissenschaften, Berlin 1956.
[19] PONTRJAGIN, L. S., „*Gewöhnliche Differentialgleichungen*", Nauka, 1965.
[20] LANDAU, L. D., LIFSCHITZ, E. M., „*Quantenmechanik*", Akademie-Verlag, Berlin 1967.
[21] WEISSKOPF, V., Phys. Z. **34**, 1, 1933; Ann. Physik **9**, 23, 1931; Z. Phys. **85**, 451, 1933.
[22] WEISSKOPF, V., WIGNER, E., Z. Phys. **63**, 54; **65**, 18, 1930.
[23] HEITLER, W., „*The Quantum Theory of Radiation*", Clarendon Press, Oxford 1960.
[24] SUSCHTSCHINSKIJ, M. M., SUBOW, W. A., Optika i spektroskopija **13**, 766, 1962.
[25] LANDAU, L. D., LIFSCHITZ, E. M., „*Mechanik*", Akademie-Verlag, Berlin 1967.
[26] SUSCHTSCHINSKIJ, M. M., ShETF **20**, 304, 1950.
[27] ORNSTEIN, L. S., REKVELD, J., Z. Phys. **61**, 593, 1930.
[28] REKVELD, J., Z. Phys. **68**, 543, 1931.
[29] SIRKAR, S. C., Indian J. Phys. **6**, 133, 1931.
[30] WERTH, S. M., Phys. Rev. **39**, 299, 1932.
[31] SCHORYGIN, P. P., DAN SSSR **87**, 201, 1952.
[32] SCHORYGIN, P., KUZINA, L., OSITJANSKAJA, L., Microchim. Acta, No 2–3, 630, 1955.
[33] FINKELSTEIN, A. I., SCHORYGIN, P. P., ShFCh **26**, 1272, 1952.
[34] CHALILOW, A. CH., SCHORYGIN, P. P., DAN SSSR **81**, 1031, 1951.
[35] SCHORYGIN, P. P., OSITJANSKAJA, L. S., DAN SSSR **98**, 51, 1954.

[36] SCHORYGIN, P. P., KRUSCHINSKIJ, L. L., „*Materialien der X. Allunionskonferenz für Spektroskopie*", Bd. 1, Isd. Lwowsk. un-ta, 1957, S. 215.
[37] SCHORYGIN, P., KRUSCHINSKIJ, L., Z. Phys. **150**, 332, 1958.
[38] KONDILENKO, I. I., BABITSCH, I. L., „*Materialien der X. Allunionskonferenz für Spektroskopie*", Bd. 1, Isd. Lwowsk. un-ta, 1957, S. 218.
[39] KONDILENKO, I. I., KOROTKOW, P. A., Ukr. fis. sh. **3**, 765, 1958.
[40] KONDILENKO, I. I., KOROTKOW, P. A., STRISHEWSKIJ, W. L., Optika i spektroskopija **9**, 26, 1960.
[41] BEHRINGER, J., Z. Elektrochem. **62**, 544, 1958; „*Theorie der molekularen Lichtstreuung*", Manuskript, München 1967;
SZYMANSKI, H. A., „*Raman Spectroscopy, Theory and Practice*", New York 1967, S. 168.
[42] BEHRINGER, J., BRANDMÜLLER, J., Ann. Physik **7**, 234, 1959.
[43] HOFMANN, W., MOSER, H., Z. Elektrochem. **64**, 310, 1960;
BUYKEN, H., KLAUSS, K., MOSER, H., Ber. Bunsengesellschaft phys. Chem. **71**, 578, 1967.
[44] BRANDMÜLLER, J., MOSER, H., „*Einführung in die Raman-Spektroskopie*", Steinkopff Verlag, Darmstadt 1962.
[45] KONDILENKO, I. I., POGORELOW, W. E., STRISHEWSKIJ, W. L., Optika i spektroskopija **13**, 649, 1962; FTT **6**, 533, 1964.
[46] ZENTER, M. JA., BOBOWITSCH, JA. S., Optika i spektroskopija **16**, 246, 1964; **16**, 417, 1964.
[47] KONDILENKO, I. I., POGORELOW, W. E., Optika i spektroskopija **19**, 41, 1965.
[48] SUBOW, W. A., Fisitscheskije problemy spektroskopii **1**, 381, 1962.
[49] SUBOW, W. A., Optika i spektroskopija **13**, 861, 1962.
[50] SUBOW, W. A., Optika i spektroskopija **14**, 576, 1963.
[51] SUBOW, W. A., Trudy FIAN **30**, 3, 1964.
[52] SUBOW, W. A., MULDACHMETOW, S. M., SUSCHTSCHINSKIJ, M. M., „*Optik und Spektroskopie*", Bd. 2, „*Molekülspektroskopie*", Isd. AN SSSR, 1963, S. 324.
[53] IWANOWA, T. M., Dissertation, Gos. ped. in-t im. W. I. Lenina, Moskau 1964.
[54] SCHORYGIN, P. P., IWANOWA, T. M., DAN SSSR **150**, 533, 1963.
[55] SCHORYGIN, P. P., KRUSCHINSKIJ, L. L., Optika i spektroskopija **11**, 24, 1961; DAN SSSR **133**, 337, 1960.
[56] DAWYDOW, A. S., „*Quantenmechanik*", Deutscher Verlag der Wissenschaften, Berlin 1967.
[57] GRADSTEIN, I. S., RYSHIK, I. M., „*Tabellen von Integralen, Summen, Reihen und Produkten*", Fismatgis, 1963.
[58] PIWOWAROW, W. M., BOBOWITSCH, JA. S., Optika i spektroskopija **6**, 249, 1959;
SOKOLOWSKAJA, A. I., Optika i spektroskopija **9**, 5, 582, 1960.
[59] KONINGSTEIN, J. A., MORTENSEN, O. S., preprint, 1967.
[60] HERZBERG, G., „*Spectra of Diatomic Molecules*", van Nostrand, Princeton 1955.
[61] PLACZEK, G., TELLER, E., Z. Phys. **81**, 209, 1933.
[62] CALLOMON, J. H., STOICHEFF, B. P., Canadian J. Phys. **35**, 373, 1957.
[63] STOICHEFF, B., „*High Resolution Raman Spectroscopy*", in THOMPSON, H. W., „*Advances in Spectroscopy*", Bd. 1, New York, London 1969.
[64] RASETTI, F., Phys. Rev. **34**, 367, 1929; Proc. Nat. Acad. Sci. U. S. **15**, 234, 515, 1929; Z. Phys. **61**, 598, 1930.
[65] DICKINSON, R. G., DILLON, R. T., RASETTI, F., Phys. Rev. **34**, 582, 1929.
[66] HERZBERG, G., STOICHEFF, B. P., Nature **175**, 79, 1955.
[67] STOICHEFF, B. P., Canadian J. Phys. **32**, 339, 1954.
[68] LANGSETH, A., STOICHEFF, B. P., Canadian J. Phys. **34**, 350, 1956.
[69] HANSEN, G. E., DENNISON, D. M., J. Chem. Phys. **20**, 313, 1952.
[70] TRAMBARULO, R., GORDY, W., J. Chem. Phys. **18**, 1613, 1950.
[71] WESTENBERG, A. A., WILSON, E. B., J. Amer. Chem. Soc. **72**, 109, 1950.

[72] TATJEWSKIJ, W. M., „*Chemische Struktur der Kohlenwasserstoffe und Gesetzmäßigkeiten in ihren physikalisch-chemischen Eigenschaften*", Isd. MGU, 1953.

[73] SUSCHTSCHINSKIJ, M. M., UFN **65**, 441, 1958.

[74] TJULIN, W. I., PANTSCHENKO, JU. N., PENTIN, JU. A., TATJEWSKIJ, W. M., Optika i spektroskopija **16**, 992, 1964;
COLE, A. R. H., MOHAY, C. M., OSBORNE, G. A., Spectr. Acta **A 23**, 909, 1967.

[75] AMALDI, E., PLACZEK, G., Z. Phys. **81**, 259, 1933.

[76] MICHAILOW, G. W., ShETF **37**, 1570, 1959; **36**, 1368, 1959; Trudy FIAN **27**, 150, 1964.

[77] SOBELMAN, I. I., UFN **54**, 551, 1954; Trudy FIAN **9**, 316, 1958.

[78] FERMI, E., „*Molecules, Crystals and Quantum Statistics*", Benjamin, New York 1966.

[79] ANDRYCHUK, D., Canadian J. Phys. **29**, 151, 1951.

[80] WOLKENSTEIN, M. W., ELJASCHEWITSCH, M. A., STEPANOW, B. I., „*Molekülschwingungen*", Bd. 1 und 2, Gostechisdat, 1949.

[81] ELJASCHEWITSCH, M. A., „*Atom*- und *Molekülspektroskopie*", Fismatgis, 1962.

[82] WILSON, E., DECIUS, D., CROSS, P., „*Molecular Vibrations — The Theory of infrared and Raman Vibrations*", Mc Graw Hill Publishing Company, New York, London, Toronto 1955.

[83] HERZBERG, G., „*Infrared and Raman Spectra of Polyatomic Molecules*", van Nostrand, Princeton, New Yersey 1960.

[84] SCHMIDT, O. JU., „*Abstrakte Gruppentheorie*", GTTI, 1933.

[85] KUROSCH, A. G., „*Gruppentheorie*", Gostechisdat, 1953.

[86] LJUBARSKIJ, G. JA., „*Anwendung der Gruppentheorie in der Physik*", Deutscher Verlag der Wissenschaften, Berlin 1962.

[87] BHAGAVANTAM, S., VENKATARAYUDU, T., „*Theory of Groups and its Application to Physical Problems*", Andhra University Waltair, 1951.

[88] KOHLRAUSCH, K. W. F., „*Raman-Spektren*", in EUCKEN, A., WOLF, K. L., „*Hand- und Jahrbuch der chemischen Physik*", Bd. 9, Leipzig 1943.

[89] BELLAMY, L., „*Ultrarotspektrum und chemische Konstitution*", Steinkopff Verlag, Darmstadt 1955.

[90] YOST, D. M., DE VAULT, D., ANDERSON, T. F., LASSETTRE, E. N., J. Chem. Phys. **2**, 624, 1934.

[91] GAGE, D. M., BARKER, E. F., J. Chem. Phys. **7**, 455, 1939.

[92] ELJASCHEWITSCH, M. A., DAN SSSR **28**, 605, 1940; ShFCh **14**, 1381, 1940; **15**, 847, 1941; ShETF **13**, 65, 1943.

[93] ELJASCHEWITSCH, M. A., STEPANOW, B. I., DAN SSSR **32**, 48, 1941; ShFCh **17**, 145, 1943.

[94] STEPANOW, B. I., ShFCh **15**, 865, 1941.

[95] STEPANOW, B. I., Isw. AN SSSR, ser. fis. **11**, 357, 1947.

[96] WILSON, E., J. Chem. Phys. **7**, 1047, 1939; **9**, 76, 1941.

[97] WILSON, E., CRAWFORD, B., J. Chem. Phys. **9**, 329, 1941.

[98] CRAWFORD, B., BRINKLEY, S., J. Chem. Phys. **9**, 69, 1941.

[99] PODLOWTSCHENKO, R. I., SUSCHTSCHINSKIJ, M. M., Optika i spektroskopija **2**, 49, 1957; „*Materialien der X. Allunionskonferenz für Spektroskopie*", 3 (8), Isd. Lwowsk. un-ta 1957, S. 99.

[100] SUSCHTSCHINSKIJ, M. M., Trudy FIAN **12**, 54, 1960.

[101] MAJANZ, L. S., „*Theorie und Berechnung von Molekülschwingungen*", Isd. AN SSSR, 1960.

[102] GANTMACHER, F. R., „*Application of the Theory of Matrices*", Interscience Publishers, New York 1959.

[103] „*Tables of Interatomic Distances and Configuration in Molecules and Ions. Supplement 1956—1959*". Spec. publ., No 18, The Chemical Society, London 1965.

[104] REDLICH, O., Z. phys. Chem. **B 28**, 371, 1935.

[105] SWERDLOW, L. M., DAN SSSR **78**, 1115, 1951.

[106] Bekett, C. W., Pitzer, K. S., Spitzer, R., J. Amer. Chem. Soc. **69**, 2488, 1947.
[107] Rosenthal, J. E., Murphy, G. M., Rev. Mod. Phys. **8**, 317, 1936.
[108] Duculot, C., Acad. roy. Belgique, Classe des sciences, memoires **30**, No 4, 1, 1957.
[109] Tisza, L., Z. Phys. **82**, 48, 1933.
[110] Kompanejetz, A. S., ShETF **10**, 1175, 1940.
[111] Wolkenstein, M. W., DAN SSSR **30**, 784, 1941; ShETF **11**, 642, 1941.
[112] Wolkenstein, M. W., Eljaschewitsch, M. A., J. Phys. **9**, 101, 1944; ShETF **15**, 124, 1946.
[113] Kowner, M. A., Snegirjew, B. N., Optika i spektroskopija **5**, 239, 1958; **9**, 170, 1960; **8**, 880, 1960.
[114] Snegirjew, B. N., Optika i spektroskopija **15**, 816, 1963.
[115] Swerdlow, L. M., Optika i spektroskopija **11**, 774, 1961.
[116] Prokofjewa, N. I., Swerdlow, L. M., Optika i spektroskopija **13**, 324, 1962; **15**, 315, 1963.
[117] Borisow, M. G., Bashulin, P. A., Swerdlow, L. M., „*Optik und Spektroskopie*“, Bd. 2, „*Molekülspektroskopie*“, Isd. AN SSSR, 1963, S. 308.
[118] Prokofjewa, N. I., Swerdlow, L. M., Suschtschinskij, M. M., Optika i spektroskopija **15**, 464, 1963; **17**, 374, 1964.
[119] Ferigle, S. M., Weber, A., Canadian J. Phys. **32**, 799, 1954.
[120] Wolkenstein, M. W., ShETF **18**, 138, 1948.
[121] Landsberg, G. S., Bashulin, P. A., Suschtschinskij, M. M., „*Wichtige Parameter der Raman-Spektren von Kohlenwasserstoffen*“, Isd. AN SSSR, 1956.
[122] Reitz, A. W., Z. phys. Chem. **B 33**, 179, 368, 1936; **B 38**, 275, 381, 1937.
[123] Majanz, L. S., Trudy FIAN **5**, 63, 1950.
[124] Suschtschinskij, M. M., Isw. AN SSSR, ser. fis. **17**, 608, 1953.
[125] Jones, N., Sandorfy, K., „*The Application of Infrared and Raman Spectrometry to the Elucidation of Molecular Structure*“, in West, W., „*Chemical Applications of Spectroscopy*“, Interscience publishers, New York 1956.
[126] Eljaschewitsch, M. A., Dissertation, FIAN, 1944.
[127] Stepanow, B. I., ShFCh **14**, 474, 1940; **15**, 78, 1941.
[128] Shull, E. R., Oakwood, T. S., Rank, D. H., J. Chem. Phys. **21**, 2024, 1954.
[129] Fenske, M. R., Braun, W. G., Wiegand, R. V., Dorothy Quiggle, McCormick, R. H., Rank, D. H., Anal. Chem. **19**, 700, 1947;
Braun, W. G., Spooner, D. F., Fenske, M. R., Anal. Chem. **22**, 1074, 1950.
[130] Kusnetzowa, T. I., Suschtschinskij, M. M., Optika i spektroskopija **10**, 41, 1961.
[131] Evans, J. C., Bernstein, H. J., Canadian J. Chem. **34**, 1037, 1956.
[132] Treschtschowa, E. G., Tatjewskij, W. M., Tanzyrjewa, T. I., Fainsilberg, A. A., Lewina, R. Ja., ShFCh **25**, 1239, 1951.
[133] Podlowtschenko, R. I., Swerdlow, L. M., Suschtschinskij, M. M., Optika i spektroskopija **6**, 146, 1959.
[134] Selinskij, N. D., „*Ausgewählte Werke*“, Bd. 2, Isd. AN SSSR, 1941.
[135] Plate, A. F., „*Katalytische Aromatisierung von Paraffin-Kohlenwasserstoffen*“, Isd. AN SSSR, 1948.
[136] Swerdlow, L. M., Prokofjewa, N. I., Optika i spektroskopija **7**, 588, 1959; **13**, 324, 1962.
[137] Kusnetzowa, T. I., Suschtschinskij, M. M., „*Optik und Spektroskopie*“, Bd. 2, „*Molekülspektroskopie*“, Isd. AN SSSR, 1963, S. 144.
[138] Shishin, G. N., Sterin, Ch. E., Aleksanjan, W. T., Liberman, A. L., Sh. strukturnoj chimii **6**, 684, 1965.
[139] Shishin, G. N., Dissertation, FIAN, 1965.
[140] Rathjens, G. W., Freeman, N. K., Gwinn, W. G., Pitzer, K. S., J. Amer. Chem. Soc. **75**, 5634, 1953.
[141] Godchot, M., C. R. **194**, 1547, 1937.

[142] Aleksanjan, W. T., Sterin, Ch. E., Lukina, M. Ju., Salnikowa, L. G., Safonowa, I. L. Kasanskij, B. A., Utschen. sap. Lwowsk. un-ta **3** (8), 64, 1957; Optika i spektroskopija **7**, 178, 1959.
[143] Sheppard, N., Simpson, D. M., Quart. Rev. **6**, 1, 1952.
[144] Goubeau, J., „*Die Raman-Spektren von Olefinen*", Beiheft No 56 zu der Zeitschrift „Angew. Chemie", 1948.
[145] Rea, D. G., Anal. Chem. **32**, 1638, 1960.
[146] Stepanow, B. I., ShFCh **15**, 78, 1941.
[147] Grusdew, P. F., ShFCh **28**, 507, 1954.
[148] Swerdlow, L. M., Winochodowa, O. N., DAN SSSR **100**, 45, 1955.
[149] Swerdlow, L. M., Pachomova, N. M., DAN SSSR **91**, 51, 1953; ShETF **26**, 64, 1954.
[150] Swerdlow, L. M., Optika i spektroskopija **1**, 752, 1956.
[151] Swerdlow, L. M., DAN SSSR **106**, 80, 1956.
[152] Swerdlow, L. M., Utschen. sap. Lwowsk. un-ta **3** (8), 278, 1957.
[153] Swerdlow, L. M., DAN SSSR **112**, 706, 1957.
[154] Kasanskij, B. A., Lukina, M. Ju., Malyschew, A. I., Aleksanjan, W. T., Sterin, Ch. E., Isw. AN SSSR, OChN, No 1, 36, 1956.
[155] Bashulin, P. A., Sterin, Ch. E., Isw. AN SSSR, ser. fis. **11**, 456, 1947.
[156] Treschtschowa, E. G., Akischin, P. A., Tatjewskij, W. M., Sh. analit. chimii **3**, 75, 1948; Akischin, P. A., Tatjewskij, W. M., DAN SSSR **76**, 527, 1951.
[157] Schorygin, P. P., Isw. AN SSSR, ser. fis. **12**, 576, 1948.
[158] Markowa, S. W., Bashulin, P. A., Suschtschinskij, M. M., Optika i spektroskopija **1**, 41, 1956.
[159] Otting, W., „*Der Raman-Effekt und seine analytische Anwendung*", Berlin 1952.
[160] Malyschew, W. I., UFN **63**, 323, 1957.
[161] Batujew, M. I., Ponomarenko, W. A., Matwejewa, A. D., Petrow, A. D., DAN SSSR **95**, 805, 1954; Isw. AN SSSR, OChN, No 9, 1070; No 10, 1243, 1956.
[162] Arbusow, A. E., Batujew, M. I., Winogradowa, W. S., DAN SSSR **54**, 603, 1946.
[163] Popow, E. M., Kabatschnik, M. I., Majanz, L. S., Uspechi chimii **30**, 846, 1961.
[164] Mizushima, S. I., „*Raman-Effect*", in „*Handbuch der Physik*" **26**, Berlin 1958.
[165] „*Catalog of selected Raman Spectral Data (Project* 44)". Nat. Bureau of Standards, Washington 1949.
[166] Akischin, P. A., Tatjewskij, W. M., DAN SSSR **89**, 287, 1953.
[167] Piaux, L., Gaudemar, M., Bull. Soc. chim. France **6**, 786, 1957.
[168] Kowaljew, I. F., Optika i spektroskopija **8**, 315, 1960.
[169] Landsberg, G. S., Kasanskij, B. A., Bashulin, P. A., Bulanowa, T. F., Liberman, A. L., Michailowa, E. A., Plate, A. F., Sterin, Ch. E., Suschtschinskij, M. M., Tarasowa, G. A., Ucholin, S. A., „*Bestimmung der Kohlenwasserstoffzusammensetzung von Benzinen der direkten Destillation nach einer kombinierten Methode*", Isd. AN SSSR, 1959.
[170] Horrocks, W. D., Cotton, E. A., Spectrochim. Acta **17**, 134, 1961.
[171] Schorygin, P. P., Dissertation, Fis.-chim. institut im. L. Ja. Karpowa, 1949.
[172] Tatjewskij, W. M.,
Treschtschowa, E. G., Skwartschenko, W. R., Lewina, R. Ja., ShFCh **23**, 657, 1949; Treschtschowa, E. G., Tatjewskij, W. M., Lewina, R. Ja., Fainsilberg, A. A., Wiktorowa, E. A., ShFCh **26**, 1266, 1952.
[173] Schorygin, P. P., Isw. AN SSSR, ser. fis. **12**, 576, 1948.
[174] Chalilow, A. Ch., Schorygin, P. P., DAN SSSR **78**, 27, 1177, 1951.
[175] Harrand, M., Martin, H., Bull. Soc. chim. France **10**, 1383, 1956.
[176] Finkelstein, A. I., Dissertation, Fis.-chim. institut im. L. Ja. Karpowa, 1950.
[177] Suschtschinskij, M. M., Tjulin, W. I., DAN SSSR **35**, 505, 1954.
[178] Subow, W. A., Diplomarbeit, MGU, 1955.
[179] Jakowlewa, T. W., Autorenreferat zur Dissertation, Institut wysokomolekuljarnych sojedinenij AN SSSR, 1953.

[180] Bobowitsch, Ja. S., Perekalin, W. W., Sh. strukturnoj chimii **1**, 313, 1960.
[181] Bobowitsch, Ja. S., Eidus, Ja. A., Optika i spektroskopija **16**, 424, 1964.
[182] Bobowitsch, Ja. S., Lipina, E. S., Perekalin, W. W., Sh. strukturnoj chimii **5**, 546, 1964.
[183] Eidus, Ja. A., Dissertation, Gos. ped. in-t im. W. I. Lenina, Moskau 1965.
[184] Bobowitsch, Ja. S., Optika i spektroskopija **19**, 279, 886, 1965; **20**, 252, 1966.
[185] Hammett, L. P., Phys. Org. Chem., London 1940.
[186] Jaffe, H. H., Chem. Rev., 53, 191, 1953.
[187] Petrow, A. D., Jegorow, Ju. P., Mironow, W. F., Nikischin, G. I., Bugorkowa, A. A., Isw. AN SSSR, OChN, No 1, 50, 1956.
[188] Petrow, A. A., Kolesowa, W. A., Porfirjewa, Ju. I., ShOCh **27**, 2081, 1957.
[189] Jegorow, Ju. P., Tschernyschew, E. A., Trudy Lwowsk. un-ta **3** (8), 390, 1957.
[190] Schorygin, P. P., Jegorowa, S. S., DAN SSSR **118**, 763, 1958.
[191] Mironow, W. F., Jegorow, Ju. P., Petrow, A. D., Isw. AN SSSR, OChN 8, 1400, 1959.
[192] Jui-Wao-Schan, Nikitin, W. N., Wolkenstein, M. W., ShFCh **36**, 681, 1962.
[193] Jesson, J. P., Thompson, H. W., Proc. Roy. Soc. (London) **A 268**, 68, 1962.
[194] Facer, G. H. J., Thompson, H. W., Proc. Roy. Soc. (London) **A 268**, 79, 1962.
[195] Bobowitsch, Ja. S., Beljajewskaja, N. M., Optika i spektroskopija **19**, 198, 1965; Bobowitsch, Ja. S., Optika i spektroskopija **20**, 68, 1966.
[196] Kohlrausch, K. W. F., Z. phys. Chem. **B 18**, 61, 1932.
[197] Wolkenstein, M. W., „*Konfigurationsstatistik polymerer Ketten*", Isd. AN SSSR, 1959.
[198] Birstein, T. M., Ptitzyn, O. B., „*Konformationen von Makromolekülen*", Nauka, 1964.
[199] Edgell, W. D., Glockler, G., J. Chem. Phys. **9**, 375, 1941.
[200] Mizushima, S., Morino, Y., Takeda, M., J. Chem. Phys. **9**, 826, 1941.
[201] Mizushima, S., „*Structure of Molecules and Internal Rotation*", Academy Press, New York 1954.
[202] Sheppard, N., Uspechi spektroskopii **1**, 354, 1963.
[203] Sosinskij, M. L., Dissertation, MFTI, 1956.
[204] Sheppard, N., Szasz, G. J., J. Chem. Phys. **17**, 86, 1949.
[205] Podlowtschenko, R. I., Suschtschinskij, M. M., Optika i spektroskopija **2**, 49, 1957.
[206] Podlowtschenko, R. I., Swerdlow, L. M., Suschtschinskij, M. M., Optika i spektroskopija **6**, 146, 1959.
[207] Harris, G. M., Harris, F. E., J. Chem. Phys. **31**, 1450, 1959.
[208] Karplus, M., J. Chem. Phys. **33**, 316, 1960.
[209] Clinton, W. L., J. Chem. Phys. **33**, 632, 1960.
[210] Lassetre, E., Dean, L., J. Chem. Phys. **17**, 317, 1949.
[211] Oosterhoff, L. J., Disc. Faraday Soc. **10**, 79, 1951.
[212] AuChin-Tang, J. Chin. Chem. Soc. **18**, 2, 1951.
[213] Mason, E. A., Kreevoy, M. M., J. Amer. Chem. Soc. **77**, 5808, 1955.
[214] Borisowa, N. P., Wolkenstein, M. W., Sh. strukturnoj chimii **2**, 469, 1961.
[215] Van Dranen, J., J. Chem. Phys. **20**, 1982, 1952.
[216] Aston, J. G., Isserow, S., Szasz, G. J., Kennedy, R. M., J. Chem. Phys. **12**, 336, 1944.
[217] Magnasco, V., Nuovo cimento **24**, 425, 1962.
[218] Pentin, Ju. A., Tatjewskij, W. M., Westnik MGU, No 3, 631, 1955.
[219] Bernstein, H. J., J. Chem. Phys. **17**, 262, 1949.
[220] Sirnit, U. A., Trudy FIAN **39**, 55, 1967.
[221] Sirnit, U. A., Suschtschinskij, M. M., Optika i spektroskopija **15**, 190, 1963.
[222] Wolkenstein, M. W., Uspechi chimii **13**, 234, 1944.
[223] Godnew, I. N., „*Berechnung thermodynamischer Funktionen aus Moleküldaten*", Deutscher Verlag der Wissenschaften, Berlin 1963.
[224] Fateley, W. G., Miller, F. A, Spectrochim. Acta **19**, 611, 1963.

[225] Herschbach, D. R., J. Chem. Phys. **31**, 91, 1952.
[226] Crawford, B. L., J. Chem. Phys. **8**, 273, 1940.
[227] Sirnit, U. A., Suschtschinskij, M. M., Optika i spektroskopija **16**, 902, 1964.
[228] Fateley, W. G., Miller, F. A., Spectrochim. Acta **18**, 977, 1962.
[229] Sirnit, U. A., Suschtschinskij, M. M., „*Optik und Spektroskopie*", Bd. 2, „*Molekülspektroskopie*", Isd. AN SSSR, 1963, S. 153.
[230] Scott, O. W., Waddington, G., J. Amer. Chem. Soc. **75**, 2006, 1963.
[231] Kilpatrick, J. E., Pitzer, K. S., J. Amer. Chem. Soc. **68**, 1066, 1956.
[232] Magnasco, V., Nuovo cimento **24**, 425, 1962.
[233] Landsberg, G. S., Malyschew, W. I., DAN SSSR **3**, 365, 1936.
[234] Ananthakrishnan, R., Proc. Indian Acad. Sci. **2**, 452, 1935.
[235] Welsh, H. L., Crawford, M. F., Scott, G. D., J. Chem. Phys. **16, 97, 1948.**
[236] Moszynska, B., Bull. Acad. polon. sci. **7** 455, 1959.
[237] Venkateswarlu, K., Thyagarajan, G., Z. Phys. **156**, 569, 1959.
[238] Bogdanow, W. D., Suschtschinskij, M. M., Isw. AN SSSR, ser. fis. **22**, 1067, 1958.
[239] Naberuchin, Ju. I., Suschtschinskij, M. M., Optika i spektroskopija **9**, 576, 1960.
[240] Muldachmetow, S. M., Suschtschinskij, M. M., Optika i spektroskopija **2**, 320, 1963.
[241] Muldachmetow, S. M., Suschtschinskij, M. M., Optika i spektroskopija **14**, 819, 1963.
[242] Suschtschinskij, M. M., Muldachmetow, S. M., Optika i spektroskopija **16**, 234, 1964; **17**, 45, 1964.
[243] Muldachmetow, S. M., Trudy FIAN **39**, 7, 1967.
[244] Hemptinne, M., Mannenback, C., Proc. Indian Acad. Sci. **9**, 268, 1939.
[245] Jones, L. H., Goldblatt, U., J. Mol. Spectr. **2**, 103, 1958.
[246] Jones, L. H., McDowell, R. S., J. Mol. Spectr. **3**, 632, 1959.
[247] Mills, I. M., Spectrochim. Acta **16**, 35, 1960.
[248] Sadullajew, B. L., Suschtschinskij, M. M., Optika i spektroskopija **23**, 46, 1967.
[249] Wolkenstein, M. W., UFN **29**, 54, 1946.
[250] Fermi, E., Z. Phys. **71**, 250, 1931.
[251] Dennison, D. M., Rev. Mod. Phys. **12**, 175, 1940.
[252] Langseth, A., Nielsen, J. R., Phys. Rev. **46**, 1057, 1934.
[253] Alijew, M. R., Aleksanjan, W. T., DAN SSSR **169**, 1329, 1966.
[254] Feldman, T., Shepherd, G. G., Welsh, H. L., Canadian J. Phys. **34**, 1425, 1956; Feldman, T., Romanko, J., Welsh, H. L., Canadian J. Phys. **33**, 138, 1955.
[255] Allen, H. C., Cross, P. C., „*Molecular Vib-Rotors*", New York, London 1963.
[256] Sterin, Ch. E., Trudy FIAN **9**, 13, 1958; Isw. AN SSSR, ser fis. **11**, 345, 1947; **14**, 411, 1950; DAN SSSR **62**, 219, 1948.
[257] Kowner, M. A., Tschaplik, A. W., Optika i spektroskopija **13**, 56, 1962.
[258] Sobelman, I. I., „*Einführung in die Theorie der Atomspektren*", Fismatgis. 1963; „*Breite der Spektrallinien*", in „*Physikalisches enzyklopädisches Wörterbuch*", Bd. 5, 1966.
[259] Wolkenstein, M. W., „*Struktur und physikalische Eigenschaften der Moleküle*", Teubner-Verlagsgesellschaft, Leipzig 1960.
[260] Schorygin, P. P., Sh FCh **23**, 873, 1949.
[261] Setschkarjew, A. W., Dworowjenko, N. I., Isw. wusow, Fisika, No 1, 13, 1965; No 1, 5, 1965.
[262] Setschkarjew, A. W., Brutan, E. G., Dworowjenko, N. I., Trudy Komissii po spektroskopii AN SSSR **1**, 293, 1964.
[263] Setschkarjew, A. W., Optika i spektroskopija **19**, 721, 1965.
[264] Setschkarjew, A. W., Doktordissertation, Kemerowskij gornyj institut, 1965; Autoreferat zur Dissertation, Sibirsk. otd. AN SSSR, Nowosibirsk 1965.
[265] May, A. D., Stryland, J. C., Welsh, H. L., J. Chem. Phys. **30**, 1099, 1959.
[266] Neporent, B. S., Bachschijew, N. G., Optika i spektroskopija **5**, 634, 1957; **8**, 777, 1960.

[267] Girin, O. P., Bachschijew, N. G., UFN **79**, 235, 1963.
[268] Wolkenstein, M. W., UFN **18**, 153, 1937.
[269] Frenkel, Ja. I., „*Kinetische Theorie der Flüssigkeiten*", Deutscher Verlag der Wissenschaften, Berlin 1957.
[270] Wolkenstein, M. W., „*Zwischenmolekulare Wechselwirkung*", in „*Physikalisches enzyklopädisches Wörterbuch*", Bd. 3, 1963.
[271] Hirschfelder, J. O., Curtiss, Ch. F., Bird, R. B., „*Molecular Theory of Gases and Liquids*", Wiley, New York 1954.
[272] Kirkwood, J., J. Chem. Phys. **4**, 592, 1936; **7**, 911, 1939; **8**, 205, 1940.
[273] Rakow, A. W., Trudy FIAN **27**, 111, 1964.
[274] Resajew, N. I., „*Materialien der X. Allunionskonferenz für Spektroskopie*", Bd. 1, Isd. Lwowsk. un-ta, 1957, S. 230.
[275] Resajew, N. I., Westnik MGU, No 2, 145, 1957.
[276] Bashulin, P. A., Sokolowskaja, A. I., „*Untersuchungen auf dem Gebiet der experimentellen und theoretischen Physik*" (Landsberg gewidmeter Sammelband), Isd. AN SSSR, 1959, S. 56.
[277] Resajew, N. I., Optika i spektroskopija **5**, 2, 1958.
[278] Rakow, A. W., Optika i spektroskopija **7**, 202, 1959.
[279] Sobelman, I. I., Isw. AN SSSR, ser. fis. **17**, 554, 1953.
[280] Landau, L. D., Lifschitz, E. M., „*Statistische Physik*", Akademie-Verlag, Berlin 1966.
[281] Walijew, K. A., ShETF **40**, 1832, 1961.
[282] Walijew, K. A., Optika i spektroskopija 11, 465, 1961.
[283] Walijew, K. A., Eskin, L. D., Optika i spektroskopija **12**, 758, 1962.
[284] Walijew, K. A., Optika i spektroskopija **13**, 505, 1962.
[285] Subowa, N. W., Schalomejewa, N. W., Gorelik, W. S., Suschtschinskij. M. M., Preprint FIAN, No 188, 1968.
[286] Kondilenko, I. I., Doktordissertation, Kiewskij uniwersitet, 1964.
[287] Kondilenko, I. I., Babitsch, I. L., Ukr. fis. sh. **5**, 532, 1960.
[288] Bobowitsch, Ja. S., Piwowarow, W. M., DAN SSSR **97**, 801, 1954.
[289] Sokolowskaja, A. I., Bashulin, P. A., Isw. AN SSSR, ser. fis. **22**, 1068, 1958.
[290] Sokolowskaja, A. I., Bashulin, P. A., Optika i spektroskopija **8**, 394, 1960.
[291] Sokolowskaja, A. I., Optika i spektroskopija **9**, 582, 1960; **11**, 478, 1961.
[292] Sokolowskaja, A. I., Trudy FIAN **27**, 63, 1964.
[293] Rea, D., J. Opt. Soc. Amer. **49**, 50, 1959.
[294] Suschtschinskij, M. M., DAN SSSR **33**, 21, 1941.
[295] Suschtschinskij, M. M., Trudy FIAN **5**, 185, 1950.
[296] Rank, D. H., Scott, R. W., Fenske, M. R., Ind. Eng. Chem. Anal. Ed. **14**, 816, 1942.
[297] Michel, G., Spectrochim. Acta **5**, 218, 1952; **12**, 400, 1958; Bull. Soc. Chim. Belg. **72**, 125, 1963.
[298] Michel, G., Gueibe, R., Bull. Soc. Chim. Belg. **70**, 323, 1961.
[299] Marino, J., Miyagewa, I., Wada, A., Yoshida, K., J. Chem. Soc. Japan, Pure Chem. Sec. **75**, No 10, 1954.
[300] Syrkin, Ja. K., Wolkenstein, M. W., Gantmacher, A. R., ShFCh **14**, 1569, 1940.
[301] Borodko, Ju. G., Syrkin, Ja. K., Optika i spektroskopija **9**, 677, 1960; DAN SSSR **131**, 868, 1960.
[302] Rea, D., J. Mol. Spectr. **4**, 507, 1960.
[303] Piwowarow, W. M., Bobowitsch, Ja. S., Optika i spektroskopija **3**, 134, 1957.
[304] Bobowitsch, Ja. S., Tulub, T. P., ShETF **30**, 189, 1956.
[305] Piwowarow, W. M., Kislowskij, L. D., Optika i spektroskopija **5**, 251, 1958.
[306] Mierzecki, R., Acta phys. polonica **19**, No 1, 1960.
[307] Evans, J. C., Bernstein, H. J., Canad. J. Chem. **34**, 1127, 1958.
[308] Babitsch, I. L., Kondilenko, I. I., Strishewskij, W. L., Ukr. fis. sh. **7**, 742, 1962.
[309] Sokolow, N. D., UFN **57**, 205, 1955.

[310] Briegleb, G., „*Zwischenmolekulare Kräfte und Molekülstruktur*", Berlin 1937.
[311] Landsberg, G. S., Ucholin, S. A., DAN SSSR **16**, 399, 1937.
[312] Ucholin, S. A., DAN SSSR **16**, 403, 1937.
[313] Landsberg, G. S., Malyschew, W. I., DAN SSSR **18**, 549, 1938.
[314] Malyschew, W. I., DAN SSSR **20**, 549, 1938; **24**, 676, 1939.
[315] Malyschew, W. I., Isw. AN SSSR, ser. fis. **5**, 13, 1941.
[316] Landsberg, G. S., Malyschew, W. I., Solowjew, W. E., DAN SSSR **24**, 873, 1939.
[317] Malyschew, W. I., Schischkina, M. W., ShETF **20**, 297, 1950.
[318] Schubin, A. A., Isw. AN SSSR, ser. fis. **9**, 198, 1945; Trudy FIAN **9**, 125, 1958.
[319] Pimentel, G. C., McClellan, A. L., „*The Hydrogen Bond*", Freeman, San Francisco, London 1960.
[320] Pross, A. W., Van Zeggeren, F., Spectrochim. Acta **16**, 563, 1960.
[321] Halford, J. O., J. Chem. Phys. **14**, 395, 1946.
[322] Sirnit, U. A., Suschtschinskij, M. M., Optika i spektroskopija **16**, 903, 1964.
[323] Stanjewitsch, A. E., „*Optik und Spektroskopie*", Bd. 2, „*Molekülspektroskopie*", Isd. AN SSSR, 1963, S. 205.
[324] Miyazawa, T., Pitzer, K. S., J. Amer. Chem. Soc. **81**, 74, 1959.
[325] Krishnamurti, P., Indian J. Phys. **6**, 401, 1931.
[326] Bayard, P., Bull. Soc. Roy. Sci. Liege, No 12, 179, 1943.
[327] Chiorboly, S., Ann. Chimica **47**, 443, 1957.
[328] Plattem, S., Valladas-Dubois, S., Volkinger, H., C. R. **228**, 182, 1949.
[329] Kastha, G., Indian J. Phys. **30**, 519, 1956.
[330] Glatzer, G., Melcher, G., Internat. Tag. Europ. Molekülspektroskopiker, Bologna, 1953.
[331] Resajew, N. I., Wasiljewa, A. N., Westnik MGU, ser. 3, **21**, 15, 1960.
[332] Mierzecki, R., Acta phys. polonica **19**, 41, 1960.
[333] Mierzecki, R., Current Sci. **25**, 200, 1956.
[334] Mierzecki, R., Bull. Acad. polon. sci. **3**, 259, 263, 1955.
[335] Lakshmanan, B. R., J. Indian Inst. Sci. **A 36**, 218, 1954.
[336] Schwab, G. M., Glatzer, G., Z. Elektrochem. **61**, 1028, 1957.
[337] Batujew, M. I., DAN SSSR **53**, 507, 1946.
[338] Simova, P., Izvest. Bulgar. Acad. Nauk, Otdel. Fiz. Mat., Techn. Nauki, Ser. Fiz. **2**, 107, 1951.
[339] Ismailow, N. A., Kutzyna, L. M., Isw. AN SSSR, ser. fis. **17**, 740, 1953.
[340] Mathieu, J. P., „*Spectres de vibration et symétrie des molécules et des cristaux*", Paris 1945.
[341] Kittel, C., „*Einführung in die Festkörperphysik*", Oldenburg, München, Wien 1969.
[342] Ziman, J. M., „*Principles of the Theory of Solids*", University Press, Cambridge 1964.
[343] Schubnikow, A., „*Optische Kristallographie*", Isd. AN SSSR, 1950.
[344] Bjelow, N. W., „*Strukturkristallographie*", Isd. AN SSSR, 1951.
[345] Born, M., Huang Kun, „*Dynamical Theory of Crystal Lattices*", Clarendon Press, Oxford 1968.
[346] Kowaljew, O. W., „*Irreduzible Darstellungen der Raumgruppen*", Isw. AN SSSR, Kiew 1961.
[347] Faddejew, D. K., „*Tabellen der wichtigsten unitären Darstellungen der Fedorowschen Gruppen*", Isd. AN SSSR, 1961.
[348] Lomont, J. S., „*Application of Finite Groups*", New York 1959.
[349] Born, M., Karman, T., Phys. Z. **13**, 297, 1912.
[350] Born, M., Göppert-Mayer, M., „*Dynamische Gittertheorie*", in Geiger, H., Scheel, K., „*Handbuch der Physik*", Berlin 1933.
[351] Maradulin, A. A., Montroll, E. W., Weiss, G. H., „*Theory of Lattice Dynamics in Harmonic Approximation*", Academy Press, New York 1963.
[352] Bhagavantam, S., Proc. Indian Acad. Sci. **A 37**, 350, 1953.
[353] Last, J. T., Phys. Rev. **105**, 1740, 1957.

[354] POULET, H., J. phys. **26**, 684, 1965.
[355] GORELIK, W. S., Kristallografija **13**, 696, 1968;
GORELIK, W. S., SUSCHTSCHINSKIJ, M. M., UFN **96**, No 2, 1969.
[356] HAMERMES, M., „*Group Theory and its Application to Physical Problems*", Addison-Wesley, Reading 1962.
[357] RAMAN, C. V., Proc. Indian Acad. Sci. **A 14**, 459, 1941; **A 18**, 237, 1943; **A 26**, 339, 356, 370, 383, 391, 396, 1947; **A 34**, 61, 141, 1951; **A 44**, 99, 1956.
[358] KRISHNAN, R. S., KATIYAR, R. S., J. phys. **26**, 630, 1965.
[359] KRISHNAN, R. S., KRISHNAMURTY, N., J. phys. **26**, 633, 1965.
[360] RAMANATHAN, K. G., Proc. Indian Acad. Sci. **A 28**, 454, 1948.
[361] KRISHNAN, R. S., KRISHNAMURTY, N., J. phys. **26**, 600, 1965.
[362] COCHRAN, W., COWLEY, R. A., J. Phys. Chem. Solids **23**, 447, 1962.
[363] MERTEN, L., Z. Naturforsch. **A 15**, 47, 1960.
[364] LOUDON, R., Proc. Phys. Soc. London **82**, 393, 1963.
[365] POULET, H., Ann. phys. **10**, 908, 1955.
[366] TAMM, I. E., Z. Phys. **60**, 345, 1930.
[367] OWANDER, L. N., UFN **86**, 3, 1965; FTT **3**, 2394, 1961; FTT **5**, 872, 1963.
[368] BIRMAN, G. L., GANGULY, A. K., Phys. Rev. Lett. **17**, 647, 1966.
[369] STRISHEWSKIJ, W. L., FTT **3**, 2932, 1961; **4**, 1492, 1962; **5**, 1511, 1963.
[370] THEIMER, O., SAXMAN, A. C., J. phys. **26**, 697, 1955.
[371] SOBELMAN, I. I., „*Untersuchungen auf dem Gebiet der experimentellen und theoretischen Physik*" (LANDSBERG gewidmeter Sammelband), Isd. AN SSSR, 1959, S. 192.
[372] LOUDON, R., J. phys. **26**, 677, 1965.
[373] LOUDON, R., Adv. Phys. **13**, 423, 1964.
[374] SAKSENA, B. D., Proc. Indian Acad. Sci. **A 11**, 229, 1940; **A 12**, 93, 1940.
[375] CHANDRASEKHARAN, V., Z. Phys. **175**, 63, 1963.
[376] NARAYANAN, P. S., VEDAM, K., Z. Phys. **158**, 158, 1961.
[377] PERRY, C. H., HALL, D. B., Phys. Rev. Lett. **15**, 700, 1965.
[378] GORELIK, W. S., SHELUDJEW, I. S., SUSCHTSCHINSKIJ, M. M., Kristallografija **11**, 604, 1966.
[379] LOUDON, R., Proc. Phys. Soc. **84**, 379, 1964.
[380] CABANNES, J., C. R. **188**, 1041, 1929.
[381] NISI, H., Proc. Imp. Acad. Tokyo **5**, 127. 1929.
[382] RASETTI, F., Nature **127**, 626, 1931; Nuovo cimento **9**, 72, 1932;
KRISHNAN, R. S., Proc. Indian Acad. Sci. **A 22**, 182, 1945.
[383] FLEURY, P. A., WORLOCK, G. M., Phys. Rev. Lett. **18**, 665, 1967.
[384] KRISHNAMURTI, D., Proc. Indian Acad. Sci. **A 46**, 183. 1957.
[385] STECHANOW, A. I., Optika i spektroskopija **3**, 143, 1958.
[386] CHANDRASEKHARAN, V., Proc. Indian Acad. Sci. **A 28**, 409, 1948.
[387] KRISHNAMURTI, D., Proc. Indian Acad. Sci. **A 47**, 276, 1958.
[388] SUBOW, W. G., OSIPOWA, L. P., Kristallografija **6**, 418, 1961.
[389] KISELJEW, D. F., OSIPOWA, L. P., Kristallografija **11**, 279, 401, 1966.
[390] KISELJEW, D. F., Kristallografija **11**, 886, 1966.
[391] KRISHNAN, R. S., Proc. Indian Acad. Sci. **A 22**, 329, 1945; Nature **155**, 452, 1945.
[392] KLEINMAN, D. A., SPITZER, W. G., Phys. Rev. **121**, 1324, 1961; **125**, 16, 1961.
[393] NABERUCHIN, JU. I., Optika i spektroskopija **13**, 498. 1962.
[394] MENZIES, A. C., Rep. Progr. Phys. **16**, 89, 1953.
[395] MITRA, S. S., Solid State Phys. **13**, 1, 1962.
[396] GROSS, E. F., WUKS, M. F., Nature **135**, 100, 431, 1935; J. phys. et radium **7**, 113, 1936.
[397] GROSS, E., KOMAROW, E., Acta Physicochimica URSS **6**, 637, 1937;
WUKS, M., ebenda **6**, 11, 1937; **6**, 327, 1937;
GROSS, E. F., RASKIN, A. I., Isw. AN SSSR, ser. fis. **4**, 29, 1940.

[398] Anselm, A. I., Porfirjewa, N. N., ShETF **19**, 438, 1949.
[399] Porfirjewa, N. N., ShETF **19**, 692, 1949; **22**, 590, 1952.
[400] Raskin, A. I., Setschkarjew, A. W., Skripow, F. I., DAN SSSR **66**, 837, 1949; Skripow, F. I., DAN SSSR **66**, 1075, 1949.
[401] Gross, E. F., Raskin, A. I., DAN SSSR **24**, 125, 1939; Raskin, A. I., Isw. AN SSSR, ser. fis. **11**, 367, 1947.
[402] Gross, E. F., Korschunow, A. W., Isw. AN SSSR, ser. fis. **4**, 32, 1940.
[403] Gross, E. F., Korschunow, A. W., Selkin, W. A., ShETF **20**, 292, 1950; **22**, 579, 1952.
[404] Wuks, M. F., ShETF **7**, 270, 1937; **16**, 410, 1946.
[405] Korschunow, A. W., Wolkow, W. E., „*Physikalische Probleme der Spektroskopie*", Bd. 1, Isd. AN SSSR, 1962, S. 398.
[406] Porfirjewa, N. N., ShETF **33**, 47, 1957.
[407] Bhagavantam, S., Proc. Indian Acad. Sci. **A 13**, 543, 1941.
[408] Skripow, F. I., Dissertation, Leningrad 1952.
[409] Bobowitsch, Ja. S., Tulub, T. P., Optika i spektroskopija **6**, 566, 1959; **9**, 747, 1960; Rachimow, A. A., Dissertation, FIAN, Moskau 1966; Stechanow, A. I., Tschisler, E. W., FTT **3**, 3514, 1961.
[410] Schur, M. S., FTT **9**, 57, 1966; **8**, 1290, 1966; **8**, 2504, 1966.
[411] Frühling, A., „*Recherches sur le spectre Raman de quelques monocristaux aromatiques*", Thèses a la faculté des sciences de l'Université de Paris, Serie A, No 2308, 1950.
[412] Bashulin, P. A., Rachimow, A. A., FTT **7**, 94, 1965.
[413] Korschunow, A. W., Trudy Sibirsk. lesotechnitsch. in-ta **18**, 27, 1958; Korschunow, A. W., Bondarjew, A. F., Optika i spektroskopija **15**, 182, 1963; Korschunow, A. W., Bondarjew, A. F., Tustanowskaja, E. K., „*Spektroskopie, Methoden und Anwendung*", Nauka, 1964.
[414] Bashulin, P. A., Rakow, A. W., Rachimow, A. A., Optika i spektroskopija **16**, 1027, 1964; Bashulin, P. A., Rachimow, A. A., FTT **7**, 2088, 1965.
[415] Bondarjew, A. F., Isw. Sibirsk. otd. AN SSSR, ser. chim. **7**, 74, 1963.
[416] Iwanow, E. N., Walijew, K. A., Optika i spektroskopija **19**, 897, 1965; Iwanow, E. N., Walijew, K. A., Bildanow, M. M., „*Optik und Spektroskopie*", Bd. 3, „*Molekülspektroskopie*", Nauka, 1967, S. 319.
[417] Rachimow, A. A., Scheljepin, L. A., „*2. Konferenz über den flüssigen Aggregatzustand*", Samarkand, 1968, S. 80.
[418] Dawydow, A. S., „*Theorie der Lichtabsorption in Molekülkristallen*", Isd. AN USSR, Kiew 1951; UFN **82**, 393, 1964.
[419] Dows, D. A., Phys. Chem. organ. solid state **1**, 658, 1963.
[420] Fialkowskaja, O. W., Optika i spektroskopija **17**, 397, 1964.
[421] Ito, M., Spectrochim. Acta **21**, 2063, 1965.
[422] Landsberg, G. S., Mandelstam, L. I., Z. Phys. **58**, 250, 1929.
[423] Ginsburg, W. L., DAN SSSR **105**, 240, 1955; FTT **2**, 2031, 1960; UFN **77**, 621, 1962; Ginsburg, W. L., Lewanjuk, A. P., ShETF **39**, 132, 1960.
[424] Iona, F., Shirane, G., „*Ferroelectric Crystals*", Pergamon Press, Oxford, London, New York, Paris 1962.
[425] Cochran, W., Adv. Phys. **9**, 387, 1960; **10**, 401, 1961.
[426] Jakowljew, I. A., Welitschkina, T. S., UFN **63**, 411, 1957.
[427] Ballantyne, J. M., Phys. Rev. **A 136**, 429, 1964.
[428] Mursin, W. N., Demeschina, A. I., Optika i spektroskopija **13**, 826, 1962; FTT **6**, 182, 1964.
[429] Bashulin, P. A., Arefjew, I. M., FTT **7**, 409, 1965.
[430] Arbatskaja, A. N., Sheludjew, I. S., Sirnit, U. A., Suschtschinskij, M. M., Kristallografija **10**, 335, 1965.
[431] Krishnan, R. S., Narayanan, P. S., „*Crystallography and Crystal Perfection*", London, New York 1963.

[432] TSCHISLER, E. W., FTT **7**, 2258, 1965.
[433] GORELIK, W. S., GAWRILOWA, I. W., SHELUDJEW, I. S., PEREGUDOW, G. W., RJASANOW, W. S., SUSCHTSCHINSKIJ, M. M., Pisma ShETF **5**, 214, 1967.
[434] WAKS, W. G., GALITZKIJ, W. M., LARKIN, A. I., Preprint EIA 1141, 1966.
[435] HENRY, C. H., HOPFIELD, J. J., Phys. Rev. Lett. **15**, 964, 1965.
[436] PORTO, S. P. S., TELL, B., DAMEN, T. S., Phys. Rev. Lett. **16**, 450, 1966.
[437] COUTURE-MATHIEU, L., MATHIEU, J. P., C. R. **231**, 838, 1952; J. phys. **13**, 271, 1952; WELL, A., MATHIEU, J. P., C. R. **238**, 2510, 1954.
[438] TRAMER, A., C. R. **249**, 2531, 1959.
[439] CORRE, Y., C. R. **257**, 3352, 1964.
[440] COUTURE, L., MATHIEU, J. P., Ann. phys. **3**, 521, 1948; MATHIEU, J. P., J. chim. phys. **46**, 58, 1949.
[441] BORN, M., BRADBURN, M., Proc. Roy. Soc. **A 188**, 161, 1947.
[442] SMITH, H. M., Phil. Trans. **A 241**, 105, 1948.
[443] VAN HOVE, L., Phys. Rev. **89**, 1189, 1953.
[444] LOUDON, R., JOHNSON, F. A., Proc. Roy. Soc. **A 281**, 1964.
[445] PHILIPS, J. C., Phys. Rev. **104**, 1263, 1956.
[446] FERMI, E., RASETTI, F., Z. Phys. **71**, 689, 1931.
[447] KRISHNAN, R. S., Proc. Indian Acad. Sci. **A 18**, 298, 1943; Proc. Roy. Soc. **A 187**, 188, 1946; Nature **159**, 266, 1947.
[448] GROSS, E., STECHANOW, A., Isw. AN SSSR, ser. fis. **11**, 364, 1947.
[449] GROSS, E. F., PAWINSKIJ, P. P., STECHANOW, A. I., UFN **43**, 536, 1951.
[450] WELSH, H. L., CRAWFORD, M. F., STAPLE, W. J., Nature **164**, 737, 1949.
[451] STECHANOW, A. I., KOROLKOW, A. P., FTT **11**, 3156, 1962.
[452] KRISHNAN, R. S., KRISHNAMURTY, N., J. phys. **26**, 630, 1965.
[453] LAX, M., HOPFIELD, J. J., Phys. Rev. **124**, 115, 1961.
[454] BIRMAN, J. L., Phys. Rev. **127**, 1093, 1962; **131**, 1489, 1963.
[455] LOUDON, R., Phys. Rev. **A 137**, 1784, 1965.
[456] RUSSEL, J. P., J. phys. **26**, 620, 1965.
[457] MENZIES, A. C., Nature **124**, 511, 1929.
[458] TABOURY, M. F. J., Bull. Soc. Chem. **5**, 205, 1943.
[459] LANDSBERG, G. S., BARYSCHANSKAJA, F. S., Isw. AN SSSR, ser. fis. **10**, 509, 1946.
[460] GUBER, W., RIGGERT, K. H., Z. Naturforsch. **6A**, 464, 1951.
[461] BRANDMÜLLER, J., Z. angew. Phys. **5**, 95, 1953.
[462] SIMON, A., KRIEGSMANN, H., STEGER, E., Z. phys. Chem. **205**, 181, 1956.
[463] LUTHER, H., MOOTZ, D., RADWITZ, F., J. Prakt. Chem. **5**, 242, 1958.
[464] BERGMANN, G., THIMM, G., Naturwissenschaften **45**, 359, 1958.
[465] SCHRADER, B., NERDEL, F., KRESZE, G., Z. phys. Chem. **12**, 132, 1957.
[466] SCHRADER, B., NERDEL, F., KRESZE, G., Z. analyt. Chem. **170**, 43, 1959.
[467] BOBOWITSCH, JA. S., PIWOWAROW, W. M., ShETF **29**, 696, 1955.
[468] DANILZEWA, G. E., SUBOW, W. A., SUSCHTSCHINSKIJ, M. M., SCHUWALOW, I. K., ShETF **44**, 2193, 1963.
[469] LWOWA, A. S., SUBOW, W. A., SUSCHTSCHINSKIJ, M. M., TSCHIRKOW, W. A., Optika i spektroskopija **23**, 168, 1967.
[470] BRANDMÜLLER, J., HACKER, H., SCHRÖTTER, H. W., Chemische Berichte **99**, 765, 1966;
BRANDMÜLLER, J., BURCHARDI, K., HACKER, H., SCHRÖTTER, H. W., Z. angew. Phys. **23**, 112, 1967;
BRANDMÜLLER, J., Naturwissenschaften **54**, 293, 1967.
[471] MOSER, H., STIEHLER, D., Z. angew. Phys. **12**, 280, 1960.
[472] GERSCHUN, A. A., Trudy GOI **4**, 38, 1928.
[473] IWANOW, A. P., ShETF **26**, 275, 1954.
[474] SCHUWALOW, I. K., Diplomarbeit, MFTI, 1962;

DANILZEWA, G. E., SUBOW, W. A., SUSCHTSCHINSKIJ, M. M., SCHUWALOW, I. K., Trudy Komissii po spektroskopii AN SSSR **1**, 696, 1965.
[475] SCHUSTER, A., Astrophys. J. **21**, 1, 1905.
[476] RJASANOW, W. S., SUSCHTSCHINSKIJ, M. M., Optika i spektroskopija **23**, 580, 1967.
[477] RJASANOW, W. S., SUSCHTSCHINSKIJ, M. M., ShETF **54**, 1099, 1968.
[478] BRANDMÜLLER, J., SCHRÖTTER, H. W., Z. Phys. **149**, 131, 1957.
[479] SCHRÖTTER, H. W., BERNSTEIN, H. J., J. Mol. Spectr. **7**, 464, 1961; **12**, 1, 1964.
[480] KONDILENKO, I. I., KOROTKOW, P. A., Optika i spektroskopija **17**, 1051, 1964; **17**, 1057, 1964.
[481] WOODBURY, E. J., NG, G, W. K., Proc. IRE **50**, 2367, 1962.
[482] SUBOW, W. A., SUSCHTSCHINSKIJ, M. M., SCHUWALOW, I. K., UFN **83**, 197, 1964.
[483] SUBOW, W. A., SUSCHTSCHINSKIJ, M. M., SCHUWALOW, I. K., UFN **89**, 49, 1966.
[484] ECKHARDT, G., HELLWARTH, R. W., McCLUNG, F. G., SCHWARZ, S. E., WEINER, D., WOODBURY, E. J., Phys. Rev. Lett. **9**, 455, 1962; Electronic Design **11**, 28, 1963.
[485] GELLER, M., BORTFELD, D. P., SOOY, W. R., Appl. Phys. Lett. **3**, 36, 1963.
[486] GELLER, M., BORTFELD, D. P., SOOY, W. R., WOODBURY, E. J., Proc. IEEE **51**, 1236, 1963.
[487] TERHUNE, R. W., Bull. Amer. Phys. Soc. **8**, 359, 1963;
SCHAWLOW, A., UFN **81**, 745, 1963.
[488] STOICHEFF, B. P., International School of Physics „Enrico Fermi" XXXI Course, August 19–31, 1963.
[489] MINCK, R. W., TERHUNE, R. W., RADO, W. G., Appl. Phys. Lett. **3** (10), 181, 1963.
[490] DUMARTIN, S., OKSENGORN, B., VODAR, B., C. R. **259**, 4589, 1964.
[491] ECKHARDT, G., BORTFELD, D. P., GELLER, M., Appl. Phys. Lett. **3**, 137, 1963.
[492] SUBOW, W. A., PEREGUDOW, G. W., TSCHIRKOW, W. A., SCHUWALOW, I. K., SUSCHTSCHINSKIJ, M. M., Pisma ShETF **5**, 188, 1967;
SUBOW, W. A., KRAISKIJ, A. W., SUSCHTSCHINSKIJ, M. M., Preprint FIAN, No 129, 1968;
SCHRÖTTER, H. W., Naturwissenschaften **54**, 513, 1967.
[493] ACHMANOW, S. A., KOWRIGIN, A. I., ROMANJUK, A. K., KULKOWA, N. K., CHOCHLOW, R. W., ShETF **48**, 1202, 1965.
[494] GARMIRE, E., PANDARESE, F., TOWNES, C. H., Phys. Rev. Lett. **11**, 160, 1963.
[495] TOWNES, C. H., International School of Physics „Enrico Fermi", XXXI Course, August 19–31, 1963.
[496] SUBOW, W. A., SUSCHTSCHINSKIJ, M. M., SCHUWALOW, I. K., Sh. prikl. spektroskopii **3**, 336, 1965.
[497] BRET, G., MAYER, G., C. R. **258**, 3265, 1964.
[498] WANG, C. C., J. Appl. Phys. **37**, 1943, 1966.
[499] SUBOW, W. A., SUSCHTSCHINSKIJ, M. M., SCHUWALOW, I. K., ShETF **47**, 784, 1964; **48**, 378, 1965.
[500] KAISER, W., MAIER, M., GEORDMAIN, J. A., Appl. Phys. Lett. **6**, 25, 1965.
[501] SUBOWA, N. W., KUSMINA, N. P., SUBOW, W. A., SUSCHTSCHINSKIJ, M. M., SCHUWALOW, I. K., ShETF **51**, 101, 1966.
[502] BERJESIN, W. I., SUBOW, W. A., KATZ, M. L., KOWNER, M. A., SIDOROW, N. K., STALMACHOWA, L. S., SUSCHTSCHINSKIJ, M. M., TURBIN, JU. P., SCHUWALOW, I. K., Sh. prikl. spektroskopii **4**, 351, 1966.
[503] SUBOWA, N. W., SUBOW, W. A., Optika i spektroskopija **22**, 838, 1967.
[504] BORTFELD, D. P., GELLER, M., ECKHARDT, G., J. Chem. Phys. **40**, 1170, 1964.
[505] BREWER, R. G., Phys. Lett. **11**, 294, 1964.
[506] LANDSBERG, G. S., BARYSCHANSKAJA, F. S., Naturwissenschaften **8**, 183, 1930;
LANDSBERG, G. S., „*Ausgewählte Werke*", Isd. AN SSSR, 1959, S. 112.
[507] KASTLER, A., J. Chem. Phys. **46**, 72, 1949.
[508] JONES, W. I., STOICHEFF, B. P., Phys. Rev. Lett. **13**, 657, 1964.
[509] DUMARTIN, S., OKSENGORN, B., VODAR, B., C. R. **261**, 3767, 4031, 1965.

[510] SUSCHTSCHINSKIJ, M. M., Preprint FIAN, No 151, 1967.
[511] BUCKINGHAM, A. D., J. Chem. Phys. **43**, 25, 1965.
[512] NISHIKAWA, K., TAKANO, F. J., Phyl. Soc. Japan **22**, 1446, 1967.
[513] ACHMANOW, S. A., CHOCHLOW, R. W., „*Probleme der nichtlinearen Optik*", Isd. WINITI, 1964.
[514] BLOEMBERGEN, N., „*Nonlinear Optics*", Benjamin, New York, Amsterdam 1965.
[515] BLOEMBERGEN, N., SHEN, Y. R., Phys. Rev. **137**, No 6A, 1787, 1965.
[516] ACHMANOW, S. A., CHOCHLOW, R. W., Einleitung zur Monographie [512].
[517] FAIN, W. M., CHANIN, JA. I., „*Quantenradiophysik*", Sowjetskoje radio, 1965.
[518] LUGOWOJ, W. N., ShETF **48**, 1216, 1965; **51**, 931, 1966.
[519] LUGOWOJ, W. N., Preprint FIAN A-60, 1965; A-95, 1965.
[520] STEPANOW, B. I., APANASJEWITSCH, P. A., Sh. prikl. spektroskopii **1**, 202, 1964; **2**, 37, 1965.
[521] PLATONJENKO, W. T., CHOCHLOW, R. W., ShETF **46**, 555, 1964; **46**, 695, 1964.
[522] SOKOLOWSKAJA, A. I., KUDRJAWZEWA, A. D., SHBANOWA, T. P., SUSCHTSCHINSKIJ, M. M., ShETF **53**, 429, 1967.
[523] SUBOW, W. A., KRAISKIJ, A. W., PROCHOROW, K. A., SUSCHTSCHINSKIJ, M. M., SCHUWALOW, I. K., Preprint FIAN, No 17, 1968; ShETF **55**, 443, 1968.
[524] RAGULSKIJ, W. W., FAISULLOW, F. S., Pisma ShETF **6**, 887, 1967.
[525] SUBOW, W. A., KUSMINA, N. P., SUSCHTSCHINSKIJ, M. M., Optika i spektroskopija **24**, 618, 1968.
[526] BRET, G., Appl. Phys. Lett. 8, 151, 1966.
[527] MOWSESJAN, M. E., NINOJAN, SH. O., Optika i spektroskopija **24**, 241, 1968.
[528] SHIMODA, K., Japan J. Appl. Phys. **5**, 615, 1966.
[529] BLOEMBERGEN, N., LALLEMAND, P., PINE, A., IEEE J. Quantum Electronics **2**, 246, 1966.
[530] SUBOWA, N. W., SUSCHTSCHINSKIJ, M. M., SUBOW, W. A., Pisma ShETF **2**, 63, 1965.
[531] CHIAO, R., STOICHEFF, B. P., Phys. Rev. Lett. 12, 290, 1964; Bull. Amer. Phys. Soc. **9**, 490, 1964.
[532] ZEIGER, H. J., TANNENWALD, P. E., KERN, S., HARENDEEN, R., Phys. Rev. Lett. **11**, 419, 1963.
[533] HELLWARTH, R. W., MCGLUNG, F. I., WAGNER, W. G., WEINER, D., Bull. Amer. Phys. Soc. **9**, 490, 1964.
[534] GARMIRE, E., Phys. Lett. **17**, 251, 1965.
[535] TAKUMA, H., JENNINGS, D. A., Bull. Amer. Phys. Soc. **9**, 499, 1964; Appl. Phys. Lett. **4**, 185, 1964.
[536] DENNIS, J. H., TANNENWALD, P. E., Appl. Phys. Lett. **5**, 58, 1964.
[537] MAKER, P. D., TERHUNE, R. W., Phys. Rev. **137, 3 A**, 801, 1965.
[538] SOKOLOWSKAJA, A. I., BRECHOWSKICH, G. L., KUDRJAWZEWA, A. D., SUSCHTSCHINSKIJ, M. M., Preprint FIAN, No 2, 1969.
[539] ARBATSKAJA, A. N., SUSCHTSCHINSKIJ, M. M., Preprint FIAN, No 13, 1969.
[540] CHIAO, R., GARMIRE, E., TOWNES, C., Phys. Rev. Lett. **13**, 479, 1964; **16**, 347, 1966.
[541] ASKARJAN, G. A., ShETF **42**, 1567, 1962.
[542] TALANOW, W. M., Isw. wusow, Radiofisika **7**, 564, 1962.
[543] PIEKARA, A., IEEE J. Quantum Electronics **2**, 249, 1966.
[544] KELLEY, P. L., Phys. Rev. Lett. **15**, 1005, 1966.
[545] MAIER, M., KAISER, W., IEEE J. Quantum Electronis **2**, 296, 1966.
[546] LALLEMAND, P., BLOEMBERGEN, N., Phys. Rev. Lett. **15**, 1010, 1965.
[547] SHEN, Y. R., SHAHAM, Y. I., Phys. Rev. Lett. **15**, 1008, 1965.
[548] WANG, C. C., Phys. Rev. Lett. **16**, 344, 1966.
[549] SHIMODA, K., Japan J. Appl. Phys. **5**, 86, 1966.
[550] SCHRÖTTER, H. W., Naturwissenschaften **54**, 657, 1967.

FSC
www.fsc.org
MIX
Papier | Fördert gute Waldnutzung
FSC® C083411

Kolibri 360 GmbH
Ferdinand-Jühlke-Straße 7
99095 Erfurt, Deutschland
produktsicherheit@kolibri360.de